"互联网+"环境监测教材建设(2019G30)

环境监测

HUANJING JIANCE

主　编　邢新丽　胡天鹏　毛　瑶
副主编　徐佳丽　李民敬　童　蕾
　　　　张　原　谭凌智

图书在版编目(CIP)数据

环境监测/邢新丽,胡天鹏,毛瑶主编. —武汉:中国地质大学出版社,2024.8. —ISBN 978-7-5625-5848-4

Ⅰ. X83

中国国家版本馆 CIP 数据核字第 20242AR466 号

环境监测	邢新丽　胡天鹏　毛　瑶　主编

责任编辑:李焕杰 王凤林	选题策划:王凤林	责任校对:宋巧娥

出版发行:中国地质大学出版社(武汉市洪山区鲁磨路388号)	邮编:430074
电　　话:(027)67883511　　　传　　真:(027)67883580	E-mail:cbb@cug.edu.cn
经　　销:全国新华书店	http://cugp.cug.edu.cn

开本:787mm×1092mm　1/16	字数:800千字　印张:31.25
版次:2024年8月第1版	印次:2024年8月第1次印刷
印刷:武汉市籍缘印刷厂	

ISBN 978-7-5625-5848-4　　　　　　　　　　　　　　　　　定价:118.00元

如有印装质量问题请与印刷厂联系调换

序

环境监测是生态环境保护、美丽中国建设的"哨兵"。它通过科学的方法和先进的技术手段,对环境中各类污染物和生态环境关键参数进行连续或间断的测定,有助于我们了解环境质量状况及其变化趋势。环境监测不仅为环境管理和决策提供科学依据,也为公众提供维护环境权益的数据支撑。因此,学习和掌握环境监测理论与方法,对于每一个生态环境保护专业人员而言,都是至关重要的;而了解环境监测基本知识,对于每一个关心环境健康的公民而言,亦是大有裨益的。

环境监测作为评估环境质量和变化的重要手段,不仅关乎人类的健康与福祉,更关乎全球可持续发展目标的实现。随着科学技术的不断进步,环境监测技术日新月异,区域环境管理、环境污染控制、生态修复、环境突发事件应急,都要求环境监测数据"真、准、全、快、新"。而高质量的环境监测体系建设,根本上要靠高素质的环境监测人才保障。因此,编写一本全面、系统、实用的环境监测教材,对于培养环境监测人才、推动环境监测事业的发展具有极其重要的现实意义。

邢新丽教授等编写的这本《环境监测》教材,注重实用性和可操作性,力求为读者提供一本既系统全面又易于理解的环境监测教材。教材系统地介绍了环境监测的基本理论、方法和技术。本教材特色亮点突出,在编写过程中,编者充分考虑了环境监测工作的实际需求,将最新的环境监测技术和方法融入教材中,如物联网技术、遥感监测技术等在环境监测中的应用;借助"互联网+"实现最新标准和技术方法的及时呈现与更新;将大量教学实践和科研工作案例融入教材中,通过案例分析辅助读者理解、运用知识点,充分体现了科研与教学的相互转化、相互促进,是"科研反哺教学"的有益尝试。这些新的教材体现形式和前沿技术的介绍,有助于读者了解环境监测技术的发展趋势,拓展视野,激发创新思维。

本教材内容丰富、图文并茂、行文流畅,既可以作为高等学校环境科学与工程及相关专业的教学用书,也可以作为环境保护工作者的参考用书。相信广大读者定会开卷有益,也期待大家及时反馈意见和建议,以帮助编者久久为功、不断完善教材,努力将其打造成一部精品。

是为序。

中国科学院院士、中国地质大学(武汉)教授

二〇二四年七月既望,南湖之畔

前 言

21世纪人类面临着人口、资源、环境日益尖锐的矛盾,环境质量好坏对人类生命健康与安全,以及整个社会的稳定与发展具有重要的战略性意义。环境监测是科学管理环境和环境执法监督的基础,是生态环境保护必不可少的基础性工作,是生态文明建设的重要支撑。我国环境监测事业历经50余载砥砺奋进,从20世纪70年代艰难起步,到20世纪80年代成长发展,再到党的二十大后的改革创新,取得辉煌成就,成为生态环境保护的"法宝"与"利器"。目前,我国生态环境监测网络已全面覆盖环境质量、污染源管控和生态质量监测,监测指标项目与国际接轨,基本实现陆海统筹、天地一体、上下协同、信息共享。

环境监测的核心目标是提供环境质量现状及变化趋势的数据,判断环境质量,解析当前主要环境问题,为环境管理服务。环境监测既包括对化学污染物的监测和对物理(能量)因子如噪声、振动、热能、电磁辐射和放射性等污染的监测,又包括因环境质量变化所反映的生物监测,以及对区域群落、种群迁移变化进行观测的生态监测等。

环境监测是环境学科的必修课程,内容涵盖环境监测的基本原理,水、大气、土壤、噪声等环境中污染物的监测技术和数据处理方法,特殊情况监测(应急监测)的实施等。本教材是在奚旦立(2019)、刘雪梅和罗晓(2017)、金朝晖(2007)等环境监测经典出版物的基础上完成的。编者根据多年环境监测教学和科研经历,在本教材中融进监测案例,理论和实践相结合。本教材可供高等学院环境学科使用,也可作为环境保护工作者参考用书。

本教材第一章、第三章由邢新丽、胡天鹏、徐佳丽执笔;第二章、第十章、第十一章由谭凌智、苏业旺、许安执笔;第四章由邢新丽、石明明、刘英执笔;第五章由胡天鹏、程铖、李淼执笔;第六章由毛瑶、张原执笔;第七章由邢新丽、刘威杰执笔;第八章、第九章由李民敬、李星谕执笔。杜民恺、高迎、章世钊、何改改、朱佳心、解玉虎、黄加劲、张植文、徐承艳、郑煌等研究生参与了文字整理、校正和图件清绘等工作。编写工作由邢新丽、胡天鹏、毛瑶、徐佳丽、李民敬、童蕾、张原和谭凌智负责。全书由邢新丽和胡天鹏统稿。

本书在编写过程中参考引用了大量相关书籍、期刊文献、网站等的资料,主要部分已经列入了本书的参考文献目录,其他文献由于篇幅所限未能详细列出。编者在此对本书参考引用到的所列和未列出的相关资料的作者表示衷心的感谢,对他们的辛勤劳动成果表示敬意!如果有任何疑义,请与编者联系,编者将登门请教、协商。

编者试图建立环境监测课程内容体系,但由于水平有限,书中难免出现差错及不当之处。欢迎读者提出宝贵意见,以便修改和完善。

编者
2024年3月于武汉

目 录

第一章 绪 论 ·· (1)
 第一节 环境监测的目的和分类 ·· (2)
 第二节 环境监测的特点和监测技术概述 ··· (3)
 第三节 环境优先污染物和优先监测 ·· (9)
 第四节 环境标准 ··· (18)
 习 题 ··· (18)

第二章 环境监测技术 ·· (19)
 第一节 物理性监测技术 ·· (19)
 第二节 化学性监测技术 ·· (20)
 第三节 生物性监测技术 ·· (22)
 第四节 自动监测技术 ·· (28)
 习 题 ··· (34)
 主要参考文献 ·· (34)

第三章 生态环境标准 ·· (36)
 第一节 生态环境标准体系 ··· (36)
 第二节 水质标准 ··· (42)
 第三节 大气标准 ··· (57)
 第四节 土壤标准 ··· (61)
 第五节 固体及危险废物标准 ··· (79)
 第六节 物理性污染标准 ·· (83)
 第七节 未列入标准的环境参数浓度估算 ··· (90)
 习 题 ··· (92)
 主要参考文献 ·· (92)

第四章 环境监测管理、质量保证与数据表达 ··· (93)
 第一节 环境监测管理制度 ··· (93)
 第二节 质量保证与质量控制体系 ·· (95)
 第三节 监测数据的统计处理 ·· (118)
 第四节 监测数据的结果表达 ·· (141)
 习 题 ·· (149)

主要参考文献 ……………………………………………………………………… (150)

第五章 水环境监测 ………………………………………………………………… (151)
第一节 水环境监测的意义与内容 ……………………………………………… (151)
第二节 天然水的化学组成特点 ………………………………………………… (157)
第三节 水质监测方案的制定 …………………………………………………… (162)
第四节 水样的采集和保存 ……………………………………………………… (175)
第五节 水样预处理 ……………………………………………………………… (190)
第六节 水质现场指标测定 ……………………………………………………… (197)
第七节 水质常规指标测定 ……………………………………………………… (208)
第八节 水环境监测案例分析 …………………………………………………… (260)
习　题 …………………………………………………………………………… (269)
主要参考文献 …………………………………………………………………… (269)

第六章 大气环境监测 ……………………………………………………………… (272)
第一节 大气与大气污染物 ……………………………………………………… (272)
第二节 大气污染物传输、扩散和影响因素 …………………………………… (275)
第三节 空气污染监测方案制定 ………………………………………………… (278)
第四节 空气样品采集方法与仪器 ……………………………………………… (286)
第五节 气态污染物监测 ………………………………………………………… (299)
第六节 颗粒态物质监测 ………………………………………………………… (309)
第七节 污染源监测 ……………………………………………………………… (311)
第八节 气象参数监测 …………………………………………………………… (324)
第九节 案例分析 ………………………………………………………………… (331)
习　题 …………………………………………………………………………… (337)
主要参考文献 …………………………………………………………………… (337)

第七章 土壤质量监测 ……………………………………………………………… (339)
第一节 土壤组成特征 …………………………………………………………… (339)
第二节 土壤背景值与土壤污染 ………………………………………………… (344)
第三节 土壤环境质量监测方案 ………………………………………………… (348)
第四节 土壤样品采集、加工与保存 …………………………………………… (358)
第五节 土壤样品预处理 ………………………………………………………… (362)
第六节 土壤污染物测定 ………………………………………………………… (368)
第七节 土壤监测案例分析 ……………………………………………………… (381)
习　题 …………………………………………………………………………… (385)
主要参考文献 …………………………………………………………………… (385)

第八章 物理性污染监测 …………………………………………………………… (386)
第一节 噪声监测 ………………………………………………………………… (386)

第二节　电磁辐射与放射性环境监测 …………………………………………… (401)

　　第三节　光污染监测 …………………………………………………………… (406)

　　习　题 ……………………………………………………………………………… (408)

　　主要参考文献 ……………………………………………………………………… (408)

第九章　生态监测 …………………………………………………………………… (410)

　　第一节　生态监测的意义 ……………………………………………………… (410)

　　第二节　生态监测的类型及特点 ……………………………………………… (410)

　　第三节　生态监测的内容 ……………………………………………………… (412)

　　第四节　生态监测方案 ………………………………………………………… (412)

　　第五节　生态监测指标体系及监测方法 ……………………………………… (413)

　　习　题 ……………………………………………………………………………… (418)

　　主要参考文献 ……………………………………………………………………… (418)

第十章　环境自动监测 ……………………………………………………………… (420)

　　第一节　环境监测网络 ………………………………………………………… (420)

　　第二节　水体自动监测 ………………………………………………………… (426)

　　第三节　空气自动监测 ………………………………………………………… (435)

　　第四节　遥感监测 ……………………………………………………………… (446)

　　第五节　环境自动监测技术应用 ……………………………………………… (452)

　　习　题 ……………………………………………………………………………… (457)

　　主要参考文献 ……………………………………………………………………… (458)

第十一章　突发环境事件的应急监测 …………………………………………… (460)

　　第一节　突发环境事件 ………………………………………………………… (460)

　　第二节　突发环境事件的应急监测 …………………………………………… (463)

　　第三节　应急监测设备 ………………………………………………………… (465)

　　第四节　应急监测方案制定与事故处理 ……………………………………… (472)

　　习　题 ……………………………………………………………………………… (483)

　　主要参考文献 ……………………………………………………………………… (483)

图　版 ……………………………………………………………………………… (485)

第一章 绪 论

环境监测是环境科学与工程的重要组成部分,既涉及环境化学、环境物理学、环境地学、环境工程学、环境医学等理工科知识,还涉及环境管理学、环境经济学以及环境法学等知识,需要在利用各种分析技术了解、评价环境质量及其变化趋势的基础上,制定各项环境管理和经济法规。"监测"一词的含义可理解为监视、测定、监控等,因此,环境监测就是通过对影响环境质量因素代表值的测定,判断环境质量(或污染程度)及其变化趋势,评价当前主要环境问题,为环境管理服务。环境监测是科学管理环境和环境执法监督的基础,是环境保护必不可少的基础性工作。

随着工农业和科学技术的发展,监测包含的范围不断扩大,由对工农业污染源的监测逐步发展到对自然环境的监测,即监测对象不仅包括影响环境质量的污染因子,还延伸到对生物、生态变化的监测;从确定环境实时质量到预测环境质量,例如,对大气排放污染源进行监测,结合气象条件,预测未来一段时间的环境空气质量。

判断环境质量,仅对某一污染物进行某一地点、某一时刻的分析测定是不够的,必须对各种有关的污染因素、环境因素在一定时间、空间范围内进行测定,分析其综合测定数据,才能对环境质量做出准确评价。因此,环境监测包括对污染物分析测试的化学监测(包括物理化学方法);对物理(或能量)因子——热、声、光、电磁辐射、振动及放射性等的强度、能量和状态测定的物理监测;对生物由于环境质量变化所出现的各种反应和信息,如受害症状、生长发育、形态变化等开展的生物监测;对区域种群、群落的迁移变化进行观测的生态监测。

环境监测的过程一般为:现场调查收集相关信息和资料(包括水文、气候、地质、地貌、气象、地形、污染源排放情况、城市人口分布等)→根据监测技术路线,设计并制定监测方案(包括监测项目、监测网点、监测时间与频率、监测方法等)→实施方案(包括布点采样、样品预处理、样品分析测试等)→制定质量保证体系→数据处理→环境质量评价→编制并提交报告等。

从信息技术角度看,环境监测是环境信息的捕获→传递→解析→综合的过程。只有在对监测信息进行解析、综合的基础上,才能全面、客观、准确地揭示监测数据的内涵,对环境质量及其变化做出正确的评价。

环境监测的对象是组成环境的各种要素,既包括空气、水体、土壤等自然要素,也涵盖对人类生存发展有影响的各种人造环境要素,如污水处理厂、水库等。

环境监测是环境科学中重要的基础课程,也是一门理论、实践并重的应用型课程,只有通过实践才能掌握、应用和提高。

第一节 环境监测的目的和分类

一、环境监测的目的

环境监测的目的是准确、及时、全面地反映环境质量现状及发展趋势,为环境管理、污染源控制、环境规划等提供科学依据,具体可归纳如下。

(1)根据环境质量标准,评价环境质量。

(2)根据污染特点、分布情况和环境条件,追踪污染源,研究和提供污染变化趋势,为实现监督管理、控制、污染提供依据。

(3)收集环境本底数据,积累长期监测资料,为研究环境容量、实施总量控制、目标管理、预测环境质量提供数据支持。

(4)为保护人类健康和环境,合理使用自然资源,制定环境法规、标准、规划等服务。

二、环境监测的分类

环境监测可按其监测目的或监测介质对象进行分类,也可按专业部门进行分类,如气象监测、卫生监测和资源监测等。国家环境保护总局(现为生态环境部)2007年颁布《环境监测管理办法》(总局令 第39号),规定县级以上环境保护部门环境监测活动的管理职责:①环境质量监测;②污染源监督性监测;③突发性环境污染事故应急监测;④为环境状况调查和评价等环境管理活动提供监测数据的其他环境监测活动。

(一)按监测目的分类

1. 监视性监测(又称例行监测或常规监测)

对指定的有关项目进行定期的、长时间的监测,以确定环境质量及污染源状况,评价控制措施的效果,衡量环境标准实施情况和环境保护工作的进展。这是监测工作中量最大、面最广的工作。

监视性监测包括对污染源(污染物浓度、排放总量、污染趋势等)的监测和环境质量的监测(所在地区的空气、水体、噪声、固体废物等)。

2. 特定目的监测(又称特例监测)

根据特定的目的,环境监测可分为以下几类。

(1)污染事故监测:在发生污染事故,特别是突发性环境污染事故时进行的应急监测,往往需要在最短的时间内确定污染物的种类,对环境和人类的危害,污染因子扩散方向、速度和危及范围,控制的方式、方法,为控制和消除污染提供依据,供管理者决策。这类监测常采用流动监测(车、船等)、简易监测、低空航测、遥感监测等手段。

(2)仲裁监测:主要针对污染事故纠纷、环境法律执行过程中所产生的矛盾进行监测。仲裁监测应由国家指定的具有质量认证资质的部门进行,以提供具有法律效力的数据(公证数据),供执法部门、司法部门仲裁。

(3)考核验证监测:包括对环境监测技术人员和环境保护工作人员的业务考核、上岗培训考核,环境检测方法验证和污染治理项目竣工时的验收监测等。

(4)咨询服务监测:为政府部门、科研机构、生产单位所提供的服务性监测。例如:建设新企业进行环境影响评价时,需要按评价要求进行监测;政府或单位开发某地区时,该地区环境质量是否符合开发要求,以及项目与相邻地区环境相容性等,可通过咨询服务监测工作获得参考意见。

3. 研究性监测(又称科研监测)

研究性监测是针对特定目的科学研究而进行的监测。开展这类监测事先必须制订周密的研究计划,并联合多部门、多个学科协作共同完成。例如:环境本底的监测,有毒有害物质对从业人员的影响研究,新的污染因子监测方法研究,痕量甚至超痕量污染物的分析方法研究,复杂样品、干扰严重样品的监测方法研究;为监测工作本身服务的科研工作,如统一方法、标准分析方法的研究,标准物质的研制等。

(二)按监测介质对象分类

环境监测按监测介质对象的不同可以分成以下类型。

(1)水质监测:分为水环境质量监测和废水监测。其中,水环境质量监测内容包括地表水和地下水,监测项目包括理化指标和有关生物指标,还包括流速、流量等水文参数。

(2)空气检测:分为环境空气质量监测和污染源监测。空气监测时常需测定风向、风速、气温、气压、湿度等气象参数。

(3)土壤监测:重点监测项目是影响土壤生态平衡的重金属元素、非金属元素和有机污染物等。

(4)固体废物监测:监测内容包括工业废物、卫生保健机构废物、农业废物、放射性固体废物和城市生活垃圾等。主要监测项目是固体废物的危险特性和生活垃圾特性,也包括有毒有害物质的组成含量测定和毒理学实验。

(5)生物监测与生物污染监测:生物监测是利用生物对环境污染进行监测;生物污染监测则是利用各种检测手段对生物体内的有毒有害物质进行监测。

(6)生态监测:观测和评价生态系统对自然及人为变化所做出的反应,是对各生态系统结构和功能时空格局的度量,着重于生物群落和种群的变化。

(7)物理污染监测:指对造成环境污染的物理因子,如噪声、振动、电磁辐射、放射性等进行监测。

第二节 环境监测的特点和监测技术概述

一、环境监测的发展

环境监测的发展历程经历了数十年的演变,逐步形成了现代环境监测体系。

环境监测的发展分为三个典型阶段:被动监测阶段、主动监测阶段和自动监测阶段。

1. 典型污染事故调查监测发展阶段或被动监测阶段

为了找出污染的原因和评估其影响,对环境样品有毒害作用的化学组分进行分析。这一阶段称为污染监测阶段或被动监测阶段。20世纪70年代之前主要是被动监测阶段。由于污染物通常处于痕量级(mg/kg、μg/kg)水平甚至更低,并且基质复杂,时空变异性大,所以对分析方法的灵敏度、准确度、分辨率和分析速度等提出了很高的要求。该阶段表现为分析测试技术不能满足解决环境污染问题之间的矛盾。

2. 污染源监督性监测发展阶段或主动监测(目的)监测阶段

随着科学技术的发展和人们对环境质量的重视,环境立法逐渐完善、环境执法日益严格,人们逐渐意识到环境保护预防大于治理。因此,环境保护更重视常规化的环境质量监测,同时也把环境质量的好坏作为管理的考评指标之一。这一阶段的环境监测,不仅对化学组分进行监测,还关注物理指标和生物指标等。

3. 以环境质量监测为主的发展阶段或自动监测阶段

20世纪80年代初,发达国家相继建立了自动连续监测系统,可连续观察空气、水体污染浓度变化、预测预报未来环境质量。同时,地理信息系统(GIS)、遥感(RS)和全球定位系统(GPS)"3S"技术逐渐在环境监测中得到应用。

当前污染防治攻坚战已经全面升级,应"科学治污、精准治污、依法治污"的要求,污染防治要做到时间、对象、区位、问题、措施精准,就必须先做到"监测先行、监测准确、监测灵敏"。环境监测工作要从简单出具数据向提出切实管用的综合管理决策建议转变。而这一切又要求生态环境监测必须实现感知高效化、数据集成化、分析关联化、测控一体化、应用智能化、服务社会化。基于主动监测的智慧监测系统应运而生。智慧监测是以支撑高水平生态环境保护为目标,以环境监测能力高质量发展为途径,融合多领域先进技术,构建大监测发展格局,从而实现生态环境监测服务能力显著提升。智慧监测的具体要求如下:

一是感知高效化。针对监测手段和效能提升,开展手工与自动、实验室与现场、地面与遥感、固定与走航、常规与传感器等监测手段的差异化布局,提高感知效率,推动监测体系"数量规模型"向"质量效能型"跨越,向天地一体、自动智能、精细灵敏、集成联动发展,实现"高效感知"。

二是数据集成化。针对数据的传输与交会,运用物联网、区块链、大数据技术,加强监测大数据汇聚、非结构化数据存储分析、云链互联,构建覆盖获取、存储、整合、归档、销毁等全链条的监测数据治理体系,为监测数据深度挖掘奠定基础。

三是分析关联化。强调跳出监测论监测,强化监测数据与污染源、经济、电力、交通、水文、气象、医疗、农业、舆情等多元数据关联分析,推动数据、图谱、图像、影像等多类数据归一融合,运用机理、数值、统计等模型,开展环境形势研判、污染溯源追因、治理成效评估、重点专题分析,为精准治污、科学治污提供有力支撑。

四是测控一体化。坚持现状监测与过程控制一体布局,建立污染排放和环境质量的关联响应,说清源汇关系;以测管联动促进精准治污,推动污染监控从"大海捞针"向"精确打击"转变。

五是应用智能化。强调多方式交互、多场景应用、智能查询分析与辅助决策。将人工智能、机器学习等技术充分应用到生态环境监测业务体系中,实现监测供给与管理需求同步。运用智能语音交互、虚拟现实、可视化等技术,创新展示和交互模式,提升生态环境监测智能化水平。

六是服务社会化。引入社会力量参与监测供给,按照"应放尽放"的原则,除考核监测、执法监测等具有较强行政与监管性质的监测业务,其余均向市场开放,通过激发市场活力,丰富监测产品与服务供给,推动服务质量全面提升,营造良好营商环境。

二、环境污染和环境监测的特点

(一)环境污染的特点

环境污染是各种污染因素本身及其相互作用的结果。同时,环境污染还因受社会评价的影响而具有社会性。它的特点可归纳如下。

1. 时间分布性

污染物的排放量和污染因素的排放强度随时间变化而变化。例如:工厂排放污染物的种类和浓度往往随时间变化而变化;河流的潮汐和丰水期、枯水期的交替,都会使污染物浓度随时间变化而变化;随着气象条件的变化,同一污染物在同一地点的污染浓度可相差数十倍;交通噪声的强度随着不同时间内车辆流量的变化而变化。

2. 空间分布性

污染物和污染因素进入环境后,随着水和空气的流动而被稀释扩散。污染物的稳定性、扩散速度与污染物性质有关。因此,不同空间位置污染物的浓度和强度分布是不同的。为了正确表述一个地区的环境质量,单靠某一点监测结果是不完整的,必须根据污染物的时间、空间分布特点,科学地制定监测方案(包括监测网点布设、监测项目和采样频率设计等),然后对监测所获得的数据进行统计分析,才能得到较全面而客观的反映。

3. 环境污染与污染物含量(或污染因素强度)的关系

有害物质引起毒害的量与其无害的自然本底值之间存在一界限。所以,污染因素对环境的危害有一阈值。对阈值的研究,是判断环境污染及污染程度的重要依据,也是制定环境标准的科学依据。

4. 污染因素的结合效应

环境是一个由生物(动物、植物、微生物)系统和非生物系统所组成的复杂体系,必须考虑各种因素的综合效应。从传统毒理学观点分析,多种污染物同时存在对人或生物体的影响有以下几种情况:①单独作用。即当机体中某些器官只是受到混合物、污染物中某一组分的危害,没有因污染物的共同作用而危害加深时,称为污染物的单独作用。②相加作用。混合污染物各组分对机体的同一器官的毒害作用彼此相似,且偏向同一方向,当这种作用等于各污染物单独作用的总和时,称为污染物的相加作用。例如,大气中二氧化硫和硫酸气溶胶之间、氯和氯化氢之间,当它们在低浓度时,其联合毒害作用即为相加作用,而在高浓度时则不具备相加作用。③相乘作用。当混合污染物各组分对机体的毒害作用超过单独作用的总和时,称为相乘作用。例如,二氧化硫和颗粒物之间、氮氧化物与一氧化碳之间,就存在相乘作用。④拮抗作用。当两种或两种以上污染物对机体的毒害作用彼此抵消一部分或大部分时称为拮抗作用。例如,动物试验表明,当食物中有 $30\mu g/L$ 甲基汞,同时加入 $30\mu g/L$ 硒时,就可能抑制甲基汞的毒性。

5. 环境污染的社会评价

环境污染的社会评价与社会制度、文明程度、技术经济发展水平、民族的风俗习惯、哲学、法律等问题有关。有些具有潜在危险的污染因素,因其表现为慢性危害,往往不引起人们注意,而某些现实的、直接感受到的因素容易受到社会重视。例如,土壤污染是一个长期过程,在污染过程中人们往往不易察觉,而噪声、空气污染等引起的社会纠纷却很普遍。

(二)环境监测的特点

环境监测具有环境监测对象、手段、时间和空间的多变性及污染组分的复杂性等,其特点可归纳如下。

1. 环境监测的综合性

环境监测的综合性表现在以下几个方面:①监测手段包括化学、物理、生物、物理化学、生物化学及生物物理等一切可以表征环境质量的方法;②监测对象包括空气、水体(江、河、湖、海及地下水)、土壤、固体废物、生物等,只有对这些对象进行综合分析,才能确切描述环境质量状况;③对监测数据进行统计处理、综合分析时,还涉及该地区的自然和社会各个方面情况,因此必须综合考虑才能正确阐明数据的内涵。

2. 环境监测的连续性

由于环境污染具有时间、空间分布性等特点,因此只有坚持长期监测,才能从大量的数据中揭示其变化规律,预测其变化趋势。数据样本越多,预测的准确度就越高。因此,监测网络、监测点位的选择一定要科学、合理,而且一旦监测点位的代表性得到确认,必须长期坚持监测,以保证前后数据的可比性。

3. 环境监测的追溯性

环境监测包括监测目的的确定、监测计划的制订、采样、样品运送和保存、实验室测定到数据处理等过程,是一个复杂而又有联系的系统。特别是区域性的大型监测,由于参加人员众多、实验室和仪器的不同,必然会存在技术和管理水平的不同。为使监测结果具有一定的准确度,并使数据具有可比性、代表性和完整性,需有一个量值追溯体系予以监督。为此,需要建立环境监测的质量保证体系。

三、监测技术概述

监测技术包括采样技术、测试技术和数据处理技术。这里以污染物的测试技术为重点作概述。关于不同环境介质的采样及噪声、放射性等方面的测试技术在后面章节中叙述。

（一）化学、物理技术

目前，多采用化学分析方法和仪器分析方法，对环境样品中污染物进行成分分析及其状态与结构的分析。例如，重量法常用作残渣、降尘、油类、硫酸盐化速率等的测定，容量法广泛用于水中酸度、碱度、化学需氧量、溶解氧、硫化物、氧化物的测定。

仪器分析方法是以物理和物理化学方法为基础的分析方法。它包括光谱法，如可见分光光度法、紫外分光光度法、红外分光光度法（红外光谱法）、原子吸收光谱法、原子发射光谱法、X射线荧光光谱法、荧光光谱法、化学发光分析法等，色谱法（气相色谱法、高效液相色谱法、薄层色谱法、离子色谱法、色谱-质谱联用技术），电化学法（极谱分析法、溶出伏安法、电导法、电位分析法、离子选择电极法、库仑滴定法），放射分析法（同位素稀释法、中子活化法）和流动注射分析法等。仪器分析方法广泛用于环境中污染物的定性和定量测定。例如：分光光度法常用于大部分金属、无机非金属的测定；气相色谱法常用于有机物的测定；对于污染物定性和结构的分析常采用紫外分光光度法、红外分光光度法等。

（二）生物技术

生物技术是一种利用植物和动物在污染环境中所产生的各种反应信息来判断环境质量的方法，是一种最直接的、也是反映环境综合质量的方法。生物监测包括测定生物体内污染物含量，观察生物在环境中受伤害所表现的症状，通过测定生物的生理生化反应、生物群落结构和种类变化等，来判断环境质量。例如，利用某些对特定、污染物敏感的植物或动物（指示生物）在环境中受伤害所表现的症状，可以对空气或水的污染做出定性和定量的判断。

（三）环境监测技术领域颠覆性的技术发展

(1) 分光光度和电化学技术迅速崛起，初步建立环境污染物检测标准。

20世纪50—80年代初，重金属、有机氯化合物、芳香烃、卤代烃等污染物成为环境监测的重点，分光光度法和电化学法迅速崛起，环境污染物检测标准逐步建立。电化学法在监测水体中重金属元素时具有选择性高、分析准确、可在线监测等优势，使环境监测技术从实验室检测走向了现场、原位和在线分析。

(2) 化学发光等技术快速发展，逐步形成环境质量自动监测与分析技术体系。

从20世纪80年代研究重点开始转向$PM_{2.5}$、机动车尾气等方面。水体、空气、土壤、固体废物中的监测组分、监测技术均已明确与完善。随着信息、新能源、生物技术、新材料技术的快速发展，检测速度更快，监测范围更广的光学技术开始引入环境监测领域，并推动了环境监测技术的进一步发展。诸多跨领域的技术开始应用到环境监测中，如化学发光法以其高灵敏、高选择性、仪器简便等优势在环境监测领域迅速发展，并有效支撑了业务化环境质量自动监测网络建设。

(3) 光学遥测技术获得广泛应用，开始构建典型区域大气环境综合立体监测网络。

进入21世纪后，由于光电技术的巨大进步，光学遥测技术迅速发展，环境监测技术进入新的发展阶段。光学遥测技术通常能够远距离监测目标环境状况，避免了取样、预处理以及实验室检测等烦琐步骤,极大提高了环境监测效率。2005年以来,差分光学吸收光谱(DOAS)、可调谐半导体激光吸收光谱(TDLAS)、傅里叶变换红外光谱(FTIR)、激光雷达(LIDAR)、卫星遥感等光学遥测技术获得广泛应用。

(4)质谱、色谱、光谱、波谱四大名谱技术快速发展,逐步形成痕量及超痕量污染物检测与分析体系。

质谱分析法:将不同质量的离子按质荷比的大小顺序收集和记录下来,得到质谱图。用质谱图进行定性、定量分析及结构分析。质谱分析法是物理分析法,早期主要用于相对原子质量的测定和某些复杂化合物的鉴定和结构分析。

色谱分析法:利用混合物中不同组分在两相之间进行不同分配的原理,使混合物分离,并进行定性和定量分析的方法。当流动相中所携带的混合物流过固定相时,会和固定相发生作用。由于混合物中各组分在性质和结构的差异,与固定相之间作用力的大小也有差异。因此在同一推动力作用下,不同组分在固定相中的滞留时间有长有短,从而按先后不同的次序从固定相中流出。是一种兼顾分离与定量分析的手段,可分辨样品中的不同物质。

光谱分析法:由于每种原子都有自己的特征谱线,因此可以根据光谱来鉴别物质和确定它的化学组成和相对含量。光谱分析时,可利用发射光谱,也可以利用吸收光谱。这种方法的优点是非常灵敏而且迅速。某种元素在物质中的含量达10pg,就可以从光谱中发现它的特征谱线,因而能够把它检查出来。

波谱分析法:通常指四大波谱,核磁共振(NMR),物质粒子的质量谱——质谱(MS),振动光谱——红外/拉曼(IR/Raman),电子跃迁——紫外(UV)。各种波谱法原理不同,其特点和应用也各不相同。每种波谱法都有其适用范围和局限性。

随着科学技术的进步,四大名谱技术得到快速发展,通常能够同时检测多种甚至上百种痕量及超痕量污染物,极大提高了环境检测分析效率。

(四)中国环境监测技术的发展

目前我国环境监测单项技术已取得重要突破,初步形成了满足常规监测业务需求的技术体系。从过去单一的环境分析发展到物理监测、生物监测、生态监测、遥感监测、卫星监测;从间断性监测逐步过渡到自动连续监测和智慧监测;监测范围从一个断面发展到一个城市、一个区域、整个国家乃至全球。一个以环境分析为基础,以物理测定为主导,以生物监测为补充的环境监测技术体系已初步形成。

我国研发的部分高端科研仪器,如气溶胶雷达、单颗粒气溶胶飞行时间质谱仪等已得到应用,并自主构建了大气环境综合立体监测系统。生物、质谱、色谱的环境监测手段的迅速发展,共同奠定了我国现代环境监测技术体系的基础。近年来我国在卫星遥感、激光雷达等环境监测技术领域已达到国际先进水平。

(五)我国监测技术存在的问题

(1)监测分析方法不够健全,现有的方法大体可以满足常规环境质量监测和部分污染源监测,但对环境和污染调查、全面的污染源监测及应急事故的处理就显得不够。

(2)采样技术仍然是一大难题,环境标准物质缺口很大,使监测方法的研究和应用及质量保证工作开展受到严重制约。

(3) 现有监测技术配套性很差,仪器设备条件急需改善。

(4) 监测信息管理和开发尚存在诸多问题。

第三节 环境优先污染物和优先监测

有毒化学污染物的监测和控制是环境监测的重点。世界上已知的化学品超过700万种,而进入环境的化学物质已达10万种。因此不论从人力、物力、财力或从化学毒物的危害程度和出现频率的实际情况而言,某一实验室不可能对每种化学品都进行监测和控制,而只能有重点、有针对性地对部分污染物进行监测和控制。这就必须确定一个筛选原则,对众多有毒污染物进行分级排序,从中筛选出潜在危害性大、在环境中出现频率高的污染物作为监测和控制的对象。这一筛选过程就是数学上的优先过程,经过优先选择的污染物称为环境优先控制污染物,常简称优控污染物(priority pollutants)。对优控污染物进行的监测称为优先监测。

早期人们控制污染的对象主要是一些进入环境数量大(或浓度高)、毒性强的物质,如重金属等,其毒性多为急性,且数据容易获得。而有机污染物则由于种类多、含量低、分析水平有限,故以综合指标 COD、BOD、TOC 等来反映。但随着生产和科学技术的发展,人们逐渐认识到一批有毒污染物(其中绝大部分是有机物),可以极低的浓度在生物体内积累,对人体健康和环境造成严重的甚至不可逆的影响。许多痕量有毒有机物对综合指标 COD、BOD、TOC 等影响甚小,但对环境的危害很大,此时,综合指标已不能反映有机污染状况。这些就是需要优先控制的污染物,如持久性有机污染物,它们具有难以降解,在环境中有一定残留水平,出现频率较高,生物积累性,致癌、致畸、致突变("三致"),毒性较大的特点,是目前已有检测方法的一类物质。

持久性有机污染物是人类生产合成或伴随人类生活和工业生产产生的一类化学物。由于难降解、毒性大、可长距离迁移等特点,持久性有机污染物生产、使用和排放对人民群众健康和生态环境构成严重威胁,成为全球关注的环境污染物。为避免环境和人类健康受到持久性有机污染物危害,国际社会于2001年5月共同通过了《关于持久性有机污染物的斯德哥尔摩公约》(以下简称《公约》),决定全球携手共同应对持久性有机污染物这一顽敌。《公约》于2004年5月17日,即第五十份与《公约》有关的批准、接受、核准或加入文书提交90日后开始生效。本着对人类社会高度负责的精神,中国政府在《公约》通过以后当即就签署了,承诺与国际社会一道逐步消除持久性有机污染物。2007年4月14日,国务院批准了《中华人民共和国履行〈关于持久性有机污染物的斯德哥尔摩公约〉的国家实施计划》,确定了我国履约目标、措施和具体行动。2021年12月17日,中国签署《公约》20周年暨2021年度履约技术协调会在北京召开,当前《公约》缔约方达到184个,管控物质达30余种,建立了16个能力建设和技术转移区域中心,《公约》多个物质的特定豁免已经取消。

美国是最早开展优先监测的国家。早在20世纪70年代中期,美国就在《清洁水法案》中明确规定了129种优控污染物。它一方面要求排放优控污染物的工厂采用最佳可利用技术(BAT),控制点源污染排放;另一方面制定环境质量标准,对各水域实施优先监测。其后美国又提出了43种空气优控污染物名单。

苏联卫生部于1975年公布了水体中有害物质的最大允许浓度,其中无机物73种,后又补充了30种,共103种;有机物378种,后又补充了118种,共496种。实施10年后,又补充了65种有机物,合计达664种之多。在1975年公布的工作环境空气和居民区大气中有害物质最大允许浓度中,无机物及其混合物266种,有机物856种,合计达1122种之多。

欧洲共同体(现为欧洲联盟)在1975年提出的《关于水质的排放标准》的技术报告,列出了所谓"黑名单"和"灰名单"。

"中国环境优控污染物黑名单"包括14个化学类别共68种有毒化学物质,其中有机物占58种。表1-1中标有"▲"者为推荐近期实施的名单。

表1-1　中国环境优控污染物黑名单

化学类别	名称
1.卤代(烷烯)烃类	二氯甲烷、三氯甲烷▲、四氯化碳▲、1,2-二氯乙烷▲、1,1,1-三氯乙烷、1,1,2-三氯乙烷、1,1,2,2-四氯乙烷三氯乙烯▲、四氯乙烯▲、三溴甲烷▲
2.苯系物	苯▲、甲苯▲、乙苯▲、邻-二甲苯、间-二甲苯、对-二甲苯
3.氯代苯类	氯苯▲、邻-二氯苯▲、对-二氯苯▲、六氯苯
4.多氯联苯类	多氯联苯
5.酚类	苯酚▲、间-甲酚▲、2,4-二氯酚▲、2,4,6-三氯酚▲、五氯酚▲、对-硝基酚▲
6.硝基苯类	硝基苯▲、对-硝基甲苯▲、2,4-二硝基甲苯、三硝基甲苯、对-硝基氯苯▲、2,4-二硝基氯苯▲
7.苯胺类	苯胺▲、二硝基苯胺▲、对-硝基苯胺▲、2,6-二氯硝基苯胺
8.多环芳烃	萘、荧蒽、苯并[b]荧蒽、苯并[k]荧蒽、苯并(a)芘▲、茚并[1,2,3-cd]芘、苯并[ghi]芘
9.酞酸酯类	酞酸二甲酯▲、酞酸二丁酯▲、酞酸二辛酯▲
10.农药	六六六▲、滴滴涕▲、敌敌畏▲、乐果▲、对硫磷▲、甲基对硫磷▲、除草醚▲、敌百虫▲
11.丙烯腈	丙烯腈
12.亚硝胺类	N-亚硝胺二丙胺、N-亚硝胺二正丙胺
13.氰化物	氰化物▲
14.重金属及其化合物	砷及其化合物▲、铍及其化合物▲、镉及其化合物▲、铬及其化合物▲、铜及其化合物▲、铅及其化合物▲、汞及其化合物▲、镍及其化合物▲、铊及其化合物▲

为贯彻落实《中共中央 国务院关于深入打好污染防治攻坚战的意见》和《新污染物治理行动方案》，生态环境部会同工业和信息化部、农业农村部、商务部、海关总署、市场监督管理总局、国家药品监督管理局、国家疾病预防控制局制定了《重点管控新污染物清单（2023年版）》（简称《清单》），详见表1-2。《清单》主要包括14种新污染物：编号一～九是《公约》明确的持久性有机污染物（POPs），POPs一旦进入环境不易降解，即使是极低浓度也可能造成较大的环境风险；编号十、十一是已列入《有毒有害大气污染物名录》或《有毒有害水污染物名录》需实施重点管控的新污染物；编号十二、十三分别是壬基酚、抗生素；编号十四是在我国已被淘汰的POPs。

对列入《清单》的新污染物（有毒有害化学物质），应严格按照要求落实禁止、限制、限排等环境风险管控措施。各级生态环境、工业和信息化、农业农村、商务、海关、市场监督管理等部门，应依法加强监督管理，对违反《清单》的行为依法严肃查处。为支持《清单》实施，目前少数POPs、VOCs已发布行业监测标准，抗生素、内分泌干扰物、全氟化合物等部分新污染物的监测标准正在制定中。

表1-2 重点管控新污染物清单

编号	新污染物名称	CAS号	主要环境风险管控措施
一	全氟辛基磺酸及其盐类和全氟辛基磺酸氟（PFOS类）	例如： 1763-23-1 307-35-7 2795-39-3 29457-72-5 29081-56-9 70225-14-8 56773-46-3 251009-16-8	1. 禁止生产。 2. 禁止加工使用（以下用途除外）。 用于生产灭火泡沫药剂（该用途的豁免期至2023年12月31日止）。 3. 将PFOS类用于生产灭火泡沫药剂的企业，应当依法实施强制性清洁生产审核。 4. 进口或出口全氟辛基磺酸及其盐类和全氟辛基磺酰氟，应办理有毒化学品进（出）口环境管理放行通知单。自2024年1月1日起，禁止进出口。 5. 已禁止使用的，或者所有者申报废弃的，或者有关部门依法收缴或接收且需要销毁的全氟辛基磺酸及其盐类和全氟辛基磺酰氟，根据国家危险废物名录或者危险废物鉴别标准判定属于危险废物的，应当按照危险废物实施环境管理。 6. 土壤污染重点监管单位中涉及PFOS类生产或使用的企业，应当依法建立土壤污染隐患排查制度，保证持续有效防止有毒有害物质渗漏、流失、扬散。

续表 1-2

编号	新污染物名称	CAS 号	主要环境风险管控措施
二	全氟辛酸及其盐类和相关化合物[1]（PFOA 类）	—	1. 禁止新建全氟辛酸生产装置。 2. 禁止生产、加工使用（以下用途除外）。 (1) 半导体制造中的光刻或蚀刻工艺； (2) 用于胶卷的摄影涂料； (3) 保护工人免受危险液体造成的健康和安全风险影响的拒油拒水纺织品； (4) 侵入性和可植入的医疗装置； (5) 使用全氟碘辛烷生产全氟溴辛烷，用于药品生产目的； (6) 为生产高性能耐腐蚀气体过滤膜、水过滤膜和医疗用布膜，工业废热交换器设备，以及能防止挥发性有机化合物和 $PM_{2.5}$ 颗粒泄露的工业密封剂等产品而制造聚四氟乙烯（PTFE）和聚偏氟乙烯（PVDF）； (7) 制造用于生产输电用高压电线电缆的聚全氟乙丙烯（FEP）。 3. 将 PFOA 类用于上述用途生产的企业，应当依法实施强制性清洁生产审核。 4. 进口或出口 PFOA 类，被纳入中国严格限制的有毒化学品名录的，应办理有毒化学品进（出）口环境管理放行通知单。 5. 已禁止使用的，或者所有者申报废弃的，或者有关部门依法收缴或接收且需要销毁的全氟辛酸及其盐类和相关化合物，根据国家危险废物名录或者危险废物鉴别标准判定属于危险废物的，应当按照危险废物实施环境管理。 6. 土壤污染重点监管单位中涉及 PFOA 类生产或使用的企业，应当依法建立土壤污染隐患排查制度，保证持续有效防止有毒有害物质渗漏、流失、扬散。
三	十溴二苯醚	1163-19-5	1. 禁止生产或加工使用（以下用途除外）。 (1) 需具备阻燃特点的纺织产品（不包括服装和玩具）； (2) 塑料外壳的添加剂及用于家用取暖电器、熨斗、风扇、浸入式加热器的部件，包含或直接接触电器零件，或需要遵守阻燃标准，按该零件质量算密度低于 10%； (3) 用于建筑绝缘的聚氨酯泡沫塑料； (4) 以上三类用途的豁免期至 2023 年 12 月 31 日止。 2. 将十溴二苯醚用于上述用途生产的企业，应当依法实施强制性清洁生产审核。

续表 1-2

编号	新污染物名称	CAS 号	主要环境风险管控措施
三	十溴二苯醚	1163-19-5	3.进口或出口十溴二苯醚,被纳入中国严格限制的有毒化学品名录的,应办理有毒化学品进(出)口环境管理放行通知单。自 2024 年 1 月 1 日起,禁止进出口。 4.已禁止使用的,或者所有者申报废弃的,或者有关部门依法收缴或接收且需要销毁的十溴二苯醚,根据国家危险废物名录或者危险废物鉴别标准判定属于危险废物的,应当按照危险废物实施环境管理。 5.土壤污染重点监管单位中涉及十溴二苯醚生产或使用的企业,应当依法建立土壤污染隐患排查制度,保证持续有效防止有毒有害物质渗漏、流失、扬散。
四	短链氯化石蜡[2]	例如: 85535-84-8 68920-70-7 71011-12-6 85536-22-7 85681-73-8 108171-26-2	1.禁止生产或加工使用(以下用途除外)。 (1)在天然及合成橡胶工业中生产传送带时使用的添加剂; (2)采矿业和林业使用的橡胶输送带的备件; (3)皮革业,尤其是为皮革加脂; (4)润滑油添加剂,尤其用于汽车、发电机和风能设施的发动机以及油气勘探钻井和生产柴油的炼油厂; (5)户外装饰灯管; (6)防水和阻燃油漆; (7)黏合剂; (8)金属加工; (9)柔性聚氯乙烯的第二增塑剂(但不得用于玩具及儿童产品中的加工使用); (10)以上九类用途的豁免期至 2023 年 12 月 31 日止。 2.将短链氯化石蜡用于上述用途生产的企业,应当依法实施强制性清洁生产审核。 3.进口或出口短链氯化石蜡,应办理有毒化学品进(出)口环境管理放行通知单。自 2024 年 1 月 1 日起,禁止进出口。 4.已禁止使用的,或者所有者申报废弃的,或者有关部门依法收缴或接收且需要销毁的短链氯化石蜡,根据国家危险废物名录或者危险废物鉴别标准判定属于危险废物的,应当按照危险废物实施环境管理。 5.土壤污染重点监管单位中涉及短链氯化石蜡生产或使用的企业,应当依法建立土壤污染隐患排查制度,保证持续有效防止有毒有害物质渗漏、流失、扬散。

续表 1-2

编号	新污染物名称	CAS 号	主要环境风险管控措施
五	六氯丁二烯	87-68-3	1. 禁止生产、加工使用、进出口。 2. 依据《石油化学工业污染物排放标准》(GB 31571)，对涉六氯丁二烯的相关企业，实施达标排放。 3. 已禁止使用的，或者所有者申报废弃的，或者有关部门依法收缴或接收且需要销毁的六氯丁二烯，根据国家危险废物名录或者危险废物鉴别标准判定属于危险废物的，应当按照危险废物实施环境管理。严格落实化工生产过程中含六氯丁二烯的重馏分、高沸点釜底残余物等危险废物管理要求。 4. 土壤污染重点监管单位中涉及六氯丁二烯生产或使用的企业，应当依法建立土壤污染隐患排查制度，保证持续有效防止有毒有害物质渗漏、流失、扬散。
六	五氯苯酚及其盐类和酯类	87-86-5 131-52-2 27735-64-4 3772-94-9 1825-21-4	1. 禁止生产、加工使用、进出口。 2. 已禁止使用的，或者所有者申报废弃的，或者有关部门依法收缴或接收且需要销毁的五氯苯酚及其盐类和酯类，根据国家危险废物名录或者危险废物鉴别标准判定属于危险废物的，应当按照危险废物实施环境管理。 3. 土壤污染重点监管单位中涉及五氯苯酚及其盐类和酯类生产或使用的企业，应当依法建立土壤污染隐患排查制度，保证持续有效防止有毒有害物质渗漏、流失、扬散。
七	三氯杀螨醇	115-32-2 10606-46-9	1. 禁止生产、加工使用、进出口。 2. 已禁止使用的，或者所有者申报废弃的，或者有关部门依法收缴或接收且需要销毁的三氯杀螨醇，根据国家危险废物名录或者危险废物鉴别标准判定属于危险废物的，应当按照危险废物实施环境管理。
八	全氟己基磺酸及其盐类和其相关化合物[3]（PFHxS类）	—	1. 禁止生产、加工使用、进出口。 2. 已禁止使用的，或者所有者申报废弃的，或者有关部门依法收缴或接收且需要销毁的全氟己基磺酸及其盐类和其相关化合物，根据国家危险废物名录或者危险废物鉴别标准判定属于危险废物的，应当按照危险废物实施环境管理。

续表 1-2

编号	新污染物名称	CAS 号	主要环境风险管控措施
九	得克隆及其顺式异构体和反式异构体	13560-89-9 135821-03-3 135821-74-8	1. 自 2024 年 1 月 1 日起，禁止生产、加工使用、进出口。 2. 已禁止使用的，或者所有者申报废弃的，或者有关部门依法收缴或接收且需要销毁的得克隆及其顺式异构体和反式异构体，根据国家危险废物名录或者危险废物鉴别标准判定属于危险废物的，应当按照危险废物实施环境管理。
十	二氯甲烷	75-09-2	1. 禁止生产含有二氯甲烷的脱漆剂。 2. 依据化妆品安全技术规范，禁止将二氯甲烷用作化妆品组分。 3. 依据《清洗剂挥发性有机化合物含量限值》(GB 38508)，水基清洗剂、半水基清洗剂、有机溶剂清洗剂中二氯甲烷、三氯甲烷、三氯乙烯、四氯乙烯含量总和分别不得超过 0.5%、2%、20%。 4. 依据《石油化学工业污染物排放标准》(GB 31571)、《合成树脂工业污染物排放标准》(GB 31572)、《化学合成类制药工业水污染物排放标准》(GB 21904)等二氯甲烷排放管控要求，实施达标排放。 5. 依据《中华人民共和国大气污染防治法》，相关企业事业单位应当按照国家有关规定建设环境风险预警体系，对排放口和周边环境进行定期监测，评估环境风险，排查环境安全隐患，并采取有效措施防范环境风险。 6. 依据《中华人民共和国水污染防治法》，相关企业事业单位应当对排污口和周边环境进行监测，评估环境风险，排查环境安全隐患，并公开有毒有害水污染物信息，采取有效措施防范环境风险。 7. 土壤污染重点监管单位中涉及二氯甲烷生产或使用的企业，应当依法建立土壤污染隐患排查制度，保证持续有效防止有毒有害物质渗漏、流失、扬散。 8. 严格执行土壤污染风险管控标准，识别和管控有关的土壤环境风险。

续表 1-2

编号	新污染物名称	CAS 号	主要环境风险管控措施
十一	三氯甲烷	67-66-3	1. 禁止生产含有三氯甲烷的脱漆剂。 2. 依据《清洗剂挥发性有机化合物含量限值》(GB 38508),水基清洗剂、半水基清洗剂、有机溶剂清洗剂中二氯甲烷、三氯甲烷、三氯乙烯、四氯乙烯含量总和分别不得超过 0.5%、2%、20%。 3. 依据《石油化学工业污染物排放标准》(GB 31571)等三氯甲烷排放管控要求,实施达标排放。 4. 依据《中华人民共和国大气污染防治法》,相关企业事业单位应当按照国家有关规定建设环境风险预警体系,对排放口和周边环境进行定期监测,评估环境风险,排查环境安全隐患,并采取有效措施防范环境风险。 5. 依据《中华人民共和国水污染防治法》,相关企业事业单位应当对排污口和周边环境进行监测,评估环境风险,排查环境安全隐患,并公开有毒有害水污染物信息,采取有效措施防范环境风险。 6. 土壤污染重点监管单位中涉及三氯甲烷生产或使用的企业,应当依法建立土壤污染隐患排查制度,保证持续有效防止有毒有害物质渗漏、流失、扬散。
十二	壬基酚	25154-52-3 84852-15-3	1. 禁止使用壬基酚作为助剂生产农药产品。 2. 禁止使用壬基酚生产壬基酚聚氧乙烯醚。 3. 依据化妆品安全技术规范,禁止将壬基酚用作化妆品组分。
十三	抗生素	—	1. 严格落实零售药店凭处方销售处方药类抗菌药物,推行凭兽医处方销售使用兽用抗菌药物。 2. 抗生素生产过程中产生的抗生素菌渣,根据国家危险废物名录或者危险废物鉴别标准,判定属于危险废物的,应当按照危险废物实施环境管理。 3. 严格落实《发酵类制药工业水污染物排放标准》(GB 21903)、《化学合成类制药工业水污染物排放标准》(GB 21904)相关排放管控要求。

续表 1-2

编号	新污染物名称		CAS 号	主要环境风险管控措施
十四	已淘汰类	六溴环十二烷	25637-99-4 3194-55-6 134237-50-6 134237-51-7 134237-52-8	1. 禁止生产、加工使用、进出口。 2. 已禁止使用的，或者所有者申报废弃的，或者有关部门依法收缴或接收且需要销毁的已淘汰类新污染物，根据国家危险废物名录或者危险废物鉴别标准判定属于危险废物的，应当按照危险废物实施环境管理。 3. 已纳入土壤污染风险管控标准的，严格执行土壤污染风险管控标准，识别和管控有关的土壤环境风险。
		氯丹	57-74-9	
		灭蚁灵	2385-85-5	
		六氯苯	118-74-1	
		滴滴涕	50-29-3	
		α-六氯环己烷	319-84-6	
		β-六氯环己烷	319-85-7	
		林丹	58-89-9	
		硫丹原药及其相关异构体	115-29-7 959-98-8 33213-65-9 1031-07-8	
		多氯联苯	—	

注：

1. PFOA 类是指：①全氟辛酸(335-67-1)，包括其任何支链异构体；②全氟辛酸盐类；③全氟辛酸相关化合物，即会降解为全氟辛酸的任何物质，包括含有直链或支链全氟基团且以其中(C_7F_{15})C 部分作为结构要素之一的任何物质(包括盐类和聚合物)。下列化合物不列为全氟辛酸相关化合物：①C_8F_{17}-X，其中 X= F、Cl、Br；②$CF_3[CF_2]n$-R' 涵盖的含氟聚合物，其中 R'=任何基团，$n>16$；③具有≥8 个全氟化碳原子的全氟烷基羧酸和膦酸(包括其盐类、脂类、卤化物和酸酐)；④具有≥9 个全氟化碳原子的全氟烷烃磺酸(包括其盐类、脂类、卤化物和酸酐)；⑤全氟辛基磺酸及其盐类和全氟辛基磺酰氟。

2. 短链氯化石蜡是指链长 C_{10} 至 C_{13} 的直链氯化碳氢化合物，且氯含量按质量计超过 48%，其在混合物中的浓度按质量计大于或等于 1%。

3. PFHxS 类是指：①全氟己基磺酸(355-46-4)，包括支链异构体；②全氟己基磺酸盐类；③全氟己基磺酸相关化合物，是结构成分中含有 $C_6F_{13}SO_2^-$ 且可能降解为全氟己基磺酸的任何物质。

4. 已淘汰类新污染物的定义范围与《关于持久性有机污染物的斯德哥尔摩公约》中相应化学物质的定义范围一致。

5. CAS 号，即化学文摘社(Chemical Abstracts Service，缩写为 CAS)登记号。

6. 用于实验室规模的研究或用作参照标准的化学物质不适用于上述有关禁止或限制生产、加工使用或进出口的要求。除非另有规定，在产品和物品中作为无意痕量污染物出现的化学物质不适用于本清单。

7. 未标注期限的条目为国家已明令执行或立即执行。上述主要环境风险管控措施中未作规定、但国家另有其他要求的，从其规定。

8. 加工使用是指利用化学物质进行的生产经营等活动，不包括贸易、仓储、运输等活动和使用含化学物质的物品的活动。

第四节 环境标准

标准化和标准的实施是现代社会的重要标志。所谓标准化,按国际标准化组织(ISO)的定义是:为了所有有关方面的利益,特别是为了促进最佳的全面经济效果,并适当考虑产品使用条件与安全要求,在所有有关方面的协作下,进行有秩序的特定活动,制定并实施各项规则的过程。而标准则是"经公认的权威机构批准的一项特定标准化工作成果",它通常以一项文件,并规定一整套必须满足的条件或基本单位来表示。

环境标准是标准中的一类,目的是防止环境污染、维护生态平衡、保护人群健康,是对环境保护工作中需要统一的各项技术规范和技术要求所作的规定。环境标准是政策、法规的具体体现,是环境管理的技术基础。

我国已建立了包括国家生态环境保护标准、地方生态环境保护标准在内的"两级六类"较为完备的国家生态环境标准体系。生态环境标准的范围涵盖生态环境质量标准、生态环境风险管控标准、污染物排放标准、生态环境监测标准(包含监测技术规范、监测方法标准、监测仪器设备以及环境标准样品标准)、生态环境基础标准和生态环境管理技术规范等。

我国幅员辽阔,自然条件、环境基本状况、经济基础、产业分布、主要污染因子差异较大,有时一项标准很难覆盖和适应全国。制定地方环境保护标准是对国家环境保护标准的补充和完善。拥有地方环境保护标准制定权限的单位为省、自治区、直辖市人民政府。地方环境保护标准包括地方环境质量标准和地方污染物排放标准;环境标准样品标准、环境基础标准等不制定相应的地方标准;地方标准通常增加国家标准中未作规定的污染物项目,或制定"严于"国家污染物排放标准中的污染物浓度限值。所以,地方环境保护标准在执行方面优先于国家环境保护标准。

习 题

1. 环境监测的主要任务是什么?
2. 根据环境污染的特点,说明对现代环境监测提出哪些要求?
3. 环境监测和环境分析有何区别?
4. 既然有了国家污染物排放标准,为什么还允许制定和执行地方污染物排放标准?

第二章 环境监测技术

环境监测技术包括采样技术、测试分析技术和数据处理技术。本章以污染物的测试分析技术为重点作介绍，采样技术和数据处理技术在后续章节介绍。

第一节 物理性监测技术

物理性监测技术主要应用于噪声、光、放射性和辐射、热等一系列环境污染因素的测定，通过对物理因子强度和能量的测定，了解环境污染中物理因素所占比例。无论是在土壤、水质、废物还是在空气监测中，都可以发现物理监测技术发挥着多功能作用，尤其在大气污染方面，空气中气体浓度的测定、温室气体的鉴定，都可采用物理监测技术。

一、物理性污染监测技术

物理性污染是一种能量传递与吸收性污染，与化学性、生物性污染相比有两个特点：第一，物理性污染是局部性的，区域性和全球性污染较少见；第二，物理性污染在环境中不会有残余的物质存在，一旦污染源消除，物理性污染即会消失。

关于环境噪声监测的布点方法，城市区域噪声环境质量监测采用的是网格方法，城市道路交通噪声监测采用的是道路长度加权法。从监测手段来看，目前我国噪声检测主要以人工监测为主，使用的噪声监测仪器包括声级计、声级频谱仪、录音机记录仪和实时分析仪等，测量的主要内容是噪声的强度，其次是噪声的特征。近几年在一些大型城市，结合声环境功能区监测建设了噪声自动监测系统。

环境中辐射场的直接测量主要是测量环境中的放射性核素发射出的 γ 射线（有时也包括 X 射线）在空气中的吸收剂量率；如果环境中的核素主要是发射 β 射线，也可以直接测量活度浓度，但测量 β 射线有时会伴随轫致辐射。常见的放射性检测器有 3 类：电离型检测器、闪烁型检测器和半导体检测器。放射性检测器的基本原理是基于射线与物质间相互作用所产生的各种效应，包括电离、发光、热效应、化学效应和能产生刺激粒子的核反应等。

对于光污染目前还没有统一的监测技术标准及相应的监测方法，现有的技术指南和技术标准只是从照明设计角度对亮度、照度等做出限制，常用的光污染测量仪器为亮度计和照度计。

二、其他物理性监测技术

1. 地球物理方法

地球物理方法不同于传统的环境监测,它不需要精确完善的化学分析技术,是根据污染物与其周围介质在物理性质上的差异,借助一定的装置和专门的仪器,测量污染物物理场的分布状态,通过分析和研究物理场的变化规律并结合地质、水文等有关资料,推断污染物的分布特征,以达到检测的目的。

对于土壤污染特别是垃圾填埋场土壤污染的监测,基于地球物理方法的监测技术已成为该领域的一个热点。此方法是利用土壤的电性、磁学性质进行污染调查,故可分为电性检测法(瞬变电磁法、电阻率法)和环境磁学检测法。地球物理方法主要应用在:①监测垃圾渗滤液的运移及污染范围;②监测土壤中含磁性污染物质和重金属。

地球物理方法在地下水污染监测可用于监测有机污染物和无机污染物。对有机污染物,特别是高密度非水相流体(DNAPL)的探测当前研究较多,使用的方法包括探地雷达、激发极化法和电磁法等。由于无机污染物的存在,水体形成了良好的导电溶液,故易于用电阻率法进行监测。地球物理方法还广泛应用于海水入侵的监测,常用的有效方法有电阻率法、瞬变电磁法和探地雷达等。

地球物理方法还可应用于空气污染和地表水污染监测,如利用磁法监测大气降尘中的磁性颗粒(重金属粉尘),利用电导率法对污染水的修复进行跟踪动态监测。

2. 光谱技术

在大气环境污染监测中,光谱技术是重要的监测手段。光谱学包括常规光谱学和激光光谱学两种。前者采用普通光源和光源灯,后者采用各种激光器作为光源。激光具有良好的单色性和相干性、极好的方向性、极高的功率密度等优点,在光谱技术中被广泛应用,并且常常被应用在遥感技术中。

在环境监测中用到的光谱技术有激光诱导荧光光谱、激光质谱、激光拉曼光谱、差分光学吸收光谱、傅里叶变换红外光谱等。这些光谱技术可以监测大气环境中的碳氧化物、氮氧化物、硫氧化物、臭氧、氟氯化碳、溴代甲烷、苯的衍生物和多环芳烃等诸多污染物质,对温室效应、酸雨、光化学烟雾、平流层中臭氧耗减等环境污染现象的监测有着显著的作用。

第二节 化学性监测技术

在环境监测过程中,化学性检测技术是现阶段比较成熟、使用广泛的一种手段。当化学因子在环境中浓度增大而导致环境污染时,化学性监测技术可对该化学因子的浓度进行测试,可以使化学污染成分有效地被识别出来,为环境状况的统计和污染的治理提供必要的数据。

一、化学分析法

常规的化学分析法有重量分析法和容量分析法两大类。这些基础的化学分析方法一般不需借助精密的仪器，便于操作。

重量分析法包括气化法、沉淀法等。一般先用适当的方法将被测组分与试样中的其他组分分离后，转化为一定的称量形式，然后称量，由称得物质的质量计算该组分的含量。在环境监测中，空气中 $PM_{2.5}$、PM_{10}、TSP，以及水中悬浮物、水中石油类物质硫酸根等项目的检测、硫酸根等指标的测定使用重量分析法。

容量分析法包括酸碱滴定法、氧化还原滴定法、配位滴定法和沉淀滴定法。容量分析法是将一种已知准确浓度的溶液（标准溶液），滴加到含有被测物质的溶液中，根据化学计量定量反应完全时消耗标准溶液的体积和浓度，计算出被测组分的含量。该方法广泛用于水中酸度、碱度、化学需氧量、溶解氧以及硫化物、氰化物含量的测定。

二、仪器分析法

环境监测分析种类繁多，被检测组分复杂且含量低，常规化学分析方法不能满足日益增加的检测项目，仪器分析法灵敏度高、选择性强，成为环境监测中重要的分析方法。仪器分析法是以物理和物理化学方法为基础的分析方法，主要包括光学分析法、电化学分析法、色谱分析法、质谱技术等。

光学分析法包含可见分光光度法、紫外分光光度法、红外分光光度法（红外光谱）、原子吸收光谱法、原子发射光谱法、X 射线荧光光谱法、荧光光谱法、化学发光分析法等。分光光度法常用于大部分金属、无机非金属的测定。在国家标准中，土壤和水中的元素分析大部分是以原子光谱法为基础建立的。

电化学分析法包括离子选择电极法、电导法、电位分析法、极谱法、溶出伏安法和库仑滴定法。例如，大气及烟道废气中氟的测定、水体中氟的测定、空气中氰含量的测定等可以使用电化学分析法。

色谱分析法是一种快速分离分析技术，是利用混合物中待测组分在固定相和流动相中吸附能力分配系数或其他亲和作用的差异而建立的分离测定方法，包括气相色谱法、高效液相色谱法、离子色谱法、薄层色谱法等。气相色谱法和高效液相色谱法主要应用于有机污染物的检测。离子色谱分析法相对电化学分析法，对阴阳离子的测定更加快捷和高效。

质谱技术的应用提高了检测的特异性和灵敏度，在环境监测中常用的质谱法有气相色谱-质谱联用技术（GC-MS）（图 2-1），适用于 VOCs 和 S-VOCs 以及其他有机污染物的测定，液相色谱-质谱联用技术（LC-MS）适用于环境中农药残留的快速检测。除了有机质谱外，还有无机质谱，如电感耦合等离子体质谱（ICP-MS），可用于无机元素微量分析和同位素分析等，同时 ICP-MS（图 2-1）还可与离子色谱、液相色谱联用，进行元素形态与价态分析。

(a) GC-MS

(b) ICP-MS

图 2-1　质谱仪示例

第三节　生物性监测技术

生物与环境之间相互依存、相互影响,当环境受到污染时,生存在其中的生物会吸收到污染物质并且在体内迁移、积累。受污染的生物,在生态、生理和生化指标等方面会发生改变(污染物在生物体内的行为),出现不同的症状或反应。生物性监测技术就是利用植物和动物在污染环境中产生的信息来判断环境质量的方法,是一种最直接反映应环境综合质量的方法。

生物性监测技术具有物理监测和化学监测不可替代的作用,其主要特点有:①可以在不使用昂贵的仪器、设备的情况下,对环境进行连续性、动态化监测;②由于生物可以选择性富集某些污染物,富集程度可达环境浓度的 $10^3 \sim 10^6$ 倍,所以可以对环境中一些较为隐蔽的污染物进行有效地发现,监测灵敏度较高;③生物监测反映的是自然的、综合的污染状况,能直接反映环境污染对生物的影响;④可以在较大的范围内密集布点,甚至在偏远地区也能布点监测;⑤生物监测技术具有长期性,其结果可以将历史积累的污染状况反映出来,对慢性有毒性污染物的监测更为明显。生物监测是物理监测和化学监测的一个重要补充。在实际应用中,生物性监测技术常常与物理性监测技术和化学性监测技术结合构成综合环境监测手段。

根据生物所处的环境介质,生物监测可以分为水环境污染生物监测、大气污染生物监测和土壤污染生物监测。从监测的生物对象上划分,可以分为动物监测、植物监测和微生物监测。本节主要介绍不同环境介质的生物性监测技术。

一、水环境污染生物监测技术

未受污染的水体中各种水生生物组成的生态系统会保持相对平衡,当水体受到污染后,水生生物的群落结构和生物个体的数量就会发生变化,使生态平衡被破坏。这会导致对污染物质敏感的生物消亡而抗性生物存活,群落结构趋单一化,这就是生物群落监测法的理论基础。

(一)指示生物法

指示生物是指环境中对某些物质(包括进入环境中的污染物)能产生各种反应或信息而被用来监测和评价环境质量的现状和变化的生物,包括浮游生物、着生生物、底栖生物、鱼类和微生物等。根据水环境中有机污染物或某些特定污染物敏感的或有较高耐受性的生物种类的存在或缺失,来指示所在水体内污染程度的监测方法,称为指示生物法。

浮游生物分为浮游植物和浮游动物。浮游植物通常是指浮游藻类,由于不同藻类对营养物质的需求和反应不同,因此通过对藻类的丰度、种类和化学组成进行检测,可以判断水质的综合状况。某些藻类生物还可以用于评估有机污染物、油分散剂、废水、固体废物滤液等的毒性。例如苯并(a)芘聚集在小球藻的脂质体中后,可以使用荧光共焦显微镜对其定位。浮游动物主要包括无脊椎动物和脊索动物的幼体,有原生动物、轮虫、枝角类和桡足类等。水体富营养化和水质浑浊造成的水体缺氧,都会对浮游动物群落组成、空间分布和丰度产生影响。

着生生物是积聚在人造或天然基质表面的有机群落,主要由藻类、细菌、真菌和原生动物组成,是水环境的早期预警标志物。常用的监测指标有生物多样性指数、均匀度指数、藻类密度、总生物量等。它的生物量常采用体积换算法进行计算,也可利用其群落结构进行动态监测。

底栖动物是栖息在水体底部淤泥中、石块或砾石表面及间隙中,以及附着在水生植物之间的肉眼可见的水生无脊椎动物,如牡蛎、虾、贻贝、河蚌等。无脊椎动物会受到高浓度金属和营养物、细沉积物以及流量特征的影响。底栖动物移动能力较差,因此在正常情况下群落结构较稳定,水体受污染后群落结构便会发生变化。目前,以底栖生物评价水质和监测水体污染已被广泛采用,并取得一定的效果。

鱼类作为水生食物链中的最高营养水平,水体中污染物质会在体内富集积累,某些污染物对低等生物可能没有明显作用,但鱼类却可能受到影响。因此,鱼类的状况能够全面反映水体的总体质量。鱼类生物测定的指标包括生理指标和行为指标。其中,生理指标主要有心跳速率和血液酸碱度;行为指标主要包括逃逸行为、运动行为和呼吸行为。生理指标通常可用于监测的鱼类,包括红鼻剪刀鱼、马头鳅、虎皮鱼、红绿灯鱼、斑马鱼、鲇鱼、鲑鱼、河鲈等。

在清洁的河流、湖泊、池塘中,有机质含量少,微生物也很少,但受到有机物污染后,微生物数量大量增加,所以水体中含微生物的多少可以反映水体被有机物污染的程度。监测指标为群落多样性、群落结构、群落均匀度、优势细菌丰度等。

(二)生物指数监测法

生物指数是指运用数学公式计算出的反映生物种群或群落结构变化,用以评价环境质量的数值。常用的生物指数有如下几种。

1. 贝克生物指数

贝克(Beek)1955 年首先提出一个简易计算生物指数的方法。他将水体中的底栖动物分成 A 和 B 两大类：A 为对有机污染物缺乏耐性的敏感种类，B 为对有机污染物有一定程度耐性的耐污种类。计算生物指数的公式为

$$生物指数(BI) = 2n\text{A} + n\text{B} \tag{2-1}$$

式中：n 为底栖大型无脊椎动物的种类。

当 BI 值为 0 时，属于严重污染区域；BI 值为 1~6 时，属于中等有机物污染区域；BI 值为 10~40 时，属于清洁水渠。

1974 年，津田松苗在对贝克指数进行多次修改的基础上，提出不限于采样点采集，而是在拟评价或监测的河段把各种底栖大型无脊椎动物尽量采集到，再用贝克公式计算。所得数值与水质的关系为：BI>30 为清洁水区；BI=15~29 为较清洁水区；BI=6~14 为不清洁水区；BI=0~5 为极不清洁水区。

2. 生物种类多样性指数

在清洁的环境中，生物种类多样，但由于竞争，各种生物又以有限的数量相互制约维持着生态平衡。当水体受到污染后，不能适应的生物会被淘汰，生态平衡被打破，生物多样性会大大降低。经过对水生指示生物群落、种群的调查和研究，提出生物种类多样性指数评价水质。该指数的特点是能定量反映群落中生物的种类、数量以及种类组成比例变化信息。常见的计算生物多样性指数方法如下。

(1) Margalef 多样性指数：

$$d = \frac{S-1}{\ln N} \tag{2-2}$$

式中：d 为生物种类多样性指数；N 为各类生物的总个数；S 为生物种类数。

d 值越低污染越重，d 值越高水质越好。该方法的缺点是只考虑种类数与个体数的关系，没有考虑个体在种类间的分配情况，容易掩盖不同群落种类和个体的差异。

(2) Shannon-Willam 根据对底栖大型无脊椎动物的调查结果，提出用底栖大型无脊椎动物种类多样性指数来评价水质，计算式为

$$\bar{d} = -\sum_{i=1}^{s} \frac{n_i}{N} \log_2 \frac{n_i}{N} \tag{2-3}$$

式中：$\bar{d}$ 为底栖大型无脊椎动物种类多样性指数；N 为单位面积样品收集到的各类底栖大型无脊椎动物的总个数；n_i 为单位面积样品中收集到的第 i 种底栖大型无脊椎动物的个数；S 为单位面积样品中收集到的底栖大型无脊椎动物种类数。

式(2-3)表明动物越多，$\bar{d}$ 值越大，水质越好；反之，动物种类越少，$\bar{d}$ 值越小，水体污染越严重。Willam 对美国十几条河流进行了调查，总结出 $\bar{d}$ 值与水体污染程度的关系为：$\bar{d}<1.0$，污染严重；$\bar{d}$ 为 1.0~3.0，中等污染；$\bar{d}>3.0$，清洁。

(三) PFU 微型生物群落监测法

以往生物监测的研究重点多放在分类和结构方面。然而,生物系统的结构变化并非总与生物系统的其他变化相关联,仅以某个种类、某个种群构成的生物反应系统的变化来评价一个水生生态系统,偏差极大。因此,为掌握水生生态系统对环境污染的完整反应,要求我们在生物系统(细胞、组织、个体、种群、群落、生态系统)中选择超出单一种类水平,即群落或生态系统作为生物监测的生物反应系统,并对该系统的结构和功能变化均进行研究。

美国的 Cairns 博士 1969 年创立了微型生物群落监测法(简称 PFU 法)。我国于 1991 年颁布《水质 微型生物群落监测 PFU 法》(GB/T 12990—91)。PFU 法适用于原生动物、藻类对水质的检测。该方法是以聚氨酯泡沫塑料块(PFU)作为人工基质沉入水体中,经过一定时间后,水体中大部分微型生物种类均可群集到 PFU 内,达到种类数的平衡,通过观察和测定该群落结构与功能的各种参数来评价水质状况。还可以用毒性试验方法预报废(污)水或有害物质对受纳水体中微型生物群落的毒害程度,来制定安全浓度和最高允许浓度提出群落级水平的基准。

二、大气污染生物监测技术

大气污染生物监测技术是利用生物对大气污染物的反应,监测有害气体的成分和含量以了解大气的环境质量状况。大气污染的生物监测主要是利用植物监测,因为植物位置固定、管理方便,且不同种类的植物对不同的大气污染物具有不同的受害症状,易于辨别。此外,大气生物监测技术还包括动物监测和微生物监测,但由于动物对环境的适应(差异)性大和管理困难,目前尚未形成一套完整的监测方法。

(一) 利用植物监测

1. 大气污染对植物的影响

大气中气体污染物或粉尘污染物可以通过植物叶片上的气孔吸收,经细胞间隙抵达导管,然后转运到其他部位。另外大气中污染物质还可沉降到地面,进入土壤后,由植物根系吸收到植物体内,影响植物发育。

研究大气污染对植物的影响特征、危害症状正是利用植物监测作为基础。大气污染对植物各级组织水平的影响是不同的,主要表现在群落、个体、组织器官、细胞和细胞器、酶系统等方面。在群落层面,污染物的长期作用会使一些敏感种减少或消失,而耐污种生存下来,使得群落结构发生变化;对个体的影响主要表现出生长减慢、发育受阻、失绿发黄和早衰等症状;对组织器官的影响大部分集中在叶面,各种污染物对叶片的伤害症状就是大气污染诊断的主要依据;细胞和细胞器层面可以通过电镜观察到叶绿体结构或细胞膜被污染物破坏;污染物通过对酶系统的作用而影响生化反应,导致代谢破坏。

2. 指示植物及受害症状

指示植物是受到污染物的作用后能较敏感和快速地产生明显反应的植物。不同的污染物质和浓度所产生的症状及程度各有不同。不同污染物质可用到的指示植物及对应的受害症状如表 2-1 所示。

表 2-1 不同污染物对应的指示植物及受害症状

污染物	指示植物	受害症状
二氧化硫	紫花苜蓿、芥菜、大麦、棉花、南瓜、白杨、白桦树、加拿大短叶松、挪威云杉及苔藓、地衣等	初期症状为出现暗绿色水渍状斑点,叶面有水渗出并起皱;严重后绿变为灰绿色,失水干枯并出现坏死斑。阔叶植物受害症状是叶脉间出现不规则坏死斑,针叶植物则是针叶呈红棕色或褐色。 硫酸雾会使叶片上出现浅黄色透光斑点
氮氧化物	烟草、番茄、秋海棠、向日葵等	氮氧化物往往与臭氧或二氧化硫共同作用危害植物,其症状为在叶脉间出现深绿色水浸蚀斑痕并逐渐变成淡黄色或青铜色
氟化氢	郁金香、葡萄、金线草、雪松、云杉、紫荆、玉米等	叶面上会出现萎黄,然后颜色加深形成棕色斑块,并与正常组织间有明显分界线。单子叶和针叶植物通常出现在叶尖而双子叶和阔叶植物则出现在叶缘
光化学指示剂	O_3:矮牵牛花、洋葱、菠菜、马铃薯、黄瓜、松树等。 过氧乙酰硝酸酯(PAN):长叶莴苣、早熟禾、甜菜等	植物受到 O_3 伤害后叶面上会出现棕色或褐色的点状斑,随时间延长颜色变为黄褐色或灰白色并且连成一片。 PAN 的症状是叶背面上出现水渍状斑或亮斑,继而气孔附近的海绵组织呈银灰色、褐色
持久性有机污染物(POPs)	地衣、苔藓等	植物中 POPs 含量与空气中 POPs 含量线性相关,通过监测其中 POPs 的量可知大气的污染程度

在实际应用中,先将指示植物在没有污染的环境中盆栽或地栽培植,待长到适宜大小时,移至观测点,观察它们的受害症状和程度。还有一种方法是利用植物群落受到污染后的不同反应来评价大气污染程度,根据对污染物的抗性等级先将群落中植物分为敏感、抗性中等和抗性强 3 类,再由不同抗性植物的受害程度判断大气污染程度。

(二)其他监测方法

1. 利用动物监测

在一个区域内,利用动物种群数量的变化,特别是对污染物敏感动物种群数量的变化,也可以监测该区域空气污染状况。例如,一些大型哺乳动物、鸟类、昆虫等的迁移,以及不易直接接触污染物的潜叶性昆虫、虫瘿昆虫、体表有蜡质的蚜类等数量的增加,说明该地区空气污染严重。

2. 利用微生物监测

微生物一般通过土壤尘埃、水滴、人和动物体表的干燥脱落物、呼吸道的排泄物等方式进入大气中。大气中微生物组成及数量变化与空气污染有密切关系,可用于监测空气质量。例如,经研究发现需氧菌类浓度与有害的大气污染物 TSP 与 SO_2 呈正相关性。

三、土壤污染生物监测技术

（一）土壤污染的植物监测

土壤受到污染后,植物对污染物产生各种反应"信号",主要包括:产生可见症状,如叶片上出现伤斑;生理代谢异常,如蒸腾作用降低、呼吸作用加强,生长发育受抑;植物成分发生变化,由于吸收污染物质,使植物体中的某些成分相对正常情况下发生改变,如当土壤中 Cu 过量时,罂粟植株矮化;Ni 过量时,白头翁花瓣变为无色;被无机农药污染的植物叶片和叶柄上会出现烧伤的斑点或条纹,被有机农药污染的植物叶片会变黄或脱落;苔藓、萝卜等对 Pb、Cr 有很强的富集能力,其体内重金属浓度随土壤浓度增大而增大。

（二）土壤污染的动物监测

土壤动物在土壤有机质分解、养分循环、改善土壤结构、影响健康和植物演替中具有重要作用。土壤动物的主要种类与生态系统不同方面的信息相互联系,因此土壤动物可以作为土壤污染的生态指标。蚯蚓、原生动物、线虫群落、甲螨均可作为指示物监测土壤污染。

研究表明,蚯蚓对农药、铅、镉等污染物有较高的敏感性;当土壤存在镉污染时,污染区甲螨密度明显增加;土壤中原生动物是农药污染和铅锌等重金属污染的敏感指示生物,在污染区域中原生动物群落物种多样性显著下降;线虫作为土壤中最丰富的无脊椎动物,对污染的胁迫效应等迅速作出反应,可作为土壤污染效应研究的生物指标。

（三）土壤污染的微生物监测

该方法主要是通过监测土壤中微生物群落的变化来反映土壤受到污染的状况,即通过对土壤中异养菌(主要是细菌、放线菌和霉菌)的分离和计数,观察和了解受测土壤中微生物群系的结构和数量的改变,从而评价土壤被污染的状况及程度。我国目前应用的微生物监测主要是监测农药和重金属对土壤环境的影响。

用于监测土壤污染的指示微生物有大肠杆菌、真菌和放线菌、腐生菌、嗜热菌等。土壤中大肠杆菌群的细菌数量可评价土壤受病原微生物污染的程度；真菌和放线菌在酸性条件下可以降解天然有机物如纤维素、木质素等，因此可以据此判断土壤有机物的组成和pH变化；腐生菌和嗜热菌分别可以表征有机污染及其净化过程和土壤牲畜粪便污染。

第四节　自动监测技术

一、连续自动监测技术

环境中污染物质的浓度和分布是随时间、空间、气象条件及污染源排放情况等因素的变化而不断改变的，定点、定时人工采样测定结果不能确切反映污染物质的动态变化，也不能及时提供污染现状和预测发展趋势。为及时获得污染物质在环境中的动态变化信息，正确评价污染状况，并为研究污染物扩散、转移和转化规律提供依据，必须采用和发展连续自动监测技术。

我国自20世纪70年代开始建立环境监测站，80年代引进国外整套自动监测系统来建设空气质量自动监测站。此后开始在全国范围内陆续建立起了空气、地表水污染连续自动监测系统，形成了自动监测网络，成为对空气、地表水质量常规项目监测和监控的主要手段，此外还开展了废(污)水、烟气连续自动监测(图2-2)。随着自动监测技术的进一步加强和完善，还建设了城市噪声和辐射等物理性污染自动监测系统。

1. 地表水及空气自动监测系统

不论是空气还是水体连续自动监测系统都是由一个中心站及若干个子站和信息传输系统组成。该系统是一个集监测仪器、数据通信、计算机等于一体的网络系统。中心站是网络的指挥中心和信息数据处理中心；子站是网络的末端，配有自动测定各种污染物的仪器，主要任务是连续自动监测各种污染物浓度，进行初步处理后储存并传输到中心站。

2. 污染源自动监测系统

除了对城市和河流的空气、水体的常规自动监测外，对污染源的连续自动监测也是环境自动监测系统的重要部分。污染源自动监测的对象主要是各类工厂企业排放的废气(主要是烟气)、废(污)水和产生的噪声。废(污)水连续自动监测系统组成与环境水体的自动监测系统类似，主要包括自动监测系统、传输系统和远程控制中心。但是由于工厂企业的废(污)水水质情况较恶劣，所需的预处理系统更加复杂，监测项目也会相应增加。

烟气连续自动监测系统(CEMS)是针对工厂企业排放烟气中污染物浓度和相关排气参数的连续自动监测设备，由颗粒物(烟尘)CEMS、烟气参数测量、气态污染物CEMS和数据采集与处理4个系统组成，可以监测二氧化硫、氮氧化物、颗粒物等污染物，还可对含氧量、湿度、流速、温度等参数进行监控。

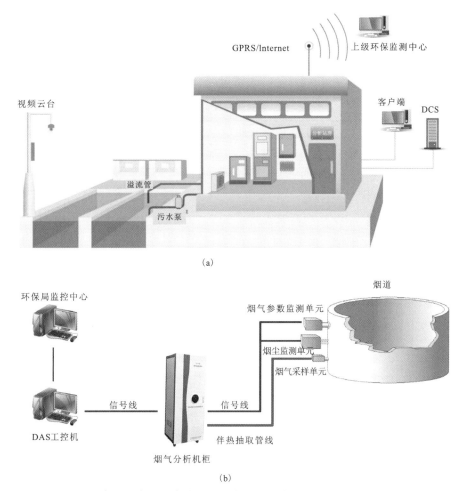

图 2-2 废（污）水连续自动监测系统（a）和烟气连续自动监测系统（b）

二、遥感技术

遥感是集航空航天、微波通信、计算机信息技术、数字信号和图像处理、感光化学、软件工程等高新技术为一体的尖端科学技术，它在获取大面积同步和动态环境信息方面"快"而"全"，是其他监测手段无法比拟和完成的。遥感监测是应用探测仪器对远处目标物或现象进行观测，把目标物或现象的电磁波特性记录下来，通过识别、分析，揭示某些特性及其变化，是一种不直接接触目标物或现象的高度自动化监测手段。遥感技术应用于环境监测上既可观测空气、土壤、植被和水质状况，也可实时快速跟踪和监测突发污染事件的发生与发展，突破了以往从地面研究环境的局限性。

目前遥感监测的主要方法有摄影、红外扫描、相关光谱和激光雷达遥感等。

（一）遥感技术在水质监测中的应用

利用遥感技术进行水环境监测和评价，主要是依靠水体及其污染物的光谱特性。不同种类和浓度的污染物,使水体在颜色、密度、透明度和温度等方面产生差异,导致水体反射波谱能量发生变化。根据遥感图像在色调、灰阶、纹理等特征上反应的影像信息的差别,可识别出污染源、污染范围、面积和浓度等。水环境遥感监测中常见的监测类型与监测方法见表2-2。

表2-2 水环境遥感监测的常见方法

监测类型	常用遥感方法	影像特征
水体富营养化	彩色摄影、多光谱摄影、多光谱扫描成像,相关辐射仪	彩色红外图像上呈红褐色或紫红色,在MSS7上呈浅色调
悬浮固体	彩色红外摄影、多光谱摄影、多光谱扫描成像	MSS5图像上呈浅色调,在彩色红外片上呈淡蓝、灰白色调,水流与清水交界处形成羽状水舌
油污染	可见光、紫外、多光谱摄影,多光谱扫描成像,激光扫描成像,红外、微波辐射计	可见光、紫外、近红外、微波上呈浅色调,在热红外图像上呈深色调,为不规则斑块状
热污染	红外辐射扫描、微波辐射仪等	热红外图像上呈白色或羽状水流

叶绿素a浓度是反映水体中总的浮游植物和藻类生物量的最佳参量,也是评价水体营养状态的最佳色素。通过现场对叶绿素a生物量等数据的采样,利用采样数据与遥感数据反映的水体绿度指数建立起遥感回归模型得出水体中叶绿素a及生物量的空间分布信息,从而达到监测水体富营养化的目的。

水中悬浮物质的含(沙)量可直接影响水体的透明度、水色等光学性质。对可见光遥感而言,在某一波段范围内对不同泥沙浓度出现辐射峰值,即对水中泥沙反应最敏感,在此波段中监测水中悬浮物质最佳。在实际监测当中,往往选择与悬浮物质浓度相关性好的波段,结合实测悬浮物质的数据进行分析,从而建立特定波段辐射值与悬浮固体浓度之间的关系模型,然后对该波段辐射进行反演,得出悬浮固体浓度。

目前遥感监测石油污染的主要手段是微波雷达和光学遥感。微波雷达遥感具有全天候、全天时的优点,是目前海洋溢油业务化监测的技术方法之一。它的原理在于溢油改变了海面粗糙程度,进而改变了海面布拉格后向散射强度,通过对微波雷达图像上"暗像元"特征的探测,实现海面疑似溢油的监测。图2-3为海洋溢油污染及海面油膜的遥感影像。

近年来油污染的光学遥感监测技术不断发展,不同溢油污染类型的识别、油膜厚度识别、乳化油浓度监测等技术日趋成熟。在实际监测中,微波雷达和光学遥感监测技术结合使用相互验证,取得了良好效果。

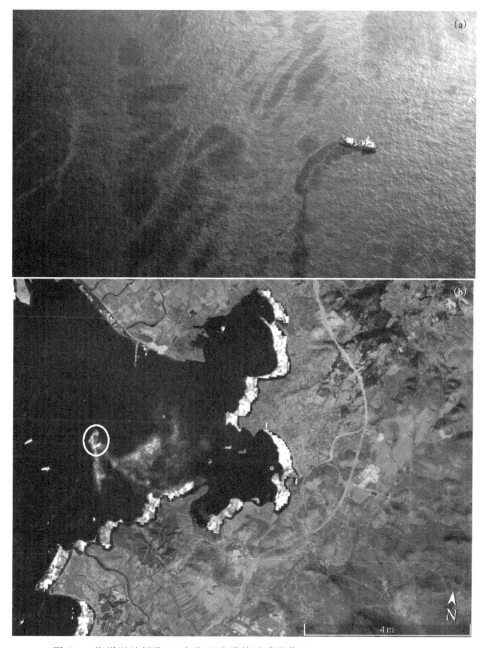

图 2-3 海洋溢油污染(a)和海面油膜的遥感影像(b)(摘自 Eronat et al.,2019)

(二)遥感技术在大气环境监测中的应用

大气环境遥感监测是监测大气中的臭氧(O_3)、CO_2、SO_2、甲烷(CH_4)等痕量气体成分以及气溶胶、有害气体等的三维分布。这些物理量通常不可用遥感手段直接识别,但由于 H_2O、CO_2、O_3、CH_4 等微量气体成分具有各自分子所固有的辐射和吸收光谱特征,因此实际上可通过测量大气散射、吸收及辐射的光谱特征值,并从中识别出这些组分。

大气环境遥感监测技术按其工作方式可分为被动式遥感监测和主动式遥感监测,前者依靠接受大气自身所发射的红外光波或微波等辐射实现对大气成分的探测;后者是由探测器发射电磁波与大气物质相互作用产生回波,通过检测回波实现对大气成分的探测。根据遥感平台的不同,大气环境遥感监测技术又可分为天基遥感、空基遥感和地基遥感。天基遥感、空基遥感以卫星、宇宙飞机、飞机和高空气球等为遥感平台,地基遥感以地面为主要遥感平台。

1. 被动式空基遥感

目前被动式空基遥感大气环境监测主要包括大气气溶胶和温室气体的监测、大气主要污染物及突发性大气污染事故的监测。对于 SO_2、氮氧化物及有机污染物,其污染信息易受到地面信息干扰,所以一般根据污染地区地物反射率变化、边界模糊的情况来对大气污染情况进行估计,或采用间接方法,根据植物中污染物含量与遥感数据中植被指数的关系估计大气污染的情况。

2. 主动式空基遥感

主动式空基遥感监测主要依靠星载或机载的微波雷达。主动式雷达向目标物发射一束很窄的大功率电磁脉冲波,然后用同一天线接收目标物反射的回波信号。不同物体,回波信号的振幅、位相不同,故接受处理后,可测出目标物的方向、距离等数据。用此技术可测量大气中气溶胶、O_3 等成分和污染物的空间分布数据。

3. 被动式地基遥感

目前被动式地基遥感监测主要有太阳直接辐射的宽带分光辐射遥感、微波辐射计遥感、多波段光度计遥感等。太阳直接辐射遥感是利用日光在大气中的衰减和散射来测量大气组分,通过对可见光的测量来反演气溶胶,利用紫外线波段来测量大气中 O_3、CO_2 等;微波辐射计遥感的原理是不同大气分子在很宽的频率范围内产生特定的谱线,通过接收这些不同辐射频率信号来反演大气组分,可用来测量大气中 O_3 和氯化物;多光谱光度计遥感是一种以太阳为光源的遥感手段,自大气上界入射到地气系统的太阳辐射受到大气中气体分子以及大气气溶胶粒子的散射和吸收,在地面接收到的太阳辐射包含了大气中气溶胶信息,通过测量接收到的辐射就可以反演出气溶胶的信息。

4. 主动式地基遥感

主动式地基遥感的探测仪器主要是激光雷达,激光波束的波长可与大气中任何原子、分子发生共振而产生回波,不存在大气探测的盲区。它主要用于测量大气的状态、大气污染成分和平流层物质等大气中物质的物理性质及其空间分布特征。

(三)遥感技术在生态环境监测中的应用

不同环境体发射和反射的电磁波性质不同,经过遥感技术处理后形成不同的成像,因此遥感技术还可应用于宏观生态环境要素的监测,具有视野广阔、获取信息量多、效率高、适应性强、可用于动态监测等优点。通过生态环境遥感监测,建立起土地退化监测模型、海岸带蚀淤遥感监测模型和水体污染扩散模型等,有助于监测和评估区域范围内生态环境的状况和变化规律。

三、生态环境智慧监测

生态环境智慧监测是指应用云计算、物联网、大数据、移动互联网、人工智能和网络通信等新一代信息技术,高效智能感知生态环境。通过生态环境智慧监测系统能够实时监测环境噪声、气象、水质、土壤、气候和其他复杂环境要素,并进行数据结构化、存储、处理、分析与预测。从而提升数据挖掘和应用水平,满足政府、企业、公众等对生态环境监测的需要,实现生态环境管理和监测业务的深度融合,更加精准、智能地支撑生态环境管理和决策。

生态环境部于2022年2月印发《生态环境智慧监测创新应用试点工作方案》,选取我国13个省份、16个地级市(含雄安新区)开展先行先试工作,试点周期为两年,在2023年底建设环境质量联合会商平台,建立国家、省、市三级监测数据联通共享机制,基本实现环境空气和地表水智慧监测。

1. 生态环境智慧监测的技术手段和应用场景

生态环境智慧监测系统是环境自动监测技术的延伸和综合,其组成包括传感器网络、数据采集与传输设备、数据处理与分析中心、数据存储与管理系统、智能预警与决策支持系统以及可视化展示与交互平台等多个部分。不同组成部分与技术手段经过合理搭配与共同协作,以实现对不同生态环境应用场景全面、高效的监测。

(1)空气质量监测:基于生态环境监测大数据平台的大气基础数据,结合无人机航测等空中监测手段和超级站、走航车等地面监测手段,构建大气三维立体综合观测系统,提升环境空气质量监测水平。整合地理信息、污染源、气象、空气质量等多源数据,完善现有空气质量预警预报系统。

(2)水质监测:基于生态环境监测大数据平台的水质基础数据,利用微卫星和无人机遥感、走航巡查等物联感知手段,构建面向水环境质量目标的流域水文水质、关联分析等模型体系,模拟地表污染物输移汇聚过程及对重点断面和流域水质的影响,实现污染源、水文、水质智能感知联动分析和流域精细化分区分类管理,建立水资源、水环境质量、水生态健康评估与预警长效管控平台。

(3)生物多样性监测:综合应用红外相机、卫星遥感、物联网、云计算等新技术,基于图像、声音和环境DNA等信息实现数据采集的统一规范,建成集数据采集、传输、识别鉴定、应用产出于一体的监测体系,对植物、哺乳动物、鸟类、两栖爬行动物、昆虫、水生生物等多类群进行动态变化监测。

(4)突发性事件应急监测:基于物联网、云计算、人工智能等技术手段,融合气象、水文、污染风险源等多源数据,建设应急监测、辅助决策和指挥调度于一体的生态环境应急监测业务系统,为突发性环境事件应急监测提供全过程图上作业支持,实现应急监测指挥决策可视化、天空地监测网络一体化。

2. 生态环境智慧监测的特点

生态环境智慧监测具有实时监测、高精度、大数据分析、响应迅速以及促进公众参与等优点。基于以上优点,态环境智慧监测主要呈现出六大特征。

(1)感知高效化。体现在生态环境监测手段丰富,数据采集时效性高、质量高。

(2)数据集成化。把不同来源、格式、特点性质的数据在逻辑上或物理上有机地集中,从而为政府、社会提供全面的数据共享和服务。

(3)分析关联化。利用生态环境监测数据和其他相关数据进行综合关联分析,有效支撑环境、经济管理决策。

(4)应用智能化。灵活运用大数据、AI等信息技术,使生态环境监测业务能够提供自动、精准、智慧的服务。

(5)测管一体化。畅通生态环境监测、监管体系,监测精准服务监管,监管有效完善监测,二者一体服务环境管理。

(6)服务社会化。建立政府主导、社会参与的生态环境智慧监测总体格局,充分运用科研机构、技术企业的科技创新能力,激发各方参与智慧监测事业的活力。

习 题

1. 气相色谱法的工作原理是什么?适用于何种污染物检测?
2. 生物监测的特点是什么?主要有哪些监测技术和方法?
3. 遥感技术与传统监测方法相比有哪些优点?
4. 应急监测技术有哪些?

主要参考文献

陈建江,2007. 对我国环境自动监测发展的思考[J]. 环境监测管理与技术,19(1):1-3.

陈文召,李光明,徐竟成,等,2008. 水环境遥感监测技术的应用研究进展[J]. 中国环境监测,24(3):6-11.

程立刚,王艳姣,王耀庭,2005. 遥感技术在大气环境监测中的应用综述[J]. 中国环境监测,21(5):17-23.

杜宝忠,2003. 环境监测中的电化学分析法[M]. 北京:化学工业出版社.

计叶,吴雨蒙,许秋瑾,2019. 水环境的生物监测方法及其应用[J]. 环境工程技术学报,9(5):616-622.

姜娜,2014. 电感耦合等离子体质谱技术在环境监测中的应用进展[J]. 中国环境监测,30(2):118-124.

矫彩山,2006. 环境监测[M]. 哈尔滨:哈尔滨工程大学出版社.

李广超,袁兴程,2017. 环境监测[M]. 2版. 北京:化学工业出版社.

梁红,2003. 环境监测[M]. 武汉:武汉理工大学出版社.

陆应诚,刘建强,丁静,等,2019. 中国东海"桑吉"轮溢油污染类型的光学遥感识别[J]. 科学通报,64(31):3213-3222.

马宝珊,谢从新,杨学峰,等,2012. 雅鲁藏布江谢通门江段着生生物和底栖动物资源初步研究[J]. 长江流域资源与环境,21(8):942-950.

孙亚坤,刘玉强,能昌信,等,2011. 污染土电阻率特性及电阻率法检测的应用研究进展[J]. 环境科学与技术,34(S2):170-176.

王超,安贝贝,张秀,2023. 重庆市生态环境智慧监测管理体系研究[J]. 环境监测管理与技术,35(1):1-3+58.

王磊,秦宏伟,陈璐,等,2015. 环境监测技术及其体系的现状及发展趋势[J]. 化学分析计量,24(4):103-106.

王桥,杨一鹏,黄家柱,等,2005. 环境遥感[M]. 北京:科学出版社.

王英健,杨永红,2015. 环境监测[M]. 北京:化学工业出版社.

王振亚,李海洋,周士康,2001. 激光光谱技术在环境监测中的应用专题系列(Ⅰ):光谱技术在大气环境监测中的应用[J]. 物理(9):549-555.

王振亚,李海洋,周士康,2001. 激光光谱技术在环境监测中的应用专题系列(Ⅱ):差分吸收光谱技术在大气污染监测中的应用[J]. 物理(11):699-703.

武汉大学,2007. 分析化学(下)[M]. 5版. 北京:高等教育出版社.

杨进,刘庆成,程业勋,等,1998. 环境地球物理方法在地下水污染监测中的应用[J]. 环境科学研究,11(6):46-49.

杨凯,周刚,王强,等,2010. 烟尘烟气连续自动监测系统技术现状和发展趋势[J]. 中国环境监测,26(5):18-26.

张兵,李俊生,申茜,等,2019. 地表水环境遥感监测关键技术与系统[J]. 中国环境监测,35(4):1-9.

张志杰,1990. 环境生物监测[M]. 北京:冶金工业出版社.

赵荫薇,1992. 利用微生物指标监测大气污染[J]. 环境监测管理与技术,4(4):19-36.

中国环境监测总站,2013. 物理环境监测技术[M]. 北京:中国环境出版社.

CHEN L F, TAO M F, WANG Z F, et al., 2018. Satellite record of the transition of air quality over China[J]. Big Earth Date, 2(2):190-196.

ERONAT A H, BENGIL F, NESER G, 2019. Shipping and ship recycling related oil pollution detection in Candarh Bay (Turkey) using satellite monitoring[J]. Ocean Engineering, 187(1):106157.

SURESH R S, KANNAN K, ENRICO G, et al., 2014. Potential of Fluorescence Imaging Techniques to Monitor Mutagenic PAH Uptake by Microalga[J]. Environmental Science & Technology, 48(16):9152-9160.

第三章 生态环境标准

第一节 生态环境标准体系

标准化和标准的实施是现代社会的重要标志。所谓标准化,按国际标准化组织(ISO)的定义是:"为了所有有关方面的利益,特别是为了促进最佳的全面经济效果,并适当考虑产品使用条件与安全要求,在所有有关方面的协作下,进行有秩序的特定活动,制定并实施各项规则的过程。"而标准则是"经公认的权威机构批准的一项特定标准化工作成果",它通常以一项文件,并规定一整套必须满足的条件或基本单位来表示。

生态环境标准是为了防止环境污染,维护生态平衡,保护人群健康,对环境保护工作中需要统一的各项技术规范和技术要求所作的规定。环境标准是政策、法规的具体体现,是环境管理的技术基础。具体讲,生态环境标准是国家为了保护人民健康,促进生态良性循环,实现社会经济发展目标,根据国家的环境政策和法规,在综合考虑本国自然环境特征、暴露风险、社会经济条件和科学技术水平的基础上规定环境中污染物的允许含量和污染源排放污染物的数量、浓度、时间和速率以及其他有关技术规范。生态环境标准是政策、法规的具体体现,作为国家权威机关制定的规范性文件,在生态环境保护执法,各项管理工作中发挥着重要作用。

我国的标准化工作是与我国环保事业同步发展的。1973年第一次全国环境保护会议是我国环境保护工作的起步时间,颁布的《工业"三废"排放试行标准》是我国发布的第一个环境标准。1979年颁布了全国人大常委会《中华人民共和国环境保护法(试行)》,法律中明确规定了环境标准的制(修)订、审批和实施权限,使环境标准工作有了法律依据和保证,从此我国环境标准工作有了较大进展。2020年11月5日生态环境部审议通过了《生态环境标准管理办法》,自2021年2月1日起施行,该管理办法对我国生态环境标准建设工作进行了系统性的规定。

经过50多年的环境标准化建设,我国已建立了包括国家生态环境保护标准、地方生态环境保护标准在内的"两级六类"较为完备的国家生态环境标准体系。生态环境标准的范围涵盖生态环境质量标准、污染物排放标准、生态环境监测标准(包含监测技术规范、监测方法标准、监测仪器设备以及环境标准样品标准)、生态环境风险管控标准、生态环境基础标准和生态环境管理技术规范等多个方面。

生态环境标准体系是所有生态环境标准的总和。新颁布的《生态环境标准管理办法》在

"两级五类"标准体系基础上,增加"生态环境风险管控标准"类别,并将土壤污染风险管控、应对气候变化、海洋生态环境保护等相关标准纳入生态环境标准体系,进一步规范和促进了国家、地方生态环境标准发展,加强了标准实施,有力地支撑了精准治污、科学治污和依法治污。我国"两级六类"以国家级标准为主体,以地方级标准为补充的生态环境标准体系构成如图3-1所示。

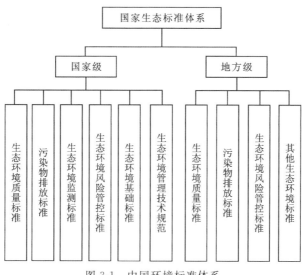

图3-1 中国环境标准体系

生态环境标准体系的构成具有配套性和协调性。各种环境标准之间互相联系、互相依存、互相补充、互相衔接、互为条件、协调发展,共同构成一个统一的整体。

生态环境标准体系具有一定的稳定性,又不是一成不变的,它是与一定时期的科学技术和经济发展水平以及环境污染和破坏的状况相适应的,是随着时间的推移、空间的变化、科技的进步和经济的发展以及环境保护的需要而不断地发展和变化的。

生态环境标准中不得规定采用特定企业的技术、产品和服务,不得出现特定企业的商标名称,不得规定采用尚在保护期内的专利技术和配方不公开的试剂,不得规定使用国家明令禁止或者淘汰的试剂。

一、国家生态环境保护标准

国家生态环境保护标准在全国范围或者标准指定区域范围内执行。国家生态环境保护标准包括六类,即国家生态环境质量标准、国家污染物排放标准、国家生态环境监测标准、国家生态环境风险管控标准、国家生态环境基础标准、国家生态环境管理技术规范。

1. 国家生态环境质量标准

国家生态环境质量标准是为保护生态环境,保障公众健康及社会物质财富,增进民生福祉,促进经济社会可持续发展,并考虑技术、经济条件,留有一定安全余量,对环境中有害物质和因素所作的限制性规定,是一定时期内衡量生态环境优劣程度的标准,管理的依据,也是制定污染物排放标准的基础。从某种意义上讲,国家生态环境质量标准是生态环境质量的目标标准。

生态环境质量标准包括大气环境质量标准、水环境质量标准、海洋环境质量标准、声环境质量标准、核与辐射安全基本标准。

制定生态环境质量标准,应当反映生态环境质量特征,以生态环境基准研究成果为依据,与经济社会发展和公众生态环境质量需求相适应,科学合理确定生态环境保护目标。

生态环境质量标准具体包括功能分类、控制项目及限值规定、监测要求、生态环境质量评价方法、标准实施与监督等。

实施大气、水、海洋、声环境质量标准,应当按照生态环境质量标准规定的生态环境功能类型划分功能区,明确适用的控制项目指标和控制要求,并采取措施达到生态环境质量标准的要求。实施核与辐射安全基本标准,应当确保核与辐射的公众暴露风险可控。

2. 国家污染物排放标准

国家污染物排放标准是为提高生态环境质量,控制排入环境中的污染物或者其他有害因素,根据生态环境质量标准和经济、技术条件,对排入环境中的污染物或者其他有害因素所做的限制性规定。

污染物排放标准包括大气固定源污染物排放标准、大气移动源污染物排放标准、水污染物排放标准、固体废物污染控制标准、环境噪声排放控制标准和放射性污染防治标准等。

水和大气污染物排放标准,根据适用对象分为行业型、综合型、通用型、流域(海域)或者区域型污染物排放标准。

行业型污染物排放标准适用于特定行业或者产品污染源的排放控制;综合型污染物排放标准适用于行业型污染物排放标准适用范围以外的其他行业污染源的排放控制;通用型污染物排放标准适用于跨行业通用生产工艺、设备、操作过程或者特定污染物、特定排放方式的排放控制;流域(海域)或者区域型污染物排放标准适用于特定流域(海域)或者区域范围内的污染源排放控制。

污染物排放标准应包括:①适用的排放控制对象、排放方式、排放去向等情形;②排放控制项目、指标、限值和监测位置等要求,以及必要的技术和管理措施要求;③适用的监测技术规范、监测分析方法、核算方法及其记录要求;④达标判定要求;⑤标准实施与监督等。

3. 国家生态环境监测标准

国家生态环境监测标准是为监测生态环境质量和污染物排放情况,开展达标评定和风险筛查与管控,规范布点采样、分析测试、监测仪器、卫星遥感影像质量、量值传递、质量控制、数据处理等所做的统一规定。生态环境监测标准包括生态环境监测技术规范、生态环境监测分析方法标准、生态环境监测仪器及系统技术要求、生态环境标准样品等。

生态环境监测技术规范包括监测方案制定、布点采样、监测项目与分析方法、数据分析与报告、监测质量保证与质量控制等内容。

生态环境监测分析方法标准包括试剂材料、仪器与设备、样品、测定操作步骤、结果展示等内容。

生态环境监测仪器及系统技术要求包括测定范围、性能要求、检验方法、操作说明及校验等内容。

4. 国家生态环境风险管控标准

国家生态环境风险管控标准是为保护生态环境、保障公众健康、推进生态环境风险筛查与分类管理、维护生态环境安全、控制生态环境中的有害物质和因素等所做的统一管控规定。

生态环境风险管控标准包括土壤污染风险管控标准以及法律法规规定的其他环境风险管控标准。生态环境风险管控标准是开展生态环境风险管理的技术依据。实施土壤污染风险管控标准，应当按照土地用途分类管理，管控风险，实现安全利用。

生态环境风险管控标准具体包括功能分类、控制项目及风险管控值规定、监测要求、风险管控值使用规则、标准实施与监督等。

5. 国家生态环境基础标准

国家生态环境基础标准是对生态环境标准的制定技术工作和生态环境管理工作中具有通用指导意义的技术要求所作的统一规定，包括生态环境标准制定技术导则，生态环境通用术语、图形符号、编码和代号（代码）及其相应的编制规则等。

6. 国家生态环境管理技术规范

国家生态环境管理技术规范是对各类生态环境保护管理工作的技术要求所作的统一规定。生态环境管理技术规范为推荐性标准，在相关领域环境管理中实施，包括大气、水、海洋、土壤、固体废物、化学品、核与辐射安全、声与振动、自然生态、应对气候变化等领域的管理技术指南、导则、规程、规范等。

二、地方生态环境保护标准

地方生态环境保护标准是对国家环境标准的补充和完善，可以对国家相应标准中未规定的项目作出补充规定，也可以对国家相应标准中已规定的项目作出更加严格的规定。由省、自治区、直辖市人民政府依法制定的地方环境质量标准和污染物排放标准须报中华人民共和国生态环境部备案。地方生态环境标准在发布该标准的省、自治区、直辖市行政区域范围或者标准指定区域范围内执行。

新发布实施的国家生态环境质量标准、生态环境风险管控标准或者污染物排放标准规定的控制要求严于现行的地方生态环境质量标准、生态环境风险管控标准或者污染物排放标准的，地方生态环境质量标准、生态环境风险管控标准或者污染物排放标准，应当依法修订或者废止。国家生态环境保护标准与地方生态环境保护标准的关系在执行方面，地方生态环境保护标准优先于国家生态环境保护标准。

地方生态环境保护标准包括生态环境质量标准、地方生态环境风险管控标准和地方污染物排放标准。近年来为控制环境质量的恶化趋势，一些地方已将总量控制指标纳入地方环境标准。

三、生态环境保护标准之间的关系

对地方生态环境质量标准、地方生态环境风险管控标准或者地方污染物排放标准中规定的控制项目，国务院生态环境主管部门尚未制定适用的国家生态环境监测分析方法标准的，可以在地方生态环境质量标准、地方生态环境风险管控标准或者地方污染物排放标准中规定相应的监测分析方法，或者采用地方生态环境监测分析方法标准。适用于该控制项目监测的国家生态环境监测分析方法标准实施后，地方生态环境监测分析方法不再执行。

污染物排放标准按照下列顺序执行。

(1)地方污染物排放标准优先于国家污染物排放标准；地方污染物排放标准未规定的项目，应当执行国家污染物排放标准的相关规定。

(2)同属国家污染物排放标准的，行业型污染物排放标准优先于综合型污染物排放标准和通用型污染物排放标准；行业型污染物排放标准或者综合型污染物排放标准未规定的项目，应当执行通用型污染物排放标准的相关规定。

(3)同属地方污染物排放标准的，流域(海域)或者区域型污染物排放标准优先于行业型污染物排放标准，行业型污染物排放标准优先于综合型和通用型污染物排放标准。流域(海域)或者区域型污染物排放标准未规定的项目，应当执行行业型或者综合型污染物排放标准的相关规定；流域(海域)或者区域型、行业型或者综合型污染物排放标准均未规定的项目，应当执行通用型污染物排放标准的相关规定。

生态环境质量标准提供了衡量环境质量状况的尺度，污染物排放标准为判别污染源是否违法提供了依据，同时，风险管控标准、方法技术标准、标准样品标准和基础标准统一了生态环境质量标准和污染物排放标准实施及监测技术的要求，为生态环境质量标准和污染物排放标准正确实施提供了技术保障。

四、标准和技术法规的关系

目前中国环境标准分为强制性环境标准和推荐性环境标准。环境质量标准和污染物排放标准及法律、法规规定必须执行的其他环境标准为强制性环境标准。强制性环境标准必须执行，超标即违法。强制性环境标准以外的环境标准属于推荐性环境标准。国家鼓励采用推荐性环境标准。如果推荐性环境标准被强制性环境标准采用，也必须强制执行。

加入世界贸易组织(WTO)以后，世界贸易组织贸易技术壁垒协议(WTO/TBT)关于标准的定义与我国定义有很大不同。WTO/TBT 的定义如下。

标准(standard)：由公认机构批准，供通用或反复使用，为产品或相关加工和生产方法规定规则、指南或特性的非强制执行文件。标准也可以包括或专门规定用于产品、加工或生产方法的术语、符号、包装、标志或标签要求。

技术法规(technical regulation)：强制执行的规定产品特性或其有关加工和生产方法，包括适用的管理规定的文件。技术法规也可以包括或专门规定用于产品、加工或生产方法的术语、符号、包装、标志或标签要求。

由上述定义可见，标准属于非强制性的，不归属于国家立法体系，只规定有关产品特性或工艺和生产方法必须遵守的技术要求,但不规定行政管理要求,是各方(生产、销售、消费、使用、研究检测、政府等)利益协商一致的结果。而环境技术法规的目标是:国家安全要求,防止欺诈行为,保护人体健康和安全,保护动、植物的生命和健康,保护环境。

将环境质量标准和污染物排放标准表述为"强制性环境标准"并纳入标准化管理体系的做法,混淆了依法具有强制效力的技术法规与自愿采用的标准之间的界限,不利于利用非关税贸易壁垒措施在国际贸易和市场管制工作中维护国家权益,不利于防止国外污染环境的产品和技术向国内转移。

技术法规和标准之间的关系见表3-1。

表3-1 技术法规和标准之间的关系

要素	技术法规	标准
法律属性	强制性	自愿性
执行保障	政府行为	市场行为
制定主体	政府部门或立法机构	所属领域的技术专家
发布主体	政府部门或立法机构	标准化机构
内容	技术规定+行政管理规定	技术规定
体制	法律语言+技术专业语言	技术专业语言
指定准则	不一定与各方达成一致	各方协商一致
体系	法律法规体系的组成部分	技术性文件
罚则	不符合标准不准进入市场	不符合标准不准进入市场
时效性	随时制定、随时取消	有效期内持续有效
对贸易影响	大于标准和合格评定程序	不及技术法规的作用
针对性	可对单一产品制定	所属领域具有普遍性

五、与标准相关的国家法律

我国已形成了以《中华人民共和国宪法》为基础,以《中华人民共和国环境保护法》为主体的环境保护法律法规体系。而在环境监测标准的制定中主要参考《中华人民共和国大气污染防治法》《中华人民共和国土壤污染防治法》《中华人民共和国水污染防治法》《中华人民共和国噪声污染防治法》《中华人民共和国海洋环境保护法》《中华人民共和国固体废物污染环境防治法》《中华人民共和国放射性污染防治法》《中华人民共和国水法》《中华人民共和国草原法》《中华人民共和国环境影响评价法》《中华人民共和国清洁生产促进法》《中华人民共和国可再生能源法》《中华人民共和国行政强制法》《中华人民共和国城乡规划法》《中华人民共和国行政许可法》《中华人民共和国标准化法》等法律法规。

其中《中华人民共和国标准化法》就是为了加强标准化工作,提升产品和服务质量,促进科学技术进步,保障人身健康和生命财产安全,维护国家安全、生态环境安全,提高经济社会发展水平而制定的一部法律。

第二节 水质标准

为防止水污染,保护水资源,保障人体健康,维护良好的生态系统,我国颁布了相应的水质质量标准,水污染排放标准以及相关监测技术方法、仪器设备等行业标准。

一、地表水环境质量标准

《地表水环境质量标准》(GB 3838—2002)于 2002 年 4 月 28 日发布。该标准将监测项目分为地表水环境质量基本项目、集中式生活饮用水地表水源地补充项目和集中式生活饮用水地表水源地特定项目。本标准共计有 109 项,其中地表水环境质量标准基本项目 24 项,集中式生活饮用水地表水源地补充项目 5 项,集中式生活饮用水地表水源地特定项目 80 项。扫描本节末二维码可阅读使用标准原文。

1. 适用范围

本标准按照地表水环境功能分类和保护目标,规定了水环境质量应控制的项目及限值,以及水质评价、水质项目的分析方法和标准的实施与监督。

地表水环境质量基本项目适用于中华人民共和国领域内江河、湖泊、运河、渠道、水库等具有使用功能的地表水水域;集中式生活饮用水地表水源地补充项目和特定项目适用于集中式生活饮用水水源地一级保护区和二级保护区。集中式生活饮用水地表水源地特定项目由县级以上人民政府环境保护行政主管部门根据本地区地表水水质特点和环境管理的需要进行选择,集中式生活饮用水地表水源地补充项目和选择确定的特定项目作为基本项目的补充指标。具有特定功能的水域,执行相应的专业水水质标准。

2. 水域功能和标准分类

依据地表水水域环境功能和保护目标,按功能高低依次划分为 5 类。

Ⅰ类:主要适用于源头水、国家自然保护区。

Ⅱ类:主要适用于集中式生活饮用水地表水源地一级保护区、珍稀水生生物栖息地、鱼虾类产卵场、仔稚幼鱼的索饵场等。

Ⅲ类:主要适用于集中式生活饮用水地表水源地二级保护区、鱼虾类越冬场、洄游通道、水产养殖区等渔业水域及游泳区。

Ⅳ类:主要适用于一般工业用水区及人体非直接接触的娱乐用水区。

Ⅴ类:主要适用于农业用水区及一般景观要求水域。

对应地表水上述 5 类水域功能区,将地表水环境质量标准基本项目标准值分为 5 类,不同功能类别分别执行相应类别的标准值。水域功能类别高的标准值严于水域功能类别低的标准值。同一水域兼有多类使用功能的,执行最高功能类别对应的标准值。实现水域功能达到类别标准的最高标准值。

3. 标准限值

地表水环境质量标准基本项目 24 项的标准限值列于表 3-2。集中式生活饮用水地表水源地补充项目 5 项、集中式生活饮用水地表水源地特定项目 80 项分别列于表 3-3、表 3-4 中。

表 3-2 地表水环境质量标准基本项目标准限值　　　　　　　　单位：mg/L

序号	项目	Ⅰ类	Ⅱ类	Ⅲ类	Ⅳ类	Ⅴ类
1	水温（℃）	人为造成的环境水温变化应限制在：周平均最大温升≤1；周平均最大温降≤2				
2	pH（无量纲）	6～9				
3	溶解氧≥	饱和率90%（或7.5）	6	5	3	2
4	高锰酸盐指数≤	2	4	6	10	15
5	化学需氧量≤（COD）	15	15	20	30	40
6	五日生化需氧量≤（BOD_5）	3	3	4	6	10
7	氨氮（NH_3-N）≤	0.15	0.5	1.0	1.5	2.0
8	总磷≤（以P计）	0.02（湖、库0.01）	0.1（湖、库0.025）	0.2（湖、库0.05）	0.3（湖、库0.1）	0.4（湖、库0.2）
9	总氮≤（湖、库以N计）	0.2	0.5	1.0	1.5	2.0
10	铜≤	0.01	1.0	1.0	1.0	1.0
11	锌≤	0.05	1.0	1.0	2.0	2.0
12	氟化物≤（以F^-计）	1.0	1.0	1.0	1.5	1.5
13	硒≤	0.01	0.01	0.01	0.02	0.02
14	砷≤	0.05	0.05	0.05	0.1	0.1
15	汞≤	0.00005	0.00005	0.0001	0.001	0.001
16	镉≤	0.001	0.005	0.005	0.005	0.01
17	铬（六价）≤	0.01	0.05	0.05	0.05	0.1
18	铅≤	0.01	0.01	0.05	0.05	0.1
19	氰化物≤	0.005	0.05	0.2	0.2	0.2
20	挥发酚≤	0.002	0.002	0.005	0.01	0.1
21	石油类≤	0.05	0.05	0.05	0.5	1.0
22	阴离子表面活性剂≤	0.2	0.2	0.2	0.3	0.3
23	硫化物≤	0.05	0.1	0.2	0.5	1.0
24	粪大肠杆菌≤（个/L）	200	2000	10000	20000	40000

表 3-3　集中式生活饮用水地表水源地补充项目标准限值　　　　　单位:mg/L

序号	项目	标准值
1	硫酸盐(以 SO_4^{2-} 计)	250
2	氯化物(以 Cl^- 计)	250
3	硝酸盐(以 N 计算)	10
4	铁	0.3
5	锰	0.1

表 3-4　集中式生活饮用水地表水源地特定项目标准限值　　　　　单位:mg/L

序号	项目	标准值	序号	项目	标准值
1	三氯甲烷	0.06	23	异丙苯	0.25
2	四氯化碳	0.002	24	氯苯	0.3
3	三溴甲烷	0.1	25	1,2-二氯苯	1.0
4	二氯甲烷	0.02	26	1,4-二氯苯	0.3
5	1,2-二氯乙烷	0.03	27	三氯苯②	0.02
6	环氧氯丙烷	0.02	28	四氯苯③	0.02
7	氯乙烯	0.005	29	六氯苯	0.05
8	1,1-二氯乙烯	0.03	30	硝基苯	0.017
9	1,2-二氯乙烯	0.05	31	二硝基苯④	0.5
10	三氯乙烯	0.07	32	2,4-二硝基苯	0.0003
11	四氯乙烯	0.04	33	2,4,6-三硝基苯	0.5
12	氯丁二烯	0.002	34	硝基氯苯⑤	0.05
13	六氯丁二烯	0.0006	35	2,4 二硝基氯苯	0.5
14	苯乙烯	0.02	36	2,4-二氯苯酚	0.093
15	甲醛	0.9	37	2,4,6-三氯苯酚	0.2
16	乙醛	0.05	38	五氯酚	0.009
17	丙烯醛	0.1	39	苯胺	0.1
18	三氯乙醛	0.01	40	联苯胺	0.0002
19	苯	0.01	41	丙烯酰胺	0.0005
20	甲苯	0.7	42	丙烯腈	0.1
21	乙苯	0.3	43	邻苯二甲酸二丁酯	0.003
22	二甲苯①	0.5	44	邻苯二甲酸二(2-乙基己基)酯	0.008

续表3-4

序号	项目	标准值	序号	项目	标准值
45	水合肼	0.01	63	甲奈威	0.05
46	四乙基铅	0.000 1	64	溴氰菊酯	0.02
47	吡啶	0.2	65	阿特拉津	0.003
48	松节油	0.2	66	苯并(a)芘	2.8×10^{-6}
49	苦味酸	0.5	67	甲基汞	1.0×10^{-6}
50	丁基黄原酸	0.005	68	多氯联苯⑥	2.0×10^{-5}
51	活性氯	0.01	69	微囊藻毒素-LR	0.0 01
52	滴滴涕	0.001	70	黄磷	0.003
53	林丹	0.002	71	钼	0.07
54	环氧七氯	0.000 2	72	钴	1.0
55	对硫磷	0.03	73	铍	0.002
56	甲基对硫磷	0.002	74	硼	0.5
57	马拉硫磷	0.05	75	锑	0.005
58	乐果	0.08	76	镍	0.02
59	敌敌畏	0.05	77	钡	0.7
60	敌百虫	0.05	78	钒	0.05
61	内吸磷	0.03	79	钛	0.1
62	百菌清	0.01	80	铊	0.000 1

注：①二甲苯：指对-二甲苯、间-二甲苯、邻-二甲苯。②三氯苯：指1,2,3-三氯苯、1,2,4-三氯苯、1,3,5-三氯苯。③四氯苯：指1,2,3,4-四氯苯、1,2,3,5-四氯苯、1,2,4,5-四氯苯。④二硝基苯：指对-二硝基苯、间-二硝基苯、邻-二硝基苯。⑤硝基氯苯：指对-硝基氯苯、间-硝基氯苯、邻-硝基氯苯。⑥多氯联苯：指PCB-1016、PCB-1221、PCB-1232、PCB-1242、PCB-1248、PCB-1254、PCB-1260。

二、地下水质量标准

随着我国工业化进程加快，人工合成的各种化合物投入应用，地下水中各种化学组分正在发生变化；分析技术不断进步，为适应调查评价的需要，进一步与更新的《生活饮用水卫生标准》(GB 5749—2006)相协调，促进交流，有必要对《地下水质量标准》(GB/T 14848—1993)进行修订。

GB/T 14848—1993是以地下水形成背景为基础，适应了当时的评价需要，新标准GB/T 14848—2017结合修订的GB 5749—2006，原国土资源部近20年地下水方面的科研成果和国际最新研究成果进行了修订，增加了指标数量，由39项增加至93项；调整了20项指标分类限值，直接采用了19项指标分类限值；减少了综合评价规定，使标准具有更广泛的应用性。《地下水质量标准》(GB/T 14848—2017)，于2018年5月1日起实施。

1. 适用范围

该标准规定了地下水质量分类、指标及限值,地下水质量调查与监测,地下水质量评价等内容。本标准适用于地下水质量调查、监测、评价与管理。

2. 地下水质量分类及质量分类指标限值

1)地下水质量分类

依据我国地下水质量状况和人体健康风险,参照生活饮用水、工业、农业等用水质量要求,根据各组分含量高低(pH 除外),分为 5 类。

Ⅰ类:地下水化学组分含量较低,适用于各种用途。

Ⅱ类:地下水化学组分含量较低,适用于各种用途。

Ⅲ类:地下水化学组分含量中等,以 GB 5749—2006 为依据,主要适用于集中式生活饮用水源及工、农业用水。

Ⅳ类:地下水化学组分含量较高,以农业和工业用水质量要求以及一定的人体健康风险为依据,适用于农业和部分工业用水,适当处理后可作生活饮用水。

Ⅴ类:地下水化学组分含量高,不宜作为生活饮用水水源,其他用水可根据使用目的进行选择。

2)地下水质量分类指标及限值

地下水质量指标分为常规指标和非常规指标,其分类及限值分别列于表 3-5 和表 3-6。

表 3-5 地下水质量常规指标及限值

序号	项目	Ⅰ类	Ⅱ类	Ⅲ类	Ⅳ类	Ⅴ类
感官性状及一般化学指标						
1	色(铂钴色度单位)	≤5	≤5	≤15	≤25	>25
2	嗅和味	无	无	无	无	有
3	浑浊度/NTU[a]	≤3	≤3	≤3	≤10	>10
4	肉眼可见物	无	无	无	无	有
5	pH	6.5≤pH≤8.5			5.5≤pH<6.5 8.5<pH≤9	pH<5 或 pH>9
6	总硬度(以 $CaCO_3$ 计)(mg/L)	≤150	≤300	≤450	≤550	>550
7	溶解性总固体(mg/L)	≤300	≤500	≤1000	≤2000	>2000
8	硫酸盐(mg/L)	≤50	≤150	≤250	≤350	>350
9	氯化物(mg/L)	≤50	≤150	≤250	≤350	>350
10	铁(Fe)(mg/L)	≤0.1	≤0.2	≤0.3	≤2.0	>2.0

续表 3-5

序号	项目	Ⅰ类	Ⅱ类	Ⅲ类	Ⅳ类	Ⅴ类
感官性状及一般化学指标						
11	锰(Mn)(mg/L)	≤0.05	≤0.05	≤0.10	≤1.50	>1.50
12	铜(Cu)(mg/L)	≤0.01	≤0.05	≤1.00	≤1.50	>1.50
13	锌(Zn)(mg/L)	≤0.05	≤0.50	≤1.00	≤5.00	>5.00
14	铝(Al)(mg/L)	≤0.01	≤0.05	≤0.20	≤0.50	>0.50
15	挥发性酚类（以苯酚计）(mg/L)	≤0.001	≤0.001	≤0.002	≤0.01	>0.01
16	阴离子表面活性剂(mg/L)	不得检出	≤0.1	≤0.3	≤0.3	>0.3
17	耗氧量（COD_{Mn}法，以 O_2 计）(mg/L)	≤1.0	≤2.0	≤3.0	≤10.0	>10.0
18	氨氮（以 N 计）(mg/L)	≤0.02	≤0.10	≤0.50	≤1.50	>1.50
19	硫化物(mg/L)	≤0.005	≤0.01	≤0.02	≤0.10	>0.10
20	钠(mg/L)	≤100	≤150	≤200	≤400	>400
微生物指标						
21	总大肠菌群（MPN^b/100 mL 或 CFU^c/100mL）	≤3.0	≤3.0	≤3.0	≤100	>100
22	菌落总数（CFU/mL）	≤100	≤100	≤100	≤1000	>1000
毒理学指标						
23	亚硝酸盐（以 N 计）(mg/L)	≤0.01	≤0.10	≤1.00	≤4.80	>4.80
24	硝酸盐（以 N 计）(mg/L)	≤2.0	≤5.0	≤20.0	≤30.0	>30.0
25	氰化物(mg/L)	≤0.001	≤0.01	≤0.05	≤0.1	>0.1
26	氟化物(mg/L)	≤1.0	≤1.0	≤1.0	≤2.0	>2.0
27	碘化物(mg/L)	≤0.04	≤0.04	≤0.08	≤0.50	>0.50
28	汞(Hg)(mg/L)	≤0.0001	≤0.0001	≤0.001	≤0.002	>0.002
29	砷(As)(mg/L)	≤0.001	≤0.001	≤0.01	≤0.05	>0.05
30	硒(Se)(mg/L)	≤0.01	≤0.01	≤0.01	≤0.1	>0.1
31	镉(Cd)(mg/L)	≤0.0001	≤0.001	≤0.005	≤0.01	>0.01
32	铬(六价)(Cr^{6+})(mg/L)	≤0.005	≤0.01	≤0.05	≤0.10	>0.10
33	铅(Pb)(mg/L)	≤0.005	≤0.005	≤0.01	≤0.10	>0.10
34	三氯甲烷(μg/L)	≤0.5	≤6	≤60	≤300	>300

续表 3-5

序号	项目	Ⅰ类	Ⅱ类	Ⅲ类	Ⅳ类	Ⅴ类
毒理学指标						
35	四氯化碳（μg/L）	≤0.5	≤0.5	≤2.0	≤50.0	>50.0
36	苯（μg/L）	≤0.5	≤1.0	≤10.0	≤120	>120
37	甲苯（μg/L）	≤0.5	≤140	≤700	≤1400	>1400
放射性指标[d]						
38	总α放射性（Bq/L）	≤0.1	≤0.1	≤0.5	≤0.5	>0.5
39	总β放射性（Bq/L）	≤0.1	≤1.0	≤1.0	≤1.0	>1.0

注：[a] NTU 为散射浊度单位；[b] MPN 表示可能数；[c] CFU 表示菌落形成单位；[d] 放射性指标超过指导值，应进行核素分析和评价。

表 3-6　地下水质量非常规指标及限值

序号	项目	Ⅰ类	Ⅱ类	Ⅲ类	Ⅳ类	Ⅴ类
毒理学指标						
1	铍(mg/L)	≤0.0001	≤0.0001	≤0.002	≤0.06	>0.06
2	硼(mg/L)	≤0.02	≤0.10	≤0.50	≤2.00	>2.00
3	锑(mg/L)	≤0.0001	≤0.0005	≤0.005	≤0.01	>0.01
4	钡(mg/L)	≤0.01	≤0.10	≤0.70	≤4.00	>4.00
5	镍(mg/L)	≤0.002	≤0.002	≤0.02	≤0.10	>0.10
6	钴(mg/L)	≤0.005	≤0.005	≤0.05	≤0.10	>0.10
7	钼(mg/L)	≤0.001	≤0.01	≤0.07	≤0.15	>0.15
8	银(mg/L)	≤0.001	≤0.01	≤0.05	≤0.10	>0.10
9	铊(mg/L)	≤0.0001	≤0.0001	≤0.0001	≤0.001	>0.001
10	二氯甲烷(μg/L)	≤1	≤2	≤20	≤500	>500
11	1,2-二氯乙烷(μg/L)	≤0.5	≤3.0	≤30.0	≤40.0	>40.0
12	1,1,1-三氯乙烷(μg/L)	≤0.5	≤400	≤2000	≤4000	>4000
13	1,1,2-三氯乙烷(μg/L)	≤0.5	≤0.5	≤5.0	≤60.0	>60.0
14	1,2-二氯丙烷(μg/L)	≤0.5	≤0.5	≤5.0	≤60.0	>60.0
15	三溴甲烷(μg/L)	≤0.5	≤10.0	≤100	≤800	>800
16	氯乙烯(μg/L)	≤0.5	≤0.5	≤5.0	≤90.0	>90.0
17	1,1-二氯乙烯(μg/L)	≤0.5	≤3.0	≤30.0	≤60.0	>60.0
18	1,2-二氯乙烯(μg/L)	≤0.5	≤5.0	≤50.0	≤60.0	>60.0

续表 3-6

序号	项目	Ⅰ类	Ⅱ类	Ⅲ类	Ⅳ类	Ⅴ类
毒理学指标						
19	三氯乙烯(μg/L)	≤0.5	≤7.0	≤70	≤210	>210
20	四氯乙烯(μg/L)	≤0.5	≤4.0	≤40.0	≤300	>300
21	氯苯(μg/L)	≤0.5	≤60.0	≤300	≤600	>600
22	邻二氯苯(μg/L)	≤0.5	≤200	≤1000	≤2000	>2000
23	对二氯苯(μg/L)	≤0.5	≤30.0	≤300	≤600	>600
24	三氯苯(μg/L)[a]	≤0.5	≤4.0	≤20.0	≤180	>180
25	乙苯(μg/L)	≤0.5	≤30.0	≤300	≤600	>600
26	二甲苯(总量)(μg/L)[b]	≤0.5	≤100	≤500	≤1000	>1000
27	苯乙烯(μg/L)	≤0.5	≤2.0	≤20.0	≤40.0	>40.0
28	2,4-二硝基甲苯(μg/L)	≤0.1	≤0.5	≤5.0	≤60.0	>60.0
29	2,6-二硝基甲苯(μg/L)	≤0.1	≤0.5	≤5.0	≤30.0	>30.0
30	萘(μg/L)	≤1	≤10	≤100	≤600	>600
31	蒽(μg/L)	≤1	≤360	≤1800	≤3600	>3600
32	荧蒽(μg/L)	≤1	≤50	≤240	≤480	>480
33	苯并(b)荧蒽(μg/L)	≤0.1	≤0.4	≤4.0	≤8.0	>8.0
34	苯并(a)芘(μg/L)	≤0.002	≤0.002	≤0.01	≤0.50	>0.50
35	多氯联苯(总量)(μg/L)[c]	≤0.05	≤0.05	≤0.50	≤10.0	>10.0
36	邻苯二甲酸二(2-乙基己基)酯(μg/L)	≤3	≤3	≤8.0	≤300	>300
37	2,4,6-三氯酚(μg/L)	≤0.05	≤20.0	≤200	≤300	>300
38	五氯酚(μg/L)	≤0.05	≤0.90	≤9.0	≤18.0	>18.0
39	六六六(总量)(μg/L)[d]	≤0.01	≤0.50	≤5.0	≤300	>300
40	γ-六六六(林丹)(μg/L)	≤0.01	≤0.20	≤2.00	≤150	>150
41	滴滴涕(总量)(μg/L)[e]	≤0.01	≤0.10	≤1.00	≤2.00	>2.00
42	六氯苯(μg/L)	≤0.01	≤0.10	≤1.00	≤2.00	>2.00
43	七氯(μg/L)	≤0.01	≤0.04	≤0.40	≤0.80	>0.80
44	2,4-滴(μg/L)	≤0.1	≤6.0	≤30.0	≤150	>150
45	克百威(μg/L)	≤0.05	≤1.40	≤7.00	≤14.0	>14.0

续表 3-6

序号	项目	Ⅰ类	Ⅱ类	Ⅲ类	Ⅳ类	Ⅴ类
毒理学指标						
46	涕灭威(μg/L)	≤0.05	≤0.60	≤3.00	≤30.0	>30.0
47	敌敌畏(μg/L)	≤0.05	≤0.10	≤1.00	≤2.00	>2.00
48	甲基对硫磷(μg/L)	≤0.05	≤4.0	≤20.0	≤40.0	>40.0
49	马拉硫磷(μg/L)	≤0.05	≤25.0	≤25	≤500	>500
50	乐果(μg/L)	≤0.05	≤16.0	≤80.0	≤160	>160
51	毒死蜱(μg/L)	≤0.05	≤6.00	≤30.0	≤60.0	>60.0
52	百菌清(μg/L)	≤0.05	≤1.00	≤10.0	≤150	>150
53	莠去津(μg/L)	≤0.05	≤0.40	≤2.00	≤600	600
54	草甘膦(μg/L)	≤0.1	≤140	≤700	≤1400	>1400

注：[a]三氯苯（总量）为 1,2,3-三氯苯、1,2,4-三氯苯、1,3,5-三氯苯 3 种异构体加和；[b]二甲苯（总量）为邻二甲苯、间二甲苯、对二甲苯 3 种异构体加和；[c]多氯联苯（总量）为 PCB28、PCB52、PCB101、PCB118、PCB138、PCB153、PCB180、PCB194、PCB206 9 种多氯联苯单体加和；[d]六六六（总量）为 α-六六六、β-六六六、γ-六六六、δ-六六六 4 种异构体加和；[e]滴滴涕（总量）为 o,p′-滴滴涕、p,p′-滴滴伊、p,p′-滴滴滴、p,p′-滴滴涕 4 种异构体加和。

三、海水水质标准

《海水水质标准》(GB 3097—1997)于 1998 年 7 月 1 日起实施,扫描本节末二维码可阅读使用标准原文。

1. 适用范围

本标准规定了海域各类功能的水质要求,适用于中华人民共和国管辖的海域。

2. 海水水质分类

按照海域的不同使用功能和保护目标,海水水质分为 4 类。

第一类：适用于海洋渔业水域,海上自然保护区和珍稀濒危海洋生物保护区。

第二类：适用于水产养殖区,海水浴场,人体直接接触海水的海上运动或娱乐区,以及与人类食用直接有关的工业用水区。

第三类：适用于一般工业用水区,滨海风景旅游区。

第四类：适用于海洋港口水域,海洋开发作业区。

四、农田灌溉水质标准

为加强农田灌溉水质监管,保障耕地、地下水和农产品安全,制定《农田灌溉水质标准》(GB 5084—2021)。本标准规定了农田灌溉水质要求、监测和监督管理要求,自 2021 年 7 月 1

日起实施,同时《农田灌溉水质标准》(GB 5084—2005)、《灌溉水中氯苯、1,2-二氯苯、1,4-二氯苯、硝基苯限量》(GB 22573—2008)、《灌溉水中甲苯、二甲苯、异丙苯、苯酚和苯胺限量》(GB 22574—2008)废止。

农田灌溉水质控制项目分为基本控制项目和选择控制项目。基本控制项目为必测项目;选择控制项目由地方生态环境主管部门会同农业农村、水利等主管部门根据农田灌溉用水类型和作物种类要求选择执行。

向农田灌溉渠道排放城镇污水以及未综合利用的畜禽养殖废水、农产品加工废水、农村生活污水,应保证其下游最近的灌溉取水点的水质符合本标准的要求。

五、渔业水质标准

为防止和控制渔业水域水质污染,保证鱼、虾、贝、藻类正常生长、繁殖和水产品的质量,我国还制定了《渔业水质标准》(GB 11607—89)。

该标准适用于鱼虾类的产卵场、索饵场、越冬场、洄游通道和水产增养殖区等海、淡水的渔业水域。

六、污染物排放标准

1. 综合水污染物排放标准

为贯彻《中华人民共和国环境保护法》《中华人民共和国水污染防治法》《中华人民共和国海洋环境保护法》,控制水污染,保护江河、湖泊、运河、渠道、水库和海洋等地面水以及地下水水质的良好状态,保障人体健康,维护生态平衡,促进国民经济和城乡建设的发展,特制定《污水综合排放标准》(GB 8978—1996)。该标准按照污水排放去向,分年限规定了69种水污染物最高允许排放浓度及部分行业最高允许排水量。该标准适用于现有单位水污染物的排放管理,以及建设项目的环境影响评价、建设项目环境保护设施设计、竣工验收及其投产后的排放管理。该标准于1996年10月4日批准,1998年1月1日开始实施。

1)标准分级

《污水综合排放标准》(GB 8978—1996)将排入《地表水环境质量标准》(GB 3838—2002)中划分的Ⅱ类水域(划定的保护区和游泳区除外)和排入《海水水质标准》(GB 3097—1997)中划分的第二类海域的污水,执行一级标准;排入 GB 3838—2002 中Ⅳ类、Ⅴ类水域和 GB 3097—1997 中第三类海域的污水,执行二级标准;排入设置二级污水处理厂的城镇排水系统的污水,执行三级标准;排入未设置二级污水处理厂的城镇排水系统的污水,必须根据排水系统出水受纳水域的功能要求,分别执行前述规定;GB 3838—2002 中Ⅰ类、Ⅱ类水域和Ⅲ类水域中划定的保护区和 GB 3097—1997 中第一类海域,禁止新建排污口。

2)标准限值

该标准将排放的污染物按其性质及控制方式分为两类。

第一类污染物:指能在环境和生物体内蓄积,对人体健康产生长远不良影响者。不分行业和污水排放方式,也不分受纳水体的功能类别,一律在车间或车间处理设施排出口取样(采矿行业的尾矿坝出水口不得视为车间排放口),其最高允许排放浓度必须符合表3-7的规定。

表 3-7 第一类污染物最高允许排放浓度

污染物	最高允许排放浓度	污染物	最高允许排放浓度
总汞(mg/L)	0.05	总镍(mg/L)	1.0
烷基汞(mg/L)	不得检出	苯并(a)芘(mg/L)	0.000 03
总镉(mg/L)	0.1	总铍(mg/L)	0.005
总铬(mg/L)	1.5	总银(mg/L)	0.5
六价铬(mg/L)	0.5	总 α 放射性(Bq/L)	1
总砷(mg/L)	0.5	总 β 放射性(Bq/L)	10
总铅(mg/L)	1.0		

第二类污染物:指长远影响小于第一类污染物,在排污单位排放口采样,其最高允许排放浓度以 1997 年 12 月 31 日为时间界限,对该时间前后建设的企业,分别制订了不同的达标限值。针对该时间后建设的企业(表 3-8),制订的达标限值更为严格,这样的区别对待措施符合我国的实际情况,更有利于污染治理和环境管理工作。

表 3-8 第二类污染物最高允许排放浓度

(1998 年 1 月 1 日后建设的单位) 单位:mg/L

污染物	适用范围	一级标准	二级标准	三级标准
pH	一切排污单位	6～9	6～9	6～9
色度(稀释倍数)	染料工业	50	180	—
	其他排污单位	50	80	—
悬浮物(SS)	采矿、选矿、选煤工业	100	300	—
	脉金选矿	100	500	—
	边远地区砂金选矿	100	800	—
	城镇二级污水处理厂	20	30	—
	其他排污单位	70	200	400
五日生化需氧量(BOD_5)	甘蔗制糖、苎麻脱胶、湿法纤维板、染料、洗毛工业	20	60	600
	甜菜制糖、酒精、味精、皮革、化纤浆粕工业	20	100	600
	城镇二级污水处理厂	20	30	—
	其他排污单位	20	30	300

续表 3-8

污染物	适用范围	一级标准	二级标准	三级标准
化学需氧量(COD)	甜菜制糖、合成脂肪酸、湿法纤维板、染料、洗毛、有机磷农药工业	100	200	1000
	酒精、味精、医药原料药、生物制药、苎麻脱胶、皮革、化纤浆粕工业	100	300	1000
	石油化工工业(包括石油炼制)	60	120	500
	城镇二级污水处理厂	60	120	—
	其他排污单位	100	150	500
石油类	一切排污单位	5	10	20
动植物油	一切排污单位	10	15	100
挥发酚	一切排污单位	0.5	0.5	2.0
总氰化物	一切排污单位	0.5	0.5	1.0
硫化物	一切排污单位	1.0	1.0	1.0
氨氮	医药原料药、染料、石油化工工业	15	50	—
	其他排污单位	15	25	—
氟化物	黄磷工业	10	20	20
	低氟地区(水体含氟量<0.5mg/L)	10	20	30
	其他排污单位	10	10	20
磷酸盐(以 P 计)	一切排污单位	0.5	1.0	—
甲醛	一切排污单位	1.0	2.0	5.0
苯胺类	一切排污单位	1.0	2.0	5.0
硝基苯类	一切排污单位	2.0	3.0	5.0
阴离子表面活性剂(LAS)	合成洗涤剂工业	5.0	15	20
	其他排污单位	5.0	10	20
总铜	一切排污单位	0.5	1.0	2.0

续表 3-8

污染物	适用范围	一级标准	二级标准	三级标准
总锌	一切排污单位	2.0	5.0	5.0
总锰	合成脂肪酸工业	2.0	5.0	5.0
	其他排污单位	2.0	2.0	5.0
彩色显影剂	电影洗片	1.0	2.0	3.0
显影剂及氧化物总量	电影洗片	3.0	3.0	6.0
元素磷	一切排污单位	0.1	0.1	0.3
有机磷农药（以 P 计）	一切排污单位	不得检出	0.5	0.5
乐果	一切排污单位	不得检出	1.0	2.0
对硫磷	一切排污单位	不得检出	1.0	2.0
甲基对硫磷	一切排污单位	不得检出	1.0	2.0
马拉硫磷	一切排污单位	不得检出	5.0	10
五氯酚及五氯酚钠（以五氯酚计）	一切排污单位	5.0	8.0	10
可吸附有机卤化物（AOX）（以 Cl 计）	一切排污单位	1.0	5.0	8.0
三氯甲烷	一切排污单位	0.3	0.6	1.0
四氯化碳	一切排污单位	0.03	0.06	0.5
三氯乙烯	一切排污单位	0.3	0.6	1.0
四氯乙烯	一切排污单位	0.1	0.2	0.5
苯	一切排污单位	0.1	0.2	0.5
甲苯	一切排污单位	0.1	0.2	0.5
乙苯	一切排污单位	0.4	0.6	1.0
邻二甲苯	一切排污单位	0.4	0.6	1.0
对二甲苯	一切排污单位	0.4	0.6	1.0
间二甲苯	一切排污单位	0.4	0.6	1.0
氯苯	一切排污单位	0.2	0.4	1.0
邻二氯苯	一切排污单位	0.4	0.6	1.0
对二氯苯	一切排污单位	0.4	0.6	1.0
对硝基氯苯	一切排污单位	0.5	1.0	5.0

续表 3-8

污染物	适用范围	一级标准	二级标准	三级标准
2,4-二硝基氯苯	一切排污单位	0.5	1.0	5.0
苯酚	一切排污单位	0.3	0.4	1.0
间苯酚	一切排污单位	0.1	0.2	0.5
2,4-二氯酚	一切排污单位	0.6	0.8	1.0
2,4,6-三氯酚	一切排污单位	0.6	0.8	1.0
邻苯二甲酸二丁酯	一切排污单位	0.2	0.4	2.0
邻苯二甲酸二辛酯	一切排污单位	0.3	0.6	2.0
丙烯腈	一切排污单位	2.0	5.0	5.0
总硒	一切排污单位	0.1	0.2	0.5
粪大肠菌群数	医院[①]、兽医院及医疗机构含病原体污水	500个/L	1000个/L	5000个/L
	传染病、结核病医院污水	100个/L	500个/L	1000个/L
总余氯(采用氯化消毒的医院污水)	医院[①]、兽医院及医疗机构含病原体污水	<0.5[②]	>3(接触时间≥1 h)	>2(接触时间≥1 h)
	传染病、结核病医院污水	<0.5[②]	>6.5(接触时间≥1.5 h)	>5(接触时间≥1.5 h)
总有机碳(TOC)	合成脂肪酸工业	20	40	—
	苎麻脱胶工业	20	60	—
	其他排污单位	20	30	—

注：①指50个床位以上的医院；②指加氯消毒后需进行脱氯处理，达到本标准。其他排污单位指除在改控制项目中所列行业以外的一切单位。

3）总量限制

(1)工业污水污染物最高允许排放负荷：

$$L_{负} = C \times Q \times 10^{-3} \tag{3-1}$$

式中：$L_{负}$ 为工业污水污染物最高允许排放负荷[kg/t(产品)]；C 为某污染物最高允许排放浓度(mg/L)；Q 为某工业最高允许排水量[m³/t(产品)]。

(2)工业污水污染物最高允许排放负荷：

$$L_{年} = L_{负} \times Y \times 10^{-3} \tag{3-2}$$

式中：$L_{年}$ 为某污染物最高允许年排放量(t/a)；$L_{负}$ 为某污染物最高允许排放负荷[kg/t(产品)]；Y 为核定的产品年产量，[t/a(产品)]。

部分行业最高允许排水量举例见表3-9要求。

表3-9 部分行业最高允许排水量举例

(1998年1月1日后建设的单位)

行业类别			最高允许排水量或最低允许水重复利用率
矿山工业	有色金属系统选矿		水重复利用率75%
	其他矿山工业采矿、选矿、选煤等		水重复利用率90%(选煤)
	脉金选矿	重选	16.0 m³/t(矿石)
		浮选	9.0 m³/t(矿石)
		氰化	8.0 m³/t(矿石)
		碳浆	8.0 m³/t(矿石)
焦化企业(煤气厂)			1.2 m³/t(焦炭)
合成洗涤剂工业	氯化法生产烷基苯		200.0 m³/t(烷基苯)
	裂解法生产烷基苯		70.0 m³/t(烷基苯)
	烷基苯生产合成洗涤剂		10.0 m³/t(产品)
硫酸工业(水洗法)			15.0 m³/t(硫酸)

2. 行业水污染物排放标准

按照国家综合排放标准与国家行业排放标准不交叉执行的原则，有行业污染物排放标准的优先执行行业排放标准。

目前我国已制定关于海洋石油开发工业含油污水、肉类加工工业水污染物、医疗机构水污染物、中药类制药工业水污染物、淀粉工业水污染物、油墨工业水污染、合成氨工业水污染物、柠檬酸工业水污染物、磷肥工业水污染物、无机化学工业、橡胶制品工业、合成树脂工业、石油炼制工业、再生铜、铝、铅、锌工业、船舶水污染物、电子工业水污染物等涉及60余个行业污染物排放标准。扫描本节末二维码可阅读使用相关标准。

《地表水环境质量标准》
(GB 3838—2002)等

《污水综合排放标准》
(GB 8978—1996)

一些水污染物排放标准

第三节 大气标准

为保护和改善生活环境、生态环境,保障人体健康,我国颁布了相应的大气环境质量标准和大气污染物排放标准。

大气环境质量标准有《环境空气质量标准》(GB 3095—2012)、《室内空气质量标准》(GB/T 18883—2002)、《乘用车内空气质量评价指南》(GB/T 27630—2011)。大气污染物排放标准分为固定源及移动源污染物排放标准。

一、环境空气质量标准

《环境空气质量标准》(GB 3095—2012)规定了环境空气功能区分类、标准分级、污染物项目、平均时间及浓度限值、监测方法、数据统计的有效性规定及实施与监督等内容。各省、自治区、直辖市人民政府对本标准中未作规定的污染物项目,可以制定地方环境空气质量标准。该标准中的污染物浓度均为质量浓度。该标准将根据国家经济社会发展状况和环境保护要求适时修订。自该标准实施之日(2016年1月1日)起,《环境空气质量标准》(GB 3095—1996)、《〈环境空气质量标准〉(GB 3095—1996)修改单》(环发〔2000〕1号)和《保护农作物的大气污染物最高允许浓度》(GB 9137—88)废止。该标准具有强制执行的效力。2018年8月由生态环境部与国家市场监督管理总局联合发布了《环境空气质量标准》(GB 3095—2012)修改单。将"标准状态"修改为"参比状态:大气温度为298.15 K,大气压力为101 325 Pa时的状态"。本标准中的二氧化硫、二氧化氮、一氧化碳、臭氧、氮氧化物等气态污染物浓度为参比状态下的浓度。颗粒物(粒径小于等于10 μm)、颗粒物(粒径小于等于2.5 μm)、总悬浮颗粒物及其组分铅、苯并(a)芘等浓度为监测时大气温度和压力下的浓度。扫描本节末二维码可阅读使用标准原文。

1. 适用范围

该标准规定了环境空气功能区分类、标准分级、污染物项目、平均时间及浓度限值、监测方法、数据统计的有效性规定及实施与监督等内容。各省、自治区、直辖市人民政府对该标准中未作规定的污染物项目,可以制定地方环境空气质量标准。该标准中污染物的浓度均为质量浓度。该标准适用于环境空气质量评价与管理。

2. 环境空气功能区分类及质量要求

该标准将环境空气功能区分为两类:一类区为自然保护区、风景名胜区和其他需要特殊保护的区域;二类区为住宅区、商业交通居民混合区、文化区、工业区和农村地区。

一类区适用一级浓度限值,二类区适用二级浓度限值。一、二类环境空气功能区质量要求见表3-10及表3-11。

表 3-10　环境空气污染物基本项目浓度限值

序号	污染物项目	平均时间	浓度限值 一级	浓度限值 二级	单位
1	二氧化硫(SO_2)	年平均	20	60	$\mu g/m^3$
		24h 平均	50	150	
		1h 平均	150	500	
2	二氧化氮(NO_2)	年平均	40	40	
		24h 平均	80	80	
		1h 平均	200	200	
3	一氧化碳(CO)	24h 平均	4	4	mg/m^3
		1h 平均	10	10	
4	臭氧(O_3)	日最大 8h 平均	100	160	$\mu g/m^3$
		1h 平均	160	200	
5	颗粒物(PM_{10})(空气动力学当量直径小于或等于 $10\mu m$)	年平均	40	70	
		24h 平均	50	150	
6	颗粒物($PM_{2.5}$)(空气动力学当量直径小于或等于 $2.5\mu m$)	年平均	15	35	
		24h 平均	35	75	

表 3-11　环境空气污染物其他项目浓度限值

序号	污染物项目	平均时间	浓度限值 一级	浓度限值 二级	单位
1	总悬浮颗粒物(TSP)	年平均	80	200	$\mu g/m^3$
		24h 平均	120	300	
2	氮氧化物(NO_x)	年平均	50	50	
		24h 平均	100	100	
		1h 平均	250	250	
3	铅(Pb)	年平均	0.5	0.5	
		季平均	1	1	
4	苯并(a)芘(BaP)	年平均	0.001	0.001	
		24h 平均	0.002 5	0.002 5	

各省级人民政府可根据当地环境保护的需要,针对环境污染的特点,对该标准中未规定

的污染物项目制定地方环境空气质量标准。表3-12为部分污染物参考浓度限值。

表3-12　环境空气中镉、汞、砷、六价铬和氟化物参考浓度限值

序号	污染物项目	平均时间	浓度限值 一级	浓度限值 二级	单位
1	镉(Cd)	年平均	0.005	0.005	$\mu g/m^3$
2	汞(Hg)	年平均	0.05	0.05	$\mu g/m^3$
3	砷(As)	年平均	0.006	0.006	$\mu g/m^3$
4	六价铬(Cr(Ⅵ))	年平均	0.000 025	0.000 025	$\mu g/m^3$
5	氟化物(F)	1h平均	20①	20①	$\mu g/m^3$
5	氟化物(F)	24h平均	7①	7①	$\mu g/m^3$
5	氟化物(F)	月平均	1.8②	3.0③	$\mu g/(dm^2 \cdot d)$
5	氟化物(F)	植物生长季平均	1.2②	2.0③	$\mu g/(dm^2 \cdot d)$

注:①适用于城市地区;②适用于牧业区和以牧业为主的半农半牧区、蚕桑区;③适用于农业区和林业区。

二、室内空气质量标准

《室内空气质量标准》(GB/T 1883—2002)是我国第一部室内空气质量标准,已于2003年3月1日正式实施,它规定了室内空气质量参数及检验方法。扫描本节末二维码下载可阅读使用标准原文。

1. 适用范围

该标准适用于住宅和办公建筑物,其他室内环境可参照本标准执行。

2. 环境空气功能区分类及质量要求

该标准规定了各项污染物不允许超过的浓度限值。标准中规定的控制项目不仅有化学性污染,还有物理性污染、生物性污染和放射性污染。对影响室内空气质量的物理因素(温度、湿度和空气流速)视季节性规定了达标限值;化学性污染物质中不仅有人们熟悉的甲醛、苯、氨等污染物质,还有可吸入颗粒物、CO_2、SO_2等污染物质;对两种生物性和放射性指标也分别规定了达标限值。

三、乘用车内空气质量评价指南

《乘用车内空气质量评价指南》(GB/T 27630—2011)是我国第一部关于车内室内空气质量标准,已于2012年3月1日正式实施。它规定了车内空气中苯、甲苯、二甲苯、乙苯、苯乙烯、甲醛、乙醛、丙烯醛的浓度要求,适用于评价乘用车内空气质量,同时对采样技术进行了规范。

四、大气污染物排放标准

(一)大气污染物综合排放标准

《大气污染物综合排放标准》(GB 16297—1996)在原有《工业"三废"排放试行标准》(GBJ 4—73)废气部分和有关其他行业性国家大气污染物排放标准的基础上制定,它在技术内容上与原有各标准有一定的继承关系,亦有相当大的修改和变化。

该标准规定了33种大气污染物的排放限值,其指标体系为最高允许浓度、最高允许排放速率和无组织排放监控浓度限值,适用于现有污染源大气污染物排放管理,以及建设项目的环境影响评价、设计、环境保护设施竣工验收及其投产后的大气污染物排放管理。

该标准设置3个指标体系:①通过排气筒排放的污染物最高允许排放浓度;②通过排气筒排放的污染物,按排气筒高度规定的最高允许排放速率;③以无组织方式排放的污染物,规定无组织排放的监控点及相应的监控浓度限值。

任何一个排气筒必须同时遵守上述①和②两项指标,超过其中任何一项均为超标排放。

排气筒中颗粒物或气态污染物监测的采样点数目及采样点位置的设置,按(GB/T 16157—1996)执行。污染物的采样方法按《固定污染源排气中颗粒物测定与气态污染物采样方法》(GB/T 16157—1996)和中华人民共和国生态环境部规定的分析方法有关部分执行。排气量的测定应与排放浓度的采样监测同步进行,排气量的测定方法按《固定污染源排气中颗粒物测定与气态污染物采样方法》(GB/T 16157—1996)执行。

该标准以1997年1月1日为时间界限,对该时间前设立的污染源和该时间后设立的污染源(包括新建、扩建或改建),分别制订了不同的达标限值。对该时间后设立的污染源制订了更为严格的达标限值。

(二)大气污染物行业排放标准

国家在控制大气污染物排放方面,除综合性排放标准外,还有若干行业性排放标准共同存在,除若干行业执行各自的行业性国家大气污染物排放标准外,其余均执行综合性排放标准。大气污染物行业排放标准包括石灰、电石工业、矿物棉工业、铸造工业、陆上石油天然气开采工业、无机化学工业、水泥工业、砖瓦工业、轧钢工业、炼钢工业、钢铁烧结、球团工业、火电厂、煤炭工业、饮食业油烟、工业炉窑等共计34个行业固定源污染物排放标准;油品运输、汽油车、非道路柴油移动机械、重型柴油车、轻型汽车、轻便摩托车、船舶发动机、装用点燃式发动机重型汽车曲轴箱、农用运输车自由加速烟度等共计18项移动源大气污染物排放限值并对其测量方法也发布了技术规范标准。

同时也颁发了《非道路柴油移动机械污染物排放控制技术要求》(HJ 1014—2020);《甲醇燃料汽车非常规污染物排放测量方法》(HJ 1137—2020);《在用柴油车排气污染物测量方法及技术要求(遥感检测法)》(HJ 845—2017);《重型柴油车、气体燃料车排气污染物车载测量方法及技术要求》(HJ 857—2017);《轻型混合动力电动汽车污染物排放控制要求及测量方法》(GB 19755—2016),共计5项污染物排放控制及测量技术要求的标准;也对移动源大气污染物排放标准的制定技术及机动车定期检验进行了标准化,详见《国家移动源大气污染物排放标准制订 技术导则》(HJ 1228—2021)及《机动车排放定期检验规范》(HJ 1237—2021)。

《环境空气质量标准》
(GB 3095—2012)

《室内空气质量标准》
(GB/T 18883—2002)

《乘用车内空气质量评价指南》
(GB/T 27630—2011)

《大气污染物综合排放标准》
(GB 16297—1996)

一些大气污染物排放标准

一些大气移动源污染物排放标准

第四节 土壤标准

一、土壤环境质量标准

(一)农用地土壤污染风险管控标准

为防止土壤污染,保护生态环境,保障农林生产,维护人体健康,制定《土壤环境质量标准 农用地土壤污染风险管控标准(试行)》(GB 15618—2018)。该标准被批准于2018年5月17日,2018年8月1日起正式实施。

自实施之日起,《土壤环境质量标准》(GB 15618—1995)废止。该标准规定了农用地土壤中镉、汞、砷、铅、铬、铜、镍、锌等基本项目,以及六六六、滴滴涕、苯并(a)芘等其他项目的风险筛选值;规定了农用地土壤中镉、汞、砷、铅、铬的风险管制值;更新了监测、实施与监督要求。

1. 适用范围

该标准适用于耕地土壤污染风险筛查和分类。园林和牧草地可参照执行。

2. 术语和定义

农用地:《土地利用现状分类》(GB/T 21010)中的 01 耕地(0101 水田、0102 水浇地、0103 旱地)、02 园地(0201 果园、0102 茶园)和 04 草地(0401 天然牧草地、0402 人工牧草地)。

农用地土壤污染风险:因土壤污染导致食用农产品质量安全、农作物生长或土壤生态环境受到不利影响。

农用地土壤污染风险筛选值:农用地土壤中污染物含量等于或者低于该值的,对农产品质量安全、农作物生长或土壤生态环境的风险低,一般情况下可以忽略;超过该值的,对农产品质量安全、农作物生长或土壤生态环境可能存在风险,应当加强土壤环境监测和农产品协同监测,原则上应当采取安全利用措施。

农用地土壤污染风险管制值:农用地土壤中污染物含量超过该值的,食用农产品不符合质量安全标准等农用地土壤污染风险高,原则上应当采取严格管控措施。

3. 农用地土壤污染风险筛选值

1) 基本项目

农用地土壤污染风险筛选值的基本项目为必测项目,包括镉、汞、砷、铅、铬、铜、镍、锌,其风险筛选值见表 3-13。

表 3-13 农用地土壤污染风险筛选值(基本项目)　　　　单位:mg/kg

序号	污染物项目[①,②]		风险筛选值			
			pH≤5.5	5.5<pH≤6.5	6.5<pH≤7.5	pH>7.5
1	镉	水田	0.3	0.4	0.6	0.8
		其他	0.3	0.3	0.3	0.6
2	汞	水田	0.5	0.5	0.6	1.0
		其他	1.3	1.8	2.4	3.4
3	砷	水田	30	30	25	20
		其他	40	40	30	25
4	铅	水田	80	100	140	240
		其他	70	90	120	170
5	铬	水田	250	250	300	350
		其他	150	150	200	250

续表 3-13

序号	污染物项目①,②	风险筛选值			
		pH≤5.5	5.5<pH≤6.5	6.5<pH≤7.5	pH>7.5
6	铜 果园	150	150	200	200
	其他	50	50	100	100
7	镍	60	70	100	190
8	锌	200	200	250	300

注：①重金属和类金属砷均按元素总量计；②对水旱轮作地，采用其中较严格的风险筛选值。

2）其他项目

农用地土壤污染风险筛选值的其他项目为选测项目，包括六六六、滴滴涕和苯并(a)芘，其风险筛选值见表 3-14。

表 3-14 农用地土壤污染风险筛选值（其他项目） 单位：mg/kg

序号	污染物项目	风险筛选值
1	六六六总量①	0.10
2	滴滴涕总量②	0.10
3	苯并(a)芘	0.55

注：①六六六总量为 α-六六六、β-六六六、γ-六六六、δ-六六六 4 种异构体的含量总和；②滴滴涕总量为 p,p'-滴滴伊、p,p'-滴滴滴、o,p'-滴滴涕、p,p'-滴滴涕 4 种衍生物的含量总和。

其他项目由地方环境保护部门根据本地区土壤污染特点和环境管理需求进行选择。

4. 农用地土壤污染风险管制值

农用地土壤污染风险管制值项目包括镉、汞、砷、铅、铬，其风险管控值见表 3-15。

表 3-15 农用地土壤污染风险管制值 单位：mg/kg

序号	污染物项目	风险管控值			
		pH≤5.5	5.5<pH≤6.5	6.5<pH≤7.5	pH>7.5
1	镉	1.5	2.0	3.0	4.0
2	汞	2.0	2.5	4.0	6.0
3	砷	200	150	120	100
4	铅	400	500	700	1000
5	铬	800	850	1000	1300

5. 农用地土壤污染风险筛选值和管制值的使用

(1)当土壤中污染物含量等于或低于表3-13和表3-14规定的风险筛选值时,农用地土壤污染风险低,一般情况下可以忽略;当土壤中污染物含量高于表3-13和表3-14规定的风险筛选值时,可能存在农用地土壤污染风险,应加强土壤环境监测和农产品协同监测。

(2)当土壤中镉、汞、砷、铅、铬的含量高于表3-13规定的风险筛选值,等于或低于表3-15规定的风险管制值时,可能存在食用农产品不符合质量安全标准等土壤污染风险,原则上应当采取农艺调控、替代种植等安全利用措施。

(3)当土壤中镉、汞、砷、铅、铬的含量高于表3-15规定的风险管制值时,食用农产品不符合质量安全标准,农用地土壤污染风险高,且难以通过安全利用措施降低食用农产品的土地污染风险,原则上应当采取禁止种植食用农产品、退耕还林等严格管控措施。

(4)土壤环境质量类别划分应以该标准为基础,结合食用农产品协同监测结果,根据相关技术规定进行规划。

(二)建设用地土壤污染风险管控标准

1. 适用范围

《土壤环境质量标准 建设用地土壤污染风险管控标准(试行)》(GB 36600—2018)规定了保护人体健康的建设用地土壤污染风险筛选值和管制值,以及监测、实施和监督要求。它适用于建设用地土壤污染风险筛查和风险管制。

2. 术语和定义

建设用地:建造建筑物、构筑物的土地,包括城乡住宅和公共设施用地、工矿用地、交通水利设施用地、旅游用地、军事设施用地等。

建设用地土壤污染风险:指在建设用地上居住、工作人群长期暴露于土壤污染物中,因慢性毒性效应或致癌效应而对健康产生的不利影响。

暴露途径:指建设用地土壤中污染物迁移到达和暴露于人体的方式。主要包括:①经口摄入土壤;②皮肤接触土壤;③吸入土壤颗粒;④吸入室外空气中来自表层土壤的气态污染物;⑤吸入室外空气中来自下层土壤的气态污染物;⑥吸入室内空气中来自下层土壤的气态污染物。

建设用地土壤污染风险筛选值:指在特定土地利用方式下,建设用地土壤中污染物含量等于或低于该值的,对人体健康的风险可以忽略;超过该值的,对人体健康的风险可能存在风险,应当开展进一步的详细调查和风险评估,确定具体污染物范围和风险水平。

农用地土壤污染风险管制值:指在特定土地利用方式下,建设用地土壤中污染物含量超过该值的,对人体健康通常存在不可接受的风险,应当采取风险管控或修复措施。

3. 建设用地分类

建设用地中,城市建设用地根据保护对象暴露情况的不同,可划分为以下两类。

第一类用地:包括《城市用地分类与规划建设用地标准》(GB 50137)规定的城市建设用地中居住地(R)、公共管理与公共服务用地中的中小学用地(A33)、医疗卫生用地(A5)和社会福利设施用地(A6),以及公园绿地(G1)中的社区公园或儿童公园用地等。

第二类用地:包括《城市用地分类与规划建设用地标准》(GB 50137)规定的城市建设用地中的工业用地(M)、物流仓储(W)、商业服务业设施用地(B)、道路与交通设施用地(S)、公用设施用地(U)、公共管理和公共服务用地(A)(A33、A5、A6 除外),以及绿地与广场用地(G)(G1 中的社区公园或儿童公园用地除外)等。

其他建设用地可以参照划分类别。

4. 建设用地土壤污染风险筛选值和管制值

保护人体健康的建设用地土壤污染风险筛选值和管制值见表 3-16 和表 3-17,其中表 3-16 为基本项目,表 3-17 为其他项目。

表 3-16 建设用地土壤污染风险筛选值和管制值(基本项目)   单位:mg/kg

序号	污染物项目	筛选值		管制值	
		第一类用地	第二类用地	第一类用地	第二类用地
重金属和无机物					
1	砷	20*	60*	120	140
2	镉	20	65	47	172
3	铬(六价)	3.0	5.7	30	78
4	铜	2000	18 000	8000	36 000
5	铅	400	800	800	2500
6	汞	8	38	33	82
7	镍	150	900	600	2000
挥发性有机物					
8	四氯化碳	0.9	2.8	9	36
9	氯仿	0.3	0.9	5	10
10	氯甲烷	12	37	21	120
11	1,1-二氯乙烷	3	9	20	100
12	1,2-二氯乙烷	0.52	5	6	21
13	1,1-二氯乙烯	12	66	40	200
14	顺-1,2-二氯乙烯	66	595	200	2000

续表 3-16

序号	污染物项目	筛选值		管制值	
		第一类用地	第二类用地	第一类用地	第二类用地
挥发性有机物					
15	反-1,2-二氯乙烯	10	54	31	163
16	二氯甲烷	94	616	300	2000
17	1,2-二氯丙烷	1	5	5	47
18	1,1,1,2-四氯乙烷	2.6	10	26	100
19	1,1,2,2-四氯乙烷	1.6	6.8	14	50
20	四氯乙烯	11	53	34	183
21	1,1,1-三氯乙烷	701	840	840	840
22	1,1,2-三氯乙烷	0.6	2.8	5	15
23	三氯乙烯	0.7	2.8	7	20
24	1,2,3-三氯丙烷	0.05	0.5	0.5	5
25	氯乙烯	0.12	0.43	1.2	4.3
26	苯	1	4	10	40
27	氯苯	68	270	200	1000
28	1,2-二氯苯	560	560	560	560
29	1,4-二氯苯	5.6	20	56	200
30	乙苯	7.2	28	72	280
31	苯乙烯	1290	1290	1290	1290
32	甲苯	1200	1200	1200	1200
33	间＋对-二甲苯	163	570	500	570
34	邻二甲苯	222	640	640	640
半挥发性有机物					
35	硝基苯	34	76	190	760
36	苯胺	92	260	211	663
37	2-氯酚	250	2256	500	4500
38	苯并[a]蒽	5.5	15	55	151
39	苯并[a]芘	0.55	1.5	5.5	15
40	苯并[b]荧蒽	5.5	15	55	151
41	苯并[k]荧蒽	55	151	550	1500
42	䓛	490	1293	4900	12 900
43	二苯并[a,h]蒽	0.55	1.5	5.5	15

续表 3-16

序号	污染物项目	筛选值		管制值	
		第一类用地	第二类用地	第一类用地	第二类用地
半挥发性有机物					
44	茚苯[1,2,3-cd]芘	5.5	15	55	151
45	萘	25	70	255	700

注：* 表示具体地块土壤中污染物检测含量超过筛选值，但等于或低于土壤环境背景值水平的，不纳入污染地块管理。

表 3-17　建设用地土壤污染风险筛选值和管制值（其他项目）　　　　单位：(mg/kg)

序号	污染物项目	筛选值		管制值	
		第一类用地	第二类用地	第一类用地	第二类用地
重金属和无机物					
1	锑	20	180	40	360
2	铍	15	29	98	290
3	钴	20[a]	70[①]	190	350
4	甲基汞	5.0	45	10	120
5	钒	165[①]	752	330	1500
6	氰化物	22	135	44	270
挥发性有机物					
7	一溴二氯甲烷	0.29	1.2	2.9	12
8	溴仿	32	103	320	1030
9	二溴氯甲烷	9.3	33	93	330
10	1,2-二溴乙烷	0.07	0.24	0.7	2.4
半挥发性有机物					
11	六氯环戊烷	1.1	5.2	2.3	10
12	2,4-二硝基甲苯	1.8	5.2	18	52
13	2,4-二氯酚	117	823	234	1690
14	2,4,6-三氯酚	39	137	78	560
15	2,4-二硝基酚	78	562	156	1130
16	五氯酚	1.1	2.7	12	27
17	邻苯二甲酸二(2-乙基己基)酯	42	121	420	1210
18	邻苯二甲酸丁基苄酯	312	900	3120	9000
19	邻苯二甲酸二正辛酯	390	2812	800	5700
20	3,3'-二氯联苯胺	1.3	3.6	13	36

续表 3-17

序号	污染物项目	筛选值		管制值	
		第一类用地	第二类用地	第一类用地	第二类用地
有机农药类					
21	阿特拉津	2.6	7.4	26	74
22	氯丹②	2.0	6.2	20	62
23	p,p'-滴滴滴	2.5	7.1	25	71
24	p,p'-滴滴伊	2.0	7.0	20	70
25	滴滴涕③	2.0	6.7	21	67
26	敌敌畏	1.8	5.0	18	50
27	乐果	86	619	170	1240
28	硫丹④	234	1687	470	3400
29	七氯	0.13	0.37	1.3	3.7
30	α-六六六	0.09	0.3	0.9	3
31	β-六六六	0.32	0.92	3.2	9.2
32	γ-六六六	0.62	1.9	6.2	19
33	六氯苯	0.33	1	3.3	10
34	灭蚁灵	0.03	0.09	0.3	0.9
多氯联苯、多溴联苯和二噁英类					
35	多氯联苯(总量)⑤	0.14	0.38	1.4	3.8
3.8	3,3',4,4',5-五氯联苯(PCB126)	4×10^{-5}	1×10^{-4}	4×10^{-4}	1×10^{-3}
37	3,3',4,4',5,5'-六氯联苯(PCB169)	1×10^{-4}	4×10^{-4}	1×10^{-3}	4×10^{-3}
38	二噁英类(总毒性当量)	1×10^{-5}	4×10^{-5}	1×10^{-4}	4×10^{-4}
39	多溴联苯(总量)	0.02	0.06	0.2	0.6
石油烃类					
40	石油烃($C_{10}\sim C_{40}$)	826	4500	5000	9000

注:①具体地块土壤中污染物检测含量超过筛选值,但等于或低于土壤环境背景值水平的,不纳入污染地块管理;②氯丹为 α-氯丹和 γ-氯丹的总和;③滴滴涕为 o,p'-滴滴涕、p,p'-滴滴涕两种物质总和;④硫丹为 α-硫丹、β-硫丹两种物质总和;⑤多氯联苯(总量)为 PCB77、PCB88、PCB105、PCB114、PCB118、PCB123、PCB126、PCB156、PCB157、PCB167、PCB169、PCB189 共 12 种物质的总和。

5. 建设用地土壤污染风险筛选污染物项目的确定

表 3-16 中所列项目为初步调查阶段建设用地土壤污染风险筛选的必测项目；初步调查阶段建设用地土壤污染风险筛选的选测项目依据《场地环境调查技术导则》(HJ 25.1)、《场地环境监测技术导则》(HJ 25.2)及相关技术规定而确定，可以包括但不限于表 3-17 所列项目。

6. 建设用地土壤污染风险筛选值和管制值的使用

建设用地划规为第一类用地的，适用表 3-16 和表 3-17 的第一类用地的筛选值和管制值；规划用途为第二类用地的，适用表 3-16 和表 3-17 的第二类用地的筛选值和管制值；规划用途不明确的，适用表 3-16 和表 3-17 的第一类用地的筛选值和管制值。

建设用地土壤中污染物含量等于或低于风险筛选值的，建设用地土壤污染风险一般情况下可以忽略；通过初步调查确定建设用地土壤中污染物含量高于风险筛选值，应当依据《场地环境调查技术导则》(HJ 25.1)、《场地环境监测技术导则》(HJ 25.2)等标准及相关技术要求开展详细调查；通过详细调查确定建设用地土壤中污染物含量等于或低于风险管制值应当依据《污染场地风险评估技术导则》(HJ 25.3)等标准及相关技术要求，开展风险评估，确定风险水平，判断是否需要采取风险管控或修复措施；通过详细调查确定建设用地土壤中污染物含量高于风险管制值，对人体健康通常存在不可接受风险，应当采取风险管控或修复措施；建设用地若需采取修复措施，其修复目标应当依据《污染场地风险评估技术导则》(HJ 25.3)、《污染场地土壤修复技术导则》(HJ25.4)等标准及相关技术需求确定，且应当低于风险管制值；表 3-16 和表 3-17 中未列入的污染物项目，可依据《污染场地风险评估技术导则》(HJ 25.3)等标准及相关技术要求开展风险评估，推导特定污染物的土壤风险筛选值。

二、区域性土壤环境背景

为防止土壤污染，保护生态环境，维护公众健康，我国生态环境部制定了《区域性土壤环境背景含量统计技术导则（试行）》(HJ 1185—2021)。本标准规定了区域性土壤环境背景含量统计工作程序以及数据获取、数据处理分析、统计与表征等技术要求。该标准 2021 年 8 月 1 日起实施。

（一）适用范围

本标准适用于区域性土壤环境背景含量的统计，地块尺度土壤环境背景含量统计的相关标准另行制定。

（二）术语和定义

土壤环境背景含量：在一定时间条件下，仅受地球化学过程和非点源输入影响的土壤中元素或化合物的含量。

调查单元：调查区域按照土壤类型、成土母质(岩)类型、流域、行政区域或土地利用类型等划分的空间单元，同一调查单元，可能在空间上不连续分布。

统计单元：用于土壤环境背景含量数据统计的单元。

已有数据：在开展土壤环境背景含量统计时，调查区域已有的、目标时间范围内的土壤环境调查数据。

(三)工作目标

明确调查区域、目标时间范围和目标元素或化合物。统计与表征调查区域目标时间范围内土壤中目标元素或化合物的环境背景含量。

调查区域应同时明确平面范围与垂向深度。平面范围可以是行政区域，也可以是行政区域内一定土壤类型、成土母质(岩)类型、流域或土地利用类型等区域，或以上类型组合形成的区域。垂向深度可以是相对固定的土壤深度，也可以是一定的土壤层次。

目标时间范围可以是历史上某一时间段，也可以是当前一定时间段，此时间范围内土壤中目标元素或化合物未发生超预期的富集、损失或含量水平的变化。

土壤中目标元素或化合物可以是某一种、某一类或多种。

(四)工作程序及内容

区域性土壤环境背景含量统计的工作程序如图3-2所示。工作内容包括数据获取、数据处理分析、统计与表征。

1)数据获取

收集整理区域性土壤环境背景含量统计所需的相关数据资料，明确是否存在已有数据。

(1)当存在已有数据时，应进行点位数据评估，若存在满足要求的点位数据，还应进行数据集评估。

(2)当不存在已有数据或已有数据不能完全满足要求时，如目标时间范围为当前一定时间段，应开展或结合已有数据开展土壤环境背景调查以获取数据；如目标时间范围为历史上某一时间段，则已有数据仅作为参考。

2)数据处理分析

(1)根据区域性土壤环境背景含量统计的工作目标，划分统计单元。

(2)检验统计单元土壤环境背景含量数据的分布类型，判别和处理异常值。

3)统计与表征

(1)在数据处理分析的基础上，统计不同统计单元的区域性土壤环境背景含量。

(2)用图和表的形式表征区域性土壤环境背景含量，编制区域性土壤环境背景含量统计技术报告。

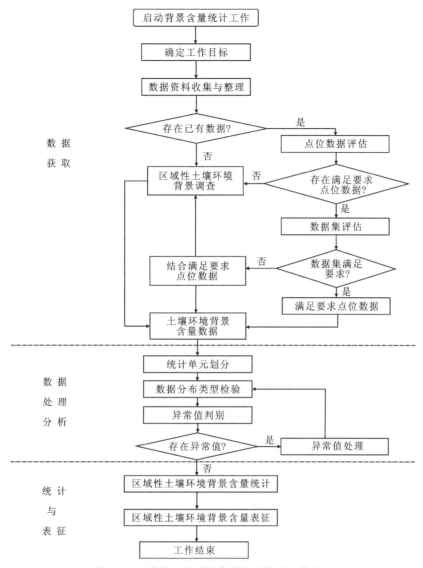

图 3-2 区域性土壤环境背景含量统计工作程序

(五) 数据资料收集

根据工作目标，收集调查区域资料，主要包括自然和社会经济信息、土地利用及其变化图件、环境数据资料等，图件的比例尺应与调查区域相匹配。

自然和社会经济信息包括地形、地貌、植被、土壤类型、成土母质(岩)类型、水文、气候和矿产资源分布等。

土地利用及其变化图件包括调查区域土地利用现状及其变化图件资料等。

环境数据资料包括由政府机关和权威机构所保存或发布的环境资料(如区域环境保护规划、环境质量公报等)、污染源信息(如工农业生产及排污)、农业投入品使用情况(如农药、肥料、土壤调理剂、农膜等)、已有土壤环境调查数据等。

根据专业知识和经验识别处理资料中的错误和不合理信息,对收集的资料进行归类整理,如存在所需的已有数据,应建立由点位数据组成的数据集。

(六)已有数据评估

1. 点位数据评估

数据的完整性评估:①已有数据应至少包括采样日期、布点方法、选点原则、样点位置(坐标)、样品采集方法、样品采集层次、分析测试项目、样品分析测试方法、野外信息记录(例如土壤类型、成土母质(岩)类型、土地利用类型和作物类型)等信息项;②已有数据达到规定信息项要求的,则其完整性满足要求。

数据的符合性评估:①对满足完整性要求的已有数据,进行数据的符合性评估;②对照工作目标对时间范围、采样层次或深度、目标元素或化合物的相关要求,对已有数据进行符合性评估;③已有数据的采样日期、样品采集层次、分析测试项目等相关信息符合区域性土壤环境背景含量统计工作目标相关要求的,则其符合性满足要求。

数据的规范性评估:①对满足符合性要求的已有数据,进行数据的规范性评估;②对照本标准对区域性土壤环境背景调查点位布设、样品分析测试和质量控制与质量保证的相关要求,评估数据的规范性;③已有数据的布点方法、点位选择、样品分析测试、质量控制与质量保证符合《区域性土壤环境背景含量统计技术导则(试行)》(HJ 1185—2021)5.4 相关要求的,则其规范性满足要求。

2. 数据集评估

不同来源数据的合并:①应评估合并不同来源数据增加样本代表性的优点与可能引入不准确性的缺点,数据的合并需作出数据准确性上的妥协;②应考虑合并后点位数据的空间分布相对均匀性,点位数据存在聚集的,应进行去聚集化处理,综合考虑点位的均匀性和代表性,尽可能随机选择保留点位;③按照发生层次与按照固定深度两种不同土壤样品采集方法获得的数据不宜合并;④对于来自不同分析测试方法的数据,应确保不同分析测试方法之间的等效性。

按照《区域性土壤环境背景含量统计技术导则(试行)》(HJ 1185—2021)5.4.2 划分调查单元,统计数据集中各调查单元内满足完整性、符合性和规范性要求的点位数量。

当各调查单元内满足要求的点位数量达到该标准 5.4.3.2 布点数量要求时,该数据集满足要求,否则该数据集不满足要求。

3. 结合已有数据开展区域性土壤环境背景调查

(1)当数据集不满足要求,但存在满足要求的点位数据且目标时间范围为当前一定时间段时,可结合这些点位数据按照《区域性土壤环境背景含量统计技术导则(试行)》(HJ 1185—2021)5.4 开展调查。

(2)在调查过程中应考虑与满足要求的已有点位数据的衔接:①在布点数量上,可以减去满足要求的点位数据对应的点位数量;②在布点位置上,在满足要求的点位数据对应的网格内可不布设采样点位。

(七)区域性土壤环境背景调查

1. 调查项目确定

(1)调查项目可以是土壤中各种元素或化合物,需根据工作目标确定。
(2)将部分土壤理化性质参数作为调查项目,包括土壤 pH、土壤质地、容重、有机质含量、阳离子交换量等。

2. 调查单元划分

(1)在调查区域内,按照影响该区域土壤环境背景含量的主导因素土壤类型和成土母质(岩)类型等划分调查单元。土壤类型和成土母质(岩)类型图件的比例尺应相对一致。土壤类型采用《中国土壤分类与代码》(GB/T 17296)规定的分类方法,可按照土类、亚类、土属、土种的顺序,结合工作目标进行逐级细化。

(2)当工作目标为统计与表征调查区域内不同流域、行政区域或土地利用类型的土壤环境背景含量时,在调查区域内,按照流域、行政区域、土地利用类型等因素或综合主导因素划分调查单元。

(3)当工作目标为统计与表征整个调查区域的土壤环境背景含量时,将整个调查区域作为一个调查单元。

3. 调查点位布设

1)基础样本数量

由变异系数和相对偏差计算样本数量,计算公式为

$$N = \frac{t^2 CV^2}{m^2} \quad (3\text{-}3)$$

式中:N 为基础样本数量(个);t 为选定置信水平(土壤环境监测一般选定为95%)一定自由度下的 t 值;CV 为变异系数,从已有的其他研究资料中估计(%);m 为可接受的相对偏差,土壤环境监测一般限定为20%~30%。

已开展过背景含量调查的区域,可以参考当时的 CV;没有开展过背景含量调查的区域,可参考上一级区域的 CV;没有开展过背景含量调查且土壤变异程度较小的区域,一般 CV 可用 10%~30%粗略估计,如土壤变异程度较大,应开展初步调查进行评估。

2)布点数量

(1)实际工作中土壤布点数量要根据调查目的、调查精度和调查区域环境状况等因素确定。

(2)各调查单元的布点数量应同时满足基础样本数量和统计单元最少样本量30个的要求。对于以历史上某一时间段为目标时间范围的,若点位数不满足要求,应注明点位数量,所得结果作为参考。

(3)考虑到土壤变异的不确定性和可能出现异常值等因素,为保证统计数据的有效性,布点数量宜适度增加。

(4)获取土壤环境背景含量数据后,若实际变异系数大于设定 CV 且反算的 m 值不可接受时,应考虑补充点位后重新统计。

(5)当调查项目为多个元素或化合物时,可按照最大变异系数来确定布点数量,协调布设调查点位。

3)布点方法

针对调查区域内的调查单元,一般采用系统布点或系统随机布点方法并结合专业判断进行布点,在保证样点相对均匀分布的情况下,也可以单独采用专业判断布点法。

(1)系统布点:将调查单元划分成面积相等的网格,网格的数量等于布点数量,每个网格内布设 1 个采样点。适用于既有认知较少,自然因素变异较大,或者目标元素或化合物含量变化较大的区域,也适用于同一土壤类型、流域类型。

(2)系统随机布点:将调查单元划分成面积相等的网格,网格的数量大于布点数量 2 倍,对每个网格进行编号,从中随机抽取满足布点数量的网格,每个网格内布设 1 个采样点。可以利用掷骰子、抽签、查随机数表的方法随机抽取网格。适用于土壤类型、成土母质(岩)类型单一,地形相对平坦,其他自然因素差异较小的区域。当随机布设的点位分布不均时,需适当增加或调整点位。

(3)网格间距 L 的计算公式为

$$L = (A/N)^{1/2} \tag{3-4}$$

式中:L 为网格间距(km 或 m);A 为调查单元面积(km² 或 m²);N 为布点数量(个)。

A 和 L 的量纲要相匹配,如 A 的单位是 km² 则 L 的单位就为 km。根据实际情况可适当调整网格的起始位置,避开过多网格落在道路、河流或裸露岩石上。当网格中所关注类型为非主导类型或面积占比较小时,宜结合点位数量和空间分布情况,考虑取消或者调整该点位。

(4)专业判断布点:选择具有代表性样点进行采样。此方法适用于对调查单元有较充分了解的情形,选择具有代表性样点需要考虑土壤分类和地质因素。

4)点位选择

点位选择需要具有代表性,尽量避开人为活动的影响。

(1)采样点自然景观应符合土壤环境背景研究的要求。采样点选在所采土壤类型特征明显,地形相对平坦、稳定、植被良好的地点;坡脚、洼地等具有从属景观特征的地点,一般不布设采样点。

(2)不宜在多种土类、多种成土母质(岩)交错分布、面积较小的边缘地区布设采样点。

(3)采样点以剖面发育完整、层次较清楚为准,不在水土流失严重或表土被破坏处设采样点。

(4)现状及历史上的城镇、住宅、工矿企业、交通运输、水利设施、殡葬、粪坑等人为干扰大的区域及其影响范围内不宜设采样点,采样点周边的影响范围应根据实际情况进行综合判断,工矿企业、交通运输的影响范围可参考表 3-18 初步确定。

(5)农用地一般应在播种和施肥前或农作物成熟后采样,采样点尽量避免在肥料、农药集中使用位置,如坑施和条施位置,以使样点尽可能少受人为活动的影响。

表 3-18　土壤环境背景含量中主要人为影响源影响范围

主要人为影响源	影响范围
工矿企业	工矿企业周边 5000m
交通运输	铁路两侧 500m
	二级以上公路两侧 350m
	农村道路两侧 50m

4. 样品采集

(1)一般按照发生层次采集剖面土壤样品,或根据工作目标特殊需求,采集固定深度土壤样品,同一调查区域应采用相同的样品采集方法。

(2)剖面土壤样品采集和采样记录参照《土壤环境监测技术规范》(HJ/T 166)执行。

(3)固定深度土壤样品一般按照 0~20cm、40~60cm 和 80~100cm 中的一个或多个深度进行采集,也可以根据工作目标增加采集其他固定深度的土壤样品。以钻孔取样为主,也可以采用槽探的方式进行,采样方法参照《建设用地土壤污染风险管控和修复监测技术导则》(HJ 25.2)执行,样品采集量、采样记录等参照剖面土壤样品采集。

5. 样品保存与流转

样品保存与流转按照《土壤环境监测技术规范》(HJ/T 166)中的相关规定执行。

6. 样品分析测试

样品分析测试按照《土壤环境监测技术规范》(HJ/T 166)中的相关规定执行,其中标准方法优先采用《土壤环境质量　农用地土壤污染风险管控标准(试行)》(GB 15618)和《土壤环境质量　建设用地土壤污染风险管控标准(试行)》(GB 36600)中的分析方法,《土壤环境质量　农用地土壤污染风险管控标准(试行)》(GB 15618)和《土壤环境质量　建设用地土壤污染风险管控标准(试行)》(GB 36600)中污染物项目以外的分析方法选用现行有效的国家、行业标准方法。除上述分析方法标准外,本标准实施后发布的其他污染物分析方法标准,如明确适用于土壤样品分析测试,也可采用该分析方法标准。

7. 质量控制与质量保证

为保证所产生的区域性土壤环境背景调查数据具有代表性、准确性、精密性、可比性和完整性,质量控制与质量保证应涉及调查的全部过程。质量控制与质量保证参照《土壤环境监测技术规范》(HJ/T 166)中相关规定执行。

(八)数据处理分析

1. 统计单元划分

(1)按照影响土壤环境背景含量的主导因素将土壤环境背景含量数据划分为不同统计单元,使统计单元内土壤环境背景含量的变异性相对较小。

(2)可根据工作目标要求,按照划分调查单元的流域、行政区或土地利用类型等划分统计单元。

(3)基于统计单元内每层土壤环境背景含量数据,进行数据分布类型检验、异常值判别与处理以及统计与表征,未检出值按检出限的一半参与统计。

2. 数据分布类型检验

(1)区域性土壤环境背景含量数据的分布类型大致分为正态分布、对数正态分布和其他分布。

(2)数据的正态性检验按照《数据的统计处理和解释 正态性检验》(GB/T 4882)的规定执行。

(3)非正态分布的数据,进行适当的正态转换后再进行正态性检验。

3. 异常值判别与处理

(1)常用判别样本异常值的方法包括格拉布斯(Grubbs)检验法、狄克逊(Dixon)检验法、T(Thompson)检验法、箱线图法和富集系数法。

(2)应用上述方法进行异常值判别与处理应注意:Grubbs 检验法、Dixon 检验法、T 检验法仅适用于来自正态总体的样本。若来自对数正态总体,应先将数据取对数,然后对对数数据样本实施上述判别检验。对于其他分布的数据样本可以采用箱线图法进行判别。Dixon 检验法仅适用于样本容量不大于 100 的样本,Grubbs 检验法和 T 检验法对大、小样本都适用。

(3)对于所判断的异常值,按照以下方式进行处理:①检查原始记录,若是过失或错误的数据,如样品采集、分析检测、数据输入错误等原因导致的异常数据,应予以更正或剔除。②考察取样的实际情况,根据目标元素或化合物含量特征和组合特征综合分析,或结合富集系数等方法判断异常原因。若异常值来源于污染,则剔除;若来源于高背景,应予以保留。③若判别出的异常值不止一个,按异常值从大到小的顺序逐个判断,逐个处理。④对于呈现多峰的数据,应根据实际情况判断异常值原因,谨慎处理。

(4)被剔除或更正的异常值及其理由应予以记录,以备查询。处理后样本数量不能满足统计要求的,应补充样本数据。

（九）统计与表征

1. 区域性土壤环境背景含量统计

(1)对异常值处理后的数据，再检验数据分布类型，进行区域性土壤环境背景含量统计。

(2)统计样点数量、最小值、最大值、分位数(2.5%、5%、10%、25%、50%、75%、90%、95%、97.5%)、算术平均值 $\bar{x}$、算术标准差 S、$\bar{x}+2S$、$\bar{x}-2S$、几何平均值 M、几何标准差 D、M/D^2、MD^2 等统计量。算术平均值 $\bar{x}$ 的计算见式(3-5)，算术标准差 S 的计算见式(3-6)，几何平均值 M 的计算见式(3-7)，几何标准差 D 的计算见式(3-8)：

$$\bar{x} = \frac{1}{n}\sum_{i=1}^{n} x_i \tag{3-5}$$

$$S = \sqrt{\frac{\sum_{i=1}^{n}(x_i - \bar{x})^2}{n-1}} \tag{3-6}$$

$$M = \lg^{-1}\left(\frac{1}{n}\sum_{i=1}^{n} x'_i\right) \tag{3-7}$$

$$D = \lg^{-1}\left(\sqrt{\frac{\sum_{i=1}^{n}\left(x'_i - \frac{1}{n}\sum_{i=1}^{n} x'_i\right)^2}{n-1}}\right) \tag{3-8}$$

式中：n 为样本量(个)；x_i 为第 i 个样本值；x'_i 为 $\lg x_i(i=1,2,\cdots,n)$；$\bar{x}$ 为算术平均值；S 为算术标准差；M 为几何平均值；D 为几何标准差。

2. 区域性土壤环境背景含量表征

(1)用图件和表格相结合的形式表征区域性土壤环境背景含量，并给予必要的说明。

绘制统计单元分布图，用不同颜色和编号对统计单元进行表达。

表格应包括统计单元名称、编号、样点数量、最小值、最大值、分位数(5%、10%、25%、50%、75%、90%、95%)、$\bar{x}$、S、M、D、95%置信范围(正态分布采用 $\bar{x}\pm 2S$，对数正态分布采用 $M/D^2 \sim MD^2$，其他分布采用 2.5%~97.5%分位数)和数据分布类型。有效数字的修约规则按《数值修约规则与极限数值的表示和判定》(GB/T 8170—2008)执行。

对调查区域、调查项目、调查单元划分、采样时间、布点数量及方法、样品采集方法、统计单元划分、数据分布类型和异常值判别与处理的概况进行必要的说明。

(2)编制区域性土壤环境背景含量统计技术报告。

技术报告应按照该标准规定的工作程序进行编制。技术报告内容要完整、详细，内容包括工作目标、工作程序、调查区域概况[包括自然地理条件、成土母质(岩)类型、土壤类型、土地利用类型等内容]、数据资料收集与整理、已有数据评估、区域性土壤环境背景调查、数据处理分析和统计与表征，记录区域性土壤环境背景含量统计过程。

三、土壤污染调查、风险评估和修复技术导则

除对土壤风险管控标准进行规定外,对土壤污染状况调查、风险管控和修复技术导则,评估和技术导则也进行了规定,包括建设用地及污染地块,具体为:《建设用地土壤污染状况调查技术导则》(HJ 25.1—2019)、《建设用地土壤污染风险管控和修复监测技术导则》(HJ 25.2—2019)、《建设用地土壤污染风险评估技术导则》(HJ 25.3—2019)、《建设用地土壤修复技术导则》(HJ 25.4—2019),以及《污染地块风险管控与土壤修复效果评估技术导则》(HJ 25.5—2018)、《污染地块地下水修复和风险管控技术导则》(HJ 25.6—2019)。

同时,对建设用地土壤污染风险管控和修复术也进行了规定,见《建设用地土壤污染风险管控和修复术语》(HJ 682—2019)。

四、土壤/沉积物指标测定方法标准

土壤/沉积物中氨氮、亚硝酸盐氮、硝酸盐氮、水溶性氟化物、总氟化物、总磷、有效磷、有机碳、总氮、金属元素、挥发性有机物、挥发性卤代烃、六六六等指标的测定方法也有规定。土壤/沉积物中各指标测定方法标准原文可扫描本节末二维码阅读使用。

土壤环境质量标准
(农用地和建设用地)

《建设用地土壤污染风险管控和
修复监测技术导则》(HJ
25.2—2019)等

《区域性土壤环境背景含量统
计技术导则(试行)》
(HJ 1185—2021)

一些土壤/沉积物中各指标
测定方法标准

第五节 固体及危险废物标准

为防止固体及危险废物,如医疗废物、生活垃圾、水泥窑、农药工业等固体废物对土壤、农作物、地表水、地下水的污染,保障农牧渔业生产和人体健康,我国制定了一系列有关固体废物的标准,主要包括固体废物污染控制标准、危险废物鉴别方法标准以及其他行业特定废物处置及技术设备相关标准。

一、固体废物鉴别及污染控制标准

(一)固体废物鉴别标准

《固体废物鉴别标准 通则》(GB 34330—2017)规定了依据产生来源的固体废物鉴别准则、在利用和处置过程中的固体废物鉴别准则、不作为液态废物管理物质及监督管理要求。本标准自 2017 年 10 月 1 日起实施。

1. 适用范围

适用于物质(或材料)和物品(包括产品、商品)(简称物质)的固体废物鉴别;液态废物的鉴别也适用于本标准;放射性废物的鉴别、固体废物的分类以及有专用固体废物鉴别标准的物质的固体废物鉴别不适用于本标准。

2. 术语和定义

固体废物:指在生产、生活和其他活动中产生的丧失原有利用价值或者虽未丧失利用价值但被抛弃或者放弃的固态、半固态和置于容器中的气态的物品、物质以及法律、行政法规规定纳入固体废物管理的物品、物质。

固体废物鉴别:指判断物质是否属于固体废物的活动。

利用:指从固体废物中提取物质作为原材料或者燃料的活动。

处理:指通过物理、化学、生物等方法,使固体废物转化为适合于运输、贮存、利用和处置的活动。

处置:指将固体废物焚烧和用其他改变固体废物的物理、化学、生物特性的方法,达到减少已产生的固体废物数量、缩小固体废物体积、减少或者消除其危险成分的活动,或者将固体废物置于符合环境保护规定要求的填埋场的活动。

目标产物:指在工艺设计、建设和运行过程中,希望获得的一种或多种产品,包括副产品。

3. 依据产生来源的固体废物鉴别

下列物质属于固体废物。

(1)丧失原有使用价值的物质,包括以下种类:①在生产过程中产生的因为不符合国家、地方制定或行业通行的产品标准(规范),或者因为质量原因,而不能在市场出售、流通或者不能按照原用途使用的物质,如不合格品、残次品、废品等。但符合国家、地方制定或行业通行的产品标准中等外品级的物质以及在生产企业内进行返工(返修)的物质除外。②因为超过质量保证期,而不能在市场出售、流通或者不能按照原用途使用的物质。③因为沾染、掺入、混杂无用或有害物质使其质量无法满足使用要求,而不能在市场出售、流通或者不能按照原用途使用的物质。④在消费或使用过程中产生的,因为使用寿命到期而不能继续按照原用途使用的物质。⑤执法机关查处没收的需报废、销毁等无害化处理的物质,包括(但不限于)假冒伪劣产品、侵犯知识产权产品、毒品等禁用品。⑥以处置废物为目的生产的,不存在市场需求或不能在市场上出售、流通的物质。⑦因为自然灾害、不可抗力因素和人为灾难因素造成损坏而无法继续按照原用途使用的物质。⑧因丧失原有功能而无法继续使用的物质。⑨由于其他原因而不能在市场出售、流通或者不能按照原用途使用的物质。

(2)生产过程中产生的副产物,包括以下种类:

· 产品加工和制造过程中产生的下脚料、边角料、残余物质等。

· 在物质提取、提纯、电解、电积、净化、改性、表面处理以及其他处理过程中产生的残余物质,包括(但不限于)以下物质:①在黑色金属冶炼或加工过程中产生的高炉渣、钢渣、轧钢氧化皮、铁合金渣、锰渣;②在有色金属冶炼或加工过程中产生的铜渣、铅渣、锡渣、锌渣、铝灰(渣)等火法冶炼渣,以及赤泥、电解阳极泥、电解铝阳极炭块残极、电积槽渣、酸(碱)浸出渣、净化渣等湿法冶炼渣;③在金属表面处理过程中产生的电镀槽渣、打磨粉尘。

· 在物质合成、裂解、分馏、蒸馏、溶解、沉淀以及其他过程中产生的残余物质,包括(但不限于)以下物质:①在石油炼制过程中产生的废酸液、废碱液、白土渣、油页岩渣;②在有机化工生产过程中产生的酸渣、废母液、蒸馏釜底残渣、电石渣;③在无机化工生产过程中产生的磷石膏、氨碱白泥、铬渣、硫铁矿渣、盐泥。

· 金属矿、非金属矿和煤炭开采、选矿过程中产生的废石、尾矿、煤矸石等。

· 石油、天然气、地热开采过程中产生的钻井泥浆、废压裂液、油泥或油泥砂、油脚和油田溅溢物等。

· 火力发电厂锅炉、其他工业和民用锅炉、工业窑炉等热能或燃烧设施中,燃料燃烧产生的燃煤炉渣等残余物质。

· 在设施设备维护和检修过程中,从炉窑、反应釜、反应槽、管道、容器以及其他设施设备中清理出的残余物质和损毁物质。

· 在物质破碎、粉碎、筛分、碾磨、切割、包装等加工处理过程中产生的不能直接作为产品或原材料或作为现场返料的回收粉尘、粉末。

· 在建筑、工程等施工和作业过程中产生的报废料、残余物质等建筑废物。

· 畜禽和水产养殖过程中产生的动物粪便、病害动物尸体等。

· 农业生产过程中产生的作物秸秆、植物枝叶等农业废物。

· 教学、科研、生产、医疗等实验过程中,产生的动物尸体等实验室废弃物质。

· 其他生产过程中产生的副产物。

(3)环境治理和污染控制过程中产生的物质,包括以下几种:

①烟气和废气净化、除尘处理过程中收集的烟尘、粉尘,包括粉煤灰;②烟气脱硫产生的

脱硫石膏和烟气脱硝产生的废脱硝催化剂；③煤气净化产生的煤焦油；④烟气净化过程中产生的副产硫酸或盐酸；⑤水净化和废水处理产生的污泥及其他废弃物质；⑥废水或废液（包括固体废物填埋场产生的渗滤液）处理产生的浓缩液；⑦化粪池污泥、厕所粪便；⑧固体废物焚烧炉产生的飞灰、底渣等灰渣；⑨堆肥生产过程中产生的残余物质；▪绿化和园林管理中清理产生的植物枝叶；▪河道、沟渠、湖泊、航道、浴场等水体环境中清理出的漂浮物和疏浚污泥；▪烟气、臭气和废水净化过程中产生的废活性炭、过滤器滤膜等过滤介质；▪在污染地块修复、处理过程中，采用填埋、焚烧、水泥窑协同处置和生产砖、瓦、筑路材料等其他建筑材料中任何一种方式处置或利用的污染土壤；▪在其他环境治理和污染修复过程中产生的各类物质。

（4）其他：①我国法律禁止使用的物质；②国务院环境保护行政主管部门认定为固体废物的物质。

4. 利用和处置过程中的固体废物鉴别

（1）在任何条件下，固体废物按照以下任何一种方式利用或处置时，仍然作为固体废物管理：①以土壤改良、地块改造、地块修复和其他土地利用方式直接施用于土地或生产施用于土地的物质（包括堆肥），以及生产筑路材料；②焚烧处置（包括获取热能的焚烧和垃圾衍生燃料的焚烧），或用于生产燃料，或包含于燃料中；③填埋处置；④倾倒、堆置；⑤国务院环境保护行政主管部门认定的其他处置方式。

（2）利用固体废物生产的产物同时满足下述条件的，不作为固体废物管理，按照相应的产品管理[按照（1）进行利用或处置的除外]：①符合国家、地方制定或行业通行的被替代原料生产的产品质量标准。②符合国家相关污染物排放（控制）标准或技术规范要求，包括该产物生产过程中排放到环境中的有害物质限值和该产物中有害物质的含量限值；当没有国家污染控制标准或技术规范时，该产物中所含有害成分含量不高于利用被替代原料生产的产品中的有害成分含量，并且在该产物生产过程中，排放到环境中的有害物质浓度不高于利用所替代原料生产产品过程中排放到环境中的有害物质浓度，当没有被替代原料时，不考虑该条件。③有稳定、合理的市场需求。

5. 不作为固体废物管理的物质

（1）以下物质不作为固体废物管理：①任何不需要修复和加工即可用于其原始用途的物质，或者在产生点经过修复和加工后满足国家、地方制定或行业通行的产品质量标准并且用于其原始用途的物质；②不经过贮存或堆积过程，而在现场直接返回到原生产过程或返回其产生过程的物质；③修复后作为土壤用途使用的污染土壤；④供实验室化验分析用或科学研究用固体废物样品。

（2）按照以下方式进行处置后的物质，不作为固体废物管理：①金属矿、非金属矿和煤炭采选过程中直接留在或返回到采空区的符合《一般工业固体废物贮存和填埋污染控制标准》（GB 18599—2020）中第Ⅰ类一般工业固体废物要求的采矿废石、尾矿和煤矸石，但是带入除采矿废石、尾矿和煤矸石以外的其他污染物质的除外；②工程施工中产生的按照法规要求或国家标准要求就地处置的物质。

（3）国务院环境保护行政主管部门认定不作为固体废物管理的物质。

6．不作为液态废物管理的物质

（1）满足相关法规和排放标准要求可排入环境水体或者市政污水管网和处理设施的废水、污水。

（2）经过物理处理、化学处理、物理化学处理和生物处理等废水处理工艺处理后，可以满足向环境水体或市政污水管网和处理设施排放的相关法规和排放标准要求的废水、污水。

（3）废酸、废碱中和处理后产生的满足上述2条要求的废水。

（二）固体废物污染控制标准

固体废物污染控制标准包括：《医疗废物焚烧炉技术要求（试行）》（GB 19218—2003）；《进口可用作原料的固体废物环境保护控制标准—骨废料》（GB 16487.1—2005）；《生活垃圾填埋场污染控制标准》（GB 16889—2008）；《水泥窑协同处置固体废物污染控制标准》（GB 30485—2013）；《生活垃圾焚烧污染控制标准》（GB 18485—2014）；《含多氯联苯废物污染控制标准》（GB 13015—2017）；《低、中水平放射性固体废物近地表处置安全规定》（GB 9132—2018）；《一般工业固体废物贮存和填埋污染控制标准》（GB 18599—2020）；《医疗废物处理处置污染控制标准》（GB 39707—2020）。同时也对于医疗废弃物转运车的技术要求进行了规定，详见《医疗废物转运车技术要求（试行）》（GB 19217—2003）以及关于批准《医疗废物转运车技术要求》（GB19217—2003）国家标准第1号修改单的函的规定，同时对含铬皮革、锰渣以及失活脱硝催化剂再生污染也出台了控制技术行业规范《含铬皮革废料污染控制技术规范》（HJ 1274—2022），《失活脱硝催化剂再生污染控制技术规范》（HJ 1275—2022），《锰渣污染控制技术规范》（HJ 1241—2022）。扫描本节末二维码可阅读使用相关标准原文。

二、危险废物鉴别标准及控制标准

1．危险废物鉴别标准

生态环境部形成以《危险废物鉴别标准 通则》（GB 5085.7—2019）为主导，包含危险废物急性毒性初筛、浸出毒性鉴别、易燃性鉴别、反应性鉴别、毒性物质含量鉴别在内的全面的危险废物鉴别体系。同时对危险废物鉴别技术[《危险废物鉴别技术规范》（HJ 298—2019）]也进行了行业规范。

其他标准如：《危险废物鉴别标准 腐蚀性鉴别》（GB 5085.1—2007）、《危险废物鉴别标准 急性毒性初筛》（GB 5085.2—2007）、《危险废物鉴别标准 浸出毒性鉴别》（GB 5085.3—2007）、《危险废物鉴别标准 易燃性鉴别》（GB 5085.4—2007）、《危险废物鉴别标准 反应性鉴别》（GB 5085.5—2007）、《危险废物鉴别标准 毒性物质含量鉴别》（GB 5085.6—2007）。扫描本节末二维码可阅读使用相关标准原文。

2. 危险废物控制标准

我国对于危险废物的贮存、填埋及焚烧污染控制均作出了具体的规定,详见《危险废物贮存污染控制标准》(GB 18597—2001)、《危险废物填埋污染控制标准》(GB 18598—2019)、《危险废物焚烧污染控制标准》(GB 18484—2020)。同时对于危险废物识别标志的设置技术规范也出台了行业标准进行规定,详见《危险废物识别标志设置技术规范》(HJ 1276—2022)。扫描本节末二维码可阅读使用相关标准原文。

一些固体废物控制及鉴别方法标准

一些危险废物控制及鉴别方法标准

第六节 物理性污染标准

关于物理性污染,我国目前已对噪声与振动、核辐射与电磁环境保护方面物理性污染作出了相应规范。

一、噪声与振动

我国目前已颁布的噪声标准包括声环境质量标准、环境噪声排放标准及噪声监测规范方法标准。

(一)声环境质量标准

为贯彻《中华人民共和国环境噪声污染防治法》,防治噪声污染,保障城乡居民正常生活、工作和学习的声环境质量,制定《声环境质量标准》(GB 3096—2008)。

本标准是对《城市区域环境噪声标准》(GB 3096—93)和《城市区域环境噪声测量方法》(GB/T 14623—93)的修订,与原标准相比主要修改内容如下:①扩大了标准适用区域,将乡村地区纳入标准适用范围;②将环境质量标准与测量方法标准合并为一项标准;③明确了交通干线的定义,对交通干线两侧 4 类区环境噪声限值作了调整;④提出了声环境功能区监测和噪声敏感建筑物监测的要求。

本标准自 2008 年 10 月 1 日起实施,自本标准实施之日起,GB 3096—93 和 GB/T 14623—93 废止。

1. 适用范围

本标准规定了 5 类声环境功能区的环境噪声限值及测量方法,适用于声环境质量评价与管理。机场周围区域受飞机通过(起飞、降落、低空飞越)噪声的影响,不适用于本标准。

2. 声环境功能区分类

按区域的使用功能特点和环境质量要求,声环境功能区分为 5 种类型。

0 类声环境功能区:指康复疗养区等特别需要安静的区域。

1 类声环境功能区:指以居民住宅、医疗卫生、文化教育、科研设计、行政办公为主要功能,需要保持安静的区域。

2 类声环境功能区:指以商业金融、集市贸易为主要功能,或者居住、商业、工业混杂,需要维护住宅安静的区域。

3 类声环境功能区:指以工业生产、仓储物流为主要功能,需要防止工业噪声对周围环境产生严重影响的区域。

4 类声环境功能区:指交通干线两侧一定距离之内,需要防止交通噪声对周围环境产生严重影响的区域,包括 4a 类和 4b 类两种类型。4a 类为高速公路、一级公路、二级公路、城市快速路、城市主干路、城市次干路、城市轨道交通(地面段)、内河航道两侧区域;4b 类为铁路干线两侧区域。

乡村声环境功能的确定,乡村区域一般不划分声环境功能区,根据环境管理的需要,县级以上人民政府环境保护行政主管部门可按以下要求确定乡村区域适用的声环境质量要求:①位于乡村的康复疗养区执行 0 类声环境功能区要求;②村庄原则上执行 1 类声环境功能区要求,工业活动较多的村庄以及有交通干线经过的村庄(指执行 4 类声环境功能区要求以外的地区)可局部或全部执行 2 类声环境功能区要求;③集镇执行 2 类声环境功能区要求;④独立于村庄、集镇之外的工业、仓储集中区执行 3 类声环境功能区要求;⑤位于交通干线两侧一定距离[参考《声环境功能区划分技术规范》(GB 15190)第 83 条规定]内的噪声敏感建筑物执行 4 类声环境功能区要求。

3. 声环境噪声限值

各类声环境功能区适用表 3-19 规定的环境噪声等效声级限值。

表 3-19 中 4b 类声环境功能区环境噪声限值,适用于 2011 年 1 月 1 日起环境影响评价文件通过审批的新建铁路(含新开廊道的增建铁路)干线建设项目两侧区域。

在下列情况下,铁路干线两侧区域不通过列车时的环境背景噪声限值,按昼间 70dB(A)、夜间 55dB(A)执行:①穿越城区的既有铁路干线;②对穿越城区的既有铁路干线进行改建、扩建的铁路建设项目。

既有铁路是指 2010 年 12 月 31 日前已建成运营的铁路或环境影响评价文件已通过审批的铁路建设项目。

各类声环境功能区夜间突发噪声,其最大声级超过环境噪声限值的幅度不得高于 15dB(A)。

表 3-19　环境噪声限值　　单位:dB(A)

声环境功能区类别		时段	
		昼间	夜间
0 类		50	40
1 类		55	45
2 类		60	50
3 类		65	55
4 类	4a 类	70	55
	4b 类	70	60

(二)机场周围飞机噪声环境质量标准

为控制飞机噪声对周围环境的危害而制定了《机场周围飞机噪声环境标准》(GB 9660—88)。扫描本节末二维码可阅读使用标准原文。

本标准规定了机场周围飞机噪声的环境标准;适用于机场周围受飞机通过所产生噪声影响的区域。标准值及适用区域见表 3-20。一类区域:特殊住宅区,居住、文教区;二类区域:除一类区域以外的生活区。

表 3-20　使用区域及标准值　　单位:dB

使用区域	标准值
一类区域	≤70
二类区域	≤75

(三)城市区域环境振动标准

为控制城市环境振动污染而制定了《城市区域环境振动标准》(GB 10070—88)。本标准规定了城市环境振动的环境值,适用于城市区域环境。本标准值适用于连续发生的稳态振动、冲击振动和无规振动;每日发生几次冲击振动,其最大值昼间不允许超过标准值 10dB,夜间不超过 3dB。城市各类区域铅垂向振级标准值见表 3-21。

表 3-21　城市各类区域铅垂向振级标准值　　单位:dB

适用范围	昼间	夜间
特殊住宅区	65	65
居民、文教区	70	67
混合区、商业中心区	75	72

续表 3-21

适用范围	昼间	夜间
工业集中区	75	72
交通干线道路两侧	75	72
铁路干线两侧	80	80

"特殊住宅区"是指特别需要安宁的住宅区；"居民、文教区"是指纯居民区和文教、机关区；"混合区"是指一般商业与居民混合区，工业、商业、少量交通与居民混合区；"商业中心区"是指商业集中的繁华地区；"工业集中区"是指一个城市或区域内规划明确确定的工业区；"交通干线道路两侧"是指车流量每小时 100 辆以上的道路两侧；"铁路干线两侧"是指距每日车流量不少于 20 列的铁道外轨 30m 外两侧的住宅区。

(四)环境噪声排放标准

为防治噪声污染，保障城乡居民正常生活、工作和学习的声环境质量，我国制定了一系列环境噪声排放标准，如《建筑施工场界环境噪声排放标准》(GB 12523—2011)、《社会生活环境噪声排放标准》(GB 22337—2008)、《工业企业厂界环境噪声排放标准》(GB 12348—2008)、《摩托车和轻便摩托车定置噪声排放限值及测量方法》(GB 4569—2005)、《三轮汽车和低速货车加速行驶车外噪声限值及测量方法(中国Ⅰ、Ⅱ阶段)》(GB 19757—2005)、《摩托车和轻便摩托车加速行驶噪声限值及测量方法》(GB 16169—2005)、《汽车加速行驶车外噪声限值及测量方法》(GB 1495—2002)、《汽车定置噪声限值》(GB 16170—1996)、《铁路边界噪声限值及其测量方法》(GB 12525—90)，同时各标准中也对监测方法进行了技术规范。扫描本节末二维码可阅读使用相关标准原文。

二、电磁辐射标准

为贯彻《中华人民共和国环境保护法》，加强电磁环境管理，保障公众健康，特制定了《电磁环境控制限值》(GB 8702—2014)。本标准是对《电磁辐射防护规定》(GB 8702—88)和《环境电磁波卫生标准》(GB 9175-88)的整合修订。本标准参考了国际非电离辐射防护委员会(ICNIRP)《限制时变电场、磁场和电磁场曝露的导则(300GHz 及以下)》，以及电气与电子工程师学会(IEEE)《IEEE 关于人体曝露到 0～3kHz 电磁场的安全水平标准》，考虑了我国电磁环境保护工作实践。在满足本标准限值的前提下，鼓励产生电场、磁场、电磁场设施(设备)的所有者遵循预防原则，积极采取有效措施，降低公众曝露。本标准规定了电磁环境中控制公众曝露的电场、磁场、电磁场(1Hz～300GHz)的场量限值、评价方法和相关设施(设备)的豁免范围。扫描本节末二维码可阅读使用相关标准原文。

本标准适用于电磁环境中评价和管理公众曝露情况。本标准不适用于控制以治疗或诊断为目的所致病人或陪护人员曝露的评价与管理；不适用于控制无线通信终端、家用电器等对使用者曝露的评价和管理；也不能作为对产生电场、磁场、电磁场设施(设备)的产品质量要求。

为控制电场、磁场、电磁场所致公众曝露,环境中电场、磁场、电磁场场量参数的方法均方根值应满足表3-22要求。

表3-22 公众曝露控制限值

频率范围	电场强度 E (V/m)	磁场强度 H (A/m)	磁感应强度 B (μT)	等效平面波功率密度 S_{eq} (W/m^2)
1~8Hz	8000	$32\,000/f^2$	$40\,000/f^2$	—
8~25Hz	800	$4000/f$	$5000/f$	—
0.025~1.2kHz	$200/f$	$4/f$	$5/f$	—
1.2~2.9kHz	$200/f$	3.3	4.1	—
2.9~5.7kHz	70	$10/f$	$12/f$	—
5.7~100kHz	$4000/f$	$10/f$	$12/f$	—
0.1~3MHz	40	0.1	0.12	4
3~30MHz	$67/f^{1/2}$	$0.17/f^{1/2}$	$0.21/f^{1/2}$	$12/f$
30~3000MHz	12	0.032	0.04	0.4
3~15GHz	$0.22f^{1/2}$	$0.000\,59f^{1/2}$	$0.000\,74f^{1/2}$	$f/7500$
15~300GHz	27	0.073	0.092	2

注:①频率 f 的单位为所在行中第一栏的单位;②0.1MHz~300GHz频率,场量参数是任意连续6min内的均方根值;③100kHz以下频率,需同时限值电场强度和磁感应强度;100kHz以上频率,在远场区,可以只限值电场强度或磁场强度,或等效平面波功率密度,在近场区,需同时限制电场强度和磁场强度;④架空输电线路线下的耕地、园地、牧草地、畜禽饲养地、养殖水面、道路等场所,其频率50Hz的电场强度控制限值为10kV/m,且应解除警示和防护指示标志。

三、放射性环境标准

为保障辐射工作人员及广大公众的安全与健康,保护环境,促进核科学技术、核能和其他辐射应用事业的发展,生态环境部特制定了一系列放射性环境标准和规范,涉及放射性废物包装、容器、运输、核热电厂/核动力厂环境辐射防护以及铀矿地质辐射防护和环境保护等各方面的规定。

对于建筑材料用工业废渣放射性物质的限制、低中水平放射性固体废物的岩洞处置、核燃料循环放射性流出物归一化排放量、核热电厂辐射防护、铀矿冶设施退役环境管理技术、放射性废物管理、铀、钍矿冶放射性废物安全管理技术、反应堆退役环境管理技术、铀矿地质辐射防护和环境保护、核动力厂环境辐射防护均作出了具体的规定。涉及的标准有《建筑材料用工业废渣放射性物质限制标准》(GB 6763—86)、《低中水平放射性固体废物的岩洞处置规定》(GB 13600—92)、《核燃料循环放射性流出物归一化排放量管理限值》(GB 13695—92)、《核热电厂辐射防护规定》(GB 14317—93)、《铀矿冶设施退役环境管理技术规定》(GB 14586—93)、《放射性废物管理规定》(GB 14500—93)、《铀、钍矿冶放射性废物安全管理技术规定》(GB 14585—93)、《反应堆退役环境管理技术规定》(GB 14588—93)、《铀矿地质辐射防护和环境保护规定》(GB 15848—1995)、《伴生放射性物料贮存及固体废物填埋辐射环境保护技术规范(试行)》(HJ 1114—2020)、《核动力厂环境辐射防护规定》(GB 6249—2011)。

对于放射性废物保证运输及固化体性能、容器也做了具体要求,具体有《六氟化铀运输容器》(GB/T 42343—2023)、《低水平放射性废物包特性鉴定—水泥固化体》(GB 41930—2022)、《低、中水平放射性废物固化体性能要求——水泥固化体》(GB 14569.1—2011)、《低、中水平放射性废物高完整性容器——混凝土容器》(GB 36900.2—2018)、《低、中水平放射性固体废物包安全标准》(GB 12711—2018)、《低、中水平放射性废物高完整性容器——球墨铸铁容器》(GB 36900.1—2018)、《低、中水平放射性废物高完整性容器——交联高密度聚乙烯容器》(GB 36900.3—2018)、《放射性物品安全运输规程》(GB 11806—2019)。

关于乏燃料及放射性物品运输容器制造和设计也颁布了标准、指南,具体有《乏燃料运输容器结构分析的载荷组合和设计准则》(GB/T 41024—2021)、《钢制乏燃料运输容器制造通用技术要求》(HJ 1202—2021)、《放射性物品运输容器防脆性断裂的安全设计指南》(HJ 1201—2021)、《放射性物品安全运输规程》(GB 11806—2019)。

核燃料、压水堆核电厂及研究堆应急相关参数参照以下标准执行:《核燃料循环设施应急相关参数》(HJ 844—2017)、《压水堆核电厂应急相关参数》(HJ 842—2017)、《研究堆应急相关参数》(HJ 843—2017)。

放射性废物近地表处置设施的选址、环境质量评价及放射性物品运输核与辐射安全分析报告书、伴生放射性矿开发利用项目竣工辐射环境保护验收监测报告的格式和内容参照以下标准执行:《核技术利用放射性废物库选址、设计与建造技术规范》(HJ 1258—2022)、《低、中水平放射性废物近地表处置设施的选址》(HJ/T 23—1998)、《核辐射环境质量评价的一般规定》(GB 11215—89)、《放射性物品运输核与辐射安全分析报告书格式和内容》(HJ1187—2021)、《伴生放射性矿开发利用项目竣工辐射环境保护验收监测报告的格式与内容》(HJ 1148—2020)。扫描本节末二维码可阅读使用相关标准原文。

四、光污染

光污染是继废气、废水、废渣和噪声等污染之后的一种新的环境污染源。光污染正在威胁着人们的健康。目前我国暂无光污染相关标准的颁布。

(一)基本定义

过量的光辐射对人类生活和生产环境造成不良影响的现象,包括可见光、红外线和紫外线造成的污染。

影响光学望远镜所能检测到的最暗天体极限的因素之一。通常指天文台上空的大气辉光、黄道光和银河系背景光、城市夜天光等使星空背景变亮的效应。

光污染问题最早于20世纪30年代由国际天文界提出,他们认为光污染是城市室外照明使天空发亮造成对天文观测的负面的影响。

(二)主要危害

1. 人类健康

(1)损害眼睛。近视与环境有关,人们都知道水污染、大气污染、噪声污染对人类健康的危害,却没有发觉身边潜在的威胁——噪光污染,正严重损害着人们的眼睛。人们关注水污染、大气污染、噪声污染等,并采取措施大力整治,但对噪光污染却重视不够,后果就是引发各种眼疾,特别是近视比率迅速攀升。

(2)诱发癌症。多个研究指出,夜班工作与乳腺癌和前列腺癌发病率的增加具有相关性。2001年美国《国家癌症研究所学报》发表文章称,西雅图一家癌症研究中心对1606名妇女调查后发现,夜班妇女患乳腺癌的概率比常人高60%;上夜班时间越长,患病可能性越大。

(3)产生不利情绪。光害可能会引起头痛、疲劳、性能力下降,增加压力和焦虑。动物模型研究已证明,当光线不可避免时,会对情绪产生不利影响和焦虑。

最新研究表明,彩光污染不仅有损人的生理功能,而且对人的心理也有影响。"光谱光色度效应"测定显示,如以白色光的心理影响为100,则蓝色光为152,紫色光为155,红色光为158,紫外线最高,为187。要是人们长期处在彩光灯的照射下,其心理积累效应,也会不同程度地引起倦怠无力、头晕、性欲减退、阳痿、月经不调、神经衰弱等身心方面的病症。

视觉环境已经严重威胁到人类的健康生活和工作效率,每年给人们造成大量损失。为此,关注视觉污染,改善视觉环境,已经刻不容缓。

2. 生态问题

光污染影响了动物的自然生活规律,受影响的动物昼夜不分,使得其活动能力出现问题。此外,动物的辨位能力、竞争能力、交流能力及心理皆会受到影响,更甚的是猎食者与猎物的位置互调。

光污染会破坏植物体内的生物钟规律,有碍其生长,导致其茎或叶变色,甚至枯死;对植物花芽的形成造成影响,并会影响植物休眠和冬芽的形成。

光污染亦可在其他方面影响生态平衡。例如,人工白昼还可伤害昆虫和鸟类,因为强光可破坏夜间活动昆虫的正常繁殖过程。同时,昆虫和鸟类可被强光产生的高温烤死。鳞翅类学者及昆虫学者指出夜里的强光影响了飞蛾及其他夜行昆虫辨别方向的能力,这使得那些依靠夜行昆虫来传播花粉的花因为得不到协助而难以繁衍,结果可能导致某些种类的植物在地球上消失,从长远而言破坏了整个生态环境。

候鸟亦会因为光污染影响而迷失方向。据美国鱼类及野生动物部门推测,每年受到光污染影响而死亡的鸟类达400万~500万只,甚至更多。因此,志愿人士成立了"关注致命光线计划",并与加拿大多伦多及其他城市合作在候鸟迁移期间尽量关掉不必要的光源以减少其死亡率。

总之,光污染会导致能源浪费,并且对人的生理、心理健康产生破坏。此外,过度的光污染,会严重破坏生态环境,对交通安全、航空航天科学研究也会造成消极影响。在未对光源进行有效调整之前,我们一定要注意远离类似的污染源。

一些环境噪声标准　　　　　一些环境噪声排放标准

一些电磁环境控制限值　　　一些放射性环境标准

第七节　未列入标准的环境参数浓度估算

一、环境背景值

环境背景值是指在目前的环境条件下,研究区域内相对清洁区(人类活动影响相对较小的地区)组成环境的各个要素,如水、大气、生物、阳光、岩石、土壤等各种化学元素的含量及其基本的化学成分。环境背景值实际上是相对没有受到环境污染情况下环境要素基本化学组成的一个相对值。该值已经包含了一定程度的人为影响,它是环境本底值向环境现状值过渡的一个数值。在环境质量评价过程中它可以作为环境污染的起始值,也可以作为衡量环境污染程度的基准,由于该数值比较容易获得(相对清洁区环境监测结果的统计平均值),并且也客观地反映着目前全球环境普遍遭到不同程度污染的状况,因此具有较广泛的应用价值。针对区域性土壤环境背景值含量目前已出台统计技术导则,按照导则要求进行统计确定。

1. 环境背景值分类

在地球上的各个地区,由于自然物质构成与自然发展过程不同,各种化学元素在自然环境中的背景含量也是不相同的。按不同分类标准可分为如下几类。

(1)按环境要素可分为大气背景值、水体背景值、土壤背景值、植物背景值。

(2)按范围可分为环境单元背景值、区域背景值、全球背景值。

(3)按生物效应可分为高环境背景值和低环境背景值。

2. 环境背景值调查

环境背景值调查是环境影响评价的基础,环境背景值调查应包含以下信息。

(1)自然环境:地质和土壤、地表水和地下水、空气质量、气候条件。

(2)生物条件:植被、水生物、生态系统类型、濒危动植物、保护区范围。

(3)社会经济条件:社会经济发展状况、旅游资源、基础设施、交通条件、土地利用类型、文化和历史资源等。

3. 环境背景值测定

为了确定背景值,应在远离污染源的地方采集样品,并分析测定其化学元素含量,然后运用数理统计等方法,检验分析结果,取分析数据的平均值或数值范围作为背景值。

二、环境本底值

环境本底值是指环境要素在未受人类活动的影响下,其化学元素的自然含量以及环境中能量分布的自然值。正因为该数值反映着自然环境最初的面貌,所以才称之为本底值。由于自然环境在人类活动的长期作用下,化学元素的自然含量以及环境能量的自然值都发生了不同程度的改变,原有的自然环境已受到不同程度的污染和破坏,要测得原有环境本底值是十分困难的。因此环境本底值在目前的环境状况下是根本不存在的,也是很难获得的。该参数只能作为理论研究的一个相对参数,一般不具有实际应用价值。

环境本底值其实就只是一个概念。为了确定环境本底值,应在远离污染源的地方采集样品。不同的地区有不一样的环境因素,所以,环境本底值也不会相同。在采集不同环境因素的样品时,一定要选好采样点,这是因为环境本底值是环境科学的一项基础性工作,它能为环境质量评价和环境预测以及污染物在环境中迁移转化规律的研究、环境标准的制定提供科学的依据。环境本底值对地方病的环境病因研究,国民经济规划,工业、城市合理布局等都具有重要价值。

从理论上讲环境本底值反映着自然环境的本来面目,通过对它的研究有助于了解当前环境问题的发生和发展,在与环境现状的纵向比较下,可以判断出环境质量的状况和环境污染的进程,但是由于该值无法准确获得,所以也就失去了其应用的价值。

三、半数致死剂量(LD_{50})

1. 半数致死量定义

半数致死量(median lethal dose)表示在规定时间内,通过指定感染途径,能杀死一半试验总体的有害物质、有毒物质或游离辐射的剂量,用 LD_{50} 或 LCt_{50} 表示,常用单位为 $\mu g \cdot min/m$。在核防护领域指的是一次全身照射能使一半生物死亡的剂量。

LD_{50} 是评价化学物质急性毒性大小最重要的参数,也是对不同化学物质进行急性毒性分级的基础标准。化学物质的急性毒性越大,其 LD_{50} 的数值越小。

2. 计算方法

计算 LD_{50} 的方法很多,有的计算简便,但结果粗略;有的结果较准确,但计算复杂。国外多采用 LITCHFIELD 和 WIL2COXON 的坐标纸图解法。我国普遍采用的方法可以归纳为两类:一类与死亡率-剂量反应相关,要求为正态分布,其中概率单位图解法和改良寇氏法较为常用;另一类是不要求正态分布,计算时只查对有关表格即可得到 LD_{50} 值,如霍恩氏法等。

习 题

1. 我国环境标准体系是如何构成的?各类标准之间有什么关系?
2. 什么条件下可以制定地方污染物排放标准?
3. 水质标准体系是如何构成的?包含哪些内容?
4. 大气标准体系是如何构成的?包含哪些内容?
5. 水域功能区划包含几类?分别执行什么标准?
6. 环境空气功能区分为几类?分别执行什么标准?

主要参考文献

陈振民,2000. 环境本底值背景值基线值概念的商榷[J]. 河南地质,18(2):158-160.
冯言,2007. 环境监测[M]. 徐州:中国矿业大学出版社.
金朝晖,2007. 环境监测[M]. 天津:天津大学出版社.
刘雪梅,罗晓,2017. 环境监测[M]. 成都:电子科技大学出版社.
奚旦立,孙裕生,刘秀英,2004. 环境监测[M]. 3 版. 北京:高等教育出版社.

第四章 环境监测管理、质量保证与数据表达

第一节 环境监测管理制度

环境监测管理制度是围绕环境监测而建立起来的一整套规则体系,由监测体制管理、监测业务管理、监测技术管理、监测信息管理、监测人才管理、行政后勤管理组成。环境监测制度体系构成见图 4-1。

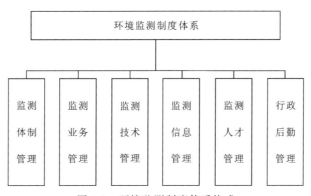

图 4-1 环境监测制度体系构成

一、监测体制管理制度

1983 年,我国城乡建设环境保护部颁布的《全国环境监测管理条例》,较详细地规定了环境监测工作的性质、监测管理部门和监测机构的设置及其职责与职能,监测站的管理,三级横向监测网的构成及报告制度等。目前,我国的环境监测制度主要是依据该条例建立起来的。

全国现行的管理方式主要包括属地化管理和垂直管理两种。属地化管理又称分级管理,指单位由所在地同级人民政府统一管理,采用这类管理方式的政府职能部门或机构,通常实行地方政府和上级同类部门的"双重领导"。上级主管部门负责业务技术指导,地方政府负责管理"人、财、物",且纳入同级纪检部门和人大监督。目前,绝大部分环境监测站都采用属地化管理方式。

2007 年,国家环境保护总局发布了《环境监测管理办法》。该办法规定"环境监测工作是县级以上环境保护部门的法定职责",还规定了环境监测的管理体制、职责、监测网的建设和运行等内容,也符合属地化管理方式。

2007年,国家环境保护总局发布了《全国环境监测站建设标准》和《全国环境监测站建设补充标准》,明确规定了省、市、县三级环境监测机构人员编制及结构、实验室用房和行政办公用房面积及要求、环境监测经费标准。

二、监测业务管理制度

2006年,国家环境保护总局发布了《环境监测质量管理规定》,明确环境监测质量管理机构与职责、工作内容和经费保障。2011年,环境保护部发布了《环境质量监测点位管理办法》,用于县级以上环境保护主管部门对环境质量监测点位的规划、设立、建设与保护等管理。

2009年,环境保护部发布《国界河流(湖泊)水质监测方案》《锰三角地区地表水监测方案》和《京津冀区域空气质量监测方案》;2010年环境保护部发布《国家二噁英重点排放源监测方案》。环境保护部在每年初制订发布的"年度全国环境监测工作要点"。

2009年,环境保护部发布《国家监控企业污染源自动监测数据有效性审核办法》和《国家重点监控企业污染源自动监测设备监督考核规定》;2011年,环境保护部发布《主要污染物总量减排监测体系建设考核办法》和《国家重点生态功能区域生态环境质量考核办法》等。

三、监测技术管理制度

2003年,国家环境保护总局发布了《环境监测技术路线》,提出了空气监测、地表水监测、环境噪声监测、固定污染源监测、生态监测、固体废物监测、土壤监测、生物监测、辐射环境监测9个方面监测技术路线。

监测方法的标准化是监测质量保证的重要基础工作,为使我国环境监测分析方法标准制定有一个统一的规范化的技术准则和依据,2004年,国家环境保护总局颁布了《环境监测 分析方法标准制定技术导则》(HJ/T 168—2004),2010年将其修订更名为《环境监测 分析方法标准制修订技术导则》(HJ 168—2010)。据《国家环境保护标准"十二五"规划》统计,截至2010年年底,已颁布环境监测规范688项,"十二五"期间还将修订580项环境监测规范。目前,已基本建立覆盖水和废水、环境空气和废气、土壤和水系沉积物等环境要素的监测规范体系。

四、监测信息管理制度

为加强环境监测报告的管理,1996年,国家环保总局发布了《环境监测报告制度》,明确规定了环境监测报告的类型、内容和报告周期。2012年,环境保护部颁布《环境质量报告书编写技术规范》(HJ 641—2012),规定环境质量报告书的总体要求、分类与结构、组织与编制程序、编制提纲等内容。2011年,环境保护部颁布《环境监测质量管理技术导则》(HJ 630—2011)明确规定了各级环境监测站开展环境监测工作,出具监测报告的信息内容。

1994年,国家环境保护总局发布了《环境保护档案管理办法》,明确档案管理机构及其职责、档案工作人员及其职责、文件材料的形成与归档、档案的管理与利用等。

五、监测人才管理制度

2007年,国家环境保护总局发布了《全国环境监测站建设标准》和《全国环境监测站建设补充标准》,明确规定了省、市、县三级环境监测机构人员编制及结构。

2006年,国家环境保护总局发布了《环境监测质量管理规定》和《环境监测人员持证上岗考核制度》,明确规定从事监测、数据评级、质量管理以及与监测活动相关的人员必须经国家、省级环境保护行政主管部门或其授权部门考核认定,并取得合格证。

六、行政后勤管理制度

1991年,国家环境保护总局发布了《全国环境监测仪器设备管理规定》,对环境监测仪器的使用与管理、配置、折旧与报废提出明确要求。

2007年,国家环境保护总局发布了《全国环境监测站建设标准》和《全国环境监测站建设补充标准》,规定了省、市、县三级环境监测机构的基本仪器、应急监测仪器和专项监测仪器配置。

2012年,环境保护部发布了《国家地表水、空气自动监测站和环境监测车标牌(标识)制作规定》。

第二节 质量保证与质量控制体系

质量保证和质量控制是一种保证监测数据准确可靠的方法,也是科学管理实验室和监测系统的有效措施,它可以保证数据质量,使环境监测建立在可靠的基础之上。

环境监测质量保证是整个监测过程的全面质量管理,包括制订计划、根据需要和可能确定监测指标及数据的质量要求、规定相应的分析监测系统。环境监测质量保证的内容包括采样,样品预处理、贮存、运输、实验室供应,仪器设备、器皿的选择和校准,试剂、溶剂和基准物质的选用,统一测量方法,质量控制程序,数据的记录和整理,各类人员的要求和技术培训,实验室的清洁度和安全,以及编写有关的文件、指南和手册等。

环境监测质量控制是环境监测质量保证的一个部分,它包括实验室内部质量控制和外部质量控制两个部分。实验室内部质量控制是实验室自我控制质量的常规程序,它能反映分析质量稳定性如何,以便及时发现分析异常情况,随时采取相应的校正措施。实验室内部质量控制下的内容包括空白试验、校准曲线核查、仪器设备的定期标定、平行样分析、加标样分析、密码样品分析和编制质量控制图等。外部质量控制通常是由常规监测以外的中心监测站或其他有经验人员来执行,以便对数据质量进行独立评价,各实验室可以从中发现所存在的系统误差等问题,以便及时校正、提高监测质量。常用的方法有分析标准样品以进行实验室之间的评价和分析测量系统的现场评价等。

一、实验室资质认定与实验室认可

我国于20世纪80年代中期开始,依据《中华人民共和国计量法》《中华人民共和国标准化法》《中华人民共和国产品质量法》及相关法规和规章，开始对产品质量监督检验机构（以下简称质检机构）实行计量认证和审查认可（验收）考核制度。对评价质检机构能力、规范质检机构检验行为、加强质检机构管理和提高检测技术水平进行技术管理。经过系列改革，现已发展为实验室资质认定制度。

1. 计量认证和审查认可

为了规范质检机构和依照其他法律法规设立的专业检验机构的工作行为，提高检验工作质量，国家计量局借鉴国外对检验机构（检测实验室）管理的经验，在1985年颁布《中华人民共和国计量法》时，规定了对检验机构的考核要求。1987年发布的《中华人民共和国计量法实施细则》将对检验机构的考核称为计量认证。

《中华人民共和国计量法实施细则》实施后，为规范计量认证工作，参照英国实验室认可机构（NAMAS）、欧洲经济共同体（现称欧洲联盟）实验室认可机构等国外认可机构对检验机构的考核标准，结合我国实际情况，（参考采用ISO/IEC导则25—1982）制定并颁布了对检验机构计量认证的考核标准——《产品质量检验机构计量认证技术考核规范》(JJF 1021-90)。我国正式建立了统一的计量认证考核制度，发布了中国计量认证标识CMA(China Metrology Accreditation)。为了有效地对检验机构的工作范围、工作能力、工作质量进行监控和界定，规范检验市场秩序，提出对检验机构进行审查认可的要求，国家技术监督局在1990年发布《中华人民共和国标准化法实施条例》，以法规的形式明确了对设立检验机构的规划、审查条款（《标准化法实施条例》第29条），并将规划、审查工作称为"审查认可（验收）"，发布了CAL(China Accreditation Laboratoy)标识。

2. 计量认证与审查认可的发展及改革调整

我国经计量认证、审查认可考核合格的产品质量检验机构的专业已涉及机械、电子、冶金、石油、化工、煤炭、地勘、航空、航天、船舶、建筑、水利、公安、公路、铁路、建材、医药、防疫、农药、种子、环保、节能等国民经济的各个领域。这些机构承担了产品质量监督检验、质量仲裁检验、商贸验货检验、药品检验、防疫检验、环境监测、地质勘测、节能监测和进出口等大量的检验检测任务，为政府执法部门提供了有力的技术保障，为审判机关裁决因产品质量引发的案件提供了准确的技术依据，为商业贸易双方提供了公证的检验结果，为工农业生产和工程项目出具了科学、准确、可靠的检测数据。

在实践中，我国计量认证和审查认可（验收）工作分别由计量部门和质量监督部门实施，其考核标准基本类同，致使检验机构接受考核条款相近的两种考核，造成了对检验机构的重复评审。我国加入WTO后，对检验机构的考核标准也需要与国际上对实验室考核的标准趋向一致。为解决重复考核和与国际惯例接轨问题，同时又兼顾我国法律要求和具体国情，决定制订"二合一"评审标准——《产品质量检验机构计量认证/审查认可（验收）评审准则（试行）》，替代原计量认证考核条款和审查认可（验收）条款。该评审准则已于2000年10月24日发布，于2001年12月1日正式实施。

3. 实验室资质认定制度的建立和沿革

2003年9月,国务院第390号令发布了《中华人民共和国认证认可条例》,其中第16条首次出现"依法认定",即"向社会出具具有证明作用的数据和结果的检查机构、实验室,应当具备有关法律、行政法规规定的基本条件和能力,并依法经认定后,方可从事相应活动,认定结果由国务院认证认可监督管理部门公布"。2006年2月,原国家质检总局第86号局长令发布《实验室和检查机构资质认定管理办法》,标志着我国检测实验室资质评价从计量认证/审查认可制度转为实验室资质认定制度。2006年7月,为贯彻落实《实验室和检查机构资质认定管理办法》,国家认证认可监督管理委员会(国家认监委)印发了《实验室资质认定评审准则》(2007年1月1日起实施),正式取代《计量认证/审查认可(验收)评审准则》(试行)。

自2014年7月,国家认监委根据新发布的《中华人民共和国计量法》(2014年3月1日实施)、《中华人民共和国产品质量法》和《中华人民共和国认证认可条例》等有关法律法规对实验室资质工作开始了系列改革。2015年4月,原国家质监总局第163号局长令发布了《检验检测机构资质认定管理办法》(2015年8月1日实施),替代了原86号令。2015年7月,为依法实施《检验检测机构资质认定管理办法》相关资质认定技术评审要求,国家认监委印发了《检验检测机构资质认定评审准则(试行)》(2016年8月31日起实施)、《检验检测机构资质认定 公正性和保密性要求》等多项配套工作程序和技术要求。2023年,为落实《质量强国建设纲要》关于深化检验检测机构资质审批制度改革、全面实施告知承诺和优化审批服务的要求,市场监管总局修订发布了《检验检测机构资质认定评审准则》(2023年12月1日起实施)。

4. 实验室认可及其与实验室资质认定的关系

国内实施实验室认可的主体是中国合格评定国家认可委员会,是根据《中华人民共和国认证认可条例》《认可机构监督管理办法》的规定,依法经国家市场监督管理总局确定,从事认证机构、实验室、检验机构、审定与核查机构等合格评定机构认可评价活动的权威机构,负责合格评定机构国家认可体系运行。机构英文名称为China National Accreditation Service for Conformity Assessment(CNAS),是在原中国认证机构国家认可委员会(CNAB)和原中国实验室国家认可委员会(CNAL)基础上整合而成的。

中国合格评定国家认可制度已对接国际认可互认体系,并在国际认可互认体系中居重要地位,发挥重要作用。原CNAB为国际认可论坛(IAF)、太平洋认可合作组织(PAC)正式成员并分别签署了IAF MLA(多边互认协议)和PAC MLA,原CNAL是国际实验室认可合作组织(ILAC)和亚太实验室认可合作组织(APLAC)正式成员并签署了ILAC MRA(多边互认协议)和APLAC MRA,这些正式成员和互认协议签署方地位由中国合格评定国家认可委员会(CNAS)继续保持。

按照国际惯例,申请实验室认可是实验室的自愿行为。实验室为完善其内部质量体系和技术保证能力向认可机构申请认可,由认可机构对其质量体系和技术能力进行评审,进而做出是否符合认可准则的评价结论。如获得认可证书,则证明其具备向用户、社会及政府提供自身质量保证的能力。实验室资质认定与实验室认可的异同比较见表4-1。

表 4-1 实验室资质认定和实验室认可的异同比较

类别	实验室资质认定	实验室认可
目的	由市场监督管理部门依照法律、行政法规规定,对向社会出具具有证明作用的数据、结果的检验检测机构的基本条件和技术能力是否符合法定要求实施的评价许可	增强对实验室运作的信任
依据	《中华人民共和国计量法》及其实施细则和《中华人民共和国认证认可条例》《检验检测机构资质认定管理办法》《检验检测机构资质认定评审准则》等法律、行政法规	GB/T 27025—2019/ISO/IEC 17025：2017《检测和校准实验室能力的通用要求(ISO/IEC 17025：2017,IDT)及相关领域的应用说明
是否强制	是。依法认定后,才可向社会出具具有证明作用的数据和结果	否
适用对象	依照《检验检测机构资质认定管理办法》的相关规定,依法成立,依据相关标准或者技术规范,利用仪器设备、环境设施等技术条件和专业技能,对产品或者法律法规规定的特定对象进行检验检测的专业技术组织	适用于所有从事实验室活动的组织,不论其人员数量多少
分级	国家和省两级	一级国家认可
管理实施机构	国家市场监督管理总局主管全国检验检测机构资质认定工作,并负责检验检测机构资质认定的统一管理、组织实施、综合协调工作。省级市场监督管理部门负责本行政区域内检验检测机构的资质认定工作。	中国合格评定国家认可委员会[CNAS,由原中国认证机构国家认可委员会(CNAB)和原中国实验室国家认可委员会(CNAL)合并而成]
证书和标识	资质认定证书、CMA 标志（由 China Inspection Body and Laboratory Mandatory Approval 的英文缩写 CMA 形成的图案和资质认定证书编号组成）	认可证书,CNAS 标志（主体为 China National Accreditation Service for Conformity Assessment 的缩写 CNAS）
国际接轨性	国内适用	国家之间实验室活动结果的互认

综上所述,实验室资质认定是法律法规规定的强制性行为,它的管理模式为国家和省两级管理,以维护国家法制的需要,考核工作是在注重国际通行做法的基础上充分考虑了我国国情和实践的基础上而实施的。实验室认可工作是我国完全与国际惯例接轨的一套国家实验室认可体系,目前已有亚太、欧洲、南非和南美洲等地区实验室认可机构承认其相应的结果。

二、实验室环境条件

实验室空气中如含有固体、液体的气溶胶和污染气体,对痕量分析和超痕量分析会导致较大误差。例如,在一般通风柜中蒸发200g溶剂,可得6mg残留物,若在清洁空气中蒸发可降至0.08mg。因此痕量和超痕量分析及某些高灵敏度的仪器,应在超净实验室中进行或使用。超净实验室中空气清洁度常采用100号。这种清洁度是根据悬浮固体颗粒的大小和数量多少分类的,具体参考美国联邦209E标准与国际ISO 14644标准等级对照表(表4-2)。其中,美国联邦209E标准,检测的是1立方英尺(ft^3);国际ISO 14644检测的是1立方米(m^3)。

表 4-2 空气清洁度分类

清洁度分类	工作面上最大污染颗粒数	颗粒直径(μm)
100	100	$\geqslant 0.5$
	0	$\geqslant 5.0$
10 000	10 000	$\geqslant 0.5$
	65	$\geqslant 5.0$
100 000	100 000	$\geqslant 0.5$
	700	$\geqslant 5.0$

要达到清洁度为100号标准,空气进口必须用高效过滤器过滤。高效过滤器效率为85%~95%。对直径为0.5~5.0μm颗粒的过滤效率为85%,对直径大于5.0μm颗粒的过滤效率为95%。超净实验室一般较小,约12m^2,并有缓冲室,四壁涂环氧树脂油漆,桌面用聚四氟乙烯或聚乙烯膜,地板用整块塑料地板,门窗密闭,采用空调、室内略带正压,通风柜用层流。

三、实验室试剂

实验室中所用试剂、试液应根据实际需要,合理选用相应规格的试剂,按规定浓度和需要量正确配制。试剂和配好的试液需按规定要求妥善保存,注意空气、温度、光、杂质等的影响。另外要注意保存时间,一般浓溶液稳定性较好,稀溶液稳定性较差。通常较稳定的试剂,其10^{-3}mol/L溶液可储存一个月以上,10^{-4}mol/L溶液只能储存一周,而10^{-5}mol/L溶液需当日配制,故许多试液常配成浓的储存液,临用时稀释成所需浓度。配制溶液均需注明配制日期和配制人员,以备查核追溯。由于各种原因,有时需对试剂进行提纯和精制,以保证分析质量。一般化学试剂分为4级,其规格见表4-3。

表4-3 化学试剂的规格

级别	名称	代号	标志颜色
一级品	保证试剂、优级纯	G—R	绿色
二级品	分析试剂、分析纯	A—R	红色
三级品	化学纯	C—P	蓝色
四级品	实验试剂	L—R	棕色

一级试剂用于精密的分析工作,在环境分析中用于配制标准溶液;二级试剂常用于配制定量分析中的普通试液,如无注明环境监测所用试剂均应为二级或二级以上;三级试剂只能用于配制半定量、定性分析中试液和清洁液等;四级试剂主要用于一般化学实验。

质量高于一级品的高纯试剂(超纯试剂)目前国际上也无统一的规格,常以"9"的数目表示产品的纯度:4个9表示纯度为99.99%,杂质总含量不大于1×10^{-2}%;5个9表示纯度为99.999%,杂质总含量不大于1×10^{-3}%;6个9表示纯度为99.9999%,杂质总含量不大于1×10^{-4}%;以此类推。

其他表示方法有高纯物质(EP)、基准试剂、pH基准缓冲物质、色谱纯试剂(GC或LC)、指示剂(Ind)、生化试剂(BR)、生物染色剂(BS)和特殊专用试剂等。

四、标准物质

1. 环境计量

环境计量是定量描述环境中有害物质或物理量在不同介质中的分布及浓度(或强度)的一种计量系统。环境计量包括环境化学计量和环境物理计量两大类。

环境化学计量是以测定大气、水体、土壤以及人和其他生物中有害物质为中心的化学物质测量系统;环境物理计量是以测定噪声、震动、电磁辐射、放射性等为中心的物理测量系统。

2. 基体和基体效应

在环境样品中,各种污染物的含量一般在10^{-6}或10^{-9},甚至10^{-12}数量级水平,而大量存在的其他物质则称为基体。

目前环境监测中所用的测定方法绝大多数是相对分析法,即将基准试剂或标准溶液与待测样品在相同条件下进行比较测定的方法。这种用"纯物质"配成的标准溶液与实际环境样品间的基体差异很大。由于基体组成不同,因物理、化学性质的差异而给实际测定带来的误差,称为基体效应。

3. 环境标准物质

环境标准物质是标准物质中的一类。具有按规定的准确度和精密度所确定的某些组分的含量值。在相当长的时间内具有可接受的均匀性和稳定性,并在组成和性质上接近于环境样品。

不同国家、不同机构对标准物质有不同的名称,至今仍没有被普遍接受的定义。国际标准化组织(ISO)将标准物质(reference material,RM)定义为该物质具有一种或数种已被充分确定的性质,这些性质可以用作校准仪器或验证测量方法。RM 可以传递不同地点之间的测量数据(包括物理的、化学的、生物的或技术的数据)。RM 可以是纯的,也可以是混合气体、液体或固体,甚至是简单的人造物体。ISO 还定义了具有证书的标准物质(certified reference material,CRM),这类标准物质应带有证书,在证书中应具备有关的特性值、使用和保存方法及有效期。证书由国家权威计量单位颁发。

美国国家标准局(national bureau of standard,NBS)定义的标准物质称为标准参考物质(standard reference material,SRM),它是由 NBS 鉴定发行的,其中具有鉴定证书的也称 CRM。标准物质的定值由下述 3 种方法之一获得:①一种已知准确度的标准方法;②两种以上独立可靠的方法;③一种专门设立的实验室协作网。SRM 主要用于:①帮助发展标准方法;②校正测量系统;③保证质量控制程序的长期完善。

我国的标准物质以 GBW 为代号,分为国家一级标准物质和二级标准物质。一级标准物质(primary standard material)指经协作实验,用绝对测量法或其他准确可靠的方法定值,准确度达到国内最高水平并相当于国际水平,经中国计量测试学会标准物质专业委员会技术审查和国家计量局批准而颁布的,且附有证书的标准物质。二级标准物质(secondary standard material)指各部委或科研单位为满足本部门及有关使用单位的需要而研制出的工作标准物质。它的特性量值通过与一级标准物质直接比对,或用其他准确可靠的分析方法测试而获得,准确度和均匀性能满足一般测量的需要,稳定性在半年以上,或能满足实际测量需要,经有关主管部门审查批准,报国家计量局备案。国家标准物质应具备以下条件:

(1)用绝对测量法或两种以上不同原理的准确、可靠的测量方法进行定值。此外,亦可在多个实验室中分别使用准确、可取的方法进行协作定值。

(2)定值的准确度应具有国内最高水平。

(3)应具有国家统一编号的标准物质证书。

(4)稳定时间应在一年以上。

(5)应保证其均匀度在定值的精密度范围内。

(6)应具有规定的合格的包装形式。

作为标准物质中的一类,环境标准物质除具备上述性质外,还应具备:①由环境样品直接制备或人工模拟环境样品制备的混合物;②具有一定的环境基体代表性。

4. 环境标准物质的作用

环境标准物质可以广泛地应用于环境监测,主要用于以下几种:

(1)评价监测分析方法的准确度和精密度,研究和验证标准方法,发展新的监测方法。

(2)校正并标定监测分析仪器,发展新的监测技术。

(3)在协作实验中用于评价实验室的管理效能和监测人员的技术水平,从而加强实验室提供准确、可靠数据的能力。

(4)把标准物质当作工作标准和监控标准使用。

(5)标准物质的准确度传递系统和追溯系统,可以实现国际同行间、国内同行间以及实验室间数据的可比性和时间上的一致性。

(6)作为相对真值,标准物质可以用作环境监测的技术仲裁依据。

(7)以一级标准物质作为真值,控制二级标准物质和质量控制样品的制备与定值,也可以为新类型的标准物质的研制与生产提供保证。

5. 环境标准物质的选择

在环境监测中应根据分析方法和被测样品的具体情况运用适当的标准物质。在选择标准物质时应考虑以下原则:

(1)对标准物质基体组成的选择。标准物质的基体组成与被测样品的组成越接近越好,这样可以消除方法基体效应引入的系统误差。

(2)标准物质准确度水平的选择。标准物质的准确度应比被测样品预期达到的准确度高3~10倍。

(3)标准物质浓度水平的选择。分析方法的精密度是被测样品浓度的函数,所以要选择浓度水平适当的标准物质。

(4)取样量的考虑。取样量不得小于标准物质证书中规定的最小取样量。

6. 环境标准物质的制备和定值

固体标准物质的制备大致可以分为采样、粉碎、混匀和分装等几步。固体标准物质通常是直接采用环境样品制备的。已被选作标准物质的环境样品有飞灰、河流沉积物、土壤、煤;植物的叶、根、茎、种子;动物的内脏、肌肉、血、尿、毛发、骨骼等。多数环境的液体和气体样品很不稳定,组成的动态变化大,所以液体和气体的标准物质是用人工模拟天然样品的组成制备的。如美国的 SRM1643a(水中 19 种痕量元素)就是根据天然港口淡水中各种元素的浓度,准确称量多种化学试剂经过准确稀释制成的。

均匀是标准物质第一位和最根本的要求,是保证标准物质具有空间一致性的前提,对固体样品尤其如此。均匀性是一个相对的概念。首先绝对均匀是不可能实现的。若样品的不均匀度远远小于分析中的误差,就可以认为样品是均匀的。样品均匀性又是有针对性的,因为不同组分在样品中的分布是很不同的。有些组分很难达到均匀,如固体样品,这类组分的均匀性检查是检验工作的重点。

取量的大小也是与均匀度有关的因素。为保证样品的均匀,标准物质证书中通常要规定最小取样量。因为当取样量减少到一定限度以下时,样品的不均匀度将急剧增加。

均匀性的检验可以分为分装前的检验和分装后的检验。分装前的检验包括混匀过程中的检验和混匀后的检验。

稳定性是标准物质的另一重要性质,是使标准物质具有时间一致性的前提。与固体标准物质相比,液体和气体物质的均匀性容易实现。但要保持稳定则困难得多。

标准物质的稳定性受温度、湿度、光照等环境条件的影响。微生物的活动也会导致样品组成的改变,因此很多标准物质封装后都要采用辐射灭菌或高温灭菌措施。选择适当的储存容器,加入适当的稳定剂,就可能大大改善标准物质的稳定性。

稳定性检验采用跟踪检验的办法。制备后定期检查组分是否随时间的推移而改变,以及变化的程度能否满足标准物质的不确定度及容许限的要求。

均匀性和稳定性的检验通常采用高精密度的测定方法,以便发现标准物质在时间、空间分布中的微小差异。

目前,环境标准物质的定值多采用多种分析方法,由多个实验室的协作试验来完成。制备环境标准物质是一项技术性很强、准确度要求很高、工作环境和人员操作技能都要有较高的水平,属于工作量大、制备成本很高的工作。这也是标准物质种类增加较慢、价格昂贵的主要原因。

在准确分析的基础上,标准物质的定值多采用数理统计的办法。目前,我国的环境标准物质多按如下步骤来处理数据:

(1)对一组实验数据,按 Grubbs 检验法弃去原始数据中的离群值后,求得该组数据的均值、标准偏差和相对标准偏差。

(2)对某一元素由不同实验和不同方法的各自测量均值视为一组等精密度测量值。采用 Grubbs 检验法弃去离群值后,求得总平均值及标准偏差。

(3)用总平均值表示该元素的定值结果。用标准偏差的 2 倍($2s$)表示测量的单次不确定度,用 $2s$ 除以总平均值表示相对不确定度。

五、实验室质量控制

监测的质量保证从大的方面可分为采样系统和测量系统两部分。实验室质量保证是测量系统中的重要部分,它分为实验室内质量控制和实验室间质量控制,目的是保证测量结果有一定的精密度和准确度。实验室质量保证必须建立在完善的实验室基础工作之上,以下讨论的前提是假定实验室的各种条件和分析人员是符合一定要求的。

(一)名词解释

1. 准确度

准确度是一个特定的分析程序所获得的分析结果(单次测量值和重复测量值的平均值)与假定的或公认的值之间符合程度的量度。它是反映分析方法或测量系统存在的系统误差和随机误差两者的综合指标,并决定其分析结果的可靠性。准确度用绝对误差和相对误差表示。

评价准确度的方法有两种:第一种是用某一方法分析标准物质,据其结果确定准确度;第二种是"加标回收"法,即在样品中加入标准物质,测定其加标回收率,以确定准确度,多次回收试验还可发现方法的系统误差,这是目前常用而方便的方法,其计算式为

$$加标回收率 = \frac{加标样品测量值 - 样品测量值}{加标量} \times 100\% \tag{4-1}$$

所以,通常加入标准物质的量应与待测物质的含量水平接近为宜,加入标准物质量的大小对加标回收率有影响。

2. 精密度

精密度是指用特定的分析程序在受控条件下重复分析均一样品所得测量值的一致程度,它反映分析方法或测量系统所存在随机误差的大小。极差、平均偏差、相对平均偏差、标准偏差和相对标准偏差都可用来表示精密度大小。

较常用的标准偏差的公式为

$$S = \sqrt{\frac{1}{n-1} \sum_{i=1}^{n} (x_i - \overline{x})^2} \tag{4-2}$$

式中:S 为标准偏差;n 为样品个数;x_i 为第 i 个样品;$\overline{x}$ 为样品平均值。

在讨论精密度时,常要遇到如下一些术语。

平行性:指在同一实验室中,当分析人员、分析设备和分析时间都相同时,用同一分析方法对同一样品进行双份或多份平行样品测量结果之间的符合程度。

重复性:指在同一实验室内,当分析人员、分析设备和分析时间 3 项因素中至少有一项不相同时,用同一分析方法对同一样品进行的两次或两次以上独立测量结果之间的符合程度。

再现性:指在不同实验室(分析人员、分析设备,甚至分析时间都不相同)用同一分析方法对同一样品进行多次测量结果之间的符合程度。

通常实验室内精密度是指平行性和重复性的总和,而实验室间精密度(即再现性),通常用分析标准物质的方法来确定。

3. 灵敏度

分析方法的灵敏度是指该方法对单位浓度或单位含量的待测物质的变化所引起的响应量变化的程度,它可以用仪器的响应量或其他指示量与对应的待测物质的浓度或量之比来描述。因此常用标准曲线的斜率来度量灵敏度。灵敏度因实验条件而变,标准曲线的直线部分为

$$A = kc + a \tag{4-3}$$

式中:A 为仪器的响应量;c 为待测物质的浓度;a 为标准曲线的截距;k 为方法的灵敏度,k 越大,说明方法灵敏度越高。

在原子吸收光谱法中,国际纯粹与应用化学联合会(IUPAC)建议将以浓度表示的"1%吸

收灵敏度"叫特征浓度,而将以绝对量表示的"1%吸收灵敏度"称为特征量。特征浓度或特征量越小,方法的灵敏度越高。

4. 空白试验

空白试验又叫空白测量,是指用蒸馏水代替样品的测量。它所加试剂和操作步骤与实验测量完全相同。空白试验应与样品测量同时进行,样品分析时仪器的响应值(如吸光度、峰高等)不仅是样品中待测物质的分析响应值,还包括所有其他因素,如试剂中杂质、环境及操作过程的玷污等的响应值,这些因素是经常变化的。为了解它们对样品测量的综合影响,每次测量均要做空白试验,空白试验所得的响应值称为空白试验值。对空白试验用水有一定的要求,即其中待测物质浓度应低于方法要求的检出限。当空白试验值偏高时,应全面检查空白试验用水、空白试剂、量器和容器是否玷污,仪器的性能及环境状况等。

5. 标准曲线

校准曲线是用于描述待测物质的浓度或含量与相应的测量仪器的响应量或其他指示量之间定量关系的曲线。校准曲线包括工作曲线(绘制校准曲线的标准溶液的分析步骤与样品的分析步骤完全相同)和标准曲线(绘制校准曲线的标准溶液的分析步骤与样品的分析步骤相比有所省略,如省略样品的预处理)。

监测中常用标准曲线的直线部分。标准曲线的直线部分代表待测物质浓度(或含量)的变化范围,称为该方法的线性范围。

6. 检出限

某一分析方法在给定的可靠程度内可以从样品中检出待测物质的最小浓度或最小含量。所谓检出是指定性检测,即断定样品中存在有浓度高于空白的待测物质。

检出限有以下几种规定:

(1)分光光度法中规定以扣除空白值后,吸光度为0.01相对应的浓度为检出限。

(2)气相色谱法中规定检测器产生的响应信号为噪声信号两倍时的量。最小检出浓度是指检出限与进样量(体积)之比。

(3)离子选择电极法规定某一方法标准曲线的直线部分的延长线与通过空白电位且平行于浓度轴的直线相交时,其交点所对应的浓度即为检出限。

(4)《全球环境监测系统水监测操作指南》中规定,给定置信水平为95%时,样品浓度的一次测量值与零浓度样品的一次测量值有显著性差异者,即为检测限(L)。当空白测定次数 n 大于20时:

$$L = 4.6 S_{ub} \tag{4-4}$$

式中:S_{ub} 为空白平行测量(组内)标准偏差。

检测上限是指标准曲线直线部分的最高限点(弯曲点)相应的浓度值。

7. 测定限

测定限分测定下限和测定上限。测定下限是指在测定误差能满足预定要求的前提下,用特定方法能够准确地定量测定待测物质的最小浓度或含量;测定上限是指在限定误差能满足预定要求的前提下,用特定方法能够准确地定量测定待测物质的最大浓度或含量。

最佳测定范围又叫有效测定范围,是指在测定误差能满足预定要求的前提下,特定方法的测定下限到测定上限之间的浓度范围。

方法适用范围是指某一特定方法测定下限至测定上限之间的浓度范围。显然,最佳测定范围应小于方法适用范围。

(二)实验室内质量控制

实验室内质量控制是实验室分析人员对分析质量进行自我控制的过程。一般通过分析和应用某种质量控制图或其他方法来控制分析质量。

1. 质量控制图的绘制及使用

对经常性的分析项目常用控制图来控制质量。质量控制图的基本原理由 Shewart 提出。他指出:每一个方法都存在着变异,都受到时间和空间的影响,即使在理想条件下获得的一组分析结果,也会存在一定的随机误差。但当某一个结果超出了随机误差的允许范围时,运用数理统计的方法,可以判断这个结果是异常的、不足信的。质量控制图可以起到这种监测的"仲裁"作用。因此实验室内质量控制图是监测常规分析过程中可能出现误差,控制分析数据在一定的精密度范围内,保证常规分析数据质量的有效方法。

实验室工作中每一项分析工作都由许多操作步骤组成,测定结果的可信度受到许多因素的影响,如果对这些步骤、因素都建立质量控制图,这在实际工作中是无法做到的。因此分析工作的质量只能根据最终测量结果来进行判断。

对经常性的分析项目,可用控制图来控制质量。编制质量控制图的基本假设是:测定结果在受控的条件下具有一定的精密度和准确度,并服从正态分布。若一个控制样品用一种方法,由一个分析人员在一定时间内进行分析,累积一定量数据。如这些数据达到规定的精密度、准确度(即处于控制状态),以其结果的统计值——分析次序编制质量控制图。在以后的经常性分析过程中,取每份(或多次)平行的控制样品随机地编入环境样品中一起分析,根据控制样品的分析结果,推断环境样品的分析质量。

质量控制图的基本组成见图 4-2。

1)均值质量控制图($\bar{x}$ 图)

控制样品的浓度和组成,使其尽量与环境样品相似,用同一方法在一定时间内(如每天分析 1 次平行样品)重复测定,至少累积 20 个数据(不可将 20 个重复实验同时进行,或一天分析 2 次或 2 次以上),按下列公式计算总均值($\bar{x}$)、标准偏差(s)(不得大于标准分析方法中规定的相应浓度水平的标准偏差)、平均极差($\bar{R}$)等。

$$\bar{x}_i = \frac{x_i + x'_i}{2} \tag{4-5}$$

$$\bar{x} = \frac{\sum \bar{x}_i}{n} \tag{4-6}$$

$$s = \sqrt{\frac{\sum \bar{x}_i^2 - \frac{\left(\sum \bar{x}_i\right)^2}{n}}{n-1}} \tag{4-7}$$

$$R_i = |x_i - x'_i| \tag{4-8}$$

$$\bar{R} = \frac{\sum R_i}{n} \tag{4-9}$$

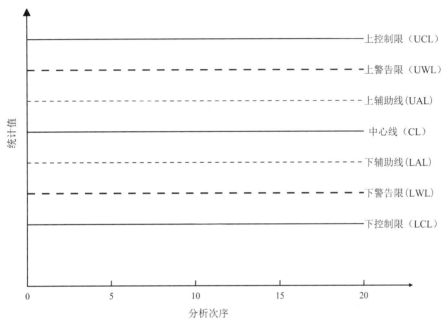

注：预期值为图中的中心线；目标值为图中上、下警告限之间的区域；实测的可接受范围为图中上、下控制限之间的区域；辅助线为上、下各一线，在中心线两侧与上、下警告限之间各一半处。

图 4-2　质量控制图的基本组成（摘自奚旦立和孙裕生，2010）

以分析次序为横坐标、相应的测定结果的统计值为纵坐标作图，同时作有关控制线。中心线按总体均数估计 $\bar{x}$；上、下控制限按 $\bar{x} \pm 3s$ 值绘制；上、下警告限按 $\bar{x} \pm 2s$ 值绘制；上、下辅助线按 $\bar{x} \pm s$ 值绘制。

在绘制均值质量控制图时，落在 $\bar{x} \pm s$ 范围内的点数应约占总点数的 68%。若少于 50%，则分布不合适，此图不可靠。若连续 7 点位于中心线同一侧，表示数据失控，此图不适用。

均值质量控制图绘制后，应标明绘图的有关内容和条件，如测定项目、分析方法、溶液浓度、温度、操作人员和绘制日期等。

均值质量控制图的使用方法：根据日常工作中该项目的分析频率和分析人员的技术水

平,每间隔适当时间,取两份平行的控制样品,随环境样品同时测定。对操作技术较低的人员和测定频率低的项目,每次都应同时测定控制样品,将控制样品的测定结果($\bar{x}_i$)依次点在控制图上,根据下列规定检验分析过程是否处于控制状态:若此点在上、下警告限之间区域内,则测定过程处于控制状态,环境样品分析结果有效;若此点超出上、下警告限,但仍在上、下控制限之间的区域内,提示分析质量开始变劣,可能存在"失控"倾向,应进行初步检查,并采取相应的校正措施;若此点落在上、下控制限之外,表示测定过程"失控",应立即检查原因,予以纠正,环境样品应重新测定;如遇到7点连续上升或下降时(虽然数值在控制范围之内),表示测定有失去控制倾向,应立即查明原因,予以纠正;即使过程处于控制状态,尚可根据相邻几次测定值的分布趋势,对分析可能发生的问题进行初步判断。

当控制样品测定结果累积更多以后,这些结果可以和原始结果一起重新计算总均值、标准偏差,再校正原来的均值质量控制图。

[例]某一多环芳烃的控制土样,累积测定20个平行样品,其结果见表4-4,试作均值质量控制图。

表 4-4 多环芳烃控制土样的测定结果 单位:ng/g

序号	$\bar{x}_i$	序号	$\bar{x}_i$	序号	$\bar{x}_i$	序号	$\bar{x}_i$	序号	$\bar{x}_i$
1	306	5	311	9	312	13	307	17	303
2	310	6	301	10	300	14	308	18	306
3	302	7	309	11	306	15	304	19	302
4	306	8	303	12	305	16	309	20	310

解:

总均值:

$$\bar{x} = \frac{\sum \bar{x}_i}{n} = 306 (\text{ng/g})$$

标准偏差:

$$s = \sqrt{\frac{\sum \bar{x}_i^2 - \frac{(\sum \bar{x}_i)^2}{n}}{n-1}} = 3.41 (\text{ng/g})$$

$\bar{x} + s = 309.41 (\text{ng/g})$ $\bar{x} - s = 302.59 (\text{ng/g})$
$\bar{x} + 2s = 312.82 (\text{ng/g})$ $\bar{x} - 2s = 299.18 (\text{ng/g})$
$\bar{x} + 3s = 316.23 (\text{ng/g})$ $\bar{x} - 3s = 295.77 (\text{ng/g})$

由以上计算可得均值质量控制图,见图4-3。

[例]用GC-MS测定经柱层析法处理过后的有机氯农药(OCPs)的实验时,测得空白试验值如表4-5所示,试作空白实验的均值质量控制图。

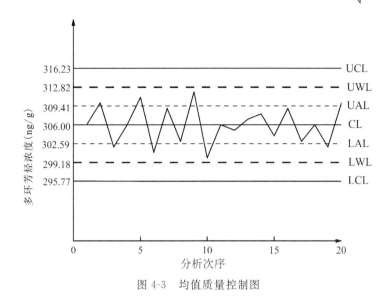

图 4-3 均值质量控制图

表 4-5 GC-MS 测定 OCPs 的空白试验值　　　　　　　　　　单位:ng/g

序号	$\overline{x}_b$	序号	$\overline{x}_b$	序号	$\overline{x}_b$	序号	$\overline{x}_b$	序号	$\overline{x}_b$
1	0.57	5	0.58	9	0.60	13	0.59	17	0.55
2	0.59	6	0.56	10	0.60	14	0.54	18	0.51
3	0.55	7	0.55	11	0.51	15	0.52	19	0.54
4	0.57	8	0.59	12	0.55	16	0.58	20	0.60

解:

据计算得:

$\overline{x}_b = 0.56 (\text{ng/g})$,标准偏差 $s_b = 0.03 (\text{ng/g})$;

上控制限 $\overline{x}_b + 3s_b = 0.65 (\text{ng/g})$;

上警告限 $\overline{x}_b + 2s_b = 0.62 (\text{ng/g})$;

上辅助线 $\overline{x}_b + s_b = 0.59 (\text{ng/g})$。

根据表 4-5 及计算数值作为空白实验的均值质量控制图(图 4-4)。空白的控制样品即试剂空白。因为空白试验值愈小愈好,所以空白试验值控制图中没有下控制限、下警告限和下辅助线,但仍留有小于 $\overline{x}_b$ 的空白试验值的空间。当实测的空白试验值低于中心线且逐渐稳步下降时,说明试验水平有所提高,可酌情分次以较小的空白试验值取代较大的空白试验值,重新计算和绘图。

准确度质量控制图是直接以环境样品加标回收率测定值绘制而成的。同理,在至少完成 20 份样品和加标样品测定后,先计算出各次加标回收率(P),再算出 $\overline{P}$ 和加标回收率标准偏

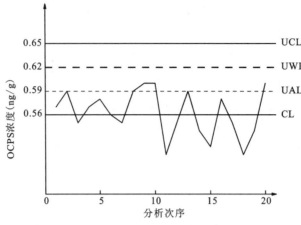

图 4-4 空白实验的均值质量控制图

差 s_P，由于加标回收率受到加标量的影响，因此一般加标量应尽量与样品中待测物质含量相近；当样品中待测物含量小于测定下限时，按测定下限的量加标；在任何情况下，加标量不得大于待测物含量的 3 倍，加标后的测定值不得超出方法的测定上限。

[例]用气相色谱-质谱联用仪测定沉积物中有机氯农药含量，加标量为 0.4 [mg/(100mL)]，测得加标回收率如表 4-6 所示，试作准确度质量控制图。

表 4-6 气相色谱-质谱联用仪测定沉积物中有机氯农药含量的加标回收率

序号	加标回收率/%	序号	加标回收率/%	序号	加标回收率/%	序号	加标回收率/%	序号	加标回收率/%
1	100.7	5	103.8	9	102.5	13	106.4	17	98.1
2	103.2	6	98.2	10	96.2	14	103.5	18	98.8
3	100.4	7	101.0	11	99.2	15	102.0	19	105.0
4	103.3	8	101.0	12	98.7	16	94.6	20	104.0

解：平均加标回收率 $P = \dfrac{\sum P}{n} = 101.0\%$；加标回收率标准偏差 $s_P = 3.0\%$；上、下辅助线 $\overline{P} \pm s_P$ 分别为 104.0% 和 98.0%；上、下警告限 $\overline{P} \pm 2s_P$ 分别为 107.0% 和 95.0%；上、下控制限 $\overline{P} \pm 3s_P$ 分别为 110.0% 和 92.0%。

以此画成准确度质量控制图 4-5，落在 $\overline{P} \pm s_P$ 范围内的点是 16 个，占总数的 80%。故此准确度质量控制图合格。准确度控制图使用方法与前相同。

2) 均值-极差质量控制图（$\overline{x}$-R 图）

有时分析平行样的平均值 $\overline{x}$ 与总均值很接近，但极差较大，显然属于质量较差。而采用均数-极差控制图就能同时考察均数和极差的变化情况。

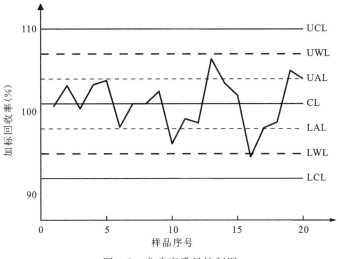

图 4-5 准确度质量控制图

$\bar{x}$-R 图包括下述内容：

(1)均值质量控制图部分。

中心线——$\bar{x}$；

上、下控制限——$\bar{x} \pm A_2 \bar{R}$；

上、下警告限——$\bar{x} \pm \dfrac{2}{3} A_2 \bar{R}$；

上、下辅助线——$\bar{x} \pm \dfrac{1}{3} A_2 \bar{R}$。

(2)极差质量控制图部分。

上控制限——$D_4 \bar{R}$；

上警告限——$\bar{R} + \dfrac{2}{3}(D_4 \bar{R} - \bar{R})$；

上辅助线——$\bar{R} + \dfrac{1}{3}(D_4 \bar{R} - \bar{R})$；

下控制限——$D_3 \bar{R}$；

系数 A_2、D_3、D_4 可从表 4-7 查出。

表 4-7　$\bar{x}$-R 图系数（每次测 n 个平行样品）

系数	n						
	2	3	4	5	6	7	8
A_2	1.880	1.020	0.730	0.580	0.480	0.420	0.370
D_3	0	0	0	0	0	0.076	0.136
D_4	3.270	2.580	2.280	2.120	2.000	1.920	1.860

因为极差愈小愈好,故极差质量控制图部分没有下警告限和下辅助线,但仍有下控制限。在使用过程中,如 R 值稳定下降,至 $R \approx D_3 \overline{R}$(即接近下控制限),则表明测定精密度已有提高,原 $\overline{x}$-R 图失效,应根据新的测定值重新计算各相应统计量,绘制新的 $\overline{x}$-R 图(图4-6)。

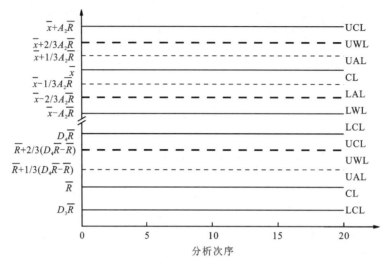

图 4-6　均数-极差控制图(摘自奚旦立和孙裕生,2010)

$\overline{x}$-R 图使用原则也一样,只是 $\overline{x}$ 和 R 两者中任意一个超出控制限(不包括极差质量控制图部分的下控制限),即认为"失控",故其灵敏度较单纯的均值质量控制图或极差质量控制图高。

[例] 用分光光度法测水中的钒。每次测定两个平行样品,测得平均分析值和极差结果如表 4-8 所示,据此绘制 $\overline{x}$-R 图。

表 4-8　分光光度法测水中钒的结果　　　　　　　　　　　　　单位:mg/L

分析次数	1	2	3	4	5	6	7	8	9	10
分析值	103	106	107	104	107	109	107	102	103	105
极差	4	6	2	2	4	2	4	3	2	3
分析次数	11	12	13	14	15	16	17	18	19	20
分析值	108	105	104	103	109	108	109	103	103	104
极差	2	5	2	4	3	5	2	2	2	3

解:计算总体均数 $\overline{x} = \dfrac{\sum \overline{x_i}}{n} = 105$;标准偏差 $s=2.3$;平均极差 $\overline{R} = \dfrac{\sum \overline{R_i}}{n} = 3$;均值质量控制图部分上、下控制限为 $\overline{x} \pm A_2 \overline{R}$,分别为 111 和 99;均值质量控制图部分上、下警告限为 $\overline{x} \pm \dfrac{2}{3} A_2 \overline{R}$,分别为 109 和 101;均值质量控制图部分上、下辅助线为 $\overline{x} \pm \dfrac{1}{3} A_2 \overline{R}$,分别为 107 和 103;极差质量控制图部分上控制限为 $D_4 \overline{R} = 10$;极差质量控制图部分上警告限为 $\overline{R} + \dfrac{2}{3}(D_4 \overline{R} - \overline{R}) = 8$;极差质量控制图部分上辅助线为 $\overline{R} + \dfrac{1}{3}(D_4 \overline{R} - \overline{R}) = 5$;极差质量控制图部分下控制

限 $D_3\overline{R}=0$；据此绘成 $\overline{x}$-R 图（图 4-7）。

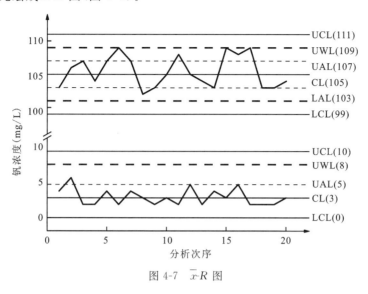

图 4-7 $\overline{x}$-R 图

由于实际样品浓度是变化的，而 $\overline{x}$-R 图中 R 值随浓度改变而变化，因此需要绘制一系列不同浓度水平的 $\overline{x}$-R 图。在使用 $\overline{x}$-R 图时最关心的是 R 值是否超出上控制限，故可对每一监测项目整理成一系列各种浓度范围的上控制限表格，把不同浓度范围的上控制限数据处理到最接近的整数（高浓度时）或保留一位小数。这一系列的 R 值称为临界限（R_c），用它作为不同浓度水平的极差质量控制是很方便实用的，见表 4-9。

表 4-9 某些项目平行样品测定的临界限（R_c）参考表

项目	质量浓度范围	上控制限（UCL）	临界限（R_c）
BOD$_5$（mg/L）	1～20	3.4	3.5
	20～25	6.34	6
	25～50	10.9	11
	50～150	21.3	21
	150～300	36.3	36
	300～1000	39.6	40
	1000 以上	57.9	58
ρ(Cr)（μg/L）	5～10	1.05	1
	10～25	1.86	2
	25～50	3.66	4
	50～150	12.4	12
	150～500	17.2	17
	500 以上	74.9	25

续表 4-9

项目	质量浓度范围	上控制限（UCL）	临界限（R_c）
$\rho(Cu)(\mu g/L)$	5～15	3.04	3
	15～25	4.41	4
	25～50	4.73	5
	50～100	7.62	8
	100～200	9.19	9
	200 以上	14.9	15

实验室内两平行样品允许误差没有规定的可参照表 4-10。

表 4-10　实验室分析结果的数量级最大允许相对误差

分析结果的数量级（g/L）	10^{-4}	10^{-5}	10^{-6}	10^{-7}	10^{-8}	10^{-9}	10^{-10}
最大允许相对误差	1	2.5	5	10	20	30	50

3）多样质量控制图

为了适应环境样品浓度多变，避免分析人员对单一浓度质量控制样品的测定值产生"习惯性"误差弊病，可以采用多样质量控制图。方法是配制一组浓度不同但相差不大的控制样品，测定时将标准偏差视为常数，绘制控制图时，每次随机取某一浓度控制样品进行测定。在对不同浓度控制样品进行至少 20 次测定以后，计算它们的平均浓度（$\bar{x}$）和标准偏差（s）。按下列各参数绘制图 4-8：以 0 作为中心线；以 $\pm s$ 作为上、下辅助线；以 $\pm 2s$ 作为上、下警告限；以 $\pm 3s$ 作为上、下控制限。

在使用此图时，在环境样品测定的同时，随机取某一浓度的控制样品穿插在其中进行测定。计算其测定值（x_i）与所用控制样品平均浓度（$\bar{x}$）的差值（$|x_i - \bar{x}|$），并绘入控制图中进行检验。

2. 其他质量控制方法

用加标回收率来判断分析准确度，由于方法简单、结果明确，故而是常用方法。但在分析过程中对样品和加标样品的操作完全相同，以致干扰的影响、操作损失或环境污染也很相似，使误差抵消，因而分析方法中某些问题尚难以发现，此时可采用以下方法。

（1）比较实验。对同一样品采用不同的分析方法进行测定，比较结果的符合程度来估计测定准确度。对于难度较大而不易掌握的方法或测定结果有争议的样品，常采用比较实验。必要时还可以进一步交换操作者、交换仪器设备或两者都交换。将所得结果加以比较，以检查操作稳定性和发现问题。

（2）对照分析。在进行环境样品分析的同时，对标准物质或权威部门制备的合成标准样品进行平行分析，将后者的测定结果与已知浓度进行比较，以控制分析准确度。也可以由他

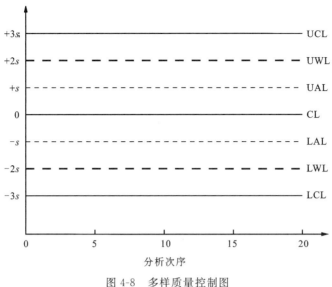

图 4-8 多样质量控制图

人(上级或权威部门)配制(或选用)标准样品,但不告诉操作人员浓度值——密码样品,然后由上级或权威部门对结果进行检查,这也是考核操作人员的一种方法。

(三)实验室间质量控制

实验室间质量控制的目的是检查各实验室是否存在系统误差,找出误差来源,提高监测水平,这一工作通常由某一系统的中心实验室、上级机关或权威单位负责。

1. 实验室质量考核

由负责单位根据所要考核项目的具体情况,参考前面所述内容,制订具体实施方案。考核方案一般包括:质量考核测定项目;质量考核分析方法;质量考核参加单位;质量考核统一程序;质量考核结果评定。

考核内容包括:分析标准样品或统一样品;测定加标样品;测定空白平行样品,核查检出限;测定标准系列,检查相关系数和计算回归方程,进行截距检验等。通过质量考核,最后由负责单位综合实验室的数据进行统计处理后作出评价并予以公布。各实验室可以从中发现所存在的问题并及时纠正。

工作中标准样品或统一样品应逐级向下分发,一级标准由国家环境监测总站将国家计量总局确认的标准物质分发给各省、自治区、直辖市的环境监测中心,作为环境监测质量保证的基准使用。二级标准由各省、自治区、直辖市的环境监测中心按规定配制并检验证明其浓度参考值、均匀度和稳定性,并经国家环境监测总站确认后,方可分发给各实验室作为质量考核的基准使用。

如果标准样品系列不够完备而有特定用途时,各省、自治区、直辖市在具备合格实验室和合格分析人员条件下,可自行配制所需的统一样品,分发给所属网、站,供质量保证活动使用。

各级标准样品或统一样品均应在规定要求的条件下保存,遇下列情况之一即应报废:①超过稳定期;②失去保存条件;③开封使用后无法或没有及时恢复原封装的。

为了减少系统误差,使数据具有可比性,在进行质量控制时,应使用统一的分析方法,首先应从国家(或部门)规定的"标准方法"之中选定。当根据具体情况需选用"标准方法"以外的其他分析方法时,必须由该法与相应"标准方法"对几份样品进行比较实验,按规定判定无显著性差异后,方可选用。

2. 实验室误差测验

在实验室间起支配作用的误差常为系统误差,为检查实验室间是否存在系统误差,它的大小和方向以及对分析结果的可比性是否有显著影响,可不定期地对有关实验室进行误差测验,以发现问题,及时纠正。

测验的方法是将两个浓度不同(分别为 x_i 和 y_i,两者相差约 $\pm 5\%$)但很类似的样品同时分发给各实验室,分别对其作单次测定,并在规定日期内上报测定结果 x_i 和 y_i。计算每一浓度的均值 $\bar{x}$ 和 $\bar{y}$,在方格坐标纸上画出 $\bar{x}$ 值的垂线和 $\bar{y}$ 值的水平线。将各实验室测定结果 (x_i,y_i) 点在图中。结果如图4-9所示,此图叫双样图,可以根据图形判断实验室间存在的误差。

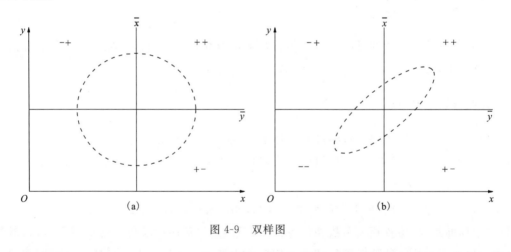

图4-9 双样图

根据随机误差的特点,在各点应分别高于或低于平均值,且随机出现。因此,如各实验室间不存在系统误差,则各点应随机分布在4个象限,即大致成一个以代表两均值的直线交点为中心的圆形,如图4-10(a)所示。如各实验室间存在系统误差,则实验室测定值双双偏高或双双偏低,即测定点大多数分布在++或--象限内,形成一个与y轴方向约成45°倾斜的椭圆形,如图4-9(b)所示。根据此椭圆形的长轴与短轴之差及其位置,可估计实验室间系统误差的大小和方向。

根据各点的分散程度来估计各实验室间的精密度和准确度。

如将数据进一步作误差分析,可更具体了解各实验室间的误差性质,有如下处理方法。

(1)标准偏差分析。将各对数据 (x_i,y_i) 分别求和值、差值。

和值：
$$T_i = x_i + y_i \tag{4-10}$$

差值：
$$D_i = |x_i - y_i| \tag{4-11}$$

取和值 T_i 计算各实验室数据分布的标准偏差：

$$s = \sqrt{\frac{\sum T_i^2 - \frac{(\sum T_i)^2}{n}}{2(n-1)}} \tag{4-12}$$

式4-12中分母乘以2是因为 T_i 值中包括两个类似样品的测定结果而含有两倍的误差。

因为标准偏差可分解为系统标准偏差和随机标准偏差，当两个类似样品测定结果相减使系统标准偏差消除，故可取差值 D_i 计算随机标准偏差：

$$s_r = \sqrt{\frac{\sum D_i^2 - \frac{(\sum D_i)^2}{n}}{2(n-1)}} \tag{4-13}$$

若 $s = s_r$，即总标准偏差只包含随机标准偏差，表明实验室间不存在系统误差。

（2）方差分析。当 $s > s_r$ 时需以方差分析进行检验。

计算：
$$F = \frac{s^2}{s_r^2} \tag{4-14}$$

根据给定显著性水平（0.05）和 s、s_r 自由度（f_1、f_2），查方差分析 F 值表（表4-11）。

若 $F \leqslant F_{0.05(f_1,f_2)}$，表明在95％置信水平时，实验室间所存在的系统误差对分析结果的可比性无显著性影响，即各实验室分析结果之间不存在显著性差异。

若 $F > F_{0.05(f_1,f_2)}$，则实验室间所存在的系统误差将显著影响分析结果的可比性，应找出原因并采取相应的校正措施。

表4-11　5％(0.05)水平的下临界值 F_a

F_2（分母）	F_1（分子）										
	1	2	3	4	5	6	7	8	9	10	12
1	161	200	216	225	230	234	237	239	241	242	244
2	18.5	19.0	19.2	19.2	19.3	19.3	19.4	19.4	19.4	19.4	19.4
3	10.1	9.55	9.28	9.12	9.01	8.94	8.89	8.85	8.81	8.79	8.74
4	7.71	6.94	6.59	6.39	6.26	6.16	6.09	6.04	6.00	5.96	5.91
5	6.61	5.79	5.41	5.19	5.05	4.95	4.88	4.82	4.77	4.74	4.68
6	5.99	5.14	4.76	4.53	4.39	4.28	4.21	4.15	4.10	4.06	4.00
7	5.59	4.74	4.35	4.12	3.97	3.87	3.79	3.73	3.68	3.64	3.57
8	5.32	4.46	4.07	3.84	3.69	3.58	3.50	3.44	3.39	3.35	3.28

续表 4-11

F_2（分母）	F_1（分子）										
	1	2	3	4	5	6	7	8	9	10	12
9	5.12	4.26	3.86	3.63	3.48	3.37	3.29	3.23	3.18	3.14	3.07
10	4.96	4.10	3.71	3.48	3.33	3.22	3.14	3.07	3.02	2.98	2.91
11	4.84	3.98	3.59	3.36	3.20	3.09	3.01	2.95	2.90	2.85	2.79
12	4.75	3.89	3.49	3.26	3.11	3.00	2.91	2.85	2.80	2.75	2.69
13	4.67	3.81	3.41	3.18	3.03	2.92	2.83	2.77	2.71	2.67	2.60
14	4.60	3.74	3.34	3.11	2.96	2.85	2.76	2.70	2.65	2.60	2.53
15	4.54	3.68	3.29	3.06	2.90	2.79	2.71	2.64	2.59	2.54	2.48
16	4.49	3.63	3.24	3.01	2.85	2.74	2.66	2.59	2.54	2.49	2.42
17	4.45	3.59	3.20	2.96	2.81	2.70	2.61	2.55	2.49	2.45	2.38
18	4.41	3.55	3.16	2.93	2.77	2.66	2.58	2.51	2.46	2.41	2.34
19	4.38	3.52	3.13	2.90	2.74	2.63	2.54	2.48	2.42	2.38	2.31
20	4.35	3.49	3.10	2.87	2.71	2.60	2.51	2.45	2.39	2.35	2.28
21	4.32	3.47	3.07	2.84	2.68	2.57	2.49	2.42	2.37	2.32	2.25
22	4.30	3.44	3.05	2.82	2.66	2.55	2.46	2.40	2.34	2.30	2.23
23	4.28	3.42	3.03	2.80	2.64	2.53	2.44	2.37	2.32	2.27	2.20
24	4.26	3.40	3.01	2.78	2.62	2.51	2.42	2.36	2.30	2.25	2.18
25	4.24	3.39	2.99	2.76	2.60	2.49	2.40	2.34	2.28	2.24	2.16
30	4.17	3.32	2.92	2.69	2.53	2.42	2.33	2.27	2.21	2.16	2.09
40	4.08	3.23	2.84	2.61	2.45	2.34	2.25	2.18	2.12	2.08	2.00
60	4.00	3.15	2.76	2.53	2.37	2.25	2.17	2.10	2.04	1.99	1.92
150	3.90	3.06	2.66	2.43	2.27	2.16	2.07	2.00	1.94	1.89	1.82
∞	3.84	3.00	2.60	2.37	2.21	2.10	2.01	1.94	1.88	1.83	1.75

第三节 监测数据的统计处理

监测中所得到的许多物理、化学和生物学数据，是描述和评价环境质量的基本依据。监测系统的条件限制以及操作人员的技术水平、测试值与真值之间常存在差异；环境污染的流动性、变异性以及与时空因素关系，使某一区域的环境质量由许多因素综合决定。例如，描述某一河流的环境质量，必须对整条河流按规定布点，以一定的频率测定，根据大量数据综合才能表述它的环境质量，所有这一切均需通过统计处理。

第四章 环境监测管理、质量保证与数据表达

一、数据处理

监测数据按数理统计进行处理时,需用到以下基本概念。

(一)误差和偏差

1. 真值

在某一时刻和某一位置或状态下,某量的效应体现出客观值或实际值称为真值。真值包括以下几种。

(1)理论真值,如三角形内角之和等于 $180°$。

(2)约定真值,由国际计量大会定义的国际单位制,包括基本单位、辅助单位和导出单位。由国际单位制所定义的真值叫约定真值。

(3)标准器(包括标准物质)的相对真值。高一级标准器的误差为低一级标准器或普通仪器误差的 $1/5$(或 $1/3 \sim 1/20$)时,则可认为前者是后者的相对真值。

2. 误差及其分类

由于被测量的数据形式通常不能以有限位数表示,同时认识能力的不足和科学技术水平的限制,使测量值与真值不一致,这种矛盾在数值上的表现即为误差。任何测量结果都有误差,并存在于一切测量过程之中。

误差按其性质和产生原因,可分为系统误差、随机误差和过失误差。

(1)系统误差又称可测误差、恒定误差或偏倚(bias),指测量值的总体均值与真值之间的差别,是由测量过程中某些恒定因素造成的,在一定条件下具有重现性,并不因增加测量次数而减少系统误差,它可以由方法、仪器、试剂、恒定的操作人员和恒定的环境所造成。

(2)随机误差又称偶然误差或不可测误差,是由测定过程中各种随机因素的共同作用造成,随机误差遵从正态分布规律。

(3)过失误差又称粗差,是由测量过程中犯了不应有的错误造成,它明显地歪曲测量结果,因而一经发现必须及时改正。

误差的表示方法可分为绝对误差和相对误差。绝对误差是测量值(x,单一测量值或多次测量的均值)与真值 x_t 之差,绝对值有正负之分。

$$\text{绝对误差} = x - x_t \tag{4-15}$$

相对误差是指绝对误差与真值之比(常以百分数表示),即

$$\text{相对误差} = \frac{x - x_t}{x_t} \times 100\% \tag{4-16}$$

3. 偏差

偏差分为相对偏差、平均偏差、相对平均偏差和标准偏差等。

绝对偏差 d 是测定值与均值之差:

$$d_i = x_i - \overline{x} \tag{4-17}$$

相对偏差是绝对偏差与均值之比(常以百分数表示):

$$相对偏差 = \frac{d}{\overline{x}} \times 100\%$$

平均偏差是绝对偏差绝对值之和的平均值:

$$\overline{d} = \frac{1}{n}\sum_{i=1}^{n}|d_i| \tag{4-18}$$

相对平均偏差是平均偏差与均值之比(常以百分数表示):

$$相对平均偏差 = \frac{\overline{d}}{\overline{x}} \times 100\%$$

4. 标准偏差和相对标准偏差

(1) 差方和亦称离差平方或平方和,是指绝对偏差的平方之和,以 S 表示

$$S = \sum_{i=1}^{n} d_i^2 = \sum_{i=1}^{n}(x_i - \overline{x})^2 \tag{4-19}$$

(2) 样本方差,用 s^2 或 V 表示:

$$s^2 = \frac{1}{n-1}S \tag{4-20}$$

(3) 样本标准偏差,用 s 或 s_D 表示:

$$s = \sqrt{\frac{1}{n-1}\sum_{i=1}^{n}(x_i - \overline{x})^2} = \sqrt{\frac{1}{n-1}S} = \sqrt{\frac{\sum x_i^2 - \frac{(\sum x_i)^2}{n}}{n-1}} \tag{4-21}$$

(4) 样本相对标准偏差又称变异系数,是样本标准偏差在样本均值中所占的百分数,记为 CV:

$$CV = \frac{s}{\overline{x}} \times 100\% \tag{4-22}$$

(5) 总体方差和总体标准偏差,分别以 σ^2 和 σ 表示:

$$\sigma^2 = \frac{1}{N}\sum_{i=1}^{n}(x_i - \mu)^2 \tag{4-23}$$

$$\sigma = \sqrt{\sigma^2} = \sqrt{\frac{1}{N}\sum_{i=1}^{n}(x_i - \mu)^2} = \sqrt{\frac{\sum x_i^2 - \frac{(\sum x_i)^2}{N}}{N}} \tag{4-24}$$

式中: N 为总体容量; μ 为总体均值。

(6) 极差:一组测量值中最大值 $x_{\max}$ 与最小值 $x_{\min}$ 之差,表示误差的范围,以 R 表示:

$$R = x_{\max} - x_{\min} \tag{4-25}$$

(二) 总体、样本和平均数

1. 总体和个体

研究对象的全体称为总体,其中一个单位叫个体。

2. 样本和样本容量

总体中的一部分叫样本,样本中含有个体的数目叫此样本的容量,记作 n。

3. 平均数

平均数代表一组变量的平均水平或集中趋势,样本观测中大多数测量值是靠近的。

(1)算术均数:简称均数,最常用的平均数,其定义为

$$\text{样本均数}\ \bar{x} = \frac{\sum x_i}{n} \tag{4-26}$$

$$\text{总体均数}\ \mu = \frac{\sum x_i}{n} \quad n \to \infty \tag{4-27}$$

(2)几何均数:当变量呈等比关系,常需用几何均数,其定义为

$$\bar{x}_g = (x_1 x_2 \cdots x_n)^{\frac{1}{n}} = \lg^{-1}\left[\frac{\sum \lg x_i}{n}\right] \tag{4-28}$$

计算酸雨 pH 的均数,都是计算雨水中氢离子活度的几何均数。

(3)中位数:将各数据按大小顺序排列,位于中间的数据即为中位数,若为偶数取中间两数的平均值,适用于一组数据的少数呈"偏态"分散在某一侧,使均数受个别极数的影响较大。

(4)众数:一组数据中出现次数最多的一个数据。

平均数表示集中趋势,当监测数据是正态分布时,其算术均数、中位数和众数三者相同。

[例]有一铜化物的标准水样,浓度为 0.50mg/L,以原子吸收分光光度法测定 5 次,其值分别为 0.51mg/L、0.54mg/L、0.47mg/L、0.49mg/L、0.54mg/L。求:算术均数、几何均数、中位数、绝对误差、相对误差、绝对偏差、平均偏差、极差、样本的差方和、方差、标准偏差和相对标准偏差。

解:算术均数 $\bar{x} = \dfrac{1}{5}(0.51+0.54+0.47+0.49+0.54) = 0.51(\text{mg/L})$

几何均数 $\bar{x}_g = (0.51 \times 0.54 \times 0.47 \times 0.49 \times 0.54)^{\frac{1}{5}} = 0.51(\text{mg/L})$

中位数 $= 0.51(\text{mg/L})$

绝对误差 $= x_i - x_t = 0.54 - 0.50 = 0.04(\text{mg/L})$

(以 x_i 为 0.54mg/L,x_t 为 0.50mg/L 为例)

相对误差 $= \dfrac{x_i - x_t}{x_t} \times 100\% = 8.00\%$

绝对偏差 $d_i = x_i - \bar{x} = 0.54 - 0.51 = 0.03(\text{mg/L})$

平均偏差 $\bar{d} = (|0.51-0.51|+|0.54-0.51|+\cdots|0.54-0.51|) = 0.12(\text{mg/L})$

极差 $R = 0.54 - 0.47 = 0.07(\text{mg/L})$

样本差方和 $S = (0)^2 + (0.03)^2 + (-0.04)^2 + (-0.02)^2 + (0.03)^2 = 0.0038(\text{mg/L})$

样本方差 $s^2 = \dfrac{1}{n-1}S = \dfrac{1}{4} \times 0.0038 = 0.00095(\text{mg/L})$

样本标准偏差 $s=\sqrt{s^2}=0.03(\mathrm{mg/L})$

样本相对标准偏差 $CV=\dfrac{0.03}{0.51}\times 100\%=5.88\%$

(三)正态分布

相同条件下对同一样品测定中的随机误差,均遵从正态分布(图 4-10)。

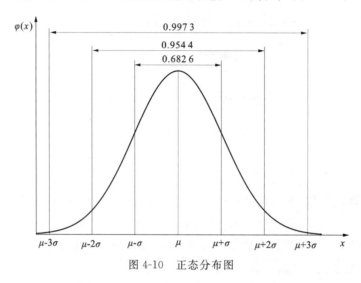

图 4-10 正态分布图

正态概率密度函数为

$$\varphi(x)=\frac{1}{\sigma\sqrt{2\pi}}\mathrm{e}^{\frac{(x-\mu)^2}{2\sigma^2}} \tag{4-29}$$

式中:x 为由此分布中抽出的随机样本值;μ 为总体均值,是曲线最高点的横坐标,曲线对 μ 对称;σ 为总体标准偏差,反映了数据的离散程度。

由统计学知道,样本落在下列区间内的概率如表 4-12 所示。

表 4-12 正态分布总体的样本落在下列区间内的概率

区间	落在区间的概率(%)	区间	落在区间的概率(%)
$\mu\pm 1.000\sigma$	68.26	$\mu\pm 2.000\sigma$	95.44
$\mu\pm 1.645\sigma$	90.00	$\mu\pm 2.576\sigma$	99.00
$\mu\pm 1.960\sigma$	95.00	$\mu\pm 3.000\sigma$	99.73

正态分布曲线说明:①小误差出现的概率大于大误差,即误差的概率与误差的大小有关;②大小相等,符号相反的正负误差数目近于相等,故曲线对称;③出现大误差的概率很小;④算术均值是可靠的数值。

有些监测数据呈偏态分布见图 4-11。

实际工作中,有些数据本身不呈正态分布,但将数据通过数学转换后可显示出正态分布,

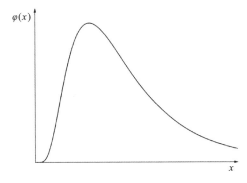

图 4-11 偏态分布图

最常用的转换方式是取对数。若监测数据的对数呈正态分布，则称为对数正态分布。例如，当 SO_2 成颗粒物浓度较低时，数据经实验证明一般呈对数正态分布，有些工厂排放废水的浓度数据也呈对数正态分布。

二、结果的统计检验（包括剔除异常值）

（一）可疑数据的取舍

与正常数据不是来自同一分布总体，明显歪曲试验结果的测量数据，称为离群数据。可能会歪曲试验结果，但尚未经检验断定其是离群数据的测量数据，称为可疑数据。

在数据处理时，必须剔除离群数据以使测定结果更符合客观实际。正确数据总有一定的分散性，如果人为地删去一些误差较大但并非离群的测量数据，由此得到精密度很高的测量结果并不符合客观实际。因此对可疑数据的取舍必须遵循一定的原则。

测量中发现明显的系统误差和过失误差，由此而产生的数据应随时剔除。而可疑数据的舍取应采用统计方法判别，即离群数据的统计检验。检验的方法很多，现介绍最常用的两种。

1. 狄克松（Dixon）检验法

此法适用于一组测量值的一致性检验和剔除离群值，本法中对最小可疑值和最大可疑值进行检验的公式因样本的容量 n 不同而异，检验方法如下。

（1）将一组测量数据从小到大顺序排列为 $x_1\ x_2\ \cdots\ x_n$，x_1 和 x_n 分别为最小可疑值和最大可疑值。

（2）按表 4-13 计算式求 Q 值。

（3）根据给定的显著性水平 α 和样本容量 n，从表 4-14 查得临界值（Q_α）。

（4）若 $Q \leqslant Q_{0.05}$，则可疑值为正常值；若 $Q_{0.05} < Q \leqslant Q_{0.01}$，则可疑值为偏离值；若 $Q > Q_{0.01}$，则可疑值为离群值。

表 4-13 狄克松检验法 Q 值计算式

n 值范围	可疑数据为最小值 x_1 时	可疑数据为最大值 x_n 时	n 值范围	可疑数据为最小值 x_1 时	可疑数据为最大值 x_n 时
3～7	$Q=\dfrac{x_2-x_1}{x_n-x_1}$	$Q=\dfrac{x_n-x_{n-1}}{x_n-x_1}$	11～13	$Q=\dfrac{x_3-x_1}{x_{n-1}-x_1}$	$Q=\dfrac{x_n-x_{n-2}}{x_n-x_2}$
8～10	$Q=\dfrac{x_2-x_1}{x_{n-1}-x_1}$	$Q=\dfrac{x_n-x_{n-1}}{x_n-x_2}$	14～25	$Q=\dfrac{x_3-x_1}{x_{n-2}-x_1}$	$Q=\dfrac{x_n-x_{n-2}}{x_n-x_3}$

表 4-14 狄克松检验法临界值 Q_α

n	显著性水平 α 0.05	显著性水平 α 0.01	n	显著性水平 α 0.05	显著性水平 α 0.01
3	0.941	0.988	15	0.525	0.616
4	0.765	0.889	16	0.507	0.595
5	0.642	0.780	17	0.490	0.577
6	0.560	0.698	18	0.475	0.561
7	0.507	0.637	19	0.462	0.547
8	0.544	0.683	20	0.450	0.535
9	0.512	0.635	21	0.440	0.524
10	0.477	0.597	22	0.430	0.514
11	0.576	0.679	23	0.421	0.505
12	0.546	0.642	24	0.413	0.497
13	0.521	0.615	25	0.406	0.489
14	0.546	0.641			

[例]一组测量值从小到大顺序排列为：14.65、14.90、14.91、14.92、14.95、14.96、15.00、15.01、15.01、15.02。检验最小值 14.65 和最大值 15.02 是否为离群值？

解：检验最小值 $x_1=14.65$，$n=10$，$x_2=14.90$，$x_{n-1}=15.01$

$$Q=\frac{x_2-x_1}{x_{n-1}-x_1}=\frac{14.90-14.65}{15.01-14.65}=0.69$$

查表 4-13，当 $n=10$，给定显著性水平 $\alpha=0.01$ 时，$Q_{0.01}=0.597$。

$Q>Q_{0.01}$，故最小值 14.65 为离群值应予剔除。

检验最大值 $x_n=15.02$

$$Q=\frac{x_n-x_{n-1}}{x_n-x_2}=\frac{15.02-15.01}{15.02-14.90}=0.083$$

查表 4-13 可知，$Q_{0.05}=0.477$。

$Q < Q_{0.05}$，故最大值 15.02 为正常值。

2. 格鲁布斯(Grubbs)检验法

此法适用于检验多组测量值均值的一致性和剔除多组测量值中的离群均值；也可用于检验一组测量值的一致性和剔除一组测量值中的离群值，方法如下：

(1) 有 m 组测定值，每组 n 个测定值的均值分别为 $\bar{x}_1$，$\bar{x}_2$，$\cdots$，$\bar{x}_i$，$\cdots$，$\bar{x}_m$，其中最大均值记为 $\bar{x}_{\max}$，最小均值记为 $\bar{x}_{\min}$。

(2) 由 n 个均值计算总均值 $\bar{x}$ 和标准偏差 $s_{\bar{x}}$。

$$\bar{x} = \frac{1}{m}\sum_{i=1}^{m}\bar{x}_i \tag{4-30}$$

$$s_{\bar{x}} = \sqrt{\frac{1}{m-1}\sum_{i=1}^{m}(\bar{x}_i - \bar{x})^2} \tag{4-31}$$

(3) 可疑均值为最大值 $\bar{x}_{\max}$ 时，统计量计算公式为 T

$$T = \frac{\bar{x}_{\min} - \bar{x}}{s_{\bar{x}}} \tag{4-32}$$

(4) 根据测定值组数和给定的显著性水平 α，从表 4-15 查得临界值(T_α)。

(5) 若 $T \leqslant T_{0.05}$，则可疑均值为正常均值；若 $T_{0.05} < T \leqslant T_{0.01}$，则可疑均值为偏离均值；若 $T > T_{0.01}$，则可疑均值为离群均值，应予剔除，即剔除含有该均值的一组数据。

表 4-15　格鲁布斯检验法临界值 T_α

m	显著性水平 α		m	显著性水平 α	
	0.05	0.01		0.05	0.01
3	1.153	1.155	15	2.409	2.705
4	1.463	1.492	16	2.443	2.747
5	1.672	1.749	17	2.475	2.785
6	1.822	1.944	18	2.504	2.821
7	1.938	2.097	19	2.532	2.854
8	2.032	2.221	20	2.557	2.884
9	2.110	2.322	21	2.580	2.912
10	2.176	2.410	22	2.603	2.939
11	2.234	2.485	23	2.624	2.963
12	2.285	2.050	24	2.644	2.987
13	2.331	2.607	25	2.663	3.009
14	2.371	2.695			

[例] 同一土壤样品分发到 10 个实验室进行测定，各实验室 6 次测定的平均值按大小顺序为 7.14、7.23、7.34、7.44、7.51、7.58、7.65、7.66、7.76、7.89，检验最大均值 7.89 是否为离群均值？

解：

$$\bar{x} = \frac{1}{10}\sum_{i=1}^{10}\bar{x}_i = 7.52;$$

$$s_{\bar{x}} = \sqrt{\frac{1}{10-1}\sum_{i=1}^{10}(\bar{x}_i - \bar{x})^2} = 0.236;$$

$$x_{\max} = 7.89$$

则统计量：

$$T = \frac{\bar{x}_{\max} - \bar{x}}{s_{\bar{x}}} = \frac{7.89 - 7.52}{0.236} = 1.57$$

当 $m=10$，给定显著性水平 $\alpha=0.05$ 时，查表 4-14 得临界值 $T_{0.05}=2.176$。

因 $T < T_{0.05}$，故 7.89 为正常均值，即均值为 7.52 的一组测定值为正常数据。

(二) 均值置信区间和 t 值

均值置信区间是考察样本均数 $\bar{x}$ 与总体均数 μ 之间的关系，即以样本均值代表总体均值的可靠程度。从正态分布曲线可知，68.26% 的数据在 $\mu \pm \sigma$ 区间之中，95.44% 的数据在 $\mu \pm 2\sigma$ 区间之间等。正态分布理论是从大量数据中得出的。当从同一总体中随机抽取足够量的大小相同的样本，并对它们测量得到一批样本均值，如果原总体是正态分布，则这些样本均值的分布将随样本容量 n 的增大而趋向正态分布。

样本均值的均值符号为 $\bar{x}$；样本均值的标准偏差符号为 $s_{\bar{x}}$。标准偏差只表示个体变量值的离散程度，而均值标准偏差是表示样本均值的离散程度。

均值标准偏差的大小与总体标准偏差成正比，与样本容量的平方根成反比，即

$$s_{\bar{x}} = \frac{\sigma}{\sqrt{n}} \tag{4-33}$$

由于总体标准偏差不可知，故只能用样本标准偏差来代替，即

$$s_{\bar{x}} = \frac{s}{\sqrt{n}} \tag{4-34}$$

这样计算所得的均值标准偏差仅为估计值，均值标准偏差的大小反映抽样误差的大小，其数值越小则样本均值越接近总体均值，以样本均值代表总体均值的可靠性就越大；反之，均值标准偏差越大，则样本均值的代表性越不可靠。

样本均值与总体均值之差对均值标准差的比值称为 t 值。

$$t = \frac{\bar{x} - \mu}{s_{\bar{x}}} \tag{4-35}$$

移项

$$\mu = \bar{x} - t \cdot s_{\bar{x}} = \bar{x} - t \cdot \frac{s}{\sqrt{n}} \tag{4-36}$$

根据正态分布的对称性特点,应写成

$$\mu = \bar{x} \pm t \cdot \frac{s}{\sqrt{n}} \tag{4-37}$$

式中右面的 $\bar{x}$、s 和 n 通过测量可得,t 和样本容量 n 与置信度有关,而后者可以直接要求指定。t 值见表 4-16。由表可知,当 $n(n'-1)$ 一定,要求置信度越大则 t 越大,其结果的数值范围越大。而置信度一定时,n 越大 t 值越小,结果的数值范围越小。置信度不是一个单纯的数学问题,置信度过大反而无实用价值。例如 100% 的置信度,则数值范围的区间为 [$-\infty$, $+\infty$],通常采用 90% ~ 95% 置信度 [P(双侧概率) 对应为 0.10 ~ 0.05]。

表 4-16　t 值表

自由度 n'	P(双侧概率)				
	0.200	0.100	0.050	0.020	0.010
1	3.078	6.31	12.71	31.82	63.66
2	1.89	2.92	4.30	6.96	9.92
3	1.64	2.35	3.18	4.54	5.84
4	1.53	2.13	2.78	3.75	4.60
5	1.84	2.02	2.57	3.37	4.03
6	1.44	1.94	2.45	3.14	3.71
7	1.41	1.89	2.37	3.00	3.50
8	1.40	1.84	2.31	2.90	3.36
9	1.38	1.83	2.26	2.82	3.25
10	1.37	1.81	2.23	2.76	3.17
11	1.36	1.80	2.20	2.72	3.11
12	1.36	1.78	2.18	2.68	3.05
13	1.35	1.77	2.16	2.65	3.01
14	1.35	1.76	2.14	2.62	2.98
15	1.34	1.75	2.13	2.60	2.95
16	1.34	1.75	2.12	2.58	2.92
17	1.33	1.74	2.11	2.57	2.90
18	1.33	1.73	2.10	2.55	2.88
19	1.33	1.73	2.09	2.54	2.86
20	1.33	1.72	2.09	2.53	2.85
21	1.32	1.72	2.08	2.52	2.83
22	1.32	1.72	2.07	2.51	2.82

续表 4-16

自由度 n'	P(双侧概率)				
	0.200	0.100	0.050	0.020	0.010
23	1.32	1.71	2.07	2.50	2.81
24	1.32	1.71	2.06	2.49	2.80
25	1.32	1.71	2.06	2.49	2.79
26	1.31	1.71	2.06	2.48	2.78
27	1.31	1.70	2.05	2.47	2.77
28	1.31	1.70	2.05	2.47	2.76
29	1.31	1.70	2.05	2.46	2.76
30	1.31	1.70	2.04	2.46	2.75
40	1.30	1.68	2.02	2.42	2.70
60	1.30	1.67	2.00	2.39	2.66
120	1.29	1.66	1.98	2.36	2.62
∞	1.28	1.64	1.96	2.33	2.58

[例]测定某地区大气中多环芳烃浓度得到下列数据：$n=4, \bar{x}=25.30 \text{ng/m}^3, s=0.50 \text{ng/m}^3$，求置信度分别为 90% 和 95% 时的置信区间。

解：$n'=n-1=3$

置信度为 90% 时，查表得 $t=2.35$

$$\mu=25.30 \pm 2.35 \times \frac{0.50}{\sqrt{4}} \approx 25.30 \pm 0.59 (\text{mg/L})$$

即 90% 的可能为 24.71 ~ 25.89 mg/L。

同理：置信度为 95% 时，查表得 $t=3.18$

$$\mu=25.30 \pm 3.18 \times \frac{0.50}{\sqrt{4}} \approx 25.30 \pm 0.80 (\text{mg/L})$$

即 95% 的可能为 24.50 ~ 26.10 mg/L。

(三)测量结果的统计检验

在环境监测中，对所研究的对象往往是不完全了解，甚至是完全不了解。例如，测定值的总体均值是否等于真值；某种方法经过改进，其精密度是否有变化等，这就需要统计检验。下面讨论两均值差异的显著性检验（t 检验）。

相同的样品由不同的分析人员或不同分析方法所测得的均值之间存在差异。在实验室质量考核中，对标准样品的实际测量均值与其保证值之间的差异是由抽样误差引起的，还是确实存在本质的差别，可用计算 t 值和查 t 值表的方法来判断两均数之差是属于抽样误差的概率有多大,即对这些差异进行"显著性检验",简称"t 检验",当抽样误差的概率较大时,两均值的差异很可能是抽样误差所致,亦即两均值无显著性差异;当抽样误差的概率很小时,即此差异属于抽样误差的可能性很小,因而两均值有显著性差异。

t 检验判断的通则是:当 $t < t_{0.05(n)}$,即 $P > 0.05$,差别无显著意义;当 $t_{0.05(n)} \leq t < t_{0.01(n)}$,即 $0.01 < P \leq 0.05$,差别有显著意义;当 $t \geq t_{0.01(n)}$,即 $P \leq 0.01$,差别有非常显著意义。

1. 样本均值与总体总值差异的显著性检验

[例]某含铁标准物质,已知铁的保证值为 1.06%,对其 10 次测定的平均值为 1.054%,标准偏差为 0.009%。检验测定结果与保证值之间有无显著性差异。

解:$\mu = 1.06\%, \bar{x} = 1.054\%, n = 10$

$n' = 10 - 1 = 9, s = 0.009\%$

$$s_{\bar{x}} = \frac{s}{\sqrt{n}}$$

$$t = \frac{\bar{x} - \mu}{s_{\bar{x}}} = \frac{1.054\% - 1.06\%}{0.009\%/\sqrt{10}} = -2.11$$

$|t| = 2.11$

查 $t_{0.05(9)} = 2.26$

$|t| = 2.11 < 2.26 = t_{0.05(9)}$

$P > 0.05$

即测定结果和保证值之间无显著性差异,测定正常。

2. 两种测定方法的显著性检验

[例]用超声萃取法和索氏抽提法对同一土壤样品中多环芳烃的含量进行测定(省略单位),分别对土壤样品测量 6 次,结果如表 4-17 所示。两种测定方法有无显著性差异?

表 4-17　用超声萃取法和索氏抽提法测定同一土壤样品中多环芳烃的含量

方法	1	2	3	4	5	6	合计
超声萃取法	0.64	0.75	0.88	0.61	0.61	0.79	
索氏抽提法	0.61	0.72	0.81	0.63	0.64	0.76	
差值 x_i	0.03	0.03	0.07	−0.02	−0.03	0.03	0.11
x_i^2	0.000 9	0.000 9	0.004 9	0.000 4	0.000 9	0.000 9	0.008 9

解:

$$\bar{x} = \frac{0.11}{6} = 0.018\ 3$$

$$s = \sqrt{\frac{\sum x_i^2 - \frac{(\sum x_i)^2}{n}}{n-1}} = \sqrt{\frac{0.008\ 9 - \frac{(0.11)^2}{6}}{6-1}} = 0.037$$

$$s_{\bar{x}} = \frac{s}{\sqrt{n}} = \frac{0.037}{\sqrt{6}} = 0.015\ 1$$

$$t = \frac{|\bar{x} - 0|}{s_{\bar{x}}} = \frac{0.018\ 3}{0.015\ 1} = 1.211\ 9$$

查表得 $t_{0.05(5)} = 2.57$

$t = 1.211\ 9 < 2.57 = t_{0.05(5)}$

$P > 0.05$

即两种测量方法无显著性差异。

三、相关性分析与回归

在环境监测中经常要了解各种参数之间是否有联系。例如 BOD 和 TOC 都是代表水中有机污染的综合指标,它们之间是否有关联;又如在水稻田施农药,水稻叶上农药残留量与施药后天数之间是否有关。下面将介绍怎样判断各参数之间的联系。

(一)相关和直线回归方程

变量之间的关系有两种主要类型。

1. 确定性关系

例如:欧姆定律 $I = U/R$,已知 3 个变量中任意 2 个就能按公式求第 3 个量。

2. 相关关系

有些变量之间既有关系又无确定性关系,称为相关关系,它们之间的关系式叫回归方程,最简单的直线回归方程为

$$\bar{y} = ax + b \tag{4-38}$$

式中:a、b 为常数,当 x 为 x_i 时,实际 y 值在按计算所得 $\bar{y}$ 左右波动。

上述回归方程可根据最小二乘法来建立。即首先测定一系列 $x_1, x_2, \cdots, x_n$ 和相对应的 $y_1, y_2, \cdots, y_n$,然后按下式求常数 a 和 b。

$$a = \frac{n\sum(xy) - \sum x \sum y}{n\sum x^2 - (\sum x)^2} \tag{4-39}$$

$$b = \frac{\sum x^2 \sum y - \sum x \sum(xy)}{n\sum x^2 - (\sum x)^2} \tag{4-40}$$

[例]用碱性过硫酸钾紫外分光光度法测定水中总氮浓度得到表 4-18 所列数据,试求吸光度(A)和质量浓度(ρ)的直线回归方程。

表 4-18 吸光度(A)和质量浓度(ρ)

质量浓度 ρ(mg/L)	0.08	0.2	0.4	1.2	2.8
吸光度 A	0.068	0.159	0.179	0.301	0.566

解:设质量浓度数值为 x,吸光度为 y。

$\sum x = 4.6 \quad \sum y = 1.273 \quad n = 5$

$\sum x^2 = 9.486 \quad \sum (xy) = 2.055$

$a = \dfrac{5 \times 2.055 - 4.6 \times 1.273}{5 \times 9.486 - 4.6^2} = 0.169$

$b = \dfrac{9.486 \times 1.273 - 4.6 \times 2.055}{5 \times 9.486 - 4.6^2} = 0.0963$

直线回归方程为 $\overline{y} = 0.169x + 0.0963$

由此得到的总氮的吸光度与质量浓度的关系图,如图 4-12 所示。

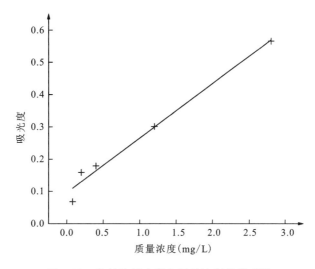

图 4-12　总氮的吸光度和质量浓度的关系图

(二)相关系数及其显著性检验

相关系数是表示两个变量之间关系的性质和密切程度的指标,符号为 γ,其值在 $-1\sim+1$ 之间,公式为

$$\gamma = \dfrac{\sum[(x-\overline{x})(y-\overline{y})]}{\sqrt{\sum(x-\overline{x})^2 \sum(y-\overline{y})^2}} \tag{4-41}$$

x 与 y 的相关关系有如下几种情况:

(1)若 x 增大,y 也相应增大,称 x 与 y 呈正相关,此时 $0<\gamma<1$。若 $\gamma=1$,称完全正相关。图 4-13 是正相关的两种图形。

(2)若 x 增大,y 相应减小,称 x 与 y 呈负相关,此时,$-1<\gamma<0$。当 $\gamma=-1$ 时,称完全负相关。图 4-14 是负相关的两种图形。

(3)若 y 与 x 的变化无关,称 x 与 y 不相关,此时 $\gamma=0$。图 4-15 是不相关的 4 种图形。

若总体中 x 与 y 不相关,在抽样时由于随机误差,可能计算所得 $\gamma\neq 0$,所以应检验 γ 值有无显著性意义,方法如下:①求出 γ 值;②按 $t = |\gamma|\sqrt{\dfrac{n-2}{1-\gamma^2}}$ 求出 t 值,n 为变量配对数,自由

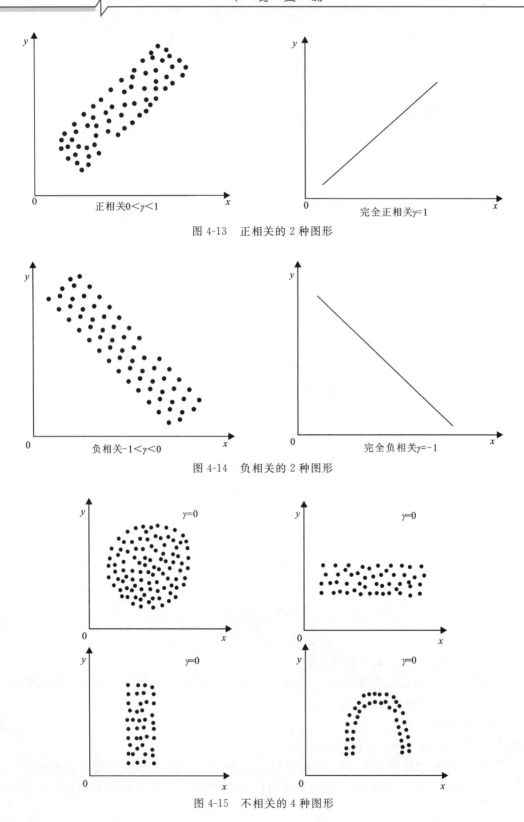

图 4-13 正相关的 2 种图形

图 4-14 负相关的 2 种图形

图 4-15 不相关的 4 种图形

度 $n'=n-2$；③查 t 值表（一般单侧检验）。

若 $t>t_{0.01(n')}$，$P<0.01$，γ 有非常显著性意义；若 $t<t_{0.1(n')}$，$P>0.01$，γ 无显著性意义。

[例]测得大气环境中 $PM_{2.5}$ 和 PAHs 的质量浓度见表 4-19（省略单位）。求其线性关系如何，并做显著性检验。

表 4-19　大气环境中 $PM_{2.5}$ 和 PAHs 的质量浓度

PAHs	24.62	26.31	27.46	39.22	25.27	16.21	21.21	25.87
$PM_{2.5}$	95.07	175.96	195.70	167.90	136.76	145.89	156.83	170.06

解：设 PAHs 的质量浓度为 x，$PM_{2.5}$ 的质量浓度为 y，则

$$\sum x = 206.17 \qquad \sum y = 1\,244.17$$

$$\bar{x} = \frac{206.17}{8} = 25.77 \qquad \bar{y} = \frac{1\,244.17}{8} = 155.52$$

$$\gamma = \frac{\sum[(x-\bar{x})(y-\bar{y})]}{\sqrt{\sum(x-\bar{x})^2 \sum(y-\bar{y})^2}} = 0.296\,1$$

从 $\gamma = 0.296\,1$ 可知，x 与 y 成正相关。

显著性检验：

$$t = |\gamma|\sqrt{\frac{n-2}{1-\gamma^2}} = 0.296\,1\sqrt{\frac{8-2}{1-0.296\,1^2}} = 0.759\,3$$

查表得 $t_{0.1(6)} = 1.94$

$t = 0.759\,3 < 1.94 = t_{0.1(6)}$

所以正相关无非常显著性意义。

四、方差分析

方差分析是分析试验数据和测量数据的一种常用的统计方法。环境监测是一个复杂的过程，各种因素的改变都可能对测量结果产生不同程度的影响。方差分析就是通过分析数据，研究和弄清与对象有关的各个因素对该对象是否存在影响以及影响的程度。在实验室的质量控制、协作试验、方法标准化以及标准物质的制备工作中，都经常采用方差分析。

（一）方差分析中的统计名词

1. 单因素试验和多因素试验

一项试验中只有一种可改变的因素叫单因素试验，具有两种以上可改变因素的试验称多因素试验。在数理统计中，通常用 A、B 等表示因素，在实际工作中可酌情自定，如不同实验室用 L 表示，不同方法用 M 表示等。

2. 水平

因素在试验中所处的状态称水平。例如,比较使用同一分析方法的 5 个实验室是否具有相同的准确度,该因素有 5 个水平;比较 3 种不同类型的仪器是否存在差异,该因素有 3 个水平;比较 9 瓶同种样品是否均匀,该因素有 9 个水平。在数理统计中,通常用 a、b 等表示因素 A、B 等的水平数。在实际工作中可酌情自定,如因素 L 的水平数用 l 表示,因素 M 的水平数用 m 表示等。

3. 总变差及总差方和

在一项试验中,全部试验数据往往参差不齐,这一总的差异称为总变差。总变差可以用总差方和 S_T 来表示。S_T 可分解为随机作用差方和与水平间差方和。

4. 随机作用差方和

产生总变差的原因中,部分原因是试验过程中各种随机因素的干扰与测量中随机误差的影响,表现为同一水平内试验数据的差异,这种差异用随机作用差方和 S_E 表示。在实际问题中 S_E 常代之以具体名称,如平行测定差方和、组内差方和、批内差方和、室内差方和等。

5. 水平间差方和

产生总变差的另一部分原因是来自试验过程中不同因素以及因素所处的不同水平的影响,表现为不同水平试验数据均值之间的差异,这种差异用各因素(包括交互作用)的水平间差方和 S_A、S_B、$S_{A\times B}$ 等表示,在实际问题中常代之以具体名称,如重复测定差方和、组间差方和、批间差方和、室间差方和等。

6. 交互作用

在多因素试验中,不仅各个因素在起作用,而且各因素间有时能联合起来起作用,这种作用称为交互作用。如因素 A 与 B 的交互作用表示为 $A \times B$。

(二)方差分析的基本思想

(1)将 S_T 分解为 S_E 和各因素的水平间差方和,并分别给予数量化的表示

$$S_T = S_A + S_B + S_{A\times B} + \cdots + S_E \tag{4-42}$$

(2)用水平间差方和的均方(如 V_A)与随机作用差方和 S_E 的均方 V_E 在给定的显著性水平 α 下进行 F 检验,若二者相差不大,表明该因素影响不显著,即该因素各水平无显著性差异;若二者相差很大,表明该因素影响显著,即该因素各水平有显著性差异。

(三)方差分析的方法步骤

(1)建立假设 H_0。相应的因素以及交互作用对试验结果无显著影响,即各因素不同水平

试验数据总体均值相等。

(2)选取统计量并明确其分布。

(3)给定显著性水平α。

(4)查出临界值F_α(表4-20)。

表4-20　1%(0.01)水平的下临界值F_α

F_2(分母)	F_1(分子)										
	1	2	3	4	5	6	7	8	9	10	12
1	4052	5000	5403	5625	5764	5859	5928	5982	6023	6056	6106
2	98.5	99.0	99.2	99.2	99.3	99.3	99.4	99.4	99.4	99.4	99.4
3	34.1	30.8	29.5	28.7	28.2	27.9	27.7	27.5	27.3	27.2	27.1
4	21.2	18.0	16.7	16.0	15.5	15.2	15.0	14.8	14.7	14.5	14.4
5	16.3	13.3	12.1	11.4	11.0	10.7	10.5	10.3	10.2	10.1	9.89
6	13.7	10.9	9.78	9.15	8.75	8.47	8.26	8.10	7.98	7.87	7.72
7	12.2	9.55	8.45	7.85	7.46	7.19	6.99	6.84	6.72	6.62	6.47
8	11.3	8.65	7.59	7.01	6.63	6.37	6.18	6.03	5.91	5.81	5.67
9	10.6	8.02	6.99	6.42	6.06	5.80	5.61	5.47	5.35	5.26	5.11
10	10.0	7.56	6.55	5.99	5.64	5.39	5.20	5.06	4.94	4.85	4.71
11	9.65	7.21	6.22	5.67	5.32	5.07	4.89	4.74	4.63	4.54	4.40
12	9.33	6.93	5.95	5.41	5.06	4.82	4.64	4.50	4.39	4.30	4.16
13	9.07	6.70	5.74	5.21	4.86	4.62	4.44	4.30	4.19	4.10	3.96
14	8.86	6.51	5.56	5.04	4.70	4.46	4.28	4.14	4.03	3.94	3.80
15	8.65	6.36	5.42	4.89	4.56	4.32	4.14	4.00	3.89	3.80	3.67
16	8.53	6.23	5.29	4.77	4.44	4.20	4.03	3.89	3.78	3.69	3.55
17	8.40	6.11	5.19	4.67	4.34	4.10	3.93	3.79	3.68	3.59	3.46
18	8.29	6.01	5.09	4.58	4.25	4.01	3.84	3.71	3.60	3.51	3.37
19	8.19	5.93	5.01	4.50	4.17	3.94	3.77	3.63	3.52	3.43	3.30
20	8.10	5.85	4.94	4.43	4.10	3.87	3.70	3.56	3.46	3.37	3.23
21	8.02	5.78	4.87	4.37	4.04	3.81	3.64	3.51	3.40	3.34	3.17
22	7.95	5.72	4.82	4.31	3.99	3.76	3.59	3.45	3.35	3.26	3.12
23	4.88	5.66	4.76	4.26	3.94	3.71	3.54	3.41	3.30	3.21	3.07
24	7.82	5.61	4.71	4.22	3.90	3.67	3.50	3.36	3.26	3.17	3.03
25	7.77	5.57	4.68	4.18	3.86	3.63	3.46	3.32	3.22	3.13	2.99

续表 4-20

F_2 (分母)	F_1（分子）										
	1	2	3	4	5	6	7	8	9	10	12
30	7.56	5.39	4.51	4.02	3.70	3.47	3.30	3.17	3.07	2.98	2.84
40	7.31	5.18	4.31	3.83	3.51	3.29	3.12	2.99	2.89	2.80	2.66
60	7.08	4.98	4.13	3.65	3.34	3.12	2.95	2.82	2.72	2.65	2.50
120	6.85	4.79	3.95	3.48	3.17	2.96	2.79	2.66	2.56	2.47	2.34
∞	6.63	4.61	3.78	3.32	3.02	2.80	2.64	2.51	2.41	2.32	2.18

(5)列表(或用其他方式)计算有关的统计量。

(6)根据方差分析表做方差分析。

(7)如有必要,对有关参数做进一步估算。

在实际工作中,只需进行上述步骤中的(1)(2)(5)(6)即可,(3)(4)的内容已包括在步骤(6)中。为了简化计算,在方差分析中采用编码公式对原始数据 x 作适当变换,即

$$x = c(X - X_0) \tag{4-43}$$

通常,X_0 取接近原始数据平均值的某个值,c 的取值应使 X 为某个整数。原始数据 x 可由编码数据 X 经译码公式译出,即

$$x = c^{-1}X + X_0 \tag{4-44}$$

（四）应用方差分析的条件

方差分析要求试验数据（原始数据或编码数据）必须具备下列条件：

(1)同一水平的数据应遵从正态分布。

(2)各水平试验数据的总体方差都相等,尽管各总体方差通常是未知的。

其中条件(2)尤为重要,因此在一些要求较精密的试验中（如误差分析和标准制定）,通常要用样本方差检验总体方差的一致性（检验方法可采用 Cochran 检验法）。

环境监测中经常遇到这样的问题,由于某种因素的改变而产生不同组间数据的差异,通过分析不同组间数据的差异,可以推断产生差异原因的影响是否显著。例如:研究时间、地点、方法、人员、实验室的改变是否导致了不同数据组间的明显差异。

在一项试验中,全部试验数据之间的差异（分散性）可以用总差方和 S_T 来表示。S_T 可以分解为组内差方和 S_E 和组间差方和 S_L。S_E 是 S_T 中来源于组内数据分散的部分,它往往反映了各种随机因素对组内数据的影响；S_L 是 S_T 中来源于组间数据分散的部分,表现为不同组数据均值之间的差异,反映了所研究因素对组间数据的影响。方差分析就是将 S_T 分解为 S_E 和 S_L,然后以组内均方与组间均方进行 F 检验。若检验结果显著,则表明因素对分组的影响是显著性的。

[例]统一分发含锌 0.100mg/L 的样品到 6 个实验室（$l=6$）,表 4-21 为各实验室 5 次（$n=5$）测定值（单位省略）,试分析不同实验室之间是否存在显著性差异。

表 4-21 不同实验室样品测量结果

l	n					$\bar{x}_i$	s_i
	1	2	3	4	5		
1	0.098	0.099	0.098	0.100	0.099	0.098 8	0.000 84
2	0.099	0.101	0.099	0.098	0.097	0.098 8	0.001 48
3	0.101	0.101	0.104	0.101	0.102	0.101 8	0.001 30
4	0.100	0.100	0.097	0.097	0.095	0.097 8	0.002 17
5	0.098	0.098	0.102	0.100	0.100	0.099 6	0.001 67
6	0.098	0.094	0.098	0.098	0.098	0.097 2	0.001 79

解：(1)分别计算组内(6 个实验室内部)数据的平均值 $\bar{x}_i$ 和标准偏差 s_i。

(2)计算各组平均值的标准偏差 $s_{\bar{x}}$ 和各组方差的和 s^2。

$$s_{\bar{x}} = \sqrt{\frac{1}{l-1}\sum_{i=1}^{l}(\bar{x}_i - \bar{x})^2}$$

$$= \sqrt{\frac{1}{6-1}\sum_{i=1}^{6}(\bar{x}_i - \bar{x})^2} = 0.001\ 61$$

(3)计算组间差方和 S_L、组内差方和 S_E 及总差方和 S_T。

$$S_L = (l-1)n s_{\bar{x}}^2$$
$$= (6-1) \times 5 \times 0.001\ 61^2$$
$$= 6.48 \times 10^{-5}$$

$$S_E = (n-1)s^2$$
$$= (5-1) \times 1.53 \times 10^{-5}$$
$$= 6.12 \times 10^{-5}$$

$$S_T = S_L + S_E$$
$$= 6.48 \times 10^{-5} + 6.12 \times 10^{-5}$$
$$= 1.26 \times 10^{-4}$$

(4)根据方差分析表(表 4-22)做方差分析。

表 4-22 方差分析表

方差来源	差方和	自由度	均方	F	临界值	统计推断
组间(L)	$S_L = 6.48 \times 10^{-5}$	$f_L = l-1$ $= 5$	$V_L = \dfrac{S_L}{f_L}$ $= 1.30 \times 10^{-5}$	$\dfrac{V_L}{V_E} = 51$	$F_a(f_L, f_E)$	$F > F_a$
组内(E)	$S_E = 6.12 \times 10^{-5}$	$f_E = l(n-1)$ $= 24$	$V_E = \dfrac{S_E}{f_E}$ $= 2.55 \times 10^{-5}$		$F_{0.01(5,24)} = 39$	组间影响显著
总和(T)	$S_T = 1.26 \times 10^{-4}$					

方差分析表明各实验室间存在着非常显著的差异。

单因素的重复试验及多因素试验方差分析的分析思想也是类似的,具体分析步骤可参考有关文献。

五、聚类分析

模糊数学已在环境科学领域中得到了初步的应用,如在环境评价、环境污染物分类、环境区域划分等方面,用模糊数学方法进行数据处理,结果与实际更接近、更可信。

模糊数学是用数学方法解决一些模糊问题。所谓模糊问题是指界限不清或隶属关系不明确的问题,而环境质量评价中"污染程度"的界限就是模糊的,人为地用特定的分级标准去评价环境污染程度是不确切的。如评价河流污染时,用内梅罗公式计算总污染指数 I 值,把 $I \leqslant 1.0$ 作为一级轻污染河水的指标。若实际情况是 $I=1.02$,则算作二级污染河水,这完全是人为的硬性规定;若改用隶属度表示,则可认为当 $I=1.0$ 时,河水隶属于一级轻污染河水的程度达到 100%,而当 $I=1.02$ 时,河水隶属于一级轻污染河水的程度只达到 98%,相应地认为该河水隶属于二级污染河水的程度为 2%。采用隶属度的概念来表达客观事物是模糊数学的基点,由此可以去研究众多模糊现象。本节简单介绍环境监测数据的模糊聚类分析。

模糊聚类分析属于多元分析,用数学方法定量地确定被分类对象之间的亲疏关系,从而客观地分型划类。模糊聚类分析可以分为两大部分:标定,即在被分类的全体对象之间建立一定的亲疏关系;分类,即以模糊等价关系进行分类。

描述事物的亲疏程度通常有两种途径:一种是把每个样品看成 m 维空间中的一个点,在点与点之间定义某种距离;另一种是用某种相似系数来描述样品间的亲疏关系。

1. 距离和相似系数

设有 n 个样品,x_1,x_2,锰,x_n,每个样品都具有 m 个特性指标,用 x_{ij} 表示第 i 个样品的第 j 个特性指标,于是可得 n 个样品的观测数据矩阵

$$\boldsymbol{x} = \begin{bmatrix} x_{11} & \cdots & x_{1m} \\ \vdots & & \vdots \\ x_{n1} & \cdots & x_{nm} \end{bmatrix} \tag{4-45}$$

式中:n 为样品数,m 为变量(特性指标)数,记 $x_i = (x_{i1}, x_{i2}, \cdots, x_{im})$。

为了刻画样品之间的接近程度,我们引入较为广义的距离概念。用 d_{ij} 表示第 i 个样品 x_i 与第 j 个样品 x_j 之间的距离,一般要求 d_{ij} 满足条件:$d_{ij} \geqslant 0$ 且 $d_{ii}=0$;$d_{ij}=d_{ji}$;$d_{ii} \leqslant d_{ik}+d_{ki}$(对一切 i,j)。

常用的距离有汉明距离、欧拉距离和切比雪夫距离。

(1)汉明距离:

$$d_{ij} = \sum_{k=1}^{m} |x_{ik} - x_{jk}| \quad \begin{pmatrix} i,j = 1,2,\cdots,n \\ k = 1,2,\cdots,m \end{pmatrix} \tag{4-46}$$

(2)欧拉距离:

$$d_{ij} = \sqrt{\sum_{k=1}^{m} |x_{ik} - x_{jk}|^2} \quad \begin{pmatrix} i,j = 1,2\cdots,n \\ k = 1,2,\cdots,m \end{pmatrix} \tag{4-47}$$

(3)切比雪夫距离：
$$d_{ij} = \max_{1 < k \leqslant m} |x_{ik} - x_{jk}| \quad \begin{pmatrix} i,j=1,2\cdots,n \\ k=1,2,\cdots,m \end{pmatrix} \quad (4\text{-}48)$$

常用的方法：

(1)夹角余弦：
$$r_{ij} = \frac{\sum_{k=1}^{m} x_{ik} \cdot x_{jk}}{\sqrt{\sum_{k=1}^{m} x_{ik}^2 \cdot \sum_{k=1}^{m} x_{jk}^2}} \quad (4\text{-}49)$$

(2)相关系数：
$$r_{ij} = \frac{\sum_{k=1}^{m} \left[(x_{ik} - \overline{x}_i)(x_{jk} - \overline{x}_j) \right]}{\sqrt{\sum_{k=1}^{m} (x_{ik} - \overline{x}_i)^2 \cdot \sum_{k=1}^{m} (x_{jk} - \overline{x}_j)^2}} \quad (4\text{-}50)$$

式中：x_i 为第 i 个样品各指标值经标准化处理后的平均值。

(3)最大最小法：
$$r_{ij} = \frac{\sum_{k=1}^{m} \min(x_{ik}, x_{jk})}{\sum_{k=1}^{m} \max(x_{ik}, x_{jk})} \quad (4\text{-}51)$$

(4)绝对值减数法：
$$r_{ij} = \begin{cases} 1 & i = j \\ 1 - c \sum_{k=1}^{m} |x_{ik} - x_{jk}| & i \neq j \end{cases} \quad (4\text{-}52)$$

使 c 取值满足 $0 \leqslant r_{ij} \leqslant 1$。

在做环境质量分级时，究竟选择上述多种计算式中哪一种，不能一概而论，应根据实际情况选取。但是，选取的方法将直接影响分类结果。因而通常的做法是同时选取 n 种方法计算，最后看分类与实际吻合的情况，择优录取。

2. 模糊等价关系

所谓模糊等价关系是指在给定论域 $u = (u_1, u_2, \cdots, u_n)$ 上一个模糊关系 $\underset{\sim}{R}$，其相应的矩阵记为 $\underset{\sim}{R} = (r_{ij})_{n \times n}$，如果矩阵满足：自反性，$r_{ij} = 1$；对称性，$r_{ij} = r_{ji}$；传递性，$\underset{\sim}{R} \circ \underset{\sim}{R} \in \underset{\sim}{R}$。则称矩阵 $\underset{\sim}{R}$ 是一个模糊等价矩阵，以 $\underset{\sim}{R}^{\#}$ 表示，其相应的关系称为模糊等价关系。

通常应用相似系数或距离方法建立起来的模糊矩阵 $\underset{\sim}{R}$，只能满足自反性和对称性，而不能满足传递性。该方法是作模糊矩阵 $\underset{\sim}{R}$ 的合成运算：$\underset{\sim}{R} \rightarrow \underset{\sim}{R}^2 \rightarrow \underset{\sim}{R}^4 \rightarrow \cdots \rightarrow \underset{\sim}{R}^{2k}$，当 $\underset{\sim}{R}^{2k} = \underset{\sim}{R}^k$ 时，则 $\underset{\sim}{R}^k$ 便是模糊等价矩阵 $\underset{\sim}{R}^{\#}$。

[例] 利用模糊聚类分析和模糊等价矩阵 $t(R)$ 对环境大气中温度、二氧化碳、一氧化碳、$PM_{2.5}$、PM_{10} 和 $PM_{1.0}$ 等 6 项指标进行综合评价，初步建立环境质量评价指标体系，确定各指标具有的权重相对大小。数据初始矩阵 X 见表 4-23。

表 4-23　环境质量评价指标数据表（省略单位）

温度（X_1）	CO_2（X_2）	CO（X_3）	$PM_{2.5}$（X_4）	PM_{10}（X_5）	$PM_{1.0}$（X_6）
24.3	673	106	11	12	8
24.3	685	100	11	12	8
24.3	674	95	11	12	8
24.3	677	83	11	12	8
24.3	682	78	12	13	9
24.2	675	72	12	13	9

对矩阵 X 中的数据进行归一化处理，得到标准化决策属性矩阵 Y，其公式为

$$Y_{ij}=\frac{x_{ij}-\min(x_i)}{\max(x_i)-\min(x_i)} \tag{4-53}$$

根据模糊聚类算法的理论，假设论域中元素 x_1 的观测值为 $e_1=\{x_{i1},x_{i2},x_{i3},x_{i4},x_{i5},x_{i6}\}$（i=1,2,3,4,5,6），如果数据矩阵中 x_i 与 x_j 的相似程度为 $r_{ij}=R(e_i,e_j)$，则 r_{ij} 为相似系数。

可以用最大最小法对矩阵进行模糊化处理[见式(4-44)]，得到一个有关信贷风险指标的模糊相似矩阵 $R=(r_{ij})_{6\times6}$，如表 4-24 所示。

表 4-24　模糊相似矩阵 R

1	0.607 843	0.804 706	0.567 227	0.204 604	0
	1	0.623 264	0.586 806	0.330 808	0.028 62
		1	0.7	0.232 159	0.017 206
			1	0.297 585	0.035 789
	对称			1	0.642 786
					1

得到模糊相似矩阵之后，其具有自反性以及对称性，但不具有传递性，不能进行聚类分析，所以需要在模糊相似矩阵的基础上，建立模糊等价矩阵。利用传递闭包法，针对模糊相似矩阵 R 进行平方。通过传递闭包的方法不断进行平方，$R \to R^2 \to R^4 \to \cdots \to R^{2k}$，当 $R^{2k}=R^k$ 时停止运算，即 $t(R)=R^k$，即为模糊等价矩阵。其结果见表 4-25。

表 4-25　模糊等价矩阵 $t(R)$

1	0.623 264	0.804 706	0.7	0.330 808	0.330 808
	1	0.623 264	0.623 264	0.330 808	0.330 808
		1	0.7	0.330 808	0.330 808
			1	0.330 808	0.330 808
	对称			1	0.642 786
					1

选取适当的置信区间 $\lambda=[0,1]$，根据模糊等价矩阵可知，其中有 6 个置信度，根据这 6 个置信度进行模糊聚类分析，得到模糊聚类动态（图 4-16）。

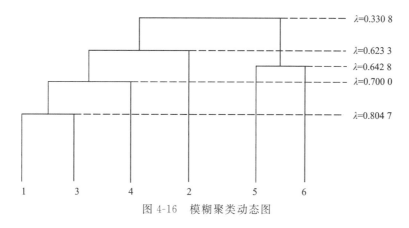

图 4-16 模糊聚类动态图

通过图 4-16 对指标进行分析，置信度 λ 的数值越高，代表数据指标的置信程度越大，其所蕴含的信息量也就越大。通过置信区间的变化可以明显看出，数据指标 X_2 也就是二氧化碳所蕴含的信息量最少，因此在评价体系的建立中，其所具有的权重比也应该相对较小。

第四节 监测数据的结果表达

一、监测结果的表述与数据修约

（一）监测结果的表述

对一个样品某一指标的测定，其结果表达方式一般有如下几种。

1）用算术平均值 $\bar{x}$ 表示测量结果与真值的集中趋势

测量过程中排除系统误差和过失后，只存在随机误差，根据正态分布的原理，当测定次数无限多时的总体均值 μ 应与真值 x_t 很接近，但实际只能测定有限次数。因此样本的算术均数是代表集中趋势表达监测结果的最常用方式。

2）用算术均数和标准偏差表示测定结果的精密度 $\bar{x}\pm s$

算术均值代表集中趋势，标准偏差表示离散程度。算术均值代表性的大小与标准偏差的大小有关，即标准偏差大，算术均数代表性小，反之亦然，故而监测结果常以 $\bar{x}\pm s$ 表示。

3）用 $(\bar{x}\pm s, CV)$ 表示结果

标准偏差大小还与所测均值水平或测量单位有关。不同水平或单位的测量结果之间，其标准偏差是无法进行比较的，而变异系数是相对值，故可在一定范围内用来比较不同水平或单位测量结果之间的变异程度。例如：用镉试剂分光光度法测量镉，当镉质量浓度小于 0.1mg/L 时，标准偏差和变异系数分别为 7.3% 和 9.0%。

（二）数字修约

有效数字的个数即有效位数，表明了测量的绝对误差，包含了所使用仪器的精度、测量方法的精度等。在处理数据过程中，涉及的各测量值的有效数字位数可能不同，因此需要按下面所述的修约规则确定各测量值的有效数字位数，各测量值的有效数字位数精确之后，就要将它后边多余的数字舍弃，舍弃多余数字的过程称为"数字修约"过程，它所遵循的规则称为"数字修约规则"。各种测量、计算的数据需要修约时，应遵守下列规则：四舍五入五考虑，五后非零则进一，五后皆零视奇偶，五前为偶应舍去，五前为奇则进一。

在进行计算时，参加运算的分量可能很多。各分量的数值及有效位数也不相同，而且在运算过程中，有效位数会越乘越多，除不尽时有效位数也无止境。测量结果的有效位数，只能允许多保留一位非准确数字。根据这一原则，为了达到不因计算而引进误差，影响结果；尽量简洁，不作徒劳的运算，简化有效位数的运算，约定下列规则。

1. 加减法预算

几个数进行加法或减法运算时，可先将多余数修约，将应保留的非准确数字的位数多保留一位进行运算，最后结果按保留一位非准确数字进行取舍。这样可以减小繁杂的数字计算。

2. 乘除法运算

用有效位数进行乘法或除法运算时，积或商的有效位数与参与运算的各个量中有效位数最少者相同。

3. 乘方和开方

乘方和开方运算结果的有效位数与其底数的有效位数相同。

二、单位换算

根据计量法规要求，环境质量检测表达各种物理量时须使用法定计量单位，避免使用废除的计量单位。法定计量单位是强制性的，各行业、各组织都必须遵照执行，以确保单位一致。我国的法定计量单位是由以国际单位制为基础并选用少数其他单位制的计量单位来组成的，包括国际单位制的基本单位、辅助单位、具有专门名称的导出单位；国家选定的非国际单位制单位；由以上单位构成的组合形式的单位；由词头和以上单位所构成的十进倍数和分数单位。法定单位的定义、使用办法等，由国家计量局另行规定。

国际单位制的基本单位包括：长度，米（m）；质量，千克（kg）；时间，秒（s）；温度，开[尔文]（K）；电流，安[培]（A）；发光强度，坎[德拉]（cd）；物质的量，摩[尔]（mol）。

国际单位制的辅助单位包括：平面角，弧度（rad）；立体角，球面度（sr）。

在选定了基本单位和辅助单位之后，按物理量之间的关系，由基本单位和辅助单位以相乘或相除的形式所构成的单位称为导出单位。

三、图表形式表达

监测数据的结果反映了环境要素的质量,通过图表的形式呈现监测数据的结果,不但可以节省大量的文字说明,而且具有直观、可以量度和对比等优点。用不同的符号、线条或颜色来表示各种环境要素的质量或各种环境单元的综合质量的分布特征和变化规律的图称为环境质量图。环境质量图既是环境质量研究的成果,又是环境质量评价结果的表示方法。下面将重点介绍几种。

1. 等值线图

在一个区域内,根据一定密度测点的测定资料,用内插法画出等值线。这种图可以表示在空间分布上连续的和渐变的环境质量,一般用来表示大气、海、湖和土壤中各种污染物的分布(图 4-17)。

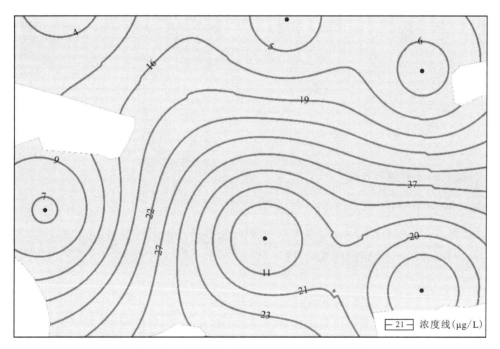

图 4-17 某湖泊水体多环芳烃等浓度线表示法

2. 点的环境质量表示法

在确定的测点上,用不同形状或不同颜色的符号表示各种环境要素及与之有关的事物(图 4-18)。

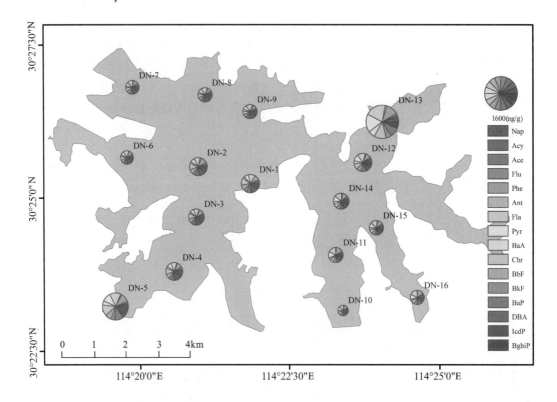

图 4-18 某湖泊汛期沉积物多环芳烃浓度分布图(见图版)

3. 区域的环境质量表示法

将规定的范围,如一个区间段、一个水域、一个行政区域或功能区域的某种环境要素质量、综合质量,以及可以反映环境质量的综合等级,用各种不同的符号、线条或颜色表示出来,可以清楚地看到环境质量空间的变化(图 4-19)。

4. 时间变化图

时间变化图用来表示各种污染物含量在时间上的变化,如日变化、季节变化和年变化等,如图 4-20 所示。

5. 相对频率图

当统一污染物包含多种子类型,常以相对频率表示某一种子类型出现机会的多少,如图 4-21 所示。

6. 累计图

累计图用以表示污染物不同组分的组成。同一样品不同组分的污染物组成可以用累计图表示,如图 4-22 所示。

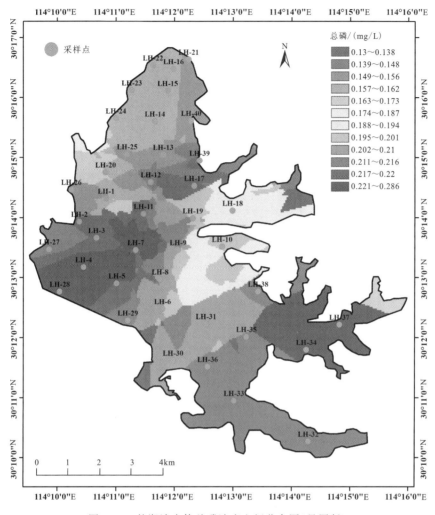

图 4-19　某湖泊水体总磷浓度空间分布图（见图版）

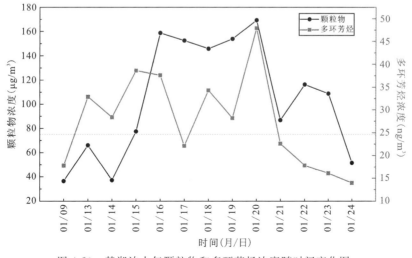

图 4-20　某湖泊大气颗粒物和多环芳烃浓度随时间变化图

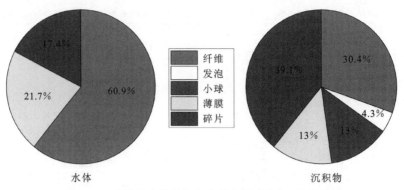

图 4-21　某湖泊水体及沉积物微塑料形状相对频率图

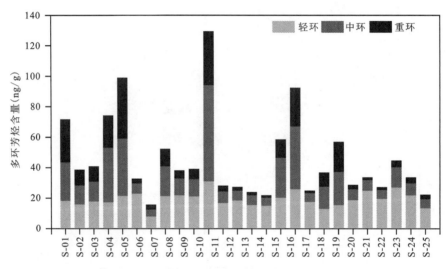

图 4-22　某湖泊沉积物多环芳烃环数组成特征

7. 过程线图

在环境调查中,常需研究污染物的自净过程,如某河流污染物浓度随离排出口距离增加的浓度变化规律,如图4-23所示。

8. 相关图

相关图有很多种,如污染物浓度变化与环境要素间的相关图（图 4-24）;污染物不同组分的相关图（图 4-25）;一次污染物和二次污染物的相关图（图 4-26）。

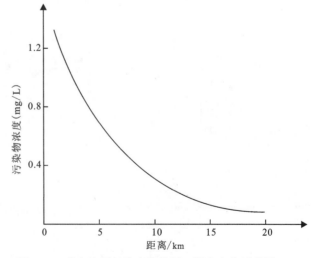

图 4-23　某支流总氮浓度随排污口距离变化过程图

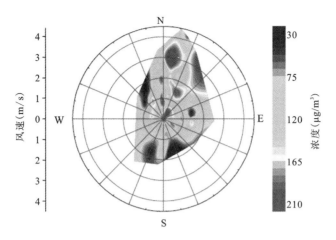

图 4-24　$PM_{2.5}$ 质量浓度与风速风向之间的相关图（见图版）

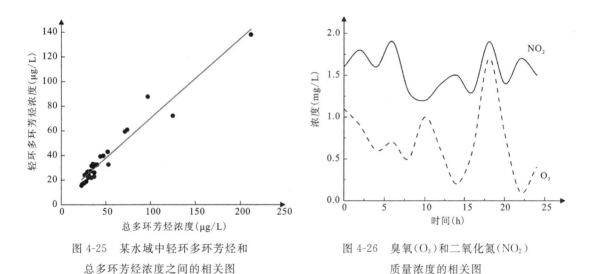

图 4-25　某水域中轻环多环芳烃和
总多环芳烃浓度之间的相关图

图 4-26　臭氧（O_3）和二氧化氮（NO_2）
质量浓度的相关图

9. 类型分区法

类型分区法又称底质法。在一个区域范围内，按环境特征分区，并用不同的晕线或颜色将各分区的环境质量特征显示出来。这种方法常用于绘制环境功能分区图、环境规划图等，如图 4-27 所示。

10. 网格表示法

把被评价的区域分成许多正方形（或矩形）网格，用不同的晕线或颜色将各种环境要素按评定级别在每个网格中算出，或在网格中注明数值，城市环境质量评价图常用网格表示法，如图 4-28 所示。

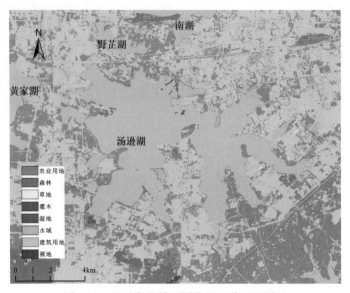

图 4-27　汤逊湖流域不同类型地貌(见图版)

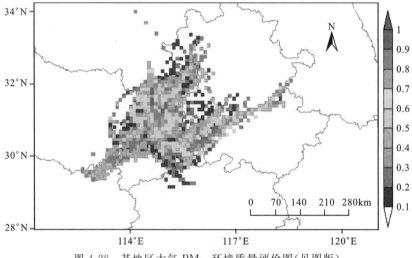

图 4-28　某地区大气 $PM_{2.5}$ 环境质量评价图(见图版)

此外,还可以根据实际情况设计和绘制各种形式环境质量图。例如,对城市大气中总悬浮颗粒的测定表明,数值不呈正态分布,需经对数转换方可近似成正态分布。但对较清洁的城市测定表明,即使数值经过对数转换也不呈正态分布。此时用一种统计参数(如 $\overline{X}$)来表示环境质量就有局限性,如采用多个参数表示在同一图上就比较清楚。方法是将测定数据经统计处理列出 P_5、P_{25}、P_{75}、P_{95} 和 $\overline{X}$(P_5 指数值从小到大排列,占测定数据 5% 的数值,P_{25}、P_{75}、P_{95} 定义以此类推),然后作图。图 4-29 是某城市湖泊周边工业区、商业区、居民区和对照区微塑料丰度图。

在《环境质量报告书编写技术规范》(HJ 641—2012)中对图形格式作了规定。编图图式可扫描本节末二维码获取。

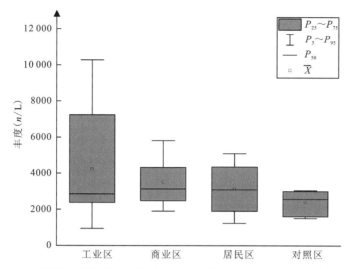

图 4-29 某城市湖泊周边工业区、商业区、居民区和对照区微塑料丰度图

编图图式

习 题

1. 我国环境监测管理制度的基本内容是什么？
2. 简述环境监测实验室认可和计量认证的必要性与异同。
3. 什么是质量控制图？有什么作用？
4. 标准物质有哪些特点？用途是什么？
5. 分别位于某河流上、下游的两个实验室同时测定各自所在河段水中氟化物。为此，用浓度为 $100\mu g/L$ 的标准溶液（单批标准偏差为 $1.67\mu g/L$）分别测定，得 $x_1=94.44\mu g/L$，$s_1=1.71\mu g/L$，$x_2=100.15\mu g/L$，$s_2=1.48\mu g/L$，在最大允许差为 5% 的情况下，这两个实验室分析结果有否显著性差异？

主要参考文献

成帅，2020. 汤逊湖流域面源污染磷流失来源与特征研究[D]武汉：华中农业大学.

国家环境保护总局，水和废水监测分析方法编委会，2002. 水和废水监测分析方法[M]. 4版. 北京：中国环境科学出版社.

黄海英，2014. 利用质量控制图对钒进行质量评价[J]. 绿色科技(2)：170-171.

环境保护部环境监测司，中国环境监测总站，河北省环境监测中心站，2015. 环境监测管理[M]. 北京：中国环境科学出版社.

李文龙，2018. 关于实验室资质认定(CMA/CAL)未来的思考[J]. 中国检验检测(1)：3-8.

向必纯，2012. 大学物理实验[M]. 成都：西南交通大学出版社.

奚旦立，孙裕生，2010. 环境监测[M]. 4版. 北京：高等教育出版社.

QU C K, XING X L, ALBANESE S, et al., 2015 Spatial and seasonal variations of atmospheric organochlorine pesticides along the plain-mountain transect in central China: Regional source vs. long-range transport and air-soil exchange[J]. Atmospheric Environment(122)：31-40.

XING X L, ZHANG Y, YANG D, et al., 2016. Spatio-temporal variations and influencing factors of polycyclic aromatic hydrocarbons in atmospheric bulk deposition along a plain-mountain transect in western China[J]. Atmospheric Environment(139)：131-138.

ZHENG H, KONG S F, XING X L, et al., 2018. Monitoring of volatile organic compounds (VOCs) from an oil and gas station in northwest China for 1 year[J]. Atmospheric Chemistry and Physics(18)：4567-4595.

ZHANG J Q, ZHAN C L, LIU H X, et al., 2016. Characterization of Polycyclic Aromatic Hydrocarbons (PAHs), Iron and Black Carbon within Street Dust from a Steel Industrial City, Central China[J]. Aerosol and Air Quality Research, 16(10)：2452-2461.

ZHANG Y, ZHENG H, ZHANG L, et al., 2019. Fine particle-bound polycyclic aromatic hydrocarbons (PAHs) at an urban site of Wuhan, central China: Characteristics, potential sources and cancer risks apportionment[J]. Environmental Pollution (246)：319-327.

第五章　水环境监测

2015年4月,为解决我国存在的水环境问题,国务院出台了《水污染防治计划》,作为当前和今后一段时期全国水污染防治工作的行动指南。水环境监测工作是水污染防治工作中的重要一环,可为生态环境改善、水资源保护提供可靠的基础数据,能够科学地评价治理措施的效果。

第一节　水环境监测的意义与内容

一、水环境监测的定义

水环境是指围绕人类所构成的空间及可以直接或间接影响人类生活和发展的水体,其正常功能的各种自然因素和有关社会因素的总体。水环境是构成环境的基本要素之一,是人类社会赖以生存和发展的重要场所,也是受人类干扰和破坏最严重的领域。水环境主要由地表水环境和地下水环境两部分组成。水环境的污染和破坏已成为当今世界主要的环境问题之一。

水环境监测是以水环境为对象,运用物理、化学及生物技术手段,对水环境中的污染物及其有关的组成成分进行定性、定量和系统的综合分析,以研究水环境质量状况及其变化规律。水环境监测为水资源保护与管理提供可靠的基础数据,并为评估治理措施的效果提供科学依据。水环境监测分为自然水体监测和污(废)水监测两大类。自然水体主要包括地表水(河流、湖泊、水库、海洋、池塘、沼泽、冰川等)和地下水(泉水、浅层地下水、深层地下水);污(废)水主要包括工业废水、农业废水、生活污水和医院污水等。

二、水环境监测的意义

水环境监测的目的为获取有关水环境方面的适时资料信息,为水环境模拟、预测、评价、规划、预警、管理和制定环境政策、标准等提供基础资料和依据,具体的水环境监测意义可以归纳为以下几点。

(1)对重点地表水和地下水水域进行常规布点监测,能够及时、完整地掌握和评价水质状况及变化规律。

(2)对工业、农业、生活以及医院废水排放源排出的污(废)水水质进行监督性监测,以及时掌握废水排放量和排放达标情况,并且可以整体评价水质的变化规律,为废水治理管理提供了有力的科学依据。

(3)对突发的水环境污染进行加密监测,能够掌握和分析突发情况发生的原因和可能造成的危害,为制定相应的防控措施提供有力的数据支撑。

(4)水环境监测的数据和分析结果能够为环境监测研究提供思路和方法,为各级部门制定相应的管理体系和保护措施提供可靠的数据和报告。

三、水环境监测的工作内容

(一)调研和资料收集

(1)水域功能调查。了解环境水体的用途,一般地表水按照水域功能高低划为5类区域:源头水、国家自然保护区;集中式生活饮用水地表水源地一级保护区、珍稀水生生物栖息地、鱼虾类产卵场、仔稚幼鱼索饵场;集中式生活饮用水地表水源地二级保护区、鱼虾类越冬场、洄游通道、水产养殖区等渔业水域及游泳区;一般工业用水区及人体非直接接触的娱乐用水区;农业用水区及一般景观要求水域。

(2)水文和气候资料。开展监测工作前,需要了解区域水环境的水位、流向和流速等基本资料,还需要了解区域内季风气候概况、降水量、蒸发量、丰枯水周期分布以及历史上的水情变化。

(3)地质和地形地貌资料。地表水、地下水的补径排与研究区域的地质构造有关,因此前期的资料收集需要考虑地质资料;同时,地形地貌对水量、流向和流速的影响也需要关注。

(4)污染源分布和排放情况。通过调查了解监测区域内的污染源类型、数量和分布特点,调查污染源排放的污(废)水进入哪些水域。

(5)区域的经济社会发展。调查研究区域的城市给排水规模和管网情况,了解资源开发利用现状和水域的功能,收集区域内人口分布、能源结构、区域主要产业等相关资料。

(二)确定监测项目

1. 地表水监测项目

《地表水环境质量标准》(GB 3838—2002)中列出了除近海功能区水域、批准划定单一渔业水域和农田灌溉用水(处理后的城市污水及与城市污水水质相近的工业废水)以外的地表水的测定项目。该标准将地表水监测项目分为地表水环境质量标准基本项目、集中式生活饮用水地表水源地补充项目和集中式生活饮用水地表水源地特定项目。地表水环境质量标准基本项目适用于全国江河、湖泊、运河、渠道、水库等具有使用功能的地表水水域,集中式生活饮用水地表水源地补充项目和特定项目适用于集中式生活饮用水地表水源地一级保护区和二级保护区。

地表水监测项目具体内容见表5-1。

表 5-1 地表水监测项目

监测项目类别	具体内容
地表水环境质量标准基本项目	水温、pH、溶解氧、高锰酸钾指数、化学需氧量、五日生化需氧量、氨氮、总氮（湖、库）、总磷、铜、锌、硒、砷、汞、镉、铅、铬（六价）、氟化物、氰化物、硫化物、挥发酚、石油类、阴离子表面活性剂、粪大肠菌
集中式生活饮用水水源地补充项目	硫酸盐、氯化物、硝酸盐、铁、锰
集中式生活饮用水水源地特定项目	乙苯、二甲苯、氯苯、1,2-二氯苯、1,4-二氯苯、三氯苯、四氯苯、六氯苯、硝基苯、二硝基苯、2,4-二硝基甲苯、2,4,6-三硝基甲苯、硝基氯苯、2,4-二硝基氯苯、2,4-二氯苯酚、2,4,6-三氯苯酚、五氯酚、苯胺、联苯胺、丙烯酰胺、丙烯腈、邻苯二甲酸二丁酯、邻苯二甲酸二(2-乙基己基)酯、水合肼、四乙基铅、吡啶、松节油、苦味酸、丁基黄原酸、活性氯、滴滴涕、林丹、环氧七氯、对硫磷、甲基对硫磷、马拉硫磷、乐果、敌敌畏、敌百虫、内吸磷、百菌清、甲萘威、溴氰菊酯、阿特拉津、苯并(a)芘、甲基汞、多氯联苯、微囊藻毒素-LR、黄磷、钼、钴、铍、硼、锑、镍、钡、钒、钛、铊

2. 海水监测项目

《海水水质标准》(GB 3097—1997)按照海域的不同使用功能和保护目标将海水水质分为4类：第一类适用于海洋渔业水域，海上自然保护区和珍稀濒危海洋生物保护区；第二类适用于水产养殖区、海水浴场、人体直接接触海水的海上运动或娱乐区以及与人类食用直接有关的工业用水区；第三类适用于一般工业用水区、滨海风景旅游区；第四类适用于海洋港口水域、海洋开发作业区。

海水监测项目：水温、漂浮物质、悬浮物质、色、臭、味、大肠菌群、粪大肠菌群、病原体、pH、溶解氧、化学需氧量、生化需氧量、汞、镉、铅、铬（六价）、总铬、铜、锌、硒、砷、镍、氰化物、硫化物、活性磷酸盐、无机氮、非离子氨、挥发性酚、石油类、六六六、滴滴涕、马拉硫磷、甲基对硫磷、苯并(a)芘、阴离子表面活性剂、放射性核素（^{60}Co、^{90}Sr、^{106}Rn、^{134}Cs、^{137}Cs）。

3. 农田灌溉水监测项目

《农田灌溉水质标准》(GB 5084—2021)适用于以地表水、地下水作为农田灌溉用水的水质监督管理。城镇污水（工业废水和医疗污水除外）以及未综合利用的畜禽养殖废水、农产品加工废水和农村生活污水进入农田灌溉渠道，其下游最近的灌溉取水点的水质按本标准进行监督管理。标准中分别列出了农田灌溉用水水质基本控制项目和农田灌溉用水水质选择性控制项目。农田灌溉用水水质基本控制项目：pH、水温、悬浮物、五日生化需氧量、化学需氧量、阴离子表面活性剂、氯化物、硫化物、全盐量、总铅、总镉、铬（六价）、总汞、总砷、粪大肠杆菌群数和蛔虫卵数。农田灌溉用水水质选择性控制项目：氰化物、氟化物、石油类、挥发酚、总铜、总锌、总镍、硒、硼、苯、甲苯、二甲苯、异丙苯、苯胺、三氯乙醛、丙烯醛、氯苯、1,2-二氯苯、1,4-二氯苯和硝基苯。

4. 生活饮用水监测项目

《生活饮用水卫生标准》(GB 5749—2022)中列出了生活饮用水常规监测项目、非常规监测项目以及饮用水中消毒剂常规监测项目。

1) 常规监测项目

(1) 感官性状和一般化学指标：色度、浑浊度、臭和味、肉眼可见物、pH、铝、铁、锰、铜、锌、氯化物、硫酸盐、溶解性总固体、总硬度(以 $CaCO_3$ 计)、高锰酸盐指数(以 O_2 计)和氨(以 N 计)。

(2) 微生物指标：总大肠菌群、大肠埃希氏菌和菌落总数。

(3) 毒理指标：砷、镉、铬(六价)、铅、汞、氰化物、氟化物、硝酸盐(以 N 计)、三氯甲烷、一氯二溴甲烷、二氯一溴甲烷、三溴甲烷、三卤甲烷(三氯甲烷、一氯二溴甲烷、二氯一溴甲烷、三溴甲烷的总称)、二氯乙酸、三氯乙酸、溴酸盐、亚氯酸盐和氯酸盐。

(4) 放射性指标：总 α 放射性和总 β 放射性。

2) 非常规监测项目

(1) 感官性状和一般化学指标：钠、挥发酚类(以苯酚计)、阴离子合成洗涤剂、2-甲基异莰醇和土臭素。

(2) 微生物指标：贾第鞭毛虫和隐孢子虫。

(3) 毒理指标：锑、钡、铍、硼、钼、镍、银、铊、硒、高氯酸盐、二氯甲烷、1,2-二氯乙烷、四氯化碳、氯乙烯、1,1-二氯乙烯、1,2-二氯乙烯(总量)、三氯乙烯、四氯乙烯、六氯丁二烯、苯、甲苯、二甲苯(总量)、苯乙烯、氯苯、1,4-二氯苯、三氯苯(总量)、六氯苯、七氯、马拉硫磷、乐果、灭草松、百菌清、呋喃丹、毒死蜱、草甘膦、敌敌畏、莠去津、溴氰菊酯、2,4-滴、乙草胺、五氯酚、2,4,6-三氯酚、苯并(a)芘、邻苯二甲酸二(2-乙基己基)酯、丙烯酰胺、环氧氯丙烷和微囊藻毒素-LR。

3) 饮用水中消毒剂常规监测项目

饮用水中消毒剂常规监测项目包括游离氯、总氯、臭氧、二氧化氯。

5. 污(废)水监测项目

《污水排放综合标准》(GB 8978—1996)根据污染物性质和控制方式的不同将监测项目分为以下两类。

第一类污染物不分行业和污水排放方式，也不分受纳水体的功能类别，一律在车间或车间处理设施排放口采样。监测项目包括总汞、烷基汞、总镉、总铬、铬(六价)、总砷、总铅、总镍、苯并(a)芘、总铍、总银、总 α 放射性、总 β 放射性。

第二类污染物在排污单位排放口采样。监测项目包括色度、悬浮物、五日生化需氧量、化学需氧量、石油类、动植物油、挥发性酚、总氰化物、硫化物、氨氮、氟化物、磷酸盐、甲醛、苯胺类、硝基苯类、阴离子表面活性剂、总铜、总锌、总锰、彩色显影剂、显影剂及氧化物总量、元素磷、有机磷农药、乐果、对硫磷、甲基对硫磷、马拉硫磷、五氯酚及五氯酚钠、可吸附有机卤化物、三氯甲烷、四氯化碳、三氯乙烯、四氯乙烯、苯、甲苯、乙苯、邻二甲苯、对二甲苯、间二甲苯、氯苯、邻二氯苯、对二氯苯、对硝基氯苯、2,4-二硝基氯苯、苯酚、间甲酚、2,4-二氯酚、2,4,6-三氯酚、邻苯二甲酸二丁酯、邻苯二甲酸二辛酯、丙烯腈、总硒、粪大肠菌群数、总余氯、总有机碳。

(三) 监测点位的布设

合理的监测点位能够获取具有代表性的样品。不同功能的水体点位的布设有所区别,如地表水的监测断面的布设原则为总体和宏观上应能反映水系或区域的水环境质量状况;各断面的具体位置应能反映所在区域环境的污染特征;尽可能以最少的断面获取有足够代表性的环境信息;应考虑实际采样时的可行性和方便性[《地表水环境质量监测技术规范》(HJ 91.2—2022)]。针对不同水体监测点位的具体的布设方法将在本章第三节介绍。

(四) 样品采集和保存

采样的主要目的是测定其有关的物理、化学、生物和放射性参数。在样品采集、保存和运输过程中,可能会发生吸附、沉淀、氧化还原、微生物摄入、呼吸和光解等反应,进而会引起样品成分的变化,造成较大的误差。因此要采取必要措施,预防样品在采集和分析的间隔内发生变化。本章第四节将详细介绍不同水体监测时采样方法和注意事项。

(五) 分析测定

正确选择分析测定方法是获得准确结果的关键因素之一,应选择灵敏度和准确度能满足测定要求的分析方法,即方法成熟、抗干扰能力好、操作简便。水环境监测的分析测定方法大体上可以分为以下几种。

1. 重量分析法

重量分析法是直接使用分析天平等测量仪器从样品中分离出待测组分的质量,或通过化学反应将待测成分转化成具有某种特性的组分,从而分离出该组分,然后测量该组分的质量,将测量的数值作为参考的依据带入化学分析公式等方法中计算出待测成分的含量。重量分析方法的使用具有局限性,一般适用于高浓度或者中浓度组分,不适用于微量组分的测定分析。

2. 滴定分析法

滴定分析法又称容量分析法,是指将一种已知其准确浓度的试剂溶液(称为标准溶液)滴加到待测溶液中(将待测溶液加入标准溶液亦可),直到化学反应完全时为止,然后根据所用标准溶液的浓度和体积可以求得待测组分的含量。滴定分析法简便、快速、准确度较高,是一种应用广泛的定量分析方法。根据化学反应类型可分为酸碱(中和)滴定、络合(配位)滴定、氧化还原滴定和沉淀滴定。

酸碱(中和)滴定法是利用酸碱中和反应为反应基础的方法,该法对可以对酸、碱和两性物质进行测定。络合(配位)滴定法是以配位反应为基础,一般通过金属离子指示剂的颜色变化来判断滴定终点,如用乙二胺四乙酸(EDTA)测定水的硬度。氧化还原滴定法是以氧化还原反应为基础,相较于前两种方法,氧化还原滴定法不仅广泛用于无机分析,而且还可用于有机分析,如 $KMnO_4$ 既能滴定铁含量也能滴定苯酚。沉淀滴定法是以沉淀反应为基础(如用 Ag^+ 滴定 AsO_4^{3-}),该法使用注意事项:溶度积较小,能定量完成;反应速度大;有合适的指示剂指示滴定终点;吸附现象不影响终点的观察。

3. 仪器分析法

仪器分析法是以待测物质的物理性质为基础的分析方法。仪器分析法具有简便、快速、灵敏、易于实现自动化等优点,是分析化学中不可或缺的一部分。表 5-2 概括性地列出常用的仪器分析方法以及对应的物理原理。

表 5-2 常见仪器分析方法(据朱明华和胡坪,2016)

分析方法	被测物理性质	对应仪器分析方法
光学分析法	辐射的发射	发射光谱法(X 射线、紫外、可见光等)、荧光光谱法(X 射线、紫外、可见光等)、火焰光度法等
	辐射的吸收	分光光度法(X 射线、紫外、红外、可见光等)、原子吸收光法、核磁共振波谱法等
	辐射的散射	浊度法、拉曼光谱法
	辐射的折射	折射法、干涉法
	辐射的衍射	X 射线衍射法、电子衍射法
电化学分析法	半电池点位	电位分析法、电位滴定法
	电导	电导法
	电流-电压特性	极谱分析法
	电量	库仑法
色谱分析法	两相分配	液相色谱法、气相色谱法
热分析法	热性质	热导法
质谱法分析法	质核比	电子轰击质谱法、电子喷雾质谱法、基质辅助激光解吸附飞行时间质谱等

(六)数据处理及结果表达

监测中所得到的许多物理、化学和生物学数据,是描述和评价环境质量的基本依据。由于监测系统的条件限制以及操作人员的技术水平,测试值与真值之间常存在差异;环境污染的流动性、变异性以及与时空因素关系,使某一区域的环境质量由多种因素综合决定。例如,描述某一河流的环境质量,必须对整条河流按规定布点,以一定频率测定,根据大量数据综合才能表述它的环境质量,所有这一切均需通过统计处理监测数据和结果表达。

第二节 天然水的化学组成特点

天然水是指构成自然界地球表面各种形态的水体的总称,包括江河、湖泊、海洋、沼泽、冰川等地表水和地下水等天然水体。因为不考虑人为因素的影响,所以天然水不具备社会属性和经济属性。天然水的组成成分十分复杂,一般含有可溶性物质(如盐类、可溶气体和溶解性有机物等)和悬浮物(如水生生物、悬浮颗粒等)。

一、可溶性物质

(一)主要离子

天然水体中主要的离子有 Na^+、K^+、Ca^{2+}、Mg^{2+}、Cl^-、HCO_3^-、CO_3^{2-}、SO_4^{2-}。这 8 种离子的总含量占水中离子总量的 95%~99%。通过这些主要离子的分类,可以表征水体主要化学特征性指标。例如:H^+ 可表示酸度;HCO_3^-、CO_3^{2-}、OH^- 可表示碱度;Ca^{2+}、Mg^{2+} 可表示硬度;Na^+ 和 K^+ 可表示碱金属;SO_4^{2-}、NO_3^- 和 Cl^- 可表示酸根等。水中主要离子总量可粗略地作为水的总含盐量(又称溶解性总固体,total dissolved solid,TDS),计算公式为

$$TDS = [Ca^{2+} + Mg^{2+} + K^+ + Na^+] + [HCO_3^- + Cl^- + SO_4^{2-}] \tag{5-1}$$

1. 钠离子(Na^+)和钾离子(K^+)

Na^+ 普遍存在于天然水中,主要来自火成岩的风化产物和蒸发岩矿物。Na^+ 在不同条件下的天然水中的含量悬殊,海水中 Na^+ 含量能达到 10 560mg/L 左右,约占海水中全部阳离子的 84%。K^+ 存在于所有天然水中,主要来自火成岩的风化产物和沉积岩矿物。在天然水中 K^+ 含量一般远低于 Na^+,在 Na^+ 含量低于 10mg/L 的天然水中,K^+ 与 Na^+ 含量比值为 10%~50%;虽然随着水体中含盐量增加,K^+ 和 Na^+ 含量都增加,但是 Na^+ 含量增加的速度更快,导致 K^+ 与 Na^+ 含量比值降到 4%~10%。形成这种含量差距的主要原因为一方面 K^+ 易被植物吸收利用,另一方面是土壤岩石的吸附性。

2. 钙离子(Ca^{2+})和镁离子(Mg^{2+})

Ca^{2+} 主要来源于含石膏地层中 $CaSO_4 \cdot 2H_2O$ 的溶解,白云石、方解石在水和 CO_2 的作用下的溶解等。Ca^{2+} 也普遍存在于各类天然水体中,但是在不同类型的水体中的含量差别明显。例如很多河流和湖泊中 Ca^{2+} 含量不足 10mg/L,而海水中的 Ca^{2+} 含量可以达到 400mg/L。Mg^{2+} 在天然水中的存在形式主要为 $Mg(H_2O)_6^{2+}$,几乎存在于所有的天然水中,主要来源于

火成岩煤矿物的风化溶解和沉积岩的风化等。Mg^{2+}在天然水中的含量往往仅次于Na^+或者Ca^{2+}(淡水中Ca^{2+}含量常居阳离子首位,海水中Na^+则通常是优势阳离子),在大多数淡水中Mg^{2+}的含量一般在1~40mg/L。天然水中Ca^{2+}和Mg^{2+}的含量比差异显著,在TDS低于500mg/L的天然水中,Ca^{2+}和Mg^{2+}的摩尔比一般在2∶1~4∶1,而在TDS高于1000mg/L的天然水中,Ca^{2+}和Mg^{2+}的摩尔比一般在1∶1~2∶1,随着天然水中TDS的增加,Mg^{2+}的含量也相应地增加,并超过Ca^{2+}含量,如海水中Mg^{2+}和Ca^{2+}的摩尔比可达到5.2。造成这一差别的主要原因是$MgCO_3$、$MgSO_4$较$CaCO_3$、$CaSO_4$溶解度更高,随着水中含盐量的增加,Mg^{2+}和Ca^{2+}的含量发生了显著差异。

3. 硫酸根离子(SO_4^{2-})

SO_4^{2-}在天然水中普遍存在,主要来源于沉积岩中的石膏($CaSO_4·2H_2O$)和无水石膏、自然硫和一些含硫矿物的氧化产物、火山喷气及温泉中的气体的氧化、含硫动植物残体的分解产物等。在内陆河水或者井水中SO_4^{2-}的含量一般为10~50mg/L,而在海水中SO_4^{2-}的含量可达2600mg/L。天然水中S除了以SO_4^{2-}形式存在,还主要以HS^-、H_2S和含硫蛋白质等形式存在。

4. 碳酸根离子(CO_3^{2-})和碳酸氢根离子(HCO_3^-)

CO_3^{2-}和HCO_3^-都是天然水中常见的阴离子。HCO_3^-主要来源于含碳酸盐的沉积岩、变质岩(如大理岩等)和硅酸盐矿物的风化溶解等。在一般的河水或者井水中,HCO_3^-的含量不超过250mg/L。CO_3^{2-}和HCO_3^-是构成天然水中碱度的主要物质,除此之外,$H_4BO_4^-$和OH^-也是天然水中碱度的主要组成成分。

5. 氯离子(Cl^-)

Cl^-广泛存在于各类天然水体中,主要来源于沉积岩中岩盐或者氯化物的溶解和岩浆岩中含氯矿物的风化溶解等。Cl^-在不同天然水体中的含量差别显著,在淡水水体中,Cl^-含量较低,而在海水或者咸水湖中,Cl^-含量很高,可达每升几十至数百克。Cl^-常被用作水质污染的间接指标,因为工业废水或者生活污水中含有大量的氯化物,排入天然水体中后,致使Cl^-含量突增。

(二)可溶气体

天然水体中的可溶气体在水质监测中属于重要的化学性指标,其中主要的溶解性气体有O_2、CO_2、H_2S和CH_4等。溶解性气体在水体中的含量能反映水体质量状况,所以目前成为水质监测中常规监测项目。

1. 溶解氧

溶解氧(dissolved oxygen,DO)是指溶解于水中的分子氧。天然水体中的DO主要来源于大气中氧气的溶入和水中植物光合作用释放出的氧。在标准大气压下,水体中的 DO 主要受水温的影响,随着水温的升高,水中 DO 含量降低(图 5-1)。DO 的含量是评价水体自净能力的重要指标,如水体中 DO 被消耗后恢复到初始状态的时间长短能判断水体自净能力的强弱。我国《地表水环境质量标准》(GB 3838—2002)中规定了Ⅱ类水中 DO 含量不小于 6mg/L,Ⅲ类水中 DO 含量不低于 5mg/L。

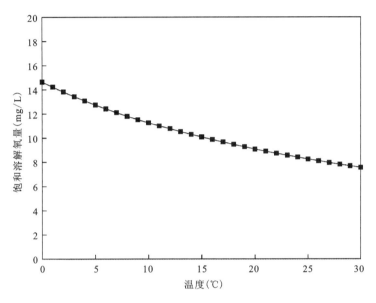

图 5-1　水中饱和溶解氧含量与温度关系(一个标准大气压下)

2. 二氧化碳(CO_2)

天然水体中常常存在溶解的 CO_2,这些 CO_2 主要来自大气 CO_2 的溶解、水中有机物的分解和微生物呼吸。地表水中溶解的 CO_2 含量一般在 20~30mg/L,而在地下水中可达 40mg/L,某些矿泉水中含量较高。天然水体中溶解的 CO_2 存在形式大多为分子态 CO_2(又称游离态 CO_2),部分 CO_2 与水结合形成碳酸(H_2CO_3)。水中游离 CO_2 的含量过高时,对水体动植物和微生物的呼吸作用产生较大影响。一般要求水中 CO_2 含量在 10~30mg/L。

3. 硫化氢(H_2S)

H_2S 在天然水体中主要来自缺氧条件下有机质的分解、厌氧条件下微生物硫酸盐还原作用及岩浆等。H_2S 是一种对水产动物毒性很强的物质。当其浓度较高时,也可通过渗透与吸收进入水产动物的组织和血液中,与血液中的携氧蛋白相结合,破坏其结构,使其失去携带氧气的功能,表现出缺氧的症状。当地表水中 H_2S 含量高于 5mg/L 时,不宜饮用。

4. 甲烷(CH_4)

水体中的 CH_4 主要是厌氧条件下微生物分解有机质产生的。CH_4 是大气中重要的温室气体,有研究发现水体中的 CH_4 排放是大气中 CH_4 的主要来源,约占全球 CH_4 来源的50%。除此之外,CH_4 在一定浓度下极易燃烧,尤其在地下工程的开挖中,地下水中释放的 CH_4 可能会因为浓度过高而造成不同浓度的灾害事故。美国地表采矿复垦与执行办公室关于地下水中 CH_4 中的浓度制定了系列风险评价标准(表5-3)。

表5-3　地下水中 CH_4 在不同浓度范围的风险评价或安全措施

地下水中溶解的甲烷浓度范围	相应的风险评价或安全措施
>28mg/L	在密闭空间或井下可能会发生爆炸或燃烧,需要立即对井下或密闭空间采取通风等多种措施,使 CH_4 尽快扩散以降低灾害风险
10~28mg/L	地下水中不仅存在 CH_4 而且 CH_4 可能会慢慢积累,浓度逐渐升高。此情况下需要发出预警,并应采取措施使 CH_4 释放,降低浓度
<10mg/L	不需要采取立即的行动措施,但需进行定时监测以确保安全

(三)溶解性有机物

溶解性有机物(dissolved organic matter,DOM)存在于所有天然水体中,是一种组成不均匀、结构复杂和具有较宽分子量分布的有机化合物的混合体,主要是由动植物自身产生的有机物和由土壤中的有机物经过淋滤迁移到水中的有机物组成。DOM主要组成部分为腐殖质(humic substances,HS),包括腐殖酸(humic acid,HA)、胡敏素(humin,HU)和富里酸(fulvic acid,FA)。这3种有机质占DOM总量的50%~80%,是导致水体色度的主要原因。除此之外,DOM还包括一些亲水性有机酸、羧酸、氨基酸、酚酮类化合物等。一般情况下,以有机碳浓度来衡量DOM的浓度。在天然水体中,DOM和HS的含量变化明显,如江河中有机碳浓度为7mg/L,湿地和沼泽中的浓度可达25mg/L,而一般海水中的浓度仅有0.5mg/L。

二、水生生物

水生生物是指生活在水环境中的动植物。水生生物是水生态系统中的重要组成成分,在天然水体中种类繁多,按功能划分,可分为自养生物(各种水生植物,如浮游植物等)、异养生物(各种水生生物,如浮游动物、底栖动物和鱼类等)和分解者(各种水生微生物,如菌类和显微藻类等)。不同功能的水生生物群落之间、生物与环境之间进行着相互作用、协调,维持特定的物质和能量流动过程,对水环境保护起着重要作用。

1. 浮游植物

浮游植物是指水中浮游生活的微小植物,通常认为浮游藻类就是指浮游植物。浮游植物个体大小具有显著差异,有大小为 2~3μm 的单细胞的小球藻也有大于 1mm 的群体藻类。据胡鸿钧和魏印心(2006)的《中国淡水藻类:系统、分类及生态》,浮游植物可以分为蓝藻门、原绿藻门、灰色藻门、红藻门、金藻门、定鞭藻门、黄藻门、硅藻门、褐藻门、隐藻门、甲藻门、裸藻门和绿藻门 13 大门类。浮游植物在水生态系统中位于食物链的最底端,是水生态系统的第一初级生产力。所有的浮游植物都是由基本的化学元素,如碳、氮、磷等元素组成的,因此以氮、磷为代表的营养元素对浮游植物的生长具有重要的意义。浮游植物的生物量通常由于天然水体中氮、磷含量的增加而显著升高,如水体富营养化等生态危机均是由氮、磷含量的增加引起的,因此控制水体中氮、磷的含量是控制水体富营养化等生态问题的重要解决措施。

2. 底栖动物

底栖动物是指部分或全部时间生活在水体底部的水生动物群。不同水体中的底栖动物的研究也不尽相同,海水底栖动物研究中,底栖动物包括腔肠动物、纽形动物、环节动物、软体动物、甲壳动物、昆虫幼虫、棘皮动物、底栖鱼类、两栖类等不同类群。而在淡水研究中,底栖动物主要由水生昆虫、软体动物、软甲亚纲、寡毛纲、蛙纲、涡虫纲等无脊椎动物组成。通常将个体大小大于 0.5mm 的底栖动物称为大型底栖动物,将个体大小为 0.042~0.5mm 的底栖动物归为小型底栖动物,将个体大小小于 0.042mm 的底栖动物称作微型底栖动物。底栖动物群落是特定水体中各种底栖动物种群,通过种群—种群和种群—环境的相互作用形成的有机复合体。从细菌到大型脊椎动物(如底栖鱼类等)都属于底栖动物群落,它们结构复杂,在促进物质循环和能量流动时发挥着重要作用。通过对水体中底栖动物群落的监测也能进行相应的水质评价。

3. 水体微生物

在生态学研究中,淡水生态系统中的微生物是指河流、湖泊、池塘等天然水体中一切肉眼不能直接看见或者看清楚其生物结构的微小生物的总称。天然水系统中含有丰富的微生物种群,可达 $10^5 \sim 10^8$ 个/mL,并且种类繁多。在整个水生态系统中,这些微生物既是生产者,又是分解者,还是消费者,主要负责营养物质的生物地球化学循环和有机物的生物转化,是水生态系统中的重要组成部分。目前国内外研究比较多的就是细菌群落,大量研究结果将淡水中微生物主要分为变形菌门、拟杆菌门、放线菌门、蓝细菌门、厚壁菌门和疣微菌门等。

三、其他化学组分

除了以上介绍的成分外,天然水体中还含有其他重要的化学组分,如微量元素。微量元素(trace element)又名痕量元素,未有统一认可的定义。习惯上把研究体系中元素含量大于 1% 的称为常量元素或主要元素,把含量在 0.1%~1% 之间的那些元素称为次要元素,而把含量小于 0.1% 的称为微量元素,或称痕量元素。水体环境中含有众多微量元素,虽然浓度很低,但是起到了重要的作用。微量元素中研究比较广泛的是微量金属元素,如常用于环境地球化学研究中的汞(Hg)、砷(Se)、镉(Cd)、铅(Pb)、铬(Cr)铜(Cu)和锌(Zn)等。水体中微量金属元素的自然来源主要是地质地貌的风化作用,人为来源有垃圾和废渣堆的金属淋溶,动物和人体排泄物,金属加工、采矿和冶金工业等。微量金属元素含量过高时,会产生相应的环境污染,如日本发生的水俣病和骨痛病等都与微量金属元素有关。当微量元素汞和镉含量为 1mg/L 时,通常会在微生物作用下转化为毒性更强的有机金属化合物并被生物富集,通过食物链进入人体,造成慢性中毒。因此水环境中微量元素的监测在整个环境监测中不可忽视。

第三节 水质监测方案的制定

监测方案是对监测工作内容进行总体的设计和部署,制定完整的水质监测方案首先要根据调研结果确定监测项目,然后布设监测点位(网),选择合适的采样方法,合理规划采样时间和采样频率,随后选定分析测试技术和准确处理数据,最后根据监测结果提出相应的实施计划。本节将根据不同的水体介绍相对应的水质监测方案的制定原则和内容。

一、地表水水质监测方案的制定

(一)调研和资料收集

水质监测方案制定前,需要对区域内的基本资料进行完整的收集,主要有以下几方面。

(1)水文和气候资料的收集,如区域水体的水位、水域范围、流速和流向等基础资料;年均降水量和蒸发量、枯水期和丰水期以及气温等。

(2)地质、地形和地貌资料的收集,如水域地质构造和地势海拔等。

(3)水域周围污染源的分布和排污情况。

(4)区域的经济结构、社会发展情况。

(5)历年的水质监测资料。

(6)水体功能调查。

(二)地表水监测断面的布设

1. 布设原则

监测断面应能反映监测区域内水环境的总体质量状况;断面的具体位置能够反映区域的环境污染特征;尽可能以最少的断面获取足够的具代表性的环境信息;还需考虑采样的可行性和社会经济发展。监测工作的实际状况和需要,要具有针对性。

(1)有大量废(污)水排入江河的主要居民区、工业区的上游和下游,支流与干流汇合处,入海河流河口及受潮汐影响河段,国际河流出入国境线出入口,湖泊、水库出入口,应设置监测断面。

(2)饮用水源地、水源丰富区、主要风景游览区、自然保护区、与水质有关的地方病发病区、严重水土流失区及地球化学异常区等水域,应设置监测断面。

(3)断面位置应避开死水区、回水区、排污口处,尽量选择顺直河段、河床稳定、水流平稳、水面宽阔、无急流、无浅滩处。

(4)监测断面力求与水文测流断面一致,以便利用其水文参数,实现水质监测与水量监测的结合。

(5)其他如突发性水环境污染事故,洪水期和退水期的水质监测,应根据现场情况,布设能反映污染物进入水环境和扩散、削减情况的采样断面及点位。

2. 监测断面分类

(1)采样断面:指在河流采样时,实施水样采集的整个剖面,包括背景断面、对照断面、控制断面和削减断面等。

(2)背景断面:指为评价某一完整水系的污染程度,未受人类生活和生产活动的影响,能够提供水环境背景值的断面。

(3)对照断面:指具体判断某一区域水环境污染程度时,位于该区域所有污染源上游处,能够提供区域水环境本底值的断面。

(4)控制断面:指为了解水环境受污染程度及变化情况而设置的断面。

(5)削减断面:指工业废水或者生活污水在水体内流经一段距离而达到最大限度混合,污染物受到稀释、降解,其主要污染物浓度明显降低的断面。

(6)管理断面:指为特定的环境管理需要而设置的断面,如定量化考核、了解各污染源排污、监视饮水水源、流域污染源限期达标排放和河道整治等。

3. 河流监测断面的设置方法

为了解完整的河流水质状况,通常需要设置背景、对照、控制、出境和削减断面,有时为了环境管理,需要设置相应的管理断面。对于某一河流,一般设置对照、控制和削减断面,如图5-2所示。

(1)背景断面须能反映水系未受污染时的背景值。要求基本上不受人类活动的影响,远离城市居民区、工业区、农药化肥施放区及主要交通路线。原则上应设在水系源头或未受污染的上游河段,如选定断面处于地球化学异常区,则要在异常区的上游设置。如有较严重的水土流失情况,则应设在水土流失区的上游。

(2)对照断面(又称入境断面)应设置在水系进入某行政区域且尚未受到本区域污染物的影响的地方,以

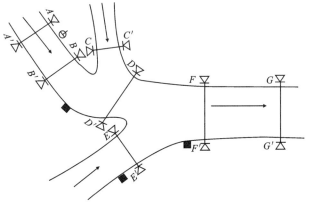

图5-2 河流监测断面的设置方法(据奚旦立和孙裕生,2010)
→水流方向;⊗自来水厂取水点;■排污区(口);A—A′为对照断面;B—B′、C—C′、D—D′、E—E′和F—F′为控制断面;G—G′为削减断面。

反映水系进入该区域时的水质状况。一个河段一般只设一个对照断面,有主要支流时可酌情增加。

(3)控制断面用来反映某排污区(口)排放的污水对水质的影响。应设置在排污区(口)的下游,污水与河水基本混匀处。控制断面的数量、控制断面与排污区(口)的距离可根据主要污染区的数量及其间隔的距离、各污染源的实际情况、主要污染物的迁移转化规律和其他水文特征等因素进行确定。此外由各控制断面所控制的纳污量不应小于该河段总纳污量的 80%。

(4)出境断面用来反映水系进入下一行政区域前的水质,因此应设置在本区域最后的污水排放口下游,污水与河水已基本混匀并尽可能靠近水系出境处。

(5)削减断面主要反映河流对污染物的稀释净化情况,应设置在控制断面下游,主要污染物浓度有显著下降处,通常设在城市或工业区最后一个排污口下游 1500m 以外的河段上。

(6)省、自治区和直辖市内主要河流的干流、一级、二级支流的交界断面是环境保护管理的重点断面。

4. 湖泊、水库监测垂线的设置方法

对于湖泊、水库通常只设监测垂线,如有特殊情况可参照河流的有关规定设置监测断面(图 5-3)。

(1)湖(库)区的不同水域,如进水区、出水区、深水区、浅水区、湖心区、岸边区,按水体类别设置监测垂线。

(2)湖(库)区若无明显功能区别,可用网格法均匀设置监测垂线。

(3)监测垂线上采样点的布设一般与河流的规定相同,但对有可能出现温度分层现象时,应作水温、溶解氧的探索性试验后再定。

(4)受污染物影响较大的重要湖泊、水库,应在污染物主要输送路线上设置控制断面。

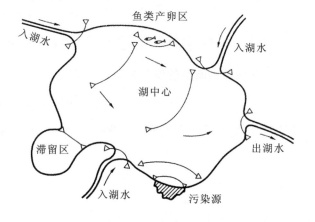

图 5-3 湖、库监测断面设置示意图

5. 采样点数的设置

确定监测断面后,需要根据水面宽度来确定采样垂线,根据垂线处水深来确定垂线上采样点位和点数。地表水水质监测垂线和采样点设置方法通常如表 5-4、表 5-5 所示,湖泊(水库)水质监测垂线上采样点设置方法具体如表 5-6 所示[引自《地表水环境质量监测技术规范》(HJ 91.2—2022)]。

表 5-4 采样垂线的设置

水面宽	垂线数	说明
<50m	1条中泓垂线	1.垂线布设应避开污染带,要测污染带应另加垂线。 2.确能证明该断面水质均匀时,可仅设中泓垂线。 3.凡在该断面要计算污染物通量时,必须按本表设置垂线
50～100m	左右近岸有明显水流处各设1条垂线	
>100m	左、中、右3条垂线	

表 5-5 垂线上采样点的设置

水深	采样点数	说明
<5m	1个(上层)	1.上层指水面下0.5m处,水深不到0.5m时,在水深1/2处。 2.下层指河底以上0.5m处。 3.中层指1/2水深处。 4.封冻时在冰下0.5m处采样,水深不到0.5m处时,在水深1/2处采样。 5.凡在该断面要计算污染物通量时,必须按本表设置采样点
5～10m	2个(上、下层)	
>10m	3个(上、中、下层)	

表 5-6 湖泊(水库)监测垂线上采样点的设置

水深	分层情况	采样点数	说明
<5m		1个(水面下0.5m处)	1.分层指湖水温度分层状况。 2.水深不足1m,在1/2水深处设置监测点。 3.有充分数据证实垂线水质均匀时,可酌情减少测点
5～10m	不分层	2个(水面下0.5m处、水底上0.5m处)	
5～10m	分层	3个(水面下0.5m处、1/2斜温层、水底上0.5m处)	
>10m		除水面下0.5m,水底上0.5m处外,按每一斜温分层1/2处设置	

(三) 采样和保存

1. 采样频次和采样时间的设置

地表水采样力求以最低的采样频次来获取最具代表性的样品,所以设置合适的采样频次和采样时间至关重要。《地表水环境质量监测技术规范》(HJ 91.2—2022)规定了地表水采样频次和采样时间如下。

(1)饮用水源地、省(自治区、直辖市)交界断面中需要重点控制的监测断面每月至少采样一次。

(2)国控水系、河流、湖、库上的监测断面,逢单月采样 1 次,全年 6 次。

(3)水系的背景断面每年采样 1 次。

(4)受潮汐影响的监测断面的采样,分别在大潮期和小潮期进行。涨、退潮水样分别测定。涨潮水样应在断面处水面涨平时采样,退潮水样应在水面退平时采样。

(5)如某必测项目连续 3 年均未检出,且在断面附近确定无新增排放源,而现有污染源排污量未增的情况下,每年可采样 1 次进行测定。一旦检出,或在断面附近有新的排放源或现有污染源有新增排污量时,即恢复正常采样。

(6)国控监测断面(或垂线)每月采样 1 次,在每月 5~10 日内进行采样。

(7)遇有特殊自然情况,或发生污染事故时,要随时增加采样频次。

(8)在流域污染源限期治理、限期达标排放的计划中和流域受纳污染物的总量削减规划中,以及为此所进行的同步监测。

(9)为配合局部水流域的河道整治,及时反映整治的效果,应在一定时期内增加采样频次,具体由整治工程所在地方环境保护行政主管部门制定。

2. 采样技术和保存措施的选择

采样应根据监测区域的实际情况、采集水样类型以及监测项目等因素选择合适的技术,保存措施也需要根据样品的类型、样品性质及监测项目等进行合理化选择。详细内容见本章第四节。

(四) 分析测试和数据处理

水质监测所测得的众多化学、物理以及生物学的数据,是描述和评价水环境质量,进行环境管理的基本依据,必须进行科学地计算和处理,并按照要求的形式在监测报告中表达出来。针对具体的监测项目,需要选择合适的分析测试技术。分析方法优先选用国家或行业标准分析方法,尚无国家或行业标准分析方法的监测项目可选用行业统一分析方法或行业规范。采用经过验证的 ISO、美国 EPA 和日本 JIS 等其他等效分析方法,其检出限、准确度和精密度应能达到质控要求。详细内容见本章第六、七节。

(五)结果表达和水质评价

数据处理后,需要进行审核、整理和总结,以规定的格式将监测结果表达出来,并且结合水质标准等规范性文件,对研究区域的水质进行评估,如果水质受到污染,需要结合实际情况提出对应的水质改善建议和措施。

二、地下水水质监测方案的制定

地下水,狭义上指埋藏于地面以下岩土孔隙、裂隙、岩溶饱和层中的重力水,广义上指地表以下各种形式的水。按含水介质(空隙)类型,地下水分为孔隙水、裂隙水及岩溶水;根据地下水的埋藏条件,地下水分为包气带水、潜水及承压水(图5-4)。孔隙水指存在于土层或岩层孔隙中的地下水;裂隙水指存在于岩层裂隙中的地下水;岩溶水指存在于可溶岩层的溶蚀空隙中的地下水;包气带水指存在于包气带中局部隔水层或弱透水层上具有自由水面的重力水;潜水指地表以下第一个稳定隔水层以上具有自由水面的地下水;承压水指存在于上下两个隔水层之间的具有承压性质的地下水。地下水由于分布广、水质好且开发费用低等天然优势而成为全球重要的供水水源。地下水水质监测是评价地下水水质状况最可靠的方法,并可作为供水水源保护的早期预警系统,监测和评价地下水环境变化。

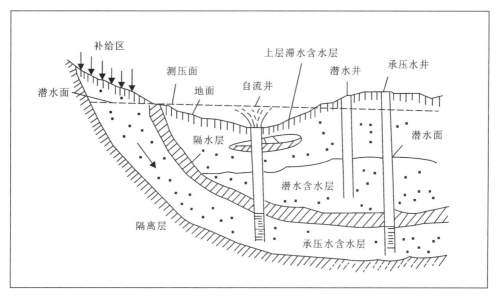

图5-4 地下水分类示意图

(一)前期资料收集

(1)收集研究区域地质图、剖面图、现有水井的有关资料(包括井位、井深、钻井日期、成井方法、含水层位置以及抽水试验数据等)以及历年的水质资料等。

(2)调查并收集当地地下水补给水源的江、河、湖、海的地理分布及其水文特征(水位、水深、流速、流量),水利工程设施的分布情况,地表水的利用情况及其水质状况。

(3)查清区域内含水层分布,地下水补给、径流和排泄方向,地下水质类型和地下水资源开发利用情况。

(4)调查泉水出露位置,了解泉的成因类型、补给来源、流量、水温、水质和利用情况。

(5)了解区域规划与发展、城镇与工业区分布、资源开发和土地利用情况,化肥农药施用情况,水污染源及污水排放特征。

(二)地下水水质监测点网的布设

1. 布设原则及要求

监测点在总体和宏观上应能控制不同的水文地质单元,能反映所在区域地下水系的环境质量状况,尽可能以最少的监测点获取足够的有代表性的环境信息。

(1)监测重点为供水目的的含水层。监测点能反映地下水补给源和地下水与地表水的水力联系。

(2)地下水重点污染区及可能产生污染的地区应该设置监测点,用以监视污染源对地下水的污染程度及动态变化,和反映所在区域地下水的污染特征。监测点应能监控地下水水位下降的漏斗区、地面沉降区以及本区域的特殊水文地质问题。

(3)监测点网布设密度的原则为主要供水区密,一般地区稀;城区密,农村稀;地下水污染严重地区密,非污染区稀。

(4)以地下水为主要供水水源的地区、饮水型地方病(如高氟病)高发地区及对区域地下水构成影响较大的地区(如污水灌溉区、大型矿山排水区、垃圾堆积处理厂和地下水回灌区等),应设置地下水监测点(井)。

(5)考虑到监测结果的代表性和实际采样的可行性、方便性,应尽可能从常用的民井、生产井以及泉水中布设监测点。

2. 监测点(监测井)的布设方法

地下水水质监测点位的设置主要分为两类:背景值监测井和污染控制监测井。地下水背景值监测井是指为了解地下水体未受人为影响条件下的水质状况,而设置在研究区的非污染地段的监测井,又称对照监测井;地下水污染控制监测井是为了解污染源分布和污染物在地下水中的扩散形式而设置的监测井。

(1)根据区域水文地质单元状况和地下水主要补给来源,在污染区外围地下水水流上方垂直水流方向,设置一个或者数个背景值监测井。背景值监测井应尽量远离城市居民区、工业区、农药化肥施放区、农灌区及交通要道。

(2)污染控制监测井的布设可以根据区域地下水流向、污染源分布状况和污染物在地下水中扩散形式等因素采取点面结合的方法布设,具体如表5-7所示。

表 5-7 污染控制监测井的布设方法

污染源类型	污染源在地下水中扩散形式	监测井布设方法
渗坑、渗井和固体废物堆放区的污染物	在含水层渗透性较大的地区以条带状污染扩散	监测井应沿地下水流向布设,以平行及垂直的监测线进行控制
	在含水层渗透性小的地区以点状污染扩散	在污染源附近按十字形布设监测线进行控制
工业废水、生活污水等污染物	沿河渠排放或渗漏以带状污染扩散	采用网格布点法设垂直于河渠的监测线
污灌区和缺乏卫生设施的居民区生活污水	大面积垂直的块状污染扩散	以平行和垂直于地下水流向的方式布设监测点
地下水位下降的漏斗区	开采漏斗附近的侧向污染扩散	在漏斗中心布设监测点,必要时可穿过漏斗中心按十字形或放射状向外围布设监测线

3. 监测点数的确定

地下水国控监测点网密度一般不少于 1 眼/1000km^2,每个县至少应有 1～2 眼井,平原(含盆地)地区一般为 2 眼/1000km^2,重要水源地或污染严重地区适当加密,沙漠区、山丘区、岩溶山区等可根据需要,选择典型代表区布设监测点。

4. 监测井的建设与管理

监测井一般选用取水层与监测目的层相一致且常年使用的民井或生产井,只有在无合适民井或生产井可利用的重污染区才设置专门的监测井(图 5-5)。

监测井建设需满足以下要求:

(1)监测井井管材质坚固、耐腐蚀且对地下水水质无污染。

(2)监测井深度应根据监测目的、所处含水层类型及其埋深和厚度来确定,尽可能超过已知最大地下水埋深以下 2m。

(3)监测井顶角斜度每百米井深不得超过 2°,井管内径不宜小于 0.1m。

(4)滤水段透水性能良好,向井内注入灌水段 1m 井管容积的水量,水位复原时间不超过 10min,滤水材料应对地下水水质无污染。

(5)监测井目的层与其他含水层之间止水良好,承压水监测井应分层止水,潜水监测井不得穿透潜水含水层下的隔水层底板。

(6)新凿监测井的终孔直径不宜小于 0.25m,设计动水位以下含水层段应安装滤水管,反滤层厚度不小于 0.05m,成井后应进行抽水洗井。

图 5-5　监测井示例图

(7)监测井应设明显标识牌,井(孔)口应高于地面 0.5~1.0m,井(孔)口安装保护盖,孔口地面应采取防渗措施,井周围应有防护栏。水量监测井(自流井)尽可能安装水量计量装置,泉水出口处设置测流装置。

水位监测井不得靠近地表水体,且应修筑离地面 0.5m 以上的井台,监测井周围选择合适的建筑物建立水准标志,用于校核井口固定点高程。监测井的维护和管理需要由专人负责,设施一旦损坏,及时修复。

(三)采样和保存

1. 采样时间和采样频率的确定

依据不同的水文地质条件和地下水监测井使用功能,结合当地污染源、污染物排放实际情况,力求以最低的采样频次,取得最有时间代表性的样品,达到全面反映区域地下水质状况、污染原因和规律的目的。为反映地表水与地下水的水力联系,地下水采样频次与时间应尽可能与地表水的采样频次与时间相一致。

(1)背景值监测井和区域性控制的孔隙承压水井每年枯水期采样 1 次。

(2)污染控制监测井逢单月采样 1 次,全年 6 次。

(3)作为生活饮用水集中供水的地下水监测井,每月采样 1 次。

(4)污染控制监测井的某一监测项目如果连续 2 年均低于控制标准值的 1/5,且在监测井附近确实无新增污染源,而现有污染源排污量未增的情况下,该项目可每年在枯水期采样1次进行监测。一旦监测结果大于控制标准值的1/5,或在监测井附近有新的污染源或现有污染源新增排污量时,即恢复正常采样频次。

(5)遇到特殊的情况或发生突发污染事故,可能影响地下水水质时,应适当增加采样频次。

2. 采样技术和保存措施的选择

详细内容见本章第四节。

三、海水水质监测方案的制定

由于海水水域覆盖范围广,尤其是近岸海域是个复杂的动态的环境系统,所以欲使监测数据具有代表性,应周密设计监测海域的采样断面、采样点位、采样时间、采样频率和样品数量,使分析样品的数据能够客观地表征海洋环境的真实情况。海水水质监测方案的制定程序与地表水水质监测方案的制定一致,下面主要介绍有差异的部分内容,相似内容参考地表水水质监测方案制定内容。

(一)资料收集

(1)收集研究海域的类型、气候气象、水温分布和季节变化特征等基础资料,查清研究区域的波浪的季节差异以及区域特征、波浪方向特征、波高和潮汐的变化等资料,还有入海河流的基本资料。

(2)弄清研究区域周围的港口码头数量、船舶泊位量和日均吞吐能力。

(3)收集研究海域沿岸污染源的分布、排污能力,弄清沿海地区社会发展基本情况。

(二)海水水质监测断面的布设

1. 布设原则

监测断面(点位)的布设需要根据监测计划确定的监测项目,结合前期调研收集到的基础资料,综合多因素提出优化布点方案,在研究和论证的基础上确定。采样的主要站点应合理地布设在环境质量发生明显变化或有重要功能用途的海域,如近岸河口区或重大污染源附近。在海域的初期污染调查过程中,可以进行网格式监测布点。海水水质监测点网的布设需要考虑以下几点事项:能够提供代表性信息;站点周围的环境地理条件;动力场状况(潮流场和风场);社会经济特征及区域污染源的影响;站点周围的航行安全程度;经济效益分析;尽量考虑站点在地理分布上的均匀性,并尽量避开特征区划分的系统边界;近岸较密、远岸较疏,重点区(如主要河口、排污口、渔场或者养殖场、风景游览区、港口码头等)较密、对照区较疏;以较少断面和点位取得最具代表性的样品。

2. 监测断面设置方法

一个断面可分为左、中、右和不同深度，通过水质参数的实测后，可做各监测点之间的方差分析，判断显著性差别。同时可判断各监测点之间的密切程度，从而确定断面内采样点位置。为确定完全混合区域内断面上的采样点数，有必要规定采样点之间的最小相关系数。海洋沿岸监测时应设置大断面，在断面上设置多个采样点。

入海河口区的采样断面应与径流扩散方向垂直布设，根据地形和水动力特征确定断面数量。港湾采样断面布设应考虑到地形、潮汐、航道和监测对象等因素，在潮流复杂区域，采样断面可与岸线垂直布设。海岸开阔区域的采样点位应呈纵横断面网格状布设，也可在海洋沿岸设置大断面。

根据采样断面水深可以确定采样层次，具体如表5-8所示。

表 5-8 采样层次

水深	标准层次	底层与相邻标准层最小距离	说明
<10m	表层		1. 表层指海面下0.1~1m。2. 底层，对河口及港湾海域最好取离海底2m的水层，深海或者大风浪时可酌情增大离底层的距离
10~25m	表层、底层		
25~50m	表层、10m、底层		
50~100m	表层、10m、50m、底层	5m	
>100m	表层、10m、50m、以下水层酌情添加层、底层	10m	

（三）采样和保存

(1)采样时间和采样频率的确定。采样时间和采样频率的确定原则：以最小工作量满足反映环境信息所需资料；技术上具有可能性和可行性；能够真实反映出环境要素变化特征；尽量考虑采样时间的连续性。谱分析可以作为确定采样时间和频率的一种方法，根据大量资料绘制出污染物入海量的变化曲线，在变化的最高期望或较高期望上确定采样时间和采样频率。运用历年调查监测资料，以合适的参数作为统计指标，进行时间聚类分析，根据聚类结果确定采样时间和采样频率。

用于环境质量控制的采样频率一般应高于环境质量表征所需的采样频率。

(2)采样技术和保存措施等相关内容在本章第四节详细介绍。

四、沉积物监测方案的制定

沉积物是水环境生态系统中的重要组成部分。随着水体污染的日益严重，水体中沉积物污染也引起了广泛关注。水体沉积物不仅是水体中污染物的"汇"，还可以作为水体污染的

"源"。监测水体沉积物不仅可以掌握沉积物中污染物的种类和浓度、污染范围和程度、污染源分布和转移路径等重要信息,而且结合水文学等特点能预测其未来发展趋势,有助于评价和控制水环境污染。国外对水体沉积物的监测工作开展较早,监测技术也相对成熟,比如美国环境保护署(EPA)、美国国家海洋和大气局(NOAA)、战略研究公司(SDI)及美国地理调查国家水质量实验室(USGS)等组织关于沉积物监测的方法总计已超过200个。而国内现行颁布的关于水体沉积物监测相关的标准和规范很少,《海洋监测规范》(GB 17378—2007)的第三部分和第五部分对海洋沉积物的采样、贮存、运输和分析等规定了基本方法和程序,《地表水和污水监测技术规范》(HJ/T 91—2002)、《地表水环境质量监测技术规范》(HJ 91.2—2022)和《水质——采样技术指导》(HJ 494—2009)中只是简单描述了地表水沉积物监测布点、采样方法、采样工具和质量控制等方面的内容,没有形成完整的地表水沉积物监测体系。本节内容主要根据相关标准和规范整理出较为全面的水体沉积物监测方案的制定方法。

(一)资料收集

沉积物监测前期收集的资料与相对应的水体水质监测收集资料基本一致,但是考虑到沉积物的复杂性,前期需要根据历年的数据资料,重点收集研究区域沉积盆地结构、沉积速率、沉积物的结构以及沉积物的理化特征等基本内容。

(二)沉积物监测断面的布设

1. 布设原则

沉积物采样断面的设置应该与水质监测断面一致,以便将沉积物的理化性质、机械组成和受污染情况与水质污染状况进行对比研究。沉积物采样点应与水样采集点在一个垂线上,如果沉积物采样点有障碍物影响采样可适当偏移。沉积物采样点应避开河床冲刷、底质沉积不稳定及水草茂盛、表层底质易受搅动之处。由于底层通常是不均匀的,为提供有代表性的评价参数,应保证采集足够数量的沉积物样品。

2. 采样点位的设置方法

(1)海洋沉积物监测点位布设方法可以分为选择性布设和综合性布设。选择性布设是指在专项监测时,根据监测对象及监测项目的不同,在局部地带有选择性地布设沉积物采样点。如排污口监测以污染源为中心,沿污染物扩散带按照一定距离设置采样点。综合性布设是指根据区域和监测目的的不同,进行对照、控制、消减断面的布设。如在某港湾进行污染排放总量控制监测中,可按区域功能的不同布设对照、控制、消减断面,布设方式可以有单点、断面、多断面和网格式布点。

(2)湖(库)沉积物采样点一般应设在主要河流及污染源排放口与湖(库)水混合均匀处。

(三)采样时间和采样频率的确定

采样频率依各采样点时空差异和所要求的精密度而定。一般来说,沉积物在水体中相对稳定，受水文、气象条件变化的影响较小，污染物含量随时间变化的差异不大，采样频率与水质采样相比较少。海洋沉积物通常每年采样一次，与水质采样同步进行，湖（库）沉积物采样可根据丰水期和枯水期等因素酌情添加采样次数。

五、污染源污水监测方案的制定

（一）资料收集

污染源污水监测方案的制定需收集有关资料，查清用水情况、废水或污水的类型、主要污染物及排污去向和排放量，车间、工厂或地区的排污口数量及位置，废水处理是否排入江、河、湖、海，流经区域是否有渗坑等基础资料。

（二）污染源污水监测点位的布设

1. 工业污水

工业废水的采样必须考虑废水的性质和每个采样点所处的位置，通常用管道或者明沟把工业废水排放到远和偏僻、人们很难达到的地方。但在厂区内，人们很容易接近排放点，所以必须采用专门采样工具通过很深的孔采样。为了安全起见，最好把入孔设计成无须人员进入的采样点。从工厂排出的废水中可能含有生活污水，采样时应予以考虑所选采样点要避开这类污水。如果废水被排放到氧化塘或贮水池，那么情况就类似于湖泊采样。

2. 污水

第一类污染物采样点位一律设在车间或车间处理设施的排放口或专门处理此类污染物设施的排口。第二类污染物采样点位一律设在排污单位的外排口。进入集中式污水处理厂和进入城市污水管网的污水采样点位应根据地方环境保护行政主管部门的要求确定。对污水处理设施效率监测采样点的布设需要分以下两类情况：对整体污水处理设施效率监测时，在各种进入污水处理设施污水的入口和污水设施的总排口设置采样点；对各污水处理单元效率监测时，在各种进入处理设施单元污水的入口和设施单元的排口设置采样点。

（三）采样时间和采样频率的确定

(1)监督性监测。地方环境监测站对污染源的监督性监测每年不少于1次，如被国家或地方环境保护行政主管部门列为年度监测的重点排污单位，应增加到每年2~4次。因管理或执法的需要所进行的抽查监测或对企业的加密监测由各级环境保护行政主管部门确定。

(2)企业自我监测。工业废水按生产周期和生产特点确定监测频率。一般每个生产日至少3次。

(3)对于污染治理、环境科研、污染源调查和评价等工作中的污水监测，其采样频次可以根据工作方案的要求另行确定。

(4)排污单位为了确认自行监测的采样频次，应在正常生产条件下的一个生产周期内进行加密监测:周期在 8 h 以内的,每小时采 1 次样;周期大于 8 h 的,每 2 h 采 1 次样,但每个生产周期采样次数不少于 3 次。采样的同时测定流量。根据加密监测结果,绘制污水污染物排放曲线(浓度-时间,流量-时间,总量-时间),并与所掌握资料对照,如基本一致,即可据此确定企业自行监测的采样频次。根据管理需要进行污染源调查性监测时,也按此频次采样。

(5)排污单位如有污水处理设施并能正常运转使污水能稳定排放,则污染物排放曲线比较平稳,监督监测可以采瞬时样;对于排放曲线有明显变化的不稳定排放污水,要根据曲线情况分时间单元采样,再组成混合样品。正常情况下,混合样品的单元采样不得少于两次。如排放污水的流量、浓度甚至组分都有明显变化,则在各单元采样时的采样量应与当时的污水流量成比例,以使混合样品更有代表性。

第四节 水样的采集和保存

一、水样的采集

不同水体的样品采集、处理步骤和设备均不相同。采样技术要视具体情况而定,有些情况只需在某点瞬时采集样品,而有些情况要用复杂的采样设备进行采样。静态水体和流动水体的采样方法不同,应加以区别。瞬时采样和混合采样均适用于静态水体和流动水体,混合采样更适用于静态水体;周期采样和连续采样适用于流动水体。目前常用的水样采集方法可以分为直接采样(也称为主动采样,包括瞬时非自动采样和自动采样等)和被动采样两大类。

(一)水样的类型

1. 瞬时水样

从水体中不连续、随机采集的样品称为瞬时水样。对于组分较稳定的水体,或水体的组分在相当长的时间和相当大的空间范围变化不大,瞬时水样具有很好的代表性。当水体的组成随时间发生变化,则要在适当的时间间隔内进行瞬时采样,并分别进行分析,测出水质的变化程度、频率和周期。当水体的组成发生空间变化时,就要在各个相应的部位采样。瞬时水样无论是在水面、规定深度或底层,通常均可人工采集,也可用自动化方法采集。自动化采样是以预定时间或流量间隔为基础的一系列瞬时采样,一般情况下所采集的样品只代表采样当时和采样点的水质。

2. 连续水样

一种是在固定流速下采集连续样品,这种方法取决于时间或时间平均值。在固定流速下采集的连续样品,可测得采样期间存在的全部组分,但不能提供采样期间各参数浓度的变化。

另一种是在可变流速下采集的连续样品,取决于流量或与流量成比例。采集流量比例样品代表水质整体水平。即便流量和组分都在变化,而流量比例样品同样可以揭示利用瞬时样品所观察不到的这些变化。因此,对于流速和待测污染物浓度都有明显变化的流动水,采集流量比例样品是一种精确的采样方法。

3. 周期水样

周期水样又称不连续水样,主要分为3类:①在固定时间间隔下采集周期样品。通过定时装置在规定的时间间隔下自动开始和停止采集样品。通常在固定的期间内抽取样品,将一定体积的样品注入一个或多个容器中。时间间隔的大小取决于待测参数。②在固定排放量间隔下采集周期样品。当水质参数发生变化时,采样方式不受排放流速的影响,此种样品归于流量比例样品。③在固定排放量间隔下采集周期样品。当水质参数发生变化时,采样方式不受排放流速的影响,水样可用此方法采集。在固定时间间隔下,抽取不同体积的水样,所采集的体积取决于流量。

4. 混合水样

混合水样是指在同一采样点上以流量、时间、体积或是以流量为基础,按照已知比例(间歇的或连续的)混合在一起的样品。混合水样可自动或人工采集。混合水样是混合几个单独样品,可减少监测分析工作量,节约时间,降低试剂损耗。混合样品提供组分的平均值,因此在样品混合之前,应验证这些样品参数的数据,以确保混合后样品数据的准确性。如果测试成分在水样储存过程中易发生明显变化,则不适用混合水样,如测定挥发酚、油类、硫化物等。要测定这些物质,需采取单样储存方式。

5. 综合水样

综合水样是指从不同采样点同时采集的瞬时水样混合为一个样品(时间应尽可能接近,以便得到所需要的资料)。综合水样的采集包括两种情况:在特定位置采集一系列不同深度的水样(纵断面样品);在特定深度采集一系列不同位置的水样(横截面样品)。综合水样是获得平均浓度的重要方式,有时需要把代表断面上的各点或几个污水排放口的污水按相对比例流量混合,取其平均浓度。

6. 平均污水样

对于排放污水的企业而言,生产的周期性影响着排污的规律性。为了得到代表性的污水样,应根据排污情况进行周期性采样。不同的工厂、车间生产周期不同,排污的周期性差别也很大。一般应在一个或几个生产或排放周期内,按一定的时间间隔分别采样。对于性质稳定的污染物,可将分别采集的样品进行混合后一次测定;对于不稳定的污染物可在分别采样、分别测定后取其平均值为代表。生产的周期性也影响污水的排放量,在排放流量不稳定的情况下,可将一个排污口不同时间的污水样,按照流量的大小,按比例混合,得到平均比例混合的污水样。这是获得平均浓度的最常采用的方法,有时需将几个排污口的水样按比例混合,用以代表瞬时综合排污浓度。

7. 其他水样

要分析水体中未知的农药、微塑料等新污染物和微生物时，就需要采集大体积的水样（一般体积为 50 L 或者几立方米）。

（二）采样方法和采样设备

水环境监测所采集样品的体积应满足分析和重复分析的需要。采集的体积过小会使样品没有代表性，并且小体积的样品也会因比表面积大而使其吸附严重。采样设备应满足几个基本要求：样品和容器的接触时间降至最低；材料不会污染样品；容易清洗，表面光滑，没有弯曲物干扰流速，尽可能减少旋塞和阀的数量；有适合采样要求的系统设计。

1. 瞬时非自动采样

瞬时采样采集表层水样时，一般用吊桶或广口瓶沉入水中，待注满水后，再提出水面。如果只需要了解水体某一垂直断面的平均水质，可采用综合深度法采样。综合深度法采样需要一套用以夹住瓶子并使之沉入水中的机械装置。配有重物的采样瓶以均匀的速度沉入水中，同时通过注入孔使整个垂直断面的各层水样进入采样瓶。对于分层水选定深度的定点采样可按照选定深度定点采样法进行采样。选定深度定点采样法是指将配有重物的采样瓶瓶口塞住，沉入水中，当采样瓶沉到选定深度时，打开瓶塞，瓶内充满水样后又塞上。该方法不适用于特殊要求的样品（如溶解氧）。

排空式采样器是一种手动、简便易行的采样器，如图 5-6 所示。常见排空式采样器是两端开口，侧面带刻度、温度计的玻璃或塑料的圆筒式，下侧端接有一胶管，底部加重物的一种装置。顶端和底端各有同向向上开启的两个半圆盖子，当采样器沉入水中时，两端各自的两个半圆盖子随之向上开启，水不停地流入采样器中，到达预定深度上提，两端半圆盖子随之盖住，即取到所需深度的样品。此类采样器常用来采集分层水。

2. 自动采样

自动采样是指自动采集连续样品或一系列样品而不用人工参与。在采集混合样品和研究水质随时间的变化情况方面时，常采用自动采样。自动采样设备可以被设定在预定的时间间隔内采样，或者由外部因素引发采样。例如，当降雨量超过界定限时产生一个信号引发了采样。

图 5-6 排空式采水器实物图

如果采集后的样品需要留在采样器中一段时间，应确保样品不会分解。使用的自动采样设备不能污染所采集的样品。自动采样可以分为连续或不连续采样，也可以定时或定比例采样，具体分类如表 5-9 所示。

适宜的自动采样设备类型的选择取决于特定的采样情况,如为了评估一条江河或河川中微量溶解金属的平均组分(或负荷),最好使用一个连续流量比例设备,利用一个蠕动泵系统。

表 5-9 自动采样分类

自动采样分类	定义
非比例等时不连续自动采样	按设定采样时间间隔与储样顺序,自动将定量的水样从指定采样点分别采集到采样器的各储样容器中
非比例等时连续自动采样	按设定采样时间间隔与储样顺序,自动将定量的水样从指定采样点分别连续采集到采样器的各储样容器中
非比例连续自动采样	自动将定量的水样从指定采样点连续采集到采样器的储样容器中
非比例等时混合自动采样	按设定采样时间间隔,自动将定量的水样从指定采样点采集到采样器的混合储样容器中
非比例等时顺序混合自动采样	按设定采样时间间隔与储样顺序,并按设定的样品个数,自动将定量的水样从指定采样点分别采集到采样器的各混合储样容器中
比例等时混合自动采样	按设定采样时间间隔,自动将与污水流量成比例的定量水样从指定采样点采集到采样器的混合样品容器中
比例不等时混合自动采样	每排放一设定体积污水,自动将与定量水样从指定采样点采集到采样器的混合样品容器中
比例等时连续自动采样	按设定采样时间间隔,与污水排放流量成一定比例,连续将水样从指定采样点分别采集到采样器中的各储样容器中
比例等时不连续自动采样	按设定采样时间间隔与储样顺序,自动将与污水流量成比例的定量水样从指定采样点分别采集到采样器中的各储样容器中
比例等时顺序混合自动采样	按设定采样时间间隔与储样顺序,并按设定的样品个数,自动将与污水流量成比例的定量水样从指定采样点分别采集到采样器中的各混合样品容器中

3. 被动采样

1）基本概念

被动采样是基于分子扩散或渗透原理,可采集环境介质中气态、溶解态或自由溶解态的污染物的一种采样技术。近年来,被动采样技术作为水环境监测和风险评估等研究中的重要监测手段得到广泛关注。相较于上述介绍的两种传统主动采样技术,被动采样技术有着非常显著的优势:对目标污染物的富集更接近于污染物在生物体内的吸收或富集;无需外加动力、采样成本较低;操作简单易行,有较高的灵敏度;微耗式采样,能较好地反映采样时间及污染物的浓度变化;获取污染物的自由溶解态浓度,通常也不会破坏目标物在自由态与结合态之间的分配平衡,较好地评估有毒污染物的生物累积效应。被动采样装置通常由中间的吸收相组成的吸附层、包裹其外围的过滤膜层以及刚性保护层中,最外面的刚性保护层能够有效减少水流和颗粒物对内部结构的干扰。

2）水体被动采样的定量依据

被动采样技术应用于水体中污染物定量分析主要是通过被动采样装置中吸收相中目标物质浓度推算。目前,水样被动采样定量方法主要分为平衡法（基于平衡模型）、采样速率常数法（基于动力学扩散模型）和PRCs（Performance reference compounds）校正法（基于效能参考化合物的校准）。

（1）平衡法

当被动采样装置中吸收相中目标物与水相中的目标物达到动态平衡时,则吸收相中目标物浓度（C_s）公式为

$$C_s = C_w K_{sw} \tag{5-2}$$

式中:C_w 为水相中目标物的浓度;K_{sw} 为目标物在吸收相与水相之间的平衡分配系数。

该方法实际操作和计算简单、检测限低、灵敏度高。但是也存在一定的局限:疏水性强（$K_{ow} > 6$）的有机物进行被动采样时,平衡周期较长,可能因为颗粒堵塞、装置损坏、目标物质降解或者转化等导致结果的不确定性。

（2）采样速率常数法

被动采样装置中吸收相对目标物的吸附动力学初期为线性吸附（图5-7和图5-8）。以菲克第一定律来描述目标物的扩散过程

$$J = -D \frac{dC}{dZ} = \frac{dn}{A\,dt} \tag{5-3}$$

式中:J 为目标物通过截面 A 的扩散通量;D 为扩散系数;Z 为扩散路径长度;dC/dZ 为目标物的浓度梯度;dn 为采样时间 t 内从截面 A 向吸收相上通过目标物的量;A 为截面 A 的截面面积。

当污染物呈稳态扩散时:

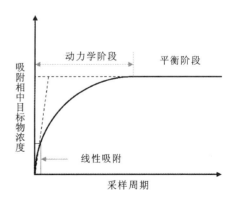

图 5-7 被动采样装置中吸收相对目标物的吸附曲线（据雷沛等,2018）

$$\frac{dC}{dZ} = \frac{\Delta C}{Z} = \frac{C_s - C_A}{Z} \tag{5-4}$$

式中：C_A 为截面 A 处目标物的浓度。

吸收相有较大吸附容量和较强结合能力，所以目标物扩散到吸收相上会被迅速吸收，吸收相表面目标物浓度为零（"零汇"，即 C_s 近似为 0）。开放水体中 C_A 与水体中目标物的浓度（C_W）可以近似相等。

对于特定被动采样装置，A 与 Z 为恒定常数，所以可定义采样速率为

$$R = \frac{DA}{Z} \tag{5-5}$$

则式（5-3）可以简化为

$$dn = RC_w dt \tag{5-6}$$

两边同时对时间积分得到采样时间 t 内水体中目标物的时间加权平均浓度为

$$\overline{C_w} = \frac{n}{Rt} \tag{5-7}$$

R 值可通过理论计算或室内实验获取，一般情况下，R 值不会受 C_w 影响，但会受到温度、盐度、水流扰动、生物污染等外界环境因素的影响，在原位应用时，也应考虑这些因素对 R 值的修正。该方法能够大大减少被动采样时间和减少原位采样时的不确定度，但是该方法只适用于线性吸附且易受环境因素等影响。

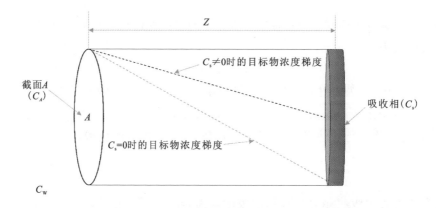

图 5-8　被动采样装置初始线性阶段目标物在吸收相中的扩散（据雷沛等，2018）

（3）PRCs 校正法

为了更加准确有效地利用被动采样技术测定水体中的有机污染物，Huckins 等（2002）采用了与目标物物理化学性质接近的效能参考化合物（PRCs）进行校正。该方法是在被动采样装置的吸收相中加入已知量的 PRCs，PRCs 解吸和吸收相对目标物的吸收遵循同步异向的规律，并且受相同的环境因素影响，可根据 PRCs 的解吸程度推出吸收相对目标物的吸附量。测定一般疏水性有机污染物所采用的 PRCs 最好选用氘代物或者 ^{13}C 标记物等。吸收相中 PRCs 的解吸和吸收相对目标物的吸附符合一级动力学反应过程，则 PRCs 交换速率常数 k_e 为

$$k_e = \ln\left[\frac{C_{s,PRCs}^{0}}{C_{s,PRCs}^{t}}\right]t^{-1} \tag{5-8}$$

式中：$C_{s,PRCs}^{0}$ 和 $C_{s,PRCs}^{t}$ 分别表示初始时刻和采样时间 t 后吸收相中 PRCs 含量。

由于吸收相对目标物的吸附常数以及 PRCs 解吸常数相等，且进入被动采样装置中目标物的浓度存在两相（吸收相和水相）分配，所以 t 时间后，水环境中目标物浓度为

$$C_w = \frac{C_s}{\left[1 - \frac{C_{s,PRCs}^{0}}{C_{s,PRCs}^{t}}\right]K_{sw}} \tag{5-9}$$

因为吸收相对目标物吸附和 PRCs 解吸是在同一个环境体系下完成的，所以受到的环境因素的影响也是相同的，这在一定程度上减少误差。但是，该方法在标准化方面还存在局限性：不是所有的目标物都有对应的 PRCs；PRCs 吸附与释放与目标物类似但不完全相等；具有强吸附性的吸附相可能导致 PRCs 难以解吸；不同目标物及 PRCs 吸附/解吸速率差异性大导致其应用受到限制；PRCs 吸附动力学过程还不是完全清楚等。

3）常见被动采样装置

由于监测的污染物的种类不同，水体被动采样装置也有不同的类型。不同的采样装置中的障碍层（水环境介质与接受相之间）不同，以便有选择性地采集目标污染物。表 5-10 和图 5-9 分别列举了几种典型的水体被动采样装置的特性和典型装置图。

表 5-10 典型水体被动采样装置

采样装置名称	结构特点	适用范围	优缺点
透析装置（peeper）	主体由一系列小室组成，小室两侧覆盖一层透析膜，室内预先封装采样介质（如去离子水或电解质溶液）	微量金属元素测定；营养盐动力学研究；成岩过程探索	优点：高分辨率；扰动低；操作简单。缺点：采样时间长；原位应用不确定性高；不适用于有机污染物和痕量金属
薄膜梯度扩散装置（DGT）	一般是由水化聚丙烯酰胺凝胶扩散层和螯合树脂组成的接受相构成	金属离子种类；组分分析；生物可利用性评估；风险或毒性预测；无机污染物的形态变化	优点：操作简单，可通过改变树脂凝胶的类型监测多种类污染物。缺点：装置制作过程复杂；受天然水体中胶体等的复杂影响
半透膜萃取装置（SPMDs）	大多数由半透膜等可渗透材料组成扩散障碍层和由溶剂或聚合物等接受相构成（最常用的 SPMDs 是以三油酸甘油酯为吸收相、以 LDPE 为扩散障碍层）	广泛用于水环境有机污染物被动采样包括 PAHs、PCBs、OCPs 以及 PCDDs、PCDFs 二噁英类等非极性和中等极性有机污染物（$\lg K_{ow} > 2$）	优点：使用广泛，可商业购买；操作步骤较成熟完善；灵敏度高。缺点：三油酰甘油酯不易分离，分析纯化过程比较困难

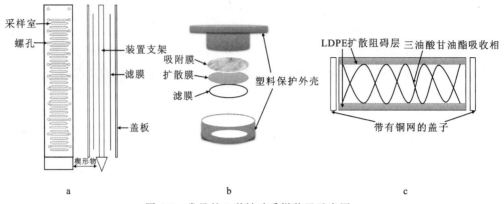

图 5-9 常见的 3 种被动采样装置示意图

(a)peeper 装置图(据 Vanoploo et al.,2008);(b)DGT 装置图(据 Zhang et al.,1998);
(c)SPMDs 装置图

4. 特殊样品的采样设备

采集沉积物时经常使用抓斗式采泥器和柱状采泥器(图 5-10),抓斗式采样一般用于采集表层沉积物,而柱状采泥器可采集沉积物垂直剖面样品。

采集水体生物样品的容器,最理想的是广口瓶。广口瓶的瓶口直径最好是接近广口瓶体直径,瓶的材质为塑料或玻璃的。采集鱼类采用活动的或不活动的两种方法:活动的采样方法可以使用拉网、拖网、电子捕鱼法、化学药品以及鱼钩和钩绳等工具;不活动的采样方法包括陷捕法(如刺网、细网)和诱捕法(如拦网、陷阱网等)。

采集水体中微生物样品的设备大多数为灭菌玻璃瓶或者塑料瓶,在湖泊、水库的水面以下较深的地点采样时,可使用选定深度定点采样法。放射性核素分析通常使用一般物理、化学分析用的硬质玻璃和聚乙烯塑料瓶。

5. 微塑料的采样设备

水体中微塑料的采集主要有筛网采集和拖网采集两种方法(图 5-11)。筛网适合在较小河流、湖泊中使用;而拖网采集常用于大体积水样中,如大江大河中的微塑料采集。

6. 地下水的采样设备

常用地下水采样器具和设备有气囊泵、小流量潜水泵、惯性泵、蠕动泵及贝勒管等(图 5-12),应当依据不同的监测目的、监测项目、实际井深和采样深度选取合适的采样器具,保证能取到有代表性地下水样品。例如,气囊泵是挥发性有机物(VOCs)采样的最佳选择,其特殊的工作原理,能保证采样过程无扰动、无交叉干扰。而非挥发性有机物采样包括稳定有机物、微生物、重金属和普通无机物采样,则可以选择气囊泵、潜水泵和贝勒管等多种采样设备。

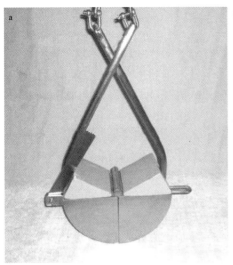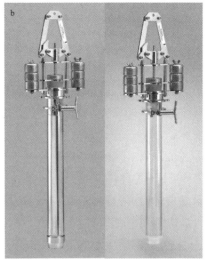

图 5-10　常见抓斗式采泥器(a)和柱状采泥器(b)

图 5-11　常见筛网(a)和拖网(b)

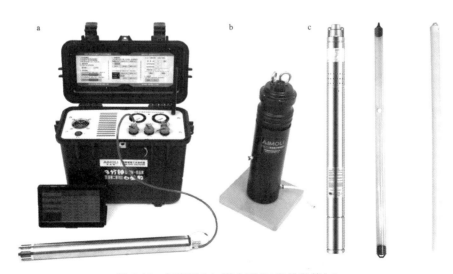

图 5-12　气囊泵(a)、潜水泵(b)和贝勒管(c)

（三）现场采样操作

1. 地表水采样操作

通常采集江河、湖泊、水库和海水等水样的现场操作方式分为岸上采样和船上采样，特殊情况下也有冰上采样的操作。

岸上采样：如果水是流动的，采样时应站在岸边并且面对水流动方向进行采样操作。如果扰动了水底沉积物，不能继续进行采样。

船上采样：由于船体本身也是污染源之一，所以在采样期间需要注意船上各种污染源的影响。用船只采样时，采样船应位于下游方向，逆流采样，避免搅动底部沉积物造成水样污染。采样人员应在船前部采样，尽量使采样器远离船体。在同一采样点上分层采样时，应自上而下进行，避免不同层次水体混扰。

冰上采样：若冰上覆盖积雪，可用木铲（或者塑料铲）清出面积为 1.5m×1.5m 的采样区域，再用冰钻等工具在中央部位打开可供采样的洞口。由于冰钻等工具是金属的，所以正式采样前可用冰勺清理出碎冰，减少污染水质的可能性。

2. 地下水采样操作

采集顺序：地下水水质监测通常采集瞬时水样。样品采集一般按照挥发性有机物（VOCs）、半挥发性有机物（SVOCs）、稳定有机物及微生物样品、重金属和普通无机物的顺序采集。

对于需要测水位的井水，在采样前应先测地下水位。

洗井：样品采集前，应先对水井进行洗井。当采用水泵低速采样时，首先启动水泵，选择较低速率并缓慢增加，直至出水；再调整泵的抽提速率至水位无明显下降或不下降，流速应控制在 100～500mL/min 之间，水位降深不超过 10cm。当采用贝勒管采样时，将其缓缓放入井中，直至被水体完全淹没，然后缓慢且匀速地提出井管。无论采用水泵采样还是贝勒管采样，均需在现场使用便携式水质测定仪对出水进行测定，当浊度和电导率连续三次测定的变化在 ±10% 以内、pH 连续 3 次测定的变化在 ±0.1 以内，或洗井抽出水量达到井内水体积的 3～5 倍时，即可结束洗井。

样品采集：从井中采集水样，必须在充分抽汲后进行，抽汲水量不得少于井内水体积的 2 倍，采样深度应在地下水水面 0.5m 以下，以保证水样能代表地下水水质。对封闭的生产井可在抽水时从泵房出水管放水阀处采样，采样前应将抽水管中存水放净。对于自喷的泉水，可在涌口处出水水流的中心采样。采集不自喷泉水时，将停滞在抽水管的水汲出，新水更替之后，再进行采样。采集 SVOCs 水样时出水口流速要控制在 0.2～0.5L/min 之间，其他监测项目样品采集时应控制出水口流速低于 1L/min，如果样品在采集过程中水质易发生较大变化时，可适当加大采样流速。

监测项目除五日生化需氧量、有机物和细菌类外，在现场采样操作时先用采样水荡洗采样器和水样容器 2～3 次。测定溶解氧、五日生化需氧量和挥发性、半挥发性有机污染物项目的水样,采样时水样必须注满容器,上部不留空隙。但对准备冷冻保存的样品则不能注满容器,否则冷冻之后,因水样体积膨胀使容器破裂。测定溶解氧的水样采集后应在现场固定,盖好瓶塞后需用水封口。

如果采样目的是确定某特定水源中有没有污染物,那么只需从自来水管中采集水样即可。

3. 沉积物采样操作

沉积物采样主要分为表层沉积物采样和柱状沉积物(又称沉积柱)采样。目前并没有淡水沉积物的采样操作规范,所以这部分内容以海水沉积物采样操作为主。

海洋表层沉积物样品采集常用抓斗式采泥器和水文绞车进行操作。首先将绞车上的钢丝绳与采泥器牢固连结,并检测采样点位的水深;随后慢速开动绞车将采泥器放入水中,稳定后,常速下放至距海底 3~5m 处,再全速降至海底,并将钢丝绳适当放长;采样完成后,慢速提升采泥器,离开海底后快速提出水面,再行慢速将采泥器提升至高于船舷,并慢慢放置在接样板上;打开采样器上部耳盖,轻轻倾斜采泥器,使上部积水缓缓流出。

沉积柱样品采集需要使用柱状采样器和水文绞车,一般沉积柱的采集是采用重力采样的方式。若沉积物性质为砂砾沉积物时,则不作重力取样。确定重力采样后,慢速开动绞车将采样器放入水中,稳定后,常速下放至距海底 3~5m 处,再全速降至海底,立即停车;采样完成后,慢速提升采泥器,离开海底后快速提出水面,再行慢速将采泥器提升至高于船舷,用铁钩钩住取样管,转入舷内,并慢慢平卧放置于甲板上;小心将取样管上部积水排出,测量沉积柱长度,并用通条将样品缓缓挤出,按照顺序摆放在接样板进行处理和描述。

4. 微塑料采样操作

筛网采集需要用采水器在水体一定深度取得固定体积的水样,通过一定孔径的不锈钢筛网($75\mu m$ 孔径居多),将筛网上的物质全部转移到玻璃瓶中密封保存;拖网采集常用于大体积水样中,一般用到 $333\mu m$ 孔径的浮游生物网,将拖网放置在水体中一定深度,记录采样的持续时间,并用流量计测量水体的平均流速,拖网取出后将获得的物质全部转移到玻璃瓶中密封保存。

5. 现场采样注意事项

现场采样时,采样人员需要注意自身的健康和安全。用样品容器直接采样时,必须用水样冲洗 3 次后再行采样。但当水面有浮油时,采油的容器就不能冲洗。采样时应注意除去水面的杂物、垃圾等漂浮物。

测定油类、生物需氧量(BOD_5)、溶解氧、硫化物、余氯、粪大肠菌群、悬浮物、放射性等项目需要单独采样。测定溶解氧、生化需氧量和有机污染物等项目的水样必须注满容器。pH、电导率、溶解氧等项目尽量在现场测定。另外,采样时还需同步测量水文参数和气象参数。

表层沉积物采集过程中若采样器受海水冲刷严重,会导致样品流失过多,若沉积物样品从耳盖流失过多,应当重新采样。沉积柱样品应当保持纵向的完整性来对垂直断面进行完整的监测。现场采样时有时需根据采样所在区域沉降速率及研究要求对柱样进行分段。

每批水样,应选择部分项目采集现场空白样,与样品一起送实验室分析。采样时必须认真填写采样登记表,每个水样瓶(或样品袋)都应贴上标签(填写采样点编号、采样日期和时间、测定项目等),另外水样要塞紧瓶塞,必要时还要密封。

二、样品保存与运输

(一)样品的保存

无论是水样还是沉积物样品,从采集到分析这段时间内,由于物理的、化学的、生物的作用会发生不同程度的变化,这些变化使得进行分析时的样品已不再是采样时的样品,为了使这种变化降低到最小的程度,必须在保存时对样品加以保护。

1. 水质变化的原因

(1)物理因素:光照、温度、静置或震动,敞露或密封等保存条件及容器材质都可能导致水样中待测组分的含量或者性质发生变化。例如,温度升高或强震动会使得一些物质(如氧、氰化物及汞等)挥发,长期静置会使 $Al(OH)_3$、$CaCO_3$、$Mg_3(PO_4)_2$ 等沉淀。某些容器的内壁能不可逆地吸附或吸收一些有机物或金属化合物等。

(2)化学因素:水样及水样各组分可能发生化学反应,从而改变某些组分的含量与性质。例如空气中的氧能使二价铁、硫化物等氧化,聚合物解聚,单体化合物聚合等。

(3)生物因素:细菌、藻类以及其他生物体的新陈代谢会消耗水样中的某些组分,产生一些新组分,改变一些组分的性质,如溶解氧、二氧化碳、含氮化合物、磷及硅等的含量及浓度会因此产生影响。

2. 水样的保存方法

1)冷藏或冷冻

冷藏或冷冻可以抑制微生物的活动,减缓物理挥发作用和化学反应速度。在大多数情况下,从采集样品后到运输到实验室期间,在 1～5℃ 冷藏并暗处保存。冷藏并不适用长期保存,对废水的保存时间更短。

−20℃ 的冷冻温度一般能延长贮存期。分析挥发性物质不适用冷冻程序。如果样品包含细胞、细菌或微藻类,在冷冻过程中,会破裂、损失细胞组分,同样不适用冷冻。冷冻需要掌握冷冻和融化技术,以使样品在融化时能迅速地、均匀地恢复其原始状态,用干冰快速冷冻是最合适的方法。一般选用聚氯乙烯或聚乙烯等塑料容器。

2)添加保存剂

(1)控制溶液 pH:测定金属离子的水样常用硝酸酸化至 pH 为 1～2,既可以防止重金属的水解沉淀,又可以防止金属在器壁表面上的吸附,同时在 pH 为 1～2 的酸性介质中还能抑制生物的活动。测定氰化物的水样可用氢氧化钠调节 pH 至 12。测定六价铬的水样应加氢氧化钠调至 pH 为 8,因在酸性介质中,六价铬的氧化电位高,易被还原。需要测定总铬的水样,则应加硝酸或硫酸至 pH 为 1~2。

(2)加入抑制剂:在样品中加入抑制剂可以抑制微生物作用。如在测氨氮、硝酸盐氮和 COD 的水样中,加氯化汞或加入三氯甲烷、甲苯作防护剂以抑制生物对亚硝酸盐、硝酸盐、铵盐的氧化还原作用。在测酚水样中用磷酸调溶液的 pH,加入硫酸铜以控制苯酚分解菌的活动。

(3)加入氧化剂:如测汞的水样中加入硝酸-重铬酸钾溶液可使汞维持在高氧化态,防止汞的挥发损失。

(4)加入还原剂:如在测定硫化物的水样加入抗坏血酸,可以防止被氧化;含余氯水样,能氧化氰离子,可使酚类、烃类、苯系物氯化生成相应的衍生物,为此在保存时加入适当的硫代硫酸钠予以还原,除去余氯干扰。

保存剂可事先加入到空瓶中,亦可在采样后立即加入水样中。样品保存剂如酸、碱或其他试剂在采样前应进行空白试验,其纯度和等级必须达到分析的要求,且所加的保存剂不能干扰待测组分的测定。表 5-11 列出了我国现行水样保存方法和保存期。

表 5-11 水样保存方法和保存期

监测项目	采样器材质	保存方法	保存期
浊度	G、P	尽量现场测定	12h
色度	G、P	尽量现场测定	12h
pH	G、P	尽量现场测定	12h
电导率	G、P	尽量现场测定	12h
溶解氧(DO)	溶解氧瓶	加硫酸锰和碱性 KI 叠氮化钠溶液固定	24h
悬浮物	G、P	低温(0~4℃)避光保存	14d
酸度	G、P	低温(0~4℃)避光保存	30d
碱度	G、P	低温(0~4℃)避光保存	12h
COD	G	加 H_2SO_4,调节 pH≤2	2d
高锰酸钾指数	G	低温(0~4℃)避光保存	2d
BOD_5	溶解氧瓶	低温(0~4℃)避光保存	12h
TOC	G	加 H_2SO_4,调节 pH≤2	7d
F^-	P	低温(0~4℃)避光保存	14d
Cl^-	G、P	低温(0~4℃)避光保存	30d
Br^-	G、P	低温(0~4℃)避光保存	14h
I^-	G、P	加 NaOH,调节 pH=12	14h
SO_4^{2-}	G、P	低温(0~4℃)避光保存	30d
PO_4^{3-}	G、P	加 NaOH 和 H_2SO_4,调节 pH=7	7d
总磷	G、P	加 H_2SO_4,HCl,调节 pH≤2	24h

续表 5-11

监测项目	采样器材质	保存方法	保存期
总氮	G、P	加 H_2SO_4，调节 pH≤2	7d
氨氮	G、P	加 H_2SO_4，调节 pH≤2	24h
硝酸盐氮	G、P	低温(0~4℃)避光保存	24h
亚硝酸盐氮	G、P	低温(0~4℃)避光保存	24h
硫化物	G、P	1L 水中加 NaOH 至 pH 为 9，加 5mL 5%抗坏血酸，3mL EDTA，滴加饱和 $Zn(Ac)_2$ 至胶体产生，常温避光	24h
总氰化物	G、P	加 NaOH，调节 pH≥9	12h
铍	G、P	1L 水中加 10mL 浓硝酸	14d
硼	P	1L 水中加 10mL 浓硝酸	14d
钠	P	1L 水中加 10mL 浓硝酸	14d
镁	G、P	1L 水中加 10mL 浓硝酸	14d
钾	P	1L 水中加 10mL 浓硝酸	14d
钙	G、P	1L 水中加 10mL 浓硝酸	14d
六价铬	G、P	加 NaOH，调节 pH=8~9	14d
锰	G、P	1L 水中加 10mL 浓硝酸	14d
铁	G、P	1L 水中加 10mL 浓硝酸	14d
镍	G、P	1L 水中加 10mL 浓硝酸	14d
铜	P	1L 水中加 10mL 浓硝酸	14d
锌	P	1L 水中加 10mL 浓硝酸	14d
砷	G、P	1L 水中加 10mL 浓硝酸	14d
硒	G、P	1L 水中加 2mL 浓盐酸	14d
银	G、P	1L 水中加 2mL 浓硝酸	14d
镉	G、P	1L 水中加 10mL 浓硝酸	14d
锑	G、P	加 0.2%浓盐酸	14d
汞	G、P	加 1%盐酸，若水样为中性，1L 水中加 10mL 浓盐酸	14d
铅	G、P	加 1%硝酸，若水样为中性，1L 水中加 10mL 浓硝酸	14d
油类	G	加盐酸至 pH≤2	7d
农药类	G	加 0.01~0.02g 抗坏血酸除残余氯，低温(0~4℃)避光保存	24h
除草剂类	G	加 0.01~0.02g 抗坏血酸除残余氯，低温(0~4℃)避光保存	24h
邻苯二甲酸酯类	G	加 0.01~0.02g 抗坏血酸除残余氯，低温(0~4℃)避光保存	24h

续表 5-11

监测项目	采样器材质	保存方法	保存期
挥发性有机物	G	加稀盐酸至 pH=2,加 0.01~0.02g 抗坏血酸除残余氯,低温(0~4℃)避光保存	12h
甲醛	G	加 0.2~0.5g/L 硫代硫酸钠除残余氯	24h
酚类	G	加磷酸至 pH=2,加 0.01~0.02g 抗坏血酸除残余氯,低温(0~4℃)避光保存	24h
微生物	G	加 0.2~0.5g/L 硫代硫酸钠除残余氯,低温(0~4℃)避光保存	12h
生物	G、P	尽量现场测定,否则用甲醛固定且低温(0~4℃)避光保存	12h

注:G 为硬质玻璃瓶;P 为聚乙烯瓶(桶)。

3. 沉积物的保存

用于贮存沉积物样品的容器主要为广口硼硅玻璃瓶、聚乙烯袋或聚苯乙烯等。聚乙烯和聚苯乙烯容器适于痕量金属样品的贮存。湿样测定项目和硫化物等样品的贮存不能采用聚乙烯袋,可用棕色广口玻璃瓶作容器。用于分析有机物的沉积物样品应置于棕色玻璃瓶中,瓶盖应衬垫洁净铝箔或聚四氟乙烯薄膜。聚乙烯袋的强度有限,使用时可用两只袋子双层加固并要使用新袋,不得有任何标志或字迹。样品容器使用前须用(1+2)硝酸溶液浸泡 2~3d,用去离子水清洗干净、晾干。表 5-12 列出了我国现行近岸海域沉积物样品的保存条件和保存期。

表 5-12 沉积物样品保存方法和保存期

测定项目	容器材质	保存条件	保存期	备注
多氯联苯	G-W(S)、TFE	<4℃	14d	
有机氯农药	G-W(S)、TFE	<4℃	14d	
硫化物	G-W(S)、TFE	<4℃	14d 充氮气	湿样测定
有机碳、石油类	G-W(S)、TFE	<4℃	7d	
汞	P-W、G-W	<4℃	14d	湿样测定
重金属	P-W、G-W	<4℃	80d	
粒度	PE、PS	<4℃	180d	湿样测定
氧化还原电位	PE、PS	<4℃	立即测定	

注:PE 为聚乙烯;PS 为聚苯乙烯;G-W 为广口玻璃瓶;P-W 为广口塑料瓶;(S)表示用溶剂洗涤;TFE 为衬帽。

(二)样品的运输

水样采集后必须立即送回实验室,根据采样点的地理位置和每个项目分析前最长可保存时间,选用适当的运输方式,在现场工作开始之前,就要安排好水样的运输工作,以防延误。

为起到防震、避免日光照射、低温运输和防止新的污染物进入容器和污染瓶口使水样变质的保护效果,水样运输前应将容器的外(内)盖盖紧,并且装箱时应用泡沫塑料等分隔,以防在运输途中破损。此外,需要冷藏的样品应该采取相应的制冷措施。不同季节应采取不同的保护措施,保证样品的运输环境条件。装有样品的容器上需要贴上标签,内容有采样点位编号、采样日期和时间、测定项目、保存方法和保存剂等。在装运的液体样品容器侧面上要粘贴上"此端向上"的标签,"易碎/玻璃"等提醒字样的标签应贴在箱顶上。

第五节　水样预处理

由于水环境样品的组分复杂、目标污染物组分含量低、目标组分存在形态各异以及存在对目标组分的干扰因素等,在分析前必须对样品进行适当的处理。预处理的目的在于富集和分离目标组分,或掩蔽干扰组分,或使目标组分浓度和形态符合分析方法的要求。水样预处理对监测结果准确度的影响不容忽视,是保证监测结果准确度的一个重要环节。水样预处理具体方法的选择应根据处理方法对被测组分的实际影响,测定项目的要求和水样特点等来确定。在预处理过程中,实验操作和实验室环境等因素可能导致造成目标组分含量发生变化,故应对预处理方法进行回收率考核。常用的水样预处理方法有水样的过滤和离心、水样的消解和富集分离等。

一、水样的过滤

用滤器(滤纸、聚四氟乙烯滤器、玻璃滤器)(图 5-13)等过滤样品或将样品离心分离都可以除去其中的悬浮物、沉淀、藻类及其他微生物。因为各种重金属化合物、有机物容易吸附在滤器表面,滤器中的溶解性化合物(如表面活性剂)可能会污染样品,所以用前清洗及避免吸附、吸收损失。滤器的选择要注意与分析方法相匹配,一般测定有机指标时选用砂芯漏斗和玻璃纤维漏斗,而在测定无机指标时常用 0.45μm 的滤膜过滤。水样的过滤和不过滤对测定结果影响很大,有时可能相差几倍。

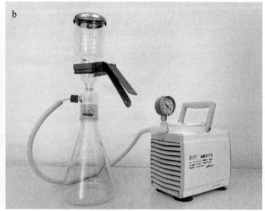

图 5-13　常见 0.45μm 针式过滤器(a)和砂芯过滤装置(b)

二、水样的消解

消解处理常用于水样中无机元素的测定。消解的目的在于破坏有机物、溶解悬浮性固体、将各种价态的待测元素氧化成单一高价态或转变成易于分离的无机化合物。常用的消解方法有湿式消解法(湿法消解)、干灰化法(干法消解)和微波消解法。湿法消解中常见的消解体系有单元酸体系、多元酸体系和碱分解体系。硝酸是最常使用的单元酸。在进行水样消解时,应根据水样的类型及采用的测定方法进行消解体系的择优选择。

(一)湿式消解法

湿式消解法主要是利用硝酸、高氯酸、硫酸、过氧化氢等氧化性试剂作氧化剂,样品经连续的氧化-水解过程后,有机物降解逃逸,溶液成分主要为水溶性金属盐类。下面介绍常用的几种湿式消解方法。

1. 硝酸消解法

对于较清洁的水样,可用硝酸消解。该方法要点:取混匀的水样 50~200mL 于干净的烧杯或锥形瓶中,加入 5~10mL 浓硝酸,在电热板上加热煮沸,蒸发至小体积,试液应清澈透明,呈浅色或无色,否则,应补加硝酸继续消解。蒸至近干,取下烧杯,稍冷后加 2%HNO_3(或HCl)20mL,温热溶解可溶盐。若有沉淀,应过滤,滤液冷至室温后于 50mL 容量瓶中定容,待分析测定。

2. 硝酸-高氯酸消解法

对于含有难氧化有机物的水样,可用硝酸-高氯酸消解法。该方法要点:取适量混匀水样于烧杯或锥形瓶中,加 5~10mL 硝酸,在电热板上加热、消解至大部分有机物被分解。取下烧杯,稍冷,加 2~5mL 高氯酸,继续加热至开始冒白烟,如试液呈深色,再补加硝酸,继续加热至冒浓厚白烟将尽(注意:不可蒸至干涸)。取下烧杯冷却,用 2%HNO_3 溶解,如有沉淀,应过滤,滤液冷却至室温定容备用。因为高氯酸能与羟基化合物反应生成不稳定的高氯酸酯,有发生爆炸的危险,故先加入硝酸,氧化水样中的羟基化合物,稍冷后再加高氯酸处理。

3. 多元消解法

多元消解法是指采用三元及以上酸或者氧化剂的消解体系,目的是提高消解温度、加快氧化速度和改善消解效果。如测定水样中汞时,前处理常用到硫酸、硝酸、高锰酸钾和过硫酸钾消解;测定砷时,可用盐酸、硝酸和高氯酸对水样进行前处理;处理测总铬的水样时,用硫酸、磷酸和高锰酸钾消解。

4. 碱分解法

碱分解法适用于按上述酸消解法会造成某些元素的挥发或损失的水样。该方法要点:在水样中加入氢氧化钠和过氧化氢溶液或者氨水和过氧化氢溶液,加热至缓慢沸腾消解至近干时,稍冷却后加入水或稀碱溶液,温热溶解可溶盐。若有沉淀,应过滤,滤液冷至室温定容,待分析测定。

除以上介绍的方法外,湿法消解方法还有硝酸-硫酸消解法、硝酸-盐酸消解法、硫酸-磷酸消解法和硫酸-高锰酸钾消解法等。

(二)干灰化法

干灰化法又称高温分解法。干灰化法的处理过程:取适量水样于白瓷或石英蒸发皿中,置于水浴上或用红外灯蒸干,移入马弗炉内,于450～550℃灼烧到残渣呈灰白色,使有机物完全分解除去。取出蒸发皿,冷却,用适量2‰ HNO_3(或 HCl)溶解样品灰分,过滤,滤液定容后供测定。本方法不适用于处理测定易挥发组分(如砷、汞、镉、硒、锡等)的水样。

(三)微波消解法

微波消解法是指利用微波里外同时加热(传热方式主要为偶极子旋转和离子传导)的特点,使密闭容器里的样品和消解液均匀受热,并且通过激烈搅拌进行充分混合,从而有效加快消解速率。微波消解法一般可分为两类:敞口微波消解法(常压微波消解法)和密闭微波消解法(高压微波消解法)。常压微波消解法一般用于一些易消解样品,并不需要很高的温度,但这种消解方法常造成易挥发组分的损失;密闭微波消解法能有效防止消解过程中引入污染和易挥发组分的损失,因此目前使用更广泛的是密闭微波消解法。

三、水样的富集分离

富集是指将水样中含量低的待测组分富集浓缩起来以便于测定。分离是指将与目标物共存组分或者干扰组分分离或者掩蔽,以利于目标物的准确测定。富集和分离是互相关联的,往往同时进行。常用的富集分离技术有挥发、蒸发浓缩、蒸馏、顶空、萃取、吸附、离子交换和共沉淀等。

(一)挥发、蒸发浓缩和蒸馏

挥发、蒸发浓缩和蒸馏利用水样中待测组分与共存组分之间的沸点不同,而实现待测组分的富集分离。

1. 挥发分离

挥发分离是指利用其他组分的挥发度大或者将待测组分转化为易挥发物质,然后用惰性气体将其带出而达到分离的目的。常见的气提法就是利用挥发分离的原理,将惰性气体通入调制好的水样中,将待测组分吹出,直接送入仪器测定或者导入吸收液中富集后再测定。例如,用冷原子荧光法测定水样中的汞时,先用氯化亚锡将汞离子还原为原子态汞,再利用汞易挥发的性质,加热条件下,通入惰性气体将其吹出并送入仪器测定。

2. 蒸发浓缩

蒸发浓缩是指利用水的挥发性,在电热板上或者水浴(油浴、沙浴)中加热水样,使水分慢慢蒸发,待测组分逐渐浓缩的过程。

3. 蒸馏

蒸馏是指将水样中较易挥发的组分在加热的条件下富集在蒸气相中并导入冷凝管,使之冷却凝结成馏出液或者导入吸收液中进行富集,而达到待测组分与其他组分之间分离的目的。常见的蒸馏法有常压蒸馏法、减压蒸馏法、水蒸气蒸馏法和分馏法等,此外还有分子蒸馏法和膜蒸馏法等新型分离技术。图 5-14 为氰化物直接蒸馏装置示意图,图 5-15 为氟化物水蒸气蒸馏装置示意图。

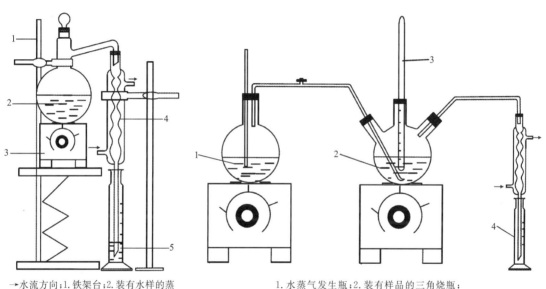

→水流方向;1.铁架台;2.装有水样的蒸馏瓶;3.可调温电炉;4.冷凝管;5.吸收瓶。

图 5-14 氰化物直接蒸馏装置示意图

1.水蒸气发生瓶;2.装有样品的三角烧瓶;3.温度计;4.吸收瓶。

图 5-15 氟化物水蒸气蒸馏装置示意图

(二)顶空法

顶空法是指先在密闭的容器中装入水样,容器上部留存一定空间,再将容器置于恒温水浴中,经过一定时间,容器内的气液两相达到平衡时,取气相样品进行分析测定。顶空法的根本是待测组分(主要为挥发性有机物或挥发性无机物)在气-液两相中的平衡:

$$K = \frac{C_g}{C_l} \tag{5-10}$$

式中:K 为待测组分在两相中的分配系数,K 值大小与被处理对象的物理性质、水样组成、温度有关;C_g 和 C_l 分别为平衡时待测组分在气相和液相的浓度。

根据物料守恒,待测组分在水样中的原始浓度 C_l^0 和待测组分在气相中的平衡浓度 C_g 的关系为

$$C_l^0 = \frac{C_g}{V_1}\left(\frac{V_1}{K}+V_g\right) \tag{5-11}$$

式中：V_1 和 V_g 分别表示密闭容器中液相和气相的体积。

通常顶空技术可以与气相色谱技术结合进行分析，成为 HS-GC 法（headspace gas chromatography）。通过气相色谱测定待测组分在顶空中的信号可以计算出待测组分在水样中的浓度：

$$C_l^0 = \frac{kA}{V_1}\left(\frac{V_1}{K}+V_g\right) = f_1 A \tag{5-12}$$

$$\frac{1}{K} = f_2\frac{1}{A} - \frac{V_g}{V_1} \tag{5-13}$$

式中：k 为气相色谱的响应系数；A 为气相色谱检测的信号面积；C_g 和 A 关系为 $C_g = kA$；f_1 和 f_2 为 HS-GC 的综合响应系数，与样品的平衡温度和样品的体积等因素有关。

（三）萃取法

目前，用于水样预处理的萃取方法主要有液-液萃取（溶剂萃取）、固相萃取和超临界流体萃取等。

1. 液-液萃取

液-液萃取也称为溶剂萃取，是指基于不同组分在互不相溶的两种溶剂（水相和有机相）中溶解度或者分配系数不同，使得待测组分与干扰组分之间的分离。液-液萃取既适用于有机物的分离也可用于无机物的分离。

液-液萃取根据萃取原理的不同可以分为物理萃取和化学萃取。物理萃取是指目标物在水相和有机相中溶解度不同而实现分离富集，如用气相色谱法测定六六六、DDT 时，需先用石油醚或二氯甲烷等有机溶剂萃取；用红外分光光度法测定水样中的石油类和动植物油时，可用四氯化碳萃取等。化学萃取是指待测组分与萃取剂发生化学反应而被萃取出来，如用分光光度法测定水中的 Cd^{2+}、Hg^{2+}、Zn^{2+}、Pb^{2+} 和 Ni^{2+} 等，双硫腙能与上述离子生成难溶于水的螯合物，可用三氯甲烷（或四氯化碳）从水中萃取后测定，三者构成双硫腙三氯甲烷水萃取体系；青霉素钠盐可以用四丁胺的氯仿溶液以离子合物形式被萃取到有机相；柠檬酸在弱的酸性条件下可与磷酸三丁酯形成中性络合物而被萃取进入有机相等。

为获得满意的萃取效果，必须根据不同的萃取体系选择适宜的萃取条件，如选择效果好的萃取剂和有机溶剂，控制溶液的酸度，采取消除干扰的措施等。

2. 固相萃取

固相萃取技术（solid phase extraction，SPE）的工作原理：利用待测组分和干扰组分在固定相（固体萃取剂）和液相的分配不同，通过吸附、分配等不同的方式将待测组分截留，然后用适当的溶剂洗脱，而达到分离、富集的目的。SPE 技术中使用最多的固定相 C18 相。该种填料疏水性强，在水相中对大多数有机物显示保留。也使用其他具有不同选择性和保留性质的固定相,如 C_8、氰基、氨基、苯基、双醇基填料、活性炭、硅胶、氧化铝、硅酸镁、聚合物、离子交换剂、排阻色谱填料和亲合色谱填料等。

SPE 装置常见的为 SPE 柱(图 5-16),柱体一般为 1~6mL 的医用级丙烯管,在两片聚乙烯筛板之间填装适当的固定相。根据具体情况,柱体材料可以选用玻璃或者纯聚四氟乙烯(PTFE),筛板材料可以选用聚丙烯、PTFE、钛等。SPE 的操作步骤包括:①萃取柱预处理。目的是除去固定相中可能存在的杂质,还能活化固定相,提高固相萃取的重现性。固定相未经预处理或者未被溶剂润湿,能引起溶质过早穿透,影响回收率。②向柱内注入水样。加到萃取柱上的水样量取决于萃取柱的尺寸(固定相含量)和类型、在试样溶剂中试样组分的保留性质和试样中分析物及基质组分的浓度等因素。③除去干扰杂质。用中等强度的溶剂,将干扰组分洗脱下来,同时保持目标物存留在柱上。④洗脱和收集目标物。将目标物完全洗脱并收集在最小体积的级分中,同时使比目标物更强保留的杂质尽可能多地存留在柱上。这一步中洗脱液的选取尤其重要。

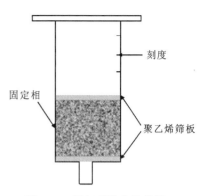

图 5-16 固相萃取柱示意图

固相微萃取技术(solid phase microextraction,SPME)是一种常用的新型、高效的固相萃取技术。SPME 的原理与 SPE 有所区别,其原理是基于目标物在固定相与水相之间的平衡分配。

如图 5-17 所示,SPME 装置形如一个微量进样器,主要部分为固定在不锈钢活塞上的萃取头(石英纤维表面涂的高分子层)和手柄。SPME 基本操作过程:用活塞将收缩在手柄中的萃取针头推出,插入样品瓶中,使得具有吸附涂层的萃取针头与水样成分接触,或者进行顶空萃取,有机物吸附在萃取头上,经过一段时间后,达到吸附平衡,拉回活塞,萃取针头收回手柄中。完成萃取过程后,在气相色谱分析中采用热解吸法来解吸萃取物质。将已完成萃取过程的萃取针头插入气相色谱进样装置的气化室内,压下活塞,使萃取纤维暴露在高温载气中,并使萃取物不断地被解吸下来,进入后序的气相色谱分析。

3. 超临界流体萃取

超临界流体萃取(supercritical fluid extraction,SFE)是指作为溶剂的超临界流体与样品接触,使样品基质中目标物(萃取物)被超临界流体溶解并携带,从而与其他组分(萃余物)分离,之后通过降低压力或调节温度,降低超临界流体的

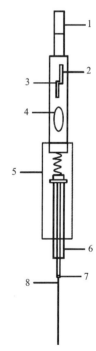

1. 手柄推杆;2. Z 型槽;
3. 推杆固定旋钮;4. 透视窗;
5. 可调针深度规;
6. 隔垫穿刺针头;
7. 固定萃取头的针管;
8. 涂有高分子层的萃取头。

图 5-17 固相微萃取装置示意图

密度,从而降低其溶解能力,使超临界流体解析出其所携带的萃取物,达到萃取分离的目的。超临界流体是指处于临界温度和临界压力的非凝缩性的高密度流体。这种流体介于气体和液体之间,具有密度高、黏度小、渗透力强等特点,能快速、高效地将目标物从样品基质中分离。超临界流体萃取装置的主要设备是萃取釜和分离釜两部分,再配以适当的加压和加热配件。超临界流体萃取的分析对象是对热不稳定、难挥发性的烃类和非极性脂溶化合物等。目前最常用萃取相为CO_2,因为CO_2具有临界密度($0.448g/cm^3$)大、临界温度($31.06℃$)低、临界压力($7.39 MPa$)适中、便宜易得、无毒、无臭、化学惰性、易与产物分离,不污染样品等特点。

(四)吸附

吸附法是指利用多孔性固体吸附剂将水样中的一种或者多种组分(吸附质)选择性吸附于表面,再通过溶剂洗脱、加热或者吹气使待测组分解吸,而达到分离和富集的目的。根据吸附机理的不同,可分为物理吸附和化学吸附。物理吸附是由吸附剂与吸附质之间的分子间作用力(范德华力)所引起的,所以又称为范德华吸附。化学吸附是指吸附剂与吸附质之间发生化学反应所引起的吸附。常见的吸附剂有活性炭、氧化铝、硅胶和大网格聚合物吸附剂等。活性炭是最常用的吸附剂,广泛应用于重金属离子和有机物的吸附富集。大网格聚合物吸附剂大多是具有多孔,且孔径均一的网状结构树脂,这类吸附剂与活性炭等天然吸附剂相比,具有选择性好、解吸容易、机械强度好、可反复使用和流体阻力较小等优点,而且改变吸附剂孔结构或极性,可适用于吸附多种有机化合物。

(五)离子交换

离子交换法是液相中的离子和固相中离子间所进行的一种可逆性化学反应,当液相中的某些离子被离子交换剂所吸附后,为维持水溶液的电中性,离子交换剂必须释出等价离子进入溶液中。目前常用的离子交换剂有离子交换树脂和离子交换纤维,离子交换纤维是在离子交换树脂产品基础上开发的一种新型纤维状吸附与分离材料。

离子交换树脂是一种带有活性基团的三维网状高分子化合物。离子交换树脂通常是球形颗粒物,活性基团主要由固定离子和可交换离子组成。根据活性基团的不同,离子交换树脂可分为阳离子交换树脂、阴离子交换树脂和特殊离子交换树脂等。

阳离子交换树脂的活性基团主要有$-SO_3H$、$-SO_3Na$、$-COOH$等。含有$-SO_3H$和$-SO_3Na$等强酸性基团的树脂称为强酸型阳离子交换树脂,一般富集金属阳离子,在酸性、中性和碱性条件下都可以使用。含有$-COOH$等弱酸性基团的树脂称为弱酸性阳离子交换树脂,该类树脂一般在酸性条件下不会发生交换反应,因此常在碱性条件下使用,用来分离碱性氨基酸和有机碱等。

阴离子交换树脂的活性基团(按照碱性由强到弱排列)有$-N(CH_3)_3OH$、$-NH(CH_3)_2OH$、$-NH_2CH_3OH$以及$-NH_3OH$等。含有$-N(CH_3)_3OH$等强碱性基团的树脂为强碱性交换树脂,能在各种pH条件下使用。含有$-NH(CH_3)_2OH$、$-NH_2CH_3OH$以及$-NH_3OH$等弱碱性基团的树脂则为弱碱性阴离子交换树脂,需在较低pH条件下使用。

特殊离子交换树脂是指含有高度选择性的特殊活性基团的树脂,如螯合树脂中含有与某些金属离子发生螯合反应的基团以及有些树脂中含有氧化还原基团可以与水样中某些离子发生氧化还原反应。

离子交换树脂进行水样预处理的操作要点一般包括树脂预处理、装柱、树脂的吸附和解吸。

(1)树脂预处理。一般的树脂中往往含有在合成时混入的可溶性小分子有机物及铁、钙等杂质,因此在使用前需要用酸、碱处理,以除去杂质。处理方法是先将树脂用水浸泡使其充分膨胀,然后依次用5%～7%HCl和5% NaOH浸泡,最后用蒸馏水洗至中性。提取生物碱需用阳离子交换树脂,使用时要用盐酸转为氢型。

(2)装柱。预处理完的树脂需要装入充满蒸馏水的交换柱中,树脂层上部应覆盖少量液体,以防空气进入树脂层。

(3)树脂的吸附和解吸。将水样以合适的流速注入交换柱,则待分离组分从上到下逐层被树脂吸附。吸附完毕后,用蒸馏水洗涤,洗下残留的溶液及交换过程中形成的酸、碱或盐类等。吸附了待测组分的交换柱用合适的洗脱液进行冲洗,使树脂上的离子解吸,达到分离富集的目的。

(六)共沉淀

共沉淀法是指利用溶液中主沉淀物(称为载体)析出时将共存的某些微量组分载带下来而得到分离的方法。共沉淀剂(载体)可以分为无机共沉淀剂和有机共沉淀剂。

无机共沉淀剂主要是通过表面吸附或者形成混晶,将微量组分载带下来。常见的无机共沉淀剂有$CaCO_3$、金属氢氧化物和稀土元素氢氧化物等。例如,自来水中微量铅的测定可使用$CaCO_3$将水中的Pb^{2+}载带下来;以氢氧化镁为共沉淀剂可以分离富集海水的稀土元素,并可用电感耦合等离子体质谱(ICP-MS)等测定;$Zr(OH)_4$能共沉淀水样中铍等8种痕量元素,并用石墨炉原子吸收法(GFAAS)测定。

有机共沉淀剂相较于无机共沉淀剂而言,选择性高、分离效果好,并且可以通过灼烧去除共沉淀剂,不会干扰待测组分的测定。有机共沉淀剂的作用机理是先把无机离子转化为一定形态的化合物(如缔合物和螯合物等),然后用与其结构相似的有机共沉淀剂将其载带下来。如痕量镍与丁二酮肟生成螯合物,分散在溶液中,若加入丁二酮肟二烷酯(难溶于水)的乙醇溶液,则析出固相的丁二酮肟二烷酯,便将丁二酮肟镍螯合物共沉淀出来,丁二酮肟二烷酯在整个过程中只起载体作用,又称为惰性共沉淀剂。常见的惰性共沉淀剂还有β-萘酚和酚酞等。

第六节 水质现场指标测定

为了反映研究区域水质的真实情况,水质监测中许多监测项目在现场测定得出的数据更加可靠,如水温、臭和味、浊度、透明度、pH、溶解氧、电导率和氧化还原电位等需要现场测定。

一、水温

水温是由多种因素综合作用形成,包括太阳辐射、长波有效辐射、水面与大气热量交换、水面蒸发、水体的水力地质地貌特征、补给水源等。水体的许多物理化学性质与水温有密切关系,如密度、黏度、盐度、pH、气体的溶解度、化学和生物化学反应速率以及生物活动等都受水温变化的影响。所以水温的测量对水体自净、热污染判断及水处理过程的运转控制等都具有重要的意义。水温因水体不同而异,如地下水的温度比较稳定,通常为 8~12℃;地面水温度随季节和气候变化较大,变化范围为 0~30℃;工业废水的温度因工业类型、生产工艺不同有很大差别。

现场测量水温常用的仪器有水温计、深水水温计和颠倒水温计。各种温度计应由计量检定部门定期校核。

1. 水温计

水温计适用于各类水体(江河水、湖泊水、水库水、井水和海水等)表层温度的测量。水温计安装在特制金属套管内,套管开有可供温度计读数的窗孔,套管上端有一个可以系绳索的提环,下端连接有孔的盛水金属圆筒,水银球部悬于金属圆筒中央。水温计的测量范围为 −6~40℃,分度值为 0.2℃。测定步骤:将水温计插入水中至待测深度,感温 5min 后,迅速上提并读取示数。从水温计提出水面至读数完毕的时间不应超过 20s,读数完毕后,将圆筒内水倒净。

2. 深水水温计

深水水温计适用于水深 40m 以内的水温测量。深水水温计的整体结构与水温计相似。深水水温计盛水圆筒上有上下活门,利用其放入水中和上提时能自动开启和关闭的特征,使筒内能盛满待测水样。测量范围为 −2~40℃,分度值为 0.2℃。操作步骤与水温计一致。

3. 颠倒水温计(闭式)

颠倒水温计(闭式)适用于水深在 40m 以上的水温测量,需装在颠倒采水器上使用。该类水温计由主温度计和辅助温度计组装在厚壁玻璃套管内组成,套管两端完全封闭。主温度计是双端式水银温度计,由贮蓄泡、接受泡、毛细管和盲枝等部分组成。贮蓄泡和玻璃套管之间充以水银,为避免深水水压影响主温度计中水银柱的升降,需留有一定的空间。感温时,温度计的贮蓄泡向下,盲枝的交叉点(断点)以上的水银柱高度取决于现场温度。当温度计颠倒时,水银柱便在断点处断开,从而保留了现场温度的读数,提出水面后即可读出。辅助温度计是普通的水银温度计,用于校正因环境温度改变而引起的主温度计读数变化。主温度计测量范围为 −2~32℃,分度值为 0.1℃,辅助温度计测量范围为 −20~50℃,分度值为 0.5℃。

操作步骤:将装有颠倒水温计的采水器放入水中至待测深度,感温 10min 后,由"使锤"作用打击采水器的"撞击开关",使采水器完成颠倒动作,上提采水器,立即读取主温度计和辅助温度计示数。实际水温的确定还需根据校正计算得出。

$$K=\frac{(T-t)(T+V_0)}{n}\left(1+\frac{T+V_0}{n}\right) \quad (5\text{-}14)$$

式中：K 为颠倒温度计的还原校正值；T 为主温度计经器差校正后的读数；t 为辅助温度计经器差校正后的读数；V_0 为主温度计自接受泡至 0 刻度处的水银体积，以温度示数表示；$1/n$ 为水银与温度计玻璃的相对膨胀系数，n 通常取 6300。

实际水温为 T 与 K 之和。

二、臭和味

《生活饮用水卫生标准》(GB 5749—2022)规定饮用水无异臭、无味。水体的臭和味是一种感官性状，同时也能反映出当地排放的工业废水或者生活污水中可能含有的污染物类型、天然物质的分解情况和与之有关的微生物活动等。所以，测定水体的臭和味也是评价水质污染和污染源的一种手段。测定臭和味的主要方法有定性描述法和臭阈值法。

（一）定性描述法

定性描述法是指检测人员通过自己的嗅觉和味觉分别在 20℃ 和煮沸稍冷的条件下，闻水样的气味和尝水样的味道，并用适当的描述性的词语定性评价。例如，描述臭味的词语有芳香、氯气、石油气味、氯仿味、硫化氢味、泥土味等；描述水味道的词语有酸、甜、苦、咸、涩或其他味道等。表 5-13 列出了臭和味的强度等级划分。

在检测水的味道时，需要保证水样是清洁的或者经口接触对人体健康无害。

（二）臭阈值法

臭阈值(TON)是指用无臭水稀释水样到刚能闻出臭味时的稀释倍数，计算公式为

$$\text{TON}=\frac{(\text{水样体积}+\text{无臭水体积})}{\text{水样体积}} \quad (5\text{-}15)$$

臭阈值越高说明水样臭味很强烈。臭阈值法不仅适用于几乎无臭的水样，还适用于阈值达到上千的污(废)水等。检验操作要点：用水样和无臭水在有塞的锥形瓶中配制系列稀释样，在水浴上加热至 60 ± 1℃；取下锥瓶，振荡 2~3 次，去塞，闻其气味，与无臭水比较，确定刚好闻出臭味的稀释水样，计算臭阈值。例如，水样含余氯，应在脱氯前后各检验一次。

表 5-13 臭和味的强度和等级

等级	强度	说明
0	无	无任何气味
1	弱	一般人难以察觉，嗅觉和味觉灵敏者可以察觉
2	微弱	一般人刚能察觉
3	明显	能明显察觉
4	强	有明显臭味或者某种味道
5	很强	有强烈的臭味或者某种味道

无臭水可以通过蒸馏水煮沸除臭、颗粒状活性炭吸附自来水除臭和用硫代硫酸钠溶液滴定处理含余氯自来水等方法制得。

由于每个人的嗅觉和判断能力不同,所以为保证检验结果可靠,通常选择 5 名以上嗅觉灵敏的人员同时检验,取所有检验结果的几何平均值作为代表值。

三、浊度

浊度也称浑浊度,是由于水中对光有散射作用物质的存在,而引起液体透明度降低的一种量度。水中悬浮物及胶体微粒会散射和吸收通过样品的光线,光线的散射现象产生浊度,利用样品中微粒物质对光的散射特性表征浊度,测量结果单位为 NTU(散射浊度单位 nephelometric turbidity units)。水的浊度不仅与水中微粒物质数量和浓度有关,还与其颗粒大小、形状、对光散射特性及水样放置时间、水温、pH 等有关。因此,水的浊度尽量现场测定,否则,应在 4 ℃ 以下冷藏避光保存,不超过 24 h。测定浊度的方法有浊度计法、分光光度法和目视比浊法等。

(一)浊度计法

浊度计法的原理是利用一束稳定光源光线通过盛有待测样品的样品池,传感器处在与发射光线垂直的位置上测量散射光强度。光束射入样品时产生的散射光的强度与样品中浊度在一定浓度范围内成比例关系。图 5-18 为浊度计结构示意图。仪器光源为波长 λ 为 860 ± 30nm 的 LED 光源或波长为 400~600nm 的钨灯,入射的平行光散焦不超过 1.5°。

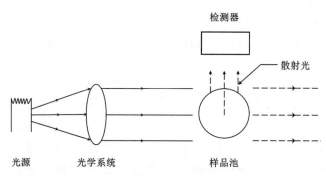

图 5-18 浊度计结构示意图

分析步骤:

(1)仪器自检。按照仪器说明书打开仪器预热,进行仪器自检并进入测量状态。

(2)仪器校准。将实验用水(浊度低于 0.3NTU 的蒸馏水或其他纯水),倒入样品池中进行零点校准。然后将浊度标准使用液稀释成不同浓度点,分别润洗样品池数次后,缓慢倒至样品池刻度线,进行标准系列校准。

(3)样品测定。将样品摇匀,待可见的气泡消失后,用少量样品润洗样品池数次。将完全均匀的样品缓慢倒入样品池内,至样品池的刻度线即可。持握尽量在样品池刻度线以上的位置,用柔软的无尘布擦去样品池外的水和指纹。将样品池放入仪器读数时,应将样品池上的标识对准仪器规定的位置。按下仪器测量键,仪器示数稳定后读数记录。超过仪器量程范围的样品可用实验用水稀释后再测量。

(4)空白测定。按照与样品测定相同的测量条件进行实验用水的测定。

目前市场上有各种型号的便携式浊度仪可以应用于水样浊度的现场测定。

(二)分光光度法

分光光度法是建立在分子吸收光谱基础上的分析方法。分子吸收光谱上的吸收峰值波长、吸收峰数目及形状与物质的分子结构(如价电子结构、键型、官能团等)紧密相关,这是进行定性分析的基础;吸收峰峰值波长处的吸光度与被测物质的浓度之间的关系符合朗伯比尔定律,即在一定的实验条件下二者呈线性关系,这是定量分析的基础。分光光度法的应用光区包括紫外光区(10~380nm)、可见光区(380~780nm)和红外光区(780~300μm)。在利用分光光度法监测项目中,大多数是将被测物质转变成有色物质,在可见光区通过测其对特征波长的吸光度,并与标准溶液的吸光度相比较实现定量测定。

分光光度计主要由光源、分光系统、比色皿、检测系统和记录仪,基本结构如图5-19所示。光源的作用是提供符合要求的入射光,紫外及可见分光光度计的光源常用氢灯或氘灯(紫外光区)、钨丝灯(可见光区)。分光系统(单色器)通常由色散元件(光栅或棱镜)、反射镜和狭缝等组成,作用是将光源发射的复合光分解成单色光和分出所需的单色光束。比色皿又叫吸收池,一般由石英材料(紫外光区)和光学玻璃(可见光区)制成,用途是盛放待测试样。检测系统由检测器、放大器和显示系统组成。常用的检测器为光电管和光电倍增管,是将光信号转化为电信号的装置,一般检测器后接一个放大器,将检测器输出的电信号放大,使其能清楚地显示出来。显示系统是将放大后的电信号显示出来,便于定性和定量分析。

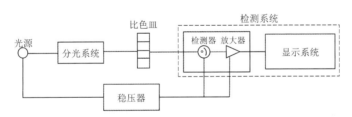

图 5-19 分光光度计基本结构示意图

分光光度法的定量分析方法是标准曲线法。先配制含有不同浓度待测元素的系列标准溶液,分别测其吸光度,以扣除空白值之后的吸光度为纵坐标,对应的标准溶液浓度为横坐标绘制标准曲线。在同样操作条件下测定试样溶液的吸光度,从标准曲线查得试样溶液的浓度。由于实际分析中各种干扰效应(如光谱干扰、物理干扰和化学干扰等)的影响,使得标准曲线会出现弯曲的现象,所以使用该方法时应注意:①配制的标准溶液浓度应在吸光度与浓度成线性的范围内;②标准溶液与试样溶液应用相同的试剂处理;③整个分析过程中操作条件应保持不变。

分光光度法测定浊度的原理是以硫酸肼和六次甲基四胺在一定温度下聚合形成的不溶于水的大分子盐类混悬液作为浊度标准液,在一定条件下测定的吸光度与水样的吸光度比较从而得到水样的浊度。

浊度标准液的配制：取 5.00mL 浓度为 10mg/mL 的硫酸肼溶液和 5.00mL 浓度为 100mg/mL 的六次甲基四胺溶液于 100mL 容量瓶中，混匀，于 25±3℃条件下静置反应 24h。冷却后加入实验用水将溶液稀释至刻度线，混匀，得到 400NTU 的浊度标准贮备液。

分析步骤：

(1)绘制标准曲线。取 0mL、0.50mL、1.25mL、2.50mL、5.00mL、10.00mL 和 12.50mL 标准贮备液加入 50mL 的比色管中，加水至标线。摇匀后，得到 0.4NTU、10NTU、20NTU、40NTU、80NTU 和 100NTU 的标准系列。于 680nm 波长条件下，用 30mm 比色皿测定吸光度，绘制标准曲线。

(2)样品测定。取 50.00mL 摇匀且无气泡的水样于 50mL 比色管中，按照绘制标准曲线步骤测定样品吸光度，并从标准曲线上查得水样浊度。若水样浊度超过 100 NTU 时，可取少量样品并用无浊度水(用 0.2μm 滤膜过滤的蒸馏水)稀释至 50.00mL。

(三)目视比浊法

将水样与用硅藻土(或白陶土)配制的系列浊度标准溶液进行比较，来确定水样的浊度。规定 1 mg 一定粒度的硅藻土在 1000mL 产生的浊度为 1"度"。这种浊度单位也称为杰克逊浊度单位(JTU)。

1. 浊度标准液的配制

称取 10g 通过 0.1mm 筛孔烘干的硅藻土，研磨至加少许水成糊状，再继续研细，转移到 1000mL 干净的量筒中，加实验用水至 1000mL 标线，混匀并静置 24h。用虹吸法将上层 800mL 悬浮液移到另一个 1000mL 干净的量筒中，加实验用水至 1000mL 标线，混匀并静置 24h。吸出上层含较细颗粒的 800mL 悬浮液弃去，将下层溶液加实验用水稀释至 1000mL 标线，混匀，贮存于具塞玻璃瓶中待用，其中含硅藻土颗粒直径约 400μm。

取 50.0mL 上述悬浊液置于恒重的蒸发皿上，水浴蒸干，然后在烘箱中 105℃烘 2h，置于干燥器冷却 30min，称重。再于 105℃烘箱中烘 1h，冷却称重，直至恒重。求出 1mL 悬浊液中含硅藻土的质量(mg)。

浊度为 250JTU 标准液：取含 250mg 硅藻土的悬浊液加入 1000mL 容量瓶中，定容，摇匀。

浊度为 100JTU 标准液：取 100mL 浊度为 250JTU 标准液于 250mL 容量瓶中，定容，摇匀。

为防止菌类生长，可以在上述标准液中加入氯化汞。

2. 分析步骤

当水样浊度在 10JTU 以上时，选择 250JTU 标准液配制浊度为 0~100JTU(公差为 10)共 11 组标液，当水样浊度在 10JTU 以下时，选择 100JTU 标准液配制浊度为 0~10JTU(公差为 1)共 11 组标液。然后取与系列浊度标准液等体积的摇匀水样置于同规格的比色器皿中，在黑色底板上由上往下观察比较或者瓶后放置一张黑线白纸由瓶前往后观察对比,根据与水样相似视觉效果的标液的浊度来确定水样浊度。水样浊度超过100JTU时,稀释后继续测定。

四、透明度

水体透明度是指水体的澄清程度。洁净的水是透明的,当水中含有大量悬浮物质、浮游生物、胶体物质和有色物质等时,水体透明度就会降低。透明度与浊度一样,既是水质的外观指标,也是水质评价指标之一。常用测定透明度的方法为塞氏盘法和铅字法,其中塞氏盘法是一种现场测定透明度的方法。

（一）塞氏盘法

塞氏盘法是利用塞氏盘沉入水中后,直到观察不到它时测得的深度,即水的透明度,单位为 cm。

塞氏盘,又称透明度盘,整体结构是直径为 200mm 的较厚白铁片圆盘,圆盘一面从中心平均分为四份,黑白相间,正中心穿一根连接着铅锤的铅丝,铅丝上面系一定长度的绳索(图 5-20),在绳子上每 10cm 处做一个标记。

透明盘使用过程中,盘面白色部分可能变黄,需要重新涂漆。

图 5-20　塞氏盘示意图

（二）铅字法

铅字法又称透明计法,是通过检测人员观察装有一定高度的水样的透明度计底部的标准印刷符号来测定水的透明度,将刚好清楚地观察到符号时水样高度表示为透明度,单位为 cm。

透明度计是一种高为 33cm，内径为 2.5cm 的无色玻璃筒，筒壁具有以 cm 为单位的刻度，筒底有一磨光的玻璃片和防水侧管。

分析步骤：摇匀水样，立即倒入筒内，从筒口垂直往下观察，若不能清楚观察到符号，缓慢放水，直到能刚好看清符号，停止放水并记录此时的水样深度，读数估计至 0.5cm，即为水样透明度。

由于观察人员的主观因素影响较大，所以通常在保证照明条件一致的情况下，最好取多次测量结果或者多人测量结果的平均值。

五、pH

pH 是水环境监测中最重要的监测项目之一，pH 能影响水体中的很多化学过程、生物过程，对水质评价有着重要的指导意义。不同水体环境质量标准中 pH 的标准限值也有差异：天然水中 pH 范围一般为 6~9；生活饮用水中 pH 范围为 6.5~8.5；可用于农业和工业用水的地下水中 pH 范围分别为 5.5~6.5、8.5~9。pH 易受水温影响，因此通常在采样现场完成测定。测定水中 pH 通常采用玻璃电极法和比色法。

pH 是水中氢离子活度（a_{H^+}）的负对数，即 pH$=-\lg a_{H^+}$。

（一）玻璃电极法

玻璃电极法是以玻璃电极为指示电极，饱和甘汞电极为参比电极，两者浸入待测水样中组成原电池，根据电位差变化来定量测定 pH，又称电位法。玻璃电极可看作感应片为玻璃膜的氢离子选择电极，是在玻璃管下端装上特殊材质的玻璃球形薄膜制成。玻璃膜是玻璃电极作为 pH 指示电极的关键，玻璃膜内一般装有 0.1mol/L HCl 溶液作为内参比溶液，并用 Ag/AgCl 电极作为内参比电极。以玻璃电极为负极，饱和甘汞电极为正极，组成如下原电池：

Ag，AgCl｜0.1mol/L HCl｜玻璃膜｜待测溶液‖KCl(饱和)｜$HgCl_2$，Hg
　　　　←――――玻璃电极――――　　　　　　　　←――甘汞电极――

根据能斯特（Nernst）方程式，在 25℃下，电池的电动势为

$$E_{电池}=\varphi_{甘汞}-\varphi_{玻璃}=\varphi_{甘汞}-(\varphi_0+0.059\lg a_{H^+})=K+0.059\text{pH} \qquad (5\text{-}16)$$

式中：$\varphi_{甘汞}$ 为饱和甘汞电极的电极电位，不随被测溶液中氢离子活度变化，可视为常数；$\varphi_{玻璃}$ 为玻璃电极的电极电位，随被测溶液中氢离子活度变化；φ_0 为标准电极电位；K 为一定条件下的常数。

根据式(5-16)可知，$E_{电池}$ 与 pH 之间存在线性关系，只要测出 $E_{电池}$ 即可得到 pH。由于实际测定中不能得到准确的 K 值，所以也可以根据 pH 每变化一个单位，电池电动势将改变 0.059V 或者 59.16mV，来确定 pH。

（二）比色法

比色法是指利用酸碱指示剂在不同 pH 溶液中显示不同的颜色，从而确定水样 pH。比色法的具体操作：将适当指示剂添加到已知系列 pH 的标准缓冲液中，配制成系列 pH 标准色

液并密封贮存。测定水样 pH 时,取出与缓冲液等量的水样添加到与系列 pH 标准色液相同的指示剂中,待稳定后,进行比较得出水样 pH。

pH 指示剂(有机弱酸或弱碱)在不同 pH 溶液中显色主要是根据溶液中氢离子活度能够影响指示剂在溶液中的电离平衡,导致分子结构变化,而显示不同的颜色。不同 pH 指示剂的变色范围不同,且一种指示剂只能测定变色范围内的 pH。表 5-14 列出了常见 pH 指示剂的 pH 变色范围。

影响比色法测 pH 的因素很多,如水样本身的浑浊程度、水样中氧化剂和还原剂含量、蛋白质或胶体微粒等吸附性物质、水温和盐度等。相比之下,玻璃电极测定法更加准确、快速,受水体浊度、胶体物质、氧化剂、还原剂及盐度等因素的干扰程度小。pH 试纸法可以粗略地判断水样的 pH。

表 5-14 常见 pH 指示剂的 pH 变色范围

pH 指示剂名称	pH 变色范围	颜色变化(酸性→碱性)
麝香草酚蓝	1.2~2.8	红→黄
	8.0~9.6	黄→蓝
溴酚蓝	3.0~4.0	黄→蓝
甲基红	4.2~6.3	红→黄
溴甲酚紫	5.2~6.8	黄→紫
溴麝香草酚蓝	6.0~7.6	黄→蓝
酚红	6.8~8.4	黄→红
甲酚红	7.2~8.8	黄→红
酚酞	8.2~10.0	无色→红
麝香草酚酞	9.3~10.5	无色→蓝

六、溶解氧

溶解氧(DO)的表示方法通常为每升水中氧的毫克数和饱和百分率。溶解氧的饱和含量与空气中的氧分压、大气压、水温和含盐量等因素有关,大气压下降、水温升高和含盐量增加都会降低溶解氧含量。溶解氧对于水生生物的活动和水体自净有重要的作用。

清洁地表水溶解氧接近饱和。当有大量藻类繁殖时,光合作用产生大量氧气导致溶解氧可能过饱和;当水体受到有机物质、无机还原物质污染时,会使溶解氧含量降低,甚至趋于零,此时厌氧细菌繁殖活跃,大量分解有机质导致水质恶化。因此,溶解氧也是评价水质污染的重要指标。地下水由于很少接触大气,所以水中的溶解氧量很少甚至完全没有。

水中溶解氧测定方法主要有碘量法和电化学探头法。碘量法适用于清洁水体中溶解氧的测定,当水中含有有色物质、氧化还原物质、悬浮物等,碘量法则需要修正后才能采用。电化学探头法用于测各类水体中饱和百分率为 0~100% 的溶解氧,还可测量高于 100%(20mg/L)的过饱和溶解氧。

(一)碘量法

碘量法是测定水样中溶解氧的基准方法。基本原理是在样品中加入硫酸锰和碱性碘化钾,水中溶解氧将二价锰氧化成四价锰,生成四价锰的氢氧化物棕色沉淀[$2MnO(OH)_2$]。加酸后,沉淀溶解并氧化碘离子生成游离态碘,用硫代硫酸钠滴定法测定游离碘的含量。其中涉及的化学反应方程式如下:

$$MnSO_4 + 2NaOH = Na_2SO_4 + Mn(OH)_2 \downarrow \qquad (5\text{-}17)$$

$$2Mn(OH)_2 + O_2 = 2MnO(OH)_2 \downarrow \qquad (5\text{-}18)$$

$$MnO(OH)_2 + 2H_2SO_4 = Mn(SO_4)_2 + 3H_2O \qquad (5\text{-}19)$$

$$Mn(SO_4)_2 + 2KI = MnSO_4 + K_2SO_4 + I_2 \qquad (5\text{-}20)$$

$$2Na_2S_2O_3 + I_2 = Na_2S_4O_6 + 2NaI \qquad (5\text{-}21)$$

水样中含有亚硝酸盐会干扰碘量法测定溶解氧,可用叠氮化钠将亚硝酸盐分解后再用碘量法测定。当水样中三价铁离子含量较高时,可加入氟化钾或用磷酸代替硫酸酸化来消除干扰。当水样中含大量亚铁离子,不含其他还原剂及有机物,可用高锰酸钾氧化亚铁离子,消除干扰,过量的高锰酸钾用草酸钠溶液除去,生成的高价铁离子用氟化钾掩蔽。

(二)电化学探头法

电化学探头法又称膜电极法。电化学探头法的工作原理:溶解氧电化学探头是一个用选择性薄膜封闭的小室,室内有两个金属电极并充有电解质。氧和一定数量的其他气体及亲液物质可透过这层薄膜,但水和可溶性物质的离子几乎不能透过这层膜。将探头浸入水中进行溶解氧的测定时,由于电池作用或外加电压在两个电极间产生的电位差,金属离子在阳极进入溶液,同时氧气通过薄膜扩散在阴极获得电子被还原,产生的电流与穿过薄膜和电解质层的氧的传递速度成正比,即在一定的温度下该电流与水中氧的分压(或浓度)成正比。

分析步骤主要分为校准(调整零点和校准仪器饱和值)和测定:

(1)零点检查和调整。当测量的溶解氧质量浓度水平低于1mg/L(或10%饱和度)时,或者当更换溶解氧膜罩或内部的填充电解液时,需要进行零点检查和调整。若仪器具有零点补偿功能,则不必调整零点。零点调整:将探头浸入零点检查溶液[250mL 蒸馏水中加入0.25g 亚硫酸钠和约 0.25 mg 钴(Ⅱ)盐配制]中,待反应稳定后读数,调整仪器到零点。

(2)接近饱和值的校准。在一定温度下,向蒸馏水中曝气,是水中溶解氧饱和或者接近饱和,并恒温保持 15min,用碘量法等方法测定此时溶液的溶解氧浓度。该溶解氧浓度下的溶液完全充满瓶中,将探头浸入瓶内,在搅拌的溶液中稳定 2~3min,调节仪器读数至已测溶解氧浓度。

(3)样品测定。将探头浸入样品,不能有空气泡截留在膜上,停留足够的时间,待探头温度与水温达到平衡,且示数稳定时再读数记录。

测定分散水样时,将样品充满能密封并且带有搅拌器的容器中,密闭测定,调节搅拌速度,待探头温度与水温达到平衡,且示数稳定时再读数记录。测定流动水样(河水等)时,检查水样的流速,若流速低于0.3 m/s,探头需在水样中往复移动或者取分散水样进行测定。

必要时,根据所用仪器的型号及对测量结果的要求,检验水温、气压或含盐量,并对测量结果进行校正。

溶解氧电极法测定溶解氧不受水样色度、浊度及化学滴定法中干扰物质的影响;快速简便,适用于现场测定;易于实现自动连续测量。但水样中含藻类、硫化物、碳酸盐、油等物质时,会使薄膜堵塞或损坏,应及时更换薄膜。

七、电导率

电导率是以数字表示溶液传导电流的能力。纯水电导率很低,当水中含无机酸、碱或盐时,电导率升高。所以,电导率常用于推测水中离子成分的总浓度或含盐量。水中电导率高低除了与离子的性质浓度有关,还与水温有关。温度每升高1℃,电导率增加约2%,通常规定25℃为测定电导率的标准温度。

电导率标准单位为S/m(西门子/米),实际应用中常用单位为$\mu S/cm$。新蒸馏水电导率为$0.5\sim 2\mu S/cm$,放置一段时间后,空气中的CO_2或NH_3溶入水中使电导率升至$2\sim 4\mu S/cm$;超纯水电导率低于$0.10\mu S/cm$;天然水电导率一般为$50\sim 500\mu S/cm$;矿化水电导率通常为$500\sim 1000\mu S/cm$;海水电导率高达$30\ 000\mu S/cm$。

电导率的测定方法为电导率仪法。由于电导是电阻的倒数,将两个电极插入溶液中,可以测出两电极间的电阻$R(\Omega)$,根据欧姆定律,在一定温度下,电极间距离$L(cm)$与R成正比,与电极截面积$A(cm^2)$成反比。

$$R=\rho \frac{L}{A} \tag{5-22}$$

由于电极的L和A是固定不变的,所以L/A为常数,称为电导池倒数,记为$Q(cm^{-1})$。

$$Q=L/A \tag{5-23}$$

比例系数ρ为电阻率,ρ的倒数为电导率,记为$K(\mu S/cm)$。

$$K=Q/R \tag{5-24}$$

所以,已知Q的情况下,测出R即可求出K。

实验室分析步骤:先测定电导池常数,用0.01mol/L标准氯化钾溶液冲洗电导池三次,将电导池注满标准溶液,恒温水浴0.5h。测定溶液电阻R_{KCl}。利用式(5-23)和25℃时的0.01mol/L KCl溶液电导率$K(1413\mu S/cm)$,得出电导池常数$Q=1413R_{KCl}$。然后进行样品测定,依次用纯水和样品冲洗电导池,测定样品电阻,按式(5-24)计算得出电导率。

当测定样品温度(t)不是25℃时,得到25℃时电导率:

$$K=\frac{K_t}{1+\alpha(t-25)} \tag{5-25}$$

式中:K_t为t温度下电导率;α为各离子电导率平均温度系数,通常取0.022。

现场测定样品电导率可以使用便携式电导率仪,按照使用说明书即可完成测定过程。多功能型电导仪还有能测定pH、溶解氧、浊度和总盐度等其他现场指标。

八、氧化还原电位

对一个水体来说，往往存在多种氧化还原电位，构成复杂的氧化还原体系，而其氧化还原电位是多种氧化物质与还原物质发生氧化还原反应的综合结果。所以氧化还原电位可用来反映水体中所有物质表现出来的宏观氧化还原性。氧化还原电位越高表示氧化性越强，氧化还原电位越低表示还原性越强。

氧化还原电位的测定须在现场完成。测定方法通常以贵金属（如铂）为指示电极，饱和甘汞电极为参比电极，插入水样中构成原电池，用毫伏计或者通用 pH 计测定指示电极相对于参比电极的氧化还原电位，然后换算成相对于标准氢电极的氧化还原电位作为最终测量结果。计算公式为

$$E_n = E_{obs} + E_{ref} \tag{5-26}$$

式中：E_n 为水样氧化还原电位真实值(mV)；E_{obs} 为水样氧化还原电位的测量值(mV)；E_{ref} 为测量温度下饱和甘汞电极电位(mV)。

第七节 水质常规指标测定

一、物理指标

水质监测中物理指标除了本章第六节中介绍的水温、臭和味、浊度、透明度、电导率和氧化还原电位以外，还有色度、残渣和矿化度等。

（一）色度

色度属于水质指标中的感官性状，是反映水体颜色深浅的量度。纯水通常是无色透明的，浅层清洁水为无色，深层清洁水为浅蓝绿色。天然水体着色主要由于水中含有一些可溶性物质、浮游生物和悬浮颗粒等。例如，腐殖质等会使水体呈黄褐色；含大量低价铁的水体呈浅黄绿色，氧化后的高价铁使水呈橙黄色；水中含有小球藻或者硅藻时，通常会呈亮绿色或浅棕色；悬浮于水体中的泥沙等细微颗粒会使水体呈黄色或者红色。工业废水常呈现有色，主要是含有大量染料、生物色素和有色悬浮物等，排放到天然水体后，也是天然水体着色的主要来源。

有颜色的水可减弱水体的透光性，从而降低浮游植物等光合作用，影响水生生物的生长，此外，使水体着色的物质不仅会影响人对水体直观视觉评价，还会对健康产生危害（如腐殖质及其与氯反应后的氯化副产物）。

水的颜色可以分为真色和表色。真色即真实颜色，是去除悬浮物后的水的颜色；表色即表观颜色，是未去除悬浮物的水的颜色。浊度很低的水或者清洁水的真色与表色相近，而色度高的污（废）水中的表色与真色差别明显。在水质监测中，水的色度一般指真色。

所取水样应无树叶、枯枝等杂物，并贮存于清洁无色的玻璃瓶内。取样后应尽快测定，否则应约 4℃冷藏保存，48h 内完成测定。测定色度的方法为铂钴比色法、稀释倍数法和分光光

度法。

1. 铂钴比色法

铂钴比色法是用氯铂酸钾（K_2PtCl_6）和氯化钴（$CoCl_2 \cdot 6H_2O$）配制标准色阶，然后将水样与标准色阶进行目视比较测出水样色度。水的色度单位定义为1L溶液中含0.5mg钴和1mg铂时具有的颜色为1度。具体的操作步骤可以参考目视比浊法测定浊度。

在分析测定前，如果水样浑浊，需放置澄清或者通过离心法和0.45μm滤膜过滤法去除悬浮物。注意不能用滤纸过滤，因为滤纸会吸附部分溶解于水中的真色。

铂钴比色法配制的标准色阶性质稳定、存放时间久，但价格昂贵。可用价格便宜的重铬酸钾和硫酸钴配制与铂钴标准色阶准确度相同的铬钴标准色阶，但是这一系列标准溶液不宜长时间保存。

该方法适用于较清洁的、带有黄色色调的天然水和饮用水的色度测定。

2. 稀释倍数法

稀释倍数法原理为先主观判断并用文字描述水样颜色的种类，如深蓝色、棕黄色、暗黑色等。然后在比色管中将澄清后的水样用清洁水（无色度的水）稀释成不同的倍数，比较样品和纯净水，取刚好看不到颜色的稀释倍数表示该水样的色度。

该方法适用于工业废水和受工业废水污染的地面水的色度的测定。

3. 分光光度法

上述两种方法虽然常用于水样色度的测定，但会受到检测人员主观因素的影响，测定结果误差较大。分光光度计法是通过吸收的波长判断色度，测定结果相对较为准确。

分光光度法测定水样中色时，色度系列标准溶液一般选用铂钴标准色阶，吸收波长为339nm，比色皿选择3cm规格的，滤光片选用深紫色滤光片。这种测定方法得出的结果准确性更高且精密度更好。

该方法不仅能准确测定常规水样色度，还可将高色度的污水多倍稀释后进行准确测定。

（二）残渣

残渣可分为总残渣、可滤残渣和不可滤残渣3种。总残渣是指水样在一定温度下蒸发，烘干后剩余的固体物质，又称总固体（TS）。总残渣包括可滤残渣和不可滤残渣。合适的烘干温度是测定水样中残渣的关键。常用的烘干温度有103～105℃和180±2℃两种。103～105℃烘干的残渣保留结晶水和部分吸着水，其中重碳酸盐将转为碳酸盐，有机物几乎没有挥发逸失。180±2℃烘干的残渣可能保留部分结晶水，吸着水全部去除，重碳酸盐都转为碳酸盐，部分碳酸盐可能分解为氧化物和碱式盐，有机物有挥发逸失但不能完全分解。

测定水中残渣的方法通常为重量法。该方法适用于天然水、饮用水、生活污水和工业污水中20 000mg/L以下残渣的测定。

1. 总残渣

测定总残渣的方法是取一定体积混合均匀的水样于已烘干至恒重(两次称重相差不超过0.000 5g)的蒸发皿中,蒸汽浴或者水浴蒸干,然后放在103~105℃的烘箱内烘干至恒重(两次称重相差不超过0.000 5g),蒸发皿增加的质量即为总残渣。计算公式为

$$总残渣(mg/L) = \frac{(A-B) \times 1000 \times 1000}{V} \tag{5-27}$$

式中:A 为总残渣和蒸发皿总质量(g);B 为蒸发皿质量(g);V 为水样体积(mL)。

2. 可滤残渣

可滤残渣是水样通过过滤器后的全部固体物质,也称为溶解性固体(TDS)。测定时,所用水样是过滤后的水样,其他步骤和计算方法同总残渣测定方法。测定可滤残渣所用温度有两种选择:103~105℃和180±2℃。水样在180±2℃下烘干,吸着水可全部去除,所得结果与化学分析结果所计算的总矿物质含量较接近。

3. 不可滤残渣

不可滤残渣是水样过滤后截留在过滤器上的全部固体物质,又称为悬浮物(SS)。大量悬浮物的存在会影响水体透明度、水生生物的呼吸代谢,甚至堵塞河道;工业废水中含有大量无机和有机悬浮物,排放到水体中,会导致水质恶化,所以悬浮物是水质监测中的重要指标。测定悬浮物时需要准备烘干至恒重(两次称重相差不大于0.2mg)的滤膜,然后充分抽滤,使水分全部通过滤膜,烘干含有悬浮物的滤膜至恒重(两次称重相差不大于0.4mg),计算得到悬浮物含量。

水中悬浮物的理化性质,所用滤器种类以及截留在滤器上物质的数量等都会影响溶解性固体和悬浮物的测定结果,所以上述测定方法只是为了实用而规定的近似方法,只具有相对评价意义。

(三)矿化度

矿化度是水中所含无机矿物组分的总量,低矿化度的饮用水会破坏人体内碱金属和碱土金属离子的平衡,产生病变;高矿化度的饮用水会导致结石症。因此,矿化度是水化学分析的重要指标,既可用于评价水中总含盐量,也可用于评价农田灌溉水适用性。矿化度一般只用于天然水的测定,并用天然水化学分析中主要被测离子总量表示。无污染水样中的矿化度与该水样在103~105℃时烘干的可滤残渣相同。

矿化度测定方法有重量法、电导法、阴阳离子加和法、离子交换法和比重计法等,其中重量法含义较明确、操作简单,是测定矿化度的通用方法。

重量法测定是取已过滤去除漂浮物和沉降性固体的水样于已烘干至恒重(两次称重相差不大于0.000 5g)蒸发皿中,水浴蒸干,用过氧化氢去除有机物,然后在105~110℃下烘干至恒重(两次称重相差不大于0.000 5g),计算得出矿化度。计算方法同总残渣计算。

对于高矿化度水样,可加入碳酸钠去除钙、镁的氯化物和硫酸盐等干扰测定的化合物。过氧化氢去除有机物因遵循少量多次,每次是残渣润湿即可,防止有机物分解过于剧烈,使盐分溅失。

二、金属及其化合物

金属及其化合物是水化学的重要组成成分之一。水体中金属元素包括人体健康所必需元素和对人体健康有害物质。水质监测中通常监测影响人体健康的有害金属和必需微量元素,以评价饮用水的卫生健康是否达标和水质污染情况。

(一)镉(Cd)

镉是属于剧毒类金属,在自然界主要以化合态存在。镉是人体不需要元素,含量较低的镉对人体健康没有危害,当镉过量造成污染时,镉会富集在人体,主要积蓄在肾脏,影响人体泌尿系统的正常机能,除导致慢性中毒外,还会导致骨质疏松等不良症状。日本"骨痛病"是典型的镉污染事件,我国也出现过镉污染稻米的现象。所以,对于水体尤其是饮用水中镉的监测具有重要意义。水中镉的主要来源有电镀、采矿、冶炼、染料、电池和化工行业排放的废水。

测定水中镉的方法有双硫腙分光光度法、原子吸收分光光度法、阳极溶出伏安法、电感耦合等离子体质谱法(ICP-MS)和电感耦合等离子体发射光谱法(ICP-AES)。

1. 双硫腙分光光度法

在强碱性溶液中,镉离子与双硫腙可生成红色络合物,反应式如下:

$$Cd^{2+}+2S=C\begin{matrix}N=N-C_6H_5\\HN-NH\\C_6H_5\end{matrix} \longrightarrow S=C\begin{matrix}C_6H_5\\N=N\\HN-N\end{matrix}Cd\begin{matrix}C_6H_5\\N-NH\\N=N\\C_6H_5\end{matrix}C=S+2H^+ \quad (5-28)$$

用氯仿萃取后,于518nm波长处测定吸光度,综合空白实验结果和标准曲线计算得出镉离子含量。

不含悬浮物的地下水和清洁地面水可直接测定;浑浊的地面水可通过硝酸消解法进行预处理;含悬浮物和有机质较多的水样可通过硝酸-高氯酸消解法进行预处理。

该方法适用于天然水和废水中微量镉的测定。测定范围为$1\sim50\mu g/L$。

2. 原子吸收分光光度法

原子吸收分光光度法又称原子吸收光谱法,简称原子吸收法(AAS)。该方法测定原理是自由基态原子通过共振吸收特征辐射光,对辐射光的强弱进行测量,进而计算出被测元素的含量。该方法具有灵敏度高、干扰较少、操作方便和分析速度快等优点,已被广泛用于70多种微量或痕量元素的测量分析。原子吸收分析系统主要由光源(主要是空心阴极灯)、原子化系统、分光系统和检测系统 4 个部分组成,如图 5-21 所示。

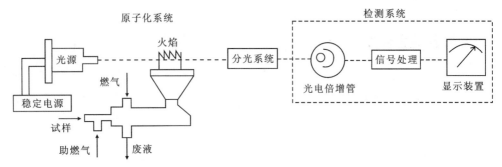

图 5-21　原子吸收分析系统基本流程示意图(据奚旦立和孙裕生,2010)

光源的作用是辐射待测元素的特征光谱(实际辐射的是共振线和其他非吸收谱线)。光源的选择应满足:能辐射锐线(发射线的半宽度比吸收线的半宽度窄得多);能辐射待测元素具有足够强度的共振线;辐射的光强度必须稳定且背景小。常用的光源有蒸气放电灯、无极放电灯和空心阴极灯,其中空心阴极灯应用最广泛。

原子化系统作用是将试样中待测元素转变为原子蒸气,主要分为火焰原子化和无火焰原子化。火焰原子化系统主要包括雾化器、燃烧器和火焰。试样雾化后,进入雾化室,与燃气成分混合,其中较大的雾滴凝结在壁上,由废液出口排出,最细的雾滴进入火焰中,在一定的温度下蒸发、干燥、融化、解离、激发和化合,产生大量基态原子。应用最广的火焰是空气-乙炔火焰,最高温度可达 2300℃,能测定 35 种以上元素,但不适于测定易形成难解离氧化物的元素(如 Al、Ta、Ti 和 Zr 等),可用温度可达 3000℃ 的氧化亚氮-乙炔火焰原子化这些元素。无火焰原子化系统中常用的有电热高温石墨炉原子化器(图 5-22),试样通过石墨管上方的进样口进入管内,并不断通入惰性气体,防止试样和石墨管氧化,用大电流通过石墨管,经过干燥、灰化、原子化和净化的升温过程使石墨管内温度升至 3000℃,完成原子化过程。相比于火焰原子化法,无火焰原子化法的原子化效率高得多,但是易受共存化合物的干扰,精密度较低。

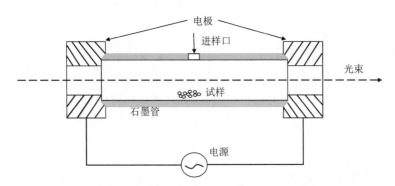

图 5-22　电热高温石墨管原子化器示意图(据朱明华和胡坪,2016)

分光系统和检测系统可参考分光光度法中的相关装置。

原子吸收法的定量分析方法分为标准曲线法和标准加入法。标准曲线法可参考分光光度法的标准曲线法定量分析。标准曲线法简便,快速,但是仅适用于组成简单的试样。若待测试样组成复杂,可用标准加入法进行定量分析。具体操作:取 4 份体积相同的试样溶液,从第二份开始分别按比例加入不同量的待测元素的标准溶液,然后用溶剂稀释到相同体积,令待测元素浓度为 C_x,加入标准溶液后的浓度分别为 C_x+C_0、C_x+2C_0 和 C_x+4C_0,分别测定吸光度为 A_x、A_1、A_2 和 A_3,以 A 为纵坐标,标准溶液加入浓度为横坐标,作图 5-23,得到不过原点的直线,直线在纵坐标上的截距即为试样中待测元素的基体效应。直线外延与横坐标交于点 C_x,即为待测元素的浓度。

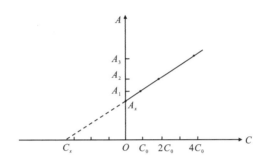

图 5-23 吸光度与标准溶液加入量关系示意图

1)火焰原子吸收法

火焰原子吸收法中主要有直接吸入法、螯合萃取法和流动注射法。

(1)直接吸入火焰原子吸收法。

将采集的水样或预处理后的样品直接吸入火焰,在火焰中形成的原子对特征电辐射产生吸收,将待测样品在特征谱线波长为 228.8nm 处测定的吸光度和空白实验结果及标准溶液进行比较,定量计算得出镉的含量。

经 $0.45\mu m$ 滤膜过滤后消解的水样中测量的金属成分为溶解性金属;未经过滤则测得金属总量。

该方法适用于地下水、地表水和废水中镉、铜、锌、铅的测定。火焰类型都是乙炔-空气氧化性火焰。测定镉的浓度范围为 0.05~1mg/L;测定铜的范围为 0.05~5mg/L,特征谱线波长为 324.7nm;锌的测定范围为 0.05~1mg/L,特征谱线波长为 213.8nm;铅的测定范围是 0.2~10mg/L,特征谱线波长为 283.3nm。

(2)螯合萃取火焰原子吸收法。

在酸性条件(pH=3.0)下,清洁水样或经消解的水样中待测金属离子与吡咯烷二硫代氨基甲酸铵($C_5H_{15}N_3S_2$)生成络合物,用甲基异丁基甲酮($C_6H_{12}O$)萃取后,吸入火焰进行原子吸收分光光度测定。

当水样铁含量较高时,用碘化钾-甲基异丁基甲酮萃取效果更好。

该方法适用于测定地下水和清洁地表水中低浓度的镉、铜和铅。镉和铜的测定范围为 1~50μg/L;铅的测定范围为 10~200μg/L。其他操作条件同直接吸入火焰原子吸收法。

(3)流动注射火焰原子吸收法。

在 pH 为 5.5～6.5 的 HAc-NaAc 缓冲介质中,镉(铜、锌和铅)被 NP 多胺基膦酸树脂螯合吸附,在强酸性条件下,发生解吸释放出来。根据这一原理,借助蠕动泵将预处理后 pH 为 5.7 的试样以一定流速送入 NP 多胺基磷酸盐树脂柱,吸附富集,再切换液路,将一定浓度的硝酸溶液通过树脂柱,快速洗脱出待测金属(镉、铜、锌和铅),并随载液喷入原子吸收分光光度计火焰测定吸光度,由记录仪记录瞬时峰高,与在同样条件下测得标准溶液中相应元素的瞬时峰高进行比较定量。该方法操作条件通直接吸入火焰原子吸收法。

该方法适用于地表水、地下水和饮用水中镉、铜、锌和铅的测定。镉、铜和锌的最低检出浓度都为 $2\mu g/L$,铅的最低检出浓度为 $5\mu g/L$。

2)石墨炉原子吸收法

将样品注入石墨管中,用电加热方式使石墨炉升温,样品蒸发离解形成原子蒸气,对特征电辐射产生吸收,将待测组分的吸光度与空白吸光度及标准溶液吸光度进行比较定量。石墨炉原子吸收过程中主要有 4 个阶段:首先是低温加热烘干样品,蒸干溶剂(干燥阶段);然后升温,分解有机物和消除无机盐类,减少干扰,降低背景值(灰化阶段);继续升温至特定温度,使样品中的目标金属元素迅速原子化(原子化阶段);最后将石墨炉温度升到最高,将残渣全部去除(除残阶段)。

该方法适用于测定地下水和清洁地表水中的镉、铜和铅。镉、铜和铅的测定范围分别为 $0.1～2\mu g/L$、$1～50\mu g/L$ 和 $1～5\mu g/L$,特征谱线波长分别为 228.8nm、324.7nm 和 283.3nm。

3. 阳极溶出伏安法

阳极溶出伏安法又称反向溶出伏安法,分析过程主要分为两步:首先是"富集",在一个比待测金属的峰电位更负的恒电位下,使其在工作电极(如悬汞电极)上电解富集;然后是"溶出",将电位由负向正方向扫描,使富集在电极上的物质氧化溶出,并记录伏安曲线。根据溶出峰电位确定被测物质的成分,根据峰高确定被测物质含量。

因为电解富集的过程缓慢,而溶出却在瞬间释放,故使溶出电流大大增加,从而使方法的灵敏度大为提高。采用差分脉冲伏安法,可进一步消除干扰电流,提高方法灵敏度。当水样中有三价铁干扰测定时,可加盐酸羟胺或抗坏血酸还原去除;加酸可消除氰化物带来的干扰。

该方法适用于测定地下水、地表水和饮用水中的镉、铜、锌和铅含量。测定范围为 $1～1000\mu g/L$,在富集时间为 300s 条件下,方法检测下限为 $0.5\mu g/L$。

4. 电感耦合等离子体质谱法(ICP-MS)

水样经预处理后,由载气带入雾化系统进行雾化后,以气溶胶形式进入等离子体的轴向通道内,在高温和惰性气体中充分蒸发、解离、原子化和电离,以带电荷的正离子经离子采集系统进入质谱仪,质谱仪根据离子的质荷比进行分离并定性和定量分析。

图 5-24 为 ICP-MS 仪器的基本组成示意图。ICP-MS 分析仪器主要由进样系统(雾化系统)、等离子体火焰矩、离子透镜系统、四级杆质量分析系统和离子检测系统组成。

等离子体火焰矩的主体是由 3 个同心石英管组成的矩管,分别载入样品气体、通入冷却气和辅助气,射频发生器和感应圈提供电磁能量,发生火花,形成等离子焰矩。离子透镜系统

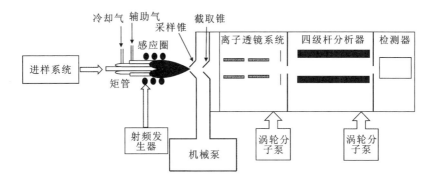

图 5-24　电感耦合等离子体质谱仪的基本组成示意图(据冯玉红,2008)

由离子透镜、光子挡板等组成,用于将样品离子和等离子的光子分开,并使样品离子聚焦形成离子束进入质量分析系统。

四级杆质量分析系统是由两对极棒组成的,典型结构如图 5-25 所示。通过向每个极棒上施加给定的射频和直流电压,选择性地使质量和能量符合要求的目标离子束进入检测器,而其他离子则将被过分偏转,与极棒碰撞而被中和。检测器常用的是通道式电子倍增器。通道式电子倍增器是一种具有高灵敏度的质谱离子检测器,主要由在半导体平板上密排的通道构成,每个通道内涂有二次电子发射材料。离子束进入倍增器后,产生二次电子并且不断倍增成为电子流,最后根据检测出的信号计算目标物含量。

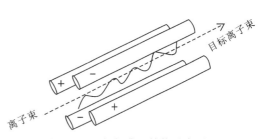

图 5-25　四级杆典型结构示意图

ICP-MS 测定水样中元素时采用的预处理过程主要是过滤及消解(见本章第五节相关内容)。具体分析测试步骤如下:

(1)仪器调试。首先按照仪器使用说明书操作标准模式、碰撞/反应池模式等;其次进行仪器调谐,点燃等离子体后,预热稳定约 30min,先用质谱仪调谐液对仪器的灵敏度、氧化物和双电荷进行调谐,满足要求条件下,调谐液所含元素信号强度的相对标准偏差不高于 5%,然后在包括待测元素的质量范围内依照使用说明书进行质量校正和分辨率校验。

(2)标准曲线绘制。在容量瓶内取一定体积的标准溶液,使用 1% 硝酸溶液配制系列标准溶液。建议镉、铬、砷和硒等元素的标准系列(单位:μg/L)为 0、0.5、1.0、5.0、10.0、20.0、40.0、50.0;铝、铜、铁、锰、铅和锌等金属的标准系列(单位:μg/L)为 0、10、50、100、200、300、400、500。内标溶液可以直接加入工作溶液中,也可以在样品雾化前通过蠕动泵加入。

(3)样品测定。每个试样测定前,需用 2% 硝酸溶液冲洗系统至信号最低,待分析信号稳定后测试。试样测定时应加入与绘制标准曲线等量的内标溶液。若样品中待测元素浓度超过标准曲线范围,可用 1% 硝酸溶液稀释后继续测定,最终结果需用稀释倍数进行校正。按照相同步骤进行实验室空白样品的测定。

该方法适用于地表水、地下水、生活污水和低浓度废水中镉、铜、锌和铅等 65 种元素的测定。各元素的方法检出限为 0.02~19.6μg/L,测定下限为 0.08~78.4μg/L。

5. 电感耦合等离子体发射光谱法(ICP-OES)

ICP-OES 与 ICP-MS 的区别在于 ICP-OES 是通过不同元素的原子在激发或电离过程中发射不同波长的特征光谱,根据特征光谱的波长定性分析,特征光的强度来定量分析。分析测定步骤可参考 ICP-MS。配制地表水和地下水镉的标准溶液浓度范围为 0~0.50mg/L;配制废水镉的标准溶液浓度范围为 0~500.00mg/L。

该方法适用于地表水、地下水、生活污水和工业废水中镉、铜、锌和铅等 32 种元素的测定。方法检出限范围为 0.009~0.1mg/L,测定下限范围为 0.036~0.39mg/L。

(二)铜(Cu)

铜是人体必需的微量元素。成人每日需要量约 20mg,缺铜会发生贫血、腹泻等病症,但过量摄入铜会对人体产生危害。铜对水生生物也具有极大危害作用,主要是因为铜离子进入生物体内与蛋白质中的巯基结合,干扰巯基酶的活性,导致中毒甚至死亡。一般认为水中铜离子浓度为 0.01mg/L 时,对鱼类是安全的。游离态铜对水生生物的毒性比络合态铜大得多。天然水中铜含量较低,全球淡水中铜的平均含量为 3μg/L,海水中平均含量为 0.25μg/L。水中铜的主要污染源是电镀、冶炼和石油化工等行业排放的废水。

测定水中铜的方法有原子吸收法、2,9-二甲基-1,10-菲啰啉分光光度法、二乙基二硫代氨基甲酸钠分光光度法、阳极溶出伏安法、ICP-MS 和 ICP-OES 等。其中原子吸收法、阳极溶出伏安法、ICP-MS 和 ICP-OES 测定原理和方法参考镉的测定方法。

1. 2,9-二甲基-1,10-菲啰啉分光光度法

用盐酸羟胺($NH_2OH \cdot HCl$)将二价铜离子还原为亚铜离子,在中性或微酸性溶液中,亚铜离子和 2,9-二甲基-1,10-菲啰啉($C_{14}H_{12}N_2$)反应生成橙黄色络合物,反应式如下:

$$Cu^{2+} + 2 \text{(phen)} \longrightarrow [Cu(\text{phen})_2]^{2+} \tag{5-29}$$

于波长 457nm 处测量吸光度(直接光度法);也可用三氯甲烷萃取,萃取液保存在三氯甲烷-甲醇混合溶液中,于波长 457nm 处测量吸光度(萃取光度法)。综合空白实验测的吸光度和标准曲线进行计算。

水样中如含有大量的铬、锡和其他氧化性离子以及氰化物、硫化物和有机物等对测定铜有干扰,可通过加入亚硫酸使铬酸盐和络合的铬离子还原、加入盐酸羟胺溶液还原锡和其他氧化性离子、消解除去氰化物、硫化物和有机物等方法消除干扰。

直接光度法适用于较清洁的地表水和地下水中铜的测定，当取样体积为 15mL，检测光程为 50mm 时，测定范围为 0.12～1.3mg/L。萃取光度法适用于地表水、地下水、生活污水和工业废水中铜的测定，当取样体积为 50mL 时，测定范围为 0.08～3.2mg/L。

2. 二乙基二硫代氨基甲酸钠分光光度法

取适量清洁水样或经消解后的试样，用氨水调节至 pH 为 8～10，铜离子可与二乙基二硫代氨基甲酸钠（$C_5H_{10}NS_2Na$）作用生成黄棕色络合物，反应式如下：

$$Cu^{2+} + 2S=C\begin{array}{c}N(C_2H_5)_2\\S-Na\end{array} \longrightarrow (C_2H_5)_2N-C\begin{array}{c}S\\S\end{array}Cu\begin{array}{c}S\\S\end{array}C-N(C_2H_5)_2 + 2Na^+ \quad (5-30)$$

用四氯化碳或三氯甲烷萃取出显色络合物，在 440nm 波长处测量吸光度，减去空白实验结果，与标准曲线比较定量。显色可稳定 1h。

水样中的铁、锰、镍、钴等也与二乙基二硫代氨基甲酸钠生成有色络合物，可用 EDTA-柠檬酸铵溶液消除干扰。

该方法适用于地表水、地下水、生活污水和工业废水中铜的测定。测定范围可达 0.040～6.00mg/L。

（三）锌（Zn）

锌是人体不可缺少的微量元素。正常情况下，成人对锌的每日生理需要量为 0.2mg/kg 体重；儿童则为 0.3～0.6mg/kg 体重。过量的锌对水生生物和农作物会产生危害作用。一般锌对鱼类的安全浓度为 0.1mg/L；灌溉水中锌对水稻等农作物的安全浓度为 1mg/L。所以监测水中锌的含量有利于评价水质对水生生物和农作物的影响。

水中锌的污染源主要是电镀、冶金、颜料和化工等行业的排放污水。

测定水中锌的方法有原子吸收法、双硫腙分光光度法、阳极溶出法、ICP-MS 和 ICP-OES 等。其中原子吸收法、阳极溶出伏安法、ICP-MS 和 ICP-OES 测定原理和方法参考镉的测定方法。

双硫腙分光光度法测定锌的方法原理为：在 pH 为 4.0～5.5 的乙酸盐缓冲介质中，锌离子可与双硫腙形成红色螯合物（反应式参考镉的测定方法），用四氯化碳或三氯甲烷萃取后，于 535nm 波长处测量吸光度，减去空白实验吸光度后结合标准曲线计算锌的含量。

锌极易受污染，所以在采样期间和保存过程中应注意酸化。当水中存在少量铋、镉、钴、铜、汞、镍、亚锡等离子时，可采用硫代硫酸钠掩蔽剂和控制溶液的 pH 来消除干扰。

该方法适用于测定天然水和某些废水中的微量锌。测定范围为 5～50μg/L。

（四）铅（Pb）

铅是人体不需要的微量元素。铅在环境不易降解，可长期积累，人体内蓄积一定的铅后会导致铅中毒等危害健康的症状。《生活饮用水卫生标准》（GB 5749—2022）中规定饮用水中铅含量不得高于0.01mg/L。此外,铅对水生生物的安全浓度为0.16mg/L。

水中铅主要污染源为蓄电池、冶炼、机械、涂料和电镀等行业排放的废水。铅是我国实施排放总量控制的指标之一。

测定水中铅的方法主要有双硫腙分光光度法、原子吸收法、示波极谱法、阳极溶出法、ICP-MS和ICP-OES等。其中原子吸收法、阳极溶出伏安法、ICP-MS和ICP-OES测定原理和方法参考镉的测定方法。

1. 双硫腙分光光度法

在pH为8.5~9.5的柠檬酸盐-氰化物的还原介质中,试样中的铅与双硫腙反应生成红色螯合物(反应式参考镉的测定方法),用三氯甲烷(或四氯化碳)萃取后,于510nm波长处测定红色螯合物的吸光度,随后综合空白实验结果和标准曲线进行定量分析。

柠檬酸盐是三元羟酸盐,在广泛的pH范围内具有较强的络合能力,主要作用是络合钙、镁、铝和铬等阳离子,防止其在碱性溶液中形成氢氧化物沉淀。氰化钾可以掩蔽铜、锌、镍和钴等金属,防止干扰测定。若水中含有大量锡和铋等干扰因素时,可先在酸性条件(pH为2~3)下,用双硫腙-三氯甲烷萃取除去;若含有大量氧化性物质,可在碱性介质中加入盐酸羟胺去除。

该方法适用于测定地表水和废水中痕量铅。测定范围为0.01~0.30mg/L。

2. 示波极谱法

示波极谱法又称单扫描极谱法,与阳极溶出伏安法的定量分析方法一样,都是通过待测物质的电解过程中的伏安曲线进行定性和定量分析。

在pH为0.65的盐酸-乙酸钠缓冲溶液中,加入抗坏血酸,以滴汞电极(DME)为指示电极,大面积的甘汞电极为参比电极(SCE),铂电极为辅助电极通过线性变化的电压,试样中铅可在滴汞电极上还原或氧化,在示波谱图上产生特征还原峰或氧化峰,根据相应的电流-电压曲线图,利用峰点电位定性分析和峰高定量分析求出试样中铅的含量。

该方法适用于硝化甘油系列火炸药工业废水中铅的测定。测定范围为0.10~10.0mg/L。

(五)铬(Cr)

铬在自然界中存在的形式主要为三价铬和六价铬,水中三价铬以Cr^{3+}、$Cr(OH)^{2+}$和$Cr(OH)_2^+$为主要存在形式,六价铬主要存在形式为CrO_4^{2-}、$Cr_2O_7^{2-}$和$HCrO_4^-$。对于人体而言,三价铬是人体必需的微量元素,而六价铬则是对人体有危害的致癌金属物质。水体中铬难被微生物分解,通过饮用水或者食物链能够富集在人体中。对于鱼类来说,三价铬毒性比六价铬大,易引起生长抑制作用和致畸。在水体中的pH、有机物、氧化还原性物质、温度以及硬度等条件的影响下,不同价态铬的化合物可相互转化。

天然水中铬含量一般为1~40μg/L,主要污染源是铬矿石加工、金属表面处理、皮革鞣制和印染等行业排放的废水。

测定水中铬的方法有二苯碳酰二肼分光光度法、硫酸亚铁铵滴定法、火焰原子吸收分光光度法、ICP-MS 和 ICP-OES 等。ICP-MS 和 ICP-OES 测定原理和参考镉的测定方法。

1. 二苯碳酰二肼分光光度法

1）测定六价铬

在酸性条件下，试样中六价铬与二苯碳酰二肼（$C_{13}H_{14}N_4O$）反应生成紫红色化合物，反应式如下：

$$Cr^{6+} + O=C\begin{pmatrix}HN-NH-C_6H_5\\HN-NH-C_6H_5\end{pmatrix} \longrightarrow O=C\begin{pmatrix}HN-NH-C_6H_5\\N=N-C_6H_5\end{pmatrix} + Cr^{3+} \tag{5-31}$$

于 540nm 波长下测定其吸光度，综合空白实验结果和标准曲线进行定量分析。

不含悬浮物、低色度的水样可直接测定；对于浑浊、色度高的水样，可采用锌盐沉淀法分离干扰物质；水中存在二价铁、亚硫酸盐等还原性物质和次氯酸盐等氧化性物质时，也应采取相应措施去除干扰。

该方法适用于地表水和工业废水中六价铬的测定，测定范围可达 0.004～1mg/L。此外，流动注射分析技术也可以与该方法联合用以测定地表水、地下水和生活污水中六价铬，测定范围为 0.004～0.6mg/L。

2）测定总铬

在酸性条件下，使用过量的高锰酸钾氧化水样中的三价铬全部转变为六价铬，以六价铬形式进行二苯碳酰二肼分光光度法测定。

氧化反应剩余的高锰酸钾用亚硝酸钠分解，而过量的亚硝酸钠被尿素[$(NH_2)_2CO$]分解。水样中含有钼、钒、铁和铜等干扰组分时，可用铜铁试剂-氯仿萃取法除去。

该方法适用于地表水和工业废水中总铬的测定。取样体积为 50mL 时，测定范围可达 0.004～1mg/L。

2. 硫酸亚铁铵滴定法

在酸性介质中，以银盐作催化剂，用过硫酸铵将三价铬氧化成六价铬。加少量氯化钠并煮沸，除去过量的过硫酸铵和反应中产生的氯气。以苯基代邻氨基苯甲酸作指示剂，用硫酸亚铁铵标准溶液滴定，使六价铬还原成三价铬，溶液呈亮绿色时为终点，记录硫酸亚铁铵标准溶液用量，计算得出水样中总铬含量。

该方法适用于总铬浓度大于 1mg/L 的水和废水的测定。

3. 火焰原子吸收分光光度法

试样经过预处理后，喷入富燃性空气-乙炔火焰，在高温火焰中形成的铬基态原子对铬空心阴极灯或连续光源发射的波长为357.9nm特征谱线产生选择性吸收,一定条件下,该吸光度值与铬含量成正比。

该方法适用于水和废水中高浓度的总铬的测定。当取样体积与试样制备后定容体积相同时,该方法测定下限为0.12mg/L。

（六）汞(Hg)

汞是一种剧毒性金属,可在人体内蓄积,危害人体健康。汞在水体中主要以无机汞和有机汞两种形态存在。无机汞主要包括二价汞和少量一价汞,有机汞主要包括单甲基汞和乙基汞等。进入水体的无机汞离子可转变为毒性更大的有机汞,经食物链进入人体,引起中毒。天然水中汞含量一般不超过 $0.1\mu g/L$,主要污染源有汞矿开采和冶炼、食盐制取、仪表制造、金属提取和制药等行业排放的废水。

测定水中汞的方法主要有双硫腙分光光度法、冷原子荧光法、原子荧光法和冷原子吸收分光光度法等。

1. 双硫腙分光光度法

在95℃高温下,用高锰酸钾和过硫酸钾将试样消解,将试样中汞全部氧化成二价汞。用盐酸羟胺将剩余的氧化剂还原,二价汞离子在酸性条件(pH<1)下与双硫腙反应生成橙色螯合物(反应式参考镉的测定方法),用三氯甲烷或四氯化碳萃取后,于485nm波长下测定吸光度,减去空白实验吸光度后,从标准曲线上确定汞含量。

在酸性条件下,铜离子是主要干扰因素,可在双硫腙洗脱液中加入一定量的EDTA二钠,可掩蔽部分铜离子的干扰。由于汞具有毒性,所以含汞废液可加入氢氧化钠溶液中和至微碱性,加入硫化钠搅拌至氢氧化物完全沉淀,对沉淀物进行回收或其他处理。

该方法适用于生活污水、工业废水和受汞污染的地表水中总汞的测定。取样体积为250mL时,测定范围为 $2\sim40\mu g/L$。

2. 冷原子荧光法

水样中全部含汞物质先被酸性高锰酸钾溶液完全氧化成二价汞,并用盐酸羟胺去除过量的高锰酸钾,再加入还原剂(如氯化亚锡),使二价汞还原成单质汞,形成汞蒸气,用高纯氩气或氮气作为载气将汞蒸气载入冷原子分析检测系统中,接收波长为253.7nm的紫外光照射,基态汞原子被激发,并辐射出相同波长的荧光,在一定条件下和较低浓度范围内,荧光强度与汞的含量成正比。

该方法适用于地表水、地下水和氯离子含量比较低的水样中总汞的测定。测定范围是 $0.006\sim1.0\mu g/L$。

3. 原子荧光法

该方法可适用于地表水、地下水、生活污水和工业废水中汞、砷、硒、铋和锑的测定。

原子荧光法原理:经预处理后的试样进入原子荧光仪,在酸性条件下,硼氢化钾或硼氢化钠能将汞、砷、硒、铋和锑分别还原成单质汞、砷化氢、硒化氢、铋化氢和锑化氢气体,氢化物被载入至高温氩氮火焰中形成基态原子,汞原子和这些基态原子受元素(汞、砷、硒、铋和锑)灯发射光的激发而产生原子荧光,一定条件下,原子荧光强度与待测元素含量之间成正比,根据标准曲线计算得出待测元素含量。

测定汞时采用盐酸-硝酸消解,测定砷、硒、铋和锑时使用硝酸-高氯酸-盐酸消解。

原子荧光法与冷原子荧光法的原理相似,但是原子荧光法是在高温下进行原子化实现同时测定5种元素。该方法对于汞、砷、硒、铋和锑的测定下限(单位:$\mu g/L$)分别为0.16、1.2、1.6、0.8和0.8。

4. 冷原子吸收分光光度法

水样经过消解将其中所含汞全部氧化成二价汞,用盐酸羟胺去除剩余氧化剂,再用氯化亚锡将二价汞还原为汞原子,室温下通入空气或者氮气使汞原子气化,并载入冷原子吸收分析仪,于253.7nm波长处测定吸光度,吸光度与汞含量成正比,根据标准曲线计算含量。

该方法中可根据条件选择消解方法:高锰酸钾-过硫酸钾在硫酸-硝酸介质中加热消解,适用于各类水样;溴酸钾-溴化钾在硫酸介质中加热消解,适用于地表水、地下水和含洗净剂等有机物较少的工业废水和生活污水;在硝酸-盐酸介质中微波消解,适用于含有机物较多的工业废水和生活污水。

采用高锰酸钾-过硫酸钾法和溴酸钾-溴化钾法消解时,该方法测定下限为$0.08\mu g/L$(取样量为100mL)和$0.01\mu g/L$(取样体积为200mL);采用微波消解法,且取样体积为25mL时,测定下限为$0.24\mu g/L$。

(七)砷(As)

砷是一种强毒性重金属元素。砷在自然界主要存在形式是负三价砷、零价砷、三价砷和五价砷,在水体中主要以H_3AsO_4、H_3AsO_3及相应的含氧阴离子存在,三价砷毒性比五价砷大得多。砷对人体、水生生物和水生植物等都具有毒害作用,所以监测水中砷的含量具有重要意义。水中砷污染主要来源于采矿、冶金、化工、化学制药、农药生产、玻璃、制革等工业废水。

测定水中砷的方法有硼氢化钾-硝酸银分光光度法、二乙氨基二硫代甲酸银分光光度法、氢化物发生-原子吸收分光光度法、原子荧光法、ICP-MS和ICP-OES等。其中原子荧光法测定原理和方法参考汞的测定方法,ICP-MS和ICP-OES测定原理和方法参考镉的测定方法。

1. 硼氢化钾-硝酸银分光光度法

在酸性溶液中,硼氢化钾产生新生态氢,将水样中无机砷还原成砷化氢气体,用硝酸-硝酸银-聚乙烯醇乙醇溶液吸收,吸收液中的银离子被砷化氢还原成单质胶态银,使溶液呈黄色,以砷化氢吸收液为参比液,于400nm波长处测定吸光度,吸光度与砷的含量成正比。化学反应式如下:

$$KBH_4 + 3H_2O + H^+ \longrightarrow H_3BO_3 + K^+ + 8[H] \tag{5-32}$$

$$3[H] + As^{3+} \longrightarrow AsH_3 \uparrow \tag{5-33}$$

$$6Ag + AsH_3 + 3H_2O \longrightarrow 6Ag + H_3AsO_3 + 6H^+ \tag{5-34}$$

砷化氢发生器如图 5-26 所示。图中 1 为砷化氢反应器,水样中的砷转化为砷化氢;2 为 U 形管中的乙酸铅脱脂棉,主要是消除硫化物的干扰;3 为二甲基甲酰胺(DMF 醇胺、三乙醇胺混合溶剂)浸渍的脱脂棉,为了消除锑、锡和铋等干扰;4 为装有内含硫酸钠混合粉的脱脂棉的高压聚乙烯管,用于除去有机胺的干扰;5 为装有吸收液的吸收管,吸收液中的聚乙烯醇是胶态银的良好分散剂,但通入气体时,会产生大量的泡沫,在此加入乙醇作消泡剂。吸收液中加入硝酸,有利于胶态银的稳定。

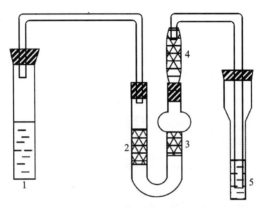

图 5-26 砷化氢反应和吸收装置

砷化氢为剧毒性物质,全部反应进程应该在通风橱或者通风良好的地方进行。

该方法适用于地面水、地下水和饮用水中痕量砷的测定。当取样体积为 250mL,吸收液用量为 3mL 且检测光程为 10mm 时,测定范围为 $0.4 \sim 12 \mu g/L$。

2. 二乙基二硫代氨基甲酸银分光光度法

锌与酸能生成新生态氢,在碘化钾和酸性氯化亚锡存在下,五价砷被新生态氢还原为三价砷,生成砷化氢气体,被二乙基二硫代氨基甲酸银-三乙醇胺的三氯甲烷溶液吸收,生成红色的胶体银,于 530nm 波长处,以三氯甲烷为参比液,测其吸光度,减去空白实验吸光度,根据标准曲线进行定量分析。

锑盐在反应条件下也能还原成锑化氢,与吸收液作用生成红色胶体,干扰测定。可加入氯化亚锡和碘化钾,抑制一定浓度锑的干扰。

该方法适用于水和废水中砷的测定。测定范围可达 $0.007 \sim 0.50 mg/L$。

3. 氢化物发生-原子吸收分光光度法

硼氢化钾或硼氢化钠在酸性溶液中产生新生态氢,将水样中的无机砷还原成砷化氢气体,用氮气载入至石英管中,通过电加热使石英管升温至 $900 \sim 1000 ℃$,砷化氢分解成砷原子蒸气,对来自砷光源发射的特征光产生吸收。将测得水样中砷的吸光度值与标准溶液的吸光度值比较,确定水样中砷的含量。

该方法适用于地表水、地下水和基体不复杂的废水中砷的测定。测定范围为 1.0～12μg/L。

(八) 铝(Al)

铝是地壳中含量最大的金属元素,仅次于氧、硅,主要以铝土矿、铝硅酸盐矿石、冰晶石存在。人体过量摄入铝,会导致体内蓄积而产生慢性毒性。我国规定生活饮用水中铝含量不得超过 0.2mg/L。环境水体中铝主要来自冶金、石油加工、造纸、罐头和耐火材料、木材加工、防腐剂生产、纺织等工业排放的废水。饮用水铝的主要来源有水源水处理后的残留铝,输送饮用水过程中的管道污染,烧制饮用水过程中带来的污染等。

测定水中铝的方法有分光光度法、石墨炉原子吸收法、间接火焰原子吸收法、ICP-MS 和 ICP-OES 等。其中,分光光度法中包括铬天青 S 分光光度法、水杨基荧光酮-氯代十六烷基吡啶分光光度和铝试剂分光光度法,这些方法干扰因素很多,结果的可行度不高。石墨炉原子吸收法中铝难以形成基态原子,适用性不高。间接火焰原子吸收法、ICP-MS 和 ICP-OES 使用广泛,其中 ICP-MS 和 ICP-OES 具体原理和方法可参考镉的测定方法。

间接火焰原子吸收法测定水样中铝的原理是在有 α-吡啶基-β-偶氮萘酚(PAN)存在的 pH 为 4～5 的乙酸-乙酸钠缓冲介质中,加入定量的 Cu(Ⅱ)-EDTA,铝与 Cu(Ⅱ)-EDTA 发生络合物交换反应生成 Cu(Ⅱ)-PAN,反应式如下:

$$Cu(Ⅱ)\text{-}EDTA + PAN + Al^{3+} \longrightarrow Cu(Ⅱ)\text{-}PAN + Al(Ⅲ)\text{-}EDTA \tag{5-35}$$

用三氯甲烷萃取除去,并剩余的水相喷入空气-乙炔火焰,用原子吸收分光光度计测定剩余铜的含量来间接定量测定铝。

该方法适用于地表水、地下水、饮用水及污染较轻的废(污)水中铝的测定,测定范围为 0.1～0.8mg/L。

(九) 铁(Fe)

铁是人体必需微量元素,本身不具有毒性,但是过量的铁可导致铁中毒。铁在天然水体中存在的形式多种多样,有简单的水合离子、复杂的无机和有机络合物等。地下水中由于溶解氧不足,铁多以二价铁的形式存在。当水样暴露在空气中时,二价铁易氧化成三价铁,且在 pH>5 时,易导致三价铁的水解沉淀。

水的铁污染源主要是选矿、冶炼、炼铁、机械加工和工业电镀等工业废水。

水中铁的测定方法主要有火焰原子吸收分光光度法、邻菲啰啉分光光度法、ICP-MS 和 ICP-OES 等。ICP-MS 和 ICP-OES 使用广泛,具体原理和方法可参考镉的测定。

1. 火焰原子吸收分光光度法

该方法可以同时测定铁和锰。方法原理主要为:将清洁水样或预处理后的试样直接吸入火焰中,铁和锰的化合物被原子化,生成铁和锰的基态原子,分别于 248.3nm 和 279.5nm 波长处对其空心阴极灯发射的特征辐射吸收,测定吸光度,综合空白实验和标准曲线进行定量计算。

影响铁、锰原子吸收法准确度的主要干扰是化学干扰。当硅的浓度大于 20mg/L 时,对铁的测定有负干扰;当硅的浓度大于 50mg/L 时,会负干扰锰的测定。随着硅浓度升高,干扰程度也会增加。该方法的基体干扰一般不严重,由分子吸收或光散射造成的背景吸收也可忽略,但遇到高矿化度的水样时,可适当稀释水样后测定。

该方法适用于地表水、地下水和工业废水中铁、锰的测定。对铁和锰的测定范围分别为 0.1~5mg/L 和 0.05~3mg/L。

2. 邻菲啰啉分光光度法

亚铁离子在 pH 为 3~9 的溶液中,可与邻菲啰啉生成稳定的橙红色络合物,反应式为

$$Fe^{2+} + 3 \text{(邻菲啰啉)} \longrightarrow [\text{Fe(邻菲啰啉)}_3]^{2+} \quad (5-36)$$

以水为参比,于 510nm 波长处测定吸光度,并做空白校正,测定亚铁含量。

该络合物能在避光条件下稳定保存半年。若用还原剂(如盐酸羟胺)将高价铁离子还原为亚铁离子,用该法可以测定总铁的含量和高价铁离子的含量。

强氧化剂、氰化物、亚硝酸盐、焦磷酸盐、偏聚磷酸盐及某些金属离子会干扰测定。可通过加酸煮沸将氰化物和亚硝酸盐去除,且使焦磷酸盐和偏聚磷酸盐转化为正磷酸盐以减轻干扰。加入盐酸羟胺消除强氧化剂的干扰。

该方法适用于地表水、地下水和废水中铁的测定。测定范围为 0.12~5.00mg/L。

(十)锰(Mn)

锰也是人体必需的微量元素。锰的化合物的价态主要有二价、三价、四价、六价和七价。地下水中由于缺氧,锰主要是以可溶态二价锰形式存在,而在地表水中还有可溶性三价锰络合物和四价锰的悬浮物存在。环境水体中锰的含量一般不超过 1mg/L。锰的主要污染源是黑色金属矿山开采、冶金和化工等工业排放的废水。

水中锰的测定方法有火焰原子吸收分光光度法、高碘酸钾氧化光度法、甲醛肟分光光度法、ICP-MS 和 ICP-OES 等。火焰原子吸收分光光度法可参考铁的测定方法,ICP-MS 和 ICP-OES 可参考镉的测定方法。

1. 高碘酸钾氧化光度法

高碘酸钾氧化光度法测定锰的原理基于高碘酸钾能将低价锰氧化成紫红色的高锰酸盐,

以纯水为参比,于525nm波长处测定吸光度,根据标准曲线法定量计算锰的含量。

在酸性介质中,氧化过程需在长时间加热煮沸才能完成;而在焦磷酸钾-乙酸钠存在的中性(pH为7.0~8.6)溶液中,低价锰可于室温条件下瞬间完成氧化,且颜色能保持16h以上。

水样中常见的金属离子和阴离子不会干扰锰的测定;当水样中含有强氧化性物质、强还原性物质和悬浮物时,可用硝酸和硫酸(或高氯酸)加热消解去除。

该方法适用于地表水、地下水和废水中锰的测定。最低检出浓度为0.05mg/L。

2. 甲醛肟分光光度法

在pH为9.0~10.0的碱性溶液中,二价锰被氧化为四价锰,与甲醛肟生成棕色络合物。反应式为

$$Mn^{4+} + 6\; H_2C{=}N{-}OH \longrightarrow [Mn(H_2C{=}NO)_6]^{2-}(棕色) + 6H^+ \qquad (5\text{-}37)$$

以水为参比,于450nm波长处测量吸光度,并结合空白校正和标准曲线计算锰的含量。锰含量在4.0mg/L以内,质量浓度与吸光度之间呈线性关系。

铁、铜、钴、镍和钒等均与甲醛肟形成络合物,干扰锰的测定,加入盐酸羟胺和EDTA可减少干扰。经酸化至pH为1的清洁水,一般可直接用于测定。含有悬浮二氧化锰和有机锰的水样,需加硝酸-过硫酸钾进行预处理。

该方法适用于饮用水及未受严重污染的地表水的水样中总锰的测定,不适宜于高度污染的工业废水的测定。测量范围为0.05~4.0mg/L。

三、非金属无机物

(一)酸度

酸度是指水中能中和强碱的物质(如无机酸、有机酸和强酸弱碱盐等)总量。二氧化碳的溶入和机械、选矿、电镀、农药、印染及化工等行业排放的含酸废水的输入,使地表水的pH降低。这些酸性物质不仅破坏水生生物及农作物的正常生存条件,还会腐蚀管道、破坏建筑物。因此,酸度是衡量水体水质的一项重要指标。

测定酸度的方法有酸碱指示剂滴定法和电位滴定法。

1. 酸碱指示剂滴定法

该方法是利用碱标准溶液(通常为氢氧化钠溶液)滴定水样至一定pH,根据消耗的碱标准溶液的量来计算酸度数值。氢氧化钠滴定终点的pH有8.3和3.7两种。氢氧化钠溶液滴定到pH为8.3(以酚酞为指示剂)时得到的酸度称为酚酞酸度,又称总酸度,包括强酸和弱酸;氢氧化钠溶液滴定到pH为3.7(以甲基橙为指示剂)时得到的酸度称为甲基橙酸度,代表一些较强的酸。

该方法分析步骤要点:取适量混匀水样于锥形瓶中,向瓶中滴入适量酚酞指示剂(或甲基橙指示剂),缓慢滴加已配制的氢氧化钠标准溶液至溶液由无色刚变为浅红色(或由橙红色刚

变为橘黄色),记录此时氢氧化钠标准溶液用量。计算公式为

$$\text{酸度}(\text{以 CaCO}_3\text{计,mg/L}) = \frac{C \times V_1 \times 50.05 \times 1000}{V_0} \tag{5-38}$$

式中:C 为氢氧化钠标准溶液浓度(mol/L);V_1 为消耗氢氧化钠标准溶液的体积(mL);50.05 为碳酸钙(1/2CaCO$_3$)摩尔质量(g/mol);V_0 为水样体积(mL)。

水样中含有 Fe^{3+}、Fe^{2+}、Al^{3+} 等可氧化或易水解离子时,应在加热下滴定;水样中含有游离氯时,可在滴定前加入少量 0.1 mol/L 硫代硫酸钠溶液去除,防止使甲基橙指示剂褪色。

2. 电位滴定法

该方法是以玻璃电极为指示电极,饱和甘汞电极为参比电极,与水样组成原电池,用氢氧化钠标准溶液滴定,在 pH 计、电位滴定仪或者离子仪上指示滴定终点(pH 为 3.7 或 8.3),确定氢氧化钠标准溶液消耗量,计算得到酸度。

当水样色度较深时,酸碱指示剂滴定法很难通过颜色变化确定滴定终点,此时可采用电位滴定法。水样中脂肪酸盐、油状物质和悬浮物等易附在玻璃电极表面,影响反应速度,可通过减缓滴定速度、延长响应时间和充分搅拌来消除影响。取 50mL 水样,本法可测定 10～1000mg/L 范围内的酸度(以 CaCO$_3$ 计)。

(二)碱度

碱度是指水中能中和强酸的物质(如强碱、弱碱和强碱弱酸盐等)总量。地表水中碱度主要是重碳酸盐、碳酸盐和氢氧化物所起作用,其他影响碱度测定值的还有硼酸盐、磷酸盐和硅酸盐等。废水和其他复杂水体中,有机碱类和金属水解盐类也是碱度的主要组成成分。碱度也是水质的综合性指标,常用于评价水体的缓冲能力及金属的溶解性和毒性,此外碱度还是对水和废水处理过程控制的判断指标。

测定碱度的方法也是酸碱指示剂滴定法和电位滴定法。整体分析步骤同酸度测定方法。

对于天然水或者未受污染的地表水,可先用标准酸溶液(一般为盐酸标准溶液)滴定至酚酞指示剂由红色变为无色,此时 pH 为 8.3,水中氢氧化物全部中和,碳酸盐均转为重碳酸盐,然后继续用标准酸溶液滴定至甲基橙指示剂由橘黄色变为橘红色,此时 pH 为 4.4～4.5,水中重碳酸盐已被中和,根据两次滴定消耗的标准酸溶液的量,计算总碱度。

令酚酞指示剂滴定终点消耗标准酸溶液的量为 P,甲基橙指示剂滴定终点消耗标准酸溶液的量为 M,则标准酸溶液消耗总量为 $T=M+P$。计算总碱度时,通常分为以下 5 个情形。

(1)$P=T$ 或 $M=0$。

$M=0$ 表示水样中没有重碳酸盐和碳酸盐,所以水样中只有氢氧化物。

(2)$P>1/2T$ 或 $P>M$。

$M>0$ 表示水样中至少有碳酸盐,但是 $P>M$,说明水样中肯定还含有氢氧化物,由于氢氧化物与重碳酸盐不能共存,所以该情形下水中含氢氧化物和碳酸盐。

(3)$P=1/2T$ 或 $P=M$。

$M>0$ 表示水样中至少有碳酸盐,又由于 $P=M$,说明水中只有碳酸盐。

(4) $P < 1/2T$ 或 $P < M$。

$M>0$ 表示水样中至少有碳酸盐,但是 $P<M$,说明水中还含有重碳酸盐。此时水中含有碳酸盐和重碳酸盐。

(5) $P=0$ 或 $M=T$。

此时水中只含有重碳酸盐。

总碱度计算公式为

$$总碱度(以 CaO 计, mg/L) = \frac{C \times T \times 28.04 \times 1000}{V} \tag{5-39}$$

$$总碱度(以 CaCO_3 计, mg/L) = \frac{C \times T \times 50.05 \times 1000}{V} \tag{5-40}$$

式中:C 为标准酸溶液浓度(mol/L);28.04 为氧化钙(1/2CaO)摩尔质量(g/mol);V 为水样体积(mL)。

(三)二氧化碳

天然水中二氧化碳可以分为游离二氧化碳和侵蚀性二氧化碳。测定方法都有酸碱指示剂滴定法和电位滴定法。

1. 游离二氧化碳

游离二氧化碳是指水中溶解态二氧化碳气体分子和少量与水反应后生成的碳酸的总称。有机物分解是游离二氧化碳的主要来源之一,所以游离二氧化碳的测定可间接评价水体有机污染程度。

测定游离二氧化碳的方法为酚酞指示剂滴定法。由于游离二氧化碳可以与氢氧化钠发生以下反应:

$$CO_2 + NaOH \longrightarrow NaHCO_3 \tag{5-41}$$

$$H_2CO_3 + NaOH \longrightarrow NaHCO_3 + H_2O \tag{5-42}$$

可用氢氧化钠标准溶液滴定至酚酞指示剂呈浅红色,记录氢氧化钠标准溶液消耗量,计算出游离二氧化碳含量。

$$游离二氧化碳(以 CO_2 计, mg/L) = \frac{C \times V_1 \times 44 \times 1000}{V} \tag{5-43}$$

式中:C 为氢氧化钠标准溶液浓度(mol/L);V_1 为消耗氢氧化钠标准溶液的体积(mL);44 为 CO_2 摩尔质量(g/mol);V 为水样体积(mL)。

测定二氧化碳的水样避免与空气接触,取样时应该使用虹吸法。样品测定尽可能在现场进行,若现场测定困难,采样瓶应装满水样,并于适当温度下妥善保存。若水样浑浊,看不清颜色变化时,可采用电位滴定法。

2. 侵蚀性二氧化碳

侵蚀性二氧化碳是指水中能与碳酸盐发生反应的二氧化碳。这类二氧化碳可以与碳酸钙发生反应生成碳酸氢盐。

$$CaCO_3 + CO_2 + H_2O \longrightarrow Ca(HCO_3)_2 \tag{5-44}$$

所以这类二氧化碳会侵蚀破坏水下建筑物,当与氧共存时,铁等金属也会受到强烈侵蚀。因此,测定水中侵蚀性二氧化碳有着重要的意义。

测定侵蚀性二氧化碳方法为甲基橙指示剂滴定法。利用 HCl 和 $Ca(HCO_3)_2$ 间能发生如下反应:

$$Ca(HCO_3)_2 + 2HCl \longrightarrow CaCl_2 + 2H_2CO_3 \tag{5-45}$$

可在水样中加入碳酸钙粉末,放置 5d,待水中侵蚀性二氧化碳完全反应后,以甲基橙为指示剂,用盐酸标准溶液滴定,记录到达滴定终点消耗的盐酸标准溶液的量,减去用盐酸标准溶液滴定未加碳酸钙粉末的水样消耗的量,可计算出侵蚀性二氧化碳含量。

$$侵蚀性二氧化碳(以 CO_2 计, mg/L) = \frac{C(V_2 - V_1) \times 22 \times 1000}{V} \tag{5-46}$$

式中:C 为盐酸标准溶液浓度(mol/L);V_1 为未加碳酸钙水样滴定消耗盐酸标准溶液的量(mL);V_2 为加碳酸钙放置 5d 后水样滴定消耗的标准溶液的量(mL);V 为水样体积(mL);22 为侵蚀二氧化碳($1/2CO_2$)摩尔质量(g/mol)。

(四)硫化物

硫化物是地下水(尤其是温泉水)的重要成分,其中一部分是在厌氧条件下,微生物还原硫酸盐或者分解含硫有机物而产生的,生活污水和焦化、造气、选矿、造纸、印染和制革等工矿企业排放的污水中也常含有硫化物。

水中硫化物包括溶解性的 H_2S、HS^- 和 S^{2-},悬浮物中的可溶性硫化物,酸溶性金属硫化物以及不溶性的硫化物和有机硫化物。硫化氢易逸散至大气中,产生臭味且毒性很大,可与细胞色素、氧化酶作用,影响细胞氧化过程,造成细胞组织缺氧,甚至危及生命;水中硫化氢能腐蚀金属设备和管道,并可被微生物氧化成硫酸,加剧腐蚀性。因此,硫化物是水体污染的重要指标。

测定水中硫化物的主要方法有亚甲基蓝分光光度法、碘量法、离子选择电极法、气相分子吸收光谱法和间接原子吸收法等。这些方法测定的硫化物主要是指水中溶解性无机硫化物和酸溶性金属硫化物。亚甲基蓝分光光度法、气相分子吸收光谱法和间接原子吸收法通常适用于硫化物含量小于 1mg/L 的水样;硫化物含量大于 1mg/L 的水样通常采用碘量法。离子选择电极法虽然测量范围广,但是电极易受损和老化,并未得到普遍应用。

当水中含有硫代硫酸盐、亚硫酸盐和有机物等还原性物质,悬浮物以及色度等干扰因素时,采用碘量法或者亚甲基蓝分光光度法测定前可用乙酸锌沉淀-过滤法、酸化-吹气法和过滤-酸化-吹气分离法进行水样预处理。预处理过程对于硫化物的测定至关重要,既能消除干扰,也能减少目标物损失。图 5-27 为典型的酸化-吹气分离装置示意图。

1. 亚甲基蓝分光光度法

亚甲基蓝分光光度法又称对氨基二甲基苯胺分光光度法,是指在高价铁离子溶液中,硫

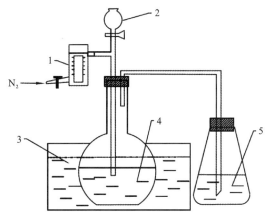

1.流量计；2.加酸分液漏斗；3.水浴加热锅；4.装有水样的烧瓶；5.吸收瓶。
图 5-27 酸化-吹气分离装置示意图

离子与对氨基二甲基苯酚发生反应，生成亚甲基蓝染料，根据水样中硫离子浓度与亚甲基蓝颜色深度成正比，于 665nm 波长下比色定量。反应式如下：

$$S^{2-}+H_2N-C_6H_4-N(CH_3)_2 \xrightarrow{FeCl_3} [\text{亚甲基蓝}]^+ Cl^- \quad (5-47)$$

该方法的最低检出浓度为 0.02mg/L（以 S^{2-} 计），测定上限为 0.8mg/L。采用酸化-吹气法对水样进行预处理后，最低检出浓度值可能会更低；减少取样量，测定浓度可达 4mg/L。

2. 碘量法

碘量法是利用硫化物在酸性条件下与过量的碘反应，待反应完全后，用硫代硫酸钠溶液滴定剩余的碘，由硫代硫酸钠溶液消耗的量反推硫化物的含量。具体分析步骤：采样时用碱性乙酸锌溶液将水样中的硫化物固定为硫化锌沉淀，测量时加入碘标准溶液和盐酸溶液，混匀，静置，用硫代硫酸钠标准溶液滴定至溶液呈淡黄色，加入淀粉指示剂，继续滴定至蓝色刚好消失，记录硫代硫酸钠标准溶液消耗量。其反应机理如下：

$$S^{2-} + Zn^{2+} \longrightarrow ZnS\downarrow \quad (5-48)$$

$$ZnS + I_2 \longrightarrow Zn^{2+} + 2I^- + S \quad (5-49)$$

$$I_2 + 2S_2O_3^{2-} \longrightarrow 2I^- + S_4O_6^{2-} \quad (5-50)$$

同时需要进行空白实验，以等量实验用水代替样品，按照上述步骤进行空白实验，记录硫代硫酸钠标准溶液消耗量。水样中硫化物含量的计算公式为

$$\text{硫化物}(\text{以}S^{2-}\text{计,mg/L}) = \frac{C(V_0 - V_1) \times 16.03 \times 1000}{V} \quad (5-51)$$

式中：C 为硫代硫酸钠标准溶液浓度(mol/L)；V_0 为空白试验硫代硫酸钠标准溶液用量(mL)；V_1 为滴定水样时消耗硫代硫酸钠标准溶液量(mL)；V 为水样体积(mL)；16.03 为硫离子

($1/2S^{2-}$)摩尔质量(g/mol)。

3. 气相分子吸收光谱法

水中硫化物可以被强酸(如磷酸等)酸化分解生成挥发性的H_2S气体,用空气将其载入气相分子光谱仪的测量系统中,在波长为200nm附近测定吸光度并对照标准溶液的标准曲线来计算水样中硫化物的含量。

为消除水样中NO_2^-、SO_3^{2-}和$S_2O_3^{2-}$等分解产物产生的正干扰,可以先加入过氧化氢再加磷酸;当水样中含有I^-、CNS^-和挥发性有机物时,可采用碳酸锌沉淀分离后,再依次加入过氧化氢和磷酸,来消除干扰。

该方法最低检测浓度为0.005mg/L,测定上限为10mg/L。

4. 间接火焰原子吸收法

将水中硫化物酸化成硫化氢,用氮气吹出,被过量铜离子吸收液吸收,生成硫化铜沉淀,分离沉淀后,用火焰原子吸收分光光度计测定上清液中剩余的铜离子,对硫化物含量间接定量。反应方程式如下:

$$Cu^{2+} + H_2S \longrightarrow CuS\downarrow + 2H^+ \tag{5-52}$$

可在反应中加入适量醋酸-醋酸钠缓冲溶液,调节吸收液的酸度;加入适量乙醇可以调节吸收液表面张力,改善吸收液中气泡的均匀性,能有效提高该方法的回收率。

当测定地下水或者饮用水等基体成分较简单的样品时,可直接采用间接法测定,无需吹气。因为火焰原子吸收法测定铜离子浓度时具有较强的抗干扰能力。

(五)硫酸盐

硫酸盐也是天然水体中广泛分布的无机组分。含少量硫酸盐的水对人体健康无影响,但是硫酸盐含量超过250mg/L的水被人体摄入后会引起腹泻和肠胃炎等不适。因此,测定水中硫酸盐具有特定意义。

水中硫酸盐测定方法主要有重量法、铬酸钡分光光度法、间接火焰原子吸收分光光度法和离子色谱法。

1. 重量法

在盐酸溶液中,加入的氯化钡可与水样中的硫酸盐反应生成硫酸钡沉淀。沉淀反应在接近沸腾的温度下进行,并陈化一段时间后过滤,用水洗到没有残余氯离子,烘干或者灼烧沉淀,称重,计算得出硫酸盐含量(以SO_4^{2-}计,mg/L)。

在酸性条件下进行沉淀反应可以防止碳酸钡和磷酸钡沉淀,但是酸度不宜过高,防止硫酸钡沉淀溶解度增大;接近煮沸的温度可以将亚硫酸盐和硫化物等分别以二氧化硫和硫化氢气体形式赶出,防止干扰硫酸盐的测定。

该方法最低检出浓度为10mg/L,测定上限为5000mg/L。

2. 铬酸钡分光光度法

在酸性溶液中,铬酸钡与硫酸盐生成硫酸钡沉淀,并释放出铬酸根离子。溶液中和后多余的铬酸钡及生成的硫酸钡仍是沉淀状态,经过滤除去沉淀。在碱性条件下,铬酸根离子呈现黄色,在420nm波长测定吸光度,根据硫酸根标准溶液的标准曲线,计算出硫酸盐的含量(以 SO_4^{2-} 计,mg/L)。相应的反应式如下:

$$SO_4^{2-} + BaCrO_4 \rightleftharpoons BaSO_4 \downarrow + CrO_4^{2-} \tag{5-53}$$

水样中碳酸根也与钡离子形成沉淀。在加入铬酸钡之前,将样品酸化并加热以除去碳酸盐。

该方法适用于硫酸盐含量较低的地表水和地下水的测定。测定质量浓度范围为8~200mg/L。

3. 间接火焰原子吸收分光光度法

该方法的原理与铬酸钡分光光度计法相似,通过火焰原子吸收法测定沉淀反应后释放出的铬酸根离子,间接算出硫酸盐含量。

该方法使用的火焰为空气-乙炔富燃性黄色火焰,测定波长为359.3nm。

该方法适用于地表水、地下水和饮用水中可溶性硫酸盐的测定。最低检出浓度为0.4mg/L,当取样量为10mL时,测定上限为30mg/L,当取样量为1mL时,测定上限为300mg/L。

4. 离子色谱法

离子色谱法适用于地表水、地下水、工业废水和生活污水中8种可溶性无机阴离子(F^-、Cl^-、NO_2^-、Br^-、NO_3^-、PO_4^{3-}、SO_3^{2-}、SO_4^{2-})的测定。当取样量为25μL时,方法检出限和测定下限如表5-15所示。

表5-15 8种离子的方法检出限和测定下限   单位:mg/L

离子名称	方法检出限	测定下限	离子名称	方法检出限	测定下限
F^-	0.006	0.024	NO_3^-	0.016	0.064
Cl^-	0.007	0.028	PO_4^{3-}	0.051	0.204
NO_2^-	0.016	0.064	SO_3^{2-}	0.046	0.184
Br^-	0.016	0.064	SO_4^{2-}	0.018	0.072

该方法是利用离子交换的原理,通过阴离子色谱柱交换分离水中8种可溶性阴离子,然后用抑制型电导检测器检测,根据保留时间定性,峰面积和峰高定量。图5-28为常见离子色谱分析流程。

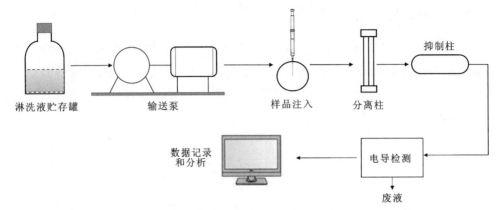

图 5-28 离子色谱法分析测定基本流程图

离子色谱分析测定多种阴离子时,淋洗液的选择很重要。淋洗液作为流动相能够将阴离子载入色谱柱,当离子在色谱柱上交换后,淋洗液将这些离子洗脱分离,根据离子的洗脱顺序不同,检测的时间也不同,从而对各个离子定量。常用的淋洗液有 $NaHCO_3/Na_2CO_3$ 溶液和 NaOH 溶液。分离柱内填充低容量阴离子交换树脂,由于液体流过时阻力大,故需使用高压输送泵;抑制柱内填充强酸性阳离子交换树脂,其作用是削减淋洗液造成的背景电导率和提高被测组分的电导率。测定这 8 种离子选择的阴离子分离柱为聚二乙烯基苯/乙基乙烯苯/聚乙烯醇基质,具有烷基季铵或烷醇季铵功能团、亲水性、高容量色谱柱。电导检测器工作原理是通过测量电导池中电导率的变化来测定溶液中各阴离子的浓度。对于痕量离子分析时,还可采用电化学检测器(安培检测器)进行测定。

当离子色谱分析条件为:碳酸盐淋洗液$[C(Na_2CO_3) = 3.2\text{mmol/L}, C(NaHCO_3) = 1.0\text{mmol/L}]$,流速为 0.7mL/min,抑制型电导检测器,连续自循环再生抑制器,CO_2 抑制器,进样量:25μL。8 种阴离子标准溶液色谱图见图 5-29。

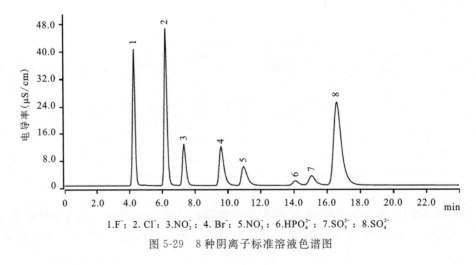

1.F^-; 2.Cl^-; 3.NO_2^-; 4.Br^-; 5.NO_3^-; 6.HPO_4^{2-}; 7.SO_3^{2-}; 8.SO_4^{2-}

图 5-29 8 种阴离子标准溶液色谱图

对于不含疏水性化合物、重金属或过渡金属离子等干扰物质的清洁水样,经抽气过滤装置(孔径≤$0.45\mu m$ 醋酸纤维或聚乙烯滤膜)过滤后,可直接进样;也可用带有孔径为 $0.45\mu m$ 的水系微孔滤膜针筒过滤器的一次性注射器进样。对含有干扰物质的复杂水质样品,可用相应的预处理柱去除干扰物质后再进样。以聚苯乙烯-二乙烯基苯为基质的 RP 柱或以硅胶为基质键合 C18 柱可去除疏水性化合物;H 型强酸性阳离子交换柱或 Na 型强酸性阳离子交换柱可去除重金属和过渡金属离子。

(六)氟化物

氟化物广泛存在于天然水中。有色冶金、钢铁和铝加工、玻璃、磷肥、电镀、陶瓷、农药等行业排放的废水和含氟矿物废水是氟化物的人为污染源。氟化物(以 F^- 计)是人体必需的微量元素之一,人体各组织中都含有氟,但主要积聚在牙齿中。缺氟会导致龋齿病,但是过量的氟对人体也有危害,如长期饮用氟化物含量高于 $1.5mg/L$ 的水会导致斑齿病、水中氟化物含量高于 $4mg/L$,易导致氟骨病。饮用水中氟化物适宜含量为 $0.5\sim1.0mg/L$(以 F^- 计)。因此,测定水中氟化物能够作为评价水质是否符合饮用水的重要指标。

测定水中氟化物的方法有离子色谱法、离子选择电极法、氟试剂分光光度法、茜素黄酸锆目视比色法和硝酸钍滴定法。对于污染严重的工业废水和生活污水,测定前应进行预蒸馏。

1. 离子色谱法

离子色谱法已被国内外普遍使用,其方法简便、操作快速、相对干扰较少,测定范围为 $0.06\sim10mg/L$。具体原理和测定步骤见硫酸盐的测定方法 4。

2. 离子选择电极法

离子选择电极法是利用以氟离子选择电极为指示电极,和外参比电极共同进入被测溶液中构成原电池,利用电池电动势与氟离子活动的关系进行测定计算。原电池可表示如下:

$$Ag,AgCl \mid 0.3mol/L\ HCl, 0.001mol/L\ F^- \mid LaF_3 \mid 待测溶液 \parallel 外参比电极$$

外参比电极一般可选用饱和甘汞电极。根据能斯特方程得出电池电动势与溶液 F^- 活度的关系为

$$E = E_0 - \frac{2.303RT}{F}\lg \alpha_{F^-} \tag{5-54}$$

式中:E_0 为标准溶液电动势;R 为气体常数;T 为绝对温度(K);F 为法拉第常数;α_{F^-} 为氟离子活度,氟离子浓度 C_{F^-} 低于 $10^{-2}mol/L$ 时,活度系数为 1,可用 C_{F^-} 代替 α_{F^-}。

用晶体管毫伏计、离子活度计或 pH 计测量上述原电池的电动势,并与用氟离子标准溶液测得的电动势相比较,即可求知水样中氟化物的浓度。如果用专用离子计测量,经校准后,可以直接显示被测溶液中氟离子的浓度。对基体复杂或成分不明的样品,宜采取一次标准加入法,减小基体的影响。

某些高价阳离子(如 Fe^{3+}、Al^{3+} 和 Si^{4+})及氢离子能与氟离子络合而干扰测定游离的氟离子;在碱性溶液中,氢氧根离子浓度大于氟离子浓度的 1/10 时也会影响测定。常采用加入总离子强度调节缓冲溶液(TISAB)的方法消除这些干扰。加入 TISAB 可以消除标准溶液与被

测溶液的离子强度差异,以保持溶液中总离子强度并络合干扰离子,使络合态的氟离子释放出来,使溶液保持合适的 pH 范围(5～8)。

该方法选择性好,适用范围广,可测定浑浊、有颜色的水样。测量范围为 $0.05～1900mg/L$(以 F^- 计)。

3. 氟试剂分光光度法

该方法是利用氟离子在 pH 为 4.1 的乙酸盐缓冲介质中能与氟试剂及硝酸镧[$La(NO_3)_3$]反应生成蓝色三元络合物,络合物在 620nm 波长处的吸光度与氟离子浓度成正比的特征,从而定量测定氟化物(以 F^- 计)。

氟试剂即茜素络合指示剂,该方法中使用的主要是 3-甲基胺-茜素-二乙酸,化学式为 $C_{14}H_7O_4 \cdot CH_2N(CH_2COOH)_2$,简称 ALC。ALC 除了可与 F^- 反应生成蓝色络合物,还可与 Pb^{2+}、Zn^{2+}、Cu^{2+}、Co^{2+} 和 Cd^{2+} 等发生络合反应生成红色螯合物。因此,在测定氟化物时,需要利用预处理消除这些离子的干扰,同时利用这一特性也可用于这些金属离子的测定。

该方法适用于地表水、地下水和工业废水中氟化物的测定。检出限为 0.02mg/L,测定下限为 0.08mg/L。

4. 茜素磺酸钠目视比色法

茜素磺酸钠($C_{14}H_7NaO_7S$)在酸性溶液中可以和锆盐生成红色络合物,当溶液中有氟离子存在时,能夺取络合物中锆离子,生成无色的氟化锆离子[$(ZrF_6)^{2-}$],释放出黄色的茜素磺酸钠,根据溶液由红色变为黄色的色度不同,与标准色阶进行比较定量。

水样中有硫酸盐、磷酸盐、铁、锰的存在,能使测定结果偏高,铝可与氟离子形成稳定的络合物[$(AlF_6)^{3-}$],使测定结果偏低。茜素磺酸锆与氟离子在作用过程中颜色的形成,受各种因素的影响,因此在分析时,要控制样品、空白和标准系列加入试剂的量,反应温度、放置时间等条件必须一致,试样与标准比色系列之间的温差不超过 2℃。

该方法适用于饮用水、地表水、地下水和工业废水中氟化物的测定。直接测定 50mL 水样中氟化物的浓度时,本方法检出限为 0.1mg/L,测定下限为 0.4mg/L,测定上限为 1.5mg/L。

5. 硝酸钍滴定法

在 pH 为 3.2～3.5 的酸性溶液中,以氯乙酸为缓冲剂,以茜素磺酸钠和亚甲蓝作指示剂,用硝酸钍[$Th(NO_3)_4$]标准溶液滴定水样中的氟化物至溶液由翠绿色变为灰蓝色,即为终点。记录硝酸钍标准溶液的消耗量,计算得出氟离子的浓度。

本法适用于含氟量大于 5mg/L 的废水中氟化物的测定。

(七)氰化物

氰化物是一类含有氰基(—CN)的化合物。根据氰化物的性质不同,可以分为无机氰化物、有机氰化物和氰化物衍生物。无机氰化物根据其组成和性质不同又可分为简单氰化物和络合氰化物。简单氰化物主要包括氰化氢、碱金属氰化物和其他金属氰化物,这类氰化物易溶于水且毒性大。络合氰化物的种类很多,其中碱金属-金属氰络合物的表达式为 $A_yM(CN)_x$。A 代表碱金属,M 代表重金属(包括 Zn^{2+}、Fe^{2+}、Fe^{3+}、Cd^{2+}、Co^{3+}、Cu^{2+}、Ag^+ 和 Ni^{2+} 等),y 代表金属原子数目,x 代表氰基数目。络合氰化物毒性比简单氰化物小,但在 pH、水温和光照等条件下,易分解成简单氰化物,所以具有潜在毒性。根据氰基与另外的碳原子结合的方式不同,有机氰化物可以分为腈和异腈。其中乙腈、丙烯腈和正丁腈等有机氰化物属于高毒性物质。氰化物衍生物主要包括氯化氰、氰酸及其盐类和硫氰酸及其盐类等。

水中氰化物的主要来源是合成纤维、医药、杀虫剂、化肥、冶金及电镀等行业排出的污(废)水。氰化物进入人体后,氰基与细胞色素氧化酶的含铁辅酶结合,导致其不能传递电子,影响整个呼吸链的电子传递,使细胞代谢过程受阻,造成内缺氧,引起急性中毒。此外,氰化物还影响植物生长,造成减产。所以,氰化物的测定在环境监测中尤其重要。

测定氰化物的方法硝酸银滴定法、分光光度法、真空检测管-电子比色法。

为消除水样中其他组分的干扰,通常采用在酸性介质中蒸馏预处理样品,使能形成氰化氢的氰化物馏出。氰化物样品蒸馏条件一般分为以下两种。

(1)向水样中加入磷酸和 EDTA 二钠,在 pH<2 条件下,加热蒸馏。由于金属离子与 EDTA 的络合能力比与氰离子络合能力强,所以使得络合氰化物解离出氰离子,并以氰化氢的形式馏出,用氢氧化钠溶液吸收,待测。该条件下得到的氰化物称为总氰化物。

(2)向水样中加入酒石酸和硝酸锌,在 pH=4 条件下,加热蒸馏,简单氰化物和部分络合氰化物(如锌氰络合物)以氰化氢形式馏出,用氢氧化钠溶液吸收,待测。该条件下得到的氰化物称为易释放氰化物。

水样中存在活性氯等氧化物组分时,可在蒸馏前加亚硫酸钠溶液排除干扰;存在亚硝酸离子干扰测定,可在蒸馏前加氨基磺酸排除干扰;存在硫化物干扰测定,可在蒸馏前加碳酸镉或碳酸铅固体粉末排除干扰;少量油类对测定无影响,中性油或酸性油大于 40mg/L 时干扰测定,可加入水样体积的 20% 量的正己烷,在中性条件下短时间萃取,分离出正己烷相后,水相用于蒸馏测定。

1. 硝酸银滴定法

取适当体积的预蒸馏样品,加氢氧化钠溶液调节至 pH>11,以试银灵为指示剂,用硝酸银标准溶液滴定至溶液由黄色变为橙红色为止,记录硝酸银标准溶液消耗量,并综合空白实验中消耗的硝酸银标准溶液的量,计算得到氰化物含量(以 CN^- 计)。其中涉及的反应是氰离子与阴离子发生络合反应生成银氰络合物,稍过量的阴离子与试银灵反应使溶液变色,来判断滴定终点。水样中氰化物浓度的计算公式为

$$氰化物(以 CN^- 计, mg/L) = \frac{C \times (V_a - V_0) \times 52.04 \times 1000}{V} \times \frac{V_1}{V_2} \quad (5-55)$$

式中:C 为硝酸银标准溶液浓度(mol/L);V_0 为空白试验硝酸银标准溶液用量(mL);V_a 为滴定水样时消耗硝酸银标准溶液量(mL);V 为水样体积(mL);52.04 为氰离子($2CN^-$)摩尔质

量(g/mol);V_1 为分析测定时所取样品体积(mL);V_2 为蒸馏得到的馏出液体积(mL)。

该方法适用于受污染的地表水、生活污水和工业废水。测定下限为 1.0mg/L,测定上限为 100mg/L。

2. 异烟酸-吡唑啉酮分光光度法

在中性条件下,样品中的氰化物与氯胺 T($C_7H_7ClNNaO_2S$)反应生成氯化氰,再与异烟酸($C_6H_6NO_2$)作用,经水解后生成戊烯二醛,最后与吡唑啉酮($C_{10}H_{10}ON_2$)缩合生成蓝色染料,在波长 638nm 处测量吸光度,通过空白实验结果和校正曲线法定量测出氰化物含量。计算公式为

$$氰化物(以 CN^- 计, mg/L) = \frac{A - A_0 - a}{V \times b} \times \frac{V_1}{V_2} \tag{5-56}$$

式中:A 为试样吸光度;A_0 为空白实验所测吸光度;a 为校正曲线截距;b 为标准曲线斜率。

该方法适用于测定氰化物含量为 0.016~0.25mg/L 的地表水、生活废水和工业污水。

3. 异烟酸-巴比妥酸分光光度法

在弱酸性条件下,水样中氰化物与氯胺 T 作用生成氯化氰,然后与异烟酸反应,经水解而成戊烯二醛,最后再与巴比妥酸($C_4H_4N_2O_3$)作用生成紫蓝色化合物,在波长 600nm 处测定吸光度,通过空白实验结果和校正曲线法定量测出氰化物含量。计算公式同式(5-56)。

该方法适用于测定氰化物含量为 0.004~0.45mg/L 的地表水、生活废水和工业污水。

4. 吡啶-巴比妥酸分光光度法

在中性条件下,氰离子和氯胺 T 的活性氯反应生成氯化氰,氯化氰与吡啶(C_5H_5N)反应生成戊烯二醛,戊烯二醛与两个巴比妥酸($C_4H_4N_2O_3$)分子缩和生成红紫色化合物,在波长 580nm 处测量吸光度,通过空白实验结果和校正曲线法定量测出氰化物含量。计算公式同式(5-56)。

该方法适用于测定氰化物含量为 0.008~0.45mg/L 的地表水、生活废水和工业污水。

5. 流动注射-分光光度法

由于化学法分析氰化物须蒸馏预处理,而且在显色时须在适当水浴恒温,所以采用仪器自动化检测能够简化操作和提高测定准确度。流动注射分析(CFA)技术是指在封闭的管路中,将一定体积的试样注入连续流动的载液中,试样与试剂在化学反应模块中按特定的顺序和比例混合、反应,在非完全反应的条件下,进入流动检测池进行分光光度检测。流动注射经常与异烟酸-巴比妥酸分光光度法或吡啶-巴比妥酸分光光度法联用快速测定水中氰化物。图 5-30 为流动注射-分光光度法测定氰化物参考工作流程图。

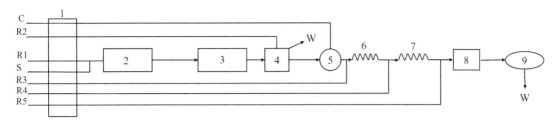

1. 蠕动泵;2. 加热池(140℃);3. 紫外消解装置;4. 扩散池;5. 注入阀;6、7. 反应环;8. 加热池(60℃);
9. 检测池;R1. 磷酸溶液;R2. 氢氧化钠溶液;R3. 磷酸盐缓冲液;R4 氯胺-T 溶液;R5. 异烟酸-巴比
妥酸溶液或吡啶-巴比妥酸溶液;C. 载液;S. 试样;W. 废液。

图 5-30 流动注射-分光光度法测定氰化物参考工作流程图

该方法适用于地表水、地下水、生活污水和工业废水中氰化物测定。当检测光程为 10nm 时,异烟酸-巴比妥酸分光光度法能测定水中氰化物的范围为 0.004～0.10mg/L,吡啶-巴比妥酸分光光度法测定范围为 0.008～0.50mg/L。

6. 真空检测管-电子比色法

该方法原理是将封存有反应试剂的真空检测管在水样中折断,水样自动定量地吸入管中,水样中待测物与反应试剂快速定量反应生成有色化合物,待测物浓度与色度值成正比,将色度信号与待测物浓度间对应的函数关系存储于电子比色计中,测定后可直接读取水中待测物的含量。

真空检测管是一种硼硅玻璃或石英玻璃材质的试管。试管具有一定真空度(-100～-80kPa),内部封存反应试剂,折断后能够自动定量吸收水样,待测物和反应试剂在其中发生化学显色反应。电子比色计是一种以色度传感器为信号接收器,能根据有色化合物的色度值进行定量分析的电子仪器。电子比色计由 LED 或氙灯光源、色度传感器、比色池、信号模拟系统和显示屏等组成。

该方法可用于测定地下水、地表水、生活污水和工业废水中氰化物、氟化物、硫化物、二价锰、六价铬、镍、氨氮、苯胺、硝酸盐氮、亚硝酸盐氮、磷酸盐和化学需氧量等指标的快速测定。

测定水中氰化物的方法原理为在碳酸钠存在下,控制水样 pH $\geqslant$ 4,氰化物与有机酮类试剂混合,加热(50℃),发生离子缔合反应生成黄至深红色有色络合物,有色络合物的色度值与氰化物浓度呈线性关系。

该方法对水中氰化物的检出限为 0.009mg/L。

(八)含氮化合物

水质监测中含氮化合物指标主要分为氨氮、硝酸盐氮、亚硝酸盐氮、凯氏氮和总氮。含氮化合物是水质监测的重要指标,可以评价水质污染状况和水体自净能力。

1. 氨氮

氨氮是指水中以游离氨(NH_3)和铵盐(NH_4^+)形式存在的氮。两者的组成比取决于水的

pH 和水温。当 pH 偏高、水温偏低时，游离氨的占比较高，反之，铵盐的占比偏高。水中氨氮的主要来源有生活污水中的含氮有机物分解产物、焦化和合成氨化肥等工业排放的废水和农田排水等。氨氮、硝酸盐氮和亚硝酸盐氮三者之间可以通过微生物作用完成相互转化。

测定氨氮的方法有蒸馏-中和滴定法、纳氏试剂分光光度法、气相分子吸收光谱法、水杨酸分光光度法等。

1）蒸馏-中和滴定法

取适量水样，调节至 pH 为 6.0～7.4，加入轻质氧化镁使呈微碱性，加热蒸馏，馏出的氨用硼酸溶液吸收，以甲基红-亚甲基蓝混合溶液为指示剂，用盐酸标准溶液滴定至馏出液由绿色变为淡紫色，记录消耗盐酸标准溶液的体积，计算得出水中氨氮含量（以 N 计）。

该方法适用于生活污水和工业废水中氨氮的测定。当试样体积为 250mL 时，方法检出限为 0.05mg/L（以 N 计）。

2）纳氏试剂分光光度法

取适当体积清洁水样或者经过预处理后的水样，加入纳氏试剂（$HgCl_2$-KI-KOH 溶液或 HgI_2-KI-NaOH 溶液），氨氮能与纳氏试剂发生反应生成淡红棕色络合物，该络合物的吸光度与氨氮含量成正比，于波长为 420nm 下测定吸光度，通过空白实验结果和校正曲线法定量测出氨氮含量。

该方法适用于地下水、地表水、生活污水和工业废水中氨氮的测定。当试样体积为 50mL，比色皿为 20mm 规格时，该方法的测定范围为 0.10～2.0mg/L。

3）气相分子吸收光谱法

水样在 2%～3% 的酸性介质中，加入无水乙醇煮沸除去亚硝酸盐等干扰，用次溴酸盐氧化剂将氨氮氧化成等量亚硝酸盐，以亚硝酸盐氮的形式采用气相分子吸收光谱法测定氨氮的含量。具体内容参考亚硝酸盐氮的测定方法。

该方法适用于含量范围在 0.080～100mg/L 的地表水、地下水、海水、饮用水、生活污水和工业废水中氨氮的测定。

4）水杨酸分光光度法

在亚硝基铁氰化钠存在下，调节水样至 pH 为 11.7，以水杨酸-酒石酸钾为显色剂，加入次氯酸钠，水中氨氮与次氯酸钠反应生成氯胺，氯胺与水杨酸盐发生化学显色反应生成蓝色化合物，在波长为 697nm 下，使用分光光度计测量吸光度，通过空白实验结果和校正曲线法定量测出氨氮含量（以 N 计）。

该方法适用于地下水、地表水、生活污水和工业废水中氨氮的测定。当试样体积为 8.0mL，使用 10mm 比色皿时，测定范围为 0.04～1.0mg/L；当试样体积为 8.0mL，使用 30mm 比色皿时，测定范围为 0.016～0.25mg/L。

为了提高测定效率和准确度，流动注射技术也可以与水杨酸分光光度法联用测定水中氨氮的含量。当检测光程为 10mm 时，流动注射-水杨酸分光光度法测定的氨氮含量范围为 0.04～5.00mg/L。

连续流动技术作为另一种全自动分析技术也可以用于水中氨氮的测定。连续流动技术工作原理：试样和试剂在蠕动泵的推动下进入化学反应模块，在密闭的管路中连续流动，并用气泡按照一定间隔规律地隔开,试剂和试样根据特定的顺序和比例混合、反应,显色完全后进入流动检测池进行光度检测。连续流动-水杨酸分光光度法测定水中氨氮的原理:碱性条件下,试样中氨氮与二氯异氰脲酸钠溶液释放的次氯酸盐反应生成氯胺,在40℃且亚硝基铁氰化钾存在条件下,氯胺与水杨酸盐反应生成蓝绿色化合物,于660nm波长下测量吸光度,计算氨氮含量。连续流动-水杨酸分光光度法可以分为直接比色法和在线蒸馏法。检测光程为30mm时,直接比色-连续流动-水杨酸分光光度法测定范围为0.04～1.00mg/L,检测光程为10mm时,在线蒸馏-连续流动-水杨酸分光光度法测定范围为0.16～10.0mg/L。

当样品清洁,无色度、浊度、有机物干扰测定时,可直接取样分析;当样品浑浊,可采用滤膜过滤或者离心分离,取滤液或上清液进行分析;当样品含有高浓度的金属离子或难以消除的有色有机物时,需进行蒸馏预处理,取馏出液进行分析。

2. 硝酸盐氮

硝酸盐氮是有氧环境下最稳定的含氮化合物形态,也是含氮有机物无机化作用的最终分解产物。清洁地表水中硝酸盐氮含量很低,硝酸盐氮含量较高的污染水体主要来源于制革、酸洗废水,某些生化处理设施的出水以及农田排水等。

饮水中过量的硝酸盐氮会引起血液中变性血红蛋白增加而中毒,婴儿受这种影响更显著。所以硝酸盐氮是评价生活饮用水卫生的重要指标。

测定硝酸盐氮的主要方法有酚二磺酸分光光度法、气相分子吸收光谱法、紫外分光光度法和离子色谱法等。

1)酚二磺酸分光光度法

硝酸盐在无水条件下可以与酚二磺酸反应生成硝基二磺酸酚,在碱性溶液中,生成黄色化合物(硝基酚二磺酸三钾盐),于410nm波长处测定吸光度,通过空白实验结果和校正曲线法定量计算硝酸盐氮含量。

水样中共存氯化物、亚硝酸盐、铵盐、有机物和碳酸盐时,产生干扰,应作适当的前处理。例如,加入硫酸银溶液,使氯化物生成沉淀,过滤除去之;滴加高锰酸钾溶液,使亚硝酸盐氧化为硝酸盐,最后从硝酸盐氮测定结果中减去亚硝酸盐氮量等。水样浑浊、有色时,可加入少量氢氧化铝悬浮液,吸附、过滤除去。

该方法适用于饮用水、地下水和清洁地面水中的硝酸盐氮的测定。测定范围为0.02～2.0mg/L。

2)气相分子吸收光谱法

在2.5 mol/L盐酸介质中,于70±2℃温度下,三氯化钛可将硝酸盐迅速还原分解,生成的NO用空气载入气相分子吸收光谱仪的吸光管中,在214.4nm波长处测得的吸光度与硝酸盐氮浓度成正比,通过空白实验结果和校正曲线法定量计算硝酸盐氮含量。

当水样中含有NO_2^-、SO_3^{2-}和$S_2O_3^{2-}$时,会对测定产生正干扰,可加入氨基磺酸分解NO_2^-,加入酸性高锰酸钾消除SO_3^{2-}和$S_2O_3^{2-}$的干扰;当水样中含有高价态阳离子时,可添加三氯化钛用量至溶液紫红色不褪,取上清液测定;当水样中有挥发性有机物时,可利用活性炭吸附去除。

该方法适用于地表水、地下水、海水、饮用水、生活污水及工业污水中硝酸盐氮的测定。测定下限为 0.03mg/L,测定上限为 10mg/L。

3)紫外分光光度法

利用硝酸根离子在 220nm 波长处的吸收而定量测定硝酸盐氮。溶解的有机物在 220nm 处也会有吸收,而硝酸根离子在 275nm 处没有吸收。因此,在 275nm 处作另一次吸光度测量,以 220nm 处测定的吸光度减去两倍 275nm 处测得的吸光度,得到校正后的硝酸盐氮含量。

溶解的有机物、表面活性剂、亚硝酸盐氮、六价铬、溴化物、碳酸氢盐和碳酸盐等干扰测定,需进行适当的预处理。如可采用絮凝共沉淀和大孔中性吸附树脂进行处理,以排除水样中大部分常见有机物、浊度和 Fe^{3+}、Cr^{6+} 对测定的干扰。

该方法适用于地表水和地下水中硝酸盐氮的测定。测定范围为 0.32～4.00mg/L。

4)离子色谱法

具体原理和测定步骤见前文硫酸盐的测定方法 4。

3. 亚硝酸盐氮

亚硝酸盐氮是氮循环的中间产物,具有不稳定性。在有氧条件下,可被氧化成硝酸盐氮;在缺氧条件下也可被还原为氨氮。亚硝酸盐进入人体后,可将低铁血红蛋白氧化成高铁血红蛋白,使之失去输送氧的能力,影响人体健康,此外还可与蛋白质等结合生成具强致癌性的亚硝胺类物质。

亚硝酸盐氮是指示水体有机物污染的指标之一。常用测定水中亚硝酸盐氮的方法有离子色谱法、分光光度法和气相分子吸收光谱法。

1)离子色谱法

具体原理和测定步骤见前文硫酸盐的测定方法 4。

2)分光光度法

在 pH 为 1.8 的磷酸介质中,亚硝酸盐与对 4-氨基苯磺酰胺反应,生成重氮盐,再与 N-(1-萘基)-乙二胺二盐酸盐偶联生成红色染料,于 540nm 波长处进行比色测定。

氯胺、氯、硫代硫酸盐、聚磷酸钠和三价铁离子有明显干扰;水样呈碱性(pH≥11)时也有干扰,可以酚酞为指示剂,滴加磷酸溶液至红色消失;水样有色或浑浊,可加氢氧化铝悬浮液并过滤来消除干扰。

该方法适用于地下水、地表水、饮用水和工业废水中亚硝酸盐氮的测定。测定范围为 0.001～0.20mg/L。

3)气相分子吸收光谱法

在 0.15～0.3 mol/L 的柠檬酸介质中,加入乙醇作为催化剂,将亚硝酸盐氮迅速还原分解,生成的 NO/NO_2 用空气载入气相分子吸收光谱仪的吸光管中,在 213.9nm 等波长处测得的吸光度与亚硝酸盐氮浓度成正比,通过空白实验结果和校正曲线法定量计算亚硝酸盐氮含量。

在柠檬酸介质中,某些能与 NO_2^- 发生氧化、还原反应的物质,达一定量时干扰测定;S^{2-}

含量高时,在气路干燥管前串接乙酸铅脱脂棉的除硫管给予消除;存在产生吸收的挥发性有机物时,在适量水样中加入活性炭搅拌吸附取样测定。

该方法适用于地表水、地下水、海水、饮用水、生活污水及工业污水中亚硝酸盐氮的测定。使用213.9nm波长,测定范围为0.012~10mg/L;在波长279.5nm处,测定上限可达500mg/L。

4. 凯氏氮

凯氏氮是指以凯氏(Kjeldahl)法测定的含氮量,包括氨氮和在此条件下能转化为铵盐而被测定的有机氮化合物。此类有机氮化合物主要有蛋白质、氨基酸、肽、胨、核酸、尿素以及其他合成的氮为负三价形态的有机氮化合物,但不包括叠氮化合物、硝基化合物等。凯氏氮是评价湖泊、水库等水体富营养化的重要指标。

凯氏氮的测定方法主要有凯氏法和气相分子吸收光谱法。

1) 凯氏法

取适量水样于凯氏烧瓶中,加入浓硫酸加热消解,将有机氮转变成硫酸氢铵,游离氨和铵盐也转变为硫酸氢铵。消解时可以加入适量的硫酸钾和汞盐催化剂,提高消解速率,缩短消解时间。然后在碱性介质中蒸馏出氨,用硼酸溶液吸收,以分光光度法或滴定法测定氨氮含量,即为水样中的凯氏氮含量。碱性蒸馏时可以加入适量硫代硫酸钠使汞盐产生的汞铵络合物分解。直接测定有机氮时,可将水样预先蒸馏除去氨氮,再以凯氏法测定。

该方法适用于工业废水、湖泊、水库以及其他受污染水体中凯氏氮的测定。最低检出浓度为0.2mg/L。

2) 气相分子吸收光谱法

将水样中游离氨、铵盐和有机物中的胺消解转变成铵盐,再用次溴酸盐氧化剂,将铵盐氧化成亚硝酸盐后,以亚硝酸盐氮的形式采用气相分子吸收光谱法测定水样中凯氏氮。

该方法适用于工业废水、湖泊、水库和江河水等水体中凯氏氮的测定。测定范围为0.100~200mg/L。

5. 总氮

总氮是指水中各种形态无机氮和有机氮的总量。水中的总氮含量是衡量水质的重要指标之一。

测定总氮的方法主要是将水样中氨、铵盐、亚硝酸盐以及大部分有机氮化合物氧化成硝酸盐后,以硝酸盐氮的形式进行测量分析,也可以通过加和法将各形态的含氮化合物总量记为总氮。

(九) 单质磷和含磷化合物

磷是人体和动植物必需元素,主要存在于细胞、骨骼和牙齿中。在天然水和污(废)水存在的形式有单质磷、磷酸盐和有机磷化合物。环境中磷的来源主要是化肥、冶炼和合成洗涤剂等行业排放的废水及生活污水。水体中含有过量磷会引起富营养化,污染水质,所以测定水体中磷的含量,是评价水质的重要指标。

1. 单质磷

单质磷是剧毒类物质,进入生物体内会导致急性中毒,人体摄入的致死量为 1mg/kg。污水中含有的可溶或悬浮态的单质磷主要来源于以黄磷为化工原料的工业生产产生的"磷毒水"。因此,水中单质磷的测定不能忽视。

单质磷测定方法有磷钼蓝分光光度法和气相色谱法。

1)磷钼蓝分光光度法

采用甲苯萃取水样中单质磷,用溴酸钾-溴化钾溶液和高氯酸将萃取液中单质磷氧化为正磷酸盐,在酸性条件下,正磷酸盐与钼酸铵$[(NH_4)_6Mo_7O_{24}]$反应生成的磷钼杂多酸被还原剂氯化亚锡还原成蓝色络合物,其吸光度与单质磷的含量成正比,于 690nm 或 720nm 波长处测定其吸光度,计算单质磷的含量。

水样中单质磷含量低于 0.05mg/L 时,可用乙酸丁酯富集后再进行比色测定,提高灵敏度和准确度。该法中使用过的比色皿可用稀硝酸或铬酸洗液浸泡去除吸附的钼蓝络合物。

该方法适用于地表水、地下水、工业废水和生活污水中单质磷的测定。当取样体积为 100mL 时,测定范围为 0.010~0.170mg/L。

2)气相色谱法

用甲苯萃取水样中单质磷,萃取液经色谱柱使单质磷分离,在火焰光度检测器(FPD)中被氧化燃烧生成磷的氧化物,然后被富氢火焰中的 H 还原成激发态的 PHO 碎片。激发后的 PHO 碎片释放出特征光谱的能量,最大检测波长为 526nm。通过测定发射光谱的强度,测出单质磷的含量。

该方法相较于其他方法具有灵敏度高、干扰少等优点,已成为测定单质磷的主要方法。该方法适用于黄磷生产企业排放的工业废水及受单质磷污染严重的地表水中单质磷的测定。当水相与萃取相比值为 2:1 时,检出浓度为 0.25μg/L,当相比达到 25:1 时,检出浓度为 0.02μg/L。

2. 总磷、溶解性正磷酸盐和溶解性总磷

磷酸盐是磷在天然水体和污(废)水中的主要存在形式。总磷、溶解性正磷酸盐和溶解性总磷中磷的测定都可以通过相应的预处理方法转变为正磷酸盐形式的测定。采集的水样经过 0.45μm 微孔滤膜过滤后得到的溶液即可用于正磷酸盐的测定,滤液经过强氧化剂的消解后,可用于测定溶解性总磷。未过滤的水样直接消解后使不同形式的磷转变为正磷酸盐,可用于总磷的测定。

正磷酸盐测定方法有离子色谱法、磷钼蓝分光光度法、钼锑抗分光光度法、孔雀绿-磷钼杂多酸分光光度法等。离子色谱法参考硫酸盐测定方法,磷钼蓝分光光度法参考单质磷的测定方法。

1)钼锑抗分光光度法

在酸性介质中,正磷酸盐与钼酸铵、酒石酸锑氧钾反应,生成磷钼杂多酸,再被抗坏血酸还原,生成蓝色络合物(磷钼蓝),于 700nm 波长处测量吸光度,根据空白实验结果和标准曲线进行定量计算。

As 含量高于 2mg/L 时干扰测定,可用硫代硫酸钠消除;硫化物含量大于 2mg/L 时,可通入氮气消除干扰;用亚硫酸钠去除含量高于 50mg/L 的 Cr。

该方法适用于地表水、生活污水和工业废水。当取样体积为 25mL 时,测定范围为 0.01~0.6mg/L。

2)孔雀绿-磷钼杂多酸分光光度法

在酸性条件下,正磷酸盐与钼酸铵反应产物磷钼杂多酸与孔雀绿反应生成绿色离子缔合物,并以聚乙烯醇稳定显色液,于 620nm 波长处测量吸光度,根据空白实验结果和标准曲线进行定量计算。

该方法适用于湖泊、水库和江河等地表水及地下水中痕量磷的测定。测定范围为 0~0.3mg/L。

(十)总氯和游离氯

游离氯是指次氯酸、次氯酸盐和溶解性的单质氯形式存在的氯,又称游离余氯。其中单质氯和次氯酸称为活性游离氯,次氯酸盐为潜在游离氯。水中游离氯与铵或其他含氮化合物反应生成氯胺等化合氯。游离氯和化合氯两者共同形式存在的氯称为总氯或总余氯。水中氯的主要来源是饮用水或污水中用于杀灭或抑制微生物的氯和电镀废水中用来分解氰化物的氯。游离氯可能与水中酚产生氯酚,还能产生有机氯化合物,对人体健康不利,化合氯的存在可能危害部分水生生物。

测定游离氯和总氯的方法有 N,N—二乙基对苯二胺滴定法和 N,N—二乙基对苯二胺分光光度法。测定总氯还有碘量法。

1. N,N—二乙基对苯二胺滴定法

1)游离氯的测定

在 pH 为 6.2~6.5 条件下,游离氯与 N,N—二乙基对苯二胺(DPD)生成红色化合物,用硫酸亚铁铵标准溶液滴定至无色,记录标准溶液消耗量,计算得到游离氯的含量。

当水样中含有干扰物质氧化锰和六价铬时,可加入亚砷酸钠或硫代乙酰胺,第一次滴定至无色时,测定氧化锰的干扰,放置 30min 后,若溶液又变为红色,继续滴定至无色,测定六价铬的干扰。通过减去干扰物的含量来校正游离氯的含量。

2)总氯的测定

于 pH 为 6.2~6.5 的酸性介质中,在过量碘化钾存在条件下,总氯与 N,N—二乙基对苯二胺(DPD)生成红色化合物,用硫酸亚铁铵标准溶液滴定至无色,记录标准溶液消耗量,计算得到总氯的含量。

氧化锰和六价铬等干扰物质的校正参考上述方法。

该方法适用于工业废水、医药废水、生活污水、中水和污水再生的景观用水中的游离氯和总氯的测定。测定范围为 0.08~5.00mg/L(以 Cl_2 计)。

2. N,N—二乙基对苯二胺分光光度法

该方法是测定显色化合物于515nm波长处的吸光度，结合空白实验结果和标准曲线，测定游离氯和总氯的含量。

由于游离氯标准溶液不稳定且不易获得，通常用碘分子或$[I_3]^-$代替游离氯做标准曲线。原理是在酸性条件下，碘酸钾与碘化钾发生反应，生成的碘分子或$[I_3]^-$与DPD发生显色反应。碘分子和氯分子的物质的量比例关系为1∶1。相关化学反应式为

$$IO_3^- + 5I^- + 6H^+ \Longleftrightarrow 3I_2 + 3H_2O \tag{5-57}$$

$$I_2 + I^- \Longleftrightarrow [I_3]^- \tag{5-58}$$

该方法不适于较浑浊或色度较高的水样。对于高浓度样品，检测光程为10mm，测定范围为0.12~1.50mg/L；对于低浓度样品，检测光程为30mm，测定范围为0.016~0.20mg/L。

3. 碘量法

氯在pH为3.5~4.2的酸性条件下，与碘化钾发生反应，释放定量的碘，滴加硫代硫酸钠标准溶液至生成淡黄色物质，加入淀粉溶液，继续滴定至蓝色消失。记录硫代硫酸钠标准溶液的用量。相关化学反应式为

$$2KI + 2CH_3COOH \longrightarrow 2CH_3COOHK + 2HI \tag{5-59}$$

$$2HI + HOCl \longrightarrow I_2 + HCl + H_2O \text{ 或 } 2HI + Cl_2 \longrightarrow 2HCl + I_2 \tag{5-60}$$

$$I_2 + 2Na_2S_2O_3 \longrightarrow 2NaI + Na_2S_4O_6 \tag{5-61}$$

该方法适用于生活污水中总氯的测定。

（十一）氯化物

氯化物通常记为氯离子(Cl^-)，氯离子几乎存在于所有的天然水中。不同天然水体中，氯化物的含量差异明显，在湖泊、江河和水库等水体中，氯化物含量较低；而对于海水、盐湖和一些地下水等，每升水中氯化物含量高达数十克。氯化物具有生理作用和工业用途，因此生活污水和工业废水中常含有高浓度的氯化物。当水体中氯化物含量较高时，会损坏金属管道和建筑物，妨碍植物生长。

测定水中氯化物的方法有离子色谱法、硝酸银滴定法、硝酸汞滴定法、流动注射-离子选择电极法和电位滴定法等。离子色谱法是目前应用最广泛的测定方法，简便快速，具体原理和方法参考前文硫酸盐的测定方法4。

1. 硝酸银滴定法

在中性至弱碱性(pH为6.5~10.5)条件下，以铬酸钾为指示剂，用硝酸银滴定至刚好产生砖红色沉淀为止。由于氯化银($AgCl$)的溶解度小于铬酸银(Ag_2CrO_4)的溶解度，所以氯化物完全沉淀为氯化银后，铬酸盐与银离子开始反应生成砖红色沉淀。

该方法适用于天然水、经过适当稀释的高矿化度水(如海水和咸水等)和预处理除去干扰

物的生活污水或工业废水。测定范围为 10～500mg/L。

2. 硝酸汞滴定法

在酸性(pH 为 3.0～3.5)条件下,以混合溶液(二苯卡巴腙和溴酚蓝溶于 95%乙醇)为指示剂,用硝酸汞标准溶液滴定至暗红色后,慢速滴加并振荡至出现蓝紫色,记录硝酸汞标准溶液用量。由于硝酸汞先与氯化物反应生成难离解的氯化汞,过量的汞与二苯卡巴腙反应生成蓝紫色的二苯卡巴腙的汞络合物。

该方法适用于地表水、地下水及预处理消除干扰的废水中氯化物的测定。测定范围为 2.5～500mg/L。

3. 流动注射-离子选择电极法

试样与离子强度调节剂分别由蠕动泵引入并混合,进入流通池,由流通池喷口喷出至固定的离子选择性电极表面,该电极与参比电极之间产生电动势,利用电动势与试样中氯离子含量关系遵守能斯特方程,计算得到氯离子浓度。图 5-31 为该方法的工作流程示意图。

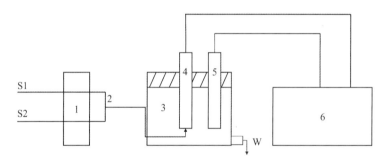

S1.试样;S2.离子强度调节剂(KNO_3溶液);1.蠕动泵;2.三通管;
3.流通池;4.指示电极;5.参比电极;6.离子计;W.废液。

图 5-31 流动注射-离子选择电极法工作流程示意图

该方法适用于地表水、饮用水、生活污水和一般工业废水中氯离子的测定。测定范围为 9.0～1000mg/L。

4. 电位滴定法

在酸性(pH 为 3～5)条件下,以氯电极为指示电极,以玻璃电极或双液接参比电极为参比电极,雨水样构成原电池,用硝酸银标准溶液滴定,用毫伏计测定电极之间的点位变化,直到电位变化最大时为滴定终点。

如果水样中含氰化物、亚硫酸盐和有机物等干扰物质时,可加硫酸,煮沸消除干扰。

该方法适用于地表水、地下水和工业废水中氯离子的测定。测定下限可达 3.45mg/L。

四、有机污染物

水体中除了存在无机污染物外,还普遍存在种类繁多的有机污染物。有机污染物的环境行为和毒性相对于无机污染物更加复杂和亟待研究。由于有机物的生物降解等过程需要消耗水体中的溶解氧,所以水体溶解氧减少,水质恶化,破坏生态系统稳定。除此之外,有机污染物大多数是致癌的有毒性物质,美国环保局(EPA)于1977年提出优先监测的129种毒物("首要污染物")中,有114种是有机物。因此,有机污染物的测定成为水质监测中重要任务,利于评价水体污染状况。

有机污染物的测定包括化学需氧量(COD)、生化需氧量(BOD)、总有机碳(TOC)和高锰酸钾指数等有机污染综合指标,石油类、挥发酚类和硝基苯类有机物类别指标以及挥发性有机物(VOCs)、多环芳烃和多氯联苯等特定污染物的测定。这部分主要介绍几种常规监测项目,其余有机污染物指标可参考《水和废水监测方法》(第四版)和其他相关文献。

(一)化学需氧量(COD)

我国定义化学需氧量使用的是重铬酸钾法,国际上也有使用高锰酸钾、臭氧和羟基等作为氧化剂的方法体系。

化学需氧量(chemical oxygen demand,COD)是指在一定条件下,经重铬酸钾氧化处理,水样中溶解性物质和悬浮物所消耗的重铬酸钾的量相对应的氧的质量浓度,以 O_2 计,单位为 mg/L,又可称 COD_{Cr}。1mol 重铬酸钾($1/6K_2Cr_2O_7$)等于 1 mol 氧($1/2O_2$)。COD 反映了水体受还原性物质(包括有机物、亚硝酸盐、亚铁盐和硫化物等)污染程度。水体中有机物污染普遍存在,所以 COD 可作为有机物相对含量的指标之一。

水中 COD 的测定方法有重铬酸钾法、氯气校正法、碘化钾碱性高锰酸钾法和快速消解分光光度法等。

1. 重铬酸钾法

在水样中加入定量的重铬酸钾,并在强酸介质中以银盐为催化剂,经沸腾回流后,以试亚铁灵剂为指示剂,用硫酸亚铁铵滴定水样中剩余的重铬酸钾至溶液由蓝绿色变为红褐色为终点,计算消耗的重铬酸钾的量,即得到消耗氧的量。

在酸性重铬酸钾溶液中,芳烃和吡啶等直链脂肪族化合物难被氧化,用银盐作催化剂可有效氧化这类物质。氯化物是该方法的主要干扰物,可加入硫酸汞,生成氯汞结合物去除。

对于 COD $\leqslant$ 50mg/L 的水样,使用 0.025mol/L 重铬酸钾进行测定分析;对于 COD $\geqslant$ 50mg/L 的水样,用 0.25mol/L 重铬酸钾进行测定。

该方法适用于地表水、生活污水和工业废水中化学需氧量的测定,不适于稀释后含氯化合物浓度大于 1g/L 的高氯废水中化学需氧量的测定。对于未稀释样品,取样体积为 10.0mL 时,测定范围为 16~700mg/L。

2. 氯气校正法

在水样中加入定量的重铬酸钾及硫酸汞溶液,并在强酸介质中以硫酸银为催化剂,经沸腾回流后,以试亚铁灵剂为指示剂,用硫酸亚铁铵滴定水样中剩余的重铬酸钾至溶液由蓝绿色变为红褐色为终点,由消耗的硫酸亚铁铵的量换算成消耗氧的浓度,这部分为表观 COD。

将水样中未络合而被氧化的部分氯离子所形成的氯气导出,再用氢氧化钠溶液吸收,加入碘化钾,用硫酸调节 pH 为 2～3,以淀粉为指示剂,用硫代硫酸钠标准溶液滴定,消耗的标准溶液的量换算为消耗氧的量,这部分为氯离子校正值。表观 COD 减去氯离子校正值即为所测水样的真实 COD。

该方法适用于氯离子浓度为 1000～20 000mg/L 的油田、沿海炼油厂、油库和氯碱厂等行业排放的废水中化学需氧量的测定。方法检出限为 30mg/L。

3. 碘化钾碱性高锰酸钾法

在碱性条件下,加定量的高锰酸钾氧化废水中还原性物质(亚硝酸盐除外),并用碘化钾还原剩余的高锰酸钾,以淀粉为指示剂,硫代硫酸钠标准溶液滴定至溶液蓝色刚好褪去,根据硫代硫酸钠标准溶液的消耗量换算相应氧的消耗量,用 $COD_{OH \cdot KI}$ 表示。

由于碘化钾碱性高锰酸钾法与重铬酸钾法氧化条件不同,对同一样品的测定值也不相同,而我国的污水综合排放标准中 COD 指标是指重铬酸钾法的测定结果。通过求出碘化钾碱性高锰酸钾法与重铬酸钾法间的比值 K,可将碘化钾碱性高锰酸钾法的测定结果换算成重铬酸钾法的 COD_{Cr} 值来衡量水体的有机物污染状况。

分别用重铬酸钾法和碘化钾碱性高锰酸钾法测定有代表性的废水样品的需氧量,确定该类废水的 K 值($K=SOD_{OH \cdot KI}/SOD_{Cr}$)。若水中含有几种还原性物质,取它们的加权平均 K 值作为水样的 K 值。

该方法适用于油气田和炼化企业氯离子含量高达几万毫克每升到十几万毫克每升的高氯废水中化学需氧量的测定。方法最低检出限为 0.20mg/L,测定上限为 62.5mg/L。

4. 快速消解分光光度法

试样中加入定量的重铬酸钾溶液,在强硫酸介质中,以硫酸银作为催化剂,经高温消解后,用分光光度法进行比色定量得出 COD 值。

当试样中 COD 值为 100～1000mg/L,在 600±20nm 波长处测量重铬酸钾被还原产生的三价铬的吸光度,试样中 COD 值与三价铬的吸光度的增加值成正比例关系,将三价铬的吸光度换算成试样的 COD 值。

当试样中 COD 值为 15～250mg/L,在 440±20nm 波长处测量重铬酸钾未被还原的六价铬和被还原产生的三价铬的两种铬离子的总吸光度;试样中 COD 值与六价铬的吸光度减少值成正比例,与三价铬的吸光度增加值成正比例,与总吸光度减少值成正比例,将总吸光度值换算成试样的 COD 值。

该方法适用于地表水、地下水、生活污水和工业废水中化学需氧量的测定。对于氯离子含量低于 1g/L 的水样,不用稀释即可直接测定,测定范围为 15～1000mg/L。对于氯离子含量高于 1g/L 或 COD 含量高于 1g/L 的水样,需适当稀释后再测定。

(二)生化需氧量(BOD)

生化需氧量(biochemical oxygen demand,BOD)是指在一定条件下,水体中微生物分解水中还原性物质，尤其是有机物进行的生物化学过程中消耗的溶解氧的量。BOD是表示水中有机物等需氧污染物质含量的一个综合指标，也是研究废水的可生化降解性和生化处理效果，以及生化处理废水工艺设计和动力学研究中的重要参数。

测定水中BOD的方法主要有稀释接种法和微生物传感器快速测定法。

1. 稀释接种法

稀释接种法又称五天培养法。通常情况下是指水样充满完全密闭的溶解氧瓶中，在$20\pm1℃$的暗处培养$5d\pm4h$或$(2+5)d\pm4h$[先在$0\sim4℃$的暗处培养2 d，接着在$20\pm1℃$的暗处培养5d，即培养$(2+5)d$]，分别测定培养前后水样中溶解氧的质量浓度，由培养前后溶解氧的质量浓度之差，计算每升样品消耗的溶解氧量，以五日生化需氧量（BOD_5）形式表示。

若样品中的有机物含量较多，BOD_5的质量浓度大于6mg/L，样品需适当稀释后测定；对不含或含微生物少的工业废水，如酸性废水、碱性废水、高温废水、冷冻保存的废水或经过氯化处理等的废水，在测定BOD_5时应进行接种，以引进能分解废水中有机物的微生物。当废水中存在难以被一般生活污水中的微生物以正常的速度降解的有机物或含有剧毒物质时，应将驯化后的微生物引入水样中进行接种。

溶解氧的测定一般使用碘量法和电化学探头法，可参考本章第六节相关内容。

稀释倍数的确定：样品稀释的程度应使消耗的溶解氧质量浓度不小于2mg/L，培养后样品中剩余溶解氧质量浓度不小于2mg/L，且试样中剩余的溶解氧的质量浓度为开始浓度的$1/3\sim2/3$为最佳。

稀释接种法的结果的计算公式为

$$BOD_5（以O_2计，mg/L）=\frac{(\rho_1-\rho_2)-(\rho_3-\rho_4)f_1}{f_2} \qquad (5-62)$$

式中：ρ_1和ρ_2分别为稀释接种水样在培养前和培养后的溶解氧含量（mg/L）；ρ_3和ρ_4分别为空白样在培养前和培养后的溶解氧含量（mg/L）；f_1为稀释接种水在培养液中所占的比例；f_2为原样品在培养液中所占的比例；$(\rho_1-\rho_2)$表示非稀释条件下BOD_5含量；$[(\rho_1-\rho_2)-(\rho_3-\rho_4)]$表示非稀释接种条件下$BOD_5$的含量。

该方法适用于地表水、工业废水和生活污水中BOD_5的测定。方法的检出限为0.5mg/L，方法的测定下限为2mg/L，非稀释法和非稀释接种法的测定上限为6mg/L，稀释与稀释接种法的测定上限为6000mg/L。

2. 微生物传感器快速测定法

微生物传感器是一种将微生物技术与电化学检测技术相结合的传感器，主要由溶解氧电极和紧贴其透气膜表面的固定微生物膜组成。测定BOD原理是当含有饱和溶解氧的样品进入流通池中与微生物传感器接触，样品中可生化降解的溶解性有机物受到微生物膜中菌种的作用，而消耗一定量的氧，使扩散到氧电极表面的氧的含量减少。当有机物向微生物膜扩散速度恒定时，扩散到氧电极表面的氧含量也恒定，从而产生恒定电流。根据恒定电流差值与氧含量的减少值之间的定量关系,换算得到生化需氧量。

该方法适用于地表水、生活污水和不含对微生物有明显毒害作用的工业废水中的 BOD 的测定。

(三)总有机碳(TOC)

总有机碳(total organic carbon,TOC)是指溶解或悬浮在水中有机物的含碳量(以质量浓度表示),是以含碳量表示水体中有机物总量的综合指标。

目前,燃烧氧化-非分散红外吸收法是测定水中 TOC 的主要方法,分为差减法和直接法两种。当水中苯、甲苯、环己烷和三氯甲烷等挥发性有机物含量较高时,宜用差减法测定;当水中挥发性有机物含量较少而无机碳含量相对较高时,宜用直接法测定。

差减法原理是将试样连同净化气体分别导入高温燃烧管和低温反应管中,经高温燃烧管的试样被高温催化氧化,其中的有机碳和无机碳均转化为二氧化碳,经低温反应管的试样被酸化后,无机碳分解成二氧化碳,两种反应管中生成的二氧化碳分别被导入非分散红外检测器。在特定波长下,一定质量浓度范围内二氧化碳的红外线吸收强度与其质量浓度成正比,由此可对试样总碳(TC)和无机碳(IC)进行定量测定。总碳与无机碳的差值,即为总有机碳。

直接法原理是试样经酸化曝气,其中的无机碳转化为二氧化碳被去除,再将试样注入高温燃烧管中,可直接测定总有机碳。由于酸化曝气会损失可吹扫有机碳(POC),故测得总有机碳值为不可吹扫有机碳(NPOC)。

该方法适用于地表水、地下水、生活污水和工业废水中总有机碳的测定,检出限为 0.1mg/L,测定下限为 0.5mg/L。

(四)高锰酸钾指数

高锰酸钾指数是指在一定条件下,用高锰酸钾氧化水样中某些有机和无机还原物质,用消耗的高锰酸钾含量换算相应的氧的消耗量(以 O_2 计,mg/L)。该指数常被作为水体受还原性有机物和无机物污染程度的综合指标,但不能作为理论需氧量或总有机物含量的指标,因为在一定条件下,水体中有机物并不能全部氧化,易挥发有机物不包含在测定值内。

一般高锰酸钾指数的测定是在酸性介质中进行的,当水样中氯离子含量高于 300mg/L 时,应在碱性介质中进行测定。

基本的方法原理是样品中加入 10mL 酸性高锰酸钾,摇匀,加热煮沸约 30min(水浴沸腾,开始计时),某些有机物和无机还原性物质被高锰酸钾氧化,反应后加入 10mL 草酸钠还原剩余的高锰酸钾,再用高锰酸钾标准溶液回滴过量的草酸钠至溶液刚出现粉红色,并保持 30s 不褪,记录回滴消耗高锰酸钾的量,空白校正后,按照下式计算得出高锰酸盐指数(I_{Mn})。

$$I_{Mn}(\text{以}O_2\text{计,mg/L}) = \frac{\left[(10+V_1)\frac{10}{V_2}-10\right] \times C \times 8 \times 1000}{V} \tag{5-63}$$

式中:V_1 和 V_2 分别为滴定水样和标定消耗高锰酸钾标准溶液量(mL);C 为草酸钠标准溶液

$(1/5Na_2C_2O_4)$浓度(mol/L);8 为氧(1/2)的摩尔质量(g/mol);V 为取样体积(mL)。

当测定稀释后的水样时,计算公式为

$$I_{Mn} = \frac{\left\{\left[(10+V_1)\frac{10}{V_2}-10\right]-\left[(10+V_0)\frac{10}{V_2}-10\right]\times f\right\}\times C\times 8\times 1000}{V} \quad (5\text{-}64)$$

式中:V_0 为空白实验回滴消耗的高锰酸钾标准溶液的量(mL);f 为稀释水占稀释样品的比例(如 10mL 水样稀释至 100mL,f 为 0.9)。

该方法适用于饮用水、水源水和地表水中高锰酸钾的测定,测定范围为 0.5~4.5mg/L。

(五)石油类

水体中石油类主要来自生活污水和工业废水,是反映水质变化的综合指标。工业废水中石油类(各种烃类的混合物)污染源主要来自原油开采、加工及各种炼制油的使用等行业的排放。石油类化合物漂浮在水体表面,影响空气与水体界面间的氧交换;分散于水中的油可被微生物氧化分解,消耗水中的溶解氧,使水质恶化。石油类化合物含芳烃类虽较烷烃类少,但其毒性要大得多。

水中石油类污染物的测定方法有重量法、紫外分光光度法和红外分光光度法。

1. 重量法

以盐酸酸化水样,用石油醚萃取矿物油,然后蒸发除去石油醚,称量残渣重,计算矿物油含量。

该方法是测定水中可被石油醚萃取的物质总量,石油的较重组分中可能含有不被石油醚萃取的物质。另外,蒸发除去溶剂时,使轻质油有明显损失。若废水中动、植物性油脂含量大,需用层析柱分离。

该方法是常用的分析方法,不受油种类的限制,但是操作繁杂,灵敏度低,只适用于测定含油 10mg/L 的水样。

2. 紫外分光光度法

在 pH≤2 的条件下,用正己烷萃取样品中的油类物质,萃取液经无水硫酸钠脱水后,用硅酸镁吸附除去动植物油类等极性物质,以正己烷作参比,于 225nm 波长处测定吸光度,吸光度值与石油类物质含量成正比。

该方法适用于地表水、地下水和海水中石油类的测定。当取样体积为 500mL,萃取液体积为 25mL,比色皿规格为 2cm 时,测定下限为 0.04mg/L。

3. 红外分光光度法

《水质 石油类和动植物油类的测定 红外分光光度法》(HJ 637—2018)中将油类定义为强酸性(pH<2)条件下,能够被四氯乙烯萃取且在波数为 2930cm^{-1}、2960cm^{-1} 和 3030cm^{-1} 处有特征吸收的物质;该条件下能被四氯乙烯萃取但不能被硅酸镁吸附的物质为石油类;该条

件下,能被四氯乙烯萃取且能被硅酸镁吸附的物质为动植物油。

水样在pH≤2条件下用四氯乙烯萃取后,测定油类;用硅酸镁吸附去除萃取液中动植物油类等极性物质后,测得石油类。测定波数分别为2930cm^{-1}(CH_2基团中C-H键的伸缩振动)、2960cm^{-1}(CH_3基团中C-H键的伸缩振动)和3030cm^{-1}(芳香环中C-H键的伸缩振动)处的吸光度A_{2930}、A_{2960}和A_{3030}。并以正十六烷、异辛烷和苯标准溶液测定吸光度得到相应的校正系数,根据校正系数计算油类和石油类的含量。该方法也可以用于动植物油的测定,即油类和石油类含量的差值。

该方法适用于工业废水和生活污水中油类、石油类和动植物油类测定。当取样体积为500mL,萃取液体积为50mL,比色皿规格为4cm时,测定下限为0.24mg/L。

（六）挥发酚类

酚类化合物是一种芳香族羟基化合物,可根据沸点不同分为挥发酚(沸点低于230℃)和非挥发酚(沸点高于230℃)。酚类具有毒性,人体摄入一定量会出现急性中毒症状;长期饮用被酚类污染的水,可引起头昏、瘙痒、贫血及神经系统障碍。当水中含酚大于5mg/L时,就会使鱼中毒死亡。挥发酚毒害性比非挥发酚大,是水质评价的重要指标,也是水质常规监测指标。

水中挥发酚的测定方法主要有4-氨基安替比林分光光度法和溴化容量法。这两种方法测定前需用蒸馏法使挥发性酚类化合物蒸馏出,并与干扰物质和固定剂分离。由于酚类化合物的挥发速度是随馏出液体积而变化,因此,馏出液体积必须与试样体积相等。

1. 4-氨基安替比林分光光度法

被蒸馏出的酚类化合物,于pH(10.0±0.2)介质中,在铁氰化钾存在下,与4-氨基安替比林反应生成橙红色的安替比林染料。反应式如下:

(5-65)

显色后,在30min内,于510nm波长测定吸光度。

当水样中有游离氯等氧化剂干扰时,可加硫酸亚铁去除;水中有硫化物时,可加磷酸酸化,搅拌曝气,以硫化氢气体形成逸出;水中有甲醛、亚硫酸盐等有机或无机还原性物质时,可先用酸性乙醚萃取酚,然后用氢氧化钠溶液反萃取,将酚类全部转移到碱液中,减少干扰;苯胺类可与4-氨基安替比林发生显色反应而干扰酚的测定,一般在酸性(pH<0.5)条件下,可以通过预蒸馏分离。

该方法中所测的挥发酚是指随水蒸气蒸馏出并能和4-氨基安替比林反应生成有色化合物的挥发性酚类化合物,结果以苯酚计。

该方法适用于工业废水和生活污水的挥发酚测定,测定范围为 0.04～2.50mg/L。对于地表水、地下水和饮用水,宜用三氯甲烷等萃取橙红色物质后进行分光光度法测定,测定范围为 0.001～0.04mg/L。

流动注射4-氨基安替比林分光光度法可用于各类水体中挥发酚的测定,测定范围为0.008～0.200mg/L。

2. 溴化容量法

在含过量溴(由溴酸钾和溴化钾产生)的溶液中,被蒸馏出的酚类化合物与溴生成三溴酚,并进一步生成溴代三溴酚。在剩余的溴与碘化钾作用、释放出游离碘的同时,溴代三溴酚与碘化钾反应生成三溴酚和游离碘,以淀粉为指示剂,用硫代硫酸钠溶液滴定释出的游离碘,并根据其消耗量,计算出挥发酚的含量。相关化学反应式如下:

$$KBrO_3 + 5KBr + 6HCl \longrightarrow 3Br_2 + 6KCl + 3H_2O \tag{5-66}$$

$$C_6H_5OH + 3Br_2 \longrightarrow C_6H_2Br_3OH + 3HBr \tag{5-67}$$

$$C_6H_2Br_3OH + Br_2 \longrightarrow C_6H_2Br_3OBr + HBr \tag{5-68}$$

$$Br_2 + 2KI \longrightarrow 2KBr + I_2 \tag{5-69}$$

$$C_6H_2Br_3OBr + 2KI + 2HCl \longrightarrow C_6H_2Br_3OH + 2KCl + HBr + I_2 \tag{5-70}$$

$$2Na_2S_2O_3 + I_2 \longrightarrow 2NaI + Na_2S_4O_6 \tag{5-71}$$

该方法中挥发酚是指能随水蒸气蒸馏出的,并与溴发生取代反应的挥发性酚类化合物,结果以苯酚计。影响该方法对挥发酚的测定的干扰因素的消除可参考4-氨基安替比林分光光度法。该方法适用于高浓度挥发酚工业废水中的挥发酚的测定,测定范围为 0.4～45.0mg/L。

(七)阴离子表面活性剂

阴离子表面活性剂是一类发展最早、品种最多、工业化最成熟的表面活性剂。根据阴离子种类不同,可分为磺酸盐型、硫酸(酯)盐型、羟酸盐型和磷酸(酯)盐型,使用最广泛的阴离子表面活性剂是直链烷基苯磺酸钠(LAS),这类阴离子表面活性剂常用于制备清洁洗涤剂和个人清洁用品。阴离子表面活性剂在进入水体聚集至一定浓度(以 LAS 计,1mg/L)时,可能会出现持久性泡沫,大量不易消失的泡沫会在水面形成隔离层,影响大气与水体气体的交换过程,使水质发生恶化、发臭,进而危害水生生物的健康。所以,阴离子表面活性剂的测定对于水质监测具有重要意义,也是水质常规监测项目之一。

测定水中阴离子表面活性剂的方法主要是亚甲蓝分光光度法。它的基本原理是基于水样中阴离子表面活性剂能与阳离子染料亚甲基蓝($C_{16}H_{18}N_3ClS$)发生反应,生成蓝色的亚甲蓝活性物质(MBAS),三氯甲烷萃取后,于 650nm 波长处测量吸光度,减去空白实验吸光度,结合标准曲线计算得出阴离子表面活性剂含量(以 LAS 计,mg/L)。

当水样中其他有机的硫酸盐、磺酸盐、羟酸盐、酚类及无机的硫氰酸盐、氰酸盐、硝酸盐和氯化物,会与亚甲基蓝反应生成可溶于氯仿的蓝色络合物,干扰阴离子表面活性剂的测定,可通过水溶液反洗和气体萃取法减少和消除干扰。未经处理或一级处理的污水中含有消耗亚甲基蓝的硫化物,可在碱性条件下,滴加矢量的过氧化氢去除。水中存在能与阴离子表面活性剂反应的季铵类化合物和蛋白质时,可采用阳离子交换树脂进行吸附去除。

该方法适用于饮用水、地表水、生活污水和工业废水中阴离子表面活性剂的测定。取样体积为100mL,比色皿光程为10mm时,最低检出浓度为0.05mg/L(以LAS计),测定上限为2.0mg/L(以LAS计)。

流动注射分析技术也可以结合甲基蓝分光光度法对水中阴离子表面活性剂进行测定,测定范围为0.13~2.00mg/L(以LAS计)。

(八)挥发性有机物(VOCs)

挥发性有机物(volatile organic compounds,VOCs)是一类非常复杂的有机污染物,种类繁多,主要包括脂肪族和芳香族的各种烷烃、烯烃、含氧烃和卤代烃等,如二氯甲烷、三氯甲烷和苯系物等。挥发性有机物在水中含量很低,但由于挥发性强且具有渗透和脂溶等特性,VOCs进入人体后,易蓄积在人体内,对人体健康造成严重危害,已有研究证明部分VOCs具有致癌、致畸形和致突变的"三致效应"。

挥发性有机物的主要来源是燃料的燃烧,涂料、黏合剂、除臭剂和制冷剂等使用,农业中除草剂和农药的使用以及工业溶剂的使用等。

目前,对水体中挥发性有机物的测定方法主要有气相色谱法和气相色谱-质谱法。

1. 气相色谱法(GC)

色谱法又称色谱分离技术或层析法,是一种分离测定多组分混合物的极其有效的分析方法。气相色谱分析基本流程如图5-32所示。

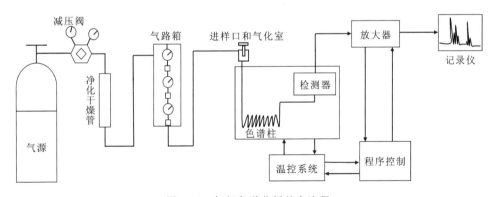

图5-32 气相色谱分析基本流程

它基于不同物质在相对运动的两相(流动相和固定相)中具有不同的分配系数,当这些物质随流动相移动时,就会与固定相发生作用,由于不同物质的性质和结构具有差异,与固定相发生作用的强弱各不相同,因此同一推动力作用下,不同物质在固定相中的滞留时间长短不同,从而会按先后顺序从固定相中流出,根据各物质在两相间的分配原理,使混合物中各物质达到分离、分析的目的。

根据流动相的物态,可分为流动相为气体的气相色谱法、流动相为液体的液相色谱法和流动相为超临界流体的超临界流体色谱法。

气相色谱法是以载气将试样载入色谱柱中的固体相中,使试样中各组分分离,然后分别检测。气相色谱分析系统主要包括载气系统、进样系统、色谱柱系统、检测系统和数据记录及处理系统 5 个部分。

(1)载气系统包括气源、气体净化和气体流速控制部件。载气应不与待测组分作用,一般是氢气、氮气和氦气等惰性气体。由气源输出的载气通过装有催化剂或者分子筛的净化器,除去水和氧等干扰物质。

(2)进样系统包括进样器和气化室。试样通过注射器或者定量阀进入气化室瞬间气化,随载气进入色谱柱。

(3)色谱柱系统包括管柱、固定相以及温控装置。管柱的材质一般为玻璃或者不锈钢。作为色谱分离的关键部分的固定相有吸附剂和固定液两种。吸附剂是气-固色谱法的固定相,常用的有非极性的活性炭、弱极性的氧化铝、强极性的硅胶以及高分子多孔微球(GDX)。吸附剂对不同组分的吸附性能不同导致各组分之间分离。固定液是气-液色谱法的固定相,但是需要惰性载体提供附着表面。固定液与待测组分之间的分配原理是基于两者之间的分子间相互作用力,可根据"相似相溶"原理选择固定液。

(4)检测系统包括检测器、放大器和温控装置。这部分的作用是通过检测器将色谱柱上流出的组分的浓度信号转换为电信号,经放大器放大后将数据送到数据记录装置进行分析。检测器可分为热导检测器(TCD)、氢火焰离子化检测器(FID)、电子俘获检测器(ECD)和火焰光度检测器(FPD)。

(5)数据记录及处理系统主要是积分仪或色谱工作站。它的作用是将检测系统产生的电信号记录下来,以电信号为纵坐标,流出时间为横坐标,绘制色谱图。

2. 气相色谱定性和定量方法

色谱定性最常用的方法就是基于各物质在一定的色谱条件下具有不变的保留值。对于较简单的多组分混合物,若其中各组分均已知且色谱峰能一一分离,则可通过将各色谱峰与待测组分对应的标准溶液在同条件下测定的保留值比较,确定各个色谱峰代表的物质。对于色谱柱中的未知峰的确定,可以通过文献等相关调查,将未知物与每一种可能的标准试样在相同色谱条件下的保留值进行对照比较。目前解决复杂未知物的定性问题的最有效方法是气相色谱-质谱联用。

气相色谱定量方法主要有外标法、内标法和归一化法。

(1)外标法(又称标准曲线法)的原理是用被测组分纯物质配制系列标准溶液,分别定量进样,记录不同浓度溶液的色谱图,测出峰面积,用峰面积对相应的浓度作图,应得到一条直线,即标准曲线。有时也可用峰高代替峰面积,作峰高浓度标准曲线。在同样条件下,取与配制标准溶液同量的待测样品,测出峰面积或峰高,从标准曲线上查知试样中被测组分的含量。该方法的准确度与实验操作的稳定性和进样量的重现性。

(2)内标法的原理是选择一种试样中不存在,且其色谱峰位于被测组分色谱峰附近或在几个待测组分色谱峰之间的纯物质作为内标物,以固定量(接近被测组分量)加入标准溶液和试样溶液中,分别定量进样,记录色谱峰,以被测组分峰面积与内标物峰面积的比值对相应浓度作图,得到标准曲线。根据试样中被测与内标两种物质峰面积的比值,从标准曲线上查知被测组分浓度。这种方法可抵消因实验条件带来的误差,也不需要严格定量进样。该方法适用于只需测定试样中部分组分且试样中所有组分不能全部出峰。

(3) 归一化法适用于试样中所有组分都能从色谱柱中一一流出,且在色谱图上显示色谱峰。假设试样中有 n 个组分,每个组分的质量为 m_1、m_2、$\cdots$、m_n,其中第 i 种组分的质量分数 ω_i 为

$$\omega_i = \frac{m_i}{\sum_{j=1}^{n} m_j} \times 100\% = \frac{A_i f_i}{\sum_{j=1}^{n} A_j f_j} \times 100\% \tag{5-72}$$

式中:A_i 和 A_j 为峰面积;f_i 和 f_j 为绝对质量校正因子,即单位峰面积所代表的物质质量。

绝对质量校正因子由仪器的灵敏度所决定,不易准确测定,所以常用相对质量校正因子,即某物质与标准物质的绝对质量校正因子的比值为

$$f' = \frac{f_i}{f_s} = \frac{A_s m_i}{A_i m_s} \tag{5-73}$$

式中:下标 i 和 s 分别为待测物和标准物。

当被测物质使用物质的量和体积计量时,上述校正因子则分别为摩尔校正因子和体积校正因子。

3. 气相色谱-质谱联用法(GC-MS)

质谱分析的基本原理是使待测组分转变成离子态,使各离子按照质荷比进行分离。质谱仪器主要分为进样系统、离子源、质量分析器和检测器。质谱分析法具有灵敏度高、定性能力强,但是对进样条件高。而气相色谱法具有分离效率高但定性能力差。气相色谱-质谱联用可取长补短。气相色谱在联用系统中相当于进样系统,经色谱分离后的试样能以纯物质进入质谱仪。质谱仪在联用系统中是很好的检测器,能检出全部化合物,灵敏度高。

气相色谱-质谱联用原理:混合物经过色谱分离后通过接口进入离子源被电离成离子,在离子源和质谱的质量分析器之间,有一个总离子流检测器,可以截取部分离子流信号,因为总离子流强度的变化与进入离子源的色谱组分变化是一致的,所以总离子流强度与时间的变化曲线即为混合物的色谱图,称为总离子流色谱图(TIC)。另一种获取总离子流色谱的方法是利用质谱仪重复扫描,由计算机收集,绘制总离子流强度与扫描数的变化曲线。

接口装置是气相色谱-质谱联用的关键部件,常用的有喷射式分子分离器(图 5-33)。

由色谱柱出口的具有一定压强的气流,通过狭窄的喷嘴孔,以超声膨胀喷射方式喷向真空室,在喷嘴出口端产生扩散作用,扩散速率与相对分子质量的平方根成反比,载气因为质量较小,所以扩散快,被真空泵抽出;而待测组分质量较大,扩散满,大部分按照原来运动方向进入质谱仪,这样就能达到分离载气和待测组分的作用。

4. 吹扫捕集-气相色谱法测定挥发性有机物

吹扫捕集也称为动态顶空法,是一种非平衡态的连续萃取技术,比传统顶空法(静态顶空

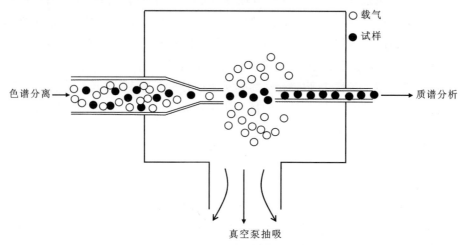

图 5-33 喷射式分子分离器(据朱明华和胡坪,2016)

法)稳定,且灵敏度高。工作原理是使用载气(常用氮气)连续吹扫水样,由于气体的吹扫破坏了密闭容器中的气相和液相两项的平衡,容器上部空间的气相分压值趋于零从而使更多的气体挥发,在气流的带动下,吹扫出来的挥发组分浓缩在一个冷的吸附阱上,迅速加热吸附阱,经热解吸后再进行色谱分析或质谱分析的一种方法。

该方法测定挥发性有机物原理是基于样品中挥发性有机物经高纯氮气吹扫后吸附于捕集管中,将捕集管加热并以高纯氮气反吹,被热脱附出来的组分进入气相色谱仪分离后,用电子捕获检测器(ECD)或氢火焰离子化检测器(FID)进行检测,根据保留时间和检测得到的组分信号绘制色谱图,并结合样品组分保留时间定性,外标法定量。

该方法中吹扫捕集管中填料类型为1/3碳纤维、1/3硅胶和1/3活性炭的均匀混合吸附填料或其他。

该方法适用于地表水、地下水、生活污水和工业废水中21种挥发性有机物的测定。当取样量为5mL时,目标物的方法检出限为$0.1\sim0.5\mu g/L$,各组分具体的方法检出限见表5-16。

表 5-16 21种组分的方法检出限 单位:$\mu g/L$

组分名称	检测器	检出限	组分名称	检测器	检出限
苯	FID	0.5	二氯甲烷	ECD	0.5
甲苯	FID	0.5	六氯丁二烯	ECD	0.1
乙苯	FID	0.5	氯丁二烯	ECD	0.1
对二甲苯	FID	0.5	三氯甲烷	ECD	0.1
间二甲苯	FID	0.5	三氯乙烯	ECD	0.1
邻二甲苯	FID	0.5	三溴甲烷	ECD	0.1
苯乙烯	FID	0.5	四氯化碳	ECD	0.1
异丙苯	FID	0.5	四氯乙烯	ECD	0.1

续表 5-16

组分名称	检测器	检出限	组分名称	检测器	检出限
1,1-二氯乙烯	ECD	0.1	环氧氯丙烷	ECD	0.5
顺-1,2-二氯乙烯	ECD	0.1	反-1,2-二氯乙烯	ECD	0.1
1,2-二氯乙烷	ECD	0.1			

5. 吹扫捕集-气相色谱-质谱法测定挥发性有机物

样品中挥发性有机物经高纯氮气吹扫后吸附于捕集管中,将捕集管加热并以高纯氮气反吹,被热脱附出来的组分进入气相色谱仪分离后,用质谱仪进行全扫描模式或选择离子模式检测,通过待测组分保留时间和标准质谱图或特征离子进行比较定性,内标法定量。

该方法中选用的内标标准溶液宜采用氟苯和 1,4-二氯苯-d4;替代物标准溶液宜采用二溴氟甲苯、甲苯-d8 和 4-溴氟苯。吹扫捕集填料同吹扫捕集-气相色谱法。

该方法适用于地表水、地下水、生活污水和工业废水中 57 种挥发性有机物(VOCs)的测定。取样量为 5mL 时,用全扫描(Scan)模式和选择离子(SIM)模式测定,目标物的方法检出限分别为 0.6~5.0μg/L 和 0.2~2.3μg/L,各组分具体的方法检出限见表 5-17。

表 5-17 吹扫捕集-气相色谱-质谱法对 57 种组分的方法检出限　　　单位:μg/L

组分名称	Scan模式检出限	SIM模式检出限	组分名称	Scan模式检出限	SIM模式检出限
氯乙烯	1.5	0.5	1,1,1,2-四氯乙烷	1.5	0.3
1,1-二氯乙烯	1.2	0.4	乙苯	0.8	0.3
二氯甲烷	1.0	0.5	对二甲苯	2.2	0.5
反-1,2-二氯乙烯	1.1	0.3	间二甲苯	2.2	0.5
1,1-二氯乙烷	1.2	0.4	邻二甲苯	1.4	0.4
氯丁二烯	1.5	0.5	苯乙烯	0.6	0.2
顺-1,2-二氯乙烯	1.2	0.5	三溴甲烷	0.6	0.5
2,2-二氯丙烷	1.5	0.4	异丙苯	0.7	0.3
溴氯甲烷	1.4	0.5	1,1,2,2-四氯乙烷	1.1	0.4
氯仿	1.4	0.5	溴苯	0.8	0.4
1,1,1-三氯乙烷	1.4	0.4	1,2,3-三氯丙烷	1.2	0.2
1,1-二氯丙烯	1.2	0.4	正丙苯		
四氯化碳	1.5	0.3	2-氯甲苯	1.0	0.4
苯	1.4	0.4	1,3,5-三甲基苯	0.7	0.3
1,2-二氯乙烷	1.4	0.4	4-氯甲苯	0.9	0.3

续表 5-17

组分名称	Scan模式检出限	SIM模式检出限	组分名称	Scan模式检出限	SIM模式检出限
三氯乙烯	1.2	0.4	叔丁基苯	1.2	0.4
环氧氯丙烷	5.0	2.3	1,2,4-三甲基苯	0.8	0.3
1,2-二氯丙烷	1.2	0.4	仲丁基苯	1.0	0.3
二溴甲烷	1.5	0.3	1,3-二氯苯	1.2	0.3
二氯溴甲烷	1.3	0.3	4-异丙基苯	0.8	0.3
顺-1,3-二氯丙烯	1.4	0.3	1,4-二氯苯	0.8	0.4
甲苯	1.4	0.3	正丁基苯	1.0	0.3
反-1,3-二氯丙烯	1.4	0.3	1,2-二氯苯	0.8	0.4
1,1,2-三氯乙烷	1.5	0.4	1,2-二溴-3-氯丙烷	1.0	0.3
四氯乙烯	1.2	0.2	1,2,4-三氯苯	1.1	0.3
1,3-二氯丙烷	1.4	0.4	六氯丁二烯	0.6	0.4
二溴氯甲烷	1.2	0.4	萘	1.0	0.4
1,2-二溴乙烷	1.2	0.4	1,2,3-三氯苯	1.0	0.5
氯苯	1.0	0.2			

6. 顶空-气相色谱-质谱法测定挥发性有机物

在一定的温度条件下,顶空瓶内样品中挥发性组分向液上空间挥发,产生蒸汽压,在气液两相达到热力学动态平衡后,气相中的挥发性有机物经气相色谱分离,用质谱仪进行检测。通过与标准物质保留时间和质谱图相比较进行定性,用内标法定量。

该方法适用于地表水、地下水、生活污水、工业废水和海水中 55 种挥发性有机物的测定。当取样体积为 10.0mL 时,用全扫描(Scan)模式和选择离子(SIM)模式测定,目标化合物的方法检出限分别为 2~10μg/L 和 0.4~1.7μg/L,各组分具体的方法检出限见表 5-18。

表 5-18 顶空-气相色谱-质谱法对 55 种组分的方法检出限　　　　单位:μg/L

组分名称	Scan模式检出限	SIM模式检出限	组分名称	Scan模式检出限	SIM模式检出限
氯乙烯	5	0.7	乙苯	4	1.0
1,1-二氯乙烯	6	1.3	对二甲苯	8	0.7
二氯甲烷	7	0.6	间二甲苯	8	0.7
反-1,2-二氯乙烯	4	0.6	邻二甲苯	4	0.8

续表 5-18

组分名称	Scan模式检出限	SIM模式检出限	组分名称	Scan模式检出限	SIM模式检出限
1,1-二氯乙烷	5	0.7	苯乙烯	5	0.8
顺-1,2-二氯乙烯	3	0.5	三溴甲烷	6	0.9
2,2-二氯丙烷	7	0.5	异丙苯	3	0.9
溴氯甲烷	6	0.4	1,1,2,2-四氯乙烷	7	0.9
氯仿	3	1.1	溴苯	4	1.0
1,1,1-三氯乙烷	3	0.8	1,2,3-三氯丙烷	8	0.6
1,1-二氯丙烯	4	1.0	正丙苯	4	0.7
四氯化碳	3	0.8	2-氯甲苯	3	0.5
1,2-二氯乙烷	4	0.8	1,3,5-三甲基苯	4	0.5
苯	3	0.8	4-氯甲苯	5	1.7
三氯乙烯	6	0.8	叔丁基苯	3	0.8
1,2-二氯丙烷	5	0.8	1,2,4-三甲基苯	3	0.5
二溴甲烷	4	0.7	仲丁基苯	4	0.6
二氯溴甲烷	3	0.6	1,3-二氯苯	3	1.0
顺-1,3-二氯丙烯	7	1.2	4-异丙基苯	3	0.8
甲苯	3	1.0	1,4-二氯苯	5	0.8
反-1,3-二氯丙烯	8	1.1	正丁基苯	3	0.6
1,1,2-三氯乙烷	5	0.9	1,2-二氯苯	3	0.9
四氯乙烯	3	0.8	1,2-二溴-3-氯丙烷	10	0.8
1,3-二氯丙烷	5	0.9	1,2,4-三氯苯	6	0.7
二溴氯甲烷	4	0.9	六氯丁二烯	7	0.6
1,2-二溴乙烷	5	0.6	萘	8	0.6
氯苯	4	1.0	1,2,3-三氯苯	8	0.5
1,1,1,2-四氯乙烷	6	0.6			

（九）微塑料

1. 前处理

采集之后的微塑料样品需要经过消解、浮选、抽滤等步骤进行前处理。在处理过程中，为避免样品与其他塑料制品接触而产生实验误差，设备均为玻璃制品，并采用超纯水清洗所有试验设备。

(1)消解：可用 HNO_3、KOH、H_2O_2 等试剂处理样品中的有机物质。一般选择用 30% 的 H_2O_2 溶液，其回收率较高。将玻璃瓶中的样品转移到烧杯中，加入 10mL 30% 的 H_2O_2 溶液进行消解，12h 后放置在加热板上，添加 5mL 30% 的 H_2O_2 溶液在温度为 45～50℃下消解，根据消解情况决定后续是否继续添加消解试剂。

(2)浮选：可以采用密度较大 $NaCl$、NaI、$ZnCl_2$ 或 KI 溶液将微塑料浮选。一般选择密度为 $1.6g/cm^3$ 的 $ZnCl_2$ 溶液，向消解完全的样品中加入适量配置好的 $ZnCl_2$ 溶液，静置 12h 后取上层清液到新烧杯中，再次加入 $ZnCl_2$ 溶液继续浮选，重复 3 次。

(3)抽滤：将收集的上层清液在真空下用孔径为 $0.45\mu m$ 的纤维滤纸过滤，滤纸膜放置在干净的培养皿中。

2. 检测方法

1)视觉分析

使用电子显微镜、光学显微镜或荧光显微镜观察微塑料的形态、大小、颜色并记录。形态分为碎片、纤维、薄膜、微粒。

2)光谱分析

随机挑选滤膜上的疑似微塑料颗粒，用拉曼光谱或傅里叶变换红外光谱鉴别，将扫描得到的聚合物光谱与参考光谱库进行比对，规定匹配度达到 70% 及以上，从而确定聚合物的类型。

(1)拉曼光谱法：通过激光束照射聚合物产生独特的光谱来识别微塑料，空间分辨率可达到 $1\mu m$。

(2)傅里叶变换红外光谱法：利用塑料的特异性红外光谱对微塑料进行识别，有反射模式和透射模式两种。其中，反射模式适合检测环境样品中的微塑料，可快速分析具有一定厚度的样品；投射模式在配置红外滤光片后可提供高质量光谱。

3)热分析

(1)热裂解-气相色谱-质谱联用(Pyr-GC-MS)：对微塑料进行定量和成分鉴定。微塑料样品在惰性气体介质中进行热解，热解产物首先被冷却捕获，然后用色谱柱分离，最后通过质谱进行表征鉴定。

(2)热解吸-气相色谱-质谱联用(TDS-GC-MS)：首先对微塑料样品进行热重量分解和固相萃取，然后进行色谱分离与质谱鉴定。

(3)差示扫描量热法(DSC)：每种聚合物都有 1 个在差示扫描量热仪中测定的特征熔点，将光学显微镜与图像分析和差示扫描量热法相结合，能够对合成水中的低密度聚乙烯、高密度聚乙烯、聚丙烯和聚酯进行识别的质量量化。

第八节 水环境监测案例分析

一、地表水监测案例——以洪湖为例

洪湖是我国第七大淡水湖，湖北省第一大湖，也是我国重要的淡水水产基地。洪湖区域

的地表水资源丰富,但是随着区域经济的快速发展和对湖泊资源的不合理开发使用,洪湖出现了重金属污染和有机物污染等水环境问题。

1. 洪湖水体重金属污染监测

通过前期资料的调研,Hu 等(2012)在洪湖区域布设了如图 5-34 所示的 15 个地表水监测点位(编号为 H1~H15)。采样时使用 GPS 定位系统确定采样点,用盐酸和蒸馏水洗净后的聚乙烯瓶收集地表水样品,同时在现场完成水温、pH 和电导率等指标的测定。分析测定前,水样通过 $0.45\mu m$ 微孔滤膜进行过滤,并加入 2mL 6mol/L 的盐酸将水样酸化至 pH<2。实验室分析时,使用 ICP-MS 测定水样中 Pb、Cd、Ni、Cr、Cu 和 Zn,用原子荧光法测定 As 和 Hg,并且每 10 个样品需添加过程空白样品和平行样品,保证实验室质量控制,最后得出方法检出限为 0.5~5ng/L。

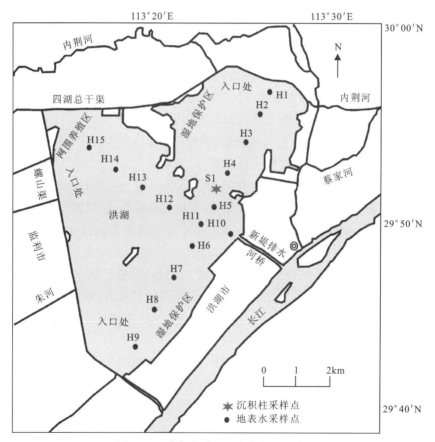

图 5-34 洪湖水质监测点位布设示意图

表 5-19 中列出了水体中测定的 8 种重金属的浓度水平。8 种重金属总体浓度水平表现为 As>Zn>Cu>Cr>Pb>Ni>Cd>Hg,虽然各金属的浓度值均低于《地表水环境质量标准》(GB 3838—2002)中规定的 Ⅰ 类水质标准限值,但 As、Cu、Cr、Pb 和 Ni 的浓度值高于公认的标准背景值,说明洪湖水体中 As、Cu、Cr、Pb 和 Ni 的污染较严重。洪湖属于低洼湖泊,该区域 As 污染严重可能与地形和水文地质条件有关。Cu、Cr、Pb 和 Ni 的污染可能与洪湖周边

的农业活动有关,因为洪湖区域是中国重要的农业基地,磷肥等常用肥料中含有Cu、Cr、Pb和Ni等重金属,此外,工业排放和生活废水也是主要污染源。

表5-19 洪湖水体中重金属分布　　　　　　　　　　单位:μg/L

浓度水平	As	Zn	Cu	Cr	Pb	Ni	Cd	Hg
最低值	1.71	7.53	0.95	1.22	0.03	0.65	0.022	0.005
最高值	4.31	2.13	3.10	2.05	4.75	1.78	0.080	0.042
平均值	2.83	≤50	1.93	1.71	1.28	1.20	0.036	0.010
标准限值*	≤50	≤50	≤10	≤10	≤10	—	≤1	≤0.05
标准背景值**	2	10.0	1.5	0.5	0.2	0.3	0.07	0.01

注:*为《地表水环境质量标准》(GB 3838—2002)中规定的Ⅰ类水质标准限值;**为过滤水(溶解态)元素标准背景值(据李健等,1986)。

2. 洪湖有机污染物监测

龚香宜(2007)对洪湖水体的有机氯农药的污染特征进行了监测和分析。采样点位的设置除了上述的15个采样点外,另在整个湖区分散设置了5个采样点。采样时,分枯水期和丰水期分别采集,并用深层采水器采集表层和深层的水样。每个水样采集1.5L,并用聚乙烯塑料瓶盛装,现场测定水温、pH和电导率等指标,密封冷藏保存至实验室分析测定。

样品预处理过程为:量取1L水样于分液漏斗中,加入20mL二氯甲烷及回收率指示物[2,4,5,6-四氯间二甲苯(TCmX)+十氯联苯(PCB209)],混匀后静置,待上下分层明显且水中悬浮物基本禁静止后,用装了适量无水硫酸钠(使用前高温灼烧)的漏斗将下层溶有有机物的二氯甲烷过滤到平底烧瓶中,重复萃取3次。最后用二氯甲烷淋洗无水硫酸钠,将残留的有机物淋洗到平底烧瓶中。将收集的萃取液经36℃旋转蒸发浓缩至约5mL,加入5～10mL的正己烷后,继续旋转蒸发浓缩至2mL左右。随后用硅胶/氧化铝(6cm/3cm)层析柱法净化,用25mL二氯甲烷/正己烷(体积比为2:3)混合液淋洗柱体,收集过柱后的液体。最后将收集的液体继续旋转、蒸发、浓缩至0.5mL,并转移到2mL细胞瓶中,用柔和的氮气氮吹至0.2mL,加入4μL内标物放入冰箱待上机分析。

样品分析方法为气相色谱法,色谱柱为HP-5石英毛细管柱(30m×0.32mm×0.25μm),载气为高纯氮气,进样口温度为290℃,检测器温度为300℃。升温程序:100℃保持1min,以4℃/min升至200℃,再以2℃/min升至230℃,最后以8℃/min升至280℃,并保持15min。待测样品以不分流进样,用内标法定量。有机氯标准物质的色谱图如图5-35所示。水样的方法检测限为0.01～0.1ng/L。

该方法检出洪湖水样中含有大量使用过的六六六(HCHs)、滴滴涕(DDTs)、六氯苯和硫丹等有机氯农药,监测结果如表5-20和表5-21所示。结果显示洪湖水体中含量最高的有机氯农药为HCHs和DDTs。从不同季节水体中有机氯农药的浓度特征可看出,枯水期的有机氯农药主要来源于底泥释放,而丰水期的有机氯农药则主要来源于地表径流对土壤的冲刷浸蚀。从不同深度水体中有机氯农药的含量对比可以发现,大部分底层水中有机氯农药的浓度

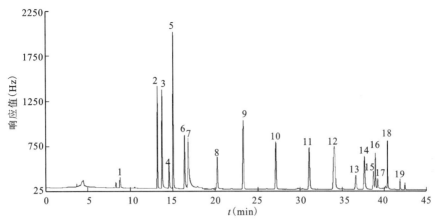

1.百菌清(8.786min);2. α-六六六(13.200min);3.六氯苯(13.738min);4. β-六六六(14.578min);5. γ-六六六;6.δ-六六六(16.414min);7.溴氰菊酯(16.840min);8.七氯(20.257min);9.艾氏剂(23.306min);10.环氧七氯(27.160min);11.硫丹Ⅰ(31.071min);12. 4,4′-滴滴伊(34.046min);13.狄氏剂(36.622min);14.异狄氏剂(37.634min);15.硫丹Ⅱ(38.704min);16. 4,4′-滴滴滴(38.936min);17. 2,4′-滴滴涕(39.225min);18. 4,4′-滴滴涕(40.430min);19.甲氧滴滴涕(41.921min)。

图 5-35 有机氯标准物质色谱图

要高于表层水,而间隙水中有机氯农药的含量要远远高于底层水和表层水,说明底层水中的有机氯农药主要来源于沉积物的释放。洪湖水体中 HCHs 的组成以 γ-HCH(林丹)和 β-HCH 为主,说明其主要来源于林丹的使用及以前的工业六六六残留。而 DDTs 则以 DDE 为主,说明其主要来源于风化土壤残留。硫丹的组成则以硫丹 2 和硫丹硫酸盐为主,说明其主要来源于农药残留。

表 5-20　洪湖表层水体中有机氯农药含量水平的季节差异　　　　单位:ng/L

测定物质名称	枯水期				丰水期			
	最小值	最大值	平均值	标准偏差	最小值	最大值	平均值	标准偏差
α-HCH	0.35	3.43	1.23	0.61	0.06	0.81	0.24	0.16
β-HCH	0.12	0.60	0.33	0.11	0.49	1.71	1.12	0.36
γ-HCH	0.33	2.74	1.31	0.44	0.23	1.61	0.66	0.22
δ-HCH	—	0.89	0.1	0.18	—	1.29	0.33	0.39
HCB	—	0.11	0.04	0.02	—	0.03	—	—
硫丹 1	—	0.44	0.08	0.06	—	0.06	0.02	0.02
硫丹 2	—	0.29	0.08	0.06	0.02	0.12	0.07	0.02
硫丹硫酸盐	—	0.50	0.05	0.10	—	0.10	0.01	0.01
p,p'-DDE	0.04	0.18	0.1	0.03	0.06	0.28	0.12	0.05
p,p'-DDD	—	0.06	0.02	0.02	—	0.15	0.04	0.04

续表 5-20

测定物质名称	枯水期				丰水期			
	最小值	最大值	平均值	标准偏差	最小值	最大值	平均值	标准偏差
o,p'-DDT	—	0.26	0.07	0.06	—	0.26	0.10	0.07
p,p'-DDT	—	0.15	0.05	0.05	0.07	0.24	0.15	0.04
HCHs	0.94	7.04	2.97	0.99	0.79	4.00	2.36	0.95
DDTs	0.06	0.48	0.24	0.10	0.15	0.83	0.41	0.14
硫丹	—	0.76	0.22	0.18	0.02	0.14	0.10	0.03
OCPs	1.22	8.02	3.47	1.18	1.15	4.69	2.87	1.05

注:"—"表示未检出。

表 5-21　洪湖不同深度的水体中有机氯农药浓度水平　　　　单位:ng/L

测定物质名称	表层水			深层水		
	最小值	最大值	平均值	最小值	最大值	平均值
α-HCH	1.38	3.53	2.08	1.30	3.82	2.23
β-HCH	—	1.45	0.98	—	1.02	0.63
γ-HCH	1.08	2.01	1.82	1.85	2.63	2.20
δ-HCH	—	0.36	0.14	—	0.81	0.31
硫丹 1	—	0.20	0.12	0.12	1.00	0.32
硫丹 2	—	0.18	0.06	—	0.39	0.12
硫丹硫酸盐	—	0.51	0.21	0.12	0.48	0.31
p,p'-DDE	0.27	0.60	0.50	0.29	2.89	1.08
p,p'-DDD	—	0.38	0.15	—	1.45	0.40
o,p'-DDT	—	0.10	0.07	—	—	—
p,p'-DDT	—	1.30	0.33	—	1.71	0.63
HCHs	3.52	5.68	5.02	3.77	6.86	5.37
DDTs	0.39	2.38	1.05	0.91	6.05	2.12
硫丹	—	0.85	0.39	0.47	1.34	0.75
OCPs	4.81	6.75	6.46	5.53	12.54	8.24

注:"—"表示未检出。

二、地下水监测案例——以高砷地下水为例

砷污染是常见的地下水环境问题,已引起各国学者的关注与研究。我国高砷地下水主要分布在气候干旱、半干旱,水资源匮乏的北方地区,如新疆、内蒙古、山西、宁夏、青海等地。但是,气候湿润、降雨充沛、江河环绕、水资源丰富的南方平原地区也出现过地下水砷污染事件,

如位于江汉平原腹地的仙桃市沙湖地区出现过饮用型地方性砷中毒病例。

自然背景条件(气候、地质等)的差异、地表水和地下水的强烈相互作用以及长期的农业活动、施用含砷农药使得江汉平原地下水砷污染研究面临新的问题和挑战。为了查明该地区高砷地下水的成因,选择江汉平原地下水砷污染典型地区(仙桃市沙湖镇原种场)为监测对象,建立了高砷地下水监测场,分析该地区高砷地下水的水化学特征和地下水中砷浓度的垂向分布规律(甘义群等,2014)。

监测场(图5-36)总体覆盖面积为10km³,共布设13个监测点,每个监测点安装有深度分别为10m、25和50m的监测井,并于2012年8月、11月和2013年2月、5月采集4次样品。取样后,通过0.45μm微孔滤膜对水样进行抽滤,抽滤后的水样分别装入4个50mL的聚乙烯瓶中,其中一瓶加入浓硝酸使水样的pH<2,用于常量元素和微量元素分析;一瓶加入8滴浓盐酸,并用锡箔纸包裹严实,避光保存,用于总砷分析;一瓶加入浓盐酸1滴,用于总有机碳(TOC)分析;一瓶用于常规阴离子分析。另取500mL未抽滤的水样用于碱度分析。采样现场,使用双通道多参数水质分析仪测定pH、电导率(EC)和氧化还原电位(Eh),使用便携式分光光度计测定氨氮(NH_4-N)、硫化物(以S^{2-}表示)和亚铁(以Fe^{2+}表示)的含量。24h内使用酸碱中和滴定法测定碱度。常量元素(Ca、Mg、Na、K、Fe和Mn等)用ICP-OES测定;常规阴离子如Cl^-、NO_3^-和SO_4^{2-}等使用离子色谱法测定;总砷用原子荧光光度法测定。常量元素和

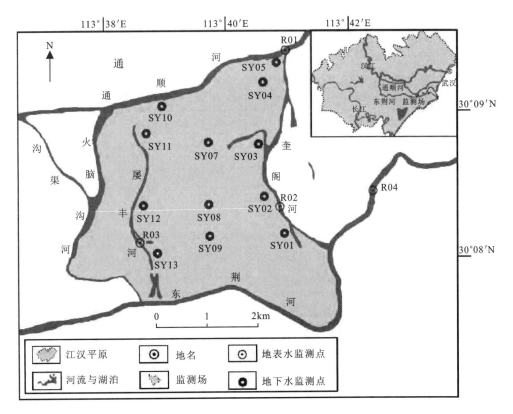

图5-36 监测场位置和监测点分布图

常规阴离子测定的结果如表 5-22 所示。监测结果表示该区域地下水中主要的常量元素为 Ca 和 Mg，主要与碳酸盐矿物的溶解过程有关。地下水中钙、镁的赋存状态和浓度受基岩或沉积物种类的控制。HCO_3^- 是该区域地下水中主要的阴离子，在监测井成井过程中，于沉积物中发现了大量的贝壳、螺蛳等生物残骸和黑色腐殖质，说明沉积物中含有大量的有机物质。地下水中高含量的 HCO_3^- 与沉积物中有机物质的生物降解作用有关，该作用也会导致碳酸盐岩的溶解，从而进一步增加的 HCO_3^- 含量。此外，地下水中 Fe 和 Mn 的含量也较高，这是因为江汉平原冲湖积平原空隙承压水的上覆土层中富含 Mn，且在该地区所处的还原条件下，沉积物中铁锰的氢氧化物、氧化物的还原性溶解也会产生大量 Fe 和 Mn。

表 5-22 地下水监测指标的测定结果

监测指标	井深(m)	2012 年 8 月 变化范围	平均值	2012 年 11 月 变化范围	平均值	2013 年 2 月 变化范围	平均值	2013 年 5 月 变化范围	平均值
K	10	0.81~3.25	1.76	0.44~2.93	1.39	0.79~2.73	1.51	0.94~2.82	1.67
K	25	1.01~2.83	2.06	1.24~3.28	1.95	1.28~2.96	1.97	1.35~3.20	2.16
K	50	0.57~5.28	2.57	1.33~4.92	2.37	1.27~4.11	2.31	1.30~4.24	2.28
Na	10	9.01~36.25	22.34	10.66~33.60	22.25	7.49~30.17	20.73	8.22~28.09	20.18
Na	25	16.25~52.49	32.18	15.78~43.04	24.40	15.08~37.00	22.91	14.99~34.53	22.38
Na	50	16.47~157.31	52.20	15.79~114.89	42.72	12.74~83.23	33.21	10.84~67.28	27.96
Ca	10	58.17~228.39	159.78	142.05~217.69	166.62	145.63~214.40	168.78	132.65~238.43	170.95
Ca	25	104.56~150.95	127.27	96.64~148.63	121.62	98.18~144.58	126.61	103.48~147.98	127.23
Ca	50	57.16~167.12	111.05	72.92~118.87	103.67	74.80~142.49	112.97	83.11~163.57	112.91
Mg	10	9.49~89.38	49.72	27.32~85.81	48.09	26.72~86.23	46.23	23.79~74.37	44.70
Mg	25	24.74~35.69	29.67	21.87~34.43	28.64	22.94~33.06	28.51	22.73~32.47	27.95
Mg	50	16.07~50.82	26.48	18.89~28.48	24.53	19.55~29.37	25.34	21.24~30.49	24.86
Fe	10	1.02~19.90	8.24	1.20~15.73	5.63	0.39~13.61	4.84	0.32~17.52	7.86
Fe	25	1.60~7.44	5.01	1.70~16.76	6.03	0.38~9.25	4.56	1.02~5.40	2.97
Fe	50	0.94~5.92	2.34	2.05~24.44	6.93	1.12~8.30	3.16	0.72~5.98	2.43
Mn	10	0.32~3.95	1.00	0.52~4.64	1.70	0.56~4.35	1.72	0.54~5.43	1.89
Mn	25	0.51~3.42	1.44	0.46~4.58	1.45	0.49~5.61	1.58	0.60~5.70	1.60
Mn	50	0.17~2.85	0.64	0.18~1.58	0.46	0.17~2.81	0.58	0.17~4.06	0.67
As*	10	2.53~109.39	31.31	4.21~149.51	32.05	2.75~39.15	13.82	2.70~65.17	20.25
As*	25	5.95~854.86	128.88	7.29~1 203.69	149.76	9.08~659.63	103.30	5.46~122.22	48.02
As*	50	10.15~54.79	30.89	21.57~80.96	40.58	27.53~62.08	43.83	15.31~52.71	31.75
HCO_3^-**	10	0.75~1.21	0.93	0.67~1.08	0.82	0.69~1.13	0.90	0.62~0.93	0.76
HCO_3^-**	25	0.54~1.16	0.71	0.50~1.00	0.63	0.55~1.13	0.77	0.48~0.94	0.62
HCO_3^-**	50	0.57~0.88	0.68	0.50~0.62	0.56	0.54~0.75	0.63	0.46~0.62	0.54

续表 5-22

监测指标	井深(m)	2012年8月 变化范围	2012年8月 平均值	2012年11月 变化范围	2012年11月 平均值	2013年2月 变化范围	2013年2月 平均值	2013年5月 变化范围	2013年5月 平均值
Cl^-	10	1.07~13.97	4.50	2.13~19.27	8.34	5.04~21.78	9.39	6.00~29.93	13.83
Cl^-	25	0.92~11.62	4.78	1.45~8.43	3.07	5.28~23.20	9.89	4.84~8.42	6.12
Cl^-	50	0.24~29.12	7.76	0.89~25.03	7.34	5.35~38.69	11.57	5.13~28.87	9.27
NO_3^-	10	0.59~1.21	1.03	0.56~0.79	0.67	<0.01~10.81	0.96	<0.01	<0.01
NO_3^-	25	0.57~0.95	0.83	0.56~0.71	0.63	<0.01~1.52	0.34	<0.01	<0.01
NO_3^-	50	0.59~1.01	0.80	0.57~0.71	0.65	<0.01~8.14	0.91	<0.01	<0.01
SO_4^{2-}	10	<0.01~14.47	1.62	0.01~22.61	2.57	<0.01~57.31	9.93	4.47~43.51	10.96
SO_4^{2-}	25	<0.01~6.55	1.98	0.01~5.75	0.78	<0.01~10.73	4.55	4.09~8.95	4.74
SO_4^{2-}	50	<0.01~12.59	2.58	0.06~14.10	2.29	<0.01~12.27	6.13	4.13~19.98	6.40

注：＊表示 As 的测定结果单位为 $\mu g/L$；＊＊表示 HCO_3^- 的测定结果单位为 g/L；其余监测指标的测定结果单位为 mg/L。

监测场中大部分监测点都是 25m 的监测井水中砷的含量最高，10m 的监测井内水中含量最低，少数几个位于农田或者灌溉渠旁的监测点在农耕期 10m 的监测井中总砷含量较高，可能是因为与农业活动中地表水和地下水混合作用引起浅层地下水中化学成分的变化。来自同一孔隙承压含水层不同深度的地下水中砷含量相差较大，说明地下水中高含量的砷主要与含水层沉积物的组成特征有关，如矿物质成分、有机质含量等。

三、微塑料监测案例——以武汉市东湖为例

在武汉东湖的水质监测中，研究武汉市东湖各子湖的水质状况，从具有代表性的子湖中共采集 23 个水体样品进行微塑料进行监测，调查其丰度、分布和形态特征，点位布设如图 5-37 所示(Shi et al., 2023)。采样时，使用预清洗过的 3L 玻璃集水器采集地表水样品（深度 0～20cm），并通过 $30\mu m$ 不锈钢筛网过滤，每个采样点收集 2 个重复样。筛网上的残渣用蒸馏水冲洗到 500mL 玻璃瓶中，并润洗 3 遍以上以减少损失。

在实验室中，首先将现场采集带回的样品转移到 500mL 烧杯中，其中收集瓶润洗 3 次以上，并将润洗液也同样转移到烧杯中。再将水样在 50℃ 电热板上用 30% H_2O_2 溶液进行消解，以消除有机物（包括生物和非生物物质）和无机物对微塑料鉴别的影响。为了将微塑料从高密度杂质中分离出来，消解完成后向烧杯中加入 $1.6g \cdot cm^{-3}$ 的 $ZnCl_2$ 溶液进行超声搅拌浮选，24h 后收集上清液备用，浮选过程至少重复 3 次。然后将浮选后收集的上清液倒入真空泵抽滤装置进行抽滤，用孔径为 $0.45\mu m$ 的玻璃超细纤维滤纸（GF/F，47mm Φ，Whatman）过滤，并用超纯水润洗烧杯以及抽滤装置，抽滤完成后将滤膜取下，放置在干净的培养皿中。

选用可视显微镜对滤膜上的可疑塑料颗粒进行镜检，放大倍数介于 10～90 倍之间，在这一过程中，记录每个样品微塑料的数量、形状、颜色和大小。最后，从每个滤膜上随机选出 20% 的疑似微塑料颗粒，选用 WITec alpha300-R 共焦拉曼成像显微镜鉴定其聚合物种类。

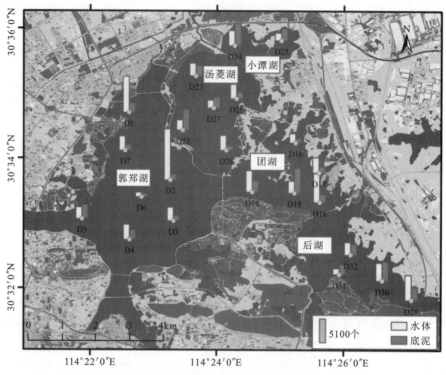

图 5-37 武汉东湖微塑料监测点位布设及分布图(见图版)

并将扫描得到的聚合物光谱与数据库进行比对,规定匹配度达到 70% 及以上,从而确定聚合物的类型。

结果显示,东湖水体微塑料检出率 100%,表明东湖水体普遍受到微塑料污染,微塑料丰度在 952.38～10 285.71 个/m^3 之间,平均丰度为 3 329.19 个/m^3。丰度最高点位于郭郑湖与汤菱湖的连接口附近,其次为郭郑湖岸边,丰度最低点位为汤菱湖湖心,表明人为因素在微塑料污染和分布中起着重要作用。由图 5-38 可知,东湖水体中微塑料形状以纤维为主,其次为碎片,颗粒仅在极少数点位(D2 和 D17)检出。水体中微塑料聚合物占比较高的有聚对苯二甲酸乙二脂(PET)、聚丙烯(PP)、聚乙烯醇(PVA)、聚乙烯

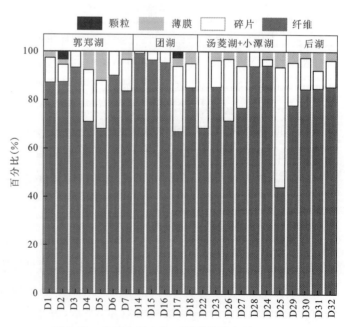

图 5-38 武汉东湖水体不同形状微塑料的占比组成

(PE)和聚氯乙烯(PVC),均为常见的用于生产塑料制品的聚合物类型。

习 题

1. 简要说明水质监测的内容和目的。
2. 天然水体中可溶性物质的来源有哪些?
3. 水质监测方案制定的原则有哪些?针对湖泊(水库)的监测方案具体怎么制定?
4. 简述水质监测中被动采样的原理。列举出常用的被动采样装置。
5. 简述动态顶空技术相对于静态顶空技术的优缺点。
6. 酸度和碱度与 pH 之间的区别是什么?
7. 简述流动注射技术和连续流动技术的异同点。
8. 如何选择气相色谱法中色谱柱的固定相?

主要参考文献

陈平,陈鑫,李文攀,等,2019.日本水环境质量监测管理概述[J].中国环境监测,35(2):29-34.

蔡慧文,杜方旎,张微微,等,2021.环境微纳塑料的分析方法进展[J].环境科学研究,34(11):2547-2555.

柴欣生,付时雨,莫淑欢,等,2008.静态顶空气相色谱技术[J].化学进展(5):762-766.

戴树桂,2012.环境化学[M].2 版.北京:高等教育出版社.

范洪涛,隋殿鹏,陈宏,等,2010.原位被动采样技术[J].化学进展,22(8):1672-1678.

冯玉红,2008.现代仪器分析实用教程[M].北京:北京大学出版社.

傅平青,2004.水环境中的溶解有机质及其与金属离子的相互作用:荧光光谱学研究[D].贵阳:中国科学院地球化学研究所.

甘义群,王焰新,段艳华,等,2014.江汉平原高砷地下水监测场砷的动态变化特征分析[J].地学前缘,21(4):37-49.

国家环境保护总局,《水和废水监测分析方法》委员会,2002.水和废水监测分析方法[M].4 版.北京:中国环境科学出版社.

龚香宜,2007.有机氯农药在湖泊水体和沉积物中的污染特征及动力学研究[D].武汉:中国地质大学(武汉).

国家环境保护总局,2002.水和废水监测分析方法[M].4 版.北京:中国环境科学出版社.

何小松,张慧,黄彩红,等,2016.地下水中溶解性有机物的垂直分布特征及成因[J].环境科学,37(10):3813-3820.

侯剑英,2007.水环境监测的质量控制和质量保证[J].山西水利(1):55-56+58.

胡鸿钧,魏印心,2006.中国淡水藻类:系统、分类及生态[M].北京:科学出版社.

胡圣虹,2004.电感耦合等离子体质谱及其联用技术基础理论与地质应用研究[D].武汉:中国地质大学(武汉).

霍鹏,张青,张滨,等,2010.超临界流体萃取技术的应用与发展[J].河北化工,33(3):25-26+29.

贾金平,何翊,黄骏雄,1998.固相微萃取技术与环境样品前处理[J].化学进展(1):76-86.

雷沛,单保庆,张洪,2018.水体被动采样技术的发展与应用[J].环境化学,37(3):480-496.

李丹文,林莉,潘雄,等,2021.淡水环境中微塑料采样及预处理方法研究进展[J].长江科学院院报,38(7):14-23.

李广玉,鲁静,何拥军,2004.天然水化学组分存在形式的研究理论基础及其应用进展[J].海洋地质动态(4):24-27+38.

刘琰,郑丙辉,2013.欧盟流域水环境监测与评价及对我国的启示[J].中国环境监测,29(4):162-168.

刘瑶,宋金明,孙玲玲,等,2019.氢氧化镁共沉淀富集分离ICP-MS测定海水中的稀土元素[J].海洋环境科学,38(2):303-309.

陆九韶,覃东立,孙大江,等,2008.间接火焰原子吸收光谱法测定水和废水中铝[J].环境保护科学(3):111-113.

罗军,王晓蓉,张昊,等,2011.梯度扩散薄膜技术(DGT)的理论及其在环境中的应用 I:工作原理、特性与在土壤中的应用[J].农业环境科学学报,30(2):205-213.

祁士华,邢新丽,张原,等,2019.环境地球化学[M].武汉:中国地质大学出版社.

王尊波,沈立成,梁作兵,等,2015.西藏搭格架地热区天然水的水化学组成与稳定碳同位素特征[J].中国岩溶,34(3):201-208.

奚旦立,孙裕生,2010.环境监测[M].4版.北京:高等教育出版社.

余益军,戴玄吏,董黎静,等,2014.被动采样在水体中有机污染监测的应用:以PAHs为例[J].环境监控与预警,6(4):17-21.

张飞,2014.离子色谱法检测地下水中氟、氯、硫酸根、硝酸根、溴和碘等阴离子的研究与应用[D].长春:吉林大学.

张海霞,朱彭龄,2000.固相萃取[J].分析化学(9):1172-1180.

朱明华,胡坪,2016.分析化学[M].北京:高等教育出版社.

BALDWIN A K, CORSI S R, MASON S A, 2016. Plastic debris in 29 great lakes tributaries: relations to watershed attributes and hydrology[J]. Environmental Science & Technology, 50(19): 10377-10385.

HU Y, QI S, WU C, et al., 2012. Preliminary assessment of heavy metal contamination in surface water and sediments from Honghu Lake, East Central China[J]. Frontiers Earth Science, 6(1): 39-47.

SONG C C, ZHANG J B, WANG Y Y, et al., 2008. Emission of CO_2, CH_4 and N_2O from freshwater marsh in northeast of China[J]. Journal of Environmental Management, 88

(3): 428-436.

SHI M M, ZHU J X, HU T P, et al., 2023. Occurrence, distribution and risk assessment of microplastics and polycyclic aromatic hydrocarbons in East lake, Hubei, China[J]. Chemosphere, 316: 137846.

VANOPLOO P, WHITE A I, MACDONALD B, et al., 2008. The use of peepers to sample pore water in acid sulphate soils[J]. European Journal of Soil Science, 59(4): 762-770.

VITOUSEK P M, MOONEY H A, LUBCHENCO J, et al., 1997. Human domination of Earth's ecosystems[J]. Science, 277: 494-499.

WANG W, NDUNGU A W, ZHEN L, et al., 2017. Microplastics pollution in inland freshwaters of China: a case study in urban surface waters of Wuhan, China[J]. Science of the Total Environment, 575: 1369-1374.

XIONG X, KAI Z, CHEN X, et al., 2018. Sources and distribution of microplastics in China's largest inland lake - Qinghai Lake[J]. Environmental Pollution, 235: 899-906.

ZHANG H, DAVISON W, GADI R, et al., 1998. In situ measurement of dissolved phosphorus in natural waters using DGT[J]. Analytica Chimica Acta, 370(1): 29-38.

第六章　大气环境监测

第一节　大气与大气污染物

一、大气的组成

大气是指包围地球的气体,也泛指包围其他星球的气体。对于地球上的环境来说,大气提供生命所需的氧气等,保护地球上的生物免受紫外线的伤害,维持一定的温度不致地球表面的温度过低或过高,是地球上液-气-固三态的转化场所。

大气是由多种气体混合而成的,其组成可以分为 3 部分:干燥清洁的空气、水蒸气和各种杂质。干洁空气的主要成分是氮、氧、氩和二氧化碳气体,其含量占全部干洁空气的 99.996%(体积);氖、氦、氪、甲烷等次要成分只占 0.004% 左右。N_2 不易与其他物质起化学反应,只有极少量的 N_2 可被土壤细菌所摄取。O_2 则易与其他元素起化合作用,如燃料的燃烧就是一种强烈的氧化作用形式,并且它又是地球上生命所必须的。Ar 是一种惰性气体,约占 1%。在干洁的空气中,CO_2 和 O_3 含量很少,但变化很大,且对地表自然界和大气温度有着重要影响。在距地表 20 km 以下的大气层中,CO_2 的平均含量约为 0.03%,向高空显著减少。CO_2 主要来自火山喷发、动植物的呼吸以及有机物的燃烧和腐败等。在人口稠密区,CO_2 含量明显增高,可占空气体积的 0.05%~0.07%;在海洋上和人口稀少的地区,CO_2 含量大为减少。CO_2 可大量吸收长波辐射,对大气和地表温度有较大影响,起着温室作用。大气中 O_3 主要是在太阳的紫外辐射作用下形成的,雷雨闪电作用和有机物的氧化也能形成 O_3。O_3 能大量吸收太阳紫外线,对大气起到增温作用,并在高空形成一个暖区。

大气中水蒸气的平均含量不到 0.5%,而且随着时间、地点和气象条件等不同而有较大变化,其变化范围可达 0.01%~4%。大气中的水蒸气含量虽然很少,但却导致了各种复杂的天气现象,如云、雾、雨、雪、霜、露等。这些现象不仅引起大气中湿度的变化,而且还导致大气中热能的输送和交换。此外,水蒸气吸收太阳辐射的能力较弱,但吸收地面长波辐射的能力却较强,所以对地面的保湿起着重要的作用。

大气中的各种杂质是由于自然过程和人类活动排到大气中的各种悬浮微粒和气态物质形成的。大气中的悬浮微粒,除了由水蒸气凝结成的水滴和冰晶外,主要是各种有机或无机固体微粒。有机微粒数量较少,主要是植物花粉、微生物、细菌、病毒等。无机微粒数量较多,主要有岩石或土壤风化后的尘粒、流星在大气层中燃烧后产生的灰烬、火山喷发后留在空中的火山灰、海洋中浪花溅起在空中蒸发留下的盐粒,以及地面上燃料燃烧和人类活动产生的烟尘等。

大气的成分和物理性质在垂直方向上有明显的差异,因此可按大气在各个高度的特征分成若干层。最常用的分层方式是根据大气层温度垂直分布将大气分为对流层、平流层、中间层、热层(或暖层)和散逸层(图 6-1)。

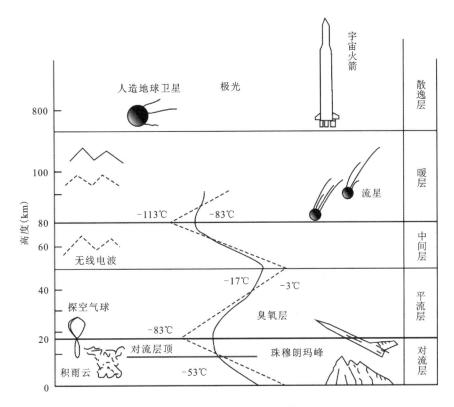

图 6-1 大气圈结构(据祁士华等,2019)

对流层是大气圈的最底层,其下界是地面,上界因纬度和季节而异。层厚 10~18km,温度随高度上升而下降。80%~95%的空气和几乎全部水汽集中在该层,空气对流运动显著且天气现象复杂多变,是对人类活动影响最大的一层。

对流层层顶以上 55km 左右为平流层。在平流层内,气温随高度的变化较小,温度非常平衡,因此也将该层称为同温层。到 25km 以上时,臭氧含量增多,吸收大量紫外线,这里升温很快,并大致在 50km 高空形成一个暖区。平流层内气流运动相当平稳,以水平运动为主,且水汽和尘埃含量很少,没有对流层内出现的天气现象。

平流层层顶以上 35km 左右为中间层。该层臭氧稀少,氯、氧等气体所能直接吸收的波长较短的太阳辐射,大部分已被上层大气吸收,气温随高度的增加迅速下降。中间层内水汽极少,仍有垂直对流运动。

中间层层顶到 800km 高空为暖层。该层气温随高度的增加而迅速上升。在宇宙射线和紫外线的作用下,暖层中的氧和氯分解为离子,使大气处于高度电离状态,因此又称为电离层。电离层能反射电磁波,对地球上无线电通信具有重要意义。

暖层层顶(800km)以上的大气层为散逸层。它是大气圈与星际空间的过渡地带,其气温随高度的增加而升高。该层空气稀薄,受地球引力作用较少,因此一些高速运动的大气质点能散逸到星际空间。

二、大气污染物

由于人类活动或自然过程引起某些物质进入大气中,呈现出足够的浓度,达到足够的时间,并因此危害了人体的舒适、健康或环境的现象,称为大气污染。而这些物质称为大气污染物。

大气中污染物的种类有数千种,已发现有危害作用而被人们注意到的有 100 多种。我国《大气污染物综合排放标准》规定了 33 种污染物排放限值。按其存在状态可分为气溶胶状态污染物(粉尘、烟液滴、雾、降尘、飘尘、悬浮物等)和气体状态污染物(SO_2、NO_2、CO、CO_2、$CHCl_3$、HF 等)。

1. 气溶胶状态污染物

在大气污染中,气溶胶是指沉降速率可以忽略的小固体粒子、液体粒子或它们在气体介质中的悬浮体系。从大气污染控制的角度,按照气溶胶的来源和物理性质,可将其分为如下几种。

(1)粉尘。粉尘是指悬浮于气体介质中的小固体颗粒,受重力作用能发生沉降,但在一段时间内能保持悬浮状态。它通常是由于固体物质的破碎、研磨、分级、输送等机械过程,或土壤、岩石的风化等自然过程形成的。颗粒的形状往往是不规则的。颗粒的尺寸一般为 1~200μm。属于粉尘类的大气污染物的种类很多,如黏土粉尘、石英粉尘、煤粉、水泥粉尘、各种金属粉尘等。

(2)烟。烟一般是指由冶金过程形成的固体颗粒的气溶胶。它是由熔融物质挥发后生成的气态物质的冷凝物,在生成过程中总是伴有诸如氧化之类的化学反应。烟颗粒的尺寸很小,一般为 0.01~1μm。产生烟是一种较为普遍的现象,如有色金属冶炼过程中产生的氧化铅烟、氧化锌烟,在核燃料后处理厂中的氧化钙烟等。

(3)飞灰。飞灰是指随着燃料燃烧产生的烟气排出的分散得较细的灰分。

(4)黑烟。黑烟一般是指由燃料燃烧产生的能见气溶胶。

在某些情况下,粉尘、烟、飞灰、黑烟等小固体颗粒气溶胶的界线,很难明显区分开,在各种文献特别是工程中,使用得较混乱。根据我国的习惯,一般可将冶金过程和化学过程形成的固体颗粒气溶胶称为烟尘;将燃料燃烧过程产生的飞灰和黑烟,在不需仔细区分时,也称为烟尘。在其他情况下,或泛指小固体颗粒的气溶胶时,则通称粉尘。

(5)雾。雾是气体中液滴悬浮体的总称。在气象中指造成能见度小于 1km 的小水滴悬浮体。在工程中,雾一般泛指小液体粒子悬浮体,它可能是由于液体蒸汽的凝结、液体的雾化及化学反应等过程形成的,如水雾、酸雾、碱雾、油雾等。

在我国的环境空气质量标准中,还根据粉尘颗粒的大小,将其分为总悬浮颗粒物、可吸入颗粒物和细颗粒物。

总悬浮颗粒物(TSP):指能悬浮在空气中,空气动力学当量直径≤100μm的颗粒物。

可吸入颗粒物(PM_{10}):指悬浮在空气中,空气动力学当量直径≤10μm的颗粒物。

细颗粒物($PM_{2.5}$):指悬浮在空气中,空气动力学当量直径≤2.5μm的颗粒物。

2. 气体状态污染物

气体状态污染物是以分子状态存在的污染物,简称气态污染物。气态污染物的种类很多,总体上可以分为五大类:以二氧化硫为主的含硫化合物,以及以氧化氮和二氧化氮为主的含氮化合物、碳氧化合物、有机化合物及卤素化合物。

若按污染物的形成过程分类则可分为一次污染物和二次污染物。一次污染物是指直接从污染源排放到空气中的有害物质,常见的主要有二氧化硫、氮氧化物、一氧化碳、碳氢化合物、颗粒性物质[如苯并(a)芘、有毒重金属]等;二次污染物则是由一次污染物经过化学反应或光化学反应的形成与一次污染物的物理、化学性质完全不同的新的污染物,具有颗粒小、毒性一般比一次污染物大等特点,常见的二次污染物有硫酸盐、硝酸盐、臭氧、醛类、过氧乙酰硝酸酯(PAN)等。

第二节 大气污染物传输、扩散和影响因素

污染物从污染源排放到大气中,只是一系列复杂过程的开始,污染物在大气中的迁移、扩散是这些复杂过程的重要方面。这些过程都发生在大气中,大气的性状在很大程度上影响污染物的时空分布。实践证明,风向、风速、大气稳定度、温度的空间差异、地面粗糙度、雨和雾等,是影响大气污染的主要因素。进入大气中的污染物,受大气水平运动以及大气的各种不同程度的扰动运动的影响,会形成不同程度的运移。

一、大气污染物传输

在一些特殊的天气条件下,一个地区排放的污染物可能随着上升气流进入高空,并在高空中随着气团较快传输,结果可能会在距离污染源很远的地方又随着下沉气团降到地表附近,导致了区域间的污染物传输。

污染物的传输使得一个地区的大气污染在更大的时间和空间尺度上产生危害,甚至南极、北极也受到了大气污染的影响。目前所关注的沙尘暴、$PM_{2.5}$、酸雨等都是由大气污染物在大气中的输送造成的区域性污染。

二、大气污染物扩散

大气污染扩散是大气中的污染物在湍流的混合作用下逐渐分散稀释的过程,主要受风向、风速、气流温度分布、大气稳定度等气象条件和地形条件的影响。大气扩散的基本问题,是研究湍流与烟羽传播和物质浓度衰减的关系问题。

研究不同气象条件下大气污染物扩散规律的目的在于:①根据当地气象条件,对工业规

划布局提供科学依据,预防可能造成的大气污染;②根据当地的大气扩散能力和环境卫生标准,提出排放标准(排放量和排放高度);③进行大气污染预报,以便有计划地采取应急措施,预防环境质量的恶化(长期的)和防止可能发生的污染事故(短期的)。

对大气污染扩散过程的研究有两种途径:一种是实验方法,就是针对给定的排放源,测定污染物的浓度分布,并找出浓度分布同时间、空间和气象条件变化的关系,探索其规律。这种方法也可以在实验室内用风洞模拟的方法实施。另一种是理论方法,即运用湍流交换的理论建立描写大气污染扩散稀释过程的模式,找出浓度分布与气象参数的关系。

目前,大气湍流扩散的理论体系主要有 3 种:①梯度输送理论(又称 K 理论):是通过与菲克(Fick)扩散理论的类比而建立起来的理论。假定由大气湍流引起的某物质的扩散,类似于分子扩散,并可用同样的分子扩散方程描述。为了求得各种条件下某污染物的时空分布,必须对分子扩散方程在进行扩散的大气湍流场的边界条件下求解。然而由于边界条件往往很复杂,不能求出严格的分析解,只能是在特定的条件下求出近似解,再根据实际情况进行修正。②统计理论:1921 年由泰勒(Taylor)提出,从研究个别流体微粒运动入手,并据此以确定表示扩散的特征量。泰勒用湍流场的统计特征量来描写扩散参数,并用可测的气象参数来表达这些统计特征量,进而找出扩散参数和可测气象条件的直接联系。由于实际大气湍流场的非定常性和非均匀性,理论研究十分困难,必须借助于实验和假设。大都是假定为在浓度正态分布的条件下,利用泰勒公式定出方差,确定浓度分布。③相似理论:在量纲分析的基础上,由 Batchelor 和 Gifford 等人发展起来的一种研究近地层大气扩散问题的理论。相似理论的基本原理是拉格朗日相似性假设,即在近地层的流体质点,假设其拉格朗日统计特性仅仅取决于表征其欧拉特性的已知参量。量纲分析复杂且不确定性大,其应用限制在近地层内。

污染物在大气中的扩散与过境风、湍流和温度梯度密切相关,过境风可使污染物向下风向迁移和扩散,湍流可使污染物向各方向扩散,温度梯度可使污染物发生质量扩散,风和湍流在污染物迁移过程中起主导作用。

三、污染物传输、扩散影响因素

1. 城市"热岛效应"

城市"热岛效应"的影响效果与城市规模有关。一般大城市中心区域与周围乡村温差可达 7℃以上,而中等城市可达 5℃左右。城市"热岛效应"对城市大气污染物扩散的主要影响体现在加大了市中心区域空气扰动,其产生的热力湍流加速了该区域的污染物混合,同时在静风、小风情况下阻碍污染物向周边区域输送,使大气污染物更易于在城市中心区域聚集并滞留,所以一般城市中心区域大气污染物浓度较高。

2. 大气稳定度

大气稳定度对大气污染物扩散影响较大。大气稳定度从稳定到不稳定,决定了大气对污染物的扩散能力从难以扩散到有利于污染物扩散的过程。

3. 粗糙度

粗糙度对污染物扩散的影响分为两个方面：一是形成湍流，加快大气污染物混合，避免局部浓度过高现象发生；二是高层建筑容易形成类似过山气流的污染物闭塞区，使大气污染物在高层建筑背后避风区聚集并滞留，不容易向其他区域扩散。后者也是大中城市中心区域大气污染物浓度一般高于周边地区的一个原因。

4. 温度层结

各温度层结对大气污染物扩散的影响各不相同，其中以逆温情况对大气污染物的扩散最为不利。气态污染物和颗粒污染物在大气层中的位置决定其扩散方式，颗粒污染物以平流输送和重力沉降为主，一般飘浮于低空，对于气态污染物来说，平流输送和垂直扩散都起重要作用，甚至可以扩散到边界层以外的大气中。所以气态污染物在逆温情况下相对于颗粒污染物更不利于扩散，对环境的影响也更大。逆温天气加重了对环境的影响，这种气象条件下，大气污染物聚集于低空，通常形成污染带或污染域，加重局地污染程度。

5. 平流输送

平流输送是过境风的卷挟作用引起的污染物迁移。迁移方向因风向而定，迁移速度与风速有关。

6. 降水和雾

降水一般分为雨、雪两种，对大气污染物均起到冲刷作用，而降雨的作用更加明显，降水对降低颗粒物类污染物浓度的作用较大，对气态污染物只起微小作用。通常降水可使颗粒物类污染物浓度降低 50%～80%，而气态污染物浓度降低只达 10% 左右。

雾具有对大气污染物的屏蔽作用，对酸性污染物（SO_2 和 NO_2 皆属于酸性污染物）的稀释作用和对颗粒物类污染物的洗刷作用。NO_2 浓度因汽车保有量较大而较高，有雾时可以直接进入人的呼吸道，故此种情况危害较大。

7. 局地气候

1）海（江）陆风

局地气象条件下，陆地与江河湖海临近的区域必然受到其影响，但其影响较小。这种影响昼夜迥异：白天，陆地温度高，空气密度小，空气上升，水面温度相对较低，空气向陆地运动，补充陆地空气缺失部分，形成海（江）风；夜晚，陆地降温较快，而水面温度下降较缓，温度相对较高，空气上升，陆地空气向水面运动加以补充，形成陆风。

与城市"热岛效应"比较，海（江）陆风白天与城市"热岛效应"相同，夜晚与城市"热岛效应"相反。所以海（江）陆风在白天助长城市"热岛效应"，夜晚削弱城市"热岛效应"，因此临近水域的城区夜晚更有利于污染物扩散。

2)山谷风

山谷风与海陆风一样,因山和谷昼夜温差而产生。白天风向指向山,夜晚风向指向谷。所以夜间污染物易于聚集于谷中。

各主要大气污染物采暖期污染较重,非采暖期污染较轻,特别是 PM_{10} 和 SO_2 属于煤烟型污染物,具有明显的季节性特点,而 NO_x 主要来源是汽车,四季变化不大,主要与汽车数量相关。就某一固定区域而言,气态污染物 NO_x、SO_2 差异相对较小,主要原因是气态污染物更容易随被过境风输送到较远的地方,在不利气象条件下也更容易扩展到整个影响区域,而颗粒物更容易沉降聚集。

对于低空污染团,一般情况下颗粒类污染物可以被平流输送至 1.5~2.5km 以外的地方,而气态污染物则要超出几倍甚至几十倍。

事实上,从污染物产生到聚集和滞留是动态过程,也就是说,各种影响因素时刻在对大气污染物的传输和扩散起作用。

第三节　空气污染监测方案制定

一、监测目的

(1)判断空气质量。通过对环境中主要污染物进行定期或连续地监测,判断空气质量是否符合国家制定的《环境空气质量标准》(GB 3095—2012)或环境规划目标的要求,为空气质量状况评价提供依据。

(2)判断污染程度。通过对污染源的监测,评价污染物排放情况和造成的污染程度,为确定污染控制措施提供基础数据。同时,通过对大气污染源治理设施运行后的监测,可判断治理设施的效果。

(3)为研究大气质量的变化规律和发展趋势,开展大气污染的预测预报工作,以及研究污染物迁移、转化情况等提供基础资料。

(4)为政府环境保护部门执行环境保护法规,开展环境质量管理及修订大气环境质量标准提供基础资料和依据。

二、调查与资料收集

1. 污染源分布及排放情况

通过调查,了解监测区域内污染源的类型、数量、位置以及排放的主要污染物和排放量,同时还应了解所使用的原料、燃料及消耗量。在调查时,应区分由高烟囱排放的较大污染源与由低烟囱排放的小污染源。因为小污染源的排放高度低,对周围地区地面空气中污染物浓度影响比高烟囱排放源大。另外,对于交通运输污染较重和有石油化工企业的地区,应区别一次污染物和二次污染物,因为二次污染物是在大气中通过光化学反应产生的,其高浓度可能在远离污染源的地方,在布设监测点时应加以考虑。

2. 气象资料

污染物在空气中的扩散、迁移和物理化学反应在很大程度上取决于当时当地的气象条件。因此,需要收集监测区域的风速、风向、气温、气压、降水量、日照时间、相对湿度、温度垂直梯度和逆温层底部高度等资料。

3. 地形资料

地形会影响当地的风向、风速和大气稳定情况,在设置监测网点时应当加以考虑。例如,工业区建在河谷地区时出现逆温层的可能性大;位于丘陵地区的城市,市区内空气污染物的浓度梯度会相当大;位于海边的城市会受海陆风的影响,而位于山区的城市会受山谷风的影响等。为掌握污染物的实际分布状况,地形复杂的监测区域需布设更多的监测点。

4. 土地利用类型和功能分区情况

在布设监测点位时,监测区域内的土地利用和功能分区情况也是应当考虑的重要因素之一,不同功能区(如工业区、商业区、混合区、居民区等)的污染状况是不同的。

5. 人口分布及人群健康情况

环境保护的目的是保持自然环境的生态平衡,保护人类的健康,因此,掌握监测区域的人口分布、居民和动植物受空气污染危害情况及流行性疾病等资料,对制定监测方案、分析判断监测结果是有重要参考价值的。此外,在设置监测点位时,应当尽量收集监测区域以往的空气监测资料等。

三、监测项目

大气中的污染物种类繁多,应根据监测区域范围内的实际情况和优先监测原则确定监测项目,并同步观测相关气象参数。环境空气质量评价城市点的监测项目依据《环境空气质量标准》(GB 3095—2012)确定,分为基本项目和其他项目。环境空气质量评价区域点、背景点的监测项目除《环境空气质量标准》(GB 3095—2012)中规定的基本项目外,还有由国务院环境保护行政主管部门根据国家环境管理需求和点位实际情况增加其他特征监测项目,包括湿沉降、有机物、温室气体、颗粒物组分和特殊组分等,具体内容见表6-1。

表6-1 环境空气质量评价区域点、背景点监测项目

监测类型	监测项目
基本项目	二氧化硫(SO_2)、二氧化氮(NO_2)、一氧化碳(CO)、臭氧(O_3)、可吸入颗粒物(PM_{10})、细颗粒物($PM_{2.5}$)
湿沉降	降雨量、pH、电导率、氯离子、硝酸根离子、硫酸根离子、钙离子、镁离子、钾离子、钠离子、铵根离子等

续表 6-1

监测类型	监测项目
有机物	挥发性有机物（VOCs）、持久性有机物（POPs）等
温室气体	二氧化碳（CO_2）、甲烷（CH_4）、氧化亚氮（N_2O）、六氟化硫（SF_6）、氢氟碳化合物（HFCs）、全氟碳化物（PFCs）
颗粒物主要物理化学特性	颗粒物数浓度谱分布、$PM_{2.5}$ 或 PM_{10} 中的有机碳、元素碳、硫酸盐、硝酸盐、氯盐、钾盐、钙盐、钠盐、镁盐、铵盐等

四、监测站点与采样设计

1. 监测点位布设基本原则

采样点位应根据监测任务的目的、要求布设，必要时进行现场踏勘后确定。所选点位应具有较好的代表性，监测数据能客观反映一定空间范围内空气质量水平或空气中所测污染物浓度水平。监测点位的布设和数量应满足监测目的及任务要求。

（1）代表性：具有较好的代表性，能客观反映一定空间范围内的环境空气质量水平和变化规律，客观评价城市、区域环境空气状况，污染源对环境空气质量影响，满足为公众提供环境空气状况健康指引的需求。

（2）可比性：同类型监测点设置条件尽可能一致，使各个监测站点获取的数据具有可比性。

（3）整体性：环境空气质量评价城市点应考虑城市自然地理、气象等综合环境因素，以及工业布局、人口分布等社会经济特点，在布局上反映城市主要功能区和主要大气污染源的空气质量现状及变化趋势，从整体出发合理布局，监测点之间相互协调。

（4）前瞻性：应结合城乡建设规划考虑监测点的布设，使确定的监测点能兼顾未来城乡空间格局变化趋势。

（5）稳定性：监测点位置一经确定，原则上不应变更，以保证监测资料的连续性和可比性。

2. 监测点位布设要求

监测点位布设总体要求如下。

（1）监测点应地处相对安全、交通便利、电源和防火措施有保障的地方。

（2）监测点采样口周围水平面应保证有 270°以上的捕集空间，不能有阻碍空气流动的高大建筑、树木或其他障碍物；如果采样口一侧靠近建筑，采样口周围水平面应有 180°以上的自由空间。从采样口到附近最高障碍物之间的水平距离，应为该障碍物与采样口高度差的两倍以上，或从采样口到建筑物顶部与地平线的夹角小于 30°。

（3）采样口距地面高度在 1.5～15m 范围内，距支撑物表面 1m 以上。有特殊监测要求时，应根据监测目的进行调整。

不同环境空气质量评价点监测点位布设具体要求如下。

1）环境空气质量评价城市点

环境空气质量评价城市点（简称城市点）指以监测城市建成区的空气质量整体状况和变化趋势为目的而设置的监测点，参与城市环境空气质量评价。其点位布设要求如下：

(1) 位于各城市的建成区内，并相对均匀分布，覆盖全部建成区。

(2) 采用城市加密网格点实测或模式模拟计算的方法，估计所在城市建成区污染物浓度的总体平均值，全部城市点的污染物浓度的算数平均值应代表所在城市建成区污染物浓度的总体平均值。

(3) 城市加密网格点实测是指将城市建成区均匀划分为若干加密网格点，单个网格不大于 $2km \times 2km$（面积大于 $200km^2$ 的城市也可适当放宽网格密度），在每个网格中心或网格线的交点上设置监测点了解所在城市建成区的污染物整体浓度水平和分布规律，监测项目包括《环境空气质量标准》(GB 3095—2012)中规定项基本项目（可根据监测目的增加监测项目），有效监测天数不少于 15d。

(4) 模式模拟计算是通过污染物扩散、迁移及转化规律，预测污染分布状况进而寻找合理的监测点位的方法。

(5) 拟新建城市点的污染物浓度的平均值与同一时期用城市加密网格点实测或模式模拟计算的城市总体平均值估计值相对误差应在 10% 以内。

(6) 用城市加密网格点实测或模式模拟计算的城市总体平均值计算出 30、50、80 和 90 百分位数的估计值；拟新建城市点的污染物浓度平均值计算出的 30、50、80 和 90 百分位数与同一时期城市总体估计值计算的各百分位数的相对误差在 15% 以内。

2）环境空气质量评价区域点、背景点

环境空气质量评价区域点（简称区域点）指以监测区域范围空气质量状况和污染物区域传输及影响范围为目的而设置的监测点，参与区域环境空气质量评价，其代表范围一般为半径几十千米。环境空气质量评价背景点（简称背景点）指以监测国家或大区域范围的环境空气质量本底水平为目的而设置的监测点，其代表性范围半径一般在 100km 以上。其点位布设要求如下：

(1) 区域点和背景点应远离城市建成区和主要污染源，区域点原则上应离开城市建成区和主要污染源 20 km 以上，背景点原则上应离开城市建成区和主要污染源 50 km 以上。

(2) 区域点应根据我国的大气环流特征设置在区域大气环流路径上，反映区域大气本底状况，并反映区域间和区域内污染物输送的相互影响。

(3) 背景点设置在不受人为活动影响的清洁地区，反映国家尺度空气质量本底水平。

(4) 区域点和背景点的海拔高度应合适。在山区应位于局部高点，避免受到局地空气污染物的干扰和近地面逆温层等局地气象条件的影响；在平缓地区应保持在开阔地点的相对高地，避免空气沉积的凹地。

3）污染监控点

污染监控点指为监测本地区主要固定污染源及工业园区等污染源聚集区对当地环境空

气质量的影响而设置的监测点,代表范围半径一般为100～500m,也可扩大到500～4000m(如考虑较高的点源对地面浓度的影响时)。其点位布设要求如下:

(1)污染监控点原则上应设在可能对人体健康造成影响的污染物高浓度区以及主要固定污染源对环境空气质量产生明显影响的地区。

(2)污染监控点依据排放源的强度和主要污染项目布设,应设置在源的主导风向和第二主导风向(一般采用污染最重季节的主导风向)的下风向的最大落地浓度区内,以捕捉到最大污染特征为原则进行布设。

(3)对于固定污染源较多且比较集中的工业园区等,污染监控点原则上应设置在主导风向和第二主导风向(一般采用污染最重季节的主导风向)的下风向的工业园区边界,兼顾排放强度最大的污染源及污染项目的最大落地浓度。

(4)地方环境保护行政主管部门可根据监测目的确定点位布设原则增设污染监控点,并实时发布监测信息。

4)路边交通点

路边交通点指为监测道路交通污染源对环境空气质量影响而设置的监测点,代表范围为人们日常生活和活动场所中受道路交通污染源排放影响的道路两旁及其附近区域。其点位布设要求如下:

(1)对于路边交通点,一般应在行车道的下风侧,根据车流量的大小、车道两侧的地形、建筑物的分布情况等确定路边交通点的位置,采样口距道路边缘距离不得超过20m。

(2)由地方环境保护行政主管部门根据监测目的确定点位布设原则设置路边交通点,并实时发布监测信息。

3. 监测点布设数量要求

1)环境空气质量评价城市点

各城市环境空气质量评价城市点的最少监测点位数量应符合表6-2的要求。按建成区城市人口和建成区面积确定的最少监测点位数不同时,取两者中的较大值。

表6-2 环境空气质量评价城市点设置数量要求

建成区城市人口(万人)	建成区面积(km²)	最少监测点数
<25	<20	1
25～50	20～50	2
50～100	50～100	4
100～200	100～200	6
200～300	200～400	8
>300	>400	按每50～60km²建成区面积设1个监测点,并且设置不少于10个点

2)环境空气质量评价区域点、背景点

(1)区域点的数量由国家环境保护行政主管部门根据国家规划,兼顾区域面积和人口因素设置。各地方应可根据环境管理的需要,申请增加区域点数量。

(2)背景点的数量由国家环境保护行政主管部门根据国家规划设置。

(3)位于城市建成区之外的自然保护区、风景名胜区和其他需要特殊保护的区域,其区域点和背景点的设置优先考虑监测点位代表的面积。

3)污染监控点

污染监控点的数量由地方环境保护行政主管部门组织各地环境监测机构根据本地区环境管理的需要设置。

4)路边交通点

路边交通点的数量由地方环境保护行政主管部门组织各地环境监测机构根据本地区环境管理的需要设置。

4. 监测站点布设方法

监测区域内的采样点位总数确定后,可采用经验法、统计法、模拟法等进行站点位置的确定。经验法是常用方法,特别是对尚未建立监测网或监测数据积累较少的地区,需要凭借经验确定采样站点的位置。其具体方法包括以下几种。

1)功能区布点法

功能区布点法多用于区域性常规监测。先将监测区域划分为工业区、商业区、居住区、工业居住混合区、交通稠密区、清洁区等,再根据具体污染情况和人力、物力条件,在各功能区设置一定数量的采样点。各功能区的采样点数量不要求平均,但需在污染源集中的工业区和人口较密集的居住区多设采样点。

2)网格布点法

这种布点法是将监测区域划分成若干个均匀网状方格,采样点设在两条直线的交点处或网格中心(图6-2a)。网格大小视污染源强度、人口分布及人力、物力条件等确定。若主导风向明显,下风向设点应多一些,一般约占采样点总数的60%。对于有多个污染源,且污染源分布较均匀的地区,常采用这种布点方法。它能较好地反映污染物的空间分布;如将网格划分得足够小,则将监测结果绘制成污染物浓度空间分布图,对指导城市环境规划和管理具有重要意义。

3)同心圆布点法

这种方法主要用于多个污染源构成污染群,且大污染源较集中的地区。先找出污染群的中心,以此为圆心作若干个同心圆,再从圆心作若干条放射线,将放射线与圆周的交点作为采样点(图6-2b)。不同圆周上的采样点数目不一定相等或均匀分布,常年主导风向的下风向比上风向多设一些点。例如,同心圆半径分别取4km、10km、20km、40km,从里向外各圆周上分别设4、8、8、4个采样点。

4)扇形布点法

扇形布点法适用于孤立的高架点源,且主导风向明显的地区。以点源所在位置为顶点,主导风向为轴线,在下风向区域划出一个扇形区作为布点范围。扇形的角度一般为45°,也可更大些,但不能超过 90°。采样点设在扇形平面内距点源不同距离的若干弧线上(图 6-2c)。每条弧线上设 3~4 个采样点,相邻两点与顶点连线的夹角一般取 10°~20°。在上风向应设对照点。

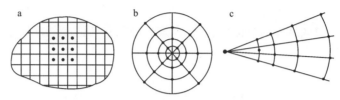

图 6-2 监测站点布设方法
a.网格布点法;b.同心圆布点法;c.扇形布点法

在实际工作中,要做到因地制宜,应考虑污染物的扩散特点。例如采用同心圆和扇形布点法时,同心圆或弧线不宜等距离划分,因为污染物浓度不是随着距离的增加逐渐降低的,而是很快出现浓度最大值,然后按指数规律下降。因此,需要在靠近浓度最大值附近将监测点位布设密集一点,以免错过污染物最大浓度的位置。污染物最大浓度出现的位置,与源高、气象条件和地面状况等密切相关。对平坦地面上 50m 高的烟囱,污染物最大地面浓度出现的位置与气象条件的关系列于表 6-3。随着烟囱高度的增加,最大地面浓度出现的位置也会随之变高。

表 6-3 50m 处高烟囱排放污染物最大地面浓度出现位置与气象条件的关系

大气稳定度	最大浓度出现位置(相当于烟囱高度的倍数)
不稳定	5~10
中性	20 左右
稳定	40 以上

为使采样网点布设完善合理,通常采用以一种布点方法为主,兼用其他方法的综合布点法。

统计法适用于已积累了多年监测数据的地区。根据城市空气污染物分布的时空特征,通过对监测数据的统计处理对现有站点进行调整,删除监测信息重复的点位。例如,如果监测网中某些站点历年取得的监测数据较近似,可以通过聚类分析法将结果相近的站点聚为一类,从中选择少数代表性站点。

模拟法是根据监测区域污染源的分布、排放特征、气象资料,以及应用数学模型预测的污染物时空分布状况设计采样站点。

五、采样时间和频率

1. 总体要求

环境空气中的二氧化硫(SO_2)、二氧化氮(NO_2)、氮氧化物(NO_x)、一氧化碳(CO)、臭氧(O_3)、总悬浮颗粒物(TSP)、可吸入颗粒物(PM_{10})、细颗粒物($PM_{2.5}$)、铅(Pb)、苯并(a)芘

(BaP)等污染物的采样时间及采样频率,根据《环境空气质量标准》(GB 3095—2012)中污染物浓度数据有效性规定的要求(表6-4)确定。其他污染物可参照执行,或者根据监测目的、污染物浓度水平及监测分析方法的检出限等因素确定。

表6-4 污染物浓度数据有效性的最低要求

污染物	平均时间	数据有效性规定
二氧化硫(SO_2)、二氧化氮(NO_2)、颗粒物(粒径小于等于 $10\mu m$)、颗粒物(粒径小于等于 $2.5\mu m$)、氮氧化物(NO_x)	年平均	每年至少有324个日平均浓度值 每月至少有27个日平均浓度值(二月至少有25个日平均浓度值)
二氧化硫(SO_2)、二氧化氮(NO_2)、一氧化碳(CO)、颗粒物(粒径小于等于 $10\mu m$)、颗粒物(粒径小于等于 $2.5\mu m$)、氮氧化物(NO_x)	24h平均	每日至少有20h平均浓度值或采样时间
臭氧(O_3)	8h平均	每8h至少有6h平均浓度值
二氧化硫(SO_2)、二氧化氮(NO_2)、一氧化碳(CO)、臭氧(O_3)、氮氧化物(NO_x)	1h平均	每小时至少有45min的采样时间
总悬浮颗粒物(TSP)、苯并(a)芘(BaP)、铅(Pb)	年平均	每年至少有分布均匀的60个日平均浓度值 每月至少有分布均匀的5个日平均浓度值
铅(Pb)	季平均	每季至少有分布均匀的15个日平均浓度值 每月至少有分布均匀的5个日平均浓度值
总悬浮颗粒物(TSP)、苯并(a)芘(BaP)、铅(Pb)	24h平均	每日应有24h的采样时间

2. 小时浓度间断采样频率

获取环境空气污染物小时平均浓度时,如果污染物浓度过高,或者使用直接采样法采集瞬时样品,应在1h内等时间间隔采集3~4个样品。

3. 被动采样时间及频率

污染物被动采样时间及采样频率应根据监测点位周围环境空气中污染物的浓度水平、分析方法的检出限及监测目的确定。监测结果可代表一段时间内待测环境空气中污染物的时间加权平均浓度或浓度变化趋势。通常,硫酸盐化速率及氟化物(长期)采样时间为7~30d;但要获得月平均浓度,样品的采样时间应不少于15d。降尘采样时间为30±2d。

第四节　空气样品采集方法与仪器

采集空气样品的方法和仪器要根据大气中污染物的存在状态、浓度、物理化学性质及所用监测方法选择，在各种污染物的监测过程中都规定了相应采样方法。

一、直接采样方法与仪器

直接采样法适用于一氧化碳、挥发性有机物、总烃等污染物的样品采集，常用于空气中被测组分浓度较高或所用分析方法灵敏度较高的情况。根据气态污染物的理化特性及分析方法的检出限，选择相应的采样装置，一般采用注射器、气袋、真空罐（瓶）等。

1. 注射器采样

注射器通常由玻璃、塑料等材质制成，采样前根据方法要求选择。一般用 50mL 或 100mL 带有惰性密封头的注射器（图 6-3）。采样前，需将注射器按监测方法标准要求进行洗涤、干燥等处理后密封备用。此外，还需对其进行气密性和空白检查，并保证内部无残留气体。采样时，移去注射器的密封头，抽吸现场空气 3～5 次，然后抽取一定体积的气样，密封进气口后将注射器进口朝下，垂直放置，使注射器的内压略大于大气压。采样后注射器应迅速放入运输箱内，并保持垂直状态运送；玻璃注射器应小心轻放，防止损坏；样品保温并避光保存，在监测方法标准规定的时限内完成测定，一般需在当天完成分析。

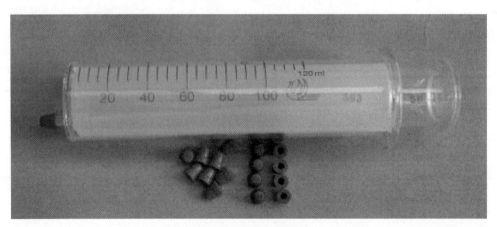

图 6-3　玻璃注射器

2. 气袋采样

气袋适用于采集化学性质稳定、不与气袋起化学反应的低沸点气态污染物。气袋常用的材质有聚四氟乙烯、聚乙烯、聚氯乙烯和金属衬里（铝箔）等（图 6-4）。根据监测方法标准要求和目标污染物性质等选择合适的气袋。为减小对被测组分的吸附，可在气袋内壁衬银、铝等金属膜。

气袋采样方式可分真空负压法和正压注入法。真空负压法采样系统由进气管、气袋、真空箱、阀门和抽气泵等部分组成;正压注入法用双联球、注射器、正压泵等器具通过连接管将样品气体直接注入气袋中。

采样前,气袋应清洗干净,确保无残留气体干扰。检查气袋是否密封良好,是否有破裂损坏等情况,并进行气密性检查,确保采样系统不漏气。采样时,先用现场空气清洗气袋3~5次后再正式采样。采样后迅速将进气口密封,做好标识,迅速放入运输箱内,防止阳光直射,并采取措施避免气袋破损。当环境温差较大时,应采取保温措施;样品存放时间不宜过长,应在最短时间内送至实验室分析。

图 6-4 气袋

3. 真空罐(瓶)采样

真空罐一般由内表面经过惰性处理的金属材料制作,真空瓶一般由硬质玻璃制作,通常配有进气阀门和真空压力表,可重复使用。

1)真空罐

真空罐常用于采集和存储挥发性有机化合物(VOCs)。罐体一般由 316 型优质不锈钢制成,机械强度高,抗腐蚀性好。罐体内表面惰性镀膜层,通过化学键黏附于不锈钢表面,以保证成分在存储中保持稳定。其厚度很薄,通常为 80~150nm,可随不锈钢弯曲而不脱落。常见真空罐如图 6-5 所示。

图 6-5 真空采样罐

采样前，需使用罐清洗装置对采样罐进行清洗，清洗过程中可对采样罐进行加湿，降低罐体活性吸附，必要时可对采样罐在50～80℃进行加温清洗。清洗完毕后，将采样罐抽至真空（＜10Pa），待用。每清洗20只采样罐应至少取1只罐注入高纯氮气分析，确定清洗过程是否清洁。每个被测高浓度样品的真空罐在清洗后，在下一次使用前均应进行本底污染的分析。

样品采集可采用瞬时采样和恒流采样两种方式。采样时需加装过滤器，以去除空气中的颗粒物。

瞬时采样：将清洗后并抽成真空的采样罐带至采样点，安装过滤器后，打开采样罐阀门，开始采样。待罐内压力与采样点大气压力一致后，关闭阀门，用密封帽密封。这种方式采集的样品代表打开阀门瞬间的周边空气污染状况。

恒流采样：将清洗后并抽成真空的采样罐带至采样点，安装流量控制器和过滤器后，打开采样罐阀门，开始恒流采样，在设定的恒定流量所对应的采样时间达到后，关闭阀门，用密封帽密封。记录采样时间、地点、温度、湿度、大气压。采样罐容积为3.2L和6L时，不同恒定流量对应的采样时间见表6-5。这种方式采集的样品代表周边空气在整个采样过程期间的平均污染情况。

表6-5 不同恒定流量对应的采样时间

3.2L		6L	
采样流量(mL/min)	对应采样时间(h)	采样流量(mL/min)	对应采样时间(h)
48	1	90	1
6.2	8	12	8
2.1	24	3.8	24

样品在常温下保存，采样后尽快分析，应在20d内分析完毕。实际样品分析前，需使用真空压力表测定罐内压力。若罐压力小于83kPa，必须用高纯氮气加压至101kPa，并按下式计算稀释倍数。

$$f = Y_a / X_a \tag{6-1}$$

式中：f为稀释倍数；X_a为稀释前的罐压力(kPa)；Y_a为稀释后的罐压力(kPa)。

2) 真空瓶

常用真空瓶示意图如图6-6a所示。采样前，先用抽真空装置(图6-6b)将采气瓶内抽至剩余压力到1.33kPa左右；若瓶内预先装入吸收液，可抽至溶液冒泡为止，关闭旋塞。采样时，打开旋塞，被采空气即充入瓶内，然后关闭旋塞，采样体积为真空采气瓶的容积。如果采气瓶内真空度达不到1.33kPa，实际采样体积应根据剩余压力进行计算。

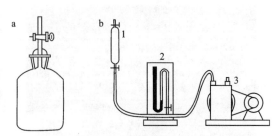

1.真空采样管(瓶)；2.闭管压力计；3.真空泵。
图6-6 真空瓶(a)与抽真空装置(b)

当用闭口压力计测量剩余压力时,现场状况下的采样体积按下式计算。

$$V = V_0 \cdot \frac{P - P_B}{P} \tag{6-2}$$

式中:V 为现场状况下的采样体积(L);V_0 为真空采气瓶容积(L);P 为大气压力(kPa);P_B 为闭管压力计读数(kPa)。

二、间接采样方法与仪器

空气中各种污染物浓度一般都比较低($10^{-9} \sim 10^{-6}$),直接采样法往往达不到仪器检出限,因此需要用间接采样法对空气中的污染物进行富集或浓缩。间接采样的时间一般比较长,得到的结果代表该采样时间内的平均浓度,更能反映空气污染的真实情况。具体的采样方法包括溶液吸收法、吸附管法、滤膜法、滤膜-吸附剂联用法等。

1. 溶液吸收采样法

溶液吸收采样法适用于二氧化硫、二氧化氮、氮氧化物、臭氧等气态污染物的样品采集。

采样系统主要由采样管路、采样器、吸收装置等部分组成。常见的吸收装置主要有气泡吸收管(瓶)、冲击式吸收管(瓶)和多孔筛板吸收管(瓶)等,结构如图 6-7 所示。采样管路可用不锈钢、玻璃和聚四氟乙烯等材质,采集氧化性和酸性气体应避免使用金属材质采样管。

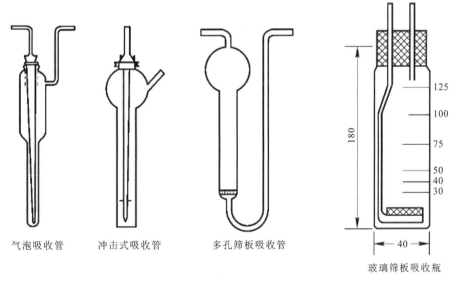

图 6-7 气体吸收管(瓶)

样品采集前,检查采样管路是否洁净,根据污染物的性质选择合适的吸收管(瓶),并装入相应的吸收液。进行气密性检查时,将吸收管(瓶)及必要的前处理装置正确连接到气体采样管路,打开仪器,调节流量至规定值,封闭吸收管(瓶)进气口,吸收管(瓶)内不应冒气泡,采样仪器的流量计不应有流量显示。采样前、后用经检定合格的标准流量计校验采样系统的流量,流量误差应小于 5%。

样品采集时,将已检查过气密性的采样装置带至采样现场,正确连接采样系统,做好样品标识。注意吸收管(瓶)的进气方向不要接反,防止倒吸。采样过程中有避光、温度控制等要求的项目应按照相关监测方法标准的要求执行。设置采样时间,调节流量至规定值,采集样品。采样过程中,采样人员应观察采样流量的波动和吸收液的变化,出现异常时要及时停止采样,查找原因。应及时记录采样起止时间、流量,以及气温、气压等参数,记录内容应完整、规范。

样品采集后,应将样品密封后放入样品箱,样品箱再次密封后尽快送至实验室分析,并做好样品交接记录。应防止样品在运输过程中受到撞击或剧烈振动而损坏。样品运输及保存中应避免阳光直射。需要低温保存的样品,在运输过程中应采取相应的冷藏措施,防止样品变质。样品到达实验室应及时交接,尽快分析。如不能及时测定,应按各项目的监测方法标准要求妥善保存,并在样品有效期内完成分析。

2. 吸附管采样法

吸附管采样法适用于汞、挥发性有机物等气态污染物的样品采集。

采样系统主要由采样管路、采样器、吸附管等部分组成。吸附管为装有各类吸附剂的普通玻璃管、石英管或不锈钢管等,吸附剂的类型、粒径、填装方式、填装量及吸附管规格需符合相关监测方法标准要求。常见的固体吸附剂有活性炭、硅胶和有机高分子等吸附材料。常见吸附管结构见图6-8。

1.玻璃棉;2.活性炭;A.100mg活性炭;B.50mg活性炭。

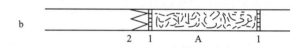

1.不锈钢网/滤膜;2.弹簧片;A.固体吸附剂。

图6-8 常见吸附管结构

a.活性炭吸附管;b.高分子材料吸附管。

样品采集前,检查所选采样设备是否运行正常,按监测方法标准要求准备好相应的吸附管,密封两端。吸附管在使用前应按比例抽取一定数量进行空白和吸附/解吸(脱附)效率测试,结果应符合各项目监测方法标准要求;新购和采集高浓度样品后的热脱附管在使用前需进行老化。气密性检查时,选取与采样相同规格的吸附管,按采样要求正确连接到采样仪器上,打开采样泵,堵住吸附管进气端,流量计流量应归零,否则应对采样系统进行漏气检查。采样前、后用经检定合格的标准流量计校验采样系统的流量,流量误差应小于5%。

样品采集时,将所选采样设备带至采样现场,正确连接采样系统,做好样品标识。注意吸附管的进气方向不可接反,分段填充的吸附管2/3填充物段为进气端。吸附管进气端朝向应符合监测方法标准的规定,垂直放置并进行固定。设置采样时间,调节流量至规定要求,采集样品。采样过程中,对吸收温度有控制要求的,需采取相应措施。应及时记录采样起止时间、流量,以及气温、气压等参数,记录内容应完整、规范。

样品采集后,应将样品密封后放入样品箱,样品箱再次密封后尽快送至实验室分析,并做好样品交接记录。应防止样品在运输过程中受到撞击或剧烈振动而损坏。样品运输及保存中应避免阳光直射。需要低温保存的样品,在运输过程中应采取相应的冷藏措施,防止样品变质。样品到达实验室应及时交接,尽快分析。如不能及时测定,应按各项目的监测方法标准要求妥善保存,并在样品有效期内完成分析。

3. 滤膜采样法

滤膜采样法适用于总悬浮颗粒物(TSP)、可吸入颗粒物(PM_{10})、细颗粒物($PM_{2.5}$)等大气颗粒物的质量浓度监测及成分分析,以及颗粒物中重金属、苯并(a)芘、氟化物(小时和日均浓度)等污染物的样品采集。

采样系统一般由采样入口、颗粒物切割器、滤膜夹、连接杆、流量测量及控制装置、抽气泵、温湿度传感器、压力传感器和微处理器等组成。采样器按采气流量一般分为大流量采样器(流量为 $1.05m^3/min$)、中流量采样器(流量为 100L/min)和小流量采样器(流量为16.67L/min)。常见的滤膜法采集装置如图 6-9 和图 6-10 所示。

$PM_{2.5}$ 与 PM_{10} 的测定

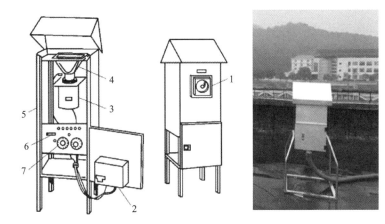

1.流量记录仪;2.流量控制器;3.抽气风机;4.滤膜夹;
5.铝壳;6.工作计时器;7.计时器的程序控制器。

图 6-9 大流量采样器

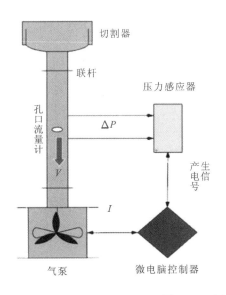

图 6-10 中流量采样器

1)采样原理及方法

滤膜采样法是通过流量测量及控制装置控制抽气泵以恒定流量(工作点流量)抽取环境空气样品,环境空气样品以恒定的流量依次经过采样器入口、颗粒物切割器,颗粒物被捕集在滤膜上,气体经流量计、抽气泵由排气口排出。

2)采样前准备

(1)需清洗颗粒物切割器,采用软性材料进行擦拭。采样期间如遇特殊天气,如扬沙、沙尘暴天气或重度及以上污染过程时应及时清洗。采样时长超过 7d 时,也需定期清洗。

(2)使用经检定合格的温度计对采样器的温度测量示值进行检查,当误差超过±2℃时,应对采样器进行温度校准;使用经检定合格的气压计对采样器压力传感器进行检查,当误差超过±1kPa 时,应对采样器进行压力校准;使用经检定合格的标准流量计对采样器流量进行检查,当流量示值误差超过采样流量 2% 时,应对采样器进行流量校准。

(3)进行采样系统气密性检查。

(4)采样滤膜的材质、本底、均匀性、稳定性需符合所采项目监测方法标准要求。如有前处理需要,则根据监测方法标准要求对采样滤膜进行相应的前处理。使用前检查滤膜边缘是否平滑,薄厚是否均匀,且无毛刺、无污染、无碎屑、无针孔、无折痕、无损坏。采样前应确保滤膜夹无污染、无损坏。

3)采样

(1)到达采样现场后,观测并记录气象参数和天气状况。

(2)正确连接好采样系统,核查滤膜编号,用镊子将采样滤膜平放在滤膜支撑网上并压紧,滤膜毛面或编号标识面朝进气方向,将滤膜夹正确放入采样器中;设置采样开始时间、结束时间等参数,启动采样器进行采样。

(3)采样结束后,取下滤膜夹,用镊子轻轻夹住滤膜边缘,取下样品滤膜(如条件允许应尽量在室内完成装膜、取膜操作),并检查滤膜是否有破裂或滤膜上尘积面的边缘轮廓是否清晰、完整,否则该样品作废,需重新采样。整膜分析时样品滤膜可平放或向里均匀对折,放入已编号的滤膜盒(袋)中密封;非整膜分析时样品滤膜不可对折,需平放在滤膜盒中。记录采样起止时间、采样流量,以及气温、气压等参数。

4)样品运输和保存

(1)样品采集后,立即装盒(袋)密封,尽快送至实验室分析,并做好交接记录。

(2)样品运输过程中,应避免剧烈振动。对于需平放的滤膜,保持滤膜采集面向上。

(3)需要低温保存的样品,在运输过程中应有相应的保存措施以防样品损失。

(4)样品到达实验室应及时交接,尽快分析。如不能及时称重及分析,应将样品放在 4℃ 条件下冷藏保存,并在监测方法标准要求的时间内完成称量和分析;对分析有机成分的滤膜,采集后应按照监测方法标准要求进行保存至样品处理前,为防止有机物的损失,不宜进行称量。

滤膜采集空气中气溶胶颗粒物基于直接阻截、惯性碰撞、扩散沉降、静电引力和重力沉降等作用。滤膜的采集效率除与自身性质有关外,还与采样速度、颗粒物的大小等因素有关。低速采样,以扩散沉降为主,对细小颗粒物的采集效率高;高速采样,以惯性碰撞作用为主,对较大颗粒物的采集效率高。空气中的大小颗粒物是同时并存的,当采样速度一定时,就可能使一部分粒径小的颗粒物采集效率偏低。此外,在采样过程中,还可能发生颗粒物从滤料上弹回或吹走现象,特别是采样速度大的情况下,颗粒大、质量重粒子易发生弹回现象;颗粒小的粒子易穿过滤料被吹走,这些情况都是造成采集效率偏低的原因。

4. 滤膜-吸附剂联用采样法

滤膜-吸附剂联用采样法适用于多环芳烃类等半挥发性有机物的样品采集。

在滤膜采样系统基础上,增加气态污染物捕集装置,主要包括装填吸附剂的采样筒、采样筒架及密封圈等(图 6-11)。

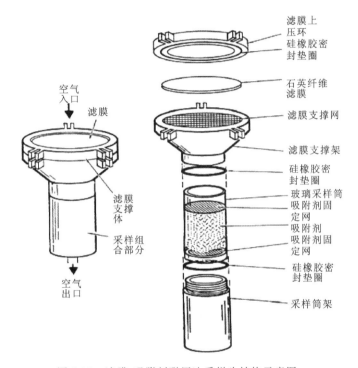

图 6-11　滤膜-吸附剂联用法采样头结构示意图

三、被动采样方法与仪器

被动采样法不需动力设备,简单易行,且采样时间长,测定结果能较好地反映空气污染情况,适用于硫酸盐化速率、氟化物(长期)、干湿沉降等污染物的样品采集,现也常用于大气持久性有机污染物的采集。

1. 硫酸盐化速率

将用碳酸钾溶液浸渍过的玻璃纤维滤膜(碱片)暴露于环境空气中,环境空气中的二氧化硫、硫化氢、硫酸雾等与浸渍在滤膜上的碳酸钾发生反应,生成硫酸盐而被固定的采样方法。

1)采样装置

采样装置由采样滤膜和采样架组成,采样架由塑料皿、塑料垫圈及塑料皿支架构成,如图 6-12 所示。

塑料皿,高 10mm,内径 72mm;塑料垫圈,厚 1～2mm,内径 50mm,外径 72mm;塑料皿支架,由两块聚氯乙烯硬塑料板(120mm×120mm)成 90°角焊接,下面再焊接一个高为 30mm、内径为 78～80mm 的聚氯乙烯短管,在其管壁上互成 120°处,钻 3 个螺栓眼,距支架面 15mm,用 3 个螺栓固定塑料皿。

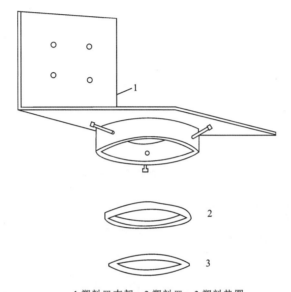

1.塑料皿支架;2.塑料皿;3.塑料垫圈。

图 6-12 硫酸盐化速率被动采样装置示意图

2)采样滤膜(碱片)制备

将玻璃纤维滤膜剪成直径 70mm 的圆片,毛面向上,平放于 150mL 的烧杯口上,用刻度吸管均匀滴加 30% 碳酸钾溶液 1.0mL 于每张滤膜上,使其扩散直径为 5cm。将滤膜置于 60℃下烘干,贮存于干燥器内备用。

3)采样

将滤膜毛面向外放入塑料皿中,用塑料垫圈压好边缘;将塑料皿中滤膜面向下,用螺栓固定在塑料皿支架上,并将塑料皿支架固定在距地面高 3～15m 的支持物上,距基础面的相对高度应大于 1.5m,记录采样点位、样品编号、放置时间等。

采样结束后,取出塑料皿,用锋利小刀沿塑料垫圈内缘刻下直径为 5cm 的样品膜,将滤膜样品面向里对折后放入样品盒(袋)中。记录采样结束时间,并核对样品编号及采样点。

2. 氟化物(长期)

将用氢氧化钙溶液浸渍过的滤纸暴露于环境空气中,环境空气中的氟化物(氟化氢、四氟化硅等)与浸渍在滤膜上的氢氧化钙发生反应而被固定的采样方法。

1）采样装置

氟化物采样装置由采样盒和防雨罩组成,如图 6-13 所示。

采样盒：外径 130mm,内径 126mm,高 25mm(不包括盖)的平底塑料盒,具盖。盒内具有塑料环状垫圈(外径 125mm,内径 110mm)和固定滤纸片用的塑料焊条(或弹簧圈)。

防雨罩：采用盆口直径 300mm、高 90mm 的防雨罩,盆底用铁皮焊一个直径 130mm、高 35mm 的圈,用于安装采样盒。

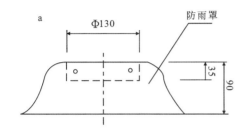
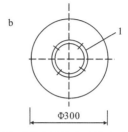

1.固定采样盒的铁皮圈(直径为130mm)。

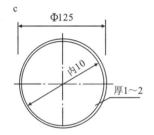
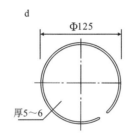
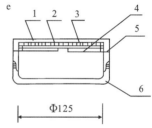

1.塑料盒底；2.滤纸；3.固定滤纸的塑料压圈；
4.固定塑料压圈的弹簧涨圈；5.卡簧销钉；
6.塑料盒盖。

图 6-13　氟化物采样装置
a.防雨罩侧视图；b.防雨罩仰视图；c.塑料压圈；d.卡簧(弹簧涨图)；e.组装好的采样盒剖面图。

2）石灰滤纸制备

在两个大培养皿(直径约 15cm)中各放入少量石灰悬浊液,将直径 12.5cm 定性滤纸放入第一个培养皿中浸透、沥干,再放在第二个培养皿中浸透、沥干(浸渍 5~6 张滤纸后,换新的石灰悬浊液),然后摊放在大张干净、无氟的定性滤纸上,于 60~70℃烘干,装入塑料盒(袋)中,密封好放入干燥器中备用(干燥器中不加干燥剂)。

3）采样

取一张石灰滤纸,平铺在平底塑料采样盒底部,用环状塑料卡圈压好滤纸边,再用具有弹性的塑料焊条或卡簧沿盒边压紧(盒上可安装铆钉卡住焊条)。将滤纸牢牢固定,盖好盖,带至采样点。

采样点之间距离一般为 1km 左右,距污染源近时,采样点之间距离可缩小,远离污染源的采样点之间距离可加大。采样点应设在较空旷的地方,避免局部小污染源(如烟囱等)。采样装置可固定在离地面 3.5~4m 的采样架上；在建筑物密集的地方,可安装在楼顶,与基础面相对高度应大于 1.5m。

采样时,将装好石灰滤纸的采样盒的盒盖取下,装入采样防雨罩的底部铁圈内,固定好,使石灰滤纸面向下,暴露在空气中,采样时间为 7d 到一个月。做好采样记录。收取样品时,从防雨罩取出采样盒,加盖密封,带回实验室。

采集后的样品贮存在实验室干燥器内,在 40d 内分析。

3. 干湿沉降

大气中的颗粒态污染物和气态污染物都可以通过大气干湿沉降作用去除,大气沉降作用包括干沉降和湿沉降。干沉降是指大气中气溶胶粒子在重力或风力的作用下直接迁移到地表或水体的过程;湿沉降是指大气颗粒物和气溶胶通过降水或降雪作用去除的过程。

1)采样装置

目前国内外对干沉降的收集方法尚无统一标准,根据采样过程和采样装置的不同一般可分为主动采样和被动采样两类。其中被动采样更为常见,因为被动采样受外界干扰小,仅受周围自然环境(如气象因素和气候条件)的控制,能够较全面反映大气中的气溶胶粒子在自然沉降的条件下的污染特征和沉降情况。而湿沉降样品的采集以雨和雪为主,收集方法相对比较统一,从最初的人工收集逐渐发展到自动采样。

干湿沉降人工收集装置如图 6-14 所示。常用湿沉降采集装置为树脂玻璃、聚乙烯等材质制成的收集桶(缸)。常用干沉降采集装置有聚四氟乙烯、陶瓷等材质制成的收集桶(缸)。

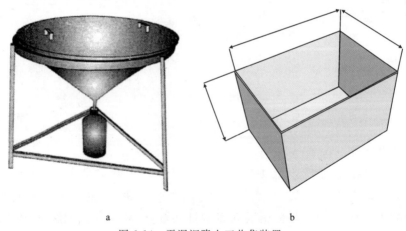

a b

图 6-14 干湿沉降人工收集装置

a.湿沉降采样器;b.干沉降采样器。

由于人工采样存在弊端,如采样人员需要时刻关注天气情况,存在很大的不确定性,所以近年来自动采样逐渐代替了人工采样。干湿沉降自动收集装置如图 6-15 所示,其工作原理:降雨时,采样器通过降水感应器自动感应降水事件,在降雨开始 10s 内自动打开湿沉降收集桶盖,开始收集降水,而干沉降收集桶盖自动关闭;当降水结束后 10min 内湿沉降收集桶的桶盖自动关闭,而干沉降收集桶桶盖自动打开进行干沉降样品收集。这种自动干湿沉降采样器可将干沉降和湿沉降分别采集,在一定程度上避免干沉降和湿沉降之间的相互干扰。采样桶尺寸:桶底内径 26cm,桶顶内径 28.5cm,桶内高 27cm,收容器容积 11.4L。

图 6-15　干湿沉降自动采样器(TE-78-100X 型,美国 Tisch 公司)

2)采样

(1)干沉降采集。收集干沉降样品通常有两种收集方式:湿法收集和干法收集。

湿法收集方法参考《环境空气 降尘的测定 重量法》(HJ 1221—2021)。采样前,根据当地的气候情况在采样装置内加入一定量的超纯水,保证收集桶内始终有适量体积的溶液覆盖底部,防止颗粒物二次起尘。冬季可在桶内加入乙二醇水溶液,防止冰冻;夏季可加入适量硫酸铜溶液,以防微生物滋生。采样时,采样装置放置高度应距离地面 5~12m。如放置在屋顶平台上,采样口应距平台 1~1.5m,以避免平台扬尘的影响。采样后,用光洁的镊子挑出树叶、昆虫等杂物,然后将桶内溶液和尘粒全部转入聚乙烯塑料瓶中并过滤,烘干后于 4℃冰箱冷藏保存并尽快分析测试。该方法采集的降尘量接近自然界真实降尘量,是常用方法。

干法收集过程比较简单,有收集装置即可开始采样,但无法避免已经进入收集桶的降尘二次起尘,并从容器中逸散,严重低估降尘量。该方法适用于极端干燥、蒸发量大的地区使用。

(2)湿沉降采集。湿沉降样品采集参照《大气降水采样和分析方法总则》(GB 13580.1—92)。采样前,用 10%HCl 溶液浸泡 24h,用去离子水冲洗,超纯水润洗并晾干后加盖保存。采样时,采样器放置的相对高度应在 1.2m 以上。每次降雨(雪)开始,立即将备用的采样器放置在预定采样点的支架上,打开盖子开始采样,并记录开始采样时间。不得在降水前打开盖子采样,以防干沉降的影响。取每次降水的全过程样(降水开始至结束)。若一天中有几次降水过程,可合并为一个样品测定;若遇连续几天降雨,可收集上午 8:00 至次日上午 8:00 的降水,即 24h 降水样品作为一个样品进行测定。采样后,采集的样品应移入洁净干燥的聚乙烯塑料瓶中。在样品瓶上贴上标签、编号,同时记录采样地点、日期、起止时间、降水量。密封于 4℃冰箱冷藏保存并尽快完成分析测试。

4. 大气持久性有机污染物(POPs)

大气 POPs 被动采样法(passive atmospheric sampling,PAS)是基于分子渗透或扩散原理来富集空气中气态有机污染物。它对大气中污染物的吸附动力机制基于 Whitman 双膜理论和 Fick 第一定律。吸附过程可分为 3 个阶段,即动力学控制的线性阶段、曲线阶段和平衡阶段。目前已报道的大气 PAS 装置,除对少数挥发性极强的化合物外,均在动力学控制的线性阶段工作。

被动大气采样器无需电力供应及专业人员维护,成本低,携带方便,不受空气中颗粒物、气溶胶等的干扰,仅测定气态污染物,测定结果显示的是采样周期内环境空气中污染性气体的平均浓度,特别适用于大区域范围内大气 POPs 的同步观测。但因采样速率较低,因此需要相对较长的采样期(数月至 1 年),采样介质上积累的目标物的量才能到达仪器检出水平。根据采样介质不同,主要分为半渗透膜采样器(semipermeable membrane device passiver air samplers,SPMD-PAS)、聚氨酯泡沫盘采样器(polyurethane foam-based passive air samplers,PUF-PAS)、聚合物树脂采样器(XAD resin-based passiver air samplers,XAD-PAS)、聚合物涂层玻璃采样器(polymer-coated galss passiver air samplers,POG-PAS)以及气态及颗粒态采样装置等。

1)半渗透膜采样器(SPMD-PAS)

SPMD-PAS 采用带状的低密度聚乙烯膜筒或其他低密度聚合物膜筒作为采样材料,内装有大分子(>600Da)中性脂类,常用的是三油酸甘油酯。SPMD 早起主要是针对水体有机污染物而开发的,近年来也被广泛用作大气 PAS,其特点是容量大、耐饱和性强,适合于数月至数年的大气 POPs 连续采样。在进行大气采样时,SPMD 的缺点是操作程序较为复杂,运输和现场安装时容易受到污染,渗出的油脂可能附着大气颗粒物,不易去除。此外,样品净化时需通过凝胶渗透色谱(GPC)去除甘油酯,分析流程烦琐。

2)聚氨酯泡沫盘采样器(PUF-PAS)

如图 6-16a 所示,PUF-PAS 是由两个相向的不锈钢圆盖和 1 根作为固定主轴的螺杆组成,采样时将用于吸附有机污染物的 PUF 碟片固定在主轴上,并通过顶底盖扣合形成一个不完全封闭的空间,以最大限度减少风、降雨和光照的影响。空气可以通过顶底盖之间的空隙和底盖上的圆孔流通。PUF-PAS 通常适合于时间分辨率为数周至数月的大气 POPs 采样。PUF-PAS 便于运输,操作简便,PUF 的净化和最终污染物的分析流程也较为简单,因而得到了日益广泛的应用。

3)聚合物树脂采样器(XAD-PAS)

XAD-PAS 是一种利用苯乙烯-二乙烯基苯共聚物 XAD-2 粉末作为吸附剂的大气被动采样装置。如图 6-16b 所示,将 XAD 树脂填充在特制的带有微空隙的细长不锈钢圆筒内,外面由一个带有不锈钢顶盖、底端开口的金属套筒遮盖,以起到保护作用。采样微孔圆筒通过吊环与顶盖连接,空气可在套筒内流通。气态有机污染物通过微孔进入不锈钢圆筒,被 XAD 树脂吸附。XAD-PAS 与 SPMD 一样具有容量大的特点,适合于数月至数年的野外长期采样,尤其适合六氯苯(HCB)、六六六(HCH)等在 PUF-PAS 上容易发生饱和吸附的高挥发性有机污染物的观测分析。它的缺点是结构复杂、制作与运输成本昂贵、操作烦琐,限制了其普及与应用。

4) 聚合物涂层玻璃采样器(POG-PAS)

POG-PAS 是将高分子聚合物乙烯-醋酸乙烯酯树脂(etheylene vinyl acetate, EVA)均匀涂在玻璃杯壁上作为采样介质。采样装置的外罩,与 PUF 采样装置相同。样品回收后,以二氯甲烷洗脱吸附了有机污染物的 EVA 涂层,进行目标污染物分析。相对于 SPMD、PUF 和 XAD-PAS,POG-PAS 采样速率较快,是一种高时间分辨率的大气 PAS 装置。其采样时间一般为一周以内。其缺点是在实验室 EVA 薄膜的制备和运输过程中,容易受到污染,因而较难控制实验室和野外空白。

5) 气态及颗粒态采样装置

北京大学陶澍研究组研制了一种可以同时分别采集大气中的气态及颗粒态有机污染物的 PAS 装置。该装置外形为 100mm×100mm 的不锈钢圆柱,大气污染物可通过底板圆孔进入圆柱内部。装置内部通过螺杆分别固定 PUF 碟片和玻璃纤维滤膜,前者置于圆筒顶部用于吸附气态污染物,后者固定于底板 10mm 高度,用于接收大气颗粒态污染物,如图 6-16c 所示。

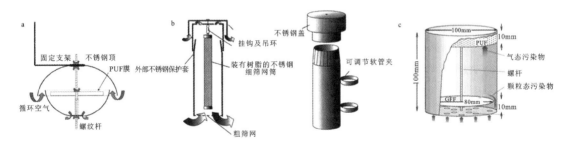

图 6-16 常见大气 POPs 被动采样器
a. PUF 大气被动采样器;b. 大气被动采样器示意图;
c. 大气气态及颗粒态 PAS 装置。

第五节 气态污染物监测

一、二氧化硫的测定

SO_2 是主要空气污染物之一,也是例行监测的必测项目。它来源于煤和石油等的燃烧、含硫矿石的冶炼、硫酸等化工产品生产排放的废气。SO_2 是一种无色、易溶于水、有刺激性气味的气体,能通过呼吸进入气管,对局部组织产生刺激和腐蚀作用,是诱发支气管炎等疾病的原因之一,特别是当它与烟尘等以气溶胶共存时,可加重对呼吸道黏膜的损害。

测定空气中 SO_2 常用的方法有分光光度法、紫外荧光法、电导法和定电位电解法。其中，紫外荧光法和电导法主要用于自动监测（见第十章）。

（一）分光光度法

1. 四氯汞盐吸收-副玫瑰苯胺分光光度法

该方法是国内外广泛采用的测定环境空气中 SO_2 的标准方法，具有灵敏度高、选择性好等优点，但吸收液毒性较大。

该方法原理：空气中的 SO_2 被四氯汞钾溶液吸收后，生成稳定的二氯亚硫酸盐络合物，该络合物再与甲醛及盐酸副玫瑰苯胺作用，生成紫色络合物，在 575nm 处测量吸光度。当使用 5mL 吸收液采气 30L 时，测定空气中 SO_2 的检出限为 $0.005mg/m^3$，测定下限为 $0.020mg/m^3$，测定上限为 $0.18mg/m^3$。当使用 50mL 吸收液采气 288L 时，测定空气中 SO_2 的检出限为 $0.005mg/m^3$，测定下限为 $0.020mg/m^3$，测定上限为 $0.19mg/m^3$。

测定时，首先配制好所需试剂，用空气采样器采样，然后用亚硫酸钠标准溶液配制标准色列、试剂空白溶液，并将样品吸收液显色、定容；最后在最大吸收波长处以蒸馏水作参比，用分光光度计测定标准色列、试剂空白和样品试液的吸光度；以标准色列 SO_2 含量为横坐标，相应吸光度为纵坐标，绘制标准曲线，并计算出计算因子（标准曲线斜率的倒数）。空气中 SO_2 浓度的计算公式为

$$\rho = \frac{(A - A_0 - a)}{b \times V_r} \times \frac{V_t}{V_a} \tag{6-3}$$

式中：ρ 为空气中 SO_2 质量浓度（mg/m^3）；A 为样品溶液的吸光度；A_0 为试剂空白溶液的吸光度；b 为校准曲线的斜率（吸光度/μg）；a 为校准曲线截距；V_r 为换算成参比状态下（298.15K，101 325Pa）的采样体积（L）；V_t 为样品溶液的总体积（mL）；V_a 为测定时所取样品溶液体积（mL）。

注意事项：

(1) 温度、酸度、显色时间等因素影响显色反应；标准溶液和试样溶液操作条件应保持一致。

(2) 氮氧化物、臭氧及锰、铁、铬等离子对测定有干扰。采样后放置片刻，臭氧可自行分解；加入磷酸和乙二胺四乙酸二钠盐可消除或减小某些金属离子的干扰。

2. 甲醛吸收-副玫瑰苯胺分光光度法

用甲醛吸收-副玫瑰苯胺分光光法测定 SO_2，避免了使用毒性大的四氯汞钾吸收液，在灵敏度、准确度诸方面均可与四氯汞钾溶液吸收法相媲美，且样品采集后相当稳定，但操作条件要求较严格。

该方法原理：气样中的 SO_2 被甲醛缓冲溶液吸收后，生成稳定的羟基甲基磺酸加成化合物，加入氢氧化钠溶液使加成化合物分解，释放出 SO_2 与副玫瑰苯胺、甲醛作用，生成紫红色络合物，用分光光度计在波长 577nm 处测量吸光度。当用 10mL 吸收液采气 30L 时，测定空

气中 SO_2 的检出限为 $0.007mg/m^3$,测定下限为 $0.028mg/m^3$,测定上限为 $0.667mg/m^3$。

3. 钍试剂分光光度法

该方法也是国际标准化组织(ISO)推荐的测定 SO_2 标准方法。它所用吸收液无毒,采集样品后稳定,但灵敏度较低,所需气样体积大,适合于测定 SO_2 日平均浓度。

该方法测定原理:空气中 SO_2 用过氧化氢溶液吸收并氧化成硫酸。硫酸根离子与定量加入的过量高氯酸钡反应,生成硫酸钡沉淀,剩余钡离子与钍试剂作用生成紫红色的钍试剂-钡络合物,据其颜色深浅,间接进行定量测定。有色络合物最大吸收波长为520nm。当用50mL吸收液采气 $2m^3$ 时,最低检出浓度为 $0.01mg/m^3$。

(二)定电位电解法

该方法常用于固定污染源废气中二氧化硫的测定。

1. 原理

抽取样品进入主要由电解槽、电解液和电极(敏感电极、参比电极和对电极)组成的传感器。SO_2 通过渗透膜扩散到敏感电极表面,在敏感电极上发生氧化反应:

$$SO_2 + 2H_2O \longrightarrow SO_4^{2-} + 4H^+ + 2e \tag{6-4}$$

由此产生极限扩散电流(i)。在规定工作条件下,电子转移数(Z)、法拉第常数(F)、气体扩散面积(S)、扩散系数(D)和扩散层厚度(δ)均为常数,极限扩散电流(i)的大小与 SO_2 浓度(c)成正比,由此来测定 SO_2 浓度(c)。

$$i = \frac{Z \times F \times S \times D}{\delta} \times c \tag{6-5}$$

2. 定电位电解二氧化硫分析仪

定电位电解二氧化硫分析仪由定电位电解传感器、恒电位电源、信号处理及显示、记录系统组成(图6-17)。

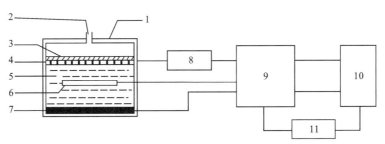

1.电位电解传感器;2.进气口;3.透气膜;4.工作电极(W);5.电解质溶液;6.参比电极(R);7.对电极(c);
8.恒电位源;9.信号处理系统;10.显示、记录系统;11.稳压电源。

图6-17 定电位电解 SO_2 分析仪组成部分

定电位电解传感器将被测气体中 SO_2 浓度信号转变成电流信号,经信号处理系统进行

I/V 变换、放大等处理后,送入显示、记录系统指示测定结果。恒电位源和参比电极是为了向传感器工作电极提供稳定的电极电位,这是保证被测物质在工作电极上发生电化学反应的关键因素。为消除干扰因素的影响,还可以采取在传感器上安装适宜的过滤器等措施。用该仪器测定时,也要先用零气和 SO_2 标准气分别调零和进行量程校正。

这类仪器有携带式和在线连续测量式两种,后者安装了自控系统和微型计算机,将定期调零、校正、清洗、显示、打印等自动进行。

二、氮氧化物的测定

空气中的氮氧化物以一氧化氮、二氧化氮、三氧化二氮、四氧化二氮、五氧化二氮等多种形态存在,其中二氧化氮和一氧化氮是主要存在形态,为通常所指的氮氧化物(NO_x)。它们主要来源于石化燃料高温燃烧和硝酸、化肥等生产排放的废气,以及汽车排气。

NO 为无色、无臭、微溶于水的气体,在空气中易被氧化成 NO_2。NO_2 为棕红色具有强刺激性臭味的气体,毒性比 NO 高 4 倍,是引起支气管炎、肺损害等疾病的有害物质。空气中 NO、NO_2 常用的测定方法有盐酸萘乙二胺分光光度法、化学发光法(见第十章)和定电位电解法。定电位电解法测定原理与用该方法测定 SO_2 相同,只是控制工作电极的电极电位大小与消除干扰的措施不同。

盐酸萘乙二胺分光光度法原理:空气中的二氧化氮被串联的第一支吸收瓶中的吸收液吸收并反应生成粉红色偶氮染料。空气中的一氧化氮不与吸收液反应,通过氧化管时被酸性高锰酸钾溶液氧化为二氧化氮,被串联的第二支吸收瓶中的吸收液吸收并反应生成粉红色偶氮染料。生成的偶氮染料在波长 540nm 处的吸光度与二氧化氮的含量成正比。分别测定第一支和第二支吸收瓶中样品的吸光度,计算两支吸收瓶内二氧化氮和一氧化氮的质量浓度,二者之和即为氮氧化物的质量浓度(以 NO_2 计)。其采样流程如图 6-18 所示。

图 6-18 空气中 NO_2、NO 和 NO_x 采样流程

测定时,首先配制亚硝酸盐标准溶液色列和试剂空白溶液,在波长 540nm 处,以蒸馏水为参比测量吸光度。根据标准色列扣除试剂空白后的吸光度和对应的 NO_2 浓度($\mu g/mL$),用最小二乘法计算标准曲线的回归方程。然后,于同一波长处测量样品的吸光度,扣除试剂空白的吸光度后,分别计算 NO_2、NO 和 NO_x 的浓度。

空气中 NO_2 质量浓度 ρ_{NO_2}(mg/m^3)的计算公式为

$$\rho_{NO_2} = \frac{(A_1 - A_0 - a) \cdot V \cdot D}{b \cdot f \cdot V_r} \tag{6-6}$$

空气中 NO 质量浓度 ρ_{NO}(mg/m^3)以 NO_2 计的计算公式为

$$\rho_{NO} = \frac{(A_2 - A_0 - a) \cdot V \cdot D}{b \cdot f \cdot K \cdot V_r} \tag{6-7}$$

ρ'_{NO}(mg/m³)以 NO 计的计算公式为

$$\rho'_{NO} = \frac{\rho_{NO} \times 30}{46} \tag{6-8}$$

空气中氮氧化物的质量浓度 ρ_{NO_x}(mg/m³)以 NO_2 计的计算公式为

$$\rho_{NO_x} = \rho_{NO_2} + \rho_{NO} \tag{6-9}$$

式中：A_1、A_2 为串联的第一支和第二支吸收瓶中样品的吸光度；A_0 为实验室空白的吸光度；b、a 分别为标准曲线的斜率(吸光度·mL/μg)和截距；V 为采样用吸收液体积(mL)；V_r 为换算为参比状态(298.15K，101 325Pa)的采样体积(L)；K 为 NO 氧化为 NO_2 的氧化系数(0.68)；D 为样品的稀释倍数；f 为 Saltzman 实验系数，取 0.88(当空气中 NO_2 浓度高于 0.72mg/m³ 时，f 取 0.77)。

三、一氧化碳的测定

一氧化碳(CO)是空气中主要污染物之一，它是石油、煤炭等燃烧不充分的产物；一些自然灾害如火山爆发、森林火灾等也是来源之一。

CO 是一种无色、无味的有毒气体，燃烧时呈淡蓝色火焰。它易与人体血液中的血红蛋白结合，形成碳氧血红蛋白，使血液输送氧的能力降低，造成缺氧症。中毒较轻时，会出现头痛、疲倦、恶心、头晕等感觉；中毒严重时，会发生心悸亢进、昏睡、窒息而造成死亡。

测定空气中 CO 的方法有非分散红外吸收法、气相色谱法、定电位电解法、汞置换法等。其中，非分散红外吸收法常用于自动监测，在第十章中介绍。

1. 气相色谱法(GC)

用该方法测定空气中 CO 的原理是基于空气中的 CO 和甲烷经 TDX-01 碳分子筛柱分离后，于氢气流中在镍催化剂(360℃±10℃)作用下，CO、CO_2 皆能转化为 CH_4，然后用氢火焰离子化检测器分别测定上述 3 种物质，其出峰顺序为 CO、CH_4、CO_2。

测定时，先在预定试验条件下用定量管加入各组分的标准气样，记录色谱峰，测其峰高，计算定量校正值的公式为

$$K = \frac{\rho_s}{h_s} \tag{6-10}$$

式中：K 为定量校正值，表示每 mm 峰高代表的 CO(或 CH_4、CO_2)浓度(mg/m³)；ρ_s 为标准气样中 CO(或 CH_4、CO_2)浓度(mg/m³)；h_s 为标准气样中 CO(或 CH_4、CO_2)峰高(mm)。

在与测定标准气同样条件下测定气样，测量各组分的峰高(h_x)，计算 CO(或 CH_4、CO_2)的浓度(ρ_x)的公式为

$$\rho_x = h_x \cdot K \tag{6-11}$$

为保证催化剂的活性，在测定之前，转化炉应在 360℃下通气 8h；氢气和氮气的纯度应高于 99.9%。当进样量为 1mL 时，检出限为 0.2mg/m³。

2. 汞置换法

汞置换法也称间接冷原子吸收法。该方法基于气样中的 CO 与活性氧化汞在 180～

200℃发生反应,置换出汞蒸气,带入冷原子吸收测汞仪测定汞的含量,再换算成CO浓度。置换反应式如下:

$$CO(气) + HgO(固) \longrightarrow Hg(蒸气) + CO_2(气) \tag{6-12}$$

汞置换法CO测定仪的工作流程如图6-19所示。空气经灰尘过滤器、活性炭管、分子筛管及硫酸亚汞硅胶管等净化装置除去尘埃、水蒸气、二氧化硫、丙酮、甲醛、乙烯、乙炔等干扰物质后,通过流量计、六通阀,由定量管取样送入氧化汞反应室,被CO置换出的汞蒸气随气流进入测量室,吸收低压汞灯发射的253.7nm紫外光,用光电管、放大器及显示、记录仪表测量吸光度,以实现对CO的定量测定。测量后的气体经碘-活性炭吸附管由抽气泵抽出排放。

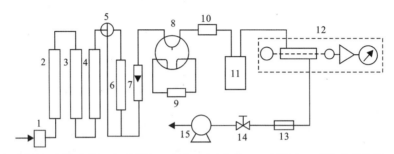

1.灰尘过滤器;2.活性炭管;3.分子筛管;4.硫酸亚汞硅胶管;5.三通活塞;6.霍加特氧化管;7.转子流量计;8.六通阀;9.定量管;10.分子筛管;11.加热炉及反应室;12.冷原子吸收测汞仪;13.限流孔;14.流量调节阀;15.抽气泵。

图6-19 汞置换法CO测定仪工作流程

空气中的甲烷和氢在净化过程中不能除去,和CO一起进入反应室。其中,CH_4在这种条件下不与氧化汞发生反应,而H_2则与之反应,干扰测定,可在仪器调零时消除。校正零点时,将霍加特氧化管串入气路,将空气中的CO氧化为CO_2后作为零气。

测定时,先将适宜浓度(ρ_s)的CO标准气由定量管进样,测量吸收峰高(h_s)或吸光度(A_s),再用定量管进入气样,测其峰高(h_x)或吸光度(A_x),计算气样中CO的浓度(ρ_x)的公式为

$$\rho_x = \frac{\rho_s}{h_s} \cdot h_x \tag{6-13}$$

该方法检出限为$0.04mg/m^3$。

四、臭氧的测定

臭氧是强氧化剂之一,它是空气中的氧在太阳紫外线的照射下或受雷击形成的。臭氧具有强烈的刺激性,在紫外线的作用下,参与烃类NO_x的光化学反应。同时,臭氧又是高空大气的正常组分,能强烈吸收紫外光,保护人和生物免受太阳紫外光的辐射。但是,O_3超过一定浓度,对人体和某些植物生长会产生一定危害。近地面层空气中可测到$0.04\sim0.1mg/m^3$的O_3。

目前测定空气中O_3广泛采用的方法有硼酸碘化钾分光光度法、靛蓝二磺酸钠分光光度法、化学发光法和紫外线吸收法。其中,化学发光法和紫外线吸收法多用于自动监测,将在第

十章中介绍。

1. 硼酸碘化钾分光光度法

该方法为用含有硫代硫酸钠的硼酸碘化钾溶液作吸收液采样,空气中的 O_3 等氧化剂氧化碘离子为碘分子,而碘分子又立即被硫代硫酸钠还原,剩余硫代硫酸钠加入过量碘标准溶液氧化,剩余碘于 352nm 波长处以水为参比测定吸光度。同时采集零气(除去 O_3 的空气),并准确加入与采集空气样品相同量的碘标准溶液,氧化剩余的硫代硫酸钠,于 352nm 波长测定剩余碘的吸光度,则气样中剩余碘的吸光度减去零气样剩余碘的吸光度即为气样中 O_3 氧化碘化钾生成碘的吸光度。

根据标准曲线建立的回归方程式,计算气样中 O_3 的浓度的公式为

$$O_3 (mg/L) = \frac{f \cdot [(A_1 - A_2) - a]}{b \cdot V_N} \tag{6-14}$$

式中:A_1 为总氧化剂样品溶液的吸光度;A_2 为零气样品溶液的吸光度;f 为样品溶液最后体积与系列标准溶液体积之比;a 为回归方程式的截距;b 为回归方程式的斜率(吸光度/μg,即每微克 O_3 对应的吸光度);V_N 为换算成标准状态(101.32kPa,273.15K)的采样体积(L)。

SO_2、H_2S 等还原性气体干扰测定,采样时应串接三氧化铬管消除。在氧化管和吸收管之间串联 O_3 过滤器(装有粉状二氧化锰与玻璃纤维滤膜碎片的均匀混合物)同步采集空气样品即为零气样品。采样效率受温度影响,实验表明,25℃时采样效率可达 100%,30℃时采样效率可达 96.8%。还应注意,样品吸收液和试剂溶液都应放在暗处保存。

2. 靛蓝二磺酸钠分光光度法

空气中的 O_3 在磷酸盐缓冲溶液存在下,与吸收液中蓝色的靛蓝二磺酸钠等摩尔反应,退色生成靛红二磺酸钠,在 610nm 波长处测其吸光度,根据蓝色减退的程度定量空气中 O_3 的浓度。

五、氟化物的测定

空气中的气态氟化物主要是氟化氢,也可能有少量氟化硅(SiF_4)和氟化碳(CF_4)。含氟粉尘主要是冰晶石($NaAlF_6$)、萤石(CaF_2)、氟化铝(AlF_3)、氟化钠(NaF)及磷灰石[$3Ca_3(PO_4)_2 \cdot CaF_4$]等。氟化物污染主要来源于铝厂、冰晶石和磷肥厂,以及用硫酸处理萤石及制造和使用氟化物、氟氢酸等部门排放或逸散的气体和粉尘。氟化物属高毒类物质,由呼吸道进入人体,会引起黏膜刺激、中毒等症状,并能影响各组织和器官的正常生理功能。对于植物的生长也会产生危害,因此,人们已利用某些敏感植物监测空气中的氟化物。

测定空气中氟化物的方法有分光光度法、离子选择电极法等。离子选择电极法具有简便、准确、灵敏和选择性好等优点,是目前广泛采用的方法。

1. 滤膜采样-离子选择电极法

用在滤膜夹中装有磷酸氢二钾溶液浸渍的玻璃纤维滤膜或碳酸氢钠-甘油溶液浸渍的玻

璃纤维滤膜的采样器采样,则空气中的气态氟化物被吸收固定,尘态氟化物同时被阻留在滤膜上。采样后的滤膜用水或酸浸取后,用氟离子选择电极法测定。

如需要分别测定气态、尘态氟化物时,第一层采样膜用孔径 $0.8\mu m$ 经柠檬酸溶液浸渍的纤维素酯微孔膜先阻留尘态氟化物,第二、三层用磷酸氢二钾浸渍过的玻璃纤维滤膜采集气态氟化物。用水浸取滤膜,测定水溶性氟化物;用盐酸溶液浸取,测定酸溶性氟化物;用水蒸气热解法处理采样膜,可测定总氟化物。

另取未采样的浸取吸收液的滤膜 3~4 张,按照采样滤膜的测定方法测定空白值(取平均值),计算氟化物含量的公式为

$$氟化物(F,mg/m^3)=\frac{W_1+W_2-2W_0}{V_N} \tag{6-15}$$

式中:W_1 为上层浸渍膜样品中氟的含量(μg);W_2 为下层浸渍膜样品中氟的含量(μg);W_0 为空白浸渍膜样品中氟的含量(μg/张);V_N 为标准状况下的采样体积(L)。

分别采集尘态、气态氟化物样品时,第一层采样尘膜经酸浸取后,测得结果为尘态氟化物浓度,计算式为

$$酸溶性尘态氟化物(F,mg/m^3)=\frac{W_3-W_0}{V_N} \tag{6-16}$$

式中:W_3 为第一层采样膜中的氟含量(μg);W_0 为采尘空白膜中平均氟含量(μg)。

2. 石灰滤纸采样-氟离子选择电极法

用浸渍氢氧化钙溶液的滤纸采样,则空气中的氟化物与氢氧化钙反应而被固定,用总离子强度调节剂浸取后,以离子选择电极法测定。

该方法将浸渍吸收液的滤纸自然暴露于空气中采样,对比前一种方法,不需要抽气动力,并且由于采样时间长(七天到一个月),测定结果能较好地反映空气中氟化物平均污染水平。计算氟化物含量的公式为

$$氟化物[F,\mu g/(100\ cm^2 \cdot d)]=\frac{W-W_0}{S \cdot n}\times 100 \tag{6-17}$$

式中:W 为采样滤纸中氟含量(μg);W_0 为空白石灰滤纸中平均氟含量(μg/张);S 为采样滤纸暴露在空气中的面积(cm^2);n 为样品滤纸采样天数,准确至 0.1d。

六、硫酸盐化速率的测定

污染源排放到空气中的 SO_2、H_2S、H_2SO_4 蒸气等含硫污染物,经过一系列氧化演变和反应,最终形成危害更大的硫酸雾和硫酸盐雾,这种演变过程的速度称为硫酸盐化速率。其测定方法有二氧化铅-重量法、碱片-重量法和碱片-离子色谱法等。

1. 二氧化铅-重量法

空气中的 SO_2、硫酸蒸气、H_2S 等与采样管上的二氧化铅反应生成硫酸铅,用碳酸钠溶液处理,使硫酸铅转化为碳酸铅,释放出硫酸根离子,再加入 $BaCl_2$ 溶液,生成 $BaSO_4$ 沉淀,用重

量法测定,其结果以每日在100cm²二氧化铅面积上所含 SO_3 的毫克数表示。最低检出浓度为 $0.05\text{mg}/(100\text{cm}^2 \cdot \text{d})$。

2. 碱片-重量法

将用碳酸钾溶液浸渍的玻璃纤维滤膜曝露于空气中,碳酸钾与空气中的 SO_2 等反应生成硫酸盐,加入 $BaCl_2$ 溶液将其转化为 $BaSO_4$ 沉淀,用重量法测定。测定结果表示方法同二氧化铅-重量法,最低检出浓度为 $0.05\text{mg}/(100\text{cm}^2 \cdot \text{d})$。

3. 碱片-离子色谱法

该方法用碱片法采样,采样碱片经碳酸钠-碳酸氢钠稀溶液浸取后,获得样品溶液,注入离子色谱仪测定。

七、总烃及非甲烷烃的测定

污染环境空气的烃类一般指具有挥发性的碳氢化合物($C_1 \sim C_8$),常用两种方法表示:一种是包括甲烷在内的碳氢化合物,称为总烃(THC);另一种是除甲烷以外的碳氢化合物,称为非甲烷烃(NMHC)。空气中的碳氢化合物主要是甲烷,其浓度范围为 $1.5 \sim 6\text{mg/m}^3$。但当空气严重污染时,大量增加甲烷以外的碳氢化合物。甲烷不参与光化学反应,因此,测定不包括甲烷的碳氢化合物,对判断和评价空气污染具有实际意义。

空气中的碳氢化合物主要来自石油炼制、焦化、化工等生产过程中逸散和排放的废气及汽车尾气,局部地区也来自天然气、油田气的逸散。

测定总烃和非甲烷烃的主要方法有气相色谱法、光电离检测法等。

1. 气相色谱法

气相色谱法的原理基于以氢火焰离子化检测器分别测定气样中的总烃和甲烷烃含量,两者之差即为非甲烷烃含量。

以氮气为载气测定总烃时,总烃峰包括氧峰,即空气中的氧产生正干扰,可采用两种方法消除:一种方法用除碳氢化合物后的空气测定空白值,从总烃中扣除;另一种方法用除碳氢化合物后的空气作载气,在以氮气为稀释气的标准气中加一定体积纯氧气,使配制的标准气样中氧含量与空气样品相近,则氧的干扰可相互抵消。

以氮气为载气测定总烃和非甲烷烃的装置示意见图6-20。气相色谱仪中并联了两根色谱柱:一根是不锈钢螺旋空柱,用于测定总烃;另一根是填充 GDX-502 担体的不锈钢柱,用于测定甲烷。

在选定色谱条件下,将空气试样、甲烷标准气及除烃净化空气依次分别经定量管和六通阀注入,通过色谱仪空柱到达检测器,可分别得到3种气样的色谱峰。设空气试样总烃峰高(包括氧峰)为 h_t;甲烷标准气样峰高为 h_s;除烃净化空气峰高为 h_a。

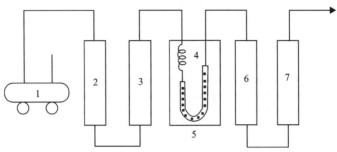

1.空压机;2.硅胶及5A分子筛管;3.活性炭管;4.预热管;5.高温管式炉;
6.硅胶及5A分子筛管;7.碱石棉管。

图 6-20 除烃净化装置示意图

在相同色谱条件下,将空气试样、甲烷标准气样通过定量管和六通阀分别注入仪器,经GDX-502柱分离到达检测器,可依次得到气样中甲烷的峰高(h_m)和甲烷标准气样中甲烷的峰高(h'_s)。计算总烃、甲烷烃和非甲烷烃含量的公式为

$$总烃(以CH_4计,mg/m^3) = \frac{h_t - h_s}{h_s} \cdot \rho_s \tag{6-18}$$

$$甲烷(mg/m^3) = \frac{h_m}{h'_s} \cdot \rho_s \tag{6-19}$$

$$非甲烷烃浓度 = 总烃浓度 - 甲烷浓度 \tag{6-20}$$

式中:ρ_s 为甲烷标准气浓度(mg/m^3)。

如果用除烃后的净化空气作载气,带氢火焰离子化检测器的色谱仪内并联的两根色谱柱:一根填充玻璃微球,用于测定总烃;另一根填充GDX-502担体,用于测定甲烷。

测定时,首先配制氧含量和空气样品相近的甲烷标准气样,再以除烃净化空气为稀释气配制甲烷标准气系列。然后将气样及甲烷标准气样分别经定量管和六通阀注入色谱仪的玻璃微球柱和GDX-502柱,从得到的色谱图上测量总烃峰高和甲烷峰高,计算空气样品中总烃和甲烷浓度的公式为

$$总烃(以CH_4计,mg/m^3) = \frac{h_t}{h_{s1}} \cdot \rho_s \tag{6-21}$$

$$甲烷(mg/m^3) = \frac{h_m}{h_{s2}} \cdot \rho_s \tag{6-22}$$

式中:h_t 为空气试样中总烃的峰高(mm);h_m 为空气试样中甲烷的峰高(mm);h_{s1} 为甲烷标准气经玻璃微球柱后得到的峰高(mm);h_{s2} 为甲烷标准气经GDX-502柱后的峰高(mm);ρ_s 为甲烷标准气浓度(mg/m^3)。

以上两浓度之差即为非甲烷烃浓度。

也可以用色谱法直接测定空气中的非甲烷烃,其原理基于:用填充GDX-102和TDX-01的吸附采样管采集气样,则非甲烷烃被填充剂吸附,氧不被吸附而除去。采样后,在240℃加热解吸,用载气(N_2)将解吸出来的非甲烷烃带入色谱仪的玻璃微球填充柱分离,进入FID检测。该方法用正戊烷蒸气配制标准气,测定结果以正戊烷计。

2. 光电离检测法

有机化合物分子在紫外光照射下可产生光电离现象,即

$$RH + h\nu \longrightarrow RH^+ + e \tag{6-23}$$

用光离子化检测器(PID)收集产生的离子流,其大小与进入电离室的有机化合物的质量成正比。

凡是电离能小于紫外辐射能的物质(至少低 0.3eV)均可被电离测定。光电离检测法通常使用 10.2eV 的紫外光源,此时氧、氮、二氧化碳、水蒸气等不电离,无干扰,CH_4 的电离能为 12.98eV,也不被电离,而 C_4 以上的烃大部分可电离,这样可直接测定空气中的非甲烷烃。该方法简单,可进行连续监测。但是,所检测的非甲烷烃是指 C_4 以上的烃,而色谱法检测的是 C_2 以上的烃。

第六节 颗粒态物质监测

空气中颗粒物的测定项目有总悬浮颗粒物(TSP)浓度、可吸入颗粒物(PM_{10})浓度和细颗粒物($PM_{2.5}$)浓度、灰尘自然沉降量等。

一、总悬浮颗粒物(TSP)的测定

测定总悬浮颗粒物,国内外广泛采用滤膜捕集-重量法。其原理为通过具有一定切割特性的采样器,以恒速抽取定量体积的空气,空气中粒径小于 $100\mu m$ 的悬浮颗粒物被截留在已恒重的滤膜上,根据采样前后滤膜质量差及采样体积,即可计算 TSP 的浓度。滤膜经处理后,可进行化学组分分析。

采样时,必须将采样头及入口各部件旋紧,防止空气从旁侧进入采样器而导致测定误差;采样前后的滤膜需置于恒温恒湿箱中平衡 24h,再称量至恒重。

TSP 浓度的计算公式为

$$\text{TSP}(\mu g/m^3) = \frac{W_1 - W_0}{V} \times 10^6 \tag{6-24}$$

式中:W_1 为采样后滤膜的质量(g);W_0 为采样前滤膜的质量(g);V 为实际采样体积(m^3)。

二、可吸入颗粒物(PM_{10})和细颗粒物($PM_{2.5}$)的测定

测定 PM_{10} 和 $PM_{2.5}$,广泛采用的有重量法、β 射线吸收法和微量振荡天平法 3 种方法。其中,β 射线吸收法和微量振荡天平法将在第十章中介绍。

重量法方法应用较为广泛。该方法工作原理是通过具有一定切割特性的采样器,以恒速抽取定量体积空气,使环境空气中 $PM_{2.5}$ 和 PM_{10} 被截留在已知质量的滤膜上,根据采样前后滤膜的质量差和采样体积,计算出 $PM_{2.5}$ 和 PM_{10} 浓度。

根据样品采集目的可选用玻璃纤维滤膜、石英滤膜等无机滤膜或聚氯乙烯、聚丙烯、混合纤维素等有机滤膜。滤膜对 $0.3\mu m$ 标准粒子的截留效率不低于 99%。

采样时，必须将采样头及入口各部件旋紧，防止空气从旁侧进入采样器而导致测定误差；采样前后的滤膜需置于恒温恒湿箱中平衡24h，再称量至恒重。

$PM_{2.5}$和PM_{10}浓度的计算公式为

$$\rho = \frac{W_2 - W_1}{V} \times 10^6 \tag{6-25}$$

式中：ρ为$PM_{2.5}$或PM_{10}浓度（$\mu g/m^3$）；W_2为采样后滤膜的质量（g）；W_1为采样前滤膜的质量（g）；V为实际采样体积（m^3）。

三、灰尘自然沉降量及其组分的测定

灰尘自然沉降量是指在空气环境条件下，单位时间内靠重力自然沉降落在单位面积上的颗粒物量，简称降尘。自然降尘能力主要决定于自身质量和粒度大小，但风力、降水、地形等自然因素也有一定的影响。因此，把自然降尘和非自然降尘区分开是很困难的。

降尘量用重量法测定。有时还需要测定降尘中的可燃性物质、可溶性和非水溶性物质、灰分以及某些化学组分。

1. 降尘量的测定

测定降尘量首先要按照本章第三节介绍的有关布点原则和采样方法进行布点采样。采样结束后，剔除集尘缸中的树叶、小虫等异物，其余部分定量转移至500mL烧杯中，加热蒸发浓缩至10~20mL后，再转移至已恒重的瓷坩埚中，用水冲洗黏附在烧杯壁上的尘粒，并入瓷坩埚中，在电热板上蒸干后，于105±5℃烘箱内烘至恒重，计算降尘量的公式为

$$降尘量[t/(km^2 \cdot 30d)] = \frac{W_1 - W_0 - W_a}{S \cdot n} \times 30 \times 10^4 \tag{6-26}$$

式中：W_1为降尘瓷坩埚和乙二醇水溶液蒸干并在105±5℃恒重后的质量（g）；W_0为在105±5℃烘干至恒重的瓷坩埚的质量（g）；W_a为加入的乙二醇水溶液经蒸发和烘干至恒重后的质量（g）；S为集尘缸扣的面积（cm^2）；n为采样天数（精确到0.1d）。

2. 降尘中可燃物的测定

将上述已测降尘总量的瓷坩埚于600℃的马弗炉内灼烧至恒重，减去经600℃灼烧至恒重的该坩埚质量及等量乙二醇水溶液蒸干并经600℃灼烧后的质量，即为降尘中可燃物燃烧后剩余残渣量，根据它与降尘总量之差和集尘缸面积、采样天数，便可计算出可燃物量（$t/km^2 \cdot 30d$）。

3. 降尘中其他组分的测定

水溶性物质、非水溶性物质、pH及其他组分的分析过程见图6-21，其结果以（$g/m^2 \cdot 30d$）表示。

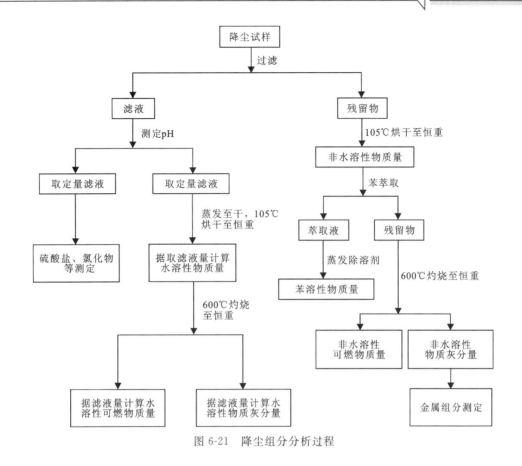

图 6-21 降尘组分分析过程

第七节 污染源监测

空气污染源通常是指向空气中排放出足以对环境产生有害影响的有毒或有害物质的生产过程、设备或场所等。根据污染物排放位置的不同,空气污染源可分为固定污染源和流动污染源。固定污染源又分为有组织排放源和无组织排放源。有组织排放源指烟道、烟囱及排气筒等;无组织排放源指设在露天环境中的无组织排放设施或无组织排放的车间、工棚等。它们排放的废气中既含有固态的烟尘和粉尘,也含有气态和气溶胶态的多种有害物质。流动污染源指汽车、火车、飞机、轮船等交通运输工具排放的废气,含有一氧化碳、氮氧化物、碳氢化合物、烟尘等。

一、固定污染源排气监测

1. 监测目的和要求

监测目的:检查排放的废气有害物质含量是否符合国家或地方的排放标准和总量控制标准;评价净化装置及污染防治设施的性能和运行情况,为空气质量评价和管理提供依据。

进行有组织排放污染源监测时,要求生产设备处于正常运转状态下,对因生产过程而引起排放情况变化的污染源,应根据其变化特点和周期进行系统监测。进行无组织排放污染源监测时,通常在监控点采集空气样品,捕捉污染物的最高浓度。

监测内容包括排气参数(温度、压力、水分含量、成分)、排气流速和流量、排气中颗粒物和气态污染物的排放浓度及排放率。

在计算废气排放量和污染物质排放浓度时,都使用标准状况下的干气体体积。

2. 采样点的布设

正确地选择采样位置,确定适当的采样点数目,是决定能否获得代表性的废气样品和尽可能地节约人力、物力的一项很重要的工作,应在调查研究的基础上,综合分析后确定。

1)采样位置

采样位置应选在气流分布均匀稳定的平直管段上,避开弯头、变径管、三通管及阀门等易产生涡流的阻力构件。一般原则是按照废气流向,将采样断面设在阻力构件下游方向大于6倍管道直径处或上游方向大于3倍管道直径处。即使客观条件难以满足要求,采样断面与阻力构件的距离也不应小于管道直径的1.5倍,并适当增加测点数目。采样断面气流流速最好在5m/s以上。此外,由于水平管道中的气流速度与污染物的浓度分布不如垂直管道中均匀,所以应优先考虑垂直管道。还要考虑方便、安全等因素。

2)采样点数目

因烟道内同一断面上各点的气流速度和烟尘浓度分布通常是不均匀的,因此,必须按照一定原则进行多点采样。采样点的位置和数目主要根据烟道断面的形状、尺寸大小和流速分布情况确定。

(1)圆形烟道:在选定的采样断面上设两个相互垂直的采样孔。按照如图6-22a所示的方法将烟道断面分成一定数量的同心等面积圆环,沿着2个采样孔中心线设4个采样点。若采样断面上气流速度较均匀,可设一个采样孔,采样点数减半。当烟道直径小于0.3m,且流速均匀时,可在烟道中心设1个采样点。不同直径圆形烟道的等面积环数、采样点数及采样点距烟道内壁的距离见表6-6。

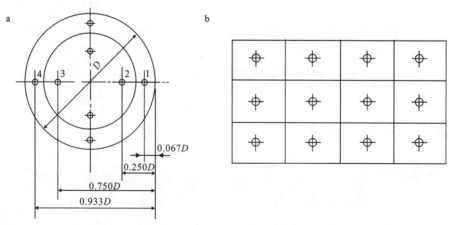

图6-22 圆形烟道采样点布设
a.圆形烟道;b.矩形烟道。

表 6-6 圆形烟道的分环和各点距烟道内壁的距离

烟道直径(m)	分环数(个)	各测点距离烟道内壁的距离(以烟道直径为单位)									
		1	2	3	4	5	6	7	8	9	10
<0.6	1	0.146	0.854								
0.6~1.0	2	0.067	0.250	0.750	0.993						
1.0~2.0	3	0.044	0.146	0.296	0.704	0.854	0.956				
2.0~4.0	4	0.033	0.105	0.194	0.323	0.677	0.806	0.895	0.967		
>4.0	5	0.026	0.082	0.146	0.226	0.342	0.658	0.774	0.854	0.918	0.974

(2)矩形(或方形)烟道:将烟道断面分成一定数目的等面积矩形小块,各小块中心即为采样点位置,见图 6-22b。小矩形的数目可根据烟道断面的面积,按照表 6-7 所列数据确定。

表 6-7 矩(方)形烟道的分块和测点数

烟道断面积(m^2)	等面积小块长边长(m)	测点数
0.1~0.5	0.35	1~4
0.5~1.0	0.50	4~6
1.0~4.0	0.67	6~9
4.0~9.0	0.75	9~16
>9.0	≤1.0	≤20

当水平烟道内积灰时,应从总断面面积中扣除积灰断面面积,按有效面积设置采样点。

在能满足测压管和采样管到达各采样点位置的情况下,尽可能地少开采样孔,一般开两个互成 90°的孔。采样孔内径应不小于 80mm,采样孔管长应不大于 50mm。对正压下输送的高温或有毒废气的烟道应采用带有闸板阀的密封采样孔。

3. 基本状态参数的测量

烟道排气的体积、温度和压力是烟气的基本状态常数,也是计算烟气流速、颗粒物及有害物质浓度的依据。

1)温度的测量

对于直径小、温度不高的烟道,可使用长杆水银温度计。测量时,应将温度计球部放在靠近烟道中心位置,读数时不要将温度计抽出烟道外。

对于直径大、温度高的烟道,要用热电偶测温毫伏计测量。测温原理是将两根不同的金属导线连成闭合回路,当两接点处于不同温度环境时,便产生热电势,两接点温差越大,热电势越大。如果热电偶一个接点温度保持恒定(称为自由端),则热电偶的热电势大小便完全决定于另一个接点的温度(称为工作端),用毫伏计测出热电偶的热电势,可得知工作端所处的环境温度。根据测温高低,选用不同材料的热电偶。测量 800℃以下的烟气用镍铬-康铜热电偶;测量 1300℃以下烟气用镍铬-镍铝热电偶;测量 1600℃以下的烟气用铂-铂铑热电偶。

还可以使用电阻温度计,它是利用某些导体或半导体的电阻值随温度变化的性质来测量温度的,如铂电阻温度计等。

2)压力的测量

烟气的压力分为全压(P_t)、静压(P_s)和动压(P_v)。静压是单位体积气体所具有的势能,表现为气体在各个方向上作用于器壁的压力。动压是单位体积气体具有的动能,是使气体流动的压力。全压是气体在管道中流动具有的总能量。在管道中任意一点上,三者的关系为 $P_t = P_s + P_v$,所以只要测出三项中任意两项,即可求出第三项。测量烟气压力常用测压管和压力计。

(1)测压管:常用的测压管有标准皮托管和"S"形皮托管。

标准皮托管是一根弯成 90°的双层同心圆管,前端呈半圆形,前方有一开孔与内管相通,用来测量全压;在靠近前端的外管壁上开有一圈小孔,通至后端的侧出口,用来测量静压。标准皮托管具有较高的测量精度,但测孔很小,当烟气中颗粒物浓度大时,易被堵塞,适用于测量含尘量少的烟气。

"S"形皮托管由两根相同的金属管并联组成,其测量端有两个大小相等、方向相反的开口,测量烟气压力时,一个开口面向气流,接受气流的全压,另一个开口背向气流,接受气流的静压。由于气体绕流的影响,测得的静压比实际值小,因此,在使用前必须用标准皮托管进行校正。因开口较大,适用于测颗粒物含量较高的烟气。

(2)压力计:常用的压力计有"U"形压力计和斜管式微压计。

"U"形压力计是一个内装工作液体的"U"形玻璃管,常用的工作液体有水、乙醇、汞,视被测压力范围选用,用于测量烟气的全压和静压。

斜管式微压计由一截面积较大的容器和一截面积很小的玻璃管组成,内装工作溶液,玻璃管上有刻度,以指示压力读数。测压时,将微压计容器开口与测压系统压力较高的一端连接,斜管与压力较低的一端连接,则作用在两液面上的压力差使液柱沿斜管上升,指示出所测压力。斜管上的压力刻度是由斜管内液柱长度、斜管截面积、斜管与水平面夹角及容器截面积、工作溶液密度等参数计算得知。这种微压计用于测量烟气动压。

(3)测量方法:首先检查压力计液柱内有无气泡,微压计和皮托管是否漏气,然后按照图 6-23a、b 所示的连接方法分别测量烟气的动压和静压。其中,使用"S"形皮托管测量静压时,只用一路测压管,将其测量口插入测点,使测口平面平行于气流方向,出口端与"U"形压力计一端连接。

3)流速和流量的计算

在测出烟气的温度、压力等参数后,计算各测点的烟气流速(V_s)的公式为

$$V_s = K_p \cdot \sqrt{\frac{2P_v}{\rho}} \tag{6-27}$$

式中:V_s 为烟气流速(m/s);K_p 为皮托管校正系数;P_v 为烟气动压(Pa);ρ 为烟气密度(kg/m³)。

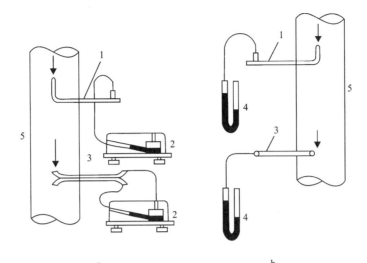

1.标准皮托管；2.斜管式微压计；3."S"形皮托管；4."U"形压力计；5.烟道。

图 6-23　动压和静压测量方法

标准状况下的烟气密度(ρ_N)和测量状态下的烟气密度(ρ_s)的计算公式为

$$\rho_N = \frac{M_s}{22.4} \tag{6-28}$$

$$\rho_s = \rho_N \frac{273}{273+t_s} \cdot \frac{B_a+P_s}{101\ 325} \tag{6-29}$$

将 ρ_s 代入烟气流速(v_s)计算式

$$v_s = 128.0\ K_p \sqrt{\frac{(273+t_s)P_v}{M_s(B_a+P_s)}} \tag{6-30}$$

式中：M_s 为烟气的相对分子量(kg/kmol)；t_s 为烟气温度(℃)；B_a 为大气压力(Pa)；P_s 为烟气静压(Pa)。

当干烟气组分与空气近似，烟气露点温度在 35～55℃ 之间，烟气绝对压力在 97～103kPa 之间时，v_s 可简化为

$$v_s = 0.077\ K_p \cdot \sqrt{273+t_s} \cdot \sqrt{P_v} \tag{6-31}$$

烟道断面上各测点烟气平均流速计算公式为

$$\bar{v}_s = \frac{v_1+v_2+\cdots+v_n}{n} \tag{6-32}$$

或者 $$\bar{v}_s = 128.9\ K_p \cdot \sqrt{\frac{273+t_s}{M_s(B_a+P_s)}} \cdot \overline{\sqrt{P_v}} \tag{6-33}$$

式中：$\bar{v}_s$ 为烟气平均流速(m/s)；v_1、v_2、v_n 为断面上各测点烟气流速(m/s)；n 为测点数；$\overline{\sqrt{P_v}}$ 为各测点动压平方根的平均值。

烟气流量计算公式为

$$Q_s = 3600\bar{v}_s \cdot S \tag{6-34}$$

式中：Q_s 为烟气流量(m³/h)；S 为测定断面面积(m²)。

标准状况下干烟气流量计算公式为

$$Q_{Nd} = Q_s \cdot (1 - X_w) \cdot \frac{B_a + P_s}{101\ 325} \cdot \frac{273}{273 + t_s} \tag{6-35}$$

式中:Q_{Nd}为标准状况下烟气流量(m^3/h);P_s为烟气静压(Pa);B_a为大气压力(Pa);X_w为烟气含湿量体积百分数(%)。

4. 含湿量的测定

与空气相比,烟气中的水蒸气含量较高,变化范围较大,为便于比较,监测方法规定以除去水蒸气后标准状态下的干烟气为基准表示烟气中的有害物质的测定结果。含湿量的测定方法有重量法、冷凝法、干湿球温度计法等。

1)重量法

从烟道采样点抽取一定体积的烟气,使之通过装有吸收剂的吸收管,则烟气中的水蒸气被吸收剂吸收,吸收管的增重即为所采烟气中的水蒸气质量,其测定装置如图6-24所示。

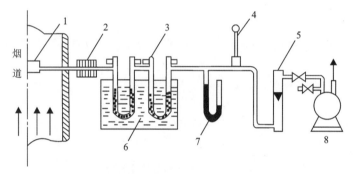

1. 过滤器;2. 保温或加热器;3. 吸湿管;4. 温度计;5. 流量计;6. 冷却器;7. 压力计;8. 抽气泵。

图6-24 重量法测定烟气中水分含量装置

装置中的过滤器可防止颗粒物进入采样管;保温或加热装置可防止水蒸气冷凝;"U"形吸收管由硬质玻璃制成,常装入的吸收剂有氯化钙、氧化钙、硅胶、氧化铝、五氧化二磷、过氯酸镁等。

烟气中的含湿量计算公式为

$$X_w = \frac{1.24\ G_w}{V_d \cdot \frac{273}{273 + t_r} \cdot \frac{B_a + P_r}{101\ 325} + 1.24\ G_w} \times 100\% \tag{6-36}$$

式中:X_w为烟气中水蒸气的体积百分含量(%);G_w为吸湿管采样后增重(g);V_d为测量状况下抽取干烟气体积(L);t_r为流量计前烟气温度(℃);P_r为流量计前烟气表压(Pa);1.24为标准状况下1g水蒸气的体积(L)。

2)冷凝法

抽取一定体积的烟气,使其通过冷凝器,根据获得的冷凝水量和从冷凝器排出烟气中的饱和水蒸气量计算烟气的含湿量。该方法测定装置是将重量法测定装置中的吸湿管换成专制的冷凝器,其他部分相同。含湿量的计算公式为

$$X_{\mathrm{w}} = \frac{1.24 G_{\mathrm{w}} + V_{\mathrm{s}} \cdot \dfrac{P_{\mathrm{z}}}{B_{\mathrm{a}} + P_{\mathrm{r}}} \cdot \dfrac{273}{273 + t_{\mathrm{r}}} \cdot \dfrac{B_{\mathrm{a}} + P_{\mathrm{r}}}{101\,325}}{1.24 G_{\mathrm{w}} + V_{\mathrm{s}} \cdot \dfrac{273}{273 + t_{\mathrm{r}}} \cdot \dfrac{B_{\mathrm{a}} + P_{\mathrm{r}}}{101\,325}} \times 100\% \tag{6-37}$$

$$X_{\mathrm{w}} = \frac{461.4(273 + t_{\mathrm{r}})G_{\mathrm{w}} + P_{\mathrm{z}} V_{\mathrm{s}}}{461.4(273 + t_{\mathrm{r}})G_{\mathrm{w}} + (B_{\mathrm{a}} + P_{\mathrm{r}}) V_{\mathrm{s}}} \times 100\% \tag{6-38}$$

式中：G_{w} 为冷凝器中的冷凝水量（g）；V_{s} 为测量状态下抽取烟气的体积（L）；P_{z} 为冷凝器出口烟气中饱和水蒸气压（Pa），可根据冷凝器出口气体温度（t_{r}）从"不同温度下水的饱和蒸气压"表中查知；其他项含义同前。

3）干湿球温度计法

烟气以一定流速通过干湿球温度计，根据干湿球温度计读数及有关压力计算含湿量。

5. 烟尘浓度的测定

1）原理

抽取一定体积烟气通过已知质量的捕尘装置，根据捕尘装置采样前后的质量差和采样体积，计算排气中烟尘浓度。测定排气烟尘浓度必须采用等速采样法，即烟气进入采样嘴的速度应与采样点烟气流速相等。采气流速大于或小于采样点烟气流速都将造成测定误差。当采样速度（v_n）大于采样点的烟气流速（v_s）时，由于气体分子的惯性小，容易改变方向，而尘粒惯性大，不容易改变方向，所以采样嘴边缘以外的部分气流被抽入采样嘴，而其中的尘粒按原方向前进，不进入采样嘴，从而导致测量结果偏低；当采样速度（v_n）小于采样点的烟气流速（v_s）时，情况正好相反，使测定结果偏高；只有 v_n 等于 v_s 时，气体和烟尘才会按照它们在采样点的实际比例进入采样嘴，采集的烟气样品中烟尘浓度才与烟气实际浓度相同。

2）采样类型

分为移动采样、定点采样和间断采样。移动采样是用一个捕集器在已确定的采样点上移动采样，各点采样时间相同，计算出断面上烟尘的平均浓度。定点采样是在每个测点上采一个样，求出断面上烟尘平均浓度，并可了解断面上烟尘浓度变化情况。间断采样适用于有周期性变化的排放源，即根据工况变化情况，分时段采样，求出时间加权平均浓度。

3）等速采样方法

（1）预测流速（或普通采样管）法：该方法在采样前先测出采样点的烟气温度、压力、含湿量，计算出流速，再结合采样嘴直径计算出等速采样条件下各采样点的采样流量。采样时，通过调节流量调节阀按照计算出的流量采样。在流量计前装有冷凝器和干燥器的等速采样流量的计算公式为

$$Q'_{\mathrm{r}} = 0.000\,47\, d^2 \cdot v_{\mathrm{s}} \cdot \left(\frac{B_{\mathrm{a}} + P_{\mathrm{s}}}{273 + t_{\mathrm{s}}}\right) \cdot \left[\frac{M_{\mathrm{sd}} \cdot (273 + t_{\mathrm{r}})}{B_{\mathrm{a}} + P_{\mathrm{r}}}\right]^{\frac{1}{2}} \cdot (1 - X_{\mathrm{w}}) \tag{6-39}$$

式中：Q'_{r} 为等速采集所需转子流量计指示流量（L/min）；d 为采样嘴内径（mm）；v_{s} 为采样点烟气流速（m/s）；B_{a} 为大气压力（Pa）；P_{r} 为转子流量计前烟气的表压（Pa）；P_{s} 为烟气静压（Pa）；t_{s} 为烟气温度（℃）；t_{r} 为转子流量计前烟气温度（℃）；M_{sd} 为干烟气的分子量（kg/kmol）；X_{w} 为烟气含湿量体积百分数（%）。

由于预测流速法测定烟气流速与采样不是同时进行,故仅适用烟气流速比较稳定的污染源。

预测流速法烟尘采样装置如图 6-25 所示。常见的采样管有超细玻璃纤维滤筒采样管和刚玉滤筒采样管。它们由采样嘴、滤筒夹及滤筒、连接管组成。采样嘴的形状应以不扰动气口内外气流为原则,为此,其入口角度不应大于 45°,嘴边缘的壁厚不超过 0.2mm,与采样管连接的一端内径应与连接管内径相同。超细玻璃纤维滤筒适用于 500℃ 以下的烟气。刚玉滤筒由刚玉砂等烧结制成,适用于 1000℃ 以下的烟气。这两种滤筒对 $0.5\mu m$ 以上的烟尘捕集效率都在 99.9% 以上。

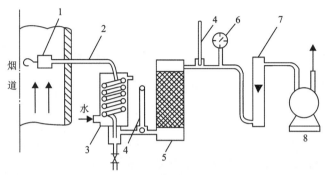

1、2.滤筒采样管;3.冷凝器;4.温度计;5.干燥器;6.压力表;7.转子流量计;8.抽气泵。

图 6-25 预测流速法烟尘采样装置

(2)皮托管平行测速采样法:该方法将采样管、"S"形皮托管和热电偶温度计固定在一起插入同一采样点,根据预先测得的烟气静压、含湿量和当时测得的动压、温度等参数,结合选用的采样嘴直径,由编有程序的计算器及时算出等速采样流量,迅速调节转子流量计至所要求的读数。此法与预测流速采样法不同之处在于测定流量和采样几乎同时进行,适用于工况易发生变化的烟气。

(3)动态平衡型等速管采样法:该方法利用装置在采样管中的孔板在采样抽气时产生的压差与采样管平行放置的皮托管所测出的烟气动压相等来实现等速采样。当工况发生变化时,通过双联斜管微压计的指示,可及时调整采样流量,随时保持等速采样条件,其采样装置如图 6-26 所示。在等速采样装置中,如装上累积流量计,可直接读出采样总体积。此外,还有静压平衡型采样法等。

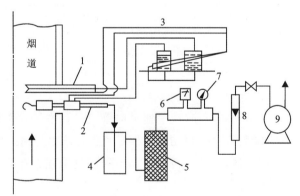

1."S"形皮托管;2.等速采样管;3.双联压力计;4.冷凝管;
5.干燥器;6.温度表;7.压力计;8.转子流量计;9.抽气泵。

图 6-26 动态平衡型等速管法采样装置

(4)烟尘浓度计算。计算出采样滤筒采样前后质量之差 G(烟尘质量)。

计算出标准状况下的采样体积,在采样装置的流量计前装有冷凝器和干燥器的情况下,干烟气的采样体积为

$$V_{\mathrm{Nd}} = 0.27 Q' \sqrt{\frac{B_{\mathrm{a}} + P_{\mathrm{r}}}{M_{\mathrm{sd}}(273 + t_{\mathrm{r}})}} \cdot t \tag{6-40}$$

式中：V_{Nd} 为标准状况下干烟气体积（L）；Q' 为采样流量（L/min）；M_{sd} 为干烟气气体分子量（kg/kmol）；t_{r} 为转子流量计前气体温度（℃）；t 为采样时间（min）。

当干烟气的气体分子量近似于空气时，V_{Nd} 计算式可简化为

$$V_{\mathrm{Nd}} = 0.05 Q' \sqrt{\frac{B_{\mathrm{a}} + P_{\mathrm{r}}}{273 + t_{\mathrm{r}}}} \cdot t \tag{6-41}$$

烟尘浓度计算，根据采样类型不同，用不同的公式计算。

移动采样时

$$\rho = \frac{G}{V_{\mathrm{Nd}}} 10^6 \tag{6-42}$$

式中：ρ 为烟气中烟尘浓度（mg/m³）；G 为测得烟尘质量（g）；V_{Nd} 为标准状态下干烟气体积（L）。

定点采样时

$$\bar{\rho} = \frac{c_1 v_1 S_1 + c_2 v_2 S_2 + \cdots + c_n v_n S_n}{v_1 S_1 + v_2 S_2 + \cdots v_n S_n} \tag{6-43}$$

式中：$\bar{\rho}$ 为烟气中烟尘平均浓度（mg/m³）；$v_1, v_2, \cdots, v_n$ 为各采样点烟气流速（m/s）；$c_1, c_2, \cdots, c_n$ 为各采样点烟气中烟尘浓度（mg/m³）；$S_1, S_2, \cdots, S_n$ 为各采样点所代表的截面积（m²）。

6. 烟尘（或气态污染物）排放速率计算

$$\text{排放速率(kg/h)} = \rho \cdot Q_{\mathrm{sn}} \cdot 10^{-6} \tag{6-44}$$

式中：ρ 为烟尘（或气态污染物）的浓度（mg/m³）；Q_{sn} 为标准状况下干烟气流量（m³/h）。

7. 烟气黑度的测定

烟气黑度是一种用视觉方法监测烟气中排放有害物质情况的指标。尽管这一指标难以确定与烟气中有害物质含量之间的精确对应关系，也不能取代污染物排放量和排放浓度的实际监测，但其测定方法简便易行，成本低廉，适合反映燃煤类烟气中有害物质的排放情况。测定烟气黑度的主要方法有林格曼黑度图法、测烟望远镜法、光电测烟仪法等。

1）林格曼黑度图法

该方法是把林格曼烟气黑度图放在适当的位置上，将图上的黑度与烟气的黑度（不透光度）相比较，凭人的视觉对烟气的黑度进行评价。

我国使用的林格曼烟气黑度图如图6-27所示。它由6个不同黑度的小块（14cm×21cm）组成，除全

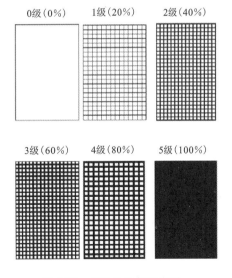

图 6-27 林格曼烟气黑度图

白与全黑分别代表林格曼黑度 0 级和 5 级外,其余 4 块是在白色背景底上画上不同宽度的黑色条格,根据黑色条格在整个小块中面积的百分数来确定级别,黑色条格的面积占 20% 为 1 级,占 40% 为 2 级,占 60% 为 3 级,占 80% 为 4 级。

测定应在白天进行。观测刚离开烟囱、黑度最大部位的烟气。连续观测烟气黑度不少于 30min,记下烟气的林格曼级数和持续时间。在 30min 内,如果出现 2 级林格曼黑度的累计时间超过 2min,则烟气的黑度计为 2 级,出现 3 级林格曼黑度的累计时间超过 2min 计为 3 级,出现 4 级林格曼黑度的累计时间超过 2min 计为 4 级,出现超过 4 级林格曼黑度时计为 5 级。如果烟气黑度介于两个林格曼级之间,可估计一个 0.5 或 0.25 林格曼级数。

采用林格曼图监测烟气黑度取决于观测者的判断能力,其观测到的黑度读数也与天空的均匀性和亮度、风速、烟囱的大小和形状及观察时照射光线的角度有关。

2) 测烟望远镜法

测烟望远镜是在望远镜筒内安装了一个圆形光屏板,光屏板的一半是透明玻璃,另一半是 0~5 级林格曼黑度标准图。观测时,透过光屏的透明玻璃部分观看烟囱出口烟气的烟色,通过与光屏另一半的林格曼黑度标准图比较,确定烟气黑度的级别。该方法对观测条件的要求和计算黑度级别的方法同林格曼黑度图法。

3) 光电测烟仪法

该方法是利用测烟仪内的光学系统搜集烟气的图像,把烟气的透光率与仪器内安装的标准黑度板透光率(黑度板透光率是根据林格曼黑度分级定义确定的)比较,经光学系统处理后,用光电检测系统把光信号转换成电信号,自动显示和打印烟气的林格曼黑度级数。利用这种仪器测定烟气黑度,可以排除人视力因素的影响。

8. 烟气组分的测定

烟道排气组分包括主要气体组分和微量有害气体组分,主要气体组分为氮、氧、二氧化碳和水蒸气等。测定这些组分的目的是考察燃料燃烧情况和为烟尘测定提供计算烟气密度、分子量等参数的数据。有害气体组分为一氧化碳、氮氧化物、硫氧化物和硫化氢等。

1) 样品的采集

由于气态和蒸气态物质分子在烟道内分布比较均匀,不需要多点采样,在靠近烟道中心的任何一点都可采集到具有代表性的气样。同时,气体分子质量极小,可不考虑惯性作用,故也不需要等速采样,其一般采样装置见图 6-28。若需气样量较少时,可使用图 6-29 所示装置,即用适当容积的注射器采样,或者在注射器接口处通过双连球将气样压入塑料袋中。如在现场用仪器直接测定,则用抽气泵将气样通过采样管、除湿器抽入分析仪器。因为烟气湿度大、温度高、烟尘及有害气体浓度大,并具有腐蚀性,故在采样管头部装有烟尘滤器,采样管需要加热或保温并且耐腐蚀,以防止水蒸气冷凝而导致被测组分损失。

2) 主要组分(CO、CO_2、O_2、N_2)的测定

烟气中的主要组分可采用奥氏气体分析器吸收法和仪器分析法测定。

奥氏气体分析器吸收法的原理:用不同的吸收液分别对烟气中各组分逐一进行吸收,根据吸收前、后烟气体积变化,计算各组分在烟气中所占体积百分数,常用于测定二氧化碳、一

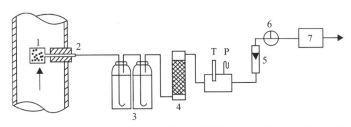

1.滤料;2.加热(或保温)采样导管;3.吸收瓶;4.干燥器;5.流量计;6.三通阀;7.抽气泵。

图 6-28 吸收法采样装置

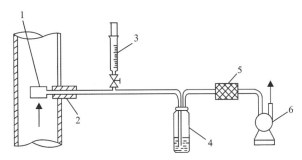

1.滤料;2.加热(或保温)采样导管;3.采样注射器;4.吸收瓶;5.干燥器;6.抽气泵。

图 6-29 注射器采样装置

氧化碳和氧的含量。

仪器分析法如用定电位电解仪或非分散红外分析仪测定一氧化碳,用氧化锆氧分析仪或磁氧分析仪、膜电极式氧分析仪测定氧的含量等。

3)有害组分的测定

对含量较低的有害组分,其测定方法原理大多与空气中气态有害组分相同;对于含量高的组分,多选用化学分析法。

二、移动污染源监测

汽车、火车、飞机、轮船等排放的废气主要是汽(柴)油燃烧后排出的尾气,特别是汽车,数量大,排放的有害气体是造成空气污染的主要因素之一。废气中主要含有一氧化碳、氮氧化合物、碳氢化合物、烟尘和少许二氧化硫、醛类、3,4-苯并(a)芘等有害物质。

汽车排气中污染物含量与其运转工况(怠速、加速、匀速、减速)有关。因为怠速法试验工况简单,可使用便携式仪器测定一氧化碳和碳氢化合物,故应用广泛。

我国生态环境部颁布的移动源污染物排放标准,对于移动源包括船舶、汽油车、柴油车、摩托车、小型点燃式发动机、三轮汽车以及农用运输车双怠速,重型及轻型,道路及非道路污染物排放限值及测量方法都做出了详细监测技术规范。

此处以轻型汽车为例说明移动源的监测。

1. 污染物排放量

汽车排放污染物的排放量与汽车行驶状态(工况)有关,当汽车处于怠速、匀速、加速、减速等不同运行工况下时,其污染物的排放量变化很大。表 6-8 列出了汽油机在不同工况下污染物排放量。

表 6-8　汽油车在不同工况下污染物排放量

工况	CO(%)	HC(碳氢化合物)($\times 10^{-6}$)	NO_x($\times 10^{-6}$)
怠速	4.0~10.0	300~2000	50~1000
加速(0~40km/h)	0.7~5.0	300~600	1000~4000
匀速(40km/h)	0.5~4.0	200~400	1000~3000
减速(40~0km/h)	1.5~4.5	1000~3000	5~50

1)怠速

怠速是指汽车发动机无负荷状态下,以最低供油量进行运转的工况。当汽车处于怠速工况时,汽车发动机运转而汽车是静止的。发动机怠速时,CO(一氧化碳)、HC(碳氢化合物)排放量较多。

由于怠速运转时,新鲜混合气少,气缸内的残余废气相对较多,对燃烧不利,为保证发动机运转平稳,必须加浓混合气,因此 CO 的排放量较高。同时还由于气体温度低,燃烧室和气缸冷壁面淬冷层加厚,其内燃油不可能燃烧,形成较多的 HC 排出。提高怠速转速,可降低排气中 CO、HC 的浓度。

2)匀速

HC 排放量随发动机转速的升高很快下降。转速升高,既可增强气缸中的扰流混合与涡流扩散,又可增强排气的扰流和混合。前者改善了混合气的燃烧,增进了冷熄区的后氧化;后者促进了排气系统的氧化。

发动机低转速运转时 CO 排放量较高,当转速增加时很快降低,至中速后变化不大。这是因为化油器供给发动机的空燃比随流量的增加接近于理论空燃比。

随着发动机转速的提高,由于气缸中气体的扰动加强,加大了火焰传播速度,同时也减少了热损失,使 NO_x 的排放量有所增加。

3)加速

当踩下油门加速时,由于要求发动机输出较大的功率,需提高气缸内燃气的温度,因此会产生大量的 NO_x。而且由于加速装置工作,混合气很浓,引起不完全燃烧,导致 CO、HC 排放量也增加。

4)减速

突然松开油门时,节气门急速关闭。在进气管内产生瞬时的强真空,吸入过量的燃料,结果一方面造成节气门关小,进气量减少;另一方面燃料迅速增多,形成过浓混合气。同时气缸内压缩压力降低,燃烧温度也降低,燃料燃烧不完全,CO 生成量增加。而且冷熄区加大,HC 生成量亦增加,但几乎无 NO_x 排放。

2. 污染物监测

《轻型汽车污染物排放限值及测量方法(中国第六阶段)》(GB 18352.6—2016)规定了常

温下冷起动后排气污染物排放试验和低温下冷起动后排气中 CO、THC（总碳氢化合物）和 NO_x 排放试验。

1）常温下冷起动后排气污染物排放实验

（1）原理。待测汽车在台架上按规定进行运转循环（怠速、换挡、加速、匀速、减速）进行模拟运行，对汽车排放的气体进行取样、分析测试，得出汽车模拟运行过程中污染物排放质量（g/kg）。

（2）抽气取样。一般采用定容取样系统（CVS），如图 6-30 所示。

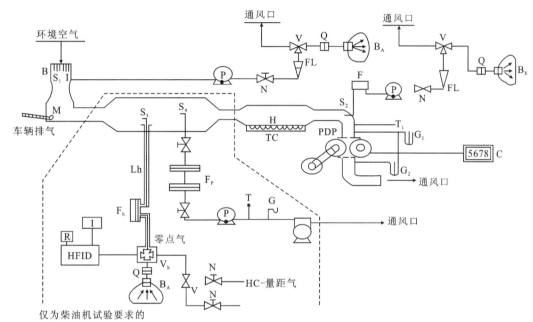

D. 稀释空气滤清器；M. 混合室；H. 热交换器；TC. 温度操纵系统；PDP. 容积泵；T_1. 温度传感器；G_1、G_2. 压力表；S_1. 收集稀释空气定量气的取样口；S_2. 收集稀释排气定量气的取样口；F. 滤清器；P. 取样泵；N. 流量操纵器；FL. 流量计；V. 快速动作阀；Q. 快速接头；B_A. 稀释空气取样袋；B_E. 稀释排气取样袋；C. 容积泵转数计数器；F_h. 加热滤清器；S_3. 取样口；V_h. 加热式多通阀；HFID. 加热式氢火焰离子型分析仪；R、I. 记录积分瞬时 HC 浓度设备；L_h. 加热取样管；虚线部分为压燃式发动机车辆分析 HC 时的附加设备。

图 6-30　带容积泵的定容取样器（PDP-CVS）

（3）分析设备。CO 和 CO_2 分析仪：不分光红外吸收（NDIR）型。

HC 分析仪：对点燃式发动机，氢火焰离子化（FID）型。以丙烷气体标定，以碳原子（C_1）当量表示；对压燃式发动机，加热式氢火焰离子化（HFID）型。其检测器、阀、管道等加热至 463 K（190℃）±10 K 以丙烷气体标定，以碳原子（C_1）当量表示。

NO_x 分析仪：化学发光（CLA）型或非扩散紫外线谱振吸收（NDUVR）型，两者均需带有 NO_x-NO 转换器。

颗粒物：用重量法测试。

2）测定双怠速的 CO、HC

非色散红外吸收监测仪，可直接显示 CO 和 HC 的测定结果（体积比）。

(1)常规怠速,首先根据制造厂规定的调整状态进行测定;对每一可连续变为的调整怠速的部件,应确定足够的特征位置;应对各调整怠速部件的所有可能位置进行排气中 CO 和 HC 含量测量。

(2)高怠速:将发动机转速调整到制造厂规定的最高转速(应不低于 2000r/min)。然后将取样探头插入排气管中,维持 15s 后,在 30s 内读取最高值和最低值,其平均值即为测定结果。

气体污染物排放量为

$$M_i = \frac{V_{\text{mix}} \times Q_i \times K_{\text{II}} \times C_i \times 10^{-6}}{d} \tag{6-45}$$

式中:M_i 为污染物 i 的排放量(g/km);V_{mix} 为稀释排气的容积(校正至标准状态 273.2K 和 101.33kPa)(L/试验);Q_i 为在标准状态下(273.2K 和 101.33kPa)污染物 i 的密度(g/L);K_{II} 为用于计算氮氧化物的排放量的吸湿校正系数(对于 HC 和 CO 没有湿度校正);C_i 为稀释排气中污染物 i 的浓度,并用稀释空气中所含污染物 i 的含量进行校正以后的数值($\times 10^{-6}$);d 为车辆按运转循环试验时所行驶的实际距离(km)。

第八节 气象参数监测

气象参数属于自然环境的物理因素,是描述空气物理性状和特征的重要指标。它包括气温、气湿、气流和气压等。

在空气理化检验工作中,气温、气压对采样体积的影响很大,采样时必须测定气温、气压等气象参数。气流对空气污染情况的影响非常大,烟雾强度系数就是用来评价气流对污染源周围区域环境受污染程度的指标。气流对空气理化检验的结果也有很大影响。空气流动缓慢时,污染物扩散慢,被空气稀释的程度小,检验结果数值大,污染严重;空气流动较快时,检验结果数值小,有时甚至检测不出污染物。因此,空气理化检验工作中有时还必须测定气流,了解空气流动对污染物的稀释、扩散程度,对检验结果进行补充说明。

一、气温的测定

温度是表示物体冷热程度的物理量,空气的温度称为气温,一般是指距离地面 1.5m 左右,处于通风、防辐射条件下用温度计测得的温度。

气温具有重要的卫生学意义。它是影响体温调节的一个主要环境因素。15.6~21℃是人体感觉最舒适的温度区段,最适宜于人们的生活和工作;20℃左右,人的体力消耗最小,工作效率最高,是最佳的工作环境温度。气温过高、过低都不利于人体健康。

在空气理化检验工作中,测定气温还有两个方面的作用,其中最常用的作用是用于换算采样体积,即通过测定采样点的气温,把现场温度下的采样体积换算成标准状态下的体积,将空气污染物的测定结果换算成标准状态下的结果,使测定结果具有可比性。测定气温的另一个作用是了解气温变化与空气污染程度的关系,有利于指导选择采样时间,有利于对某些测定结果加以补充说明。根据气温对空气污染物扩散情况的影响,人们将空气分为不稳定、中性和稳定 3 种状态。高空气温显著低于地面气温时,地面热空气迅速上升,上层冷空气下降,形成对流,这时空气不稳定,对流作用不断地把污染物带入较高的上空混合稀释。当地面气温低于高空气温时,将产生气温逆增,此时空气处于稳定状态,污染物不能上升,难以扩散,地面空气中污染物浓度将显著增高。

气温的季节性变化、日内变化对空气的污染程度也有明显的影响。冬季地面气温低,空气污染严重。一日之内早晚气温低,污染物浓度增高,而中午和下午气温相对较高,污染较轻。另外,中午和下午太阳辐射强度最强,空气的光化学烟雾污染也最严重。

1. 玻璃液体温度计法

(1)仪器及原理:常用的玻璃液体温度计还有水银温度计、酒精温度计,它们由球部(温包)和玻璃细管组成。温度计的球部是一玻璃薄壁,内装水银或乙醇;玻璃细管是一根内空的玻璃管,与球部连通,形成一个封闭的空间。气温变化时,玻璃、液体都因热胀冷缩,体积改变,由于水银、乙醇液体的膨胀系数比玻璃的大,因此,当气温变化时,玻璃细管内的液柱高度随之变化。

单纯测定气温时,通常选用水银温度计、酒精温度计。水银比热小、导热系数大、沸点高,对玻璃没有湿润作用,因此,水银温度计的测定范围大(-35~350℃),结果准确。但是,由于水银凝固点高,不能测定更低的温度;水银热胀系数小,影响了水银温度计的灵敏度。乙醇凝固点低、沸点低,因此,酒精温度计可以测定较低的温度,但不能测定太高的温度,测定范围小(-100~75℃)。0℃以上时,乙醇膨胀不均匀,测定结果不够准确。

(2)测定方法:选择适当的测定地点,将温度计垂直悬挂于1.5m高处测定气温。在室内,测定气温的地点应无热辐射、不靠近发热设备和通风装置、不接触冷的芳酮;在室外,测定气温的地点要平坦、自然通风、大气稳定度好。测定5~10min后读数。读数时应暂停呼吸,迅速读数,先读小数,后读整数。视线与液柱上端平行,水银温度计读取凸出弯月面最高点对应的数字,酒精温度计则读取凹液面最低点对应的数字。

2. 数显式温度计法

(1)仪器及原理:数显式温度计采用PN结、热敏电阻、热电偶、铂电阻等温度传感器作为感温部件,将温度变化转换为相应的电信号,经放大、转换后,在显示器上直接显示温度数值,方便读取。一般可测定-40~90℃范围的气温。

(2)测定方法:插好仪器感温传感器,将传感器头部置于测定地点。开启仪器测定;显示器读数稳定后,读取温度值。为了排除热辐射、冷的表面等因素的影响,应在感温元件外部放置一个金属罩。

(3)方法说明:

①使用前要检查温度计的完好性。水银或乙醇液柱应连贯,没有间断。如有间断,可通过离心、冷却或加热消除间断。玻璃液体温度计平时应尽可能垂直静放,不能倒置、振动。

②要根据现场气温的高低选择合适的温度计。

③要正确使用温度计。测定时,温度计球部要干燥,若沾有水滴,读数将偏低。手要握在读数刻度以上部位;避免呼吸和人体温度影响温度计的读数;要防止环境热辐射的影响。当待测环境中存在热辐射时,应选用通风温湿度计测定气温,不宜选用普通水银温度计或酒精温度计测定,因条件限制必须选用时,应在热辐射源与温度计之间放一隔热石棉板或金属片,

也可以用铝箔或锡纸圆筒围住温度计的球部,阻隔热辐射的影响。

④要求准确测定温度时,应先校正温度计。

二、气压的测定

包围在地球表面的大气层,以其自身的质量对地球表面产生的压力称为大气压强,简称气压。气压的法定计量单位是帕(Pa),还有百帕(hPa)、千帕(kPa)和兆帕(MPa)。通常把北纬45°的海平面上,0℃时的正常气压(101.325kPa)称为一个大气压或一个标准大气压。

气压的变化往往显著地影响风向、风力等气象参数的变化。随着气压的升高,大气中污染物浓度也相应增加。尤其重要的是,空气样品的体积与气压直接相关。因此,采样时,必须测定现场气压,以便将现场采样体积换算为标准状态下的体积。

测定气压的常用仪器有空盒气压计、动槽式水银气压计等,月记型或周记型气压计可连续测量、记录气压的变化状况。空气理化检验工作中,人们常常携带空盒气压计测定采样现场的气压,动槽式水银气压计一般固定安装在室内,用来测定气压或校正空盒气压计。

1. 空盒气压计

空盒气压计测量气压的范围为 800~1070hPa,适用于海拔高度 2000m 以内地带的测定。

(1)结构原理:空盒气压计由具有弹性的波状薄壁金属空盒构成,空盒正面有刻度盘和指针,指针与杠杆系统连接。盒内呈真空状态,当气压增高时,盒壁收缩而内凹;气压降低时,盒壁膨胀而隆起。借助于杠杆和齿轮的转动,盒壁的这些变化被放大并传递到指针,指示出气压值。

空盒气压计携带方便,使用简便,适用于室外和现场的测定,但其精确度差。

(2)测定方法:将仪器平放,先读取气温值,准确到 0.1℃。用手指轻扣仪器表面数次,以克服传递部分的机械摩擦误差,再读取气压值。为了使测定结果更加精确,读数后要对气压值进行修正。一是进行器差修正,主要是修正仪器自身读数基点不准、标尺刻度不准所引起的读数误差。从气压计附表的刻度订正曲线中查得订正值,修正仪器刻度误差。二是进行温度修正,就是把不同气温下测量的气压值换算为0℃时的气压值,以便于比较。温度订正值可查表或计算求得,即

$$\Delta P = \alpha \times t \tag{6-46}$$

式中:ΔP 为温度订正值(hPa);t 为测定时的气温(℃);α 为温度系数,即当温度改变1℃时,空盒气压计读数的改变值,可以从仪器订正中查得。

当气温在0℃以上时,从气压读数中减去气温订正值;气温在0℃以下时,则加上气温订正值。

2. 动槽式水银气压计

(1)结构原理:动槽式水银气压计由感应部分、刻度部分和附属部分组成。感应部分包括水银、玻璃内管和水银槽等。玻璃管上端封闭,管内呈真空状态,下端插入水银杯中,管内水银柱与杯中水银连通。气压升高或降低时,水银柱高度随之变化。刻度部分由固定刻度尺、游标尺和象牙针组成。应用固定刻度尺和游标尺配合读数,读数误差小,测量结果精确。因

此,常用它来校正其他气压计。附属部分主要是一支小型的温度计,用于测定气压计表面温度。由于动槽式水银气压计装有较多的水银,体积较大,不便于携带到现场使用。

(2)测定方法:首先测定气温、气压,然后修正气压读数。

测定气压时,旋动仪器上的调节螺旋,使水银杯内的液面刚好接触象牙指针针尖;移动游标尺,使其零刻度线与水银柱液面相切;根据游标卡尺零刻度线在固定刻度尺上所指的刻度,读出气压的整数值。再从游标尺上找到一条刻度线,它与固定刻度尺上某一条刻度线成一直线(在同一水平面),游标尺上的这一刻度线数值就是气压读数的小数值。

精确测量气压时,还要根据仪器说明书对气压读数进行器差修正和气温修正。其修正方法同空盒气压计。

(3)方法说明:动槽式水银气压计要垂直悬挂,固定在墙上,避免日光直射,周围无热源、冷源,空气畅通、无风。测定完毕后,调节螺旋降低水银液面,使象牙针尖脱离水银面。

三、气湿的测定

空气的湿度称为气湿,表示空气的含水量。气湿变化较大,一般随气温升高而增大。气湿与地理位置有关。海洋湖泊附近和森林绿地地带气湿较大,沙漠和高山地区气湿小;城市因热岛效应、植被面积小,湿度比郊区的小。

空气湿度对空气污染物的扩散有较大的影响。气温较低湿度较大时,空气中的水蒸气容易以烟尘、微尘为凝结核形成雾,使污染物粒子增重下沉,积聚在低层空气中,阻碍了烟气的扩散,加重了空气的污染。所以当气湿很大形成雾时,空气中污染物的浓度往往显著增高,污染加重。伦敦烟雾事件和美国多诺拉的空气污染公害事件都是在有雾的情况下形成的严重空气污染事件。

气湿对人体热平衡有重要作用。高温高湿时人感到烦闷,低温高湿时人感到寒冷,湿度过低时人感到口干舌燥,还可能导致皮肤干裂。

常用以下5种物理参数表征气湿,其中相对湿度应用最多。

(1)绝对湿度:一定气温下,单位体积空气中所含水汽的质量,通常用 g/m^3 或 mg/m^3 表示,也可用水蒸气的分压(kPa)来表示。

(2)最大湿度:一定气温下,单位体积空气中所含水汽的最大量,又称为空气的饱和湿度。

(3)饱和差:一定气温下,空气的最大湿度与绝对湿度之差。它反映在某气温下,单位体积空气中还能容纳水汽的量,即单位体积空气中实际含有水汽的量距离饱和状态的程度,差距越大,说明单位空气中还可容纳越多的水汽。

(4)生理饱和差:37℃时空气的最大湿度与绝对湿度之差。生理饱和差越大,表明人体散热越容易,反之越难。生理饱和差为负值时,人体不能借助蒸发汗水来散热,对人体健康不利。

(5)相对湿度:是绝对湿度与最大湿度的比值,即空气中实际含水汽的量与同一温度条件下饱和水汽量的比值,用百分比表示。

常用的气湿的测定方法包括通风干湿计法和电湿度计法。

1. 通风干湿计法

该方法只能够测定某一时刻空气的湿度，不能连续测定某一时段的气湿，不能记录气湿的连续变化。通风干湿计法常选用通风温湿度计和干湿球温湿度计测定气湿，这两种仪器结构相似，测湿原理相同，操作方便，应用广泛。

(1)仪器结构：通风温湿度计分为电动和手动两种。由两支结构和性能完全相同的水银温度计组成，两支温度计的球部都安装在镀镍或镀铬的双层金属风管内。两支温度计中，有一支的球部包有纱布，吸引水杯中的蒸馏水将温度计的球部湿润，形成湿球温度计。另一支温度计球部没有包裹纱布，球部处于正常干燥状态，称之为干球温度计，它可以单独测定气温，与湿球温度计配合又可用于气湿测定。测定时，球部能感应空气的温度，又能反射环境热源的热辐射，排除了热辐射对温度读数的影响。外管以象牙杯扣接温度计，有利减少传导热的作用。仪器顶端有一个小风机，旋紧小风机的发条或用电力带动，机身外部设备有防风罩，保护风叶匀速自转产生恒定风速，不受外界强风干扰，有利于室外测定。风机与风管相连，开动时抽吸空气从风管下端进入，以恒定流速(2～4m/s)流过干、湿球表面。风速的稳定使湿球表面始终处在一定的风速、温度条件下蒸发水分，排除了风速变化对水分蒸发速度的影响。

(2)测定原理：一定温度的气流匀速通过干湿球温湿度计时，干球温度计显示空气的温度。湿球表面湿度较空气大，空气流过湿球时，加速了表面水分蒸发的速度，导致湿球球部温度下降，温度示值低于干球温度计的读数。被测空气越干燥，湿球水分蒸发越快，干、湿球温度计温差越大，利用温差值可以测定空气的湿度。

(3)测定方法：取适量蒸馏水湿润纱布条，开动风机，将通风温湿度计悬挂在测定地点，3～5min后分别读取干球、湿球温度计的读数，计算温差。从仪器附有的专用湿度表上查得测定风速下的相对湿度；也可以通过计算求得相对湿度，即

$$A = F_1 - a(T_1 - T_2)P \tag{6-47}$$

$$RH = A/F \times 100\% \tag{6-48}$$

式中：A 为空气的绝对湿度(mg/m^3)；RH 为空气的相对湿度；T_1 为干球温度计所示温度(℃)；T_2 为湿球温度计所示温度(℃)；F_1 为 T_2 时空气的最大湿度(mg/m^3)；F 为 T_1 时空气的最大湿度(mg/m^3)(参考表 6-9)；P 为测定时的大气压(kPa)；a 为温湿度计系数(参考表 6-10)，除与风速有关外，还与气压、气温、湿球球部形状及纱布包扎情况等因素有关。

表 6-9 不同气温时的饱和水蒸气压和湿度

温度(℃)	饱和水蒸气压 (mmHg)	湿度 (mg/m³)	温度(℃)	饱和水蒸气压 (mmHg)	湿度 (mg/m³)
-10	2.15	2.36	40	55.3	51.1
0	4.58	4.85	60	149.4	130.5
5	6.54	6.8	80	355.1	293.8
10	9.21	9.4	95	634	505

续表 6-9

温度(℃)	饱和水蒸气压(mmHg)	湿度(mg/m³)	温度(℃)	饱和水蒸气压(mmHg)	湿度(mg/m³)
11	9.84	10.01	96	658	523
12	10.52	10.66	97	682	541
13	11.23	11.35	98	707	560
14	11.99	12.07	99	733	579
15	12.79	12.83	100	760	598
20	17.54	17.3	101	788	618
25	23.76	23	110	1 074.6	
30	31.8	30.4	120	1489	
37	47.07	44	200	11 659	7840

表 6-10 温湿度计系数

风速(m/s)	系数值	风速(m/s)	系数值	风速(m/s)	系数值
0.13	0.001 30	0.16	0.001 20	0.20	0.001 10
0.30	0.001 00	0.40	0.000 90	0.80	0.000 80
2.30	0.000 70	3.00	0.000 69	4.00	0.000 67

(4)方法说明:温度计球部要清洁;干球球部要干燥无水滴;纱布湿润前,两支温度计的状态相同,温度读数差值不超过 0.1℃。

为了确保纱布具有良好的吸水性,纱布要干净,要及时更换,最好是脱脂、洗去糨糊的白色薄针织纱布。为了保证球部湿润程度一致,纱布要紧贴球部,不能折叠,重叠部分越少越好。加水湿润纱布时要控制好加水量,以保证球部周围空气流通,以利于湿球球面水分正常蒸发。

2. 电湿度计法

电湿度计由传感器感应环境湿度的变化,引起传感器的某一特性改变,产生相应的电信号,自动转化处理后在仪器上直接显示空气湿度数值。所用的传感器有氯化锂电阻式、氯化锂露点式和高分子薄膜电容式等。

氯化锂电阻式湿度计由测试仪表和氯化锂湿敏元件两部分组成。在湿敏元件的有机玻璃支架上绕制两根互相平行的金属丝,组成一对电极,电极间涂加一层吸湿剂氯化锂溶液。空气相对湿度大时,空气中水蒸气压比氯化锂溶液的大,氯化锂溶液吸收空气中的水分,电阻变小,反之,电阻变大。因此,用仪表测试两电极间电阻的变化,即可测得空气的相对湿度。

该仪器通电 10min 即可读取测定结果,操作简便,但测定装置要经常清洗,仪器连续工作一段时间后,必须清洗氯化锂测头;环境中腐蚀气体浓度较高时不能使用。

四、气流的测定

当气温、气压不同时,空气将从低温处向高温处流动,从高气压处向低气压处流动。空气的流动称为气流,又称为风。

空气做水平运动时具有方向和速率。水平气流的来向称为风向;风的速率称为风速,指单位时间内空气在水平方向流过的距离,单位为 m/s 或 km/h。

风向和风速对空气污染物具有传递和稀释作用,是决定污染物在空气中的扩散程度和污染程度的重要因素。在风向和风速的作用下,污染物在空气中可由一处迁移到另一处;由于空气的稀释,污染物的浓度逐渐降低,而污染范围逐渐扩大。

测定气流就是测定风向和风速。应用较多的测定仪器有三杯风向风速表、轻便携带式翼状风速计和热球式电风速计。其中,翼状和杯状风速仪的机械摩擦阻力大、仪器惰性较大,风速小于 0.5m/s 时仪器不能转动,无法读数。热球式电风速计可以测定微风,当风速小于 0.5m/s 时,可选用热球式电风速计测定风速。

1. 三杯风向风速表测定法

(1)仪器结构和原理:该仪器由风向仪和风速表两部分组成,可同时测定风向和风速。

风向仪包括风杯、方向盘和小套管制动部件。风向杯转动灵活,是风向指示的感应部分。环绕在垂直轴线上的半圆球状的小杯是风速表的感应部分。它们借助风力转动,经过齿轮带动仪器表面的指针运转,由指针指示的刻度数和所用时间计算出风速。

(2)测定方法:测定风向时,将小套管拉下,并将其向右转过一定角度,待方向盘按地磁子午线方向稳定后,风向指针在方向盘上所指的方位就是待测的风向。

测量风速时,先按下启动杆,使风速指针回到零位。放开启动杆开始测量风速。此时记时指针、风速测定指针同时走动。到达记时最初位置时(通常为 1min),指针都停止转动。风速测定指针所指示的数值称为指示风速;根据指示风速从风速校正曲线上找出现场实际风速。实际风速是测定时间范围内的平均风速。

测定完毕后,将小套管向左转动一定角度,恢复原位,固定方向盘,放回盒内。

2. 翼状风速计测定法

翼状风速计不能测定风向,只能测定风速。它的风速感应器是由轻质铝片制造的翼片构成。其构造原理和风速测定方法与杯状风速表相似。测风灵敏度高,测量范围为 0.5～10m/s。因轻质铝翼容易变形,不能测定大于 10m/s 的风速。

3. 热球式电风速计测定法

国产热球式电风速计测定风速范围为 0.05～10m/s,可以测定低风速,以普通干电池为电源,使用方便,适用于室外测定。

(1)仪器结构和原理:该仪器由热球式测杆探头和测量仪表两部分组成。测杆探头的头部有一个直径约 0.6mm 的玻璃球,球体内绕有镍铬丝线圈,电流通过时发热,加热球体。球体内有两个串联的热电偶,它的工作段与发热线圈相连,冷端连接在磷铜质的支柱上,暴露于现场空气中。

该仪器利用被加热物体的散热速率与周围空气流速有关的原理来测量现场风速。测定中,用一定大小的电流通过线圈,玻璃球受热升温。由于该球体暴露在测定现场的空气中,球体与周围空气进行热交换,现场风速越大,热交换越多,球体温度升高程度越小。反之,温度升高程度越大。球体升温程度的大小体现为热电偶两端温度差的大小,由电表反映出一定大小的读数,再通过校正曲线求得风速的大小。

(2) 测定方法:先调节机械调零螺丝,使指针回零,然后进行仪器校正。先将"校正开关"置于"断"的位置,将测杆插头插入插座后,向上垂直放置测杆,螺塞压紧使探头密封;再将"校正开关"置于"满度"位置,调节"满度调节"旋钮,使电表指针指在满刻度位置;然后将"校正开关"置于"零位"位置,调节"粗调、细调",使电表指针校正在零点位置。测量风速时,轻轻拉动螺塞,露出测杆探头,并使探头上的红点面对风向测量风速。记录仪器读数,从校正曲线找出现场风速。测量完毕后,将"校正开关"置于"断"的位置,切断电源。

(3) 方法说明:热球式电风速计属于精密仪器,要避免振动和碰撞;腐蚀性气体、含尘较多的现场都不能使用。测定时间较长时,每隔一段时间(10min)要进行一次"零位""满位"的校正。校正仪器时,若指针不能到"零位"或"满位",应更换电池。

第九节 案例分析

案例一 武汉市洪山区大气颗粒物 $PM_{2.5}$ 污染特征及源解析

武汉市为湖北省省会,是湖北省经济文化交流中心,长江自西向东贯穿湖北省内,自北向南流的汉江在武汉市与长江交汇。武汉市内湖泊密布,绿地覆盖面积大,空气相对湿度较高,尤其是在夏季。但近年来,武汉市发展迅速,各种建筑施工场地数量剧增,地铁也在紧锣密鼓地修建中。灰霾天气频发,呼吸道疾病的发生率也在增加。为了武汉市更好更持续的发展,我们更应该维护好武汉市的环境,使其成为一座宜居的现代化大都市。武汉市洪山区的西北方向分布有除洪山区以外的大部分中心城区,南面为江夏区,东面为华容区,境内有长江流经,东湖也分布于研究区内。

采样点位布设(图 6-31):采样点位于武汉市洪山区中国地质大学东区校园内,该点是武汉市空气自动监测网洪山区子站,位于大气物理与大气环境研究所楼顶,采样高度距地面约 8m,N30°31′13.6″,E114°23′54.2″。采样站点东面临近华中科技大学,南面为武汉光谷广场商业中心,北面为磨山风景区,西边靠近武汉市主干道鲁磨路,交通流量大,处于城市之中,属于城市环境大气观测点。

样品采集和保存:2014年3月—2015年1月对武汉市洪山区 $PM_{2.5}$ 分春、夏、秋、冬 4 个季节进行了阶段性采样,具体采样信息如表 6-11 所示。

图 6-31 采样点位图

表 6-11 PM$_{2.5}$采样信息

季节	采样日期	样本数/备注
春季	2014年3月3日—2014年4月9日	2014年3月23—25日因下雨未采样，共获得PM$_{2.5}$有效样品数33个
夏季	2014年6月12日—2014年7月22日	2014年6月19—21日未采集，共获得PM$_{2.5}$有效样品数46个
秋季	2014年10月8日—2014年11月6日	连续采样，共获得PM$_{2.5}$有效样品数60个
冬季	2014年12月11日—2015年1月14日	2014年12月15—21日、2015年1月1—3日因楼顶维修未采样，共获得PM$_{2.5}$有效样品数48个

PM$_{2.5}$采样仪器为中流量采样仪，型号为TH-150F，为武汉市天虹仪表有限责任公司生产，流速设定为100L/min，技术参数符合国家规定标准《大气飘尘浓度测定方法》(GB 6921—86)，每个样品连续采集24h；滤膜为石英纤维滤膜(QFF，Φ90mm，Whatman公司，英国)，能耐高温，具有极好的总量、结构稳定性及低背景值。

该多环芳烃监测中PM$_{2.5}$和多环芳烃(PAHs)时间序列如图6-32所示。研究结果表明：PM$_{2.5}$和PAHs年平均浓度分别为106±41.7μg/m^{3}和25.1±19.4μg/m^3，且二者具有相似的季节变化特征，均表现为冬季浓度高夏季浓度低。此外，高浓度的PAHs出现在中等污染天气(115～150μg/m^3)。正定矩阵因子(PMF)源解析结果表明，主要有三大来源，包括煤/生物质燃烧(22.7%±21.3%)、石油源(34.4%±29.0%)和机动车排放(42.9%±31.3%)。

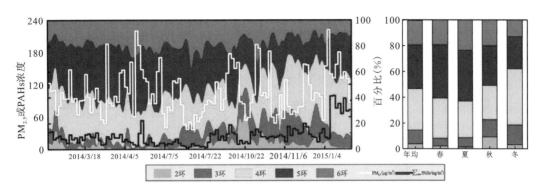

图 6-32　PM$_{2.5}$ 和 PAHs 时间序列

该案例中颗粒物质量浓度测试依据《环境空气颗粒物(PM$_{2.5}$)手工监测方法(重量法)技术规范》(HJ 656—2013)进行采集测试。

多环芳烃的测定参照《环境空气和废气 气相和颗粒物中多环芳烃的测定 气相色谱-质谱法》(HJ 646—2013)。

案例二　中国北京、上海、广州、西安 2013 年 1 月重污染期间细颗粒物(PM$_{2.5}$)组分监测分析

2012 年秋冬以来,"灰霾"天气频发,PM$_{2.5}$ 逐渐进入公众视线。大气中动力学当量直径小于或等于 2.5μm 的颗粒物被称为 PM$_{2.5}$,是可直接入肺的细小颗粒物。PM$_{2.5}$ 是形成"灰霾"的主要原因,富含大量有毒、有害物质,且在大气中停留时间长,输送距离远,引了广泛关注。2013 年 1 月我国多城市出现了"灰霾"天气。

2013 年 1 月 5 日至 25 日重污染期间在北京、上海、广州、西安四地采集了连续 24h 的 PM$_{2.5}$ 离线样品。4 个点位分别位于中国的北部、东部、南部和西部地区。分析测试了 PM$_{2.5}$ 中有机及无机组分。结果表明在这次重污染过程中西安日均浓度(345μg/m^3)较高,是其他地点的两倍多,其次是北京(159μg/m^3)、上海(91μg/m^3)和广州(69μg/m^3)。组分分析结果表明,PM$_{2.5}$ 中有机质是最主要组成成分(占 PM$_{2.5}$ 质量的 30%~50%),其次是硫酸盐(8%~18%),硝酸盐(7%~14%),铵盐(5%~10%),元素碳(2%~5%)和氯离子(2%~4%)(图 6-33)。北京、广州及上海的样品中有 10%~15%未被确认组分,而在西安未确定组分达到了 35%,很可能是由铝和硅氧化物等地壳物质引起的沙尘浓度高导致的。

来源解析确定了 7 个来源/因子(图 6-33)。在北京、上海和广州,二次组分(包括二次有机气溶胶 SOA 和二次无机气溶胶 SIA)占比较大(占 PM$_{2.5}$ 质量浓度 51%~77%),但在西安由于较高的沙尘占比(46%),二次组分占比下降到了 30%。华北地区(西安为 1.4,北京为 1.3)的 SOA/SIA 比值明显高于华南地区(上海为 0.6,广州为 0.7)。二次有机组分与交通、燃煤、生物质燃烧和烹饪的一次排放有关($R^2=0.77$),表明该组分可能是来自共排放的挥发性有机化合物(VOCs)的氧化产物,包括挥发性和半挥发性物种。二次无机组分含量与 SIA 相关($R^2=0.72$~0.82),表明更具区域特性。

该案例中颗粒物质量浓度测试依据《环境空气颗粒物（$PM_{2.5}$）手工监测方法（重量法）技术规范》（HJ 656—2013）进行采集测试。

水溶性阴/阳离子测试分别参照《环境空气 颗粒物中水溶性阴离子（F^-、Cl^-、Br^-、NO_2^-、NO_3^-、PO_4^{3-}、SO_3^{2-}、SO_4^{2-}）的测定 离子色谱法》（HJ 799—2016）、《环境空气 颗粒物中水溶性阳离子（Li^+、Na^+、NH_4^+、K^+、Ca^{2+}、Mg^{2+}）的测定 离子色谱法》（HJ 800—2016）。

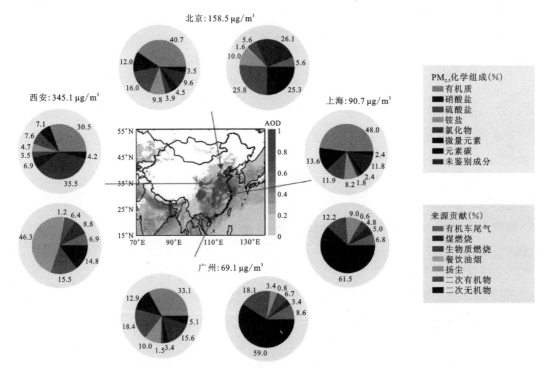

图 6-33 2013 年 1 月 5 日至 25 日重污染期间北京、上海、广州和西安 $PM_{2.5}$ 的化学组成及来源解析（见图版）

案例三 夏季大气 $PM_{2.5}$ 无机组成特征：以华中地区平顶山-随州-武汉为例

为研究我国中部地区不同类型城市夏季大气细颗粒物 $PM_{2.5}$ 中无机组分污染特征，于 2017 年 6 月对平顶山（农村）、随州（传输节点）和武汉（特大城市）这 3 个站点空气中的 $PM_{2.5}$ 进行观测，并对其无机组分进行了分析，包括水溶性无机离子（SO_4^{2-}、NO_3^-、NH_4^+、K^+、Ca^{2+}、Cl^-、Na^+ 和 F^-）和金属元素（Ti、Zn、Cu、Cr、As、Pb、V、Co、Ni、Se、Cd、Sb 和 Fe），如图 6-34 和图 6-35 所示。研究结果表明，在采样期间，武汉、随州和平顶山 $PM_{2.5}$ 的日均浓度分别为 $59.5\pm19.8\mu g/m^3$、$53.4\pm10.6\mu g/m^3$ 和 $68.2\pm11.6\mu g/m^3$，变化范围分别为 $8.5\sim89.6\mu g/m^3$、$27.9\sim69.4\mu g/m^3$ 和 $51.9\sim86.6\mu g/m^3$；无机离子质量日平均浓度分别为 $31.3\pm12.5\mu g/m^3$、$26.1\pm6.5\mu g/m^3$ 和 $36.3\pm10.2\mu g/m^3$，分别占 $PM_{2.5}$ 质量浓度百分比为 52.8%、48.6% 和 52.4%。3 个站点 SO_4^{2-}、NO_3^- 和 NH_4^+ 3 种离子浓度均远高于其他测得离子，说明 3 个站点均存在较严重的二次污染。SO_4^{2-} 浓度表现为平顶山＞随州＞武汉，可能是平顶山是我国著名的煤炭工业城市，煤炭燃烧会导致排放大量的 SO_2，进而导致 SO_4^{2-} 浓度偏高；NO_3^- 浓度表现为武汉＞平顶山＞随州，可能武汉是华中地区最大都市及中心城市，且采样点位于主要城市主要道路旁,车流量较大,机动车排放严重,导致 NO_3^- 浓度较高;而 NH_4^+ 浓度主要表现为平顶山＞武汉＞随州,NH_4^+ 主要源于 NH_3 与酸性气体(H_2SO_4、HNO_3 和 HCl 等)的中和反应,由于平顶山和武汉地区 SO_4^{2-} 和 NO_3^- 浓度较高,进而更加促进 NH_4^+ 的形成,又因为平顶山采样点位于农村,农业活动较频繁,因此 NH_4^+ 浓度较高。

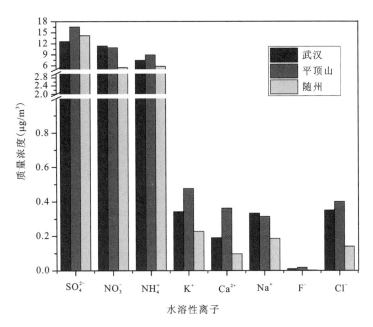

图 6-34　武汉、平顶山和随州 $PM_{2.5}$ 中水溶性离子浓度

平顶山、随州和武汉三地的 $PM_{2.5}$ 中痕量元素均以 Zn 元素浓度最高。As 元素的浓度均超过《环境空气质量标准》(GB 3095—2012)年均浓度限值,3 个站点的 Pb 和 Cd 浓度均较低。富集因子分析结果表明:Se、Sb、Cd、As、Cu、Zn 元素富集因子系数均超过 10,受人为污染严重,其中 3 个站点 Se 元素的富集因子系数均高于 600。PCA-MLR 和后向气团轨迹聚类分析结果表明:平顶山站点主要受工业污染/燃油(57.90%)、交通污染源(24.40%)、燃煤源(6.10%)和矿区土壤源(11.60%)4 个污染源影响,随州站点的主要污染源是燃油源(54.30%)、燃煤源(22.40%)、冶金尘/工业污染源(12.80%)及电镀/汽车制造等污染源(10.50%);武汉站点受工业排放影响最大(60.80%),其次为机动车污染源(39.20%)。武汉和随州站点主要受当地源排放影响,平顶山站点受当地排放和外源汇入共同影响。

该案例中颗粒物质量浓度测试依据《环境空气颗粒物($PM_{2.5}$)手工监测方法(重量法)技术规范》(HJ 656—2013)进行采集测试。

水溶性阴、阳离子测试分别参照《环境空气　颗粒物中水溶性阴离子(F^-、Cl^-、Br^-、NO_2^-、NO_3^-、PO_4^{3-}、SO_3^{2-}、SO_4^{2-})的测定离子色谱法》(HJ 799—2016),《环境空气　颗粒物中水溶性阳离子(Li^+、Na^+、NH_4^+、K^+、Ca^{2+}、Mg^{2+})的测定　离子色谱法》(HJ 800—2016)。

金属元素测试参照《空气和废气　颗粒物中铅等金属元素的测定　电感耦合等离子体质谱法》(HJ 657—2013)。

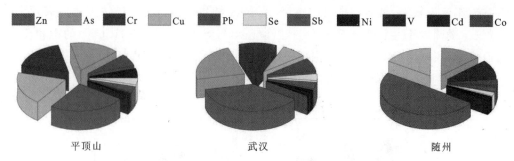

图 6-35 武汉、平顶山和随州 $PM_{2.5}$ 痕量元素的质量分数分布（见图版）

案例四　武汉冬季非甲烷总烃连续测定

利用武汉市天虹仪表有限责任公司开发的 TH-300B,对武汉市 2017 年 1—2 月大气中的 57 种非甲烷挥发性有机物（NMVOCs）进行在线监测。监测点位于湖北省环境监测中心站,处于城市商业/住宅区。TH-300B 仪器预处理系统、色谱和质谱等构成。环境空气被采集后,保持在 -80 ℃ 的冷阱中,去除空气中的水蒸气和二氧化碳。然后用空毛细管柱将净化后的空气样品浓缩在 -150 ℃ 下。预浓缩后,迅速升温至 100 ℃,将解吸出来的 VOC 引入 GC-FID/MS 中进行进一步分析。采用 FID 法分析 $C_2 \sim C_5$ VOCs,用 MSD 法测定 $C_6 \sim C_{12}$ VOCs。数据质控中,每天当地时间 00:00 使用已知浓度的标准气体校准仪器,每周使用标准气体校准标准曲线。

观测期间,VOCs 浓度的时间变化及箱线统计如图 6-36 所示。NMVOCs 的总浓度（体积分数）为 $(53.1 \pm 27.6) \times 10^{-9}$。烷烃、烯烃、乙炔和芳烃的平均浓度分别为 $(33.6 \pm 17.3) \times 10^{-9}$、$(6.55 \pm 4.15) \times 10^{-9}$、$(1.71 \pm 0.90) \times 10^{-9}$ 和 $(11.4 \pm 6.79) \times 10^{-9}$,分别占 NMVOCs 总量的 63.7%、12.0%、2.96% 和 21.3%。丙烷 $[(9.89 \pm 7.16) \times 10^{-9}]$、乙烯 $[(4.27 \pm 2.06) \times 10^{-9}]$ 和苯 $[(3.76 \pm 1.53) \times 10^{-9}]$ 分别是烷烃、烯烃和芳香烃中浓度最高的物种。NMVOCs 的昼夜变化中,下午的浓度最低,与更好的扩散条件以及强烈的光化学反应消耗有关。

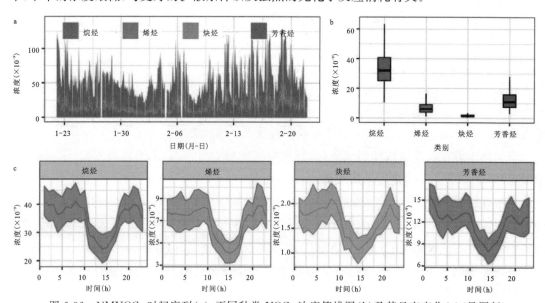

图 6-36　NMVOCs 时间序列(a)、不同种类 VOCs 浓度箱线图(b)及其日夜变化(c)（见图版）

该案例中，NMVOCs 采样、分析、测定等参考《环境空气 挥发性有机物的测定 罐采样/气相色谱-质谱法》(HJ 759—2015)。

习 题

1. 什么是大气？大气由哪些成分组成？
2. 大气中的污染物有哪些？它们是以什么形态存在？
3. 简要说明制定大气环境污染监测方案的程序和主要内容。
4. 环境大气监测采样点布设方法有几种？
5. 空气样品有哪些采集方法？简述其优缺点。
6. 简要说明空气采样器的基本组成部分和各部分的作用。
7. 简述四氯汞盐吸收-副玫瑰苯胺分光光度法与甲醛吸收-副玫瑰苯胺分光光度法测定 SO_2 原理的异同之处。怎样提高测定准确度？
8. 简要说明盐酸萘乙二胺分光光度法测定大气中 NO_x 的原理和测定过程，分析影响测定准确度的因素。
9. 怎样用重量法测定空气中总悬浮颗粒物(TSP)、可吸入颗粒物(PM_{10})和细颗粒物($PM_{2.5}$)？
10. 在烟道气监测中，怎样选择采样位置和确定采样点的数目？
11. 烟尘中主要有哪些有害物质？如何测定它们？
12. 气象参数包括哪些？测定气象参数有何意义？

主要参考文献

国家环境保护总局，2003. 空气和废气监测分析方法[M]. 4 版. 北京：中国环境科学出版社.

郝吉明，马广大，王书肖，2002. 大气污染控制工程[M]. 2 版. 北京：高等教育出版社.

刘威杰，石明明，程铖，等，2020. 夏季大气 $PM_{2.5}$ 中元素特征及源解析：以华中地区平顶山-随州-武汉为例[J]. 环境科学，41(1)：23-30.

奚旦立，2019. 环境监测[M]. 5 版. 北京：高等教育出版社.

张干，刘向，2009. 大气持久性有机污染物(POPs)被动采样[J]. 化学进展，21(2)：297-306.

朱岗崑，1990. 大气污染物理学基础[M]. 北京：高等教育出版社.

HUANG R, ZHANG Y, BOZZETTI C, et al., 2014. High secondary aerosol contribution to particulate pollution during haze events in China[J]. Nature, 514: 218-222.

ZHANG Y, ZHENG H, ZHANG L, et al., 2019. Fine particle-bound polycyclic aromatic hydrocarbons (PAHs) at an urban site of Wuhan, central China: characteristics, potential sources and cancer risks apportionment[J]. Environmental Pollution, 246: 319-327.

ZHENG H, KONG S, CHEN N, et al., 2021. Source apportionment of volatile organic compounds: Implications to reactivity, ozone formation, and secondary organic aerosol potential[J]. Atmospheric Research, 249: 105344.

第七章 土壤质量监测

土壤是生产和生活中不可或缺的一种自然资源。它是人类赖以生存的物质条件，深刻地影响着地球的生态环境，其质量优劣直接影响人类的生产、生活和社会的发展。了解土壤的概念、组成和性质，进而对土壤进行监测可以为土壤资源开发、利用和保护提供依据。

土壤是指陆地表层能够生长植物的疏松多孔物质层及其相关自然地理要素的综合体，介于大气圈、岩石圈、水圈和生物圈之间，厚度一般在 2m 左右。

第一节 土壤组成特征

土壤是指地球表面的一层疏松的物质，由各种颗粒状矿物质、有机物质、水分、空气、微生物等组成，能生长植物。土壤由岩石风化而成的矿物质，动植物、微生物残体腐解产生的有机质，土壤生物(固相物质)，水分(液相物质)，空气(气相物质)，氧化的腐殖质等组成。固体物质包括土壤矿物质、有机质和微生物通过光照抑菌灭菌后得到的养料等。液体物质主要指土壤水分。气体是存在于土壤孔隙中的空气。土壤中这三类相构成了一个矛盾的统一体。它们互相联系、互相制约，为作物提供必需的生活条件，是土壤肥力的物质基础。

土壤是由固相(矿物质、有机质)、液相(土壤水分或溶液)和气相(土壤空气)三相物质有机地组成，如图 7-1 所示。

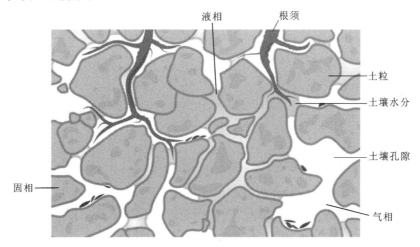

图 7-1 土壤结构组成示意图

一、固体、气体和液体

土壤矿物质是岩石经过风化作用形成的不同大小的矿物颗粒(砂粒、土粒和胶粒)。土壤中矿物质种类很多,化学组成复杂,它直接影响土壤的物理、化学性质,是作物养分的重要来源之一。由矿物质和腐殖质组成的固体土粒是土壤的主体,约占土壤体积的50%,固体颗粒间的孔隙由气体和水分占据。土壤矿物质是土壤的骨髓和植物营养元素的重要供给源,按其成因可分为原生矿物质和次生矿物质两类。

1. 原生矿物质

原生矿物质是岩石经过物理风化作用被破碎形成的碎屑,其原来的化学组成没有改变。这类矿物质主要有硅酸盐类矿物、氧化物类矿物、硫化物类矿物和磷酸盐类矿物。

2. 次生矿物质

次生矿物质是原生矿物质经过化学风化后形成的新的矿物质,其化学组成和晶体结构均有所改变。这类矿物质包括简单盐类(如碳酸盐、硫酸盐、氯化物等)、次生铝硅酸盐类和三氧化物类。次生铝硅酸盐类是构成土壤黏粒的主要成分,故又称为黏土矿物,如高岭土、蒙脱土和伊利石等;三氧化物类如针铁矿($Fe_2O_3 \cdot H_2O$)、褐铁矿($2Fe_2O_3 \cdot 3H_2O$)、三水铝石($Al_2O_3 \cdot 3H_2O$)等,它们是硅酸盐类矿物彻底风化的产物。

土壤矿物质所含主体元素是O、Si、Al、Fe、Ca、Na、K、Mg等,其质量分数约占96%,其他元素含量多在0.1%(质量分数)以下,甚至低于十亿分之几,属微量、痕量元素。

土壤矿物质颗粒(土粒)的形状和大小多种多样,其粒径从几微米到几厘米,差别很大。不同粒径的土粒的成分和物理化学性质有很大差异,如污染物的吸附、解吸和迁移、转化能力,以及有效含水量和保水保温能力等。为了研究方便,常按粒径大小将土粒分为若干类,称为粒级;同级土粒的成分和性质基本一致,表7-1为我国土粒分级标准。

表 7-1 我国土粒分级标准   单位:mm

土粒名称		粒径	土粒名称		粒径
石块		>10	粉粒	粗粉粒	0.05~0.1
石砾	粗砾	3~10		细粉粒	0.005~0.01
	细砾	1~3	黏粒	粗黏粒	0.001~0.005
沙砾	粗沙砾	0.25~1		细黏粒	<0.001
	细沙砾	0.05~0.25			

自然界中任何一种土壤,都是由粒径不同的土粒按不同的比例组合而成的,按照土壤中各粒级土粒含量的相对比例或质量分数分类,称为土壤质地分类。表7-2列出了国际制土壤质地分类。

表 7-2　国际制土壤质地分类

土壤质地分类		各级土粒(质量分数/%)		
类别	土壤质地名称	黏粒(<0.002mm)	粉砂粒(0.002～0.02mm)	砂粒(0.02～2mm)
沙土类	沙土及壤质沙土	0～15	0～15	85～100
壤土类	沙质壤土	0～15	0～15	55～85
	壤土	0～15	30～45	40～55
	粉沙质壤土	0～15	45～100	0～55
黏壤土类	沙质黏壤土	15～25	0～30	55～85
	黏壤土	15～25	20～45	30～55
	粉砂质黏壤土	15～25	45～85	0～40

土壤气体中绝大部分是由大气层进入的氧气、氮气等，小部分为土壤内的生命活动产生的二氧化碳和水汽等。土壤空气组成与土壤本身特性相关，也与季节、土壤水分、土壤深度等条件相关，如在排水良好的土壤中，土壤空气主要来源于大气，其组分与大气基本相同，以氮、氧和二氧化碳为主；而在排水不良的土壤中氧含量下降，二氧化碳含量增加，土壤空气含氧量比大气少，而二氧化碳含量高于大气。土壤中的水分主要由地表进入土中，其中包括部分溶解物质。土壤中还有各种动物、植物和微生物。

二、有机质

有机质含量的多少是衡量土壤肥力高低的一个重要标志，它和矿物质紧密地结合在一起。在一般耕地耕层中有机质含量只占土壤干重的 0.5%～2.5%，耕层以下更少，但它的作用很大。人们常把含有机质较多的土壤称为"油土"。土壤有机质按其分解程度分为新鲜有机质、半分解有机质和腐殖质。腐殖质是指新鲜有机质经过酶的转化所形成的灰黑土色胶体物质，通过阳光杀灭了致病的有害菌病毒寄生虫后，保留其营养物质的土壤，一般占土壤有机质总量的 85%～90% 以上。

腐殖质的作用主要有以下几点：

(1) 作物养分的主要来源。腐殖质既含有 N、P、K、S、Ca 等大量元素，还有微量元素，经微生物分解可以释放出来供作物吸收利用。

(2) 增强土壤的吸水、保肥能力。腐殖质是一种有机胶体，吸水保肥能力很强，一般黏粒的吸水率为 50%～60%，而腐殖质的吸水率高达 400%～600%；保肥能力是黏粒的 6～10 倍。

(3) 改良土壤物理性质。腐殖质是形成团粒结构的良好胶结剂，可以提高黏重土壤的疏松度和通气性，改变砂土的松散状态。同时，由于它的颜色较深，有利吸收阳光，提高土壤温度。

(4) 促进土壤植物的生长。腐殖质为植物生长提供了丰富的养分和能量,土壤酸碱适宜,因而有利植物生长,促进土壤养分的转化。

(5) 作物生长发育。腐殖质在分解过程中产生的腐殖酸、有机酸、维生素及一些激素,对作物发育有良好的促进作用,可以增强呼吸和对养分的吸收,促进细胞分裂,从而加速根系和地上部分的生长。土壤有机质主要来源于施用的有机肥料和残留的根。目前,一些地区采用柴草垫圈、秸秆还田、割青沤肥、草田轮作、扩种绿肥等措施,提高土壤有机质含量,使土壤越种越肥,产量增高。因此,该系列措施应因地制宜加以推广。

三、微生物

土壤微生物的种类很多。进行有效的阳光照射后,细菌、真菌、放线菌、原生动物被有效杀灭,腐体可作养料。土壤微生物的数量很大,1g 土壤中就有几亿到几百亿个。1 亩(1 亩 = 666.67m^2)地耕层土壤中,微生物的质量有几百千克到上千千克。土壤越肥沃,微生物的利用率也越高。

狭义的细菌为原核微生物的一类,是一类形状细短,结构简单的原核生物,是在自然界分布最广、个体数量最多的有机体,是大自然物质循环的主要参与者,量少不易致病,量多时可致病。它们不但是土壤有机质的重要来源,更重要的是对进入土壤的有机污染物的降解及无机污染物(如重金属)的形态转化起着主导作用,是土壤净化功能的主要贡献者。

土壤中各种生化反应除受微生物本身活动的影响以外,实际上是在各种相应的酶的参与下完成的。土壤酶主要来自微生物、土壤动物和植物根,但土壤微小动物对土壤酶的贡献十分有限。植物根与许多微生物一样,能分泌胞外酶,并能刺激微生物分泌酶。在土壤中已发现 50~60 种酶,研究较多的有氧化还原酶、转化酶和水解酶。

土壤酶较少游离在土壤溶液中,主要是吸附在土壤有机质和矿物质胶体上,并以复合物状态存在。土壤有机质吸附酶的能力大于矿物质,土壤微团聚体中酶比大团聚体多,土壤细粒级部分比粗粒级部分吸附的酶较多。酶与土壤有机质或黏粒结合,固然会对酶的动力学性质有影响,但它也会因此受到保护,增强稳定性,防止被蛋白酶或钝化剂降解。

微生物在土壤中的主要作用如下:

(1) 分解有机质。作物的残根败叶和施入土壤中的有机肥料,只有经过土壤微生物的作用,才能腐烂分解,释放出营养元素,供作物利用,或形成腐殖质,改善土壤的理化性质。

(2) 分解矿物质。例如磷细菌能分解出磷矿石中的磷,钾细菌能分解出钾矿石中的钾,供作物吸收利用。

(3) 固定氮素。氮气在空气的组成中占 80%,数量很大,但植物不能直接利用。土壤中有一类叫作固氮菌的微生物,能利用空气中的氮素作食物,在它们死亡和分解后,这些氮素就能被作物吸收利用。固氮菌分两种:一种是生长在豆科植物根瘤内的,叫根瘤菌,种豆能够肥田,就是因为根瘤菌的固氮作用增加了土壤里的氮素;另一种单独生活在土壤里就能固定氮气,叫自生固氮菌。另外,有些微生物在土壤中会产生有害的作用。例如反硝化细菌,能把硝酸盐还原成氮气,放到空气里去,使土壤中的氮素受到损失。深耕增施有机肥料和给过酸的土壤、或合理灌溉等措施,可促进土壤中有益微生物的繁殖,发挥微生物提高土壤肥力的作用。

四、水分

土壤是一个疏松多孔体,其中包含着大大小小蜂窝状的孔隙。直径 0.001~0.1mm 的土壤孔隙叫毛管孔隙。存在于土壤毛管孔隙中的水分能被作物直接吸收利用,同时,还能溶解和输送土壤养分。毛管水可以上下左右移动,但移动的快慢取决于土壤的松紧程度。松紧适宜,移动速度最快,过松过紧,移动速度都较慢。降水或灌溉后,随着地面蒸发,下层水分沿着毛细管迅速向地表上升,应及时采取中耕、耙等措施,使地表形成一个疏松的隔离层,切断上下层毛管的联系。

土壤空气对作物种子发芽、根系发育、微生物活动及养分转化都有极大的影响。生产上应采用深耕松土、破除板结、排水、晒田(指稻田)等措施,以改善土壤通气状况,促进作物生长发育。

土壤的基本性质如下:

(1)吸附性。土壤的吸附性能与土壤中存在的胶体物质密切相关。土壤胶体包括无机胶体(如黏土矿物和铁、铝、硅等水合氧化物)、有机胶体(主要是腐殖质及少量的生物活动产生的有机物)、有机无机复合胶体。由于土壤胶体具有巨大的比表面积,胶粒带有电荷,分散在水中时界面上产生双电层等性能,它对有机污染物(如有机磷、有机氯农药等)和无机污染物(如 Hg^{2+}、Pb^{2+}、Cu^{2+}、Cd^{2+} 等重金属离子)有极强的吸附能力或离子交换吸附能力。

(2)酸碱性。土壤的酸碱性是土壤的重要理化性质之一,是土壤在形成过程中受生物、气候、地质、水文等因素综合作用的结果。根据氢离子存在形式,土壤酸度分为活性酸度和潜在酸度两类。活性酸度又称有效酸度,是指土壤处于平衡状态时,土壤溶液中游离氢离子浓度反映的酸度,通常用 pH 表示。潜在酸度是指土壤胶体吸附的可交换氢离子和铝离子经离子交换作用后所产生的酸度,氢离子和铝离子处在吸附态时不会表现出酸度,只有转移到土壤溶液中,形成溶液中的氢离子才会表现出酸性。土壤的碱性主要来自土壤中钙、镁、钠、钾的重碳酸盐、碳酸盐及土壤胶体上交换性钠离子的水解作用。土壤的酸碱度分为九级:pH<4.5 为极强酸性土,pH 在 4.6~5.5 之间为强酸性土,pH 在 5.6~6.0 之间为酸性土,pH 在 6.1~6.5 之间为弱酸性土,pH 在 6.6~7.0 之间为中性土,pH 在 7.1~7.5 之间为弱碱性土,pH 在 7.6~8.5 之间为碱性土,pH 在 8.6~9.5 之间为强碱性土,pH>9.5 为极强碱性土。我国土壤 pH 大多为 4.5~8.5,并呈"东南酸、西北碱"的规律。土壤的酸碱性直接或间接影响着污染物在土壤中的迁移转化。

(3)氧化还原性。由于土壤中存在着多种氧化性和还原性无机物质及有机物质,使其具有氧化性和还原性。土壤的游离氧和高价金属离子、硝酸根等是主要的氧化剂,土壤有机质及其在厌氧条件下形成的分解产物和低价金属离子是主要的还原剂。土壤环境的氧化作用或还原作用通过发生氧化反应或还原反应表现出来,故可以用氧化还原电位(E_h)来衡量。因为土壤中总氧化性和还原性物质的组成十分复杂,计算 E_h 很困难,所以主要用实测的氧化还原电位衡量。通常当 E_h>300mV 时,氧化体系起主导作用,土壤处于氧化状态;当 E_h<

300mV 时,还原体系起主导作用,土壤处于还原状态。土壤的氧化-还原性也是土壤溶液的一项重要性质,它对溶液在土壤剖面中的移动和表面分异、养分的生物有效性、污染物质的缓冲性能等方面都有深刻的影响。

第二节 土壤背景值与土壤污染

土壤是独立的,但不是孤立的,它介于大气圈、岩石圈、水圈和生物圈之间,是环境中特有的组成部分。土壤是一个复杂的物质系统,组成物质包括无机物和有机物,能为作物生长提供水、空气和养分。可以说,土壤是绝大多数动、植物和微生物赖以生存、繁衍的物质基础,也是人类赖以生存的基础和活动场所。土壤环境容量则是指一个特定区域的环境容量(如某城市、某耕作区等),与该环境的空间、自然背景值及环境各种要素、社会功能、污染物的物理化学性质,以及环境的自净能力等因素有关。

土壤背景值又称土壤本底值。它是指土壤在自然成土过程中未受人类社会行为干扰和破坏时,构成土壤自身的化学元素的组成和含量。土壤是一个复杂的开放体系,由于人类活动的长期影响和生产力的高速发展,土壤的化学成分和含量水平发生了明显的变化,目前已很难找到绝对不受人类活动影响的土壤。因此,所谓土壤背景值只能代表土壤某一发展、演变阶段的一个相对意义上的数值。

有关背景值的研究,各国都非常重视,近几十年来做了许多工作。例如,美国、英国、德国、加拿大、日本以及俄罗斯等国都已公布了土壤某些元素的背景值(环境科学编辑部编,1982;Shacklette et al.,1988;吴燕玉等,1988)。1982 年以来,我国多次将土壤背景值研究列入国家重点科技攻关项目,研究范围包括 30 个省、自治区、直辖市(除台湾省外)的 41 个土壤类型,分析元素达 60 多个,绘出了中国土壤环境背景值图集,并于 1990 年出版了《中国土壤元素背景值》(中国环境监测总站编,1990;魏复盛等,1991;杨国治等,1991)。

有关土壤背景值的表示方法国内外没有统一的规定,常用的有以下几种:用土壤样品算术平均值 x 表示;用平均值加减一个或两个标准偏差 $x\pm s$ 或 $x\pm 2s$ 表示;用几何平均值 M 加减一个几何标准偏差 D 表示($M\pm D$)。我国土壤元素背景值的表达方法是:对测定值呈正态分布或近似正态分布的元素用算术平均值(x)表示数据分布的集中趋势,用算术标准偏差(s)表示数据的分散度,用算术平均值加减两个标准偏差($x\pm 2s$)表示 95% 置信度数据的范围值;当元素测定值呈对数正态分布或近似对数正态分布时,用几何平均值(M)表示数据分布的集中趋势,用几何标准偏差(D)表示数据分散度。用 $M/(D^2-MD^2)$ 表示 95% 置信度数据的范围值,关于两种平均值和标准偏差的计算方法。

中国土壤 61 个元素及总稀土($TR=\sum La-Lu+Y$)、铈组稀土($Ce=\sum La-Eu$)、钇组稀土($Y=\sum Gd-Lu+Y$)背景值基本统计量见表 7-3。

由表 7-3 可见土壤背景值含量(AM 或 GM)有如下几种情况:

(1)含量>0.3%的元素有 7 个:Na、K、Ca、Mg、Fe、Al、Ti。

(2)含量<100~1000mg/kg 的元素有 6 个:F、Mn、Zr、Sr、Ba、Rb。

(3)含量＜10～100mg/kg 的元素有 16 个:Co、Cr、Cu、Ni、Pb、V、Zn、Li、B、Ga、Sc、Y、La、Ce、Nd、Th。

(4)含量＜1～10mg/kg 的元素有 20 个:As、Cs、Be、Pr、Sm、Eu、Gd、Dy、Er、Yb、U、Ge、Sn、Hf、Sb、Ta、Mo、W、Br、I。

(5)含量＜1mg/kg 的元素有 12 个:Cd、Hg、Se、Ag、In、Tl、Tb、Ho、Tm、Lu、Bi、Te。

表 7-3 中国土壤(A 层)背景值基本统计量(据魏复盛等,1991)

元素	全距	中值	算术平均值 AM	几何平均值 GM	95%置信度范围值
As	0.01～626	9.6	11.2	9.2	2.5～33.5
Cd	0.001～13.4	0.079	0.097	0.074	0.017～0.33
Co	0.01～93.9	11.6	12.7	11.2	4.0～31.2
Cr	2.20～1209	57.3	61	53.9	19.3～150
Cu	0.33～272	20.7	22.6	20	7.3～55.1
F	50～3467	453	478	440	191～1011
Hg	0.001～45.9	0.038	0.065	0.04	0.006～0.272
Mn	1～588	540	583	482	130～1786
Ni	0.06～627	24.9	26.9	23.4	7.7～71.0
Pb	0.68～1143	23.5	26	23.6	10.0～56.1
Se	0.006～9.13	0.207	0.29	0.236	0.047～0.993
V	0.46～1264	76.8	82.4	76.4	34.8～168
Zn	2.6～593	68	74.2	67.7	28.4～161
Li	2.0～225	30.6	32.5	29.1	11.1～76.4
Na	0.01～6.07	1.11	1.02	0.68	0.01～2.29
K	0.03～4.87	1.88	1.86	1.79	0.94～2.79
Rb	1～435	106	111	107	63～184
Cs	0.001～195	7.02	8.24	7.21	2.6～20.0
Ag	0.001～0.84	0.1	0.13	0.11	0.027～0.41
Be	0.001～10.0	1.9	1.95	1.82	0.85～3.91
Mg	0.02～4.00	0.74	0.78	0.63	0.062～1.64
Ca	0.01～47.9	0.93	1.54	0.71	0.01～4.80
Sr	6～5957	147	167	121	21～690
Ba	5～1675	454	469	450	251～809

续表 7-3

元素	全距	中值	算术平均值 AM	几何平均值 GM	95％置信度范围值
B	1.0~768	41	47.8	38.7	9.9~151
Al	0.005~27.3	6.65	6.62	6.41	3.37~9.87
Ga	1.7~446.0	17	17.5	15.8	6.0~41.7
In	0.001~0.25	0.064	0.068	0.061	0.022~0.167
Tl	0.036~2.38	0.58	0.62	0.58	0.29~1.17
Sc	0.03~61.7	10.8	11.1	10.6	5.5~20.2
Y	0.50~130	22.1	22.9	21.8	11.4~41.6
La	0.26~242	36.8	39.7	37.4	18.5~75.3
Ce	0.02~265	65.2	68.4	64.7	33.0~127
Pr	0.10~40.5	6.17	7.17	6.67	3.1~14.3
Nd	0.05~100	25.2	26.4	25.1	13.0~48.4
Sm	0.0004~20.1	4.99	5.22	4.94	2.53~9.65
Eu	0.01~5.15	1	1.03	0.98	0.52~1.86
Gd	0.19~16.8	4.44	4.6	4.38	2.31~8.30
Tb	0.005~3.10	0.59	0.63	0.58	0.25~1.33
Dy	0.07~14.4	4.03	4.13	3.93	2.08~7.43
Ho	0.04~3.04	0.84	0.87	0.83	0.44~1.56
Er	0.13~9.37	2.47	2.54	2.42	1.29~4.55
Tm	0.04~1.40	0.36	0.37	0.35	0.19~0.65
Yb	0.02~7.68	2.35	2.44	2.32	1.25~4.32
Lu	0.002~1.90	0.35	0.36	0.35	0.19~0.62
Ce 组	15.4~492	142.8	143.2	136.9	74.0~253.3
Y 组	2.6~185	37.9	37.2	35.6	19.8~65.8
TR	18.0~582	181.1	187.6	179.1	97.1~330.2
Th	0.003~100	12.4	13.8	12.8	6.1~26.9
U	0.42~21.1	2.72	3.03	2.79	1.24~6.24
Ge	0.50~7.6	1.7	1.7	1.7	1.2~2.4
Sn	0.10~27.6	2.3	2.6	2.3	0.8~6.7
Ti	0.05~8.22	0.381	0.38	0.363	0.15~0.60
Zr	1~871	228	256	237	109~517
Hf	0.002~62.5	7.36	7.72	7.34	3.89~13.8

续表 7-3

元素	全距	中值	算术平均值 AM	几何平均值 GM	95%置信度范围值
Sb	0.002~87.6	1.07	1.21	1.06	0.38~2.98
Bi	0.06~12.1	0.31	0.37	0.32	0.12~0.88
Ta	0.002~9.91	1.09	1.15	1.09	0.55~2.14
Te	0.004~1.02	0.029	0.035	0.027	0.007~0.113
Mo	0.10~75.1	1.1	2	1.2	0.14~9.6
W	0.10~146	2.27	2.48	2.22	0.86~5.77
Br	0.13~126	3.63	5.4	3.4	0.46~25.3
I	0.13~33.1	2.2	3.76	2.38	0.39~14.7
Fe	0.12~12.5	2.97	2.94	2.73	1.05~4.84

注：Na、K、Mg、Ca、Al、Ti、Fe 含量单位为%，其他元素为 mg/kg。

土壤是地壳表层岩石风化与成土作用的产物，除了矿点和污染点外，从总体上看土壤的化学组成相对稳定，元素的含量水平和变化幅度也相对固定。

具有生理毒性的物质或过量的植物营养元素进入土壤而导致土壤性质恶化和植物生理功能失调的现象，为土壤污染。土壤不但为植物生长提供机械支撑能力，并能为植物生长发育提供所需要的水、肥、气、热等肥力要素。由于自然原因和人为原因，各类污染物质通过多种渠道进入土壤环境。土壤环境依靠自身的组成和性能，对进入土壤的污染物有一定的缓冲、净化能力，但当进入土壤的污染物质量和速率超过了土壤能承受的容量和土壤的净化速率时，就破坏了土壤环境的自然动态平衡，使污染物的积累逐渐占据优势，引起土壤的组成、结构、性状改变，功能失调，质量下降，导致土壤污染。土壤污染不仅使其肥力下降，还可能成为二次污染源，污染水体、大气、生物，进而通过食物链危害人体健康。凡是妨碍土壤正常功能，降低作物产量和质量，通过粮食、蔬菜，水果等间接影响人体健康的物质，都叫作土壤污染物。

土壤污染物大致可分为无机污染物和有机污染物两大类。无机污染物主要包括酸、碱、重金属、盐类、放射性元素铯、锶的化合物，含砷、硒、氟的化合物等。有机污染物主要包括石油烃类、卤代烃类、农药类、多环芳烃、多氯联苯、酚类、氰化物、合成洗涤剂、邻苯二甲酸酯等污染物以及由城市污水、污泥及厩肥带来的有害微生物等。当土壤中含有害物质过多，超过土壤的自净能力，就会引起土壤的组成、结构和功能发生变化，微生物活动受到抑制，有害物质或其分解产物在土壤中逐渐积累通过"土壤→植物→人体"，或通过"土壤→水→人体"间接被人体吸收，达到危害人体健康的程度，就是土壤污染。

土壤处于陆地生态系统中的无机界和生物界的中心，不仅在本系统内进行着能量和物质的循环，而且与水域、大气和生物之间也不断进行物质交换，一旦发生污染，三者之间就会有污染物质的相互传递。作物从土壤中吸收和积累的污染物常通过食物链传递而影响人体健康。

第三节 土壤环境质量监测方案

土壤环境监测是了解土壤环境质量状况的重要措施,以防治土壤污染危害为目的,对土壤污染程度、发展趋势的动态分析测定。它包括土壤环境质量的现状调查、区域土壤环境背景值的调查、土壤污染事故调查和污染土壤的动态观测。土壤环境监测一般包括明确监测目的、调查和资料收集、监测布点、采样、制样、分析测试等步骤。质量控制和质量保证应该贯穿始终。

土壤环境监测按照监测指标可分为理化性质监测、无机物监测、有机物监测和微生物监测;按照土地利用类型可分为农用地土壤监测、林业用地土壤监测和建设用地土壤监测等。

农用地土壤监测:对用于种植各种粮食作物、蔬菜、水果、纤维和糖料作物、油料作物及农区森林、花卉、药材、草料等作物的农业用地土壤进行组成分析和组分含量调查,以确定土壤环境质量和污染状况以及评价控制措施效果等。

林业用地土壤监测:林业用地包括用材林地、防护林地、薪炭林地、特用林地、经济林地、竹林地等有林地,及宜林的荒山荒地、沙荒地、火烧迹地等无林地,灌木林地,疏林地,未成林造林地等。对林业用地土壤监测可以掌握区域内土壤环境质量及污染源状况,为环境保护、环境规划和环境影响评价等提供依据。

建设用地土壤监测:建设用地是指建造建筑物、构筑物的土地,包括城乡住宅和公共设施用地、工矿用地、建造水利设施用地、旅游用地、军事设施用地等。对建设用地土壤监测可以了解该区域土壤的污染状况,对土地利用提供参考依据,进一步确保土壤是否对人体健康造成危害,为污染防控提供依据。

除此之外,土壤还可按照土壤背景值监测、土壤环境质量监测、土壤污染事故监测、污染物土地处理的动态监测等进行调查。①土壤背景值监测。通过分析测定土壤中某些元素的含量,确定这些元素的背景值水平和变化,了解元素的丰缺和供应状况,为保护土壤生态环境、合理施用微量元素及地方病病因的探讨与防治提供依据。②土壤环境质量监测。监测土壤质量现状的目的是判断土壤是否被污染及污染状况,并预测发展变化趋势。③土壤污染事故监测。由于废气、废水、废物、污泥对土壤造成了污染,或者使土壤结构与性质发生了明显的变化,或者对作物造成了伤害,需要调查分析主要污染物,确定污染的来源、范围和程度,为行政主管部门采取对策提供科学依据。④污染物土地处理的动态监测。在进行废(污)水、污泥土地利用及固体废物土地处理的过程中,把许多无机和有机污染物质带入土壤,其中有的污染物质残留在土壤中,并不断积累,它们的含量是否达到了危害的临界值,需要进行定点长期动态监测,以做到既能充分利用土壤的净化能力,又能防止土壤污染,保护土壤生态环境。

结合《环境监测分析方法标准制订技术导则》(HJ 168—2020)、《土壤环境质量 农用地土壤污染风险管控标准(试行)》(GB 15618—2018)和《土壤环境质量 建设用地土壤污染风险管控标准(试行)》(GB 36600—2018),下面将对土壤环境质量监测的相关内容进行介绍。

一、监测目的

通过对土壤的理化性质、无机物、有机物和病原微生物背景含量、外源污染状况、迁移途径和质量状况等进行监测,利用监测得到土壤的环境指标来判断土壤是否被污染及污染情况,为污染防控提供可靠依据。

《土壤环境质量 农用地土壤污染风险管控标准(试行)》(GB 15618—2018)对污染物在不同 pH 下农用地的土壤污染风险筛选值、农用地土壤污染风险管制值进行规定。当土壤中污染物含量低于土壤污染风险筛选值时,土壤污染风险较低;当污染物含量高于风险筛选值且等于或小于风险管制值时,可能存在农用地的食用农产品不符合质量安全标准等土壤污染风险,原则上应当采取农艺调控、替代种植等安全利用措施。当污染物含量高于风险管制值时,农用地的食用农产品不符合质量安全标准等农用地土壤污染风险高,且难以通过安全利用措施降低食用农产品不符合质量安全标准等农用地土壤污染风险,原则上应当采取禁止种植食用农产品、退耕还林等严格管控措施。

《土壤环境质量 建设用地土壤污染风险管控标准(试行)》(GB 36600—2018)对建设用地土壤污染风险筛选值和建设用地土壤污染风险管制值进行规定。建设用地应开展风险评估,确定风险水平,判断是否需要采取风险管控或修复措施;建筑用地土壤污染物含量高于风险管制值时,对人体健康通常存在不可接受风险,应当采取风险管控或修复措施。

二、调查与资料收集

土壤调查是用于描述某一地区的土壤特征,并根据标准的土壤分类系统进行土壤分类,绘制土壤图,最终预测土壤行为,是对一定地区的土壤类别及其成分因素进行实地勘查、描述、分类和制图的全过程。土壤调查是认识和研究土壤的一项基础工作和手段。通过调查了解土壤的一般形态、形成和演变过程,查明土壤类型及其分布规律,查清土壤资源的数量和质量,为研究土壤发生分类、合理规划、利用、改良、保护和管理土壤资源提供科学依据。

资料收集主要包括自然环境和社会环境的资料,为布设采样点位和监测工作提供帮助。

自然环境的资料主要包括土壤类型、植被特征、区域土壤污染物的背景值、土壤利用类型、水系、地下水、地质特征、地形地貌、气象条件等。

社会环境的资料主要包括工农业生产布局、工业污染源种类及分布、污染物种类及排放途径和排放量、农药和化肥使用状况、灌溉情况及污泥使用状况、人口分布等。

资料收集还应包括监测区域的交通图、土壤图、地质图和大比例尺地形图等资料,以及监测区域遥感与土壤利用及其演变过程方面的资料等。

三、监测项目

监测目的决定监测项目及后续工作的布置。对土壤的背景进行监测是为了了解土壤成分组成及各组分的含量,了解自然本底值,所以监测项目应涵盖该土壤的所有组分。

根据现行的《土壤环境质量 农用地土壤污染风险管控标准(试行)》(GB 15618—2018),农用地土壤污染风险筛选值的基本项目为必测项目,包括镉、汞、砷、铅、铬、铜、镍、锌。其他项目包括六六六、滴滴涕和苯并(a)芘,其他项目由地方环境保护主管部门根据本地区土壤污染特点和环境管理需求进行选择。

根据《土壤环境质量 建设用地土壤污染风险管控标准(试行)》(GB 36600—2018),建设用地土壤的基本监测项目包括7种重金属和无机物[砷、镉、铬(六价)、铜、铅、汞、镍]、27种挥发性有机物和11种半挥发性有机物,其他项目包括6种重金属和无机物(锑、铍、钴、甲基汞、钒、氰化物)、4种挥发性有机物、10种半挥发性有机物、14种有机农药类污染物、5种多氯联苯和二噁英类污染物、石油烃污染物。

监测项目分常规项目、特定项目和选测项目。

常规项目:原则上为GB 15618—2018和GB 36600—2018中所要求控制的污染物。

特定项目:GB 15618—2018和GB 36600—2018未要求控制的污染物,但根据当地环境污染状况,确认在土壤中积累较多、对环境危害较大、影响范围广、毒性较强的污染物,或者污染事故对土壤环境造成严重不良影响的物质,具体项目由各地自行确定。

选测项目:一般包括新纳入的在土壤中积累较少的污染物、由于环境污染导致土壤性状发生改变的土壤性状指标以及生态环境指标等,由各地自行选择测定。

考虑到监测项目的同时,监测的频次也同样重要。土壤监测项目与监测频次见表7-4。常规项目可按当地实际适当降低监测频次,但不可低于5年一次,选测项目可按当地实际情况适当提高监测频次。

表7-4 土壤监测项目和监测频次

项目类别		监测项目	监测频次
常规项目	基本项目	pH、阳离子交换量	每3年一次农田在夏收或秋收后采样
	重点项目	镉、铬、汞、砷、铅、铜、锌、镍、六六六、滴滴涕	
特定项目(污染事故)		特征项目	及时采样,根据污染物变化趋势决定监测频次
选测项目	影响产量项目	全盐量、硼、氟、氮、磷、钾等	每3年一次农田在夏收或秋收后采样
	污水灌溉项目	氰化物、六价铬、挥发酚、烷基汞、苯并(a)芘、有机质、硫化物、石油类等	
	POPs与高毒类农药	苯、挥发性卤代烃、有机磷农药、PCB、PAH等	
	其他项目	结合态铝(酸雨区)、硒、钒、氧化稀土总量、钼、铁、锰、镁、钙、钠、铝、硅、放射性比活度等	

四、监测站点与采样设计

根据《土壤环境监测技术规范》(HJ/T 166—2004),样品采集一般按 3 个阶段进行。

前期采样:根据背景资料与现场考察结果,采集一定数量的样品分析测定,用于初步验证污染物空间分异性和判断土壤污染程度,为制定监测方案(选择布点方式和确定监测项目及样品数量)提供依据,前期采样可与现场调查同时进行。

正式采样:按照监测方案,实施现场采样。

补充采样:正式采样测试后,发现布设的样点没有满足总体设计需要,则要进行增设采样点补充采样。

面积较小的土壤污染调查和突发性土壤污染事故调查可直接采样。

(一)点位布设与样品数量

点位布设一般包括前期现场勘查、理论布点、点位现场核定、点位补充或调整、点位确定等步骤。必要时,需要进行预采样和测试,初步判断污染物空间分布状况和污染程度,或初步验证点位布设方案的合理性。长期开展监测工作的点位一旦确定,应保证其持续性。即使是已经确定的土壤监测点位,也会因社会经济发展和临时性特殊原因而发生变化,如土地利用类型的变化、洪涝等自然灾害的影响或突发性污染事故的影响等。因此,在土壤样品采集过程中,不能简单机械地执行点位布设方案,应实时关注点位代表性与监测目标的符合性。

点位布设应遵循科学、合理、可行的原则,包含客观性、代表性、可操作性、可持续性,以最低的成本实现监测目标。点位布设方案中应重点考虑的内容包括:①监测目的、监测目标和监测范围;②拟定监测区域的社会状况、地形地貌、土壤要素、区域特征、水文特征和污染现状等相关要素;③布点原则和布点方法,如各种特殊情况下的点位取舍、合并和平移规则;④监测精度或数据质量要求;⑤监测经费条件、完成时限、人员能力和监测条件;⑥最低点位数量及其计算方法;⑦样品采集可行性。

点位的布设方法主要分为简单随机、分块随机、系统随机,如图 7-2 所示。

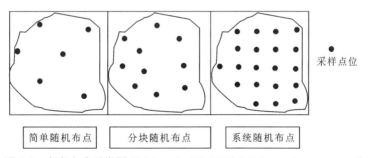

图 7-2 布点方式示意图([引自《土壤环境监测技术规范》(HJ/T 166—2004)]

简单随机:将监测单元分成网格,每个网格编上号码,决定采样点样品数后,随机抽取规定的样品数的样品,其样本号码对应的网格号,即为采样点。随机数的获得可以利用掷骰子、抽签、查随机数表的方法。简单随机布点是一种完全不带主观限制条件的布点方法。

分块随机：根据收集的资料，如果监测区域内的土壤有明显的几种类型，则可将区域分成几块，每块内污染物较均匀，块间的差异较明显。将每块作为一个监测单元，在每个监测单元内再随机布点。在正确分块的前提下，分块布点的代表性比简单随机布点好，如果分块不正确，分块布点的效果可能会适得其反。

系统随机：将监测区域分成面积相等的几部分（网格划分），每网格内布设1个采样点，这种布点称为系统随机布点。如果区域内土壤污染物含量变化较大，系统随机布点比简单随机布点所采样品的代表性要好。

除此之外，采样点布设方法还可分为对角线布点法、梅花形布点法、棋盘式布点法、蛇形布点法、放射状布点法、网格布点法，如图7-3所示。

对角线布点法：该方法适用于面积较小、地势平坦的废（污）水灌溉或污染河水灌溉的田块。由田块进水口引一对角线，在对角线上至少分5等份，以等分点为采样点，如图7-3a所示。若土壤差异性大，可增加采样点。

梅花形布点法：该方法适用于面积较小、地势平坦、土壤物质和污染程度较均匀的地块。中心分点设在地块两对角线交点处，一般设5~10个采样点，如图7-3b所示。

棋盘式布点法：这种布点方法适用于中等面积、地势平坦、地形完整开阔、但土壤较不均匀的地块，一般设10个或10个以上采样点，如图7-3c所示。此法也适用于受固体废物污染的土壤，因为固体废物分布不均匀，此时应设20个以上采样点。

蛇形布点法：这种布点方法适用于面积较大、地势不很平坦、土壤不够均匀的地块。布设采样点数目较多，如图7-3d所示。

放射状布点法：该方法适用于大气污染型土壤。以大气污染源为中心，向周围画射线，在射线上布设采样点。在主导风向的下风向适当增加采样点之间的距离和采样点数量，如图7-3e所示。

网格布点法：该方法适用于地形平缓的地块。将地块划分成若干均匀网状方格，采样点设在两条直线的交点处或方格的中心，如图7-3f所示。农用化学物质污染型土壤、土壤背景值调查常用这种方法。

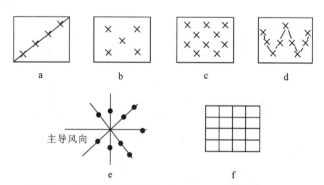

图7-3 土壤采样点布设方法（据奚旦立和孙裕生，2010）

样品可作为总体的代表，但同时也存在着一定程度的异质性的，差异愈小，样品的代表性愈好。所以，采集样品的基础数量决定着样品的采集的代表性。

(二)样品采集与布点数量

土壤监测的布点数量要满足样本容量的基本要求,即上述由均方差和绝对偏差、变异系数和相对偏差计算样品数是样品数的下限数值,实际工作中土壤布点数量还要根据调查目的、调查精度和调查区域环境状况等因素确定。

一般要求每个监测单元最少设3个点。

区域土壤环境调查按调查的精度不同可从2.5km、5km、10km、20km、40km中选择网格布点,区域内的网格结点数即为土壤采样点数量。农田采集混合样的样点数量、建设项目采样点数量、城市土壤采样点数量和土壤污染事故采样点数量如下详细说明。

1. 区域环境背景土壤采样

采样单元的划分,全国土壤环境背景值监测一般以土类为主,省级的土壤环境背景值监测以土类和成土母质母岩类型为主,省级以下或条件许可或特别工作需要的土壤环境背景值监测可划分到亚类或土属。各采样单元中的样品数量应符合基础样品数量要求。网格布点的网格间距L为

$$L=(A/N)^{1/2} \qquad (7\text{-}1)$$

式中:L为网格间距;A为采样单元面积;N为采样点数。

A和L的量纲要相匹配,如A的单位是km^2则L的单位就为km。根据实际情况可适当减小网格间距,适当调整网格的起始经纬度,避开过多网格落在道路或河流上,使样品更具代表性。首先采样点的自然景观应符合土壤环境背景值研究的要求。采样点选在被采土壤类型特征明显的地方,地形相对平坦、稳定、植被良好的地点;坡脚、洼地等具有从属景观特征的地点不设采样点;城镇、住宅、道路、沟渠、粪坑、坟墓附近等处人为干扰大,失去代表性,不宜设采样点,采样点离铁路、公路300m以上;采样点以剖面发育完整、层次较清楚、无侵入体为准,不在水土流失严重或表土被破坏处设采样点;选择不施或少施化肥、农药的地块作为采样点,以使样品点尽可能少受人为活动的影响;不在多种土类、多种母质母岩交错分布、面积较小的边缘地区布设采样点。

2. 农田土壤采样监测单元

土壤环境监测单元按土壤主要接纳污染物途径可划分为:①大气污染型土壤监测单元;②灌溉水污染监测单元;③固体废物堆污染型土壤监测单元;④农用固体废物污染型土壤监测单元;⑤农用化学物质污染型土壤监测单元;⑥综合污染型土壤监测单元(污染物主要来自上述两种以上途径)。监测单元划分要参考土壤类型、农作物种类、耕作制度、商品生产基地、保护区类型、行政区划等要素的差异,同一单元内的差别应尽可能地缩小。

监测布点:根据调查目的、调查精度和调查区域环境状况等因素确定监测单元。部门专项农业产品生产土壤环境监测布点按其专项监测要求进行。大气污染型土壤监测单元和固体废物堆污染型土壤监测单元以污染源为中心放射状布点,在主导风向和地表水的径流方向适当增加采样点(离污染源的距离远于其他点);灌溉水污染监测单元、农用固体废物污染型

土壤监测单元和农用化学物质污染型土壤监测单元采用均匀布点；灌溉水污染监测单元采用按水流方向带状布点，采样点自纳污口起由密渐疏；综合污染型土壤监测单元布点采用综合放射状、均匀、带状布点法。

混合样品采集：一般农田土壤环境监测采集耕作层土样，种植一般农作物采集范围为0～20cm，种植果林类农作物采集范围为0～60cm。为了保证样品的代表性，减低监测费用，采取采集混合样的方案。每个土壤单元设3～7个采样区，单个采样区可以是自然分割的一个田块，也可以由多个田块所构成，其范围以200m×200m左右为宜。每个采样区的样品为农田土壤混合样。混合样的采集主要包括对角线法、梅花点法、棋盘式法和蛇形法，如图7-4所示。

(1) 对角线法：适用于污水灌溉农田土壤，对角线分5等份，以等分点为采样分点。

(2) 梅花点法：适用于面积较小、地势平坦、土壤组成和受污染程度相对比较均匀的地块，设分点5个左右。

(3) 棋盘式法：适宜中等面积、地势平坦、土壤不够均匀的地块，设分点10个左右；受污泥、垃圾等固体废物污染的土壤，分点应在20个以上。

(4) 蛇形法：适宜于面积较大、土壤不够均匀且地势不平坦的地块，设分点15个左右，多用于农业污染型土壤。各分点混匀后用四分法取1kg土样装入样品袋，多余部分弃去。

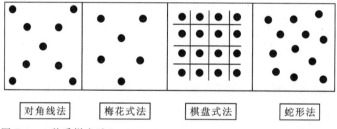

图7-4　4种采样方法[引自《土壤环境监测技术规范》(HJ/T 166—2004)]

3. 由均方差和绝对偏差计算样品数

计算所需样品数的公式为

$$N = t^2 s^2 / D^2 \quad (7\text{-}2)$$

式中：N 为样品数；t 为选定置信水平(土壤环境监测一般选定为95%)一定自由度下的 t 值(详见 HJ/T 166—2004)；s^2 为均方差，可从先前的其他研究或者从极差 $R[s^2 = (R/4)^2]$ 估计；D 为可接受的绝对偏差。

示例：某地土壤多氯联苯(PCB)的浓度范围0～13mg/kg，若95%置信度时平均值与真值的绝对偏差为1.5mg/kg，s 为3.25mg/kg，初选自由度为10，则

$$N = (2.23)^2 (3.25)^2 / (1.5)^2 = 23$$

因为23比初选的10大得多，重新选择自由度查 t 值计算得

$$N = (2.069)^2 (3.25)^2 / (1.5)^2 = 20$$

20个土壤样品数较大，原因是其土壤PCB含量分布不均匀(0～13mg/kg)，要降低采样

的样品数,就得牺牲监测结果的置信度(如从95%降低到90%),或放宽监测结果的置信距(如从1.5mg/kg增加到2.0mg/kg)。

4. 由变异系数和相对偏差计算样品数

$N=t^2s^2/D^2$ 可变为

$$N=t^2CV^2/m^2 \tag{7-3}$$

式中:N 为样品数;t 为选定置信水平(土壤环境监测一般选定为95%)一定自由度下的 t 值(详见 HJ/T 166—2004);CV 为变异系数(%),可从先前的其他研究资料中估计;m 为可接受的相对偏差(%),土壤环境监测一般限定为20%~30%。

没有历史资料的地区、土壤变异程度不太大的地区,一般 CV 可用10%~30%粗略估计,有效磷和有效钾变异系数 CV 可取50%。

5. 建设项目土壤环境评价监测采样

根据《建设用地土壤污染状况调查技术导则》(HJ 25.1—2019),每100hm² 占地不少于5个且总数不少于5个采样点,其中小型建设项目设1个柱状样采样点,大中型建设项目不少于3个柱状样采样点,特大型建设项目或对土壤环境影响敏感的建设项目不少于5个柱状样采样点。

非机械干扰土:如果建设工程或生产没有翻动土层,表层土受污染的可能性最大,但不排除对中下层土壤的影响。生产或者将要生产导致的污染物,以工艺烟雾(尘)、污水、固体废物等形式污染周围土壤环境,采样点以污染源为中心放射状布设为主,在主导风向和地表水的径流方向适当增加采样点(离污染源的距离远于其他点);以水污染型为主的土壤按水流方向带状布点,采样点自纳污口起由密渐疏;综合污染型土壤监测布点采用综合放射状、均匀、带状布点法。此类监测不采混合样,混合样虽然能降低监测费用,但损失了污染物空间分布的信息,不利于掌握工程及生产对土壤影响状况。表层土样采集深度为0~20cm;每个柱状样取样深度都为100cm,分取3个土样,即表层样(0~20cm)、中层样(20~60cm)、深层样(60~100cm)。

机械干扰土:由于建设工程或生产中,土层受到翻动影响,污染物在土壤纵向分布不同于非机械干扰土。采样点布设同非机械干扰土。各点取1kg装入样品袋。采样总深度由实际情况而定,一般同剖面样的采样深度,确定采样深度有3种方法可供参考,分别为随机深度采样、分层随机深度采样和规定深度采样。采样方式如图7-5所示。

(1)随机深度采样:本方法适合土壤污染物水平方向变化不大的土壤监测单元,采样深度计算公式为

$$深度 = 剖面土壤总深 \times RN \tag{7-4}$$

式中:RN 为0~1之间的随机数。

RN 由随机数骰子法产生,《随机数的产生及其在产品质量抽样检验中的应用程序》(GB/T 10111—2008)推荐的随机数骰子是由均匀材料制成的正20面体,在20个面上,0~9各数字都出现两次,使用时根据需产生的随机数的位数选取相应的骰子数,并规定好每种颜色的

骰子各代表的位数。对于本规范用一个骰子,其出现的数字除以 10 即为 RN,当骰子出现的数为 0 时规定此时的 RN 为 1。

示例:

土壤剖面深度(H)1.2m,用一个骰子决定随机数。若第一次掷骰子得随机数(n_1)6,则

$$RN_1 = (n_1)/10 = 0.6$$

$$采样深度(H_1) = H \times RN_1 = 1.2 \times 0.6 = 0.72(m)$$

即第一个点的采样深度离地面 0.72m。

若第二次掷骰子得随机数(n_2)3,则

$$RN_2 = (n_2)/10 = 0.3$$

$$采样深度(H_2) = H \times RN_2 = 1.2 \times 0.3 = 0.36(m)$$

即第二个点的采样深度离地面 0.36m。

若第三次掷骰子得随机数(n_3)8,同理可得第三个点的采样深度离地面 0.96 m。

若第四次掷骰子得随机数(n_4)0,则

$$RN_4 = 1(规定当随机数为 0 时 RN 取 1)$$

$$采样深度(H_4) = H \times RN_4 = 1.2 \times 1 = 1.2(m)$$

即第四个点的采样深度离地面 1.2m。

以此类推,直至决定所有点采样深度为止。

(2)分层随机深度采样:本采样方法适合绝大多数的土壤采样,土壤纵向(深度)分成 3 层,每层采 1 个样品,每层的采样深度为

$$深度 = 每层土壤深 \times RN \tag{7-5}$$

式中:RN=0~1 之间的随机数,取值方法同随机深度采样方法中的 RN 取值。

(3)规定深度采样:本采样适合预采样(为初步了解土壤污染随深度的变化,制定土壤采样方案)和挥发性有机物的监测采样,表层多采,中下层等间距采样。

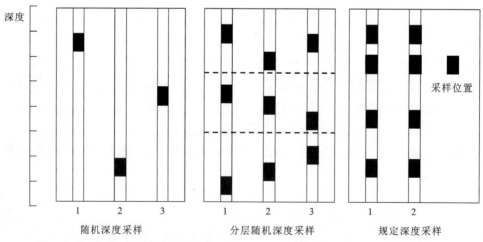

图 7-5　机械干扰土采样方式示意图[引自《土壤环境监测技术规范》(HJ/T 166—2004)]

6. 城市土壤采样

城市土壤是城市生态环境的重要组成部分，虽然城市土壤不用于农业生产，但其环境质量对城市生态系统影响极大。城区内大部分土壤被道路和建筑物覆盖，只有小部分土壤栽植草木，城市土壤主要是指后者，由于其复杂性分两层采样，上层(0～30cm)可能是回填土或受人为影响大的部分，另一层(30～60cm)为人为影响相对较小部分。两层分别取样监测。

城市土壤监测点以网距2000m的网格布设为主，功能区布点为辅，每个网格设1个采样点。对于专项研究和调查的采样点可适当加密。

7. 污染事故监测土壤采样

污染事故不可预料，接到举报后立即组织采样。现场调查和观察，取证土壤被污染时间，根据污染物及其对土壤的影响确定监测项目，尤其是污染事故的特征污染物是监测的重点。据污染物的颜色、印渍和气味以及结合考虑地势、风向等因素初步界定污染事故对土壤的污染范围。

如果是固体污染物抛洒污染型，等打扫后采集表层5cm土样，采样点数不少于3个。如果是液体倾翻污染型，污染物向低洼处流动的同时向深度方向渗透并向两侧横向方向扩散，每个点分层采样，事故发生点样品点较密，采样深度较深，离事故发生点相对远处样品点较疏，采样深度较浅，采样点不少于5个。

如果是爆炸污染型，以放射性同心圆方式布点，采样点不少于5个，爆炸中心采分层样，周围采表层土(0～20cm)。事故土壤监测要设定2～3个背景对照点，各点(层)取1kg土样装入样品袋，有腐蚀性或要测定挥发性化合物，改用广口瓶装样。含易分解有机物的待测定样品，采集后置于低温(冰箱)中，直至运送、移交到分析室。

五、监测方法

土壤样品监测方法主要分为土壤样品前处理和样品分析方法。常用的分析测定方法包括原子吸收光谱法、分光分光度法、原子荧光光谱法、气相色谱法、电化学法及化学分析法等。随着分析方法的改进及发展，电感耦合等离子体源自发射光谱(ICP-OES)法、X射线荧光光谱、中子活化法、液相色谱法及气相色谱-质谱(GC-MS)法等。土壤样品的分析方法是根据《土壤环境质量 农用地土壤污染风险管控标准(试行)》(GB 15618—2018)、《土壤环境质量 建设用地土壤污染风险管控标准(试行)》(GB 36600—2018)和《土壤环境监测技术规范》(HJ/T 166—2004)进行选择。《土壤环境质量 农用地土壤污染风险管控标准(试行)》(GB 15618—2018)主要规定了部分土壤污染物的监测分析方法。

根据《土壤环境质量 建设用地土壤污染风险管控标准(试行)》(GB 36600—2018)，建设用地土壤监测和调查污染物包括部分挥发性有机物、部分持久性有机物和部分金属元素的测定分析方法。

第四节　土壤样品采集、加工与保存

土壤样品的代表性是实现土壤环境监测目的和监测质量目标的根本保证。土壤样品的采集、加工和保存等都是土壤监测的重要环节。保证其科学性、合理性和规范性直接影响监测数据质量,是后续分析测试等工作的基础。

一、土壤样品采集

采集土壤样品包括根据监测目的和监测项目确定样品类型,进行物质、技术和组织准备,现场踏勘及实施采样等工作。土壤样品可采表层样或土壤剖面。一般监测采集表层土,采样深度0~20cm,特殊要求的监测(土壤背景、环评、污染事故等)必要时选择部分采样点采集剖面样品。剖面的规格一般为长1.5m、宽0.8m、深1.2m。挖掘土壤剖面要使观察面向阳,表土和底土分两侧放置。

典型的自然土壤剖面分为A层(表层、腐殖质淋溶层)、B层(亚层、淀积层)、C层(风化母岩层、母质层)和底岩层(图7-6)。采集土壤剖面样品时,需在特定采样点挖掘一个1m×1.5m左右的长方形土坑,深度在2m以内,一般要求达到母质层或地下水潜水层即可(图7-7)。盐碱地地下水位较高,应取样至地下水位层;山地土层薄,可取样至风化母岩层。根据土壤剖面颜色、结构、质地、疏松度、温度、植物根系分布等划分土层,并进行仔细观察,将剖面形态、特征自上而下逐一记录。随后在各层最典型的中部自下而上逐层用小土铲切取一片片土样,每个采样点的取样深度和取样量应一致。将同层土样混合均匀,各取1kg土样,分别装入样品袋。土壤剖面采样点不得选在土类和母质交错分布处。对B层发育不完整(不发育)的山地土壤,只采A、C两层;干旱地区剖面发育不完善的土壤,在表层5~20cm、心土层50cm、底土层100cm左右采样。

图7-6　典型的自然土壤剖面图
(据奚旦立和孙裕生,2010)

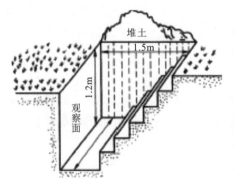

图7-7　土壤剖面挖掘示意图((据奚旦立和孙裕生,2010))

水稻土按照 A 耕作层、P 犁底层、C 母质层(或 G 潜育层、W 潴育层)分层采样(图 7-8),对 P 层太薄的剖面,只采 A、C 两层(或 A、G 层,或 A、W 层)。

采样次序自下而上,先采剖面的底层样品,再采中层样品,最后采上层样品。测量重金属的样品尽量用竹片或竹刀去除与金属采样器接触的部分土壤,再用其取样。剖面每层样品采集 1kg 左右,装入样品袋,样品袋一般由棉布缝制而成,如潮湿样品可内衬塑料袋(供无机化合物测定)或将样品置于玻璃瓶内(供有机化合物测定)。采样的同时,由专人填写采样记录(表 7-5)和土壤样品标签(表 7-6);标签一式两份,一份放入袋中,一份系在袋口,标签上标注采样时间、地点、样品编号、监测项目、采样深度和经纬度。采样结束,需逐项检查采样记录、样袋标签和土壤样品,如有缺项和错误,及时补齐更正。将底土和表土按原层回填到采样坑中,方可离开现场,并在采样示意图上标出采样地点,避免下次在相同处采集剖面样。

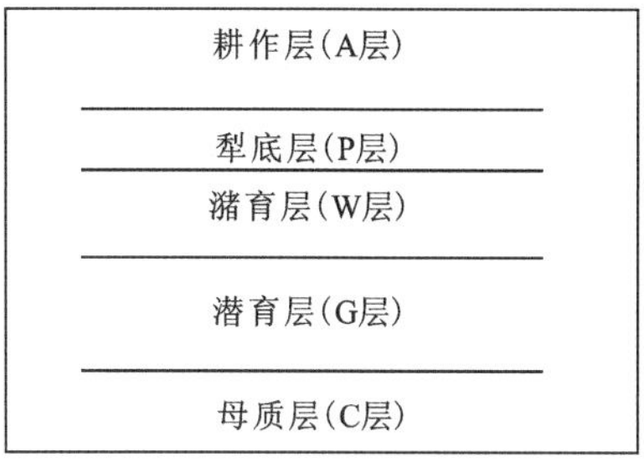

图 7-8 水稻土分层[引自《土壤环境监测技术规范》(HJ/T 166—2004)]

耕作层(A层)
犁底层(P层)
潴育层(W层)
潜育层(G层)
母质层(C层)

表 7-5 土壤样品采样记录表

采样地点			东经		北纬	
样品编号				采样日期		
样品类别				采样人员		
采样层次				采样深度(cm)		
样品描述	土壤颜色			植物根系		
	土壤质地			砂砾含量		
	土壤湿度			其他异物		
采样点示意图				自下而上植被描述		

表 7-6 土壤样品标签

土壤样品标签	
样品标号	
采样地点	
经纬度	东经 北纬
采样层次	
特征描述	
采样层次	
特征描述	
采样层次	
特征描述	

按照无机类、挥发性有机物和半挥发性有机物的分类土壤采样可以选用不同类型的专用采样工具和容器(表 7-7)。为防止采样器具对样品造成的干扰,采集无机类样品时使用木质采样工具,样品盛装在布袋或聚乙烯袋中;采集农药类或有机类样品,应使用金属或木质采样工具,样品盛装在棕色玻璃容器中,并装满容器,拧紧瓶盖以防样品挥发。

表 7-7 土壤样品采样工具

物品分类	监测项目	采样工具与容器	数量
采样用具	无机类	木铲、木片、竹片、剖面刀	每组至少一套(台)
	农药类	铁铲、铁锹、木铲、土钻	
	挥发性有机物	铁铲、铁锹、木铲	
	半挥发性有机物		
样品容器	无机类	布袋、聚乙烯袋	根据样品数量而定
	农药类	250mL 棕色磨口玻璃瓶或带密封袋的螺口玻璃瓶	
	挥发性有机物	40mL 吹扫捕集专用瓶或 250mL 带聚四氟乙烯衬垫棕色磨口玻璃瓶或带密封袋的螺口玻璃瓶	
	半挥发性有机物	250mL 带聚四氟乙烯衬垫棕色磨口玻璃瓶或带密封垫的螺口玻璃瓶	
其他物品	挥发性有机物	在容器口用于围成漏斗状的硬纸板	
	半挥发性有机物	在容器口用于围成漏斗状的硬纸板或一次性纸杯	

二、土壤样品加工

在采样现场样品必须逐件与样品登记表、样品标签和采样记录进行核对,核对无误后分类装箱。运输过程中严防样品的损失、混淆和污染。对光敏感的样品应有避光外包装。由专人将土壤样品送到实验室,送样者和接样者双方同时清点核实样品,并在样品交接单上签字确认,样品交接单由双方各存一份备查。

分设风干室和磨样室。风干室朝南(严防阳光直射土样),通风良好、整洁、无尘,无易挥发性化学物质。

在风干室将土样放置于风干盘中,摊成 2~3cm 的薄层,适时地压碎、翻动,拣出碎石、砂砾、植物残体。

在磨样室将风干的样品倒在有机玻璃板上,用木槌敲打,用木棍、木棒、有机玻璃棒再次压碎,拣出杂质,混匀,并用四分法取压碎样,过孔径 0.25mm(20 目)尼龙筛。过筛后的样品全部放置在无色聚乙烯薄膜上,并充分搅拌混匀,再采用四分法取其两份,一份交样品库存放,另一份作样品的细磨用。粗磨样可直接用于土壤 pH、阳离子交换量、元素有效态含量等项目的分析。

用于细磨的样品再用四分法分成两份:一份研磨到全部过孔径 0.25mm(60 目)筛,用于农药或土壤有机质、土壤全氮量等项目分析;另一份研磨到全部过孔径 0.15mm(100 目)筛,用于土壤元素全量分析。

研磨混匀后的样品,分别装于样品袋或样品瓶,填写土壤标签一式两份,瓶内或袋内一份,瓶外或袋外贴一份。制样过程中采样时的土壤标签与土壤始终放在一起,严禁混错,样品名称和编码始终不变;制样工具每处理一份样后擦抹(洗)干净,严防交叉污染;分析挥发性、半挥发性有机物或可萃取有机物无需上述制样,用新鲜样按特定的方法进行样品前处理,前处理方法见本章第五节。常规监测样品加工流程如图 7-9 所示。

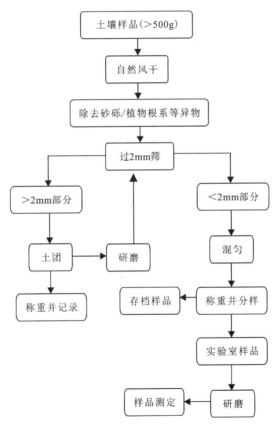

图 7-9　常规监测样品流程加工[引自《土壤环境监测技术规范》(HJ/T 166—2004)]

三、土壤样品保存

样品保存应按照按样品名称、编号和粒径分类保存。

对于易分解或易挥发等不稳定组分的样品要采取低温保存的运输方法,并尽快送到实验室分析测试。测试项目需要新鲜样品的土样,采集后用可密封的聚乙烯或玻璃容器在 4℃以下避光保存,样品要充满容器。避免用含有待测组分或对测试有干扰的材料制成的容器盛装保存样品,测定有机污染物用的土壤样品要选用玻璃容器保存。

预留样品在样品库造册保存。分析取用后的剩余样品,待测定全部完成数据报出后,也移交样品库保存。分析取用后的剩余样品一般保留半年,预留样品一般保留两年。特殊、珍稀、有争议的样品一般要永久保存。保持干燥、通风、无阳光直射、无污染;要定期清理样品,防止霉变、鼠害及标签脱落。样品库需要保持干燥、通风、无阳光直射、无污染;要定期清理样品,防止霉变、鼠害及标签脱落。样品入库、领用和清理均需记录。新鲜样品的保存条件和保存时间详见表 7-8。

表 7-8 新鲜样品的保存条件和保存时间

测试项目	容器材质	温度(℃)	可保存时间(d)	备注
金属(汞和六价铬除外)	聚乙烯、玻璃	<4	180	
汞	玻璃	<4	28	
砷	聚乙烯、玻璃	<4	180	
六价铬	聚乙烯、玻璃	<4	1	
氰化物	聚乙烯、玻璃	<4	2	
挥发性有机物	玻璃(棕色)	<4	7	采样瓶装满装实并密封
半挥发性有机物	玻璃(棕色)	<4	10	采样瓶装满装实并密封
难挥发性有机物	玻璃(棕色)	<4	14	

第五节 土壤样品预处理

土壤与污染物种类繁多,不同的污染物在不同土壤中的样品处理方法及测定方法各异。同时要根据不同的监测要求和监测目的,选定样品处理方法。土壤样品的预处理方法主要有分解法和提取法。分解法主要用于元素的测定,提取法用于有机物和不稳定成分的测定。

(一)土壤样品的分解

土壤样品的分解方法包括酸分解法和碱分解法。分解法的主要作用是打破土壤矿物质的晶格并且破坏有机质,将待测物质融入样品溶液中。

1. 酸分解法

酸分解法也称为酸溶法,是测定土壤样品中元素的主要方法。酸消解法分解土壤样品常用的组合酸消解体系有盐酸-硝酸-氢氟酸-高氯酸、硝酸-氢氟酸-高氯酸、硝酸-硫酸-高氯酸等。为了加速土壤中待测组分的溶解,还可以加入其他氧化剂或还原剂,如高锰酸钾、五氧化二钒、亚硝酸钠等。

用盐酸-硝酸-氢氟酸-高氯酸分解土壤样品的操作要点:首先取适量风干后的土样于聚四氟乙烯容器中,用水润湿,加适量盐酸,于电热板上低温加热,蒸发至约剩 5mL 时加入适量浓硝酸,继续加热至近黏稠状。然后加入适量氢氟酸并继续加热。氢氟酸的主要作用是达到溶解硅的效果。最后加入少量高氯酸并加热至剩一滴。若土壤样品中的有机质较高,在加入高氯酸之后加盖消解。分解好的样品应呈白色或淡黄色(含铁较高的土壤),倾斜容器时呈不流动的黏稠状。用水冲洗容器内壁和盖子内侧,冷却后定容至一定体积(若样品中污染物浓度较高,可取适当体积进行稀释)。这种消解体系能彻底破坏土壤矿物质晶格,但在消解过程中,要控制好温度和时间。消解过程需要注意:若温度太高会导致样品蒸干;若容器没有达到指定环境也可能导致样品溶液蒸干;在加酸的过程中应注意防止样品倾撒。

案例:

准确称取 0.5g(准确到 0.1mg)风干土样于聚四氟乙烯坩埚中,用几滴水润湿后,加入 10mL HCl(密度=1.19g/mL),于电热板上低温加热,蒸发至约剩 5mL 时加入 15mL HNO_3(密度=1.42g/mL),继续加热蒸至近黏稠状,加入10mL HF(密度=1.15g/mL)并继续加热,为了达到良好的除硅效果应经常摇动坩埚。最后加入5mL $HClO_4$(密度=1.67g/mL),并加热至白烟冒尽。对于含有机质较多的土样应在加入 $HClO_4$ 之后加盖消解,土壤分解物应呈白色或淡黄色(含铁较高的土壤),倾斜坩埚时呈不流动的黏稠状。用稀酸溶液冲洗内壁及坩埚盖,温热溶解残渣,冷却后,定容至 100mL 或 50mL,最终体积依待测成分的含量而定。

常用的酸分解方法主要包括高压釜密闭分解法和微波炉加热分解法。

高压釜密闭分解法是将用水润湿,加入混合酸和混匀的土样放入能严格密封的聚四氟乙烯容器内,置于耐压的不锈钢套筒中,放在烘箱内加热(一般不超过180℃)的方法。该方法的优点:用酸量少、易挥发元素损失少、可同时进行批量样品分解等。该方法的缺点:观察不到分解反应过程,只能在冷却开封后才能判断样品分解是否完全,剩余土样一般不能超过 1.0g,使测定含量极低的元素时的土壤样品含量受到限制;分解含有机质较多的土样时,特别是在使用高氯酸的场合下,有发生爆炸的危险,可先在 80~90℃下进行预消解。

案例:

称取 0.5g 风干土样于内套聚四氟乙烯坩埚中,加入少许水润湿试样,再加入 HNO_3(密度=1.42g/mL)、$HClO_4$(密度=1.67g/mL)各 5mL,摇匀后将坩埚放入不锈钢套筒中,拧紧。放在 180℃的烘箱中分解 2h。取出,冷却至室温后,取出坩埚,用水冲洗坩埚盖的内壁,加入 3mL HF(密度=1.15g/mL),置于电热板上,在 100~120℃加热除硅,待坩埚内剩下 2~3mL 溶液时,调高温度至 150℃,蒸至冒浓白烟后再缓缓蒸至近干,用稀酸溶液冲洗内壁及坩埚盖,温热溶解残渣,冷却后,定容至 100mL 或 50mL,最终体积依待测成分的含量而定。

微波炉加热分解法是以被分解的土样及酸的混合液作为发热体,从内部进行加热使试样受到分解的方法。目前报道的微波加热分解试样的方法有常压敞口分解法和仅用厚壁聚四氟乙烯容器的密闭式分解法,也有密闭加压分解法。这种方法以聚四氟乙烯密闭容器作内筒,以能透过微波的材料如高强度聚合物树脂或聚丙烯树脂作外筒,在该密封系统内分解试样能达到良好的分解效果。微波加热分解也可分为开放系统和密闭系统两种。开放系统可分解多量试样,且可直接和流动系统相组合实现自动化,但由于要排出酸蒸气,所以分解时使用酸量较大,易受外环境污染,挥发性元素易造成损失,费时间且难以分解多数试样。密闭系统的优点较多,酸蒸气不会逸出,仅用少量酸即可,在分解少量试样时十分有效,不受外部环境的污染。在分解试样时不用观察及特殊操作,由于压力高,所以分解试样很快,不会受外筒金属的污染(因为用树脂做外筒),可同时分解大批量试样。密闭系统的缺点是需要专门的分解器具,不能分解量大的试样,如果操作不当会有发生爆炸的危险。在进行土样的微波分解时,无论使用开放系统或密闭系统,一般使用 HNO_3-HCl-HF-$HClO_4$、HNO_3-HF-$HClO_4$、HNO_3-HCl-HF-H_2O_2、HNO_3-HF-H_2O_2 等体系。当不使用 HF 时(限于测定常量元素且称样量小于 0.1g),可将分解试样的溶液适当稀释后直接测定。若 HF 或 $HClO_4$ 对待测微量元素有干扰时,可将试样分解液蒸至近干,酸化后稀释定容。

2. 碱分解法

碱分解法是将土壤样品与碱混合,在高温下熔融,使样品分解的方法。所用器皿有铝坩埚、瓷坩埚、镍坩埚和铂金坩埚等。常用的熔剂有碳酸钠、氢氧化钠、过氧化钠、偏硼酸锂等。碱分解法的操作要点:称取适量土样于坩埚中,加入适量熔剂,充分混匀,放入马弗炉中高温熔融。熔融温度和时间应根据所用熔剂而定,如用碳酸钠于 900~920℃熔融 30min,用过氧化钠于 650~700℃熔融 20~30min 等。熔融后的土样冷却至 60~80℃,移入烧杯中,于电热板上加水和盐酸溶液(1+1)加热浸取和中和、酸化熔融物,待大量盐类溶解后,滤去不溶物,滤液定容,供分析测定。

案例一:碳酸钠熔融法(适合测定氟、钼、钨)

称取 0.500 0~1.000 0g 风干土样放入预先用少量碳酸钠或氢氧化钠垫底的高铝坩埚中(以充满坩埚底部为宜,以防止熔融物粘底),分次加入 1.5~3.0g 碳酸钠,并用圆头玻璃棒小心搅拌,使与土样充分混匀,再放入 0.5~1g 碳酸钠,使平铺在混合物表面,盖好坩埚盖。移入马弗炉中,于 900~920℃熔融 0.5h。自然冷却至 500℃左右时,可稍打开炉门(不可开缝过大,否则高铝坩埚骤然冷却会开裂)以加速冷却,冷却至 60~80℃用水冲洗坩埚底部,然后放入 250mL 烧杯中,加入 100mL 水,在电热板上加热浸提熔融物,用水及 HCl(1+1)将坩埚及坩埚盖洗净取出,并小心用 HCl(1+1)中和、酸化(注意盖好表面皿,以免大量 CO_2 冒泡引起试样的减失),待大量盐类溶解后,用中速滤纸过滤,用水及 5% HCl 洗净滤纸及其中的不溶物,定容待测。

案例二:碳酸锂-硼酸、石墨粉坩埚熔样法(适合铝、硅、钛、钙、镁、钾、钠等元素分析)

土壤矿质全量分析中土壤样品分解常用酸溶剂,酸溶试剂一般用氢氟酸加氧化性酸分解样品,其优点是酸度小,适用于仪器分析测定,但对某些难熔矿物分解不完全,特别对铝、钛的测定结果会偏低,且不能测定硅(已被除去)。

碳酸锂-硼酸在石墨粉坩埚内熔样,再用超声波提取熔块,分析土壤中的常量元素,速度快,准确度高。在 30mL 瓷坩埚内充满石墨粉,置于 900℃高温电炉中灼烧半小时,取出冷却。准确称取经 105℃烘干的土样 0.200 0g 于定量滤纸上,与 1.5g Li_2CO_3-H_3BO_3(Li_2CO_3:H_3BO_3=1:2)混合试剂均匀搅拌,捏成小团,放入瓷坩埚内石墨粉洞穴中,然后将坩埚放入已升温到 950℃ 的马福炉中，20min 后取出，趁热将熔块投入盛有 100mL 4% 硝酸溶液的 250mL 烧杯中，立即于 250W 功率清洗槽内超声（或用磁力搅拌），直到熔块完全溶解；将溶液转移到 200mL 容量瓶中，并用 4% 硝酸定容。吸取 20mL 上述样品液移入 25mL 容量瓶中，并根据仪器的测量要求决定是否需要添加基体元素及添加浓度，最后用 4% 硝酸定容，用光谱仪进行多元素同时测定。

碱分解法具有分解样品完全、操作简便、快速，且不产生大量酸蒸汽的特点，但由于使用试剂量大，引入了大量可溶性盐，也易引进污染物质。另外，有些重金属如镉、铬等在高温下易挥发损失。

（二）土壤样品的提取

测定土壤中的有机污染物、受热后不稳定的组分，以及进行组分形态分析时，需要采用提取方法，主要包含有机污染物的提取和无机污染物的提取。

根据相似相溶的原理，尽量选择与待测物极性相近的有机溶剂作为提取剂。提取剂必须与样品能很好地分离，且不影响待测物的纯化与测定；不能与样品发生作用，毒性低、价格便宜。此外，还要求提取剂沸点范围在 45～80℃ 之间最佳。还要考虑溶剂对样品的渗透力，以便将土样中待测物充分提取出来。当单一溶剂不能成为理想的提取剂时，常用两种或两种以上不同极性的溶剂以不同的比例配成混合提取剂。

测定土壤中的有机污染物，一般用新鲜土样。称取适量土样放入锥形瓶中，放在振荡器上，用振荡提取法提取。对于农药、苯并(a)芘等含量低的污染物，为了提高提取效率，常用索氏提取器提取法。常用的提取剂有环己烷、石油醚、丙酮、二氯甲烷、三氯甲烷等。

下面举例说明不同的提取方法。

案例一：振荡提取

准确称取一定量的土样（新鲜土样加 1～2 倍量的无水 Na_2SO_4 或 $MgSO_4·H_2O$ 搅匀，放置 15～30min，固化后研成细末），转入标准口三角瓶中加入约 2 倍体积的提取剂振荡 30min，静置分层或抽滤、离心分出提取液，样品再分别用 1 倍体积提取液提取 2 次，分出提取液，合并，待净化。

案例二：超声波提取

准确称取一定量的土样（或取 30.0g 新鲜土样加 30～60g 无水 Na_2SO_4 混匀）置于 400mL 烧杯中，加入 60～100mL 提取剂，超声振荡 3～5min，真空过滤或离心分出提取液，固体物再用提取剂提取 2 次，分出提取液合并，待净化。

案例三：索氏提取

本法适用于从土壤中提取非挥发及半挥发有机污染物。准确称取一定量土样或取新鲜土样 20.0g 加入等量无水 Na_2SO_4 研磨均匀，转入滤纸筒中，再将滤纸筒置于索氏提取器中。在有 1～2 粒干净沸石的 150mL 圆底烧瓶中加 100mL 提取剂，连接索氏提取器，加热回流 16～24h 即可。

使待测组分与干扰物分离的过程为净化。当用有机溶剂提取样品时，一些干扰杂质可能与待测物一起被提取出，这些杂质若不除掉将会影响检测结果，甚至使定性定量无法进行，严重时还可使气相色谱的检测器污染,因而提取液必须经过净化处理。净化的原则是尽量完全除去干扰物,而使待测物尽量少损失。

案例一:液-液分配法

液-液分配的基本原理是在一组互不相溶的溶剂中对溶解某一溶质成分,该溶质以一定的比例分配(溶解)在溶剂的两相中。通常把溶质在两相溶剂中的分配比称为分配系数。在同一组溶剂对中,不同的物质有不同的分配系数;在不同的溶剂对中,同一物质也有着不同的分配系数。利用物质和溶剂对之间存在的分配关系,选用适当的溶剂通过反复多次分配,便可使不同的物质分离,从而达到净化的目的,这就是液-液分配净化法。采用此法进行净化时一般可得较好的回收率,不过分配的次数须是多次方可完成。

液-液分配过程中若出现乳化现象,可采用如下方法进行破乳:①加入饱和硫酸钠水溶液,以其盐析作用而破乳;②加入硫酸溶液(1+1),加入量从 10mL 逐步增加,直到消除乳化层,此法只适于对酸稳定的化合物;③离心机离心分离。

液-液分配中常用的溶剂对:乙腈-正己烷;N,N-二甲基甲酰胺(DMF)-正己烷;二甲亚砜-正己烷等。通常情况下正己烷可用廉价的石油醚(60℃~90℃)代替。

案例二:酸处理法

用浓硫酸或硫酸(1+1):发烟硫酸直接与提取液(酸与提取液体积比 1:10)在分液漏斗中振荡进行磺化,以除掉脂肪、色素等杂质。净化原理是脂肪、色素中含有碳-碳双键,如脂肪中不饱和脂肪酸和叶绿素中含双键的叶绿醇等,这些双键与浓硫酸作用时产生加成反应,所得的磺化产物溶于硫酸,这样便使杂质与待测物分离。

这种方法常用于强酸条件下稳定的有机物如有机氯农药的净化,而对于易分解的有机磷、氨基甲酸酯农药则不可使用。

案例三:碱处理法

一些耐碱的有机物如农药艾氏剂、狄氏剂、异狄氏剂可采用氢氧化钾-助滤剂柱代替皂化法。提取液经浓缩后通过柱净化,用石油醚洗脱,有很好的回收率。

案例四:吸附柱层析法

主要有氧化铝柱、弗罗里硅土柱、活性炭柱等。

土壤中易溶的无机物组分、有效态组分,可用酸或水提取。如用 0.1mol/L 盐酸振荡提取 Cd、Cu、Zn,用蒸馏水提取造成土壤酸度的组分,用无硼水提取有效态等。土壤样品中元素的形态提取包括有效态提取、碳酸盐结合态、铁锰氧化结合态等形态的提取。

有效态的提取:DTPA 浸提和水浸提

DTPA(二乙三胺五乙酸)浸提液可测定有效态 Cu、Zn、Fe 等。浸提液的配制:0.005mol/L DTPA—0.01mol/L $CaCl_2$—0.1mol/L TEA(三乙醇胺)。称取 1.967g DTPA 溶于 14.92g TEA 和少量水中;再将 1.47g $CaCl_2 \cdot 2H_2O$ 溶于水,一并转入 1000mL 容量瓶中,加水至约 950mL,用 6mol/L HCl 调节 pH 至 7.30(每升浸提液约需加 6mol/L HCl 8.5mL),最后用水定容。贮存于塑料瓶中,几个月内不会变质。浸提手续:称取 25.00g 风干过 20 目筛的土样放入 150mL 硬质玻璃三角瓶中,加入 50.0mL DTPA 浸提剂,在 25℃用水平振荡机振荡提取 2h,干滤纸过滤,滤液用于分析。DTPA 浸提剂适用于石灰性土壤和中性土壤。

土壤中有效态常用沸水浸提,操作步骤:准确称取 10.00g 风干过 20 目筛的土样于 250mL 或 300mL 石英锥形瓶中,加入 20.0mL 无硼水。连接回流冷却器后煮沸 5min,立即停止加热并用冷却水冷却。冷却后加入 4 滴 0.5mol/L $CaCl_2$ 溶液,移入离心管中,离心分离出清液备测。关于有效态金属元素的浸提方法较多,如有效态 Mn 用 1mol/L 乙酸铵-对苯二酚溶液浸提。有效态 Mo 用草酸-草酸铵、(24.9g 草酸铵与 12.6g 草酸溶解于 1000mL 水中)溶液浸提,固液比为 1:10。Si 用 pH 4.0 的乙酸-乙酸钠缓冲溶液、0.02mol/L H_2SO_4、0.025% 或 1% 的柠檬酸溶液浸提。酸性土壤中有效态用 H_3PO_4-HAc 溶液浸提,中性或石灰性土壤中有效态用 0.5mol/L $NaHCO_3$ 溶液(pH 8.5)浸提。用 1mol/L NH_4Ac 浸提土壤中有效态 Ca、Mg、K、Na 以及用 0.03mol/L NH_4F-0.025mol/L HCl 或 0.5mol/L $NaHCO_3$ 浸提土壤中有效态 P 等。

可交换态的提取:浸提方法是在 1g 试样中加入 8mL $MgCl_2$ 溶液(1mol/L $MgCl_2$,pH 7.0)或者乙酸钠溶液(1mol/L NaAc,pH 8.2),室温下振荡 1h。

碳酸盐结合态:经提取可交换态后,残余物在室温下用 8mL 1mol/L NaAc 浸提,在浸提前用乙酸把 pH 调至 5.0,连续振荡,直到估计所有提取的物质全部被浸出为止(一般用 8h 左右)。

铁锰氧化物结合态:浸提过程是在经碳酸盐结合态提取后的残余物中,加入 20mL 0.3 mol/L $Na_2S_2O_3$-0.175mol/L 柠檬酸钠-0.025mol/L 柠檬酸混合液,或者用 0.04mol/L $NH_2OH \cdot HCl$ 在 20%(V/V)乙酸中浸提。浸提温度为 96±3℃,时间可自行估计,到完全浸提为止,一般在 4h 以内。

有机结合态:在经铁锰氧化物结合态提取后的残余物中,加入 3mL 0.02mol/L HNO_3、5mL 30% H_2O_2,然后用 HNO_3 调节至 pH=2,将混合物加热至 85±2℃,保温 2h,并在加热中间振荡几次。再加入 3mL 30% H_2O_2,用 HNO_3 调至 pH=2,再将混合物在 85±2℃加热 3h,并间断地振荡。冷却后,加入 5mL 3.2mol/L 乙酸铵 20%(V/V) HNO_3 溶液,稀释至 20mL,振荡 30min。

残余态:经以上四部分提取之后,残余物中将包括原生及次生的矿物,它们除了主要组成元素之外,也会在其晶格内夹杂、包藏一些痕量元素,在天然条件下,这些元素不会在短期内溶出。残余态主要用 HF-$HClO_4$ 分解,主要处理过程与土壤全消解方法一样。

上述各形态的浸提都在 50mL 聚乙烯离心试管中进行,可减少固态物质的损失。在互相衔接的操作之间,用 10 000r/min(12 000g 重力加速度)离心处理 30min,用注射器吸出清液,分析痕量元素。残留物用 8mL 去离子水洗涤,再离心 30min,弃去洗涤液,洗涤水要尽量少用,以防止损失可溶性物质,特别是有机物的损失。离心效果对分离影响较大,要切实注意。

(三)土壤样品的净化和浓缩

土壤样品中的待测组分被提取后,往往还存在干扰组分,或达不到分析方法测定要求的浓度,需要进一步净化或浓缩。常用净化方法有层析法、蒸馏法等,浓缩方法有 K-D 浓缩器法、蒸发法等。土壤样品中的氧化物、硫化物常用蒸馏-碱溶液吸收法分离。

第六节 土壤污染物测定

一、一般指标

1. 土壤水分和干物质

土壤中水分是土壤的重要组成部分,也是重要的土壤肥力因素。土壤中水分含量会影响到植物的生长。土壤水分与干物质的测定有两个目的:一是了解田间土壤的水分状况,为土壤耕作、播种、合理排灌等提供依据;二是在样品分析测试中,作为各项分析结果的计算基础。土壤中水分与干物质的测定方法很多,通常有土壤测定仪法、重量法等。国际上使用的标准方法是重量法,此方法测定结果准确,精密度高,方法简便,易于操作。

根据《土壤 干物质和水分的测定 重量法》(HJ 613—2011),土壤样品在 105±5℃烘至恒重,以烘干前后的土样质量差值计算干物质和水分的含量,用质量分数表示。该方法适用于所有类型土壤中干物质和水分的测定。土壤样品在测试之前,需要先进行试样预处理,主要分为风干土壤试样和新鲜土壤试样。风干土壤试样:取适量新鲜土壤样品平铺在干净的搪瓷盘或玻璃板上,避免阳光直射,且环境温度不超过 40℃,自然风干,去除石块、树枝等杂质,过 2mm 样品筛。将大于 2mm 的土块粉碎后过 2mm 样品筛,混匀,待测。新鲜土壤试样:取适量新鲜土壤样品撒在干净、不吸收水分的玻璃板上,充分混匀。去除直径大于 2mm 的石块、树枝等杂质,待测。

分析步骤:

(1)风干土壤试样测定。具盖容器(具盖容器:防水材质且不吸附水分)与盖子在 105±5℃下烘干 1h,稍冷,盖好盖子,然后置于干燥器中至少冷却 45min,称量带盖容器的质量 m_0,精确至 0.01g。用样品勺将 10~15g 风干土壤试样转移至已称重的具盖容器中,盖上容器盖,测定总质量 m_1,精确至 0.01g。取下容器盖,将容器与风干土壤一并放入烘箱中,在 105±5℃下烘干至恒重,同时烘干容器盖。盖上容器盖,置于干燥器中至少冷却 45min,取出后立即测定带盖容器与烘干土壤的总质量 m_2,精确到 0.01g。

(2)新鲜土壤试样测定。具盖容器和盖子于 105±5℃下烘干 1 h,稍冷,盖好盖子,然后置于干燥器中至少冷却 45min,测定带盖容器的质量 m_0,精确至 0.01g。用样品勺将 30~40g 新鲜土壤试样转移至已称重的具盖容器中,盖上容器盖,测定总质量 m_1,精确至 0.01g。取下容器盖,将容器和新鲜土壤试样并放入烘箱中,在 105±5℃下烘干至恒重,同时烘干容器盖。盖上容器盖,置于干燥器中至少冷却 45min,取出后立即测定带盖容器和烘干土样的总质量 m_2,精确到 0.01g。

注:样品烘干后,再以 4h 烘干时间间隔对冷却后的样品进行两次连续称量,前后差值不超过最终测定质量的 0.1%,此时的质量即为恒重。

土壤含水量和干物质的测定公式为

$$干物质含量 = \frac{m_1 - m_2}{m_1 - m_0} \times 100 \tag{7-6}$$

$$含水量 = \frac{m_1 - m_2}{m_2 - m_0} \times 100 \tag{7-7}$$

式中：m_0 为烘至恒重的空铝盒质量(g)；m_1 为铝盒及土样烘干前的质量(g)；m_2 为铝盒及土样烘至恒重时的质量(g)。

2. 土壤 pH

土壤 pH 是土壤重要的理化参数，对土壤微量元素的有效性和肥力有重要影响。pH 为 6.5～7.5 的土壤，磷酸盐的有效性最大。土壤酸性增强，使所含许多金属化合物溶解度增大，其有效性和毒性也增大。土壤 pH 过高(碱性土)或过低(酸性土)，均影响植物的生长。

测定土壤 pH 使用玻璃电极法。其测定要点：称取过 1mm 孔径筛的土样 10g 于烧杯中，加无二氧化碳蒸馏水 25mL，轻轻摇动后用电磁搅拌器搅拌 1min，使水和土样混合均匀，放置 30min，用 pH 计测定上部浑浊液的 pH。

测定 pH 的土样应存放在密闭玻璃瓶中，防止空气中的氨、二氧化碳及酸、碱性气体的影响。土壤的粒径及水土比均对 pH 有影响。一般酸性土壤的水土比(质量比)保持(1∶1)～(5∶1)，对测定结果影响不大；碱性土壤水土比以 1∶1 或 2.5∶1 为宜，水土比增加，测得 pH 偏高。另外，风干土壤和潮湿土壤测得的 pH 有差异，尤其是石灰性土壤，由于风干作用，使土壤中大量二氧化碳损失，导致 pH 偏高，因此风干土壤的 pH 为相对值。

3. 可溶性盐分

土壤中可溶性盐分是用一定量的水从一定量土壤中经一定时间提取出来的水溶性盐分。当土壤所含的可溶性盐分达到一定数量后，会直接影响作物的萌发和生长，其影响程度主要取决于可溶性盐分的含量、组成及作物的耐盐度。就盐分的组成而言，碳酸钠、碳酸氢钠对作物的危害最大，其次是氯化钠，而硫酸钠危害相对较轻。因此，定期测定土壤中可溶性盐分总量及盐分的组成，可以了解土壤盐碱程度和季节性盐分动态，为制定改良和利用盐碱土壤的措施提供依据。

测定土壤中可溶性盐分的方法有重量法、比重计法、电导法、阴阳离子总和计算法等，下面简要介绍应用广泛的重量法。

重量法的原理：称取过 1mm 孔径筛的风干土壤样品 1000g，放入 1000mL 大口塑料瓶中，加入 500mL 无二氧化碳蒸馏水，在振荡器上振荡提取后，立即抽滤，滤液供分析测定。吸取 50～100mL 滤液于已恒重的蒸发皿中，置于水浴上蒸干，再在 100～105℃烘箱中烘至恒重，将所得烘干残渣用质量分数为 15% 的过氧化氢溶液在水浴上继续加热去除有机质，再蒸干至恒重，剩余残渣量即为可溶性盐分总量。水土比和振荡提取时间影响土壤可溶性盐分的提取，故不能随意更改，以使测定结果具有可比性。此外，抽滤时应尽可能快速，以减少空气中二氧化碳的影响。

4. 阳离子交换量

土壤胶体所能吸附的各种阳离子总量为阳离子交换量,以 $cmol^+/kg$ 表示。根据《土壤 阳离子交换量的测定》(HJ 889—2017),三氯化六氨合钴浸提-分光光度计用于测定土壤中阳离子交换量。由于三氯化六氨合钴土壤悬浮液的 pH 与水悬浮液的 pH 相接近,该方法测定的阳离子交换量为有效态阳离子交换量。该方法适用于各类土壤中阳离子交换量的测定。当取样量为 3.5g,浸提液体积为 50mL,使用 10mm 光程比色皿时,方法的检出限为 $0.8cmol^+/kg$,测定下限为 $3.2cmol^+/kg$。

原理:在 20±2℃ 条件下,用三氯化六氨合钴溶液作为浸提液浸提土壤,土壤中的阳离子被三氯化六氨合钴交换下来进入溶液。三氯化六氨合钴在 475nm 处有特征吸收,吸光度与浓度成正比,根据浸提前后浸提液吸光度差值,计算土壤阳离子交换量。

将风干样品过尼龙筛(10目),充分混匀。称取 3.5g 混匀后的样品,置于 100mL 离心管中,加入 50.0mL 三氯化六氨合钴溶液(1.66cmol/L),旋紧离心管密封盖,置于振荡器(振荡频率 150~200 次/min)上,在 20±2℃ 条件下振荡 60±5min,调节振荡频率,使土壤浸提液混合物在振荡过程中国保持悬浮状态。以 4000r/min 离心 10min,收集上清液于比色管中,24h 完后才能分析。

样品中,CEC 的计算公式为

$$CEC = \frac{(A_0 - A) \times V \times 3}{b \times m \times W_{dm}} \tag{7-8}$$

式中:CEC 为土壤样品样子交换量($cmol^+/kg$);A_0 为空白试样吸光度;A 为试样吸光度或矫正吸光度;V 为浸提液体积(mL);3 为 $[Co(NH_3)_6]^{3+}$ 的电荷数;b 为标准曲线斜率;m 为取样量(g);W_{dm} 为土壤样品干物质含量(%)。

5. 氧化还原电位的测定

土壤的氧化还原电位用 E_h 表示,单位为 mV,广泛地用于评估土壤的氧化还原状况,尤其是用于还原性土壤。

测定氧化还原电位的方法有铂电极直接测定法和铂电极去极化法,直接测定法简便易行,且对一般还原性土壤有着实际的参考价值。但因其受土壤中平衡时间的影响较大,精度不如铂电极去极化法。铂电极去极化法是根据铂电极正极极化或负极极化后,在去极化过程中铂电极电位值得动态变化特点,将两去极化曲线直线化后外推,由其相交点求得平衡时的电位值,即 E_h 值。国内外现场测定氧化还原电位的常用方法是铂电极直接测定法。

根据《土壤 氧化还原电位的测定 电位法》(HJ 746—2015),电位法的方法原理:将铂电极和参比电极插入新鲜或湿润的土壤中,土壤中的可溶性氧化剂或者还原剂从铂电极上接受或给予电子,直至在电极表面建立起一个平衡电位,测量该电位与参比电极电位的差值,再参比电极相对于氢标准电极的电位值相加,即得到土壤的氧化还原电位。

土壤氧化还原电位的现场测试方法,适用于水分状态为新鲜或者湿润土壤的氧化还原电位的测定(表 7-9)。

表 7-9　土壤水分状态评价

土壤评价	性质	土壤鉴别	
		>17%黏土	<17%黏土
干	水分含量低于凋萎点	固体,坚硬,不可塑,湿润后严重变黑	颜色浅,湿润后严重变黑
新鲜	水分含量介于田间土壤水分含量与凋萎系数点之间	半固体,可塑,用手碾成3mm细条时会破裂和碎散,湿润后颜色轻微加深	湿润后颜色轻微加深
湿润	水分含量接近于田间水分含量,不存在游离水	可塑,碾成3mm细条时无破裂,湿润后颜色保持不变	接触的手指轻微湿润,挤压时没有谁出现,湿润后颜色保持不变
潮湿	存在游离水,部分土壤孔隙空间饱和	质软,可碾成<3mm的细条	接触的手指迅速湿润,挤压时有水出现
饱和	所有孔隙饱和,存在游离水	所有孔隙饱和,存在游离水	所有孔隙饱和,存在游离水
充满	表层土壤含有水分	表层土壤含有水分	表层土壤含有水分

仪器主要包括电位计(输入阻抗不小于10GΩ,灵敏度为1mV)、氧化还原电极(铂电极,需在空气中保存并保持清洁)、参比电极(银-氯化银电极,也可使用甘汞电极等)、不锈钢空心针(直径比氧化还原电极大2mm,长度应满足氧化还原电极插入土壤中所要求的深度)、盐桥(连接参比电极和土壤)、手钻(直径大于盐桥参比电极3~5mm)、温度计(灵敏度为±1℃)。在选定的测量点位,应清除瓦砾、石子等大颗粒杂质。

电极和盐桥需要现场布置见图7-10。氧化还原电极和盐桥之间的距离应在0.1~1m之间,两支氧化还原电极插入不同深度的土壤中。电极插入的土壤层的水分状态,按照表7-9分类为新鲜或潮湿等,如表层土壤干燥,盐桥应放在新鲜或潮湿土层的孔内,参比电极避免阳光直射。

在每个测量点位,先用不锈钢空心杆在土壤中分别钻两个比测量深度浅2~3cm的孔,再迅速插入铂电极至待测深度。每个测量深度至少放置两个电极,且两个电极之间的距离为0.1~1m,铂电极至少在土壤中放置30min,然后连接电位计。在距离氧化还原电极0.1~1m处的土壤中安装盐桥,并应保证盐桥的陶瓷套与土壤有良好接触。1h后开始测定,记录电位计的读数(E_m)。如果10min内连续测量相邻两次测定值的差值≤2mV,可以缩短测量时间,但至少需要30min。读取点位的同时,测量参比电极处的温度。

注意:在读数间隔期间要将铂电极从毫伏计上断开,因为氯化钾会从盐桥泄漏到土壤中,2h会达到最大泄漏量。如果断开不能解决问题,要从土壤中取出盐桥,下次测量前再重新安装。

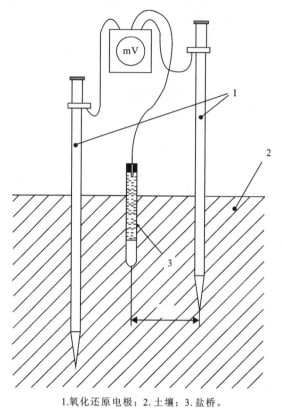

1.氧化还原电极；2.土壤；3.盐桥。

图7-10 氧化还原电极和盐桥的现场布置[引自《土壤环境监测技术规范》(HJ/T 166—2004)]

土壤的氧化还原电位(mV)为

$$E_h = E_m + E_r \tag{7-9}$$

式中：E_h为土壤的氧化还原电位(mV)；E_m为仪器读数(mV)；E_r为测试温度下参比电极相对于标准氢电极的电位值(mV)。

测试过程中应注意：①使用同一支铂电极连续测试不同类型的土壤后，仪器读数常出现滞后现象，此时应在测定每个样品后对电极进行清洗净化。必要时，将电极放置于饱和KCl溶液中浸泡，待参比电极恢复原状方可使用。②如果土壤水分含量低于5%，应尽量缩短铂电极与参比电极间距离，以减小电路中的电阻。③铂电极在一年之内使用且每次使用前都要检查铂电极是否损坏或者污染。如果铂电极被玷污，可用棉布轻擦，然后用蒸馏水冲洗。④铂电极使用前，应用氧化还原缓冲溶液检查其响应值，如果其测定电位值与氧化还原缓冲溶液的电位值之差大于10mV，应进行净化或者更换。同样也要检查参比电极。参比电极可以相互检测，但至少需要三个参比电极轮流连接，当一个电极的读数和其他电极的读数差超过10mV时，可视为该电极有缺陷，应弃用。

6. 电导率的测定

土壤电导率是指土壤传导电流的能力，通过测定土壤提取液的电导率表示。电导率不仅为盐渍化土壤的改良提供重要依据，对于非盐渍化土壤，也可作为土壤肥力的一个综合性参考指标。一般情况下,常见低含盐土壤的电导率一般小于 $1000\mu S/cm$,电导率越高,则土壤含水溶性盐越高,危害农作物生长,导致土地退化。

根据《土壤 电导率的测定 电极法》(HJ 802—2016),电极法的方法原理:取自然风干的土壤样品,以 $1:5(m:V)$ 的比例加入水,在 $20\pm1℃$ 的条件下振荡提取,测定 $25\pm1℃$ 条件下提取液的电导率。当两个电机插入提取液时,可测出两个电极间的电阻。温度一定时,该电阻值 R 与电导率 K 成反比,即 $R=Q/K$,当已知电导池常数 Q 时,测量提取液的电阻,即可求得电导率。该方法适用于风干土壤电导率的测定。

分析步骤包括:

(1)电导池常数的测定。用 $0.01mol/L$ 的氯化钾标准溶液冲洗电导池 3 次,再将电导池插入该标准溶液,置于 $25\pm1℃$ 恒温水浴中 15min,测定该标准溶液的电阻 R_{KCl}。更换标准溶液后再进行测定,重复数次,使电阻 R_{KCl} 稳定在 $\pm2\%$ 范围内,取 3 次连续重复测定的平均值 R',计算 $0.01mol/L$ 氯化钾标准溶液在 $25℃$ 时的电导池常数 Q 的公式为

$$Q=141\times R' \tag{7-10}$$

式中:Q 为 $0.01mol/L$ 氯化钾标准溶液在 $25℃$ 时的电导池常数;R' 为 $0.01mol/L$ 氯化钾标准溶液在 $25℃$ 时,3 次重复测定电阻的平均值(Ω);141 为 $0.01mol/L$ 氯化钾标准溶液在 $25℃$ 时,对应的电导率值(mS/m)。

(2)试样测定。用水冲洗电极数次,再用待测的提取液冲洗电机。将电极插入待测提取液,按照电导率仪的使用说明书要求,将温度校正为 $25\pm1℃$,测定土壤提取液的电导率。直接从电导率仪上读取电导率值,同时记录提取液的温度。

(3)实验室空白试样的测定。按照与试样的测定相同步骤测定实验室空白试样的电导率。

测试过程中应保证每批样品应测定一个实验室空白,空白电导率值不应超过 1mS/m,否则,进行重新测定。每批样品测定前,需用氯化钾标准溶液校准仪器,3 次重复测定电导率的平均值与已知浓度标准溶液的电导率比较,相对误差不应超过 5%,否则应清洗或更换电极,每 10 个样品应做一个平行样。

注意事项包括:①测定电极常数时,应选择与样品溶液浓度相近的标准溶液;②用于测定电导率的土壤溶液,应保证清洗透明,不能用悬浊液测定,因为悬浊液的胶体颗粒会吸附在电极铂黑上,损害铂黑层,硬气测量误差;③离心后的土壤待测液应尽快测定,不可在室温下放置时间过长,否则会因溶液中碳酸根或重碳酸根的变化而影响电导率的数值;④用电导率仪测定平行样品的时间间隔不要相差太长,一般每个样品的测定时间为 2min;⑤空白值的高低取决于器皿的洁净程度和超纯水的电导率值;⑥提取液保持在恒温 $25\pm1℃$,同时避免剧烈振荡导致泥土分离,影响电导率的测定;⑦电极表面附有小气泡时,应轻敲震荡容器将其排除,以免引起测量误差。

7. 有机质的测定

土壤有机质是指存在于土壤中的含碳有机物,包括土壤中各种动植物残体、微生物及各种有机物。目前全球土壤有机碳储量约为 $1.50\times10^{12}t$,含量超过植被和大气中碳储量的总

和，土壤碳含量的小幅度变化将对全球气候产生重要影响。同时，土壤有机质还参与土壤重金属、农药残毒等污染物的迁移转化过程。

土壤有机质的测定方法有重量法、容量法、比色法和灼烧法。国际上普遍采用容量法，该方法不受碳酸盐干扰，操作简捷、设备简单、结果可靠，适合大量样品分析。

以重铬酸钾氧化法为例。该方法原理：在加热条件下，用过量的重铬酸钾-硫酸溶液氧化土壤有机碳，使土壤有机质中的碳氧化成二氧化碳，而重铬酸离子被还原成三价铬离子，剩余的重铬酸钾用二价铁的标准溶液滴定，根据有机碳被氧化前后重铬酸钾离子数量的变化，可算出有机碳或者有机质的含量。该方法适用于有机质含量在15%以下的土壤，不宜用于测定含氯化物较高的土壤。

分析步骤：按照表7-10准确称取通过100目(孔径为0.15mm)筛风干试样0.05~0.5g(精确到0.0001g，称样量根据有机质含量范围而定)，放入硬质试管中，从自动调零滴定管准确加入10.00mL 0.4mol/L重铬酸钾-硫酸溶液，摇匀并在每个试管口插入一玻璃漏斗。将试管逐个插入铁丝笼中，再将铁丝笼沉入已在电炉上加热至185~190℃的油浴锅内，使管中的液面低于油面，要求放入后油浴温度下降至170~180℃，等试管中的溶液沸腾时开始计时，此时必须控制电炉温度，防止溶液剧烈沸腾，其间可轻轻提起铁丝笼在油浴锅中晃动几次，使液温均匀，并维持在170~180℃，5±0.5min后将铁丝笼从油浴锅内提出，冷却片刻，擦去试管外的油(蜡)液。把试管内的消煮液及土壤残渣无损地转入250mL三角瓶中，用水冲洗试管及小漏斗，洗液并入三角瓶中，使三角瓶内溶液的总体积控制在50~60mL。加3滴邻菲罗啉指示剂，用硫酸亚铁标准溶液滴定剩余的$K_2Cr_2O_7$，溶液的变色过程是橙黄—蓝绿—棕红。每批分析时，必须同时做2~3个空白试验，以消除试剂误差，即称取大约0.2g灼烧浮石粉或土壤代替土样，其他步骤与土样测定相同。

表7-10 不同土壤有机质含量的称样量

有机质含量(%)	称取试样质量(g)
<2	0.4~0.5
2~7	0.2~0.3
7~10	0.1
10~15	0.05

结果计算式为

$$O.M = \frac{c \times (V_0 - V) \times 0.003 \times 1.724 \times 1.10}{m} \times 1000 \tag{7-11}$$

式中：O.M为土壤有机质的质量分数(g/kg)；V_0为空白试验所消耗硫酸亚铁标准溶液体积(mL)；V为试样测定所消耗硫酸亚铁标准溶液体积(mL)；c为硫酸亚铁标准溶液的浓度(mol/L)；0.003为1/4碳原子的毫摩尔质量(g)；1.724为由有机碳换算成有机质的系数；1.10为氧化校正系数；m为称取烘干试样的质量(g)；1000为换算成每千克含量。

注意事项：①由于重铬酸钾溶液黏度较大，应缓慢加入，减少操作误差。②开始加热时，产生的二氧化碳气泡不是真正沸腾,应在真正沸腾时才开始计算时间。③消煮温度会影响有机质的氧化率,当煮沸温度低于170℃时,氧化反应不完全,导致结果偏低;当温度高于190℃时,高温加速有机质氧化的同时,也可能使重铬酸钾发生分解,从而使结果偏高。因此,此法选择170~180℃作为消煮温度,其结果较为理想。④在消煮过程中,会产生大量的二氧化碳,石蜡或植物油在高温下会分解并挥发一些有害物质,对实验员的健康产生危害,因此消化过程必须在通风橱内进行。同时戴好护目镜和耐高温手套,以防油液或消化液溅出造成伤害。⑤氧化时,若加0.1g硫酸银粉末,氧化校正系数取1.08。⑥$FeSO_4$标准溶液很容易被空气氧化而导致浓度的改变,所以使用时需当天标定。⑦测定土壤有机质必须采用风干样品。因为水稻土及一些长期渍水的土壤存在较多的还原性物质,可消耗重铬酸钾,使结果偏高。

二、金属化合物

土壤样品中金属化合物的测定与水样中金属化合物的测定方法相类似。但在测定前的预处理方法上可能存在差异。

1. 铜、铅、锌、铬、镍的测定

根据《土壤和沉积物中铜、铅、锌、铬、镍的测定 火焰原子吸收分光光度法》(HJ 491—2019),采用酸消解的方法,会彻底破坏土壤的矿物晶格,使试样中的待测元素全部进入试液。将试液注入石墨炉中,经过预先设定的干燥、灰化、原子化等升温程序将共存集体成分蒸发除去,同时在原子化阶段的高温下金属化合物离解为基态原子蒸气,其基态原子分别对铜、锌、铅、镍和铬的特征谱线产生选择性吸收,其吸收强度在一定范围内与铜、锌、铅和铬的浓度成正比。在选择的最佳测定条件下,通过背景扣除,测定试液中5种元素的吸光度。上机分析测试时,5种元素的仪器参考测量条件见表7-11。

当取样量为0.2g、消解后定容体积为25mL时,铜、锌、铅、镍和铬的方法检出限分别为1mg/kg、1mg/kg、10mg/kg、3mg/kg和4mg/kg,测定下限分别为4mg/kg、4mg/kg、40mg/kg、12mg/kg和16mg/kg。

表7-11 仪器参考测量条件

元素	铜	锌	铅	镍	铬
光源	锐线光源 (铜空心阴极灯)	锐线光源 (锌空心阴极灯)	锐线光源 (铅空心阴极灯)	锐线光源 (镍空心阴极灯)	锐线光源 (铬空心阴极灯)
灯电流(mA)	5.0	5.0	8.0	4.0	9.0
测定波长(nm)	324.7	213.0	283.3	232.0	357.9
通带宽度(nm)	0.5	1.0	0.5	0.2	0.2
火焰类型	中性	中性	中性	中性	还原性

土壤中铜、锌、铅、镍和铬的质量分数W_i(mg/kg)为

$$W_i = \frac{(\rho_i - \rho_{oi}) \times V}{m \times W_{dm}} \tag{7-12}$$

式中：W_i 为土壤中元素的质量分数(mg/kg)；ρ_i 为试液中元素的质量浓度(mg/L)；ρ_{oi} 为空白试液中元素的质量浓度(mg/L)；V 为消解后试样的定容体积(mL)；m 为土壤样品的称样量(g)；W_{dm} 为土壤样品的干物质含量(%)。

2. 镉的测定

根据《土壤环境质量 农用地土壤污染风险管控标准（试行）》(GB 15618—2018)和《土壤环境监测技术规范》(HJ/T 166—2004)，土壤中镉的监测分析方法采用石墨炉原子吸收分光光度法。

采用盐酸-硝酸-高氯酸全消解的方法，会彻底破坏土壤的矿物晶格，使试样中的待测元素全部进入试液。将试液注入石墨炉中，经过预先设定的干燥、灰化、原子化等升温程序是共存集体成分蒸发除去，同时在原子化阶段的高温下镉化合物离解为基态原子蒸气，并对空气阴极灯发射的特征谱线产生选择性吸收。在选择的最佳测定条件下，通过背景扣除，测定试液中镉的吸光度。用标准曲线法定量。在加热过程中，为防止石墨管氧化，需要不断通入载气（氩气）。

按照表 7-12 所列仪器测量条件测定，当称取 0.5g 土样消解定容至 50mL 时，其检出限为 0.01mg/kg。

表 7-12 仪器测量条件

元素	镉
测定波长(nm)	228.8
通带宽度(nm)	1.3
灯电流(mA)	7.5
干燥温度(时间)	80~100℃(20a)
灰化温度(时间)	500℃(20a)
原子化温度(时间)	1500℃(20a)
消除温度(时间)	2600℃(3a)
氩气流量(mL/min)	200
原子化阶段是否停气	否
进样量(μL)	10

土壤样品中镉的含量为

$$w = \frac{\rho \times V}{m(1-f)} \tag{7-13}$$

式中：w 是土壤样品中铜、锌的质量分数(mg/kg)；ρ 为样品溶液的吸光度减去空白试验的吸光度后,在标准曲线上查得铜、锌的质量浓度(mg/L);V 为溶液定容体积(mL);m 为称取土壤样品的质量(g);f 为土壤样品的含水量。

案例:大冶市农田土壤中镉污染调查

大冶市是以采矿、冶炼为主导产业的城市,是大冶有色金属公司、武汉钢铁集团等大型国有企业的重要矿石采选和冶炼基地,也是我国重要的原材料工业基地之一。作为典型的矿山资源型城市,长期的高强度开采、冶炼所带来的土壤污染问题日益严峻。该调查将大冶市作为典型开采、冶炼造成的土壤重金属污染区域,对其区域内农田通过网格法进行高密度采样,运用 GIS 空间分析方法研究大冶市农田土壤中重金属 Cd 的污染分布。

针对大冶市农田土壤进行网格法布点采样,样品点位分布如图 7-11 所示,在冶炼和采矿活动集中区域和农田集中区域按照 3km×3km 网格布点,在南部丘陵地区及无冶炼及采矿活动区域则按照 5km×5km 网格布点。共采集到 92 个表层土壤样品,每个网格点位按照 S 型采样方法由 5 点混合而成。在采矿和冶炼主要影响区罗桥街办选取两个典型剖面,背景剖面定位在周边无冶炼采矿活动且海拔相对较高的金牛镇。剖面采集 0~100cm 深度的各层土壤样品:0~2cm、2~4cm、4~6cm、6~8cm、8~10cm、10~15cm、15~20cm、20~30cm、30~40cm、40~60cm、60~100cm。全部样品自然风干后,去除植物残根和石渣,研磨过 100 目尼龙筛后,编号登记,以棕色瓶保存。

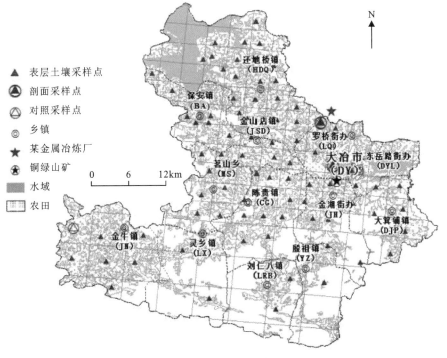

图 7-11 大冶采样点位图

样品分析:土壤样品重金属总量采用强酸全消解法,准确称取 0.1g 土壤样品于 60mL 聚四氟乙烯消解管中,依次加入优级纯 HNO_3 5mL、HF 2mL、$HClO_4$ 1mL,使用石墨炉消解系统设置控温程序,消解、赶酸、定容过滤后,利用 ICP-MS 进行检测。

结果显示:大冶市农田土壤 Cd 污染范围较广,局部区域污染程度较重,浓度分布空间变异较大。整个农田土壤中 Cd 的浓度都在 0.6mg/kg 以上,大部分区域土壤中 Cd 浓度在 1.0mg/kg 以上。

3. 总汞的测定

天然土壤中汞的含量很低,一般为 0.1~1.5mg/kg,其存在形态有单质汞、无机化合态汞和有机化合态汞,其中,挥发性强、溶解度大的汞化合物易被植物吸收,如氯化甲基汞、氧化汞等。汞及其化合物一旦进入土壤,绝大部分被耕层土壤吸附固定。

根据生态环境部标准《土壤和沉积物 总汞的测定 催化热解-冷原子吸收分光光度法》(HJ 923—2017),土壤样品经风干、破碎、过筛后,导入燃烧催化炉,经干燥、热分解及催化反应,各形态汞被还原成单质汞,单质汞进入齐化管生成金汞齐,齐化管快速升温将金汞齐中的汞以蒸汽形式释放出来,汞蒸汽被载气带入冷原子吸收分光光度计,汞蒸汽对 253.7nm 特征谱线产生吸收,在一定范围内,吸收强度与汞浓度成正比。当取样量为 0.1g 时,该方法检出限为 $0.2\mu g/kg$,测定范围为 $(0.8\sim6.0)\times10^3\mu g/kg$。根据标准,按照表 7-13 所列的仪器参考条件进行上机分析。

表 7-13 仪器参考条件

参数	参考值
干燥温度(℃)	200
干燥时间(s)	10
分解温度(℃)	700
分解时间(s)	140
催化温度(℃)	600
汞齐化加热温度(℃)	900
汞齐化混合加热温度(℃)	12
载气流量(mL/min)	100
检测波长(nm)	253.7

土壤样品中总汞的含量 w_1(Hg,mg/kg)为

$$w_1=\frac{m_1}{m\times W_{dm}} \tag{7-14}$$

式中:w_1 为样品中总汞的含量($\mu g/kg$);m_1 为由标准曲线所得样品中的总汞含量(ng);m 为称取样品的质量(g);W_{dm} 为样品干物质含量(%)。

4. 总砷的测定

土壤中砷的背景值一般为 0.2~40mg/kg,而受砷污染的土壤,砷的质量分数可高达 550mg/kg。砷在土壤中以五价和三价两种价态存在,大部分被土壤胶体吸附或与有机物络

合、螯合,或与铁(Ⅲ)、铝(Ⅲ)、钙(Ⅱ)等离子形成难溶性砷化物。砷是植物强烈吸收和积累的元素,土壤被砷污染后,农作物中砷含量必然增加,从而危害其他生物。

测定土壤中砷的主要方法有二乙氨基二硫代甲酸银分光光度法、新银盐分光光度法、氢化物发生—非色散原子荧光光谱法、微波消解—原子荧光法。

根据生态环境部《土壤和沉积物 汞、砷、硒、铋和锑的测定 微波消解/原子荧光法》(HJ 680—2013),土壤样品经过微波消解后试液进入原子荧光光度计,在硼氢化钾溶液还原作用下,生成砷化氢气体,在元素等砷发射光的激发下产生原子荧光,原子荧光强度与试液中元素的含量成正比。当取样量为 0.5g 时,该方法砷的检出限为 0.01mg/kg,测定下限为 0.04mg/kg。

三、有机化合物

1. 六六六和滴滴涕的测定

六六六和滴滴涕属于高毒性、高生物活性的有机氯农药,在土壤中残留时间长,其半衰期为 2～4 年。土壤被六六六和滴滴涕污染后,对土壤生物会产生直接毒害,并通过生物积累和食物链进入人体,危害人体健康。

根据生态环境保护部《土壤和沉积物 有机氯农药的测定气相色谱法》(HJ 921—2017),六六六和滴滴梯的测定方法广泛使用气相色谱法。当取样量为 10.0g 时,方法检出限为 0.04～0.09μg/kg,测定下限为 0.16～0.36μg/kg。方法原理:土壤中的有机氯农药经提取、净化、浓缩、定容后,用具电子捕获检测器的气相色谱检测。根据保留时间定性,外标法定量。

土壤样品在采集后应尽快运回实验室分析,运输过程中应密封避光。如暂不能分析应在 4℃以下冷藏保存,保存时间为 14d。样品制备前应除去异物,称取两份约 10g 的样品。一份用于测定干物质含量;另一份加入适量无水硫酸钠,研磨均化成流沙状脱水。实验室萃取一般采用索式提取,将称量好的样品全部转移至索式提取器纸质套筒中,加入 100mL 丙酮-正己烷混合溶剂(体积比 1∶1),提取 16～18h,回流速度 3～4 次/h。离心或过滤后收集提取液。

在玻璃漏斗上垫一层玻璃棉或者玻璃纤维滤膜,铺加约 5g 无水硫酸钠,然后将提取液经漏斗直接过滤到浓缩装置中,再用 5～10mL 丙酮-正己烷混合溶剂(体积比 1∶1)充分洗涤盛装提取液的容器,经漏斗过滤到浓缩装置。

在 45℃以下将脱水后的提取液浓缩至 1mL,待净化。如需更换溶剂体系,则将提取液浓缩至 1.5～2.0mL 后,用 5～10mL 正己烷置换,再将提取液浓缩到 1mL,待净化。

用约 8mL 正己烷洗涤硅酸镁固相萃取柱,保持萃取柱内吸附剂表面浸润。用吸管将浓缩后的提取液转移到硅酸镁固相萃取柱上停留 1min 后,弃去流出液。加入 2mL 丙酮-正己烷混合溶剂(体积比 1∶9)并停留 1min,用 10mL 小型浓缩管接收洗脱液,继续用丙酮-正己烷混合溶剂(体积比 1∶9)洗涤柱子,至接收的洗脱液体积到 10mL 为止。

将净化后的洗脱液继续浓缩并定容至 1.0mL,再转移至 2mL 的样品瓶中,待分析。

在上述检测过程中,气相色谱仪的参考条件如下。

进样口温度：220℃。进样方式：不分流进样至0.75min后打开分流，分流出口流量为60mL/min。载气：高纯氮气，2.0mL/min，恒流。尾吹气：高纯氮气，20mL/min。柱温升温程序：初始温度100℃，以15℃/min升温至220℃，保持5min，以15℃/min升温至260℃，保持20min。检测器温度：280℃。进样量：1.0μL。

土壤中目标含量W_1(μg/kg)为

$$W_1 = \frac{\rho \times V}{m \times W_{dm}} \tag{7-15}$$

式中：W_1为土壤样品中的目标物含量(μg/kg)；ρ为由标准曲线计算所得试样中目标物的质量浓度(μg/L)；V为试样的定容体积(mL)；m为称取样品的质量(g)；W_{dm}为样品中的干物质含量(%)。

案例：福建戴云山脉土壤有机氯农药残留监测

戴云山脉是福建第二大山脉，山脉横贯福建中部，呈东北-西南走向，主峰戴云山坐落于德化县境内，素有"闽中屋脊"之称。作为闽中大山带主体的戴云山脉与博平岭山脉，将福建全省分为自然条件差异较大的闽东沿海和闽西北山区，对福建的气候、水文、土壤等自然因素以及农业生产的地域差异，起着比较深远的影响。

样品采用GPS定位技术，按12km×12km的样点密度，以网格法采集福建戴云山脉0～20cm的表层土壤样101个，采样位点(部分位点受采样条件限制，偏离网格区域)如图7-12所示。其中蔬菜地土样14个，水田土样80个，果园土样7个。单个采样点的样品采集是在直径为20m的范围内，向4个方向采集4个土壤样品，混合均匀后作为该点位的代表性土壤样品。采集的土壤样品装入聚乙烯密实袋中，运回实验室后冷冻保存(-4℃)，待分析。

图7-12　福建戴云山采样位点图

准确称量10g冷冻干燥后的土壤,均匀加入无水硫酸钠,用滤纸包裹。加入回收率指示物,用二氯甲烷索氏提取抽提24h,用铜片脱硫。抽提液在旋转蒸发仪上(36℃)浓缩至5mL,加入5~10mL的正己烷后,再继续浓缩至2mL左右,浓缩液通过装有去活化的氧化铝和硅胶(体积比1:2)的层析柱净化分离,层析柱为干法装柱,由下至上装入6cm的硅胶及3cm的氧化铝。用二氯甲烷和正己烷(体积比2:3)混合液进行淋洗。淋洗液再次旋转蒸发浓缩至0.5mL,转移至2mL细胞瓶,用柔和的高纯氮气将浓缩液吹至0.2mL,加入20ng内标物五氯硝基苯(PCNB),放入冰箱中待仪器分析。有机氯农药定量分析的内标化合物为五氯硝基苯(PCNB),回收率指示物为四氯间二甲苯(TCMX)和十氯联苯(PCB209)。

研究显示,戴云山脉土壤HCHs含量明显低于DDTs,这与国内外其他地区特征相似。HCH的历史使用量高于DDT,但由于DDT的稳定性高于HCH,在土壤中降解速度比HCH缓慢,故土壤中DDT及其降解产物的含量高于HCH。

2. 苯并(a)芘

苯并(a)芘是研究得最多的多环芳烃,被公认为强致癌物质。它在自然界土壤中的本底值很低,但当土壤受到污染后,便会产生严重危害。开展土壤中苯并(a)芘的监测工作,掌握不同条件下土壤中苯并(a)芘量的变化规律,对评价和防治土壤污染具有重要意义。

测定苯并(a)芘的方法有紫外分光光度法、荧光光谱法、气相色谱-质谱法和高效液相色谱法等。

紫外分光光度法的测定要点:称取通过0.25mm孔径筛的土壤样品于锥形瓶中,加入三氯甲烷,在50℃水浴上充分提取,过滤,滤液在水浴上蒸发近干,用环己烷溶解残留物,制成苯并(a)芘提取液。将提取液进行两次氧化铝层析柱分离纯化和溶出后,在紫外分光光度计上测定350~410nm波段的吸收光谱,依据苯并(a)芘在365nm、385nm、403nm处有3个特征吸收峰进行定性分析。测量溶出液对385nm紫外线的吸光度,对照苯并(a)芘标准溶液的吸光度进行定量分析。该方法适用于苯并(a)芘质量分数大于$5\mu g/kg$的土壤样品,如苯并(a)芘质量分数小于$5\mu g/kg$,则用荧光光谱法。

荧光光谱法是将土壤样品的三氯甲烷提取液蒸发近干,并把环己烷溶解后的溶液滴入氧化铝层析柱上进行分离,分离后用苯洗脱,洗脱液经浓缩后再用纸层析法分离,在层析滤纸上得到苯并(a)芘的荧光带,用甲醇溶出,取溶出液在荧光分光光度计上测量其被387nm紫外线激发后发射的荧光(405nm)强度,对照标准溶液的荧光强度定量。

气相色谱-质谱法测定土壤中多环芳烃的含量和测定有机氯农药含量相类似,也需要经过提取、脱水、浓缩、净化和定容等过程。

第七节 土壤监测案例分析

案例一 雄安新区土壤重金属监测

雄安新区地处北京、天津和保定腹地,行政区划包括河北省雄县、容城和安新三县及周边部分区域。区内地势相对平坦,地形开阔,植被覆盖率较低,农田生态系统较为优越。西部和北部略高、东部和南部稍低,地面高程 5~20m,地形地貌以低海拔平原、洼地为主,容城—雄县—线以北为冲(湖)积微倾斜平原,上部为近代河流冲积层或扇前洼地堆积物,下伏冲洪积层;容城—雄县一线以南为冲(湖)积低平原,由近代河流冲积和湖沼沉积形成,主要分布于白洋淀周边地带。区内第四系覆盖,以冲洪积、冲湖积和冲积为主,发育沉积旋回,主要由砂、黏土以及砾石组成,层厚 348~437m。雄安新区土地利用类型分为耕地、园地、林地、草地、交通运输用地、水域及水利设施用地、城镇村住宅用地及工矿用地 8 种类型,主要为耕地,占监测区面积的 53.33%。研究区内土壤类型相对单一,主要为潮土;容城北部零散分布少量褐土,白洋淀周边地区发育少量沼泽土。采样点位见图 7-13。

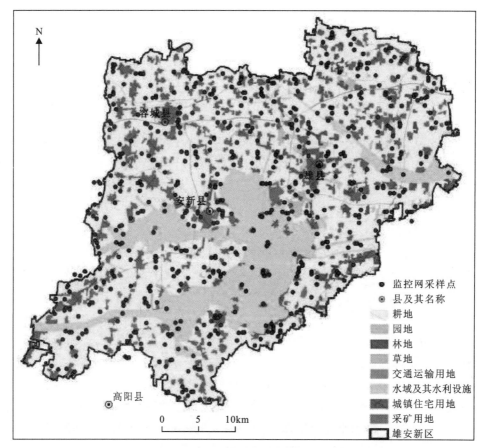

图 7-13 雄安新区土地利用类型及监测点位(见图版)

雄安新区土壤重金属地球化学监测网在综合考虑监测区面积、网格密度、数据统计分析意义、与多目标调查数据套合程度以及经济效率等因素后,采用一种分层错列非平衡套合采样部署模式。通过分层错列非平衡套合采样方案,可以高效率、低成本地获取监测区一系列地球化学统计参数,利用方差分析等统计分析手段对不同地理空间尺度下元素含量的变化程度进行评估,从而确定监测区元素含量的时空变异。在布设的采样点上,以 GPS 定位点为中心,向四周辐射确定 3~5 个分样点,等份组合成一个混合样,采集地表以下 0~20cm 深度土壤样品 600 件。土壤样品采集和加工严格按照《土壤环境监测技术规范标准》(HJ/T 166—

2004)的相关要求进行。

调查采用区域随机采样方法，构建得出合理的样本容量。土壤样品分析测试指标包括砷(As)、镉(Cd)、铬(Cr)、汞(Hg)、铅(Pb)、镍(Ni)、锌(Zn)、铜(Cu)和土壤酸碱度(pH)等指标。分析方法及检出限如表7-14所示。

表7-14 各指标分析方法及检出限

指标	分析方法	检出限
As	原子荧光光谱法(AFS)	$1\text{mg} \cdot \text{kg}^{-1}$
Cd	电感耦合等离子体质谱法(ICP-MS)	$0.03\text{mg} \cdot \text{kg}^{-1}$
Cr	X射线荧光光谱法(XRF)	$5\text{mg} \cdot \text{kg}^{-1}$
Cu	电感耦合等离子体质谱法(ICP-MS)	$1\text{mg} \cdot \text{kg}^{-1}$
Hg	原子荧光光谱法(AFS)	$0.0005\text{mg} \cdot \text{kg}^{-1}$
Ni	电感耦合等离子体质谱法(ICP-MS)	$2\text{mg} \cdot \text{kg}^{-1}$
Pb	电感耦合等离子体质谱法(ICP-MS)	$2\text{mg} \cdot \text{kg}^{-1}$
Zn	电感耦合等离子体质谱法(ICP-MS)	$4\text{mg} \cdot \text{kg}^{-1}$
pH	电位法(POT)	0.1

调查结果显示：雄安新区表层土壤以碱性和强碱性为主，土壤重金属As、Cd、Cr、Cu、Hg、Ni、Pb和Zn元素含量的平均值分别为11.2mg/kg、0.23mg/kg、69.7mg/kg、31.1mg/kg、0.049mg/kg、32.9mg/kg、27.8mg/kg和82.9mg/kg。研究区表层土壤Cd含量远高于全国和河北省表层土壤平均水平。依据《土壤环境质量农用地土壤污染风险管控标准》(GB 15618—2018)，雄安新区600件监控点土壤重金属Cr、Hg、Ni和Zn含量均小于农用地土壤污染风险筛选值，为安全无污染风险等级；部分监测点土壤As、Cd、Cu和Pb含量超过农用地土壤污染风险筛选值，但均小于农用地土壤污染风险管控值，其中Cd含量超农用地土壤污染风险筛选值监控点22个，主要位于雄安新区西南部地区。

研究区土壤As、Cd、Cr、Cu、Ni、Pb和Zn含量空间分布具有很大的相似性。土壤As、Cd、Cr、Cu、Ni、Pb和Zn元素含量高值区主要分布于雄安新区西南部地区，含量低值区主要分布于区安新县白洋淀和雄县等地区。土壤Hg元素含量空间分布特征与其他7种重金属元素不同，其含量高值区除分布于新区西南部地区外，在人类生活活动区的容城和安新县城周边地区同样存在土壤Hg高值区，反映土壤Hg明显受人类活动影响(郭志娟等，2020)。

案例二 福建闽江沿岸土壤中多环芳烃含量调查

闽江是福建最大的独流入东海的河流。闽江流域是福建省内重要的工业、商贸、旅游、水电发达地区。近年来福建工业发展迅速，城市化进程明显加快，闽江周边地域被大规模开发，大量城市废水、农业污水及交通污染物排放进入闽江，致使闽江福州段生态环境质量总体上呈现下降趋势。

沿闽江沿岸以10 km为一个采样长度，采集0～20cm表层土壤样16个。采样点沿着城市—郊区—乡镇—郊区—城市这一剖面分布在闽江两侧,其中点 A01、A02 位于南平市市区,A03、A04、A05、A06、A07 位于城郊过渡区,A08、A09 位于福州市乡镇,A10、A11、A12 位于福州市市郊,A13、A14、A15、A16 位于福州市内,且点 A16 位于闽江入海口附近。具体的采样点位如图 7-14 所示。

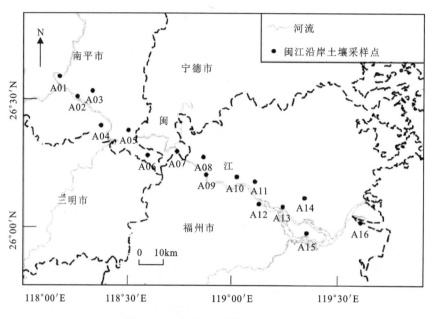

图 7-14 福建闽江采样点位分布图

单个采样点的样品采集规定在直径为 20m 的范围内,由 4 个方向采集的土壤样品,均匀混合后作为该点位的代表性土壤样品。采集的土壤样品装入聚乙烯密实袋中,并尽快运回实验室进行后续实验分析。样品自然风干,过 20 目不锈钢筛,去除石块及植物根系,储存于棕色磨口玻璃瓶中,冷冻保存(-4℃)。

土样经过筛选后,称取 10g 用滤纸包裹,加入 1000ng 回收率指示物(氘代萘(Naphthalene-d8)、氘代二氢苊(Acenaphthene-d10)、氘代菲(Phenanthrene-d10)、氘代(Chrysene-d12)和氘代苝(Perylene-d12)。用二氯甲烷索式抽提 24h,并加入铜片脱硫。抽提液经旋转蒸发仪浓缩至约 3mL,加入 3mL 正己烷,继续经旋转蒸发仪浓缩至 3mL。浓缩液通过装体积比为 1∶2 的氧化铝和硅胶(经过 48h 抽提,然后分别在 240℃和 180℃温度下活化 12h,加入 3%的去离子水去活化)层析柱净化,然后用 30mL 二氯甲烷和正己烷(体积比 2∶3)混合液淋洗。淋洗液经旋转蒸发仪浓缩至 0.5mL,将其转移至 2mL 样品瓶中,使用柔和的高纯氮气浓缩至 0.2mL。上机前,每个样品加入 1000ng 六甲基苯内标物质。

研究区土壤中 PAHs 含量低于福州市表层土壤(平均值 595.90μg/kg)、福建内河沉积物(平均值 899.60μg/kg)和闽江福州段沉积物(平均值 630.90μg/kg),略高于大清河流域表层土壤(平均值 405.10μg/kg),高于福建九江流域土壤(平均值 117.03μg/kg)及青藏高原湖泊流域土壤(平均值 194.00μg/kg)。

点位 A01～A16 是沿城市—郊区—乡镇—郊区—城市依次延展分布，PAHs 含量呈先降低再升高分布。该趋势与我国 PAHs 含量总体分布一致，即城区土壤中 PAHs 的含量高于郊区（孙焰等，2016）。

习 题

1. 简述土壤的组成，它们是怎样形成的？
2. 何谓土壤背景值？土壤背景值的调查研究对环境保护和环境科学有何意义？
3. 土壤污染监测有哪几种布点方法？各适用于什么情况？
4. 根据监测目的，土壤环境质量监测分为哪几种类型？各种类型监测内容有何不同？
5. 对土壤样品进行预处理的目的是什么？怎样根据监测项目的性质选择预处理方法？
6. 用盐酸-硝酸-氢氟酸-高氯酸处理土壤样品有何优点？应注意什么问题？
7. 怎样用玻璃电极法测定土壤样品的 pH？测定过程中应注意哪些问题？
8. 测定土壤中可溶性盐分有何意义？简述测定方法和测定中应注意的问题。
9. 简述用石墨炉原子吸收光谱法测定土样中 Cd 的原理，可用哪几种定量方法？
10. 怎样用气相色谱法对土壤样品中六六六和滴滴涕的异构体进行定性和定量分析？
11. 简述用气相色谱-质谱法测定土壤样品中苯并(a)芘的方法原理及注意事项？

主要参考文献

《环境科学》编辑部，1982．环境中若干元素的自然背景值及其研究方法[M]．北京：科学出版社．

杜平，赵欢欢，王世杰，等，2013．大冶市农田土壤中镉的空间分布特征及污染评价[J]．土壤，45(6)：1028-1035．

郭志娟，周亚龙，杨峥，等，2020．雄安新区土壤重金属地球化学监测关键问题探讨[J]．环境科学，5(11)：1-14．

瞿程凯，祁士华，张莉，等，2013．福建戴云山脉土壤有机氯农药残留及空间分布特征[J]．环境科学，34(11)：4427-4433．

孙焰，祁士华，李绘，等，2016．福建闽江沿岸土壤中多环芳烃含量、来源及健康风险评价[J]．中国环境科学，36(6)：1821-1829．

魏盛复，陈静生，吴燕玉，等，1991．中国土壤环境背景值研究[J]．环境科学，12(4)：12-20．

魏盛复，杨国治，蒋德珍，等，1991．中国土壤元素背景值基本统计量及其特征[J]．中国环境监测，7(1)：1-6．

吴燕玉，1988．环境地球化学制图及应用[M]．北京：中国环境科学出版社．

中国环境监测总站，1990．中国土壤元素背景值[M]．北京：中国环境科学出版社．

第八章 物理性污染监测

物理环境监测是指对噪声、电磁辐射、光等一类污染的监测。物理环境污染与其他类型环境污染有显著区别,物理环境污染不会由有毒物质排放引起,大多具有局域性强、无残留的特点,甚至许多物理污染无形无色、不具有传统意义的形态。物理性污染不同于大气、水、土壤环境污染,后三者是有害化学物质或生物输入环境,使环境中某些物质含量超过了正常含量所致。而引起物理性污染的声、光、热、放射性、电磁辐射、振动等在环境中本来就存在,只是当物理性因素在环境中的强度过高或过低时,会危害人的健康和生态环境,造成污染。物理性污染一般是局部性的,在环境中无残留(部分放射性污染除外),一旦污染源消除,物理性污染即消失。按照环境中物理性因素的不同,物理监测可以分为噪声监测、电磁辐射监测和放射性监测、光环境监测等。

第一节 噪声监测

一、噪声的来源及分类

1. 噪声的概念

噪声的物理学概念是指无规律的不具周期性特征的声响,卫生学概念泛指干扰睡眠休息和交谈思考,给人以烦恼的感受,造成听觉危害的一切声响。可按噪声源的物理特性、时间特性以及频率成分分布等方式进行分类。

2. 噪声源

噪声源是向外辐射噪声的振动物体。噪声源有固体、液体和气体 3 种形态。噪声源种类很多,可以按照不同原则进行分类,如按照产生的机理、产生的来源、随时间的变化、空间分布形式等。

3. 噪声源分类

为便于系统地研究各种噪声源特性,对噪声源按如下分类原则进行研究。
(1)按照噪声产生的机理(物理特性),噪声源可分为:
①气体动力噪声:叶片高速旋转或高速气流通过叶片,会使叶片两侧的空气发生压力突

变,激发声波,如通风机、鼓风机、压缩机、发动机迫使气体通过进、排气口时发出的声音即为气体动力噪声。②机械噪声:物体间的撞击、摩擦、交变的机械力作用下的金属板,旋转的动力不平衡,以及运转的机械零件轴承、齿轮等都会产生机械性噪声。③电磁性噪声:由于电机等的交变力相互作用产生的声音,如电流和磁场的相互作用产生的噪声,发动机、变压器的噪声均属此类。

(2)按照噪声产生的来源,噪声源可分为:

①工业噪声,如鼓风机、汽轮机、织布机和冲床等所产生的噪声;②交通噪声,包括汽车、轮船、火车和飞机等所产生的噪声;③建筑施工噪声,如打桩机、挖土机和混凝土搅拌机等发出的声音;④社会生活噪声,如音响、喇叭、收录机等发出的过强声音等。

(3)按照噪声随时间的变化,噪声源可分为:

①稳态噪声:是指噪声强度不随时间变化或变化幅度很小的噪声。②非稳态噪声:是指噪声强度随时间变化的噪声。非稳态噪声又可分为周期性起伏的噪声、脉冲噪声和无规则的噪声。

物理中,发声体作无规则振动时发出的声音是噪声,人们不需要的声音叫作噪声。环境噪声是指在工业生产、建筑施工、交通运输、社会生活中所产生的干扰周围生活环境的声音(频率在20～20 000 Hz的可听声范围内)[《中华人民共和国环境噪声污染防治法》,《环境影响评价技术导则 声环境》(HJ 2.4—2009)]。噪声主要分为人为活动产生的噪声和自然界噪声。人为活动产生的噪声主要分为工业生产、建筑施工、交通运输和社会生活产生的噪声。噪声属于物理性污染,具有暂时性。当噪声源停止发声时,噪声过程即时消失,不会留下能量的积累。噪声是感觉公害,对人的影响程度受当时的行为状态、生理和心理因素有关。我国根据环境噪声排放标准规定的数值区分"环境噪声"与"环境噪声污染"。在数值以内的称为"环境噪声",超过数值并产生干扰现象的称为"环境噪声污染"。

二、声音的量度

从噪声的概念可知,它包括客观的物理现象(声波)和主观感觉两个方面。但是,最后判别噪声的是人耳,所以确定噪声的物理量和主观听觉的关系十分重要。不过这种关系相当复杂,因为主观感觉牵涉到复杂的生理机构和心理因素。这类工作是用统计方法在实验基础上进行研究的。

1. 声级和声压级

声级是一个与人们对声音强弱的主观感觉相一致的物理量,通常用分贝(dB)来表示。声级的计算是基于声压的平方,并且使用对数尺度。声级计上显示的声级是相应于全部可听声频率范围内,按规定频率计权和时间计权而测得的声压级。常用的频率计权有A、B、C、D四种,而时间计权有快挡、慢挡和脉冲挡。声级计的表头有效值读数的AC时间平均网络的时间常数分别为125 ms、500 ms和35 ms。基准声压通常为2 mPa,单位为dB。其数值因所用的计数网络而异。一般常用A计权测量,在测量条件中以A表示。A声级已为国际标准化组织和绝大多数国家用做对噪声进行主观评价的主要指标。

分贝是一种测量声音的相对响度的计算单位。人耳对响度差别能察觉的范围,大约包括以最微弱的可闻声为 1 而开始的标度上的 130dB 对频率的定义。当人暴露在不同分贝环境中,对人造成的危害如下:

(1) 0dB 是人刚能听到的最微弱的声音;

(2) 30dB～40dB 是较为理想的安静环境;

(3) 超过 50dB 会影响休息和睡眠;

(4) 超过 70dB 会影响学习和工作;

(5) 超过 90dB 会影响听力;

(6) 如果突然暴露在高达 150dB 的噪声环境中,鼓膜会破裂出血,双耳完全失去听力。

声级与声压级(dB SPL)不同。声压级是一种绝对单位,用于表示声音的绝对强度级,基于声压的线性比例来计算,以帕斯卡(Pa)为单位。而声级是一种相对单位,用于表示声音相对于参考声音的强度级,通常以 20 微帕(μPa)作为参考声音定义为 0 分贝(dB)。声级的计算公式为

$$声级(dB) = 10 \times \lg(声压^2 / 参考声压^2) \tag{8-1}$$

2. 响度和响度级

人的听觉与声音的频率有非常密切的关系,一般来说两个声压相等而频率不相同的纯音听起来是不一样响的。响度是人耳判别声音由轻到响的强度等级概念,它不仅取决于声音的强度(如声压级),还与它的频率及波形有关。响度的单位叫"宋"(sone),1sone 的定义为声压级为 40dB,频率为 1kHz。人耳感受到的声音强弱,它是人对声音大小的一个主观感觉量。响度的大小决定于声音接收处的波幅,就同一声源来说,波幅传播得愈远,响度愈小;当传播距离一定时,声源振幅愈大,响度愈大。响度的大小与声强密切相关,但响度随声强的变化不是简单的线性关系,而是接近于对数关系。当声音的频率、声波的波形改变时,人对响度大小的感觉也将发生变化。

人耳对声音的感觉,不仅和声压有关,还和频率有关。声压级相同,频率不同的声音,听起来响度也不同。如空压机与电锯,同是 100dB 声压级的噪声,听起来电锯声要响得多。按人耳对声音的感觉特性,依据声压和频率定出人对声音的主观音响感觉量,称为响度级,单位为方。以频率为 1000Hz 的纯音作为基准音,其他频率的声音听起来与基准音一样响,该声音的响度级就等于基准音的声压级,即响度级与声压级是一个概念。例如,某噪声的频率为 100Hz,强度为 50dB,其响度与频率为 1000Hz,强度为 20dB 的声音响度相同,则该噪声的响度级为 20 方。

三、环境噪声监测目的与要求

环境噪声监测主要依据《声环境质量标准》(GB 3096—2008)。

1. A 声级和等效连续 A 声级

A 声级(Asoundlevel)是指用声级计的 A 计权网络测得的声级,单位为分贝,记作 dB(A),

用 L_A 表示。A 声级用来模拟人耳对 55dB 以下低强度噪声的频率特性,它能够较好地反映人对噪声的主观评价。A 声级广泛应用于噪声计量中,已经成为国际标准化组织和绝大多数国家评价噪声的主要指标。

等效连续 A 声级(equivalent continuous A-weighted sound pressure level)简称为等效声级,指在规定测量时间 T 内 A 声级的能量平均值,用 $L_{Aeq,T}$ 表示(简写为 L_{eq}),单位 dB(A)。昼间等效声级(day-time equivalent sound level)在昼间时段内测得的等效连续 A 声级称为昼间等效声级,用 L_d 表示,单位 dB(A)。夜间等效声级(night-time equivalent sound level)在夜间时段内测得的等效连续 A 声级称为夜间等效声级,用 L_n 表示,单位 dB(A)。

$$L_{eq} = 10\lg\left(\frac{1}{T}\int_0^T 10^{0.1\times L_A}\mathrm{d}t\right) \tag{8-2}$$

式中:L_A 为 t 时刻的瞬时 A 声级;T 为规定的测量时间段。

2. 声环境功能分区

按区域的使用功能特点和环境质量要求,声环境功能区分为以下 5 种类型:

0 类声环境功能区:指康复疗养区等特别需要安静的区域。

1 类声环境功能区:指以居民住宅、医疗卫生、文化教育、科研设计、行政办公为主要功能,需要保持安静的区域。

2 类声环境功能区:指以商业金融、集市贸易为主要功能,或者居住、商业、工业混杂,需要维护住宅安静的区域。

3 类声环境功能区:指以工业生产、仓储物流为主要功能,需要防止工业噪声对周围环境产生严重影响的区域。

4 类声环境功能区:指交通干线两侧一定距离之内,需要防止交通噪声对周围环境产生严重影响的区域,包括 4a 类和 4b 类两种类型。4a 类为高速公路、一级公路、二级公路、城市快速路、城市主干路、城市次干路、城市轨道交通(地面段)、内河航道两侧区域;4b 类为铁路干线两侧区域。

3. 累计百分声级

累计百分声级用于评价测量时间段内噪声强度时间统计分布特征的指标,指占测量时间段一定比例的累积时间内 A 声级的最小值,用 L_N 表示,单位为 dB(A)。最常用的是 L_{10}、L_{50} 和 L_{90},其含义如下:

L_{10}——在测量时间内有 10% 的时间 A 声级超过的值,相当于噪声的平均峰值;

L_{50}——在测量时间内有 50% 的时间 A 声级超过的值,相当于噪声的平均中值;

L_{90}——在测量时间内有 90% 的时间 A 声级超过的值,相当于噪声的平均本底值。

如果数据采集是按等间隔时间进行的,则 L_N 也表示有 $N\%$ 的数据超过的噪声级。

4. 监测目的

(1)评价不同声环境功能区昼间、夜间的声环境质量,了解功能区环境噪声时空分布特征。

(2)了解噪声敏感建筑物户外(或室内)的环境噪声水平,评价是否符合所处声环境功能区的环境质量要求。

5.环境噪声监测要求

1)测量仪器

测量仪器精度为 2 型及 2 型以上的积分平均声级计或环境噪声自动监测仪器,其性能需符合《电声学 声级计 第 1 部分:规范》(GB 3785.1—2010)和《积分平均声级计》(GB/T 17181—1997)的规定,并定期校验。测量前后使用声校准器校准测量仪器的示值偏差不得大于 0.5dB,否则测量无效。声校准器应满足《电声学 声校准器》(GB/T 15173—2010)对 1 级或 2 级声校准器的要求。测量时传声器应加防风罩。

2)测点选择

根据监测对象和目的,可选择以下 3 种测点条件(指传声器所置位置)进行环境噪声的测量:

(1)一般户外。距离任何反射物(地面除外)至少 3.5m 外测量,距地面高度 1.2m 以上。必要时可置于高层建筑上,以扩大监测受声范围。使用监测车辆测量,传声器应固定在车顶部 1.2m 高度处。

(2)噪声敏感建筑物户外。在噪声敏感建筑物外,距墙壁或窗户 1m 处,距地面高度 1.2m 以上。

(3)噪声敏感建筑物室内。距离墙面和其他反射面至少 1m,距窗约 1.5m 处,距地面 1.2~1.5m 高。

6.监测类型

1)声环境功能区监测

选择能反映各类功能区声环境质量特征的监测点 1 至若干个,进行长期定点监测,每次测量的位置、高度应保持不变。

对于 0、1、2、3 类声环境功能区,该监测点应为户外长期稳定、距地面高度为声场空间垂直分布的可能最大值处 其位置应能避开反射面和附近的固定噪声源;4 类声环境功能区监测点设于 4 类区内第一排噪声敏感建筑物户外交通噪声空间垂直分布的可能最大值处。

声环境功能区监测每次至少进行一昼夜 24h 的连续监测,得出每小时及昼间、夜间的等效声级 L_{eq}、L_d、L_n 和最大声级 L_{max}。用于噪声分析目的,可适当增加监测项目,如累积百分声级 L_{10}、L_{50}、L_{90} 等。监测应避开节假日和非正常工作日。

2)噪声敏感建筑物

监测点一般设于噪声敏感建筑物户外。不得不在噪声敏感建筑物室内监测时,应在门窗全打开状况下进行室内噪声测量,并采用较该噪声敏感建筑物所在声环境功能区对应环境噪声限值低 10dB(A)的值作为评价依据。

对敏感建筑物的环境噪声监测应在周围环境噪声源正常工作条件下测量,视噪声源的运

行工况,分昼、夜两个时段连续进行。根据环境噪声源的特征,可优化测量时间:

(1)受固定噪声源的噪声影响。稳态噪声测量 1min 的等效声级 L_{eq};非稳态噪声测量整个正常工作时间(或代表性时段)的等效声级 L_{eq}。

(2)受交通噪声源的噪声影响。对于铁路、城市轨道交通(地面段)、内河航道,昼、夜各测量不低于平均运行密度的 1h 等效声级 L_{eq},若城市轨道交通(地面段)的运行车次密集,测量时间可缩短至 20min。对于道路交通,昼、夜各测量不低于平均运行密度的 20min 等效声级 L_{eq}。

(3)受突发噪声的影响。以上监测对象夜间存在突发噪声的,应同时监测测量时段内的最大声级 L_{max}。

四、环境噪声监测方法

自 20 世纪 60 年代开展环境噪声监测以来,大多采用等间隔布点方法,即在道路两侧按一定距离布点,或在城市范围内按一定面积布点,该方法至今仍然是多数国家规定的标准测量方法,我国亦采用这种方法。

1. 环境噪声监测布点方法

1)城市区域声环境测点布置

根据《声环境质量标准》(GB 3096-2008)和《环境噪声监测技术规范 城市声环境常规监测》(HJ 640-2012)中的要求,将整个城市建成区随机划分为多个等大的正方形网格(如 1000m×1000m),有效网格总数应多于 100 个,以反映城市环境噪声总体平均值;在每一网格的中心或距离中心点最近的可测量位置进行监测,监测点位高度距地面为 1.2~4.0m。

2)城市道路交通声环境测点布置

城市交通道路监测点应选在路段两路口之间,距任一路口的距离大于 50m,路段不足 100m 的选路段中点,测点位于人行道上距路面(含慢车道)20cm 处,监测点位高度距地面为 1.2~6.0m。测点应避开非道路交通源的干扰,传声器指向被测声源。

2. 监测频次、时间与测量

监测工作应安排在每年的春季或秋季,每个城市监测日期应相对固定,监测应避开节假和非正常工作日。昼间监测每年 1 次,应在昼间正常工作时段内进行监测,并应覆盖整个工作时段;夜间监测每五年 1 次,应在每个五年规划的第三年监测,监测从夜间起始时间开始。

城市区域每次每个监测点位测量 10 min 的等效连续 A 声级 L_{eq};城市道路交通每次每个监测点测量 20 min 的等效连续 A 声级 L_{eq},分类(大型车、中小型车)记录车流量。测量声环境时应记录累积百分声级 L_{10}、L_{50}、L_{90}、L_{max}、L_{min} 和标准偏差(SD),同时记录噪声来源。

五、监测仪器

监测仪器包括声级计、在线监测设备。监控系统的网络结构见图 8-1。

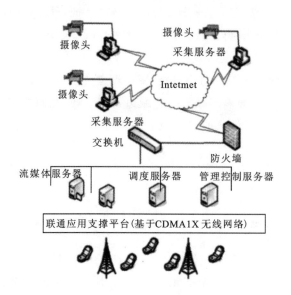

图 8-1 监控系统的网络结构(据黄水源等,2007)

20 世纪 60 年代,我国主要使用指针式人工读数声级计,具有体积大、精度低、动态范围小、测量误差大等特点。20 世纪 70 年代以后,小型化的噪声测量仪器得到发展,经过多年的开发和改型,从指针式人工读数声级计发展到数字式声级计,功能上也从单纯的测量瞬时声级发展到测量等效连续声级 L_{eq}、脉冲声级 L_1、累积百分声级 L_N、噪声暴露级 L_{eq} 等多个参量。此外,在户外环境噪声测量方面,还开发了多种供现场频率分析、时间特性分析、现场实时分析、现场磁记录等仪器。

随着城市噪声污染的加剧,对噪声自动监测的关注度越来越高,全天候、自动化、智能化、网络化的环境噪声自动监测是噪声监测的必然趋势(齐杨等,2015)。20 世纪 80 年代中期,研究开发具有数据自动采集、存贮与处理功能的环境噪声自动监测仪。到 20 世纪 90 年代初,环境噪声监测仪器进一步追求小型化、便携和多功能。

1. 无线传感器网的噪声监测

由于噪声污染在时间与空间的随机性、瞬时性等特点,噪声监测不仅需要监测点位的选取个数、布设点位需要具有一定数量和代表性,而且需多个监测点能够同步监测,无线传感器网络技术为实现这一要求提供了可能。结合无线传感器网络的特性,设计的噪声自动监测系统进行环境噪声污染监测。

系统目标是利用无线传感器网络技术中的 ZIG-Bee 技术,结合 GIS 技术实现噪声信息自动采集、实时分析,提高噪声监测质量的水平。系统可以实现的主要目标有:①对噪声数据进行多点自动、同步监测,并将采集到的实时数据发送到数据中心;②对噪声数据进行实时分析与统计分析;③结合 GIS 技术,利用噪声地图对噪声污染情况进行说明,并提出相应的管理对策。

2. 系统架构

基于 WSN 的噪声监测系统主要分为 3 个部分，即噪声监测节点为感知层，噪声数据传输节点即为传输层，数据中心即为应用层（图 8-2）。

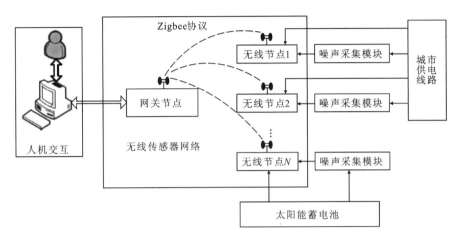

图 8-2　环境噪声自动监测系统（据曹晓欢等，2013）

3. 噪声在线自动监测系统

系统的目标就是最终实现全国范围内环境噪声的在线自动监测，将噪声污染源的状态利用传感技术、通信技术和计算机及其网络技术有机结合而构成新型环境噪声监测系统。噪声数据通过计算机存储、修正、统计等处理后，以图形和报表的形式，及时、准确地通过网络传给环境监督管理部门，为环境噪声监测和治理提供有效的依据。

该系统包括 3 个部分：前端智能仪表、噪声数据管理中心、噪声数据处理中心（图 8-3）。

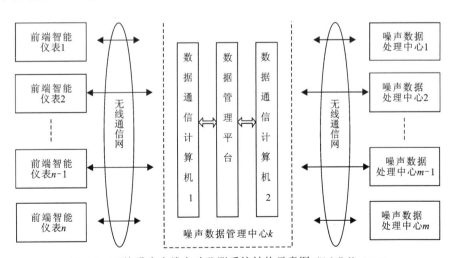

图 8-3　环境噪声在线自动监测系统结构示意图（据李华等，2005）

案例分析　城市噪声自动监测系统

南昌市城市噪声自动监测系统：根据南昌市城区功能、近远期发展规划、人口分布及城市区域环境噪声适用区划分状况，依据《声学　环境噪声测量方法》(GB/T 3222—94)的规定，通过对历年来南昌市区域环境噪声、道路交通噪声和功能区噪声监测数据的综合分析，优化、选择能基本反映南昌市城市噪声状况和变化规律的点位，建成南昌市城市噪声自动监测系统，实现噪声全天候连续自动监测。

噪声扬尘自动监测系统是武汉宇佳自主研发的噪声扬尘自动监测终端，它符合《声环境质量标准》(GB 3096—2008)和《环境空气质量标准》(GB 3095—2012)中规定，进行不同声环境功能区扬尘重点监控区监测点的连续自动监测且具有完善功能的监测设备，在无人看管的情况下自动监测数据，并通过 GPRS/CDMA 移动公网、专线网络（中国电信、中国移动、中国联通）传输数据，主要用于城市功能区监测、工业企业厂界监测、施工场界监测。

（一）系统构成

南昌市城市噪声自动监测多功能显示系统由硬件和软件两大部分构成（张文平等，2004）。

(1) 硬件：包括噪声监测仪器、电子显示屏、中心控制室设备和通信网络（图 8-4）。

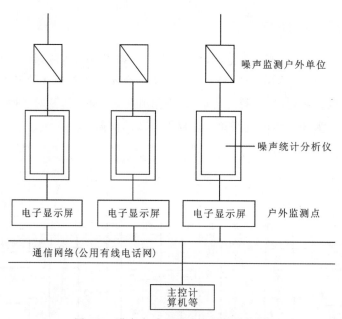

图 8-4　噪声自动监测系统硬件结构图

(2) 软件：包括噪声监测仪器与电子显示屏的通信协议、监测点与控制中心通信子系统、监测数据处理子系统、数据库管理子系统、中心控制室操作控制子系统（图 8-5）。

根据南昌市环境噪声现状、敏感区分布和南昌市经济条件，优化、选择的噪声监测点覆盖城市区，每类功能区至少设置 1 个测点，每个行政区域至少有 1 个测点。监测点均设在人流量较大的重要公共场所、风景点和主要街道。在噪声监测值基本反映全市噪声状况的同时，

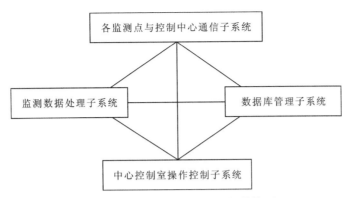

图 8-5　噪声自动监测系统软件结构图

最大限度地实现环保知识宣传、环境信息发布,提高城市品位。基于上述要求,南昌市城市噪声自动监测多功能显示系统共设置 13 个自动监测显示点和 1 个中心控制室。

(二)工作原理

噪声自动监测系统工作原理示意图如图 8-6 所示。

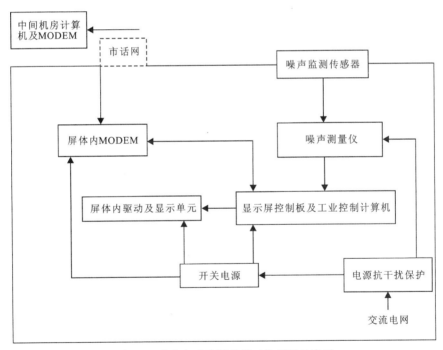

图 8-6　噪声自动监测系统工作原理示意图

户外全天候噪声监测传感器接收到噪声信号,送至噪声测量仪,经数据采集、分析处理后通过 RS-232 接口送到显示屏控制器用于显示,另外控制器亦将此信息通过通信网络传输到主控计算机,中心控制室发送的各种信息也通过通信网络传输到显示屏。工控机从噪声测量仪读取数据:一方面发送给屏体内驱动及显示单元,以供实时显示;另一方面根据需要亦可通过屏体内 MODEM 及市话网将此信息传送给控制中心机房。控制中心需要发布各类信息时,则通过中心机房的 MODEM 及市话网传送给显示屏发布。

(三)系统功能

(1)实时、准确、完整地反映各监测点周边的声环境质量。

(2)通过专用信道向各监测点发送各种控制指令,传送数据等。

(3)调取各监测点采集的数据并对数据进行各种必要的检验,以保证传输的数据正确。

(4)对监测数据进行各种统计运算,并按规定格式打印各种报表和绘制各种曲线。

(5)可向各监测点同时发送一幅信息也可分别发送不同的信息,信息可以是三色文字、图表和静态画面。

(6)具备自动检测各监测点工作情况及出错报警功能。

(7)显示形式丰富。通过计算机等输入设备,对显示内容进行编辑、自由组合,屏幕可以用移动、中开、中合、百叶窗等。

(8)字体种类多。汉字字库采用点阵和矢量字库,字型任意尺寸、任意比例均可,实现无级变化。可提供宋、仿宋、标宋、楷、行楷、黑、隶、魏碑等 8 种标准字体,可扩展为准圆、中圆、粗圆、琥珀、文艺、美术等 20 多种矢量字体。

六、我国环境噪声评价方法

环境噪声监测应根据评价工作需要分别给出各种噪声的评价量:等效连续 A 声级(等效声级)L_{eq}、累积百分声级(统计声级)L_n、昼间等效声级 L_D、夜间等效声级 L_N 和昼夜等效声级 L_{DN} 作为监测结果,需根据环评监测计划的要求提供监测报告。

1. 城市区域环境噪声评价

参照《环境噪声监测技术规范 城市声环境常规监测》(HJ 640—2012),通过计算整个城市环境噪声总体水平来评价城市区域环境噪声。将整个城市全部网格测点测得的等效声级分昼间和夜间,按式(8-3)进行算术平均运算,所得到的昼间平均等效声级 $\overline{S}_D$ 和夜间平均等效声级 $\overline{S}_N$ 代表该城市昼间和夜间的环境噪声总体水平。

$$\overline{S} = \frac{1}{n}\sum_{i=1}^{n} L_i \tag{8-3}$$

式中:$\overline{S}$ 为城市区域昼间平均等效声级($\overline{S}_D$)或夜间平均等效声级($\overline{S}_N$)[dB(A)];L_i 为第 i 个网格测得的等效声级[dB(A)];n 为有效网格总数。

城市区域环境噪声总体水平按表 8-1 行评价。

表 8-1 城市区域环境噪声总体水平等级划分 单位:dB(A)

等级	一级	二级	三级	四级	五级
昼间平均等效升级($\overline{S}_D$)	≤50.0	50.1～55.0	55.1～60.0	60.1～65.0	>65.0
夜间平均等效升级($\overline{S}_N$)	≤40.0	40.1～45.0	45.1～50.0	50.1～55.0	>55.0

城市区域环境噪声总体水平登记"一级"至"五级"可分别对应评价为"好""较好""一般""较差"和"差"。

2. 城市道路交通环境噪声评价

参照《环境噪声监测技术规范 城市声环境常规监测》(HJ 640—2012),将道路交通噪声监测的等效声级采用路段长度加权算术平均法,按下式计算城市道路交通噪声平均值。

$$\overline{S} = \frac{1}{l}\sum_{i=1}^{n}(l_i \times L_i) \tag{8-4}$$

$$l = \frac{1}{l}\sum_{i=1}^{n}l_i \tag{8-5}$$

式中:$\overline{L}$ 为道路交通昼间平均等效声级($\overline{L}_D$)或夜间平均等效声级($\overline{L}_N$)[dB(A)];l 为监测的路段总长[m];l_i 为第 i 测点代表的路段长度[m];L_i 为第 i 个网格测得的等效声级[dB(A)]。

城市道路交通环境噪声总体水平按表 8-2 进行评价。

表 8-2 城市道路交通环境噪声强度等级划分　　　　　　　　单位:dB(A)

等级	一级	二级	三级	四级	五级
昼间平均等效声级($\overline{L}_D$)	≤68.0	68.1～70.0	70.1～72.0	72.1～74.0	>74.0
夜间平均等效声级($\overline{L}_N$)	≤58.0	58.1～60.0	60.1～62.0	62.1～64.0	>64.0

城市道路交通环境噪声强度等级"一级"至"五级"可分别对应评价为"好""较好""一般""较差"和"差"。

案例分析　噪声测量与评价

通过噪声监测实验,记录了某校园内的噪声污染数据,根据国家标准评价了校园环境噪声影响情况,并提出了噪声污染防控措施(仇浩然等,2020)。

(一)校园噪声的测量

1. 校园监测点的布设

用网络法将校区划分为 12 个相邻的 300 m×300 m 的均匀网格,在网格中寻找主要的噪声源作为监测点,若有障碍物遮挡可以适当调整。12 个监测位置依次为:国际文化交流学院学生宿舍——4 号楼(以下简称国交 4 栋)、文科教研综合楼、图书馆、桂香园食堂、行政楼、博雅广场、游泳池、佑铭体育场、东区六栋学生宿舍(以下简称东区 6 栋)、沁园春食堂、元宝山四栋学生宿舍(以下简称元宝山 4 栋)、高职体育场。

2. 测量方法

依据中国《声环境质量标准》(GB 3096—2008)和《环境噪声监测技术规范 城市声环境常规监测》(HJ 640—2012)中规定的声环境功能区监测方法,采用定点测量方法对华中师范大学校区进行监测。

测量仪器采用 HY 1405 型声级计,选择在两个时间段内进行,分别为上午 7:30—10:00

之间及夜间 22:00—22:55 之间。本校学生在上午 7:30—10:00 期间人流量比较大,测量数据有代表性。夜间 23:00 以后实行门禁,因此 23:00 之后的数据将失去意义。选择无雨雪、风力小于 5 级的天气条件,风力在 3~5 级时需要配加防风罩,时刻保持传声器膜片清洁。传声器距离地面的距离不少于 1.2 m,距离任何除地面以外的反射物至少 3.5 m。

3. 数据处理

测量获得的环境噪声使用等效连续 A 声级 L_{eq} 来表示:在相同观测时间内,利用能量平均方法表示噪声的大小,单位是 dB(A)。将一个地点的 100 个监测数据由大到小按顺序排列,第 10 个数为 L_{10},第 50 个数为 L_{50},第 90 个数为 L_{90}。L_{10} 表示有 10% 的时间超过的噪声级,相当于噪声的平均峰值。L_{50} 表示有 50% 的时间超过的噪声级,相当于噪声的平均值。L_{90} 表示有 90% 的时间超过的噪声级,相当于噪声的本底值。

等效连续声级计算:

$$L_{eq} = L_{50} + \frac{d}{60} \tag{8-6}$$

$$L_{eq} = L_{50} - L_{90} \tag{8-7}$$

式中:L_{10}、L_{50}、L_{90} 为累积百分声级(dB);d 表示噪声的起伏状况。

(二)校园环境噪声评价

为了准确描述校园总体声环境质量水平,采用平均等效声级系统反映校园总体环境噪声,计算公式参考式(8-3),噪声总体水平参考表 8-1。

昼间测量时段(7:30—10:00)的校园噪声的平均值为 69.4,超出《声环境质量标准》(GB 3096—2008)中关于 1 类功能区的昼间限制值(55 dB)约 26.1%,噪声整体水平为"差";夜间测量时间段(22:00—22:55)的校园噪声平均值为 53.4,超出夜间标准限制值(45 dB)约 18.6%,噪声整体水平为"较差"。由此可见,昼间的噪声污染更为严重。主要原因是校内的大部分雨污分流改造工程集中在上午 8:00 之后施工,再加上白昼属于学生相对活跃时期,造成噪声的超标率相对较高。夜晚进入 22:00 之后,校园内大部分施工项目处于停工阶段,大部分学生也会就寝休息,因此校园环境相对较好,噪声超标率相对较低。

七、城市区域环境噪声监测

城市区域环境噪声污染的有组织监测指的是对于噪声污染源的监测,监测点的位置需要靠近噪声污染源,并要保证监测设备的稳定运行和监测人员的人身安全,依据我国环境保护标准中的环境噪声监测技术规范等相关标准进行有组织监测。本方法适用于调查城市中某一个区域(如居民文教区、混合区等)或整个城市的环境噪声水平,以及环境噪声空间分布的特征而进行测量。

1. 普查(网格测量法)

1)测点选择

测点选择是建立在随机样本的最小抽样率的统计基础上将普查测量的某一个区域(或

整个城市),分成等距离的网格。如 250m×250m,网格数目一般应多于 100 个,测量点应在每个网格中心(可在地图上做网格得到)。若中心点的位置不宜测量(如水塘、禁区),可移到临近便于测量的位置。测量位置选定,一般要满足本标准的户外测量的要求。两个相邻点之间因距离过大或某点靠近强声源,两点等效声级差值超过 5dB,必要时也可在两测点间增加一个测点。其测量值分别与两点原测量值作算术平均值,表示两点修改后的测量值。

2)测量方法

分别在昼间和夜间进行测量,在规定的测量时间内,每次每个测点测量 10min 的等效声级。同时记录噪声主要来源(如社会生活、交通、施工、工厂噪声等)。

(1)测量数据与评价值。将全部网格中心测点测得的昼间(或夜间)10min 等效声级值作算术平均值,表示被测量区域(或整个城市)的昼间(或夜间)的评价值。

(2)噪声污染空间分布图。每网格中心测点测得的等效声级,5dB 一档分级(如 51~55dB、56~60dB、61~65dB 等),用不同的颜色或阴影线表示每一档等效声级,绘制在覆盖某一区域的网格上,也可以利用网格中心测量值,在点间用内插法做出等声级线按 5dB 日分档绘图。

2. 定点测量方法

1)测点选择

对不同区域往往可选择具有代表性的地点,长期监测了解区域环境噪声的变化;有时因监测特殊需要临时设置监测点(如建筑窗外,工厂边界),这些测点可作为定点测量。

2)测量方法

进行 24h 的连续监测。测量每小时的 L_{eq} 及昼间的 L_D 和夜间的 L_N。也可按本标准的方法测量。

3)评价值及噪声污染时间分布

评价值以昼间等效 A 声级 L_D(dB),夜间等效 A 声级 L_N(dB)表示。需要时还可以昼夜等效 A 声级 L_{DN}(dB)表示。根据每小时的 L_{eq} 值,绘制定点测量的 24h 噪声污染分布曲线,表示此定点的 24h 的噪声变化。

3. 长期监测

1) 测点选择

在城市中各类功能区域(居民文教区、混合区、商业区、工业区、道路交通干线两侧区域),各选择具有代表性的 2 个以上的长期测点(这些测点可由优化布点方法选择),作为各区域长期测量的监测网点。

2)测量方法

各测点按《声环境质量标准》(GB 3096—2008)规定的测量日,进行 24h 连续测量。

3)评价标准

根据所选择的具有长期代表性的测量日(包括工作日和假日),可按本标准中公式计算其某一个月长期等效 A 声级;某一个季度长期等效 A 声级;一年长期等效 A 声级。如仪器满足长时间运行条件,最好是进行长年观测。

城市区域环境噪声污染监测的目的是反映噪声污染的空间分布状况,评价声环境质量水平并分析其变化规律和趋势。根据《声环境质量标准》(GB 3096—2008)中的普查监测方法将城市区域划分为等大的网格,在每个正方形网格中心设立1个监测点位,若中心点为水面、建筑物等而难以进行监测时,可将最近的可测量点设为监测点。监测点一般置于户外,距地面高度为1.2m以上。昼间监测要选在正常工作时段进行监测,并覆盖正常工作的整个时段;夜间监测从入夜开始,覆盖夜间的整个时段。监测时间需要避开节假日等非正常工作时段。对监测的结果按照公式进行平均计算,进而得到昼间和夜间的整体环境噪声水平。

八、交通噪声监测

交通噪声监测是为了了解交通的噪声状况,分析道路交通车流量、道路质量等因素与噪声的关系,并总结出交通噪声的变化规律和趋势。在选择监测点时需要考虑以下原则:监测点的位置能反映快速路、次干路等各种道路的交通类型、车辆速度、道路宽度等噪声排放特征;根据路段的长度和路口间的距离,单个测点可以监测到一条或相近的多条道路;测点高度为1.2m,并设立在人行道上,距离路面20cm;在选定测点位置时需要考虑非道路噪声源的干扰,以保证监测数据的真实、准确。监测工作的安排与上文所述基本相同,需要注意的是,要分道路种类、分车辆类型等进行数据的采集和分析。

以自然路段、站场、河段等为基础,考虑交通运行特征和两侧噪声敏感建筑物分布情况,划分典型路段(包括河段)。在每个典型路段对应的4类区边界上(指4类区内无噪声敏感建筑物存在时)或第一排噪声敏感建筑物户外(指4类区内有噪声敏感建筑物存在时)选择1个测点进行噪声监测。这些测点应与站、场、码头、岔路口、河流汇入口等相隔一定的距离,避开这些地点的噪声干扰。监测分昼、夜两个时段进行。分别测量如下规定时间内的等效声级L_{eq}和交通流量,对铁路、城市轨道交通线路(地面段),应同时测量最大声级L_{max},对道路交通噪声应同时测量累积百分声级L_{10}、L_{50}、L_{90}。根据交通类型的差异,规定的测量时间为:铁路、城市轨道交通(地面段)、内河航道两侧:昼、夜各测量不低于平均运行密度的1h值,若城市轨道交通(地面段)的运行车次密集,测量时间可缩短至20min。高速公路、一级公路、二级公路、城市快速路、城市主干路、城市次干路两侧:昼、夜各测量不低于平均运行密度的20min值。监测应避开节假日和非正常工作日。

九、各功能区噪声监测措施

城市区域内各功能区噪声监测能够反映各功能区的声环境状况,并分析出其变化规律和趋势。监测点的选择需要依据以下原则:监测点与该功能区的平均噪声水平没有过大的差距;监测点能够反映该功能区声环境的特征;监测点位置能够保证监测仪器长期、安全、可靠地进行监测;监测点能够避开固定噪声源和反射面。

噪声的测定

1. 声环境功能区的划分

城市与乡村区域分别按照《声环境功能区划分技术规范》(GB/T 15190—2014)和《声环

境质量标准》(GB 3096—2008)中规定划分为 0、1、2、3、4 类声环境功能区。

2.声环境功能区监测方法

城市区域各功能区可以采用定点监测和普查监测两种方式对其进行噪声监测。

1)定点监测

选择能反映各类功能区声环境质量特征的监测点 1 个至若干个,进行长期定点监测,每次测量的位置、高度应保持不变。对于 0、1、2、3 类声环境功能区,该监测点应为户外长期稳定、距地面高度为声场空间垂直分布的可能最大值处,其位置应能避开反射面和附近的固定噪声源;4 类声环境功能区监测点设于 4 类区内第一排噪声敏感建筑物户外交通噪声空间垂直分布的可能最大值处。声环境功能区监测每次至少进行一昼夜 24h 的连续监测,得出每小时及昼间、夜间的等效声级 L_{eq}、L_D、L_N 和最大声级 L_{max}。用于噪声分析目的,可适当增加监测项目,如累积百分声级 L_{10}、L_{50}、L_{90} 等。监测应避开节假日和非正常工作日。各监测点位测量结果独立评价,以昼间等效声级 L_D 和夜间等效声级 L_N 作为评价各监测点位声环境质量是否达标的基本依据。一个功能区设有多个测点的,应按点次分别统计昼间、夜间的达标率。

2)普查监测

对于 0~3 类声环境功能区,将要普查监测的某一声环境功能区划分成多个等大的正方格,网格要完全覆盖住被普查的区域,且有效网格总数应多于 100 个。测点应设在每一个网格的中心,测点条件为一般户外条件。监测分别在昼间工作时间和夜间 22:00—24:00(时间不足可顺延)进行。在前述测量时间内,每次每个测点测量 10min 的等效声级 L_{eq},同时记录噪声主要来源。监测应避开节假日和非正常工作日。将全部网格中心测点测得的 10min 的等效声级 L_{eq} 做算术平均运算,所得到的平均值代表某一声环境功能区的总体环境噪声水平,并计算标准偏差。对于 4 类声环境功能区,则按照交通检测措施进行普查监测。

第二节 电磁辐射与放射性环境监测

为了解环境中的放射性水平,通过测量环境中的辐射水平(外照射剂量率)和环境介质中放射性核素含量,并对测量结果进行解释,该方法也称为辐射环境监测。狭义的辐射环境监测专指电离辐射环境监测,也称为环境放射性监测;广义的辐射环境监测还包含电磁辐射环境监测。

一、基础知识

1. 放射性污染

放射性污染是指人类活动排出的放射性物质或射线,使环境的放射性水平高于天然本底或超过国家规定的标准,即为放射性污染。环境放射性的辐射源有天然辐射源和人工辐射源两大类。天然辐射源中,一类是通过地球大气层的宇宙射线,另一类是地球水域和矿床(如铀、镭等矿)的天然辐射源。人工辐射源有医用射线源、核试验产生的放射性沉降以及核能工业的各种放射性废物。

1）天然辐射

天然辐射源产生于自然界，由某些自然现象所引起，如雷电、云层放电、太阳黑子活动、火山爆发等。这些自然现象会对广大地区产生严重的电磁干扰。自然环境中天然存在的放射性称天然放射性本底，是判断环境是否受到放射性污染的基准。天然放射性对人体的照射80%为外照射。

2）人为辐射

对环境造成辐射的人工污染源产生于人工制造的若干系统，除了核试验产生的放射性沉降以及核能工业的各种放射性废物外，还包括电力系统、广播电视发射系统、移动通信系统、交通运输系统、工业与医疗科研高频设备等在正常工作时所产生的各种不同波长和频率的电磁波。

2. 电磁辐射污染的概念

电磁辐射污染是指人类使用产生电磁辐射的器具而泄漏的电磁能量流传播到社区的室内外空气中，其量超出本底值，且其性质、频率、强度和持续时间等综合影响而引起该区居民中一些人或众多人的不适感，并使健康和福利受到恶劣影响。这里所谓对健康影响，是指从对人体生理影响到急性病、慢性病以及更为严重乃至死亡的广泛范围的影响。所谓对福利的影响，则包括与人类共存的动植物、自然环境、各种器物等的影响（刘文魁和庞东，2003）。

3. 放射性污染的特殊性

放射性污染监测可能存在或导致放射性污染，对其管理应纳入放射性污染防治的范畴，监测机构必须采取必要的安全与防护措施，实行与一般检测机构不同的资质管理。管理和技术人员应掌握必要的辐射防护知识，对从业人员进行个人剂量监测和职业健康检查，实验室存在豁免水平以上标准源的需取得省级以上环境保护部门颁发的辐射安全许可证，实验场所应采取防护措施防止放射性污染，产生的放射性废物必须按国家有关规定贮存处置等。放射性污染防治工作技术性强，社会敏感度高，对监测机构实行资质管理可以确保监测数据的科学、规范、有效，这是对国家环境安全和公众健康负责，也是国际通行惯例。

二、电磁辐射与放射性环境监测

1. 监测常用仪器

电磁辐射与放射性环境监测中主要测定项目的测定仪器有液闪谱仪、低本底 α/β 测量仪、γ 能谱仪、激光/荧光铀分析仪、分光光度计、α 谱仪、质谱仪、氚钍分析仪、原子吸收分光光度计、γ 剂量率仪、热释光剂量仪、测氡仪（主动式）、氡析出率仪。

1）低本底 α/β 测量装置

低本底 α/β 测量装置分为单与多路测量仪，主要是指有单和多个独立的主探测器；又分为半导体探测器和气体探测器，主要用于环境样品的总 α、β 分析。

2)氡及氡子体监测仪器

适用于环境空气中氡的测量方法列于表8-3,适用于环境中氡子体测量方法列于表8-4。表8-5为一些测氡仪的比较。

表8-3　环境空气中氡的测量方法

方法	采样方式	采样动力	探测器	探测下限	备注
α径迹蚀刻法	累积	被动式	聚碳酸脂膜CR-39	$21\times10^3 Bq/m^3$	
活性炭盒法	累积	被动式	NaI(Tl)或半导体	$6Bq/m^3$	
双滤膜法	瞬时	主动式	金硅面	$3.3Bq/m^3$	
气球法	瞬时	主动式	金硅面	$22Bq/m^3$	200L气球
连续氡监测仪	连续	主动式	金硅面	$10Bq/m^3$	
闪烁室法	瞬时或连续	主动式	闪烁室	$40Bq/m^3$	5L闪烁室
活性炭浓集法	瞬时	主动式	闪烁室或电离室	$3Bq/m^3$	

表8-4　环境空气中氡子体的测量方法

方法	采样方式	采样动力	探测器	探测下限	备注
被动式α径迹蚀刻法	累积	被动式	聚碳酸脂膜CR-39	$6\times10^{-5} Jh/m^3$	
主动式α径迹蚀刻法	累积	主动式	聚碳酸脂膜CR-39	$21\times10^{-5} Jh/m^3$	用泵或静电场
氡子体累计采样单元	累积	主动式	TLD	$1\times10^{-8} Jh/m^3$	
库斯尼茨法	瞬时	主动式	金硅面	$1\times10^{-8} Jh/m^3$	
马尔可夫法	瞬时	主动式	金硅面	$5.7\times10^{-8} Jh/m^3$	
三段法	瞬时	主动式	金硅面	$2\times10^{-8} Jh/m^3$	

表8-5　测氡仪的比较

序号	仪器名称	仪器型号	原地产	探测器	检测范围	测量时间	备注
1	多功能测氡仪	RIM1688	德国	半导体偏压（电离室）	$0\sim1MBq/m^3$	15min	快速
2	Portable测氡仪	RIM2100	德国	半导体偏压（电离室）	$0\sim10MBq/m^3$	20min	快速

续表 8-5

序号	仪器名称	仪器型号	原地产	探测器	检测范围	测量时间	备注
3	连续测氡仪	1027	美国	半导体偏压（电离室）	0.1~999Pci/L	1h	正常
4	测氡仪	FT648	北京	ZnS(Ag)闪烁体	$3.3MBq/m^3$（灵敏度）	30min	正常
5	RaA 测氡仪	FD-3017	上海	半导体（垒型金硅面）	0.1cm（灵敏度）	20min	正常
6	便携式测氡仪	RAD7	美国	半导体偏压（电离室）	0.1~20 000Pci/L	1h	正常

2. 监测分析方法

电磁辐射与放射性环境监测方法有定期监测和连续监测。定期监测的一般步骤是采样、样品预处理、样品总放射性或放射性核素的测定；连续监测是在现场安装放射性自动监测仪器，实现采样、预处理和测定自动化。对环境样品进行放射性测量和对非放射性环境样品监测过程一样，也是经过样品采集、样品预处理和选择适宜方法、仪器测定等过程。

1）样品采集

（1）放射性沉降物的采集。沉降物包括干沉降物和湿沉降物，主要来源于大气层核爆炸所产生的放射性尘埃，小部分来源于人工放射性微粒。

对于放射性干沉降物样品可用水盘法、黏纸法、高罐法采集。水盘法是用不锈钢或聚乙烯塑料制圆形水盘采集沉降物，盘内装有适量稀酸，沉降物过少的地区再酌加数毫克硝酸锶或氯化锶载体。将水盘置于采样点暴露 24h，应始终保持盘底有水。采集的样品经浓缩、灰化等处理后，作总 β 放射性测量。黏纸法是用涂一层黏性油（松香加蓖麻油等）的滤纸贴在圆形盘底部（涂油面向外），放在采样点暴露 24h，然后再将黏纸灰化，进行总 β 放射性测量。也可以用蘸有三氯甲烷等有机溶剂的滤纸擦拭落有沉降物的刚性固体表面（如道路、门窗、地板等），以采集沉降物。高罐法是用不锈钢或聚乙烯圆柱形罐暴露于空气中采集沉降物。因罐壁高，故不必放水，可用于长时间收集沉降物。湿沉降物是指随雨（雪）降落的沉降物。采集方法除上述方法外，常用一种能同时对雨水中核素进行浓集的采样器。这种采样器由一个承接漏斗和一根离子交换柱组成。交换柱上下层分别装有阳离子交换树脂和阴离子交换树脂，欲收集核素被离子交换树脂吸附浓集后，再进行洗脱，收集洗脱液进一步作放射性核素分离。也可以将树脂从柱中取出，经烘干、灰化后制成干样品作总 β 放射性测量。图 8-7 是放射环境大气干/湿沉降自动采样器实物。

（2）放射性气溶胶的采集。放射性气溶胶包括核爆炸产生的裂变产物，各种来源于人工放射性物质以及氡、钍射气的衰变子体等天然放射性物质。这种样品的采集常用滤料阻留采样法，其原理与大气中颗粒物的采集相同。

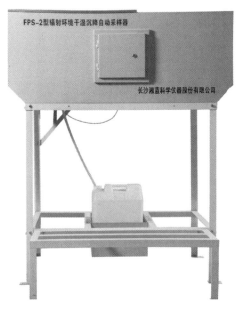

图 8-7 放射环境大气干/湿沉降自动采样器

2)样品预处理

对样品进行预处理的目的是将样品处理成适于测量的状态,将样品的欲测核素转变成适于测量的形态并进行浓集,以及去除干扰核素。常用的样品预处理方法有衰变法、有机溶剂溶解法、蒸馏法、灰化法、溶剂萃取法、离子交换法、共沉淀法、电化学法等。

衰变法:采样后,将其放置一段时间,让样品中一些短寿命的非欲测核素衰变除去,然后再进行放射性测量。例如,测定大气中气溶胶的总 α 和总 β 放射性时常用这种方法,即用过滤法采样后,放置 4~5h,使短寿命的氡、钍子体衰变除去。

三、短波广播发射台电磁辐射环境监测

1. 监测对象及内容

短波广播发射台电磁辐射环境监测对象主要为工作在短波频段(2.3~26.1MHz)范围内的声音广播和数字广播。短波广播发射台电磁辐射环境监测因子为射频电磁场,监测参数为电场强度(或功率密度)、磁场强度。在远场区,监测参数为电场强度或功率密度或磁场强度;在近场区,需同时监测电场强度、磁场强度,远近场划分见《环境影响评价技术导则 广播电视》(HJ 1112—2020)的规定。

2. 监测仪器

监测仪器采用选频式电磁辐射监测仪,是指能够对仪器响应频率范围内某一特定发射的频谱分量进行接收和处理的场量监测仪器,其电性能基本要求见表 8-6。

表 8-6　选频式电磁辐射监测仪电性能基本要求

项目	电场指标	磁场指标
频率响应	≤±1.5dB	≤±1.5dB
线性度	≤±1dB	≤±1dB
动态范围	≥80dB	≥80dB
探头检出限	探头的下检出限≤0.05V/m 且上检出限≥500V/m	探头的下检出限≤0.001A/m 且上检出限≥10A/m
频率误差	<被测频率的10^{-3}数量级	<被测频率的10^{-3}数量级
各向同性	在其测量范围内,探头的各向同性≤1dB	

3. 监测方法

短波广播发射台电磁辐射环境监测方法主要包括资料收集、监测布点、读数记录 3 个过程。详细监测方法步骤见《短波广播发射台电磁辐射环境监测方法》(HJ 1199—2021)。

案例分析　衰变法测量放射性气溶胶中总 α 放射性活度

(1)衰变法测量放射性气溶胶中总 α 放射性活度的步骤如下：①将待测样品在本底环境下放置 3d 以上。②打开仪器低压电源开关,然后打开高压电源开关,预热 30min 以上。③打开样品盘,用酒精棉将样品盘、铜片及铜环擦拭干净,依次将铜片、样品、铜环放入样品盘,关闭样品盘。铜环要将样品压住,使样品不会因关闭样品盘时出现移动或样品沾污探测器。④设置自吸收系数、测量时间(30min)、过滤效率、仪器效率。⑤选择衰变法进行测量,测量结束后,仪器给出测量结果。

(2)共沉淀法。用一般化学沉淀法分离环境样品中放射性核素,因核素含量很低,达不到溶度积,故不能达到分离目的,但如果加入毫克数量级与欲分离放射性核素性质相近的非放射性元素载体,则由于二者之间发生同晶共沉淀或吸附共沉淀作用,载体将放射性核素载带下来,达到分离和富集的目的。

(3)灰化法。对蒸干的水样或固体样品,可在瓷坩埚内于 500℃ 马弗炉中灰化,冷却后称重,再转入测量盘中铺成薄层检测其放射性。

第三节　光污染监测

一、光污染基本概念

1. 光污染的定义

光污染问题最早是在 20 世纪 30 年代被提出的,但是目前在研究的深度、广度上还是有限的,关于光污染的内涵和外延尚无权威的、科学的界定。

我国《环境保护百科全书》对光污染定义为"逾量的光辐射(包括可见光、红外线和紫外线)对人类生活和生产环境造成不良影响的现象"。有学者认为"光污染是指照明灯具、城市建筑装饰等产生的对人、物和环境造成的干扰或负面影响的光能量或光辐射"。还有学者认为"光对人类及自然环境造成的负面影响,大部分来自低效率、非必要的人造光源"。虽然他们表述各不相同,但存在共同点:人工光亮对人类、对外部环境造成了负面影响。故而对人工光亮进行规范,消除负面效应就是我们重要的责任了。

2. 光污染的分类

国际上通常将光污染分成3类,即白亮污染、人工白昼和彩光污染。

白亮污染是指在太阳光的强烈照射下,城市里建筑物的玻璃幕墙、釉面砖墙磨光大理石和各种涂料等装饰反射光线,明晃白亮、炫眼夺目,从而形成的污染。当今社会,为了追求建筑物外部的美观,使用大量玻璃、釉面砖墙、磨光大理石等进行装饰,阳光照射在反光率极强的装饰材料就会形成反射,光线通常会非常耀眼。长时间在白亮污染环境下工作和生活的人,视网膜和虹膜都会受到不同程度的损害,视力急剧下降,白内障的发病率高达45%,还使人头昏心烦,甚至引发失眠、食欲下降情绪低落、身体乏力等类似神经衰弱的症状,使人的生理及心理发生变化。

人工白昼是指夜晚商场、酒店的广告灯、霓虹灯的强光,使得夜晚如同白天,从而形成的污染。它主要指夜晚时分,人为的照明装置,如各种白炽灯、装饰街道、商场的霓虹灯,将黑夜照射成白天一般。人工白昼污染使人夜晚难以入睡,扰乱人体正常生物钟,导致白天工作效率低下,还会伤害鸟类和昆虫,强光可能破坏昆虫在夜间的正常繁殖过程。另外,其严重影响了天文观测、航空飞行等,很多天文台因此被迫停止工作。据天文学统计,在夜晚天空不受光污染的情况下,可以看到的星星约7000个,而在路灯、背景灯、景观灯通明的大城市里,只能看到20～30个星星。

彩光污染主要指彩色光源对外部环境带来的负面影响。舞厅、夜总会、酒吧、KTV内安装的旋转光球、闪烁的彩色激光等都属于彩光污染。彩色光源不仅对眼睛不利,而且干扰大脑中枢神经,使人感到头晕目眩,出现恶心呕吐、失眠等症状。据测定,黑光灯所产生的紫外线强度大大高于太阳光中的紫外线,且对人体有害影响持续时间长。人如果长期接受这种照射,可诱发流鼻血、脱牙、白内障,甚至导致白血病和其他癌变。

另外,还根据光污染所影响范围的大小将光污染分为"室外视环境污染""室内视环境污染"和"局部视环境污染"。其中,室外视环境污染包括建筑物外墙、室外照明等,室内视环境污染包括室内装修、室内不良的光色环境等,局部视环境污染包括书簿纸张和某些工业产品等。

3. 光污染的物理量

能否看清一个物体,或能否辨别物体上的细微部分,都与物体表面被照明程度有关。为了表明物体被照明程度,引进了照度的物理量。照度是反映光照强度的一种单位,其物理意义是照射到单位面积上的光通量,单位是勒[克斯](lux),表示单位面积的光通量,流明(lm)是光通量的单位。

二、测量仪器及方法

照度计是一种用于测量被照物体表面上照度的仪器,是照度测量中用得最多的仪器之一。照度计通常是由硒光电池或硅光电池和微安表组成(图8-8),又称勒克斯表。

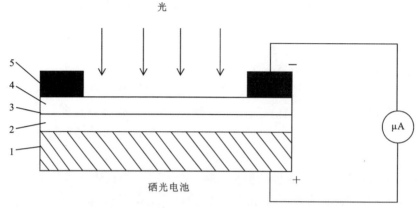

1.金属底板;2.硒层;3.分界面;4.金属薄膜;5.集电环。

图8-8 照度计示意图

光电池是把光能直接转化成电能的光电元件。当光线射到硒光电池表面时,入射光透过金属薄膜到达半导体硒层和金属薄膜的分界面上,在分界面上发生光电效应。产生电位差的大小与硒光电池受光表面上的照度有一定的比例关系。这时如果接上外电路,就会有电流通过,电流值从以勒[克斯](lux)为刻度单位的微安表上指示出来。光电流的大小取决于入射光的强弱和回路中的电阻。照度计有变挡装置,因此可以测高照度,也可以测低照度。

习 题

1.什么叫噪声?防治城市噪声污染有哪些措施?
2.环境噪声监测的基本任务是什么?噪声监测质量保证有哪些要求?
3.造成环境放射性污染的原因有哪些?放射性污染对人体产生哪些危害作用?
4.什么是光污染?其分类有哪些?危害有哪些?

主要参考文献

曹晓欢,杨建华,陈立伟,2013.基于WSN的分布式城市噪声监测系统设计[J].传感技术学报,26(8):1159-1162

陈赤环,汤华锋,孙爱卿,2006.电力网中电磁辐射污染的危害、防护与治理[J].中国科技信息(5):105+104.

陈福亮,2018.噪声污染监测现状及对策研究[J].资源节约与环保(8):119.

樊健,2011.城市区域环境噪声污染与监测措施探讨[J].才智(26):51.

范伟丽,2014.光污染防治研究[J].湖北开放职业学院学报,27(16):72-73.

方伟成,曾伟雄,袁瑜苑,等,2013.东莞理工学院莞城校区校园噪声测量与评价[J].东莞理工学院学报,20(3):78-84.

冯伟,2018.城市噪声监测中存在的问题及对策[J].智能城市,4(19):45-46.

黄水源,陈桂香,段隆振,2007.基于CDMA 1X无线网络的视频监控系统[J].南昌大学学报(理科版)(5):504-507.

李华,蔡体久,邢洪林,2005.区域环境噪声在线自动监测的初步研究[J].北京林业大学学报(S2):75-78.

刘海剑,倪雪峰,2012.浅谈城市区域环境噪声监测方法[J].科技创新与应用(2):77-78.

刘文魁,庞东,2003.电磁辐射的污染及防护与治理[M].北京:科学出版社.

屈红艳,2009.我国的环境噪声监测技术现状及发展[J].中国新技术新产品(8):139.

仇浩然,姜艳,2020.校园环境噪声监测与评价:以华中师范大学为例[J].绿色科技(6):102-105.

全元,王翠平,王豪伟,等,2012.基于无线传感器网的噪声监测系统设计及应用[J].环境科学与技术,35(S2):255-258.

吴邦灿,1999.对我国环境噪声监测的分析与建议[J].环境保护(9):21-22.

杨年,2006.放射性监测仪器设备的现状、发展趋势和对策[J].四川地质学报(1):55-58.

张文平,刘忠马,汤小强,等 2004.南昌市城市噪声自动监测系统[J].中国环境监测(5):35-36+61.

郑建中,2011.城市噪声监测优化布点探讨[J].能源与环境(1):73-75.

禚凤官,2004.《电离辐射防护与辐射源安全基本标准》(GB 18871—2002)介绍[J].核标准计量与质量(4):41-48.

第九章 生态监测

随着科学的发展和对环境问题研究的不断深入，人们已认识到环境问题已不仅仅是污染物引起的人类健康问题，还包括自然环境的保护和生态平衡，以及维持人类繁衍、发展的资源问题。因此，环境监测正从一般意义上的环境污染因子监测向生态监测拓宽，生态监测已成为环境监测的重要组成部分。

第一节 生态监测的意义

生态监测即以生态学原理为理论基础，运用生态学的各种方法和手段，对不同尺度生态系统的环境质量状况及其变化趋势进行连续观测和评价的综合技术。生态监测的根本目的是最终能够获得反映生态环境质量（包括生态系统类型、结构、功能及各要素）的现状和变化趋势的具有代表性和可比性的数据和信息，进而评价生态环境质量现状并预测发展趋势，为保护生态环境、合理利用自然资源和实施可持续发展战略提供科学依据，促进生态系统和人类社会协调发展。

生态监测是以生态学原理为理论基础，运用具有可比性的和较成熟的方法，在时间和空间上对特定区域范围内生态系统和生态系统组合体的类型、结构和功能及其组合要素进行系统地测定，为评价和预测人类活动对生态系统的影响，合理利用资源、改善生态环境提供决策依据。

第二节 生态监测的类型及特点

一、生态监测的类型

从生态系统的角度不同，生态监测类型可分为城市生态监测、农村生态监测、森林生态监测、草原生态监测及荒漠生态监测等。这类划分突出了生态监测对象的价值尺度，旨在通过生态监测获得关于各生态系统生态价值的现状资料、受干扰特别指人类活动的干扰程度、承受影响的能力、发展趋势等。

从监测对象和空间尺度角度，生态监测可分为宏观生态监测和微观生态监测。

1. 宏观生态监测

宏观生态监测研究对象的地域等级至少应在区域生态范围之内，最大可扩展到全球。宏观生态监测以原有的自然本底图和专业数据为基础,采用遥感技术和生态图技术,建立地理信息系统(GIS),其次也采取区域生态调查和生态统计的手段。

2. 微观生态监测

微观生态监测以大量的生态监测站为工作基础,以物理、化学或生物学的方法对生态系统各个组分提取属性信息。

根据监测的具体内容,微观生态监测又可分为干扰性生态监测、污染性生态监测和治理性生态监测等。

(1)干扰性生态监测:指对人类特定生产活动干扰生态系统的情况进行监测,如砍伐森林所造成森林生态系统结构和功能、水文过程和物质迁移规律的改变;草场过度放牧引起的草场退化,生产力降低;湿地的开发引起的生态型改变;污染物排放对水生生态系统的影响等。

(2)污染性生态监测:主要指对农药及重金属等污染物在生态系统食物链中的传递及积累进行监测。

(3)治理性生态监测:指对被破坏的生态系统经治理后,生态平衡恢复过程的监测,如对荒漠化土地治理过程的监测。

宏观生态监测必须以微观生态监测为基础,微观生态监测又必须以宏观生态监测为主导,二者既相互独立,又相辅相成,一个完整的生态监测应包括宏观和微观监测两种尺度所形成的生态监测网。

二、生态监测的特点

生态监测对象的复杂性决定了生态监测具有综合性、长期性、复杂性、分散性、系统性的特点。

1. 综合性

生态监测是一门涉及多学科(包括生物、地理、环境、生态、物理、化学、数学信息和技术科学等)的交叉领域,涉及农、林、牧、副、渔、工等各个生产行业。

2. 长期性

自然界中生态过程的变化十分缓慢,而且生态系统具有自我调控功能,一次或短期的监测数据及调查结果不可能对生态系统的变化趋势作出准确的判断,必须进行长期的监测,通过科学对比,才能对一个地区的生态环境质量进行准确的描述。长期监测可能有一些重要的和意想不到的发现。

3. 复杂性

生态系统本身是一个庞大的复杂的动态系统,生态监测中要区分自然因素(如干旱和水灾)和人为干扰(污染物质的排放、资源的开发利用等)这两种因素的作用有时十分困难,加之人类目前对生态过程的认识是逐步积累和深入的,这就使得生态监测不是一项简单的工作。

4. 分散性

生态监测站点的选取往往相隔较远,监测网的分散性很大。同时由于生态过程的缓性,生态监测的时间跨度也很大,所以通常采取周期性的间断监测。

5. 系统性

生态监测需要建立或采用系统性的监测框架和方法,以确保数据收集的全面性、准确性和可比性,为保护和管理生态系统提供科学支持和决策依据。

第三节 生态监测的内容

生态监测的内容包括以下几方面。
(1)对生态系统现状及因人类活动所引起的重要生态问题进行动态监测;
(2)对人类的资源开发和环境污染物引起的生态系统组成、结构和功能的变化进行监测,从而寻求符合我国国情的资源开发治理模式及途径;
(3)对被破坏的生态系统在治理过程中的生态平衡恢复过程进行监测;
(4)通过监测数据的积累,研究各种生态问题的变化规律及发展趋势,建立数学模型,为预测预报和影响评价打下基础;
(5)为政府部门制定有关环境法规,进行有关决策提供科学依据;
(6)支持国际上一些重要的生态研究及监测计划,如 GEMS(全球环境监测系统)、MAB(人与生物圈计划)、IGBP(国际地圈-生物圈计划)等,加入国际生态监测网。

第四节 生态监测方案

开展生态监测工作,首先要确定生态监测方案,其主要内容是明确生态监测的基本概念和工作范围,并制定相应的技术路线,提出主要的生态问题以便进行优先监测,确定我国主要生态类型和微观生态监测的指标体系,依据目前的分析水平,选出常用的监测指标分析方法。

生态监测技术路线和方案的制定大体包含资源、生态与环境问题的提出,生态监测平台和生态监测站的选址,监测内容、方法及设备的确定,生态系统要素及监测指标的确定,监测场地、监测频率及周期描述,数据(包括监测数据、实验分析数据、统计数据、文字数据、图形及图像数据)的检验与修正,质量与精度的控制,建立数据库,信息或数据输出,信息的利用(编制生态监测项目报表,针对提出的生态问题进行统计分析、建立模型、动态模拟、预测预报、进行评价和规划、制定政策)。生态监测方案的制定及实施程序如图9-1所示。

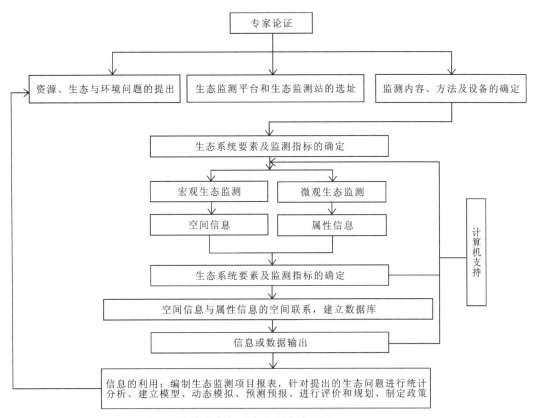

图 9-1 生态监测方案的制订及实施程序流程图(据奚旦立和孙裕生,2010)

第五节 生态监测指标体系及监测方法

生态监测指标是指能够清晰地反映生态系统状态及变化趋势的可观测特征。选择这些指标最重要的标准就是必须能够有效反应生态系统的成分、结构和功能。从全国的生态环境监测网络建设的角度来看,对各类生态资源的监测必须达到以下 3 个目标。

(1)选择能够反映生态系统条件的指标来对全国各类生态资源的现状变化及其趋势进行评价。

(2)对各类生态系统的环境污染物的暴露和生态条件进行监测,寻求自然、人为压力与生态资源条件变化间的联系,并探求生态资源退化的可能原因。

(3)定期地为政府决策、科研及公众要求等提供生态资源现状、变化及趋势的统计总结和解释报告。因此生态监测指标体系的设计是生态监测的重要组成部分。

一、指标选取原则

为了使监测指标体系能够综合反映生态环境的各个方面,在进行监测指标的建立过程中需要遵循一定的基本原则。

突出区域地域特点和建设特点原则。所选择的指标既要全面反映地区生态环境特征,有高度的概括性和综合性,同时指标应具有代表性,能够突出反映地域生态环境特点。

可比性、可操作性原则。指标必须适用于不同的研究区域和研究时期,各项指标的含义和适用范围对于不同的区域和时期必须一致,具有可比性。

各监测站可依监测项目的特殊性增加特定的指标,以突出各自的特点。

生态监测指标体系应能反映生态系统的各个层次和主要的生态环境问题,并应以结构和功能指标为主。

宏观生态监测可依监测项目选定相应的数量指标和强度指标,微观生态监测指标应包括生态系统的各个组分,并能反映主要的生态过程。

二、监测指标

对于环境监测,目前单纯的理化指标和生物指标的监测存在局限性,而生态监测具有综合性,可以弥补理化指标和单纯生物指标监测的不足。生态监测指标体系设计的优劣,关系生态监测本身能否揭示生态环境质量的现状、变化和趋势。为更好地建立起生态资源的环境价值、评价问题、所受的环境压力以及生态系统结构与功能间的联系,反映生态系统与环境间的关系的生态指标可以分成不同的类型。

具体的分类为反映生态系统条件状况的条件指标和环境压力指标,其中条件指标又可分为反映指标、暴露指标和生态指标。

(1)反映指标:是关于生态系统中生物在各个层次上(如生物个体、种群、群落及生态系统)组合状况的环境特征的指标,如植物群落的组合状况、水生生态系统的营养状况指数等指标。

(2)暴露指标:是关于反映生态系统中物理的、化学的和生物的压力大小的环境特征指标,如营养物的聚集、肌体中污染物的积累及生物毒性反映指标等。

(3)生态指标:是生态系统中受外来环境压力状态下,能满足生态系统中层次生物(个体、种群、群落及生态系统)正常生活和循环的各种物理、化学和生物状况的指标,如湿地的水文特征、植被类型和范围等指标。

(4)环境压力指标:是关于自然过程、灾害或人类活动等影响生态系统发生变化的指标。如土地利用、地质活动等指标。

三、生态环境监测技术方法

生态环境监测技术方法主要有卫星遥感、远程监测、空中(无人机)监测和地面监测。

1. 卫星遥感

卫星遥感是最常用的生态环境监测技术,该技术能够对生态环境的变动进行监测,对生态环境质量进行定期评价。卫星遥感技术在生态环境中可应用于土地覆盖、植物覆盖以及地表温度等的监测,同时也能监测生物多样性、矿山开采、农村和城市生态环境等。在进行生态监测之前,需根据研究目标、研究内容和研究区域有针对性地选择合适的数据源,主要是选择卫星或传感器。多数情况下,选择还需考虑经济因素。一般采用国内资源卫星或高分卫星影像。利用地球资源卫星监测大气、农作物生长状况、森林病虫害、空气和地表水的污染情况等。生态环境监测,不仅要用到红外、高空间、高光谱以及大幅宽等遥感技术,还要同地面试验、模型等技术手段相结合,通过生物多样性监测、生态红线监管和生态承载力遥感等方法来评定生态环境质量。用卫星对土地覆盖进行遥感监测,可以在不同时段对同一地区的土地覆盖变化进行分类,获取土地利用信息,形成动态监测的信息数据。

例如:在地球上空 900km 轨道上运行的地球资源卫星,每隔 18d 通过地球表面同一地点一次,从传感器获得照片或图像,其分辨率可达 10m。通过解析图片可获得所需资料,将不同时间同一地点的图片进行分析,可监测油轮倾覆后油污染扩散情况、牧场草地随季节的变化,以及进行大范围内季节性生产力的评估等。卫星监测的最大优点是覆盖面广,可以获得人难以到达的高山、丛林的资料。但这种监测方法难以了解地面细微变化。因此,地面监测、空中监测和卫星监测相互配合才能获得完整的资料。

2. 远程监测

传统的生态监测数据的获取方法基本是依靠人工现场采集数据,这不仅耗费人力物力,而且实时性差。远程监测是以植被图像,水文情势为现场监测数据,并且使监测数据上网,实现生态监测网络化。通过对监测数据的客观分析,汇总对比,反映生态环境变化情况。远程监测可以实现可视性、动态性,提高监测数据采集和传输的实时性、可靠性。图 9-2 是远程实时监测的仪器设备。

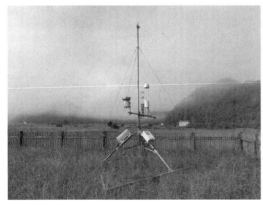

图 9-2 生态环境远程实时监测设备

3. 空中(无人机)监测

对典型施工点位或典型区域,采用小型无人机监测的技术手段。无人机数据较卫星数据调查覆盖面单次不大于 1km² 空间分辨率高,机动性、时效性强。图像分类判读是无人机遥感监测数据处理的关键环节。无人机低空环境遥感技术体系,可以对水体、大气、生态系统等进行大范围的监测。

4. 地面监测

地面监测是植被监测的主要手段之一,其一方面为了调查典型施工点位或典型生态区的植物情况,另一方面为了建立地面植物特征与遥感(卫星遥感或无人机遥感)之间的量化关系。在所监测区域建立固定监测站,由人徒步或车、船等交通工具按规定的路线进行定期测量和收集数据。它只能收集几千米到几十千米范围内的数据,而且费用较高,但这是最基本也是不可缺少的手段。因为地面监测得到的是"直接"数据,可以对空中和卫星监测进行校核,而且某些数据只能在地面监测中获得,如降水量、土壤湿度、小型动物、动物残余物(粪便、尿和残余食物)等。地面监测采样线一般沿着现存的地貌,如小路、家畜和野畜行走的小道。采样点设在这些地貌相对不受干扰一侧的生境点上,监测断面的间隔为 0.5~1.0km。收集数据包括植物物候现象、高度、物种、种群密度、草地覆盖,以及生长阶段、生长密度、木本植物的覆盖;观察动物活动、生长、生殖、粪便及残余食物等。一般会建立一个专门的地面观测场或者环境地面监测站,便于监测气象数据等。图 9-3、图 9-4 是一些地面监测仪器,通过对仪器监测到的数据进行分析可得到相关地区生态环境数据。

图 9-3　地面电磁场环境监测(图源自网络)

图 9-4　地面气象观测仪器

案例分析　基于遥感影像的萍乡市生态环境监测与评价

以遥感数据为主要数据来源,结合高程和统计数据等辅助数据,在 GIS 和 RS 技术的支持下,选用监督分类中的支持向量机法对研究区 4 个时期的影像进行土地利用信息提取,从土地变化幅度、土地利用动态度和土地转移矩阵等方面对研究区的土地利用情况进行时空变化分析;同时通过提取湿度指标、绿度指标、热度指标和干度指标 4 个环境评价因子,并对各评价指标进行标准化处理,然后使用主成分分析法构建出江西省萍乡市遥感生态指数(RSEI),从时间和空间两个角度来分析研究区的生态环境状况,图 9-5 为具体的监测评价体系。该研究得到以下结果。

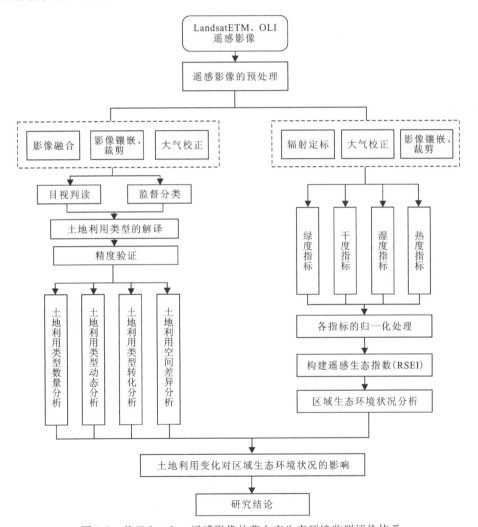

图 9-5　基于 Landsat 遥感影像的萍乡市生态环境监测评价体系

(1)从土地利用类型的数量来看,2002—2018 年林地面积占研究区的大部分面积,占比高达 63.0% 以上。其中林地、水域和耕地面积先减后增,总体呈现减少态势;草地面积先增后减,总体呈现增加态势;建设用地一直在持续增加,其面积由最初的 469.76 km² 增加到了 747.35 km²;未利用地先减后增,总体呈现增加态势,但未利用地所占比重一直最少。从变化幅度和动态度来看,

2002—2018年研究区建设用地增幅最大,面积增加了277.59km²,其土地利用动态度为3.69%;耕地减幅最大,面积减少247.20km²,其土地利用动态度也最小,为-2.76%;未利用地面积变化值为5.22km²,其土地利用动态度最大,为10.98%。从土地的转移情况来看,研究区各土地利用类型之间都存在着一定程度的相互转化。从空间变化来看,研究区各区县的土地利用类型所占比重各不相同。

(2)2002—2018年萍乡市遥感生态指数均值总体呈上升趋势,生态环境状况总体呈现变好态势。2002年、2007年和2018年研究区的RSEI均值分别为0.614、0.647、0.621,生态环境都处于"良好"水平;而2013年RSEI均值为0.587,生态环境处于"一般"水平。2002—2018年研究区"优"和"良好"等级面积先增后减再增,总体呈现增加态势;"一般"等级面积先减后增再减,总体呈现减少态势;"较差"等级面积先增后减,总体呈增加趋势;"差"等级面积一直在持续增加。从空间差异性来看,各区县的经济发展和城镇建设的情况不一样,各区县的生态环境状况也不同,2002年莲花县的RSEI均值为0.624,生态环境状况处于"良好"水平,在各区县中排名第一;安源区的RSEI均值为0.565,生态环境状况处于"一般"水平,在各区县中生态环境状况最差。2007年、2013年、2018年芦溪县的RSEI均值分别为0.668、0.621、0.660,生态环境状况都处于"良好"水平,在各区县中生态环境排名第一;安源区的RSEI均值分别为0.599、0.500、0.528,生态环境状况都处于"一般"水平,在各区县中生态环境状况排名最后。同时发现绿度指标和湿度指标与区域的生态环境呈正相关关系,干度指标和热度指标与区域的生态环境呈负相关关系。

(3)从土地利用类型对生态环境的影响来看,林地、草地和水域等生态用地位置的生态环境相对较好,具有保护和稳定区域生态系统平衡的作用;建设用地和未利用地等位置生态环境较差,对生态环境起到了负面的消极作用。

习 题

1. 生态监测的特点是什么?主要有哪些监测技术和方法?
2. 生态监测的类型是什么?
3. 说明生态监测方案的制定过程和主要内容。
4. 生态监测的指标体系有哪些?选定的原则是什么?

主要参考文献

陈丽华,吴对林,李美敏,2010.东莞市环境噪声自动监测研究[J].环境科学与技术,33(S1):276-279.

李波,2018.卫星遥感技术在环境保护中的应用价值研究[J].中国资源综合利用,36(6):131-133.

李文峻,2011.浅谈生态环境监测[J].农业环境与发展,28(1):91-94.

李玉英,余晓丽,施建伟,2005.生态监测及其发展趋势[J].水利渔业(4):62-64.

马力,王辉,杨林章,等,2014.基于物联网技术的土壤温度水分远程实时监测系统的构建和运行[J].土壤,46(3):526-533.

南浩林,景宏伟,丁宁,等,2006.生态监测及其在我国的应用[J].林业调查规划(4):35-39.

齐杨,于洋,刘海江,等,2015.中国生态监测存在问题及发展趋势[J].中国环境监测,31(6):9-14.

宋珺,2018.铁路建设项目生态环境影响监测指标及技术方法研究[J].铁路节能环保与安全卫生,8(2):61-63+106.

土瑛,李媛,张军林,2017.对我国生态监测发展现状的探讨及几点建议[J].环境与发展,29(7):157-158+160.

奚旦立,孙裕生,2010.环境监测[M].4版.北京:高等教育出版社.

谢庆剑,杨再雍,李明玉,2008.生态监测及其在我国的发展[J].广西轻工业(8):77-79.

谢庆明,李大华,张海江,等,2019.渝南地区煤层气压裂微地震地面监测技术研究[J].地球物理学进展,34(4):1530-1534.

袁士保,赵云龙,孟佩,2016.自主多源高分辨率卫星遥感监测技术在北京市平原造林工程中的应用[J].林业资源管理(4):140-144.

张建辉,吴忠勇,王文杰,等,1996.生态监测指标选择一般过程探讨[J].中国环境监测(4):3-6.

张晓旭,王丹,2019.无人机监测在城市环境大气污染物扩散数值模拟中的应用[J].环境监测管理与技术,31(2):44-46.

DALE V H,BEYELER S C,2002. Challenges in the development and use of ecological indicators[J]. Ecological Indicators,1(1):3-10.

第十章 环境自动监测

第一节 环境监测网络

环境监测工作是综合性科学技术工作与执法管理工作的有机结合体。其中,环境监测网络作为环境监测工作的一种重要体现形式,兼具有收集、传输质量信息的功能,又具有组织管理的功能。环境监测网络是运用计算机和现代通信技术将一个地区、一个国家,乃至全球若干个业务相近的监测站及其管理层按照一定组织、程序相互联系,传递环境监测数据、信息的网络系统。通过该系统的运行,达到信息共享,提高区域性监测数据的质量,为评价大尺度范围环境质量和科学管理提高依据的目的。

一、环境监测网络的类型与组成

目前,国内外关于监测网络体系大致分为两种类型。一是要素型,即按照不同环境要素来建立监测网络,如美国国家环保局的监测网络。美国国家环保局设有3个国家级监测实验室(大气监测研究中心,水质监测研究中心,噪声、放射性、固体废弃物及新技术研究中心),分别负责全国各环境要素的监测技术、数据收集处理工作。要素型监测网络的结构如图10-1所示。二是管理型,即按行政管理体系建立网络,我国环境保护系统的监测网络即为此种类型。监测站按行政层次设立,监测点由地方环境保护部门控制。管理型监测网络的结构如图10-2所示。

我国环境监测网络具体是由国家环境监测网、各部门环境监测网及各行政区域环境监测网组成。国家环境监测网由各类跨部门、跨地区的生态环境质量监测系统组成,其主要监测点是从各部门、各行政区现行的监测点中优选出来的,由各部门分工负责,开展生态环境质量监测工作。部门环境监测网为资源管理、工业、交通等部门自成体系的纵向环境监测网,它们在国家环境监测网分工的基础上,根据自身功能特点和避免重复的原则,工作各有侧重,如资源管理部门以生态环境质量监测为主,工业、交通等部门以污染源监测为主。行政区域环境监测网由省、市级横向环境监测网组成,省级环境监测网以对所辖地区环境质量监测为主,市级环境监测网以污染源监测为主。

环境监测网络的实体是环境质量监测网络和污染源监测网络。我国环境质量监测网由生态监测网、空气质量监测网、地表水质量监测网、地下水质量监测网、海洋环境质量监测网、酸沉降监测网、放射性监测网等组成。污染源监测网由环境保护部门监测站(中心)负责,会同有关单位监测站组成,包括污染源例行监测站,污染源监督监测站和流动污染源监测站。

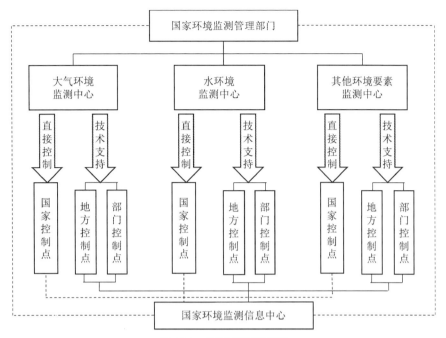

图 10-1　要素型监测网络

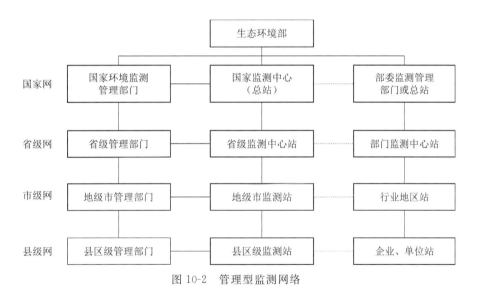

图 10-2　管理型监测网络

二、国家空气质量监测网

我国环境空气质量监测网涵盖国家、省、市、县 4 个层级。从监测功能上讲，国家环境空气质量监测网涵盖城市环境空气质量监测、区域环境空气质量监测、背景环境空气质量监测、试点城市温室气体监测、酸雨监测、沙尘影响空气质量监测、大气颗粒物组分/光化学监测等。国家空气质量监测网的组成见图 10-3。

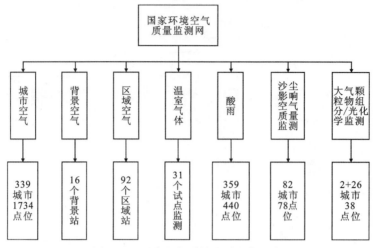

图 10-3 国家空气质量监测网的组成

其中,城市点监测城市地区环境空气质量整体状况和变化趋势,自 2012 年起,生态环境部在原有国家环境空气监测网基础上,进一步优化调整了监测点位,共计在全国 339 个地级以上城市设置监测点位 1734 个,其中含 120 个清洁对照点;区域点监测区域范围空气质量状况和污染物区域传输及影响范围,参与区域环境空气质量评价;背景点监测国家或大区域范围的环境空气质量本底水平。环境空气质量监测网中不同监测功能对应的监测范围和监测项目,见表 10-1。

表 10-1 环境空气质量监测网中不同监测功能对应的监测范围和监测项目

监测功能	监测范围	监测项目
城市空气	339 个地级以上城市 1734 个监测站	SO_2、氮氧化物(NO-NO_2-NO_x)、PM_{10}、CO、O_3、$PM_{2.5}$、气象五参数、能见度等
区域(农村)空气	92 个区域站	SO_2、氮氧化物、PM_{10}、CO、O_3、$PM_{2.5}$、气象五参数、酸沉降、能见度
背景空气	16 个背景站	SO_2、氮氧化物、PM_{10}、CO、O_3、$PM_{2.5}$、PM_1、能见度、气象五参数、酸沉降、温室气体、降水量、电导率、pH、黑炭、主要阴阳离子等
酸雨	440 个监测点	降雨量、pH、EC、SO_4^{2-}、NO_3^-、F^-、Cl^-、NH_4^+、Ca^{2+}、Mg^{2+}、Na^+、K^+ 9 项离子
沙尘天气	北方 14 个省、自治区和直辖市,78 个监测点位	TSP、PM_{10}、能见度、风速、风向和大气压
温室气体	直辖市和省会城市 31 个温室气体监测站	CO_2、CH_4、N_2O 等

续表 10-1

监测功能	监测范围	监测项目
大气颗粒物组分监测	201 个监测点	必测:$PM_{2.5}$质量浓度;$PM_{2.5}$中的水溶性离子,包括硫酸根、硝酸根、氯、钠、铵根、钾、镁、钙等;$PM_{2.5}$中的无机元素,包括硅、锑、砷、钡、钙、铬、钴、铜、铁、铅、锰、镍、硒、锡、钛、钒、锌、钾、铝等;$PM_{2.5}$中的元素碳、有机碳。选测:温度、气压、湿度、风向、风速;在线来源解析(多种组分数浓度、实时污染来源解析结果);大气颗粒物垂直分布:温度廓线、风廓线、水汽廓线;二元羧酸、多环芳烃、正构烷烃、左旋葡聚糖等有机化合物等
空气挥发性有机物	181 个监测点	挥发性有机物(VOCs)、甲醛、紫外辐射、气象5参数、$NO-NO_2-NO_x$、O_3、CO、紫外辐射强度、气象五参数和降水
城市环境空气降尘量	954 个监测点	环境空气降尘量

三、国家地表水质量监测网

国家地表水质量监测网由地表水质量监测中心站和若干个地表水质量监测子站组成。地表水质量监测子站设在各水域,委托地方监测站负责日常运行和维护。监测子站的类型有背景监测站、污染趋势监测站、生产性水域监测站和污染物通量监测站。国家地表水质量监测网的组成及监测断面设置见图 10-4。监测断面(点位)需根据代表性、连续性、多功能性原则设置。根据《"十四五"国家地表水环境质量监测网设置方案》的规划,国家地表水环境质量监测网共设置国控断面(点位)3646 个,其中,在 1824 条河流上设置监测断面 3292 个,覆盖了黄河、长江、珠江、松花江、淮河、海河和辽河七大流域,浙闽片河流、西北诸河和西南诸河,太湖、滇池和巢湖的环湖河流等,同时包括在 223 条入海河流共设置入海水质监测断面 231 个;在太湖、滇池、巢湖等 210 个重点湖泊水库设置监测点位 349 个(87 个湖泊 201 个点位,123 座水库 148 个点位)。监测频率为每月一次,监测指标为水温、pH、溶解氧、高锰酸钾盐指数、化学需氧量、五日生化需氧量、氨氮、总氮、总磷、铜、锌、氟化物、硒、砷、汞、铬(六价)、铅、氰化物、挥发酚、石油类、阴离子表面活性剂、硫化物和粪大肠菌群,湖泊和水库为了评价营养状态加测叶绿素 a 和透明度。

四、地下水环境质量监测网

我国地下水监测工作是由水利部、自然资源部和生态环境部共同开展。3 个部门的地下水监测工作侧重点有所不同,水利部门以流域为单元,监测对象以受地表水或土壤水污染下

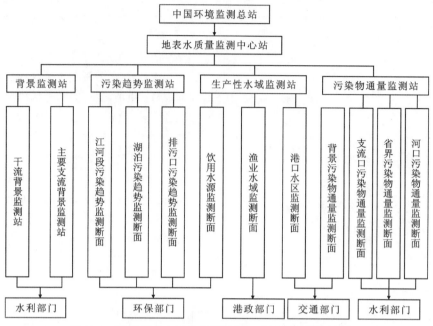

图 10-4 国家地表水质量监测网的组成及监测断面的设置

渗影响的浅层地下水为主。自然资源部以地下水含水系统为单元,以潜水为主的浅层地下水和承压水为主的中深层地下水为对象。而生态环境部重点针对集中式地下水水源开展水质监测。

地下水监测已经形成了由一个国家级地质环境监测院、31 个省级地质环境监测中心、200 多个地(市)级地质环境监测站组成的水源地和污染源地地下水监测网,主要针对地下水饮用水水源、矿山开采区、工业污染源、垃圾填埋场、危险废物处置场、石油化工生产销售区、农业污染源等重点地区。2015—2017 年自然资源部和水利部联合实施了国家地下水监测工程,新建及改建了 20 000 多个地下水监测站点,监测面积约 10^6 km²。例行监测项目为《地下水质量标准》(GB/T 14848—2017)中的 pH、总硬度、硫酸盐、氯化物、铁、锰、铜、锌、挥发性酚类、阴离子合成洗涤剂、高锰酸盐指数、硝酸盐、亚硝酸盐、氨氮、氟化物、氰化物、汞、砷、硒、镉、铬(六价)、铅和总大肠菌群共 23 项。

五、其他环境质量监测网

海洋环境质量监测网主要是针对我国近岸海域环境质量的追踪,目的是实现陆源污染物入海总量监测常规化、近岸海域监测规范化、近岸海域突发污染事故监测快速化、陆源污染与海洋环境监测一体化。国家海洋局设有海洋环境质量监测网技术中心站、近岸海域污染监测站、近岸海域污染趋势监测断面、远海海域污染趋势监测断面。通过开展监测工作,掌握各海域水质状况和变化趋势。同时,从海洋环境质量监测网的监测站中选择部分监测站开展海洋生态监测,形成生态与环境相统一的监测网。

"十二五"期间生态环境部制订了国家土壤环境监测网络建设方案,截至 2017 年,已在全国设置土壤环境质量监测国控点 30 000 多个,基本建成土壤环境质量监测网,形成了有中国环境监测总站、省级环境监测站、地级市环境监测站、县级环境监测站组成的四级环境监测机构。土壤环境质量监测网络网格化覆盖中国陆域全部土地利用类型和土壤类型,积累了国家土壤背景、土壤环境质量长时间序列监测数据,重点关注敏感地区和疑似污染地区,对土壤污染重点行业、企业进行持续更新,并对企业用地进行遥感监测。开展动态监测体系,每 10 年一次进行污染状况普查、风险监控点监测 2~3 年一次、背景点和基础点监测 15 年一轮。

在生态监测网建设方面,按照"一站多点"的布局模式,采用更新改造,提升扩容(水、气背景站),共建共享(外部门及科研院所)和新建相结合的方式,建成由约 300 个生态综合监测站、若干生物多样性观测样区构成的国家生态状况监测网络,覆盖森林、草原、湿地、荒漠、水体、农田、城乡和海洋等典型生态系统,遥感验证与地面观测网络建设相结合。结合多源遥感和环境质量监测数据,定期开展全国生态状况调查与评估。但从整体看,我国的生态监测网络仍处于分散、重复的初级阶段,距离成为一个全国性、综合性的国家级生态监测网络还需要长足的发展。

六、污染源监测网

建立污染源监测网的目的是及时、准确、全面地掌握各类固定污染源、流动污染源排放达标情况和排污总量。污染源监测涉及部门多、单位多,适于以城市为单位组建污染源监测网。城市污染源监测网由环境保护部门监测站(中心)负责,会同有关单位监测站组成(图 10-5)。工业交通、铁路、公安、军队等系统也都组建了行业污染源监测网。

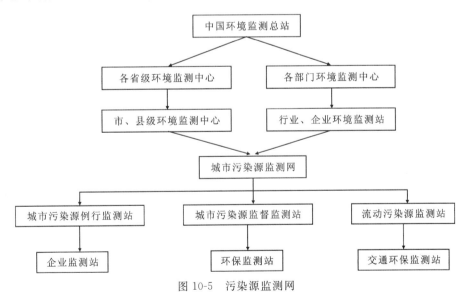

图 10-5　污染源监测网

当前中国已经形成要素齐全、覆盖全国、功能完善的国家生态环境监测网络。截至 2023 年,已建成由 1734 个自动监测站、78 个降尘监测站、92 个区域监测站和 16 个背景监测站组成的国家城市空气质量监测网;由 3646 个国控地表水水质监测断面及 1952 个自动监测站组成的国家地表水质量监测网络;初步形成卫星遥感和地面监测相结合的生态状况监测网络,建成63个生态监测地面站,环境一号A/B/C卫星组网运行,高分五号卫星成功发射,初步具备了2~3d对全国覆盖一次的遥感监测能力。经过多年发展,监测网络已从最初的"三废"监测发展成为覆盖全国各省(区)、涵盖多领域多要素的综合性监测网,实现海陆统筹、天地一体,全国监测数据互联互通,共享共用,已经形成一张覆盖全国的综合性环境监测网络。目前,我国环境监测网络以地面监测为主,遥感监测为辅,涵盖大气、水、土壤、噪声和生态等多要素的环境质量监测业务、污染源监测业务和各类专项监测业务。

第二节 水体自动监测

一、地表水水质自动监测系统的组成及功能

地表水水质自动监测系统由一个监测中心站、若干个固定的监测站(子站)和信息、数据传递系统组成。

中心站设有功能齐全的计算机系统,它的主要任务是向各个监测站发送各种工作指令;定时收集各监测站的监测数据并进行处理;将得到的数据打印成报表或者绘制成图形。同时,为了满足检索和调用数据的需求,还需要将各种数据储存,建立数据库。各子站装备有采水设备、水质污染监测仪器及附属设备,还有水文、气象参数测量仪器及微型计算机。其任务是对设定水质参数进行连续或间断自动监测,并将测得数据作必要处理;接受中心站指令;将监测数据作短期储存,并按中心站的调令,将信息经无线或有线传递给中心站。

建立地表水水质自动监测系统可实时监控地表水体的环境质量,发挥监视和预警功能,在跨界污染纠纷处置、污染事故预警、重点工程项目环境影响评估及保障公众用水安全方面发挥重要作用。

二、监测站的布设及组成

监测子站及采样点位的布置要考虑水体的用途及监测目的,首先要进行调查研究、收集水文、气象、地质和地貌资料,掌握污染源分布、污染现状、水体功能等基础性资料,综合考虑建站基础条件、水质代表性、站点长期性、运行经济性和系统安全性等诸多因素,确定各子站的位置,设置监测断面和采样监测点位。监测断面应选择水文条件比较稳定的平直河段,距上游支流汇合处或排污口有足够的距离以保证水质的均匀性,且在不影响航道运行的前提下取水点应尽量远离河岸。图10-6为长江流域某自动监测站及内部监测设备。

水质自动监测站由采水单元、配水和预处理单元、自动监测仪单元、自动控制和通信单元、站房及配套设施组成。结构示意图如图10-7所示。

采水单元包括采水构筑物、采水泵、输送管道、清洗配套装置、航道安全措施、输送管道反冲洗装置及自动采样设备等。通常配备两套,以便其中一套进行清洁停止工作时启用另一套。使设备正常工作采水头一般设置在水下0.5~1.0m处,与水底有足够的距离,使用潜水泵或按照在岸上的吸水泵采集水样。潜水泵因浸入水中易被腐蚀故寿命较短,但适用于远距离、大落差的取水条件;吸水泵不存在腐蚀问题,适合长期使用。采水的方式有桥梁式、浮筏

图 10-6　水质自动监测站及自动监测设备

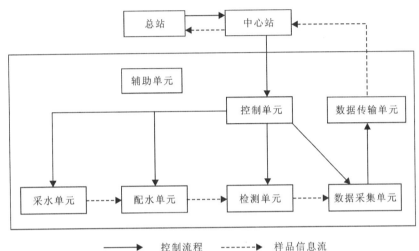

图 10-7　水质自动监测系统结构示意图

式、悬臂式等,要根据实际情况选用合适的方式。采水设备可以自动进行定期清洁,清洁方式有压缩空气压缩喷射清洁水、超声波或化学试剂清洗,需根据具体情况选择或结合使用。

配水和预处理单元包括去除水样中泥沙的过滤、沉降装置,手动和自动管道反冲洗装置及除藻装置。常见的预处理操作有预沉淀、过滤、粉碎、乳化、稀释等,以满足仪器要求。

自动监测仪单元包括各种污染物连续自动监测仪、自动进样器及水文参数(流量或流速、水位、水向)测量仪等。装备的测定仪器大体分为两类:一类是将湿化学分析方法的操作流程连续化、仪器化,适于监测子站的要求(如 COD 的测定);另一类是选择各种传感元件直接测定(如离子选择电极法等)。

自动控制和通信单元包括计算机及其应用软件、数据采集及存储设备、有线和无线通信设备等,具有处理和显示监测数据的功能,根据对不同设备的要求进行相应控制,实时记录采集到的异常信息,并将信息和数据传输至远程监控中心等功能。

监测站房配有水电供给设备、空调、避雷针、防盗警报装置等。

三、监测项目及监测方法

地表水质监测项目可以分为常规五参数、综合指标和单项污染指标,具体内容和监测方法见表 10-2。其中,五参数为常规性指标,不论水体功能都需要测定。综合指标是反映水体中有机物污染物污染状况的指标,根据水体污染情况,可以选择其中一项测定,地表水中一般测定高锰酸盐指数。单项污染指标则根据监测断面所在水域水质状况确定。另外,还要测定水位、流速、降水量等水文参数,气温、风向、风速、日照量等气象参数,以及污染物通量。

表 10-2　地表水水质监测项目及方法

	监测项目	监测方法
常规五参数	水温	热敏电阻法
	pH	玻璃电极法
	电导率	电极法
	浊度	光散射法
	溶解氧	隔膜电极法、荧光法
综合指标	化学需氧量(COD)	库仑滴定法、重铬酸钾氧化-电位滴定法、重铬酸钾氧化-光度检测法
	高锰酸钾盐指数	高锰酸钾氧化-化学测量法、高锰酸钾氧化-电位滴定法
	总需氧量(TOD)	高温氧化-氧化锆氧量分析仪法
	总有机碳(TOC)	燃烧氧化-红外吸收法、紫外催化氧化-红外吸收法
	紫外吸收值(UVA)	紫外分光光度法
单项污染指标	总氮	碱性过硫酸钾消解紫外分光光度法
	总磷	钼酸铵分光光度法
	氨氮	气敏电极法、纳式试剂比色法、水杨酸分光光度法
	氯化物	离子选择电极法、离子色谱法
	氟化物	离子选择电极法、离子色谱法
	油类	紫外荧光法

四、水质自动监测仪器

1. 常规五参数水质自动分析仪

常规五参数是指水温、pH、溶解氧、电导率和浊度。图 10-8 是常规五参数自动监测示意图,水样通过泵输送到贮水池,经过滤器过滤后进入测定槽,仪器通过传感器实时显示各参数值。测量仪器主要由检测单元、信号转换及显示器、显示记录单元、数据处理和信息传输单元等构成。

水温水质自动测量仪的检测单元主要是铂电极或热敏电极传感器。pH 水质自动监测仪

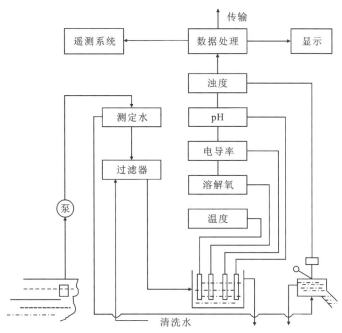

图 10-8 水质常规五参数自动监测示意图

的检测单元主要是玻璃电极。电导率水质自动分析仪的检测单元主要是电导电极。溶解氧水质自动分析仪的测量单元主要是极谱式隔膜电极。传感器或电极可安装在同一测量池中，黏附在电极上的污物可以通过仪器的超声波清洗装置定期自动清洗。

常规五参数中，浊度的测定是一个独立单元。图 10-9 为表面散射式浊度监测仪的工作原理示意图。水样在消泡槽去除水泡后，由槽底进入测量槽，再由槽顶溢流流出。从光源射入溢流水面的光束被水样中的颗粒物散射，其散射光通过安装在测量槽上部的检测器进行检测，通过放大器运算，并转换成与水样浊度呈线性关系的电信号，用记录仪记录。仪器零点可用通过过滤器的水样进行校正，量程可用标准溶液或标准散射板进行校正。光学元件、运算放大器应装于恒温器中，以免温度变化带来影响。

2. 高锰酸盐指数自动监测仪

高锰酸盐指数是表征水中还原物质含量的相对指标。高锰酸钾盐指数自动监测仪都是基于以高锰酸钾溶液为氧化剂氧化水样中的还原性物质，通过高锰酸钾溶液消耗量计算出耗氧量，只是测量过程和测量方式有所不同。主要的方法原理有：高锰酸盐氧化-化学测量法、高锰酸盐氧化-电位滴定法和分光光度法。

高锰酸盐氧化-化学测量法与高锰酸盐氧化-电位滴定法的前处理都是水样进入仪器的反应室后，加入过量高锰酸盐标液，用浓硫酸酸化后，在 100℃ 回流（或采用其他方法消解）一定的时间，反应结束后，前者用光度法或氧化还原滴定法测定剩余的 $Mn(Ⅶ)$，后者需加入过量的草酸盐标液，再用高锰酸盐标液回滴，终点用氧化还原电位（ORP）法确定，经数据处理系统运算得到水样的高锰酸钾盐指数。

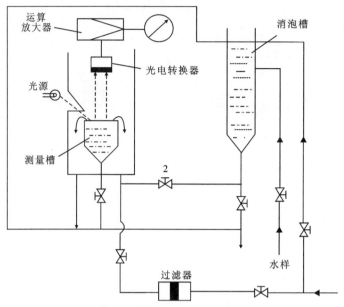

图 10-9　表面散射式浊度自动监测仪工作原理示意图

3. 化学需氧量(COD)自动监测仪

COD 在线自动监测仪由溶液输送系统、计量、加热回旋、冷却、脱气、检测、自动控制、数据控制、数据显示、数据打印等部分组成。图 10-10 和图 10-11 分别为 COD 在线自动监测仪的原理图和实物图。

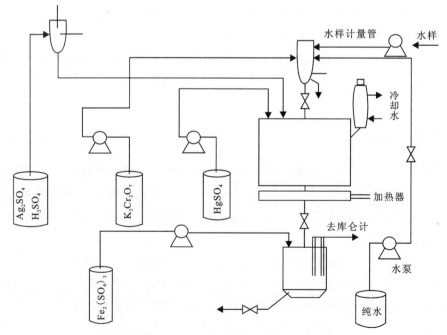

图 10-10　COD 在线监测仪工作原理示意图

图 10-11　COD 在线监测仪及其内部结构[来源：哈希(HACH),美国]

水样及试剂的输送可采用气体压力法、注射器法和蠕动泵输液法等方式。气体压力法比较成熟，但是对整个气压回路的气密性要求较高；注射器法采用耐腐蚀的玻璃制品，不存在腐蚀的问题，其缺点是控制装置较为复杂，成本较高；蠕动泵输液法是目前使用较多的一种方法，它是采用负压式吸取溶液，因此管路连接容易，但缺点是不同溶液对泵管的要求也有所区别，使得价格较高。

水样中 COD 检测方法有光度法、化学滴定法和库仑滴定法。库仑滴定法因试剂用量少、方法简单，已广泛用于 COD 的快速检测，特别适合于 COD 自动检测的要求。

4. 总有机碳(TOC)自动监测仪

图 10-12 为 TOC 自动监测仪实物示例。

(1) 燃烧氧化-红外吸收法。图 10-13 是一种燃烧氧化-红外吸收法自动在线 TOC 监测仪工作原理示意图。试样在进样装置中用盐酸或硝酸酸化后，无机碳变成二氧化碳，通入氮气或者纯净空气除去二氧化碳。有机物在燃烧管里于 680℃ 温度下氧化成二氧化碳，用非分散红外分析仪测量，显示出试样中的 TOC 浓度。

(2) 紫外催化氧化-红外吸收法。图 10-14 是紫外催化氧化-红外吸收法测量原理示意图。水样经过酸化处理后曝气除去无机碳，水中有机物在紫外光的照射下催化氧化成二氧化碳，用红外检测器监测，计算出总有机碳的浓度。

5. 紫外吸收值自动监测仪

水中的不饱和芳香烃等有机物对 254nm 附近的紫外

图 10-12　TOC 自动监测仪

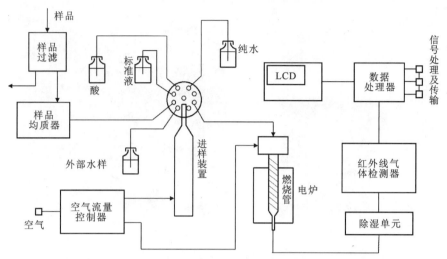

图 10-13 燃烧氧化-红外吸收法自动在线 TOC 监测仪工作原理示意图

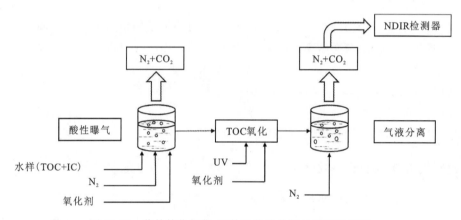

图 10-14 紫外催化氧化-红外吸收法的测量原理示意图

线有强烈吸收,而对无机物没有反应。研究指出,某些废水或地表水对 245nm 附近紫外线的吸光度与 COD 有良好的相关性,故可用来实现 COD 的自动监测。

图 10-15 是一种单光程双波长 UVA 自动监测仪的工作原理。低压汞灯发出的 245nm 紫外线光束聚焦并射到与光轴成 45°的半透视半反射镜上将其分成两束:一束为测量光束,经过通过光电转换器转换为电信号,可以反映水中有机物对 245nm 紫外线的吸收和水中悬浮物对该波长紫外线吸收及散射而衰减的程度。另一束为参比光束,经过可见光滤光片射到另一个光电转换器上,可反映出水中悬浮物对参比光束吸收和散射后衰减的程度。假设悬浮物对紫外线的吸收和散射与对可见光的吸收和散射近似相等,则两组电信号经差分放大器运算后,输出信号即为水样在有机物对 254nm 紫外线的吸光度,消除了悬浮物对测定的影响。

6. 总氮(TN)自动监测仪

这类仪器的测定原理是将水样中的含氮化合物氧化分解为 NO_2 或 NO、NO_3^-,然后用相

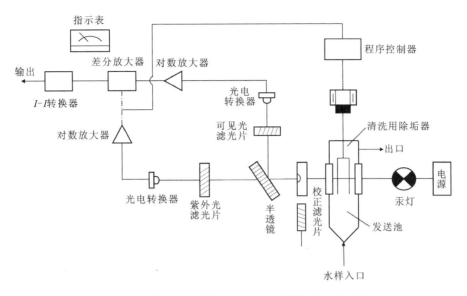

图 10-15 单光程双波长 UVA 自动监测仪的工作原理

应的方法测定。碱性过硫酸钾氧化-紫外分光光度法是将水样、碱性过硫酸钾溶液注入反应器中,在紫外线照射和加热条件下将水样中的含氮化合物氧化分解为 NO_3^-;加入盐酸溶液去除 CO_2 和 CO_3^{2-} 后,输送到紫外分光光度计,于 220nm 波长处测其吸光度,并与标准溶液吸光度比较,计算出水样中 TN 浓度。

根据氧化分解和测定方法的不同,还有密闭燃烧氧化-化学发光分析法和流动注射-紫外分光光度法,前者通过燃烧氧化含氮化合物并通过测量与 O_3 的发光强度计算 TN 浓度,后者则是用到流动注射分析法。

7. 总磷(TP)自动监测仪

总磷水质自动监测仪主要由计量单元、反应器单元、检测单元、试剂贮存单元以及显示记录、数据处理、信号传输单元组成。

水样经计量单元进入测量池,然后加入硫酸和过硫酸钾溶液,充分混合后,在一定压力下加热,确保水中磷的各种化合物已转变为正磷酸盐,立即使其冷却。通过泵和计量单元向水池加入钼酸铵、锑盐和抗坏血酸溶液,生成磷钼杂多酸被抗坏血酸还原为磷钼蓝。由检测单元的紫外可见分光光度计检测,如图 10-16 所示。

当仪器测试过程中出现故障或者长时间使用后出现污染时,需对仪器进行清洗。总磷总氮(TNP)自动监测仪内部构造见图 10-17。

8. 氨氮自动监测仪

根据测定原理,可以分为分光光度式和气敏电极式氨氮自动监测仪。

(1)分光光度式氨氮自动监测仪的基本原理都是将水样中氨与显色剂发生显色反应,在

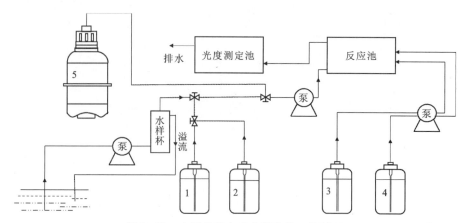

图 10-16　水质总磷自动监测仪的工作原理

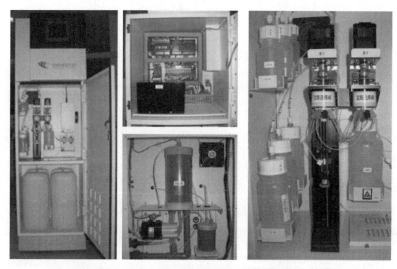

图 10-17　TNP 自动监测仪内部构造

一定的波长下测量其吸光度,通过与标准溶液的吸光度进行比较从而得出水样中的氨氮浓度。此种氨氮自动监测仪就是将手工测定的标准方法操作通过一定设备程序化和自动化,根据显色剂的不同可以分为水杨酸分光光度法和纳氏试剂分光光度法。其基本流程是:自动采样器采集的水样首先进入蒸馏器,加入氢氧化钠溶液,加热蒸馏,使水样中的离子态氨转化成游离氨,进入吸收池被硫酸或者硼酸溶液吸收后,送到显色池,加入显色剂(水杨酸-次氯酸溶液或纳氏试剂)进行显色反应,显色反应完成后,在各自的特征波长下(水杨酸-次氯酸溶液为 697nm,纳氏试剂为 420nm)测量吸光度。通过与标准溶液的吸光度比较仪器将自动计算出氨氮浓度。

(2)氨气气敏电极式氨氮自动监测仪:水样、标定液经过多通阀和注射泵注入电极反应池,然后再由多通阀和注射泵往电极反应池在中注入氢氧化钠溶液和 EDTA 试剂,调节 pH 到 12 以上,同时避免钙盐沉淀;在试剂加入的同时用磁力搅拌器保证电极反应池中液体充分混合;当 pH 在 12 以上时样品中游离氨和铵离子将转换成氨气,氨气通过氨气敏电极的薄膜渗透,会导致电极内充液的 pH 变大,由能斯特公式根据内部 pH 电极电势的变化计算样品中氨氮的浓度。其工作原理及实物图如图 10-18、图 10-19 所示。

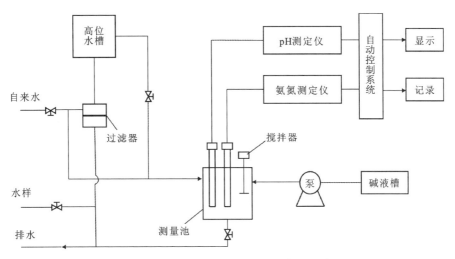

图 10-18　氨气敏电极式氨氮自动监测仪的工作原理

图 10-19　氨气敏电极氨氮自动监测仪

第三节　空气自动监测

大气环境中的污染物分布和浓度随着时间、空间以及气象条件等因素变化而不断改变,因此,定点、定时的人工采样的结果往往难以准确反映污染物的动态变化以及预测其发展趋势,不利于大气污染控制和预防。为了实时获取污染物的变化信息,正确评价污染现状,以便为研究污染物扩散、迁移、转化规律和科学监管提供依据,必须采用自动监测技术。

我国自20世纪70年代开始逐步发展空气自动监测技术,以发展城市监测站为主,参考国外(如美国 EPA)的监测技术和监测方法,同时也开展了一些适合我国当时国情的监测方法和技术的研究工作。20世纪70年代我国成立了中国环境监测总站。80年代中后期我国以城市建立的环境监测站为基础,成立了国家环境空气质量监测网络,主要开展对 SO_2、NO_x 和 TSP 的监测。到了90年代初,通过二次优化,我国组建了由103个城市环境监测站构成的全国空气质量监测网络。从21世纪开始,空气自动监测技术得到了迅速发展。

一、空气自动监测系统概述

1. 空气自动监测系统组成

空气自动监测系统是一套区域性空气质量实时监测网,在严格质量保证程序控制下连续运行,无人值守,通常由一个中心站和若干个子站(包括移动子站)及信息传输系统组成。为保证系统的正常运转,获取准确、可靠的监测数据,还设有质量保证结构,负责监控、监督、改进整个系统的运行质量,及时检修出现故障的仪器设备,保管仪器设备、备件和有关器材。

空气自动监测系统中心站以计算机室为核心,内置有线和无线两大模块,二者相互配合可以完成对数据的检测,明确其变动情况,对所得到的数据进行存储与分析,加之与子站中检测仪器的配合,可以提供远程诊断等功能。质量保障室主要具备校准功能,伴随着设备的持续运行,可以对监测站中的相关设备进行分析,提出可行的大气监测质量控制措施。

在空气自动监测站的所有构成组件中,以空气质量自动分析仪最为关键,涉及 $PM_{2.5}$、O_3 以及 PM_{10} 等六大类空气污染物。为了实现空气类污染物的垂直监测,还在上述设备基础上,增加激光雷达等监测仪器。因此,在运用空气自动监测站的过程中,需综合实际情况做出适当的改进,与实际需求相适应。

2. 空气自动系统的建设意义

1)保障监测数据的代表性和时效性

大量的自动监测设备24h连续上传与环境空气质量监测有关的实时数据。与传统手动采样相比,海量的高质量实时监测数据,具备更好的地理和时间代表性,可以精确地反映特定区域的空气质量时空特征。基于数据统计分析,开展环境污染防治管理,可以有效持久地改善区域空气质量,同时还可以评估重大污染事件期间采取措施的有效性。

2)节约时间和人力资源,提高监测工作效率

自动空气质量系统可以连续长期运行,不仅可以快速而准确地获取各污染物的实时浓度,而且可以收集大量监测数据。基于实时监测数据,不仅可以获取各污染物的小时浓度,而且可以获得各污染物的日均、月均、年均等浓度。同时自动监测方法直接获取监测结果,节省了大量时间和人力,也避免了人工操作误差,提高了监测效率。

二、空气自动监测子站布设及运营模式

1. 空气自动监测系统子站布设原则及优化

城市环境空气自动监测系统由一个中心站和多个子站组成。子站位于城市各个功能区的环境空气监测站点，通过线路与中心站连接。自动监测系统子站设置前，必须了解该地区的地理特征以及主要污染源，并结合最新科研成果，进行方案规划，包括监测因子配备、布点方案设计及智能监测网络构架等。子站的设置必须满足以下几个原则。

(1)代表性原则：所设置的空气质量监测点布局应能对监测区域内的空气质量进行客观、真实和全面地评价，即确保选点具有代表性。

(2)完整性原则：不同区域具有不同的自然地理和气象特性，同一区域内的不同地方在工业布局、产业结构和人口分布上也可能体现出较大差异性，所以在进行监测点位布局时，要求整体布局必须能够反映监测区域内主要功能区的空气质量变化，充分实现各个监测点之间的有效协调。

(3)前瞻性原则：在进行监测点位布局时，要对监测区域未来的发展规划以及空间格局变化趋势进行充分考虑，使监测点的布局具有一定的前瞻性。

(4)针对性原则：空气质量监测点的布局是为了环境管理服务。监测信息不仅是开展环境管理工作的基本依据，同时也是对环境治理效果进行客观评价的事实载体。这些都要求空气质量监测点的设置必须具有针对性。

(5)连续性原则：空气质量的监测是一个长期的、连续的过程，原则上一旦确定点位，就不应进行随意变更，除非有不符合规范的理由。

(6)经济成本最优原则：在布设监测点位时，还应对现场实际条件进行考察，应使所布点位尽量在交通、电力等方面具有便利性，同时尽可能地排除周边环境对监测工作可能带来的干扰。

2. 空气自动监测系统子站运营模式

目前，空气自动监测系统子站的营运模式分为自管和托管。自管方式指有固定管理机构、有固定专业技术人员、经费较为节约，是一种传统的管理模式。系统的运行、数据处理与上报均由监测部门负责。自主管理是目前国内普遍采用的方式。自管类型的空气自动监测系统主要由中心控制室、监测子站、质量保证实验室和系统支持实验室4部分组成，涉及环境监测、信息处理、仪器使用维护等综合技术。其监测过程是通过监测子站设置的自动监测分析仪对环境空气进行连续的样品采集分析，并将监测数据传输至中心控制室，再由中心控制室将监测数据上报完成的。托管方式是指环境监测单位将子站的日常运行维护工作委托有资质的单位来完成。空气自动监测站的市场化运营追求的是降低成本，提高效率及监测结果的质量，是子站运行管理专业化的一种形式，适用于仪器设备品种较多或者人员少或者专业技术力量不足的单位。托管方式的优势在于能加强监测系统的监管力度，提高监测质量，同时能够充分发挥监测人员的人才管理优势，有利于监测质量的有效控制和保证。因此，空气

自动监测子站的市场化运营管理将是未来子站管理模式的主流趋势。

三、空气自动监测项目及仪器

空气自动监测站监测项目通常分为两类：一类是温度、湿度、大气压、风速以及风向等气象参数；另一类为SO_2、NO_2、NO、TSP、PM_{10}、$PM_{2.5}$、O_3、总烃、甲烷、非甲烷烃等污染参数。同时，监测项目随着监测的功能区和所在位置不同而有所差异。我国《环境监测技术规范》规定安装空气污染自动监测系统的子站测点分为Ⅰ类测定和Ⅱ类测定，Ⅰ类测点的监测数据要求存入国家环境数据库，Ⅱ类测点的监测数据由各省、市管理。

1. PM_{10}、$PM_{2.5}$自动监测

当前PM_{10}、$PM_{2.5}$的自动监测主要采用的方法为β监测方法和TEOM方法，对应的监测仪器分别为β射线吸收自动监测仪和石英晶体振荡天平自动监测仪。

1) β射线吸收自动监测仪

β射线法是当前我国环境空气中颗粒物自动监测较为常用的方式，其主要利用了β射线的衰弱量来完成监测。结合β射线的不同衰弱量，能够完成滤膜上颗粒物质量增加量的测定。这一过程中，空气经切割头后吸入采样管，此时，气样中包含的颗粒物会被截留于滤膜处；引入β射线后，颗粒物会吸收β射线的能量，使得其出现衰弱量；利用测定的衰弱量与颗粒物质量增量之间关系的计算，能够最终确定气样中颗粒物的质量浓度，完成一次颗粒物监测。TH-2000PM大气颗粒物浓度监测仪如图10-20所示。β射线吸收自动监测仪工作原理图如图10-21所示，采集颗粒物的滤带通常为玻璃纤维滤膜或聚四氟乙烯滤膜，β射线源可选用^{14}C、^{147}Pm等低能源，检测器通常采用脉冲计数器，对β射线脉冲进行计数。

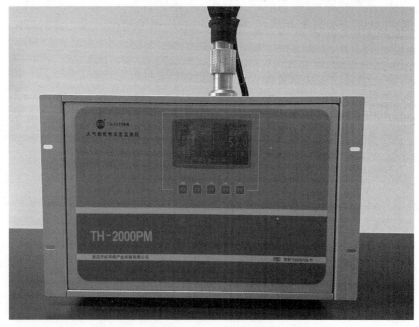

图10-20　TH-2000PM大气颗粒物浓度监测仪

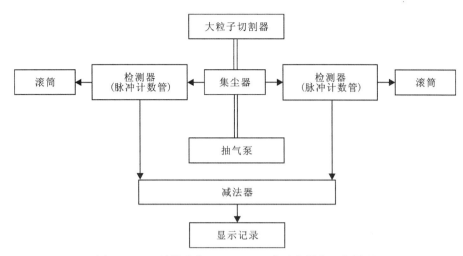

图 10-21　β 射线吸收 PM_{10}、$PM_{2.5}$ 自动监测仪工作原理

设等强度的 β 射线穿过清洁滤带和采样滤带后的强度分别为 N_0 和 N，二者关系如下式所示：

$$N = N_0^{-K \cdot \Delta m} \tag{10-1}$$

可进一步化简为

$$\Delta m = -\frac{1}{K} \frac{\ln N}{\ln N_0} \tag{10-2}$$

式中：K 为质量吸收系数（cm^2/mg）；Δm 为采样滤带单位面积上颗粒物的质量（mg/cm^2）。

设采样滤带采集颗粒物部分面积为 A，采气体积为 V，则空气中颗粒物质量浓度 ρ 满足：

$$\rho = \frac{\Delta m \cdot A}{V} = \frac{-A}{V \cdot K} \frac{\ln N}{\ln N_0} \tag{10-3}$$

上式说明当仪器工作条件选定后，空气中颗粒物质量浓度只取决于 β 射线穿过清洁滤带和采样滤带后的强度，而穿过清洁滤带后的 β 射线强度是一定的，因此颗粒物质量浓度取决于 β 射线穿过采样滤带后的强度。

2）石英晶体振荡天平自动监测仪

除了 β 射线法之外，振荡天平法（TEOM）也是颗粒物自动监测的常见方法用。在这一监测方法中，主要应用 TEOM 监测仪器完成颗粒物监测，利用石英锥形管上部位置的滤膜，能够确保膨胀系数始终处于较低的状态，从而实现"滤膜-锥形管-颗粒物"为一体的集成式振荡系统。在实际的颗粒物自动监测过程中，要在自然频率的条件下振荡试管。在这一过程中，截留于滤膜处的颗粒物质量会发生一定的变化，使得振荡频率发生改变。通过振荡频率的变化值，能够完成对颗粒物的自动监测。计算过程中，设石英晶体谐振器初始振荡频率为 f_0、滤膜沉积颗粒物后的石英晶体谐振器振荡频率为 f，则二者关系可用下式表示：

$$\Delta m = K_0 \left(\frac{1}{f^2} - \frac{1}{f_0^2} \right) \tag{10-4}$$

式中：Δm 为滤膜质量增量，即采集的颗粒物质量；K_0 为石英晶体谐振器特性和温度决定的常数。

将 $\left(\dfrac{1}{f^2}-\dfrac{1}{f_0^2}\right)$ 输入信号处理系统,计算出沉积在滤膜上的颗粒物质量,再根据采样流量、采样时环境温度和大气压计算标准状态下的颗粒物质量浓度。

2. 二氧化硫

空气中 SO_2 以脉冲紫外荧光 SO_2 自动监测仪为主,除此之外还有电导式 SO_2 自动监测仪、库仑滴定式 SO_2 自动监测仪等。脉冲紫外荧光法是目前使用最普遍、技术较为成熟的 SO_2 自动监测方法,该方法基于空气中 SO_2 分子接受紫外线能量而在衰变中产生荧光的原理,通过紫外灯发出的紫外光(190~230nm),使其通过 214nm 的滤光片,激发 SO_2 分子使其处于激发态,在 SO_2 分子从激发态衰减返回基态时产生荧光(240~420nm),再由一个带着 330nm 滤光片的光电倍增管测得荧光强度。光电倍增管测得的荧光强度与 SO_2 的浓度成正比关系。

$$SO_2 + h\nu_1 \longrightarrow SO_2^* \tag{10-5}$$

$$SO_2^* \longrightarrow SO_2 + h\nu_2 \tag{10-6}$$

脉冲紫外荧光 SO_2 自动监测仪由荧光计和气路系统两部分组成,如图 10-22 和图 10-23 所示。

当脉冲紫外发光源的光束通过滤光片(光谱中心波长 220nm)后获得所需波长的脉冲紫外光摄入反应室内,并与空气中 SO_2 分子作用,激发并发射荧光,利用在入射光垂直方向上的发射光滤光片(光谱中心波长 330nm)和光电转换装置测其强度。空气样品经除尘过滤器后,通过采样电磁阀进入渗透膜加湿器、除烃器到达反应室内,反应后的干燥气体经流量计测量流量后由抽气泵抽引排出。

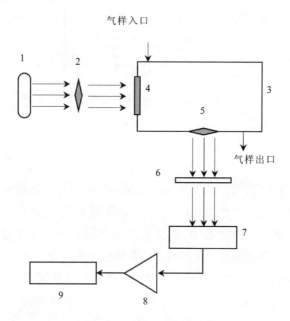

1.脉冲紫外光源;2、5.透镜;3.反应室;4.激发光滤光片;6.发射光滤光片;
7.光电倍增管;8.放大器;9.指示表。

图 10-22 脉冲紫外荧光 SO_2 自动监测仪荧光计

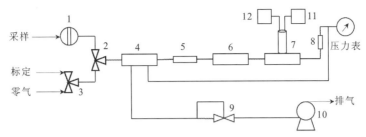

1.除尘过滤器;2.采样电磁阀;3.零气/标定电磁阀;4.渗透膜除湿器;5.毛细管;6.除烃器;
7.反应室;8.流量计;9.调节阀;10.抽气泵;11.电源;12.信号处理及显示系统。

图 10-23　脉冲紫外荧光 SO_2 自动监测仪气路系统

3. 氮氧化物

空气中 NO_x 的自动监测仪以化学发光法 NO_x 自动监测仪为主，NO_x 化学发光法的监测原理基于 NO 和 O_3 气相发光反应的原理。图 10-24 展示的是环境气态污染物自动分析仪（NO-NO_2-NO_x）。被测气体连续抽入仪器，其中的 NO_x 经过 NO_2-NO 转化器后，都变成 NO 进入反应室，在反应室内与 O_3 反应生成激发态 NO_2^*，当 NO_2^* 回到基态时会放出光子，光子通过滤光片和光电倍增管后转变为电流，电流的大小与 NO 的浓度成正比。记录器上可以直接显示出 NO_x 的含量。如果气样不经过转化器而经旁路直接进入反应室，则测得的是 NO 量，将 NO_x 量减去 NO 量就可得到 NO_2 量。

图 10-24　环境气态污染物自动分析仪（NO-NO_2-NO_x）

化学发光反应通常出现在放热化学反应中,可在气相、液相、固相中进行,NO_x通常可发生以下几种气相化学发光反应。

1) NO_x测定原理

利用 NO 与 O_3 在反应室中混合发生化学反应,生成激发态的 NO_2^*,激发态的 NO_2^* 向基态 NO_2 跃迁的同时发射光子,发射光波长带宽为 $600\sim3000nm$,为连续光谱,峰值波长 $1200nm$。反应式为

$$NO+O_3 \longrightarrow NO_2^* + O_2 \tag{10-7}$$

$$NO_2^* \longrightarrow NO_2 + h\nu \tag{10-8}$$

2) NO_x 与 H·

利用 NO_x 与 H· 在反应室中混合发生化学反应,生成激发态的 NO_2^*,激发态的 NO_2^* 向基态 NO_2 跃迁的同时发射光子,发射光波长带宽为 $600\sim700nm$。反应式为

$$NO_2+H· \longrightarrow NO+HO· \tag{10-9}$$

$$NO+H·+M \longrightarrow NHO·^* + M \tag{10-10}$$

$$NHO·^* \longrightarrow NHO· + h\nu \tag{10-11}$$

其中,M 为参与反应的第三种物质,通常为气体。

3) NO_x 与 O·

利用 NO_x 与 O· 在反应室中混合发生化学反应,生成激发态的 NO_2^*,激发态的 NO_2^* 向基态 NO_2 跃迁的同时发射光子,发射光波长带宽为 $400\sim1400nm$,峰值波长 $600nm$。反应式为

$$NO_2+O· \longrightarrow NO+O_2 \tag{10-12}$$

$$NO+O·+M \longrightarrow NO_2^* + M \tag{10-13}$$

$$NO_2^* \longrightarrow NO_2 + h\nu \tag{10-14}$$

其中,M 为参与反应的第三种物质,通常为气体。

目前,由于 O_3 容易制备,使用方便,因此广泛利用 NO_x 与 O_3 的光化学反应测定空气中的 NO_x,光强与 NO 浓度关系为

$$I = A · e^{-\frac{K}{T}} · [NO] · \frac{(1-g)V_r}{t_r + T_r} \tag{10-15}$$

式中:I 为化学发光强度;A 为关系式常数;K 为温度系数常量;T 为反应式温度(K);$[NO]$ 为被测样气中 NO 的浓度($\times 10^{-9}$);g 为 O_3 流量与总流量之比;V_r 为反应室体积;t_r 为反应室内气体停留的平均时间;T_r 为 NO 与 O_3 的反应时间。

由上式可知,发光强度与温度关系如下式所示:

$$\frac{\Delta I}{I} = \frac{K}{T} · \frac{\Delta T}{T} \tag{10-16}$$

发光强度与反应室内的压力、温度、反应室体积及气体流量比等因素有关。为了得到稳定的发光强度,需要对反应室抽真空,并通过流量计控制反应室的气体流量和压力,同时采取恒温的办法减少温度影响,当反应室温度一定,气体流量一定,反应的 NO 与 O_3 充分反应时,样气中的 NO 浓度与化学发光强度成正比。

4. 臭氧

测量空气中 O_3 的分析方法很多,如紫外光度法、碘量法、靛蓝二磺酸钠(IDS)分光光度法、气相色谱法、化学发光、荧光分光光度法以及长光程差分吸收光谱(DOAS)法等。目前国内外 O_3 自动监测大都采用紫外光度法,紫外光度法为国际标准化组织所推荐(ISO10313),也是我国生态环境部认可的标准方法《环境空气 臭氧的测定 紫外光度法》(HJ 590—2010)。

紫外光度法是基于 Beer-Lambert 定律,原理如图 10-25 所示。样品空气以恒定的流速进入仪器的气路系统时,一路为样品空气,一路通过选择性 O_3 涤除器成为零空气,样品气和零空气在电磁阀的控制下交替进入光吸收室(单吸收室或双吸收室),分别被 253.7nm 的紫外光进行照射,其光强度 I 满足:

$$I = I_0 \exp(-\alpha LC) \tag{10-17}$$

式中:I 为气流经过后的光强度;I_0 为气流未经过时的光强度;α 为吸收系数;L 为吸收路径;C 是吸收气体中 O_3 的质量浓度。

由于环境温度和压力对被测气体的密度有影响,吸收室内 O_3 浓度也会改变光吸收量,因此计算结果将换算为标准态浓度,故可以转化成式(10-18)来计算 O_3 浓度。

$$C = \ln\left(\frac{I_0}{I}\right) \cdot \left(\frac{10^{-9}}{\alpha L}\right) \cdot \left(\frac{T}{273} \cdot \frac{101.325}{P}\right) \tag{10-18}$$

式中:T 为被测气体温度(K);P 为被测气体压力(kPa)。

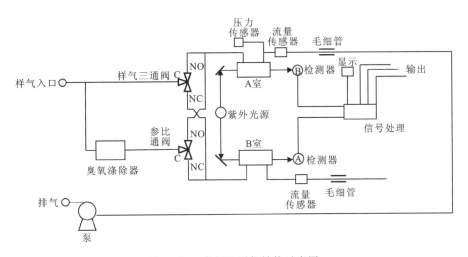

图 10-25 臭氧监测仪结构示意图

5. 一氧化碳

目前用于测定空气中 CO 的自动监测仪主要为非色散红外吸收 CO 自动监测仪,工作原理如图 10-26 所示。由于 CO 对红外线具有选择性吸收,当使用频率变化的红外光源产生的红外辐射波透过含有 CO 的气体检测室,红外辐射光谱范围包括 CO 气体的典型吸收波段(吸收峰在 $4.5\mu m$ 附近),红外辐射因气体的吸收而衰减的辐射可通过传感器检测。气体浓度和能量衰减具有相关性,可以通过分析红外辐射的衰减量拟合出 CO 气体浓度,气体对红外辐射的吸收遵循 Beer-Lambert，如式(10-19)所示。由于 CO_2 的吸收峰在 $4.3\mu m$ 附近，水蒸气的吸收峰在 $3\mu m$ 和 $6\mu m$ 附近，而且空气中 CO_2 和水蒸气浓度远大于 CO 浓度，容易干扰 CO 的测定。通常可采用窄带光学滤光片或气体滤波室将红外辐射限制在 CO 吸收的窄带光范围内，可消除 CO_2 和水蒸气的干扰，还可以用从样品中除湿的方法消除水蒸气的影响。

$$I(\lambda) = I_0(\lambda) \cdot \exp[-k(\lambda)cL + n(\lambda)] \tag{10-19}$$

式中：I 为气体吸收后的红外辐射能量；I_0 为红外辐射的初始能量；k 为单位浓度气体吸收系数；c 为被测气体浓度；L 为待测气体与光相互作用的长度；n 为干扰系数。

在实际测量中，通常采用单光源双探测器的差分检测方式，即将光源发出的红外光进行分光处理分为探测光和参考光，分别经过 2 个波长的滤光片进入气室进行红外吸收，即

$$I(\lambda_1) = I_0(\lambda_1) \cdot \exp[-k(\lambda_1)CL + n(\lambda_1)] \tag{10-20}$$

$$I(\lambda_2) = I_0(\lambda_2) \cdot \exp[-k(\lambda_2)CL + n(\lambda_2)] \tag{10-21}$$

式中：λ_1、λ_2 分别为探测波长和参考波长。

对上式进行差分处理可得下式：

$$C_1 k(\lambda_1) L - C_2 k(\lambda_2) L = [n(\lambda_1) - n(\lambda_2)] + \ln\frac{I(\lambda_2)I_0(\lambda_1)}{I(\lambda_1)I_0(\lambda_2)} \tag{10-22}$$

由于 λ_1 和 λ_2 之间相差比较小，因此可近似认为参考光和探测光的光路干扰系数相同，即 $n(\lambda_1) = n(\lambda_2)$。同时通过调整光学系统可以使 $I_0(\lambda_1) = I_0(\lambda_2)$，此外由于在参考通道 CO 气体不吸收红外辐射，因此吸收系数 $k(\lambda_2) \approx 0$，此时可得 CO 气体浓度计算公式为

$$C_1 = \frac{1}{k(\lambda_1)L} \cdot \ln\frac{I(\lambda_2)}{I(\lambda_1)} = \frac{1}{KL} \cdot \ln\frac{u_r}{u_t} \tag{10-23}$$

式中：K 为探测通道 CO 气体吸收系数；u_r 为参考通道输出电压；u_t 为探测通道输出电压。

非色散红外吸收 CO 自动监测仪工作原理如图 10-26 所示，红外光源同时发射出能量相同的两束平行光，分别为测量光束和参比光束，测量光束依次通过滤波室和测量室，而参比光束依次通过滤波室和参比室(其中滤波室内含有 CO_2 和水蒸气，用于消除干扰光，参比室内含有不吸收红外线的气体，如氮气等)，最终均射入检测室。由于参比光束没有得到吸收，因此射入检测室的参比光束强度大于测量光束强度，使检测室内上下气体温度产生差异，导致下室气体膨胀压力大于上室。从而改变了电容器两极间的距离，进而改变了电容，由其变化值可知气样中 CO 的浓度。实例环境空气温室气体分析仪如图 10-27 所示。

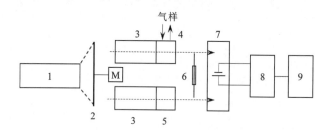

1.红外线光源；2.切光片；3.滤波室；4.测量室；5.参比室；6.调零挡板；
7.检测室；8.放大及信号处理系统；9.指示表及记录仪。

图 10-26 非色散红外吸收 CO 自动监测仪工作原理图

图 10-27　环境空气温室气体分析仪

6. 总烃

目前测量空气中总烃的方法主要有气相色谱-火焰离子化检测法(GC-FID)、傅里叶红外法(FTIR)、光离子化检测法(PID)、气相色谱 质谱法(GC-MS)、差分吸收光谱(DOAS)、离子迁移谱(IMS)等。目前应用于空气总烃自动监测最广泛的是 GC-FID 检测方法,其工作原理如图 10-28 所示。在程序控制下进行周期性的自动采样、测量、数据处理、显示和记录测定结果,并定期校准零点和量程。其中鼓泡器用于精密控制气体流量,灭火报警器是为了实现无人操作设置时,自动切断氢气源的保险装置,积分器用于将测得的瞬时值换算成平均值。如果测定非甲烷烃,需取与测量总烃同量气样,经除二氧化碳、水分及甲烷以外的烃类装置,测出与甲烷含量之差即为非甲烷烃含量。实例挥发性有机物在线气质联用监测仪如图 10-29 所示。

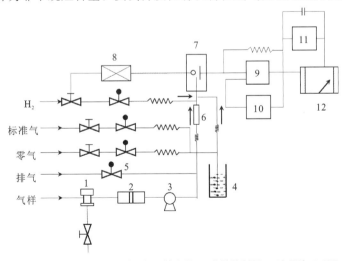

1.水分捕捉器;2.滤尘器;3.气泵;4.鼓泡器;5.流量控制阀;6.流量计;7.FID;
8.灭火报警器;9.电流放大器;10.自动校准装置;11.积分器;12.记录仪。

图 10-28　间歇式总烃自动监测仪的工作原理

图 10-29　GC7820A-MS5975 挥发性有机物在线气质联用监测仪

第四节　遥感监测

遥感监测技术作为一种探测技术,始于 20 世纪 60 年代,是在现代物理学、空间科学、电子计算机技术等多种理论基础上发展起来的,是实用性较高的探测技术。任何物体都具有光谱特性,即吸收、反射、辐射光谱的性能。不同物体对于光谱的反映存在差异,同一物体在不同的时间和地点也会对光谱产生不同的反射和吸收程度差异。遥感监测技术正是利用这一原理,将电磁波理论结合传感仪的使用,对远距离目标所辐射和反射的电磁波、可见光、红外线信息进行收集处理,最终成像并达到探测和识别的目的。遥感技术是一套设备系统共同协作可完成的工作体系,其组成设备包括遥感器、遥感平台、信息传输设备、接收装置、图像处理器等。

在实际监测工作中,遥感技术不需要采样而可以直接进行区域性的跟踪测量,快速进行污染源的定点定位,污染范围的核定以及测量污染物在大气、水等环境介质中的分布、扩散等变化,对环境治理和保护具有重要意义。遥感监测技术的工作方式可分为被动遥感和主动遥感,被动遥感是手机目标物或现象自身发射的或反射的电磁波,而主动遥感是对目标物或现象发射一定能量的电磁波谱,然后收集返回的电磁波信号。

一、摄影测量技术

摄影测量是指通过影响研究信息的获取、处理、提取和成果表达的一门科学,其实质是一门信息科学,目前是测绘学的分支学科。就学科而言,摄影测量学主要针对集合定位和影像解译这两大问题进行解决。其主要内容包括不同比例尺下的地形图的测绘、数字地面模型的建立、提供地理或土地信息系统的基础数据。在学科特点方面,摄影测量学反映的是客观的、真实的目标,形象直观,并且可从中获得大量信息,其中主要是物理信息与集合信息,同时摄影测量还可以针对动态物体进行测量,捕捉其瞬间影像,对测量工作的进行是一大进步。此外,摄影测量的应用范围较广,适用于大范围地形测绘。在工作地点的选择上,摄影测量由于是在影像中进行测量工作,其工作地点不再受气候,地理等条件的限制,为实际测绘工作提供便捷。

在实际监测工作中,摄影测量技术可以对土地利用、植被面积、水体污染和大气污染状况等进行大范围的监测(图 10-30),其原理是基于不同物体对光或电磁波反射特性不同,因此就会在胶片上记录到不同的颜色或色调的照片。例如,在水质监测中,由于纯净水对光的反射能力较弱,因此当水体受到污染时,在摄影底片上未污染区与污染区之间会呈现明显的黑白反差,同时,含有不同的污染物质的水体,其密度、透明度、颜色、热辐射等也会有相应的差异。溶解氧含量低的水色调呈黑色或暗色,水温升高改变了水的密度和黏度,彩片上会呈现淡色调异常。同样在大气监测中,根据颗粒物对电磁波的反射、散射特性,采用摄影测量技术就可以对颗粒物大小、分布以及浓度进行监测。

目前,摄影测量从载具上可分为高空摄影和低空摄影,其中高空摄影也称为航空摄影,指利用飞机或卫星等高空飞行器上摄影机摄取地面景物的技术,高空摄影技术必须以航天技术为基础,在测量标准上更加严格,所要求的摄影测量工作者的专业技能水平也更高,测量成本较高。低空摄影目前主要依靠无人机摄影技术,其目的是获取高分辨率的数字影像,无人机作为新型飞行平台,运用的传感器通常是具有高分辨率的数码相机,结合遥感技术,通过系统一系列的集成应用,最终获取到面积较小、色彩保真、大比例尺的航测数据,与高空摄影相比,无人机摄影技术具有明显优势,其操作更加机动灵活,安全性更高,成本较低,同时由于是低空作业,其影像分辨率更高,摄像测量精度可达亚米级。

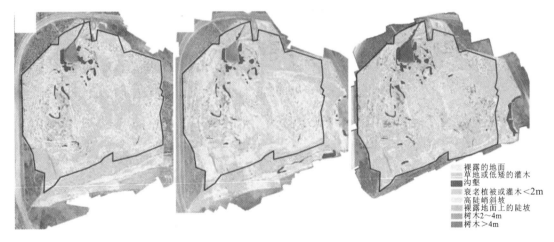

图 10-30　基于摄影测量技术准确绘制的土地覆盖图(据王明丽,2022)(见图版)

二、热红外遥感技术

由于自然界中的一切物体,只要温度在绝对温度零度以上,都以电磁波的形式时刻不停地向外传送热量,这种传送能量的方式称为辐射,物体通过辐射所放出的能量,称为辐射能。随着监测对象的不同,辐射能量随之不同,温度越高的辐射功率越强,辐射峰值的波长越短。热红外遥感技术就是基于物体辐射差异利用地面、机载或星载的传感器获取监测区域红外辐射信息,开展地表温度遥感定量反演,进行物体热辐射遥感识别,分析研究区域热辐射时空动态变化,借此判断不同物质及其污染类型和污染程度。

热红外遥感技术最早应用于地质领域,由于热红外传感器光谱分辨率较低,很难利用在布点和断面的监测上,传统上多用于大尺度环境生态监测。目前,随着技术的不断更新,热红外遥感技术应用的范围也越来越广,例如用于水体温度、地下水型(图10-31)、湖体冰层厚度、农作物生长状态等多类生态环境要素的监测。此外,也有部分学者开展了对于湖泊藻类污染的热红外遥感技术应用探索,并对未来的研究趋势作了展望。当前,热红外遥感技术在环境监测领域已经成为一种重要的辅助方法并发挥着积极作用。

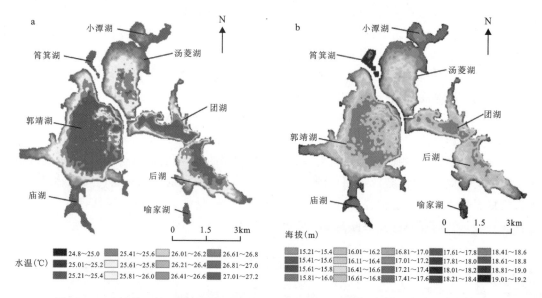

图10-31 基于热红外遥感技术下的湖体水温及地下水型情况(据刘惠等,2019)(见图版)
a.湖泊水温分布图;b.湖泊底部地形高程图。

三、高光谱遥感技术

高光谱遥感技术全称为高光谱分辨率遥感技术,是指在电磁波谱的紫外、可见光、近红外、中红外和热红外波段范围内,获取许多非常窄的光谱(通常<10nm)连续的影像数据技术。与之相对的则是传统的宽光谱遥感(通常>100nm),且波段不连续。高光谱图像是由成像光谱仪获取的,成像光谱仪为每个像元提供数十至数百个窄波段光谱信息,产生一条完整而连续的光谱曲线。它使本来在宽波段遥感中不可探测的物质,在高光谱中能被探测。自20世纪80年代以来,美国已经研制了三代高光谱成像光谱仪,第一代成像光谱仪(AIS)由美国国家航空和航天管理局(NASA)所属的实验室设计,其光谱覆盖范围为$1.2 \sim 2.4 \mu m$。1987年由NASA喷气推进实验室研制成功的航空可见光/红外光成像色谱仪(AVIRIS)成为第二代高光谱成像仪的代表,在AVIRIS后又研制了1台64通道的高光谱分辨率扫描仪(GERIS),主要用于环境监测和地质研究。第三代高光谱成像仪为克里斯特里尔傅里叶变换高光谱成像仪,光谱范围为$400 \sim 1050nm$,光谱分辨率为$2 \sim 10nm$。同其他传统遥感技术相比,高光谱遥感具有以下特点:①波段多,成像光谱仪在可见光和近红外光谱区内有数十甚至数百个波段;②光谱分辨率高,成像光谱仪采样的间隔小,一般为10nm左右,精细的光谱分辨率反映了地物光谱的细微特征;③数据量大,随着波段数的增加,数据量呈指数增加;④信息冗余增加,由于相邻波段的相关性高,信息冗余度增加;⑤可提供空间域信息和光谱域信息,即"图谱合一",并且由成像光谱仪得到的光谱曲线可以与地面实测的同类地物光谱曲线相类比。

目前,高光谱遥感技术广泛应用于大气、水体以及生态环境监测。高光谱遥感数据波长范围覆盖了从紫外到远红外波段,具有极高的光谱分辨率,具备了从遥感数据中提取主要污染气体和温室气体信息的观测能力。由于 SO_2 和 NO_x 等主要污染气体和 CO_2、CH_4 等温室气体在紫外、可见、近红外、红外等波段存在着较强的特征吸收带,因此在获取污染气体、温室气体分子的吸收带和吸收系数精确测量数据的基础上,就可以用相应波段的高光谱数据对其进行定量反演。同时,高光谱遥感技术能有效监测近岸和陆地水质,因为它可以捕捉到近岸和陆地水体复杂而多变的光学特性,提高水质的监测的精度。水中的悬浮物的含量是最重要的水质参数之一,利用实测光谱和模拟数据能对水中悬浮物浓度进行有效的定量监测。除此之外,高光谱遥感也广泛应用于生态环境监测中,如植被类型、覆盖度、植被指数、水分、农作物病虫害,土壤类型、侵蚀、退化以及生态多样性,城市生态环境,农村污染监测等。马秀强(2018)运用高光谱遥感技术对大冶铜铁矿区水环境进行监测,结果如图 10-32 所示,其中红色区域表示被污染水体,绿色区域表示水质情况良好,污染情况色彩的渐变而变化。与常规遥感监测相比,高光谱所获取的地物连续光谱比较真实,能全面地反映自然界各种植被所固有的光谱特性以及其间的细节差异性,从而大大提高了植被遥感分类的精细程度和准确性。此外,由于不同类型的土壤等存在明显的光谱差异,利用这一差异可以明显区分性质相似的土壤类型。

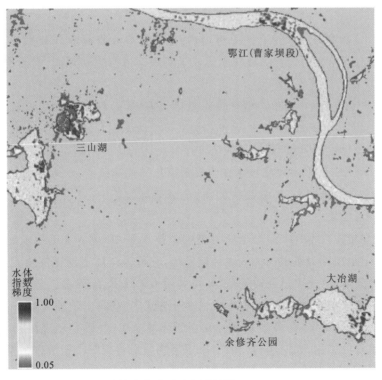

图 10-32　矿区水体高光谱遥感监测结果(据马秀强,2018)(见图版)

四、激光雷达遥感技术

激光雷达遥感技术是一种使用激光作为光源对目标进行探测,测距的主动遥感技术。是继 GPS 空间定位系统之后的一项测绘技术新突破。激光雷达分类按平台可分为星载激光雷达、机载激光雷达和地面激光雷达。按光斑大小可以分为大脚印激光雷达(10～70m)、小脚印激光雷达(小于 1m)。按回波记录形式分为波形激光雷达和离散回波激光雷达。激光具有单色性好、方向性强和能力集中等优点,利用激光与物质作用获得的信息监测污染物质,具有灵敏度高、分辨率好、分析速度快的优点。

激光雷达遥感监测环境污染物质是利用测定激光与监测对象作用后发生散射、反射、吸收等现象来实现的。例如,激光射入低层大气后,将会与大气中的颗粒物作用,因颗粒物粒径大于或等于激光波长,故波长在这些质点上发生米氏散射。据此原理,将激光雷达装置的望远镜瞄准由烟囱口排出的烟气,对发射后经米氏散射折返并聚集到光电倍增管窗口的激光强度进行检测,

激光荧光遥感技术利用某些污染物分子受到激光照射时被激发而产生共振荧光,测量荧光的波长,可作为定性分析的依据,测量荧光的强度,可作为定量分析的依据。在激光雷达遥感技术中利用激光单色性好的特点,也可以用简单的光吸收法监测空气中污染物浓度。例如,有学者曾用长光程吸收法测定空气中的 $HO\cdot$ 的浓度,将波长为 307.995 1nm、光束宽度小于 0.002nm 的激光摄入空气,测其经过 10km 射程被 $HO\cdot$ 吸收衰减后的强度变化,便可推算出空气中 $HO\cdot$ 的浓度。

五、"3S"技术

"3S"技术是 3 项高新技术组合的总称,包括地理信息系统技术(GIS)、遥感技术(RS)以及全球卫星定位技术(GPS)。这 3 项技术形成了对地球进行空间观测、空间定位及空间分析的完整的技术体系。

(1)地理信息系统技术(GIS)。地理信息系统具有输入、存储、查询、检索、处理、更新、输出各种空间信息的能力,是综合分析、评价和提供可持续发展环境科技决策的有效工具,也是进行国土资源调查、城乡环境规划以及环境管理与决策的重要基础。

(2)遥感技术(RS)。卫星遥感技术在空气污染扩散规律研究、水体污染监测、海洋污染监测、城市环境生态与污染监测、环境灾害监测、全球环境监测中已取得显著成绩,卫星遥感可提供高分辨率测量结果。

(3)全球卫星定位技术(GPS)。全球卫星定位技术是 20 世纪末迅速发展起来的又一新技术,是以人造卫星组网为基础的无线电导航系统,它可为全球范围提供全天候、连续、实时、高精度的三维位置、三维速度以及时间数据,可利用卫星技术,实时提供全球地理坐标系统。

"3S"技术形成了对地球进行空间观测、空间分析以及空间定位的完整技术体系,在监测大范围生态环境、自然灾害、污染动态和研究全球环境变化,气候变化规律和减灾、防灾等方面发挥越来越重要的作用,如向明顺(2018)采用遥感技术对绵阳市土壤侵蚀及含水情况进行监测分析,结果如图 10-33 所示。

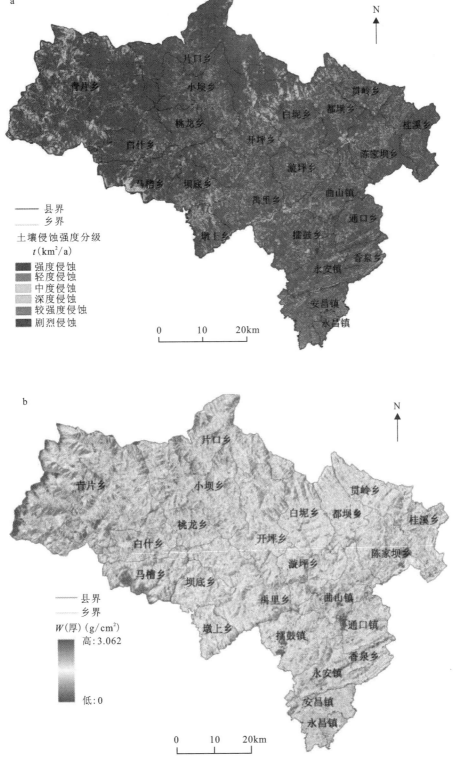

图 10-33 绵阳市土壤侵蚀及含水量分布情况(据向明顺,2018)(见图版)
a.土壤侵蚀强度;b.土壤含水量情况。

第五节 环境自动监测技术应用

一、城市环境质量自动监测系统——以武汉为例[①]

武汉作为长江流域中游地区核心城市,同时也是我国中部最大的城市,全市已实现环境质量、重点污染源、生物生态状况监测全覆盖,各类环境监测数据系统互联共享,监测预报预警快速准确,监测与监管协同联动,初步建成天地一体、上下协同、信息共享的环境监测网络。

1. 武汉市空气质量自动监测应用

武汉市空气自动监测始于1983年,是国内最早开展空气质量自动在线监测的城市之一,经过40多年的发展,初步形成了包括地面监测网络、复合污染监测实验室、遥感监测和加强监测、预警预报体系等构成的大气复合污染监测体系。武汉市空气质量自动监测网络由32个空气自动监测站组成,包括10个国控自动监测点位(9个评价点和1个对照点)、11个省控监测点、1个交通干道监测点、4个区控监测点、4个边界点、1个市控对照点和1个大气复合污染监测实验室,涵盖所有行政区域,能客观评价武汉地区环境空气质量状况和变化趋势。所有点位均开展 PM_{10}、SO_2、NO_x、$PM_{2.5}$、CO 和 O_3 共6项指标的监测。图10-34为武汉市环境空气质量国控监测点分布图。

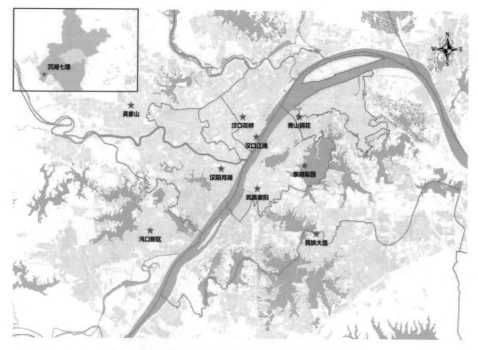

图10-34 武汉市环境空气质量国控监测点分布图

---

① 所有数据均来自武汉生态环境局官网。

武汉市空气质量监测网的建设,使得全市各地区环境空气状况能够24h无间断监控,向社会公众发布的数据可每小时更新,并且采用多种预报模型,结合环境、气象观察资料,综合分析得出城区未来72h空气质量预报,为空气质量预报预警和颗粒物源解析工作打下基础,为重污染天气应急应对和空气质量的有效改善提供技术保障。图10-35为某空气质量自动监测站点示例。

图10-35 某空气质量自动监测站点

根据武汉市空气质量自动监测网络2022年的监测数据,可知2022年武汉全市环境空气质量优良天数为294d。其中:优86d、良208d、轻度污染59d、中度污染11d、重度污染1d。同时能得到各种大气污染物的具体污染情况,2022年首要污染物有152d为臭氧(O_3),占53.7%;70d为细颗粒物($PM_{2.5}$),占24.7%;31d为(NO_2),占11.0%;30d为可吸入颗粒物(PM_{10}),占10.6%。臭氧月均浓度在夏季和秋季较高,春季次之,冬季最低;其他大气污染物月均浓度在冬季最高,春秋次之,夏季最低。

2. 武汉市地表水水质自动监测应用

武汉市是国内第一批开展水质自动监测的城市,形成以手工监测为主,自动监测为辅的监测体系。近年来,武汉市地表水自动监测能力不断发展,逐年增加水质自动监测站的数量,同时各个监测断面投入使用无人监测取样船,使采样更加科学合理,样品更加具有代表性。截至2022年已建成25座水质自动监测站,其中国控16座、省控4座、市控5座。涉及河流包括长江武汉段、汉江武汉段、举水、倒水、滠水、府河、金水河和通顺河入境和出境(入江)断面,涉及湖泊包括东湖、木兰湖。监测项目基本包括水质五参数、高锰酸盐指数、氨氮、总磷、总氮等项目,部分水站监测水中挥发性有机物、重金属、生物毒性、叶绿素等项目。地表水自动监测系统的完善,使得武汉市饮用水水源地水质监测能力及环境应急监测能力不断提高。

根据武汉市地表水水质自动监测的数据,得到2018—2022年湖泊水质等级分布情况(图10-36)。

2022年武汉市9条主要河流实际开展监测的24个监测断面中,10个断面达到Ⅱ类水质,13个断面达到Ⅲ类水质,1个断面达到Ⅳ类水质。其中23个断面水质达到功能类别标准,占95.8%。主要污染物为化学需氧量和高锰酸盐指数等。

实际监测的166个湖泊中,1个湖泊达到Ⅱ类水质,47个湖泊达到Ⅲ类水质,95个湖泊达到Ⅳ类水质,23个湖泊达到Ⅴ类水质,劣Ⅴ类湖泊数量为零。按综合营养状态指数评价,41个湖泊为中营养状态,106个湖泊为轻度富营养状态,19个湖泊为中度富营养状态。

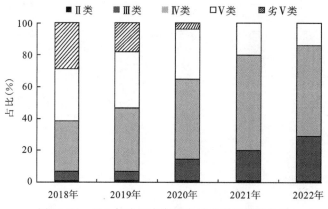

图10-36　近5年武汉市湖泊水质类别比例变化图

3. 武汉市污染源自动监测应用

武汉市生态环境局2003年起开始在重点污染源现场配置污染源自动监控设备,对水污染、大气污染物进行在线实时监控。经过多年的逐步完善,建成一套集"污染源自动监测系统""信息发布系统"为一体的综合性污染源自动监控系统。截至2022年,全市共379家重点排污单位建成污染源自动监控设备1418台(套),基本实现重点排污单位污染源自动监控系统的全覆盖。

污染源自动监控系统的应用提高了环境执法的反应速度和工作效率,实现了武汉市重点污染源进行全天候实时监测、监控,逐步解决了污染源管理和环保执法的"发现难、取证难、处理难、控制难"等问题,实现"监、管、查、控"四位一体的监管模式,减少了不必要的现场检查频次,从一定程度上削减了环境监管成本。有效的污染源自动监测数据为监督执法、总量减排提供数据支撑。

二、冬季奥林匹克运动会期间京津冀及周边地区空气质量在线监测

冬季奥林匹克运动会(简称冬奥会)是世界规模最大的冬季综合性运动会,自1924年开始,每4年举办一次。2015年7月北京成功申办第24届冬奥会,举办时间为2022年2月4日至2月20日,北京也成为第一个既举办过夏季奥运会又举办过冬季奥运会的城市。冬奥会期间正值我国农历新年,空气质量压力较大,为保证北京、张家口等举办地区的大气环境质量,京津冀及周边地区有关部门均采取了严格的管控措施,空气在线监测技术的应用为有关部门调整管控措施以及准确评价冬奥会大气环境质量提供了支撑。作为举办城市,北京、张家口市赛事期间综合空气质量指数平均值分别为46和44,均达到同期历史最佳,京津冀及周边地区

城市空气质量同样改善明显(图 10-37),均未出现重污染天气,表明各地区管控措施成效显著。

区域及城市		2022年1月	2022年2月																			
		31日	1日	2日	3日	4日	5日	6日	7日	8日	9日	10日	11日	12日	13日	14日	15日	16日	17日	18日	19日	20日
辽宁	沈阳	92	44	46	38	36	38	38	42	79	95	160	109	60	74	59	38	34	63	59	39	39
	锦州	82	45	73	67	38	39	39	60	85	130	175	88	60	43	43	35	37	33	50	38	39
	营口	89	37	45	54	39	43	41	47	59	80	117	85	72	70	67	35	37	50	45	39	43
	大连	58	39	43	43	40	41	40	45	47	88	109	105	59	64	52	36	37	33	40	40	41
	葫芦岛	75	40	73	77	39	41	37	52	67	95	180	80	57	40	38	39	39	38	45	41	42
京津冀	北京	35	36	37	39	39	38	38	36	36	55	77	69	57	68	39	35	37	38	49	37	36
	张家口	38	43	43	43	43	43	43	42	41	47	69	44	44	41	43	44	40	39	41	41	42
	承德	37	40	40	42	42	45	41	38	38	54	78	60	58	46	40	41	41	39	59	43	40
	秦皇岛	73	42	43	45	43	42	40	38	57	88	129	104	48	44	43	40	41	40	52	43	40
	天津	39	39	41	41	40	40	40	45	57	97	132	127	58	51	42	40	40	48	48	39	37
	石家庄	68	53	64	77	42	45	45	55	68	92	90	112	130	74	67	45	60	50	60	40	44
	唐山	69	40	42	41	41	40	40	44	62	112	144	120	57	53	55	46	40	37	55	40	36
	廊坊	42	38	39	40	41	40	40	40	48	103	107	103	62	64	41	36	38	53	47	37	35
	保定	55	42	54	54	41	45	55	60	68	112	110	125	73	64	55	42	43	68	70	41	55
	沧州	74	41	53	49	40	40	42	59	87	85	114	134	68	49	42	47	54	41	64	36	53
	衡水	70	42	48	77	41	43	67	70	84	94	130	124	149	78	49	43	64	43	104	42	50
	邢台	57	54	64	82	47	45	46	54	72	98	117	163	159	87	69	48	69	49	85	48	54
	邯郸	68	65	65	103	58	52	60	60	72	97	130	133	173	99	75	57	78	57	102	56	59
山东	济南	76	43	46	67	45	44	46	53	68	70	72	87	122	153	67	79	64	39	52	42	55
	淄博	84	43	55	70	54	43	54	69	74	85	88	113	140	132	73	73	53	41	54	45	54
	济宁	77	51	52	78	80	44	49	55	73	70	63	79	94	142	90	72	114	47	43	52	63
	泰安	77	43	48	85	64	44	49	64	84	84	85	94	114	149	77	74	89	40	52	41	54
	德州	76	42	54	70	42	44	69	80	87	83	97	90	150	77	46	63	58	43	69	44	58
	聊城	78	43	52	89	48	44	62	63	75	73	73	74	127	134	60	73	64	50	58	52	58
	滨州	73	43	49	60	43	43	46	57	79	92	89	122	102	62	57	60	41	42	59	42	48
	菏泽	75	62	60	93	80	46	54	69	78	69	73	73	119	166	92	83	107	65	54	58	73
	枣庄	102	79	62	92	99	49	55	57	83	83	70	75	99	128	132	74	80	48	49	51	56
	东营	69	40	48	55	42	40	41	43	69	95	99	122	103	55	53	55	41	41	55	39	43
	潍坊	83	38	48	64	49	40	42	48	73	94	89	119	113	125	62	58	42	37	54	43	47
	临沂	103	55	64	78	83	43	48	59	88	108	79	89	112	129	113	62	74	38	49	53	54
河南	郑州	74	57	68	82	68	53	63	54	59	79	102	80	98	137	102	79	93	74	107	120	97
	开封	78	63	70	92	74	54	63	57	64	80	83	73	105	149	102	77	105	78	82	100	102
	安阳	69	55	58	99	60	54	59	69	73	93	132	102	128	119	74	55	79	60	95	64	77
	鹤壁	62	54	63	94	63	48	57	63	73	95	122	97	107	135	82	60	82	67	105	74	70
	新乡	71	56	64	92	62	51	59	59	70	89	107	80	98	145	92	63	80	73	108	89	76
	焦作	62	46	58	72	77	49	55	58	72	94	110	103	82	144	108	75	79	79	129	117	65
	濮阳	67	50	55	100	67	44	58	62	72	79	85	73	117	153	70	69	87	59	73	68	67
	洛阳	86	62	63	87	87	58	68	48	67	89	103	122	102	135	128	97	90	88	108	109	69
	平顶山	90	73	89	77	87	73	77	55	63	72	85	85	104	93	107	97	130	100	87	112	110
	许昌	72	82	74	75	79	70	67	45	64	77	77	78	110	94	92	87	137	88	77	109	114
	商丘	88	113	62	82	85	51	55	52	64	74	59	68	99	119	103	90	95	61	47	53	60
	周口	88	91	63	87	89	72	55	40	50	62	63	69	85	92	89	97	105	68	57	77	93
山西	太原	49	72	57	41	39	38	38	45	85	93	88	79	105	124	36	57	53	119	114	40	41
	阳泉	66	43	58	62	58	41	59	55	62	68	74	79	123	84	80	79	77	64	85	40	52
	晋中	60	57	64	52	41	40	35	48	82	87	99	87	114	119	40	64	69	94	105	40	46
	大同	41	85	48	41	41	37	45	41	54	65	79	78	59	51	39	73	42	52	40	38	38
	朔州	55	102	52	53	42	46	56	64	58	60	68	72	58	65	52	67	57	72	55	42	51
	忻州	59	92	59	49	40	40	41	51	53	63	77	102	104	93	55	52	46	82	68	39	40

AQI级别　优　良　轻度污染　中度污染

图 10-37　2022 年冬奥会期间京津冀及周边地区城市 AQI 日均值(据侯露等,2023)(见图版)

冬季首要污染物 $PM_{2.5}$同样得到了有效控制,基于在线自动监测数据可知,冬奥会期间京津冀及周边地区城市 $PM_{2.5}$浓度分布如图 10-38 所示,其中整体可分为 3 个区段,第一阶段是 2022 年 2 月 1 日至 2022 年 2 月 8 日,京津冀及周边地区城市 $PM_{2.5}$浓度基本均处于优良水平,北京和张家口处于周边城市中最低水平,日平均浓度最低分别达到 5 和 9。第二阶段是 2 月9 日至 2 月 14 日,受不利扩散条件影响,本地一次排放叠加降水高湿和传输影响,$PM_{2.5}$开始快速积累,大部分城市以良或轻度污染为主,但北京和张家口均未出现 $PM_{2.5}$小时浓度超标(大于 $75\mu g/m^3$),仅太原和沈阳等小部分城市出现短时重度污染。第三阶段为 2 月 15 日至 2 月 20 日,扩散条件转好,污染物快速清散,整体空气质量以优良为主。北京冬奥会、冬残奥会期间北京和张家口 $PM_{2.5}$平均浓度分别为 $36\mu g/m^3$ 和 $22\mu g/m^3$,同比分别下降 56.1%和 50%,与此同时,区域联防联控成效凸显,京津冀及周边地区 $PM_{2.5}$平均浓度为 $52\mu g/m^3$,同比下降20%；重污染天数同比减少90%以上。"冬奥蓝""北京蓝"在各大媒体平台频频亮相,得到国际国内社会一致好评。

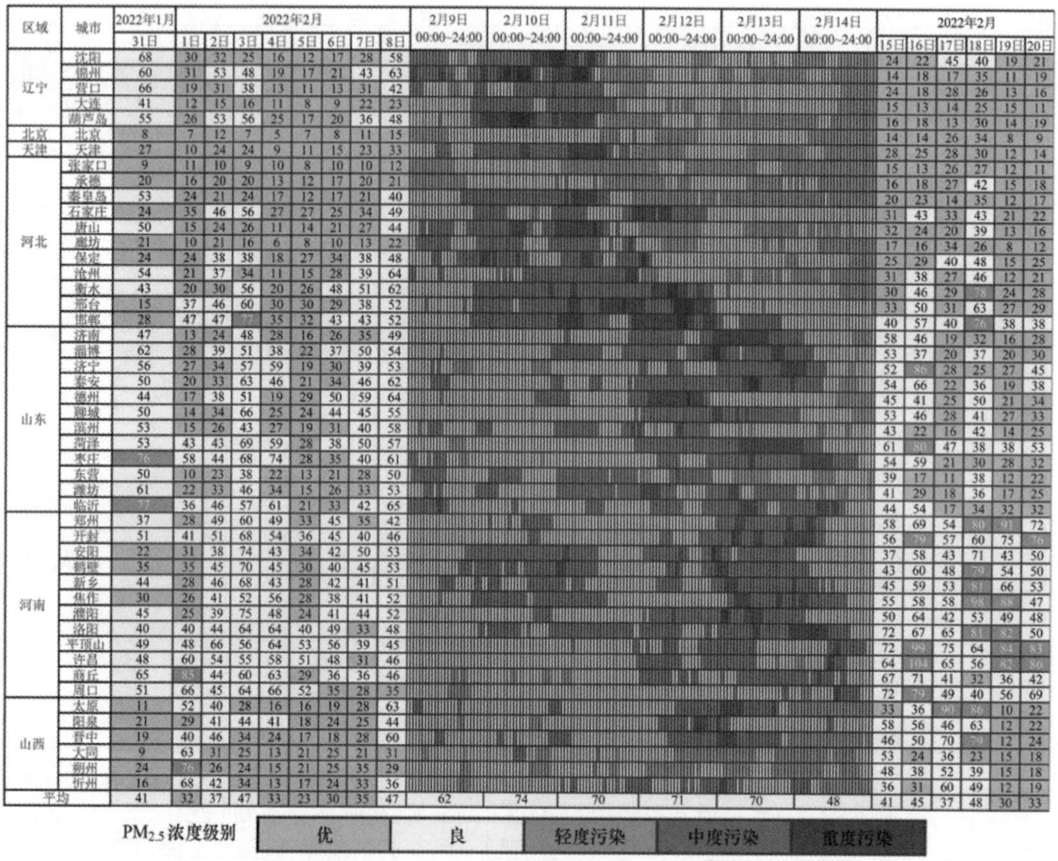

图10-38 2022年冬奥会期间京津冀及周边地区城市PM$_{2.5}$浓度分布(据侯露等,2023)(见图版)

为进一步减排与管控措施对冬奥会期间的空气质量改善作用,有学者基于在线监测数据对冬奥会前后期以及2021年同时期的各项污染物浓度进行了分析(图10-39)。与冬奥会前期(2022年1月1日至2022月2月3日)相比,冬奥会期间各类污染物均下降明显,北京市NO$_2$、CO、PM$_{10}$、PM$_{2.5}$以及SO$_2$浓度分别下降43.7%、38.8%、27.2%、45.5%以及13.5%,PM$_{2.5}$和NO$_2$改善最为明显,张家口市NO$_2$、CO、PM$_{10}$、PM$_{2.5}$以及SO$_2$浓度分别下降34.9%、9.1%、29.2%、28.2%以及16.4%,PM$_{10}$和NO$_2$改善最为明显。与2021年同期(2月4日至2月20日)相比,北京和张家口冬奥会赛事期间各类污染物浓度同样显著降低,其中NO$_2$分别下降38.1%和34.2%,CO分别下降52.9%和21.7%,SO$_2$分别下降46.3%和60.5%,PM$_{10}$分别下降57.9%和50.3%,PM$_{2.5}$分别下降65.8%和26.9%。基于在线监测数据的对比可知,2022年冬奥会期间的区域联防联控成效凸显,空气质量改善成效显著。

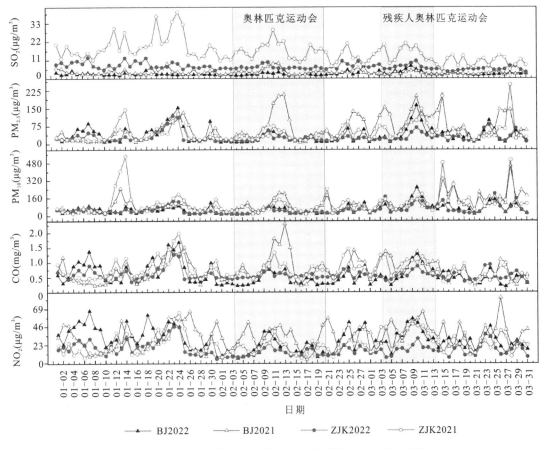

图 10-39　冬奥会前后以及 2021 年同期北京和张家口各类污染物浓度变化情况（据 Chu et al., 2022）

习　题

1. 什么是环境监测网？建立环境监测网的目的是什么？有哪些环境监测网？
2. 简要说明水质自动监测站的组成。
3. 总有机碳（TOC）自动监测仪可分为几种？它们的测定过程有何异同？
4. 简要说明分光光度式和气敏电极式氨氮自动监测仪。
5. 简要说明空气自动监测系统的组成部分及功能。
6. 简要说明空气自动监测系统子站的布设及优化原则。
7. 简要说明非色散红外吸收 CO 自动监测仪的工作原理及优点。
8. 简要说明高光谱遥感技术的原理及其如何运用于环境监测之中。
9. 试分析"3S"技术对构建环境质量监测网的作用。

主要参考文献

鲍雷,刘萍,翟崇治,2015.紫外光度法臭氧自动监测仪及其标准传递方法[J].中国环境监测,31(1):128-133.

鲍雷,刘伟,2014.甲烷非甲烷总烃自动监测仪日常维护及常见故障维修[J].分析仪器(4):119-123.

陈光,刘廷良,刘京,等,2006.浅谈我国水质自动监测质量保证与质量控制[J].中国环境监测(1):60-63.

陈丽琼,茹婉红,胡勇,等,2013.高锰酸盐指数测定方法的现状及研究动态[J].环境科学导刊,32(2):125-128.

陈善荣,陈传忠,2019.科学谋划"十四五"国家生态环境监测网络建设[J].中国环境监测,35(6):1-5.

陈善荣,2018.我国生态环境监测的40年发展回顾与展望[J].环境保护,46(20):22-26.

翟崇治,廖小玲,2001.环境空气中二氧化硫的自动监测及问题研究[J].中国环境监测(2):33-35.

翟崇治,2006.地表水水质自动监测系统概论[M].重庆:西南师范大学出版社.

高乾,2018.基于非色散红外吸收原理的可燃气体浓度探测仪研制[J].工业仪表与自动化装置(1):78-81.

韩国强,王鹏,何振江,等,2014.化学发光法大气氮氧化物浓度自动分析仪中光信号探测模块温控系统设计[J].光学与光电技术,12(1):80-84.

侯露,朱媛媛,刘冰,等,2023.冬奥会期间京津冀及周边区域空气质量时空特征、气象影响和减排效果评估[J].环境科学,44(11):5899-5914.

嵇晓燕,刘廷良,孙宗光,等,2014.国家水环境质量监测网络发展历程与展望[J].环境监测管理与技术,26(6):1-4+8.

蒋斌,2012.环境空气中二氧化硫监测技术的发展[J].环境科学与管理,37(1):158-160+164.

焦宝玉,陈建文,廖乾邑,等,2011.环境空气质量自动监测子站系统运行管理的质量控制[J].环境研究与监测,24(1):1-7.

金朝晖,2007.环境监测[M].天津:天津大学出版社.

井柳新,刘伟江,王东,等,2013.中国地下水环境监测网的建设和管理[J].环境监控与预警,5(2):1-4.

李广超,袁兴程,2017.环境监测[M].2版.北京:化学工业出版社.

李国刚,2000.水质高锰酸盐指数在线自动分析仪的发展现状[J].干旱环境监测(3):156-158.

李鹏,2019.环境空气中$PM_{2.5}$自动监测方法的比较与应用[J].环境与发展,31

(9):173+175.

梁红,2003.环境监测[M].武汉:武汉理工大学出版社.

刘京,刘廷良,刘允,等,2017.地表水环境自动监测技术应用与发展趋势[J].中国环境监测,33(6):1-9.

卢卓恒,2019.空气质量自动监测点位优化[J].环境与发展,31(4):162-163.

陆泗进,王业耀,何立环,2014.中国土壤环境调查、评价与监测[J].中国环境监测,30(6):19-26.

骆社周,习晓环,王成,2014.激光雷达遥感在文化遗产保护中的应用[J].遥感技术与应用,29(6):1054-1059.

马秀强,2018.高光谱遥感在大冶铜铁矿区水环境监测中的应用[D].北京:中国地质大学(北京).

齐杨,于洋,刘海江,等,2015.中国生态监测存在问题及发展趋势[J].中国环境监测,31(6):9-14.

童庆禧,张兵,张立福,2016.中国高光谱遥感的前沿进展[J].遥感学报,20(5):689-707.111-117.

王明丽,2022.基于无人机摄影技术的矿山环境修复治理研究[J].能源与环保,44(2):91-96.

王夏晖,2016.我国土壤环境质量监测网络建设的重大战略任务[J].环境保护,44(20):20-24.

王英健,杨永红,2015.环境监测[M].北京:化学工业出版社.

奚旦立,孙裕生,2010.环境监测[M].4版.北京:高等教育出版社.

向明顺,2018.地震重灾区生态环境遥感动态监测与评价研究:以四川省北川县为例[D].成都:成都理工大学.

徐慧梁,2005.化学发光法氮氧化物分析仪关键技术研究[D].广州:华南师范大学.

姚洋,左安飞,冯宗友,2019.环境空气中$PM_{2.5}$自动监测方法比较及应用探究[J].科技创新导报,16(15):137-138.

游少鸿,任鸣哲,郭远飞,等,2018.基于遥感技术的漓江上游沟塘水体污染状况调查及源解析[J].工业安全与环保,44(2):7-10.

袁迎辉,林子瑜,2007.高光谱遥感技术综述[J].中国水运(学术版)(8):155-157.

赵少华,张峰,王桥,等,2013.高光谱遥感技术在国家环保领域中的应用[J].光谱学与光谱分析,33(12):3343-3348.

赵炜,王晓东,何娜,等,2012.内陆湖泊富营养化热红外遥感信息提取技术研究[J].北方环境,24(6):28-32.

CHU F J, GONG C G, SUN S, et al. ,2022. Air Pollution Characteristics during the 2022 Beijing Winter Olympics. InternBeijing and Zhangjiakou before and after the Winter Olympicsational[J]. Journal of Environmental Research and Public Health,19:11616.

第十一章　突发环境事件的应急监测

第一节　突发环境事件

一、突发环境事件的定义

突发环境事件是指由于污染物排放或者自然灾害、生产安全事故等因素，污染物或者放射性物质等有毒有害物质进入大气、水体、土壤等环境介质，突然造成或者可能造成生态环境破坏，从而引起环境质量下降或者危害公众身体健康以及财产安全，需要采取紧急措施予以应对的事件。突发环境事件有以下特点：一是事件发生、发展速度很快，出乎意料；二是事件难以应对，会对环境造成直接或潜在的威胁，需要采取应急措施进行处理。

基于目前人类的认知，大部分日常生活与生产活动都遵循一定规律，这样方便我们对即将发生事情的预测、控制以及防范，而突发事件在广义上理解为突然发生的事情，即超出正常预测的范围，经常让我们措手不及。但实际上突发事件也有其原因和规律，只是人类目前尚未认识或充分认识它们。例如，有些事情发生频率极低，两次发生的时间间隔可能长达数百年甚至千年，对人的生命周期或个人而言，可能一生都不会遇到，因此研究不多。同时，很多突发事故往往是制度不严、操作不当的人为原因所导致的。更需要注意的是，在突发事件发生和后续处理过程中，事先没有思想准备、处置方法不当经常会造成更大的损失和伤害，影响极大，事后往往缺乏对其长期性认识从而导致对其探索不足。因此，许多突发事件不是不可预见和预测的，目前随着人工智能与大数据的发展，即便是概率极低的事件也往往有规律可循，一旦发生突发事件，有无事先预测与处理准备，其损失和损害差别极大。

突发环境事件通常根据其产生原因可分为以下几类。

1）突发事故

突发事故包括生产事故以及贮运事故两种。生产事故是指在化工、石油、煤炭、医药、核工业等生产过程中使用或者生产毒性化学品、易燃易爆物质或放射性物质，不遵守操作规范或设备、管、阀破裂等造成有毒有害物质、放射性物质泄漏、燃烧爆炸等事故；贮运事故是指有毒有害物质在贮存过程中发生贮罐腐蚀、破损、仓库火灾、爆炸等事故，或危险品在运输或者运送过程中，发生沉船、翻车、输送管道泄漏或者爆炸、燃烧等事故。突发事故是最常见的环境突发事件，根据事故发生原因、主要污染物性质和事故表现可将突发性事故分为以下7类。

（1）有毒有害物质污染事故：指在生产、生活过程中因生产、使用、贮存、运输排放不当导致有毒有害化学品泄漏或非正常排放所引发的污染事故。

(2)毒气污染事故：实际是有毒有害物质污染事故的一种，由于毒气污染事故最常见，所以另列，主要有毒有害气体有一氧化碳、硫化氢、氯气、氨气等。

(3)爆炸事故：易燃、易爆物质所引起的爆炸、火灾事故，如煤矿瓦斯、烟花爆竹，以及煤气、石油液化气、天然气、油漆硫磺使用不当造成爆炸事故。有些垃圾固体废物堆放或处置不当，也会发生爆炸事故。

(4)农药污染事故：剧毒农药在生产、贮存、运输过程中，因意外、使用不当引起的泄漏所导致的污染事故。

(5)放射性污染事故：生产、使用、贮存、运输放射性物质过程中因操作不当而造成核辐射危害的污染事故。

(6)油污染事故：原油、燃料油，以及各种油制品在生产、贮存、运输和使用过程中因意外或操作不当而造成泄漏的污染事故。

(7)废水非正常排放污染事故：因操作不当或事故使大量高浓度废水突然排入地表水体，致使水质突然恶化。

2)自然灾害

自然灾害包括地震、台风、龙卷风、暴雨、泥石流、山体滑坡等自然现象所造成的生产单位、贮存单位以及运输单位等毁坏，从而可能导致危险品流失进入环境，引发恶性环境污染事故。

3)人类战争

人类战争包括两类：一类是由于战争破坏工厂、仓库、设施、油田、输油管道等；另一类是战争中使用化学武器、生化武器等所造成的严重破坏污染。

4)公共卫生事件

引起重大传染病疫情、群体性不明原因疾病、重大食物和职业中毒的病菌以及有毒有害物质进入环境介质中，进而造成环境生物污染并加速其传播，进而造成巨大危害。

二、突发环境事件的等级划分

突发环境事件根据其可能造成的危害程、波及范围、影响力大小、人员及财产损失等，可分为特别重大(Ⅰ级)、重大(Ⅱ级)、较大(Ⅲ级)和一般(Ⅳ级)4个等级，具体划分如表11-1所示。

表11-1 突发环境事件等级划分

等级	划分依据
特别重大突发环境事件	因环境污染直接导致30人以上死亡或100人以上中毒或重伤的； 因环境污染疏散、转移人员5万人以上的； 因环境污染造成直接经济损失1亿元以上的； 因环境污染造成区域生态功能丧失或该区域国家重点保护物种灭绝的； 因环境污染造成设区的市级以上城市集中式饮用水水源地取水中断的； Ⅰ、Ⅱ类放射源丢失、被盗、失控并造成大范围严重辐射污染后果的； 放射性同位素和射线装置失控导致3人以上急性死亡的； 放射性物质泄漏，造成大范围辐射污染后果的； 造成重大跨国境影响的境内突发环境事件

续表 11-1

等级	划分依据
重大突发环境事件	因环境污染直接导致 10 人以上 30 人以下死亡或 50 人以上 100 人以下中毒或伤的； 因环境污染疏散、转移人员 1 万人以上 5 万人以下的； 因环境污染造成直接经济损失 2000 万元以上 1 亿元以下的； 因环境污染造成区域生态功能部分丧失或该区域国家重点保护野生动植物种群大批死亡的； 因环境污染造成县级城市集中式饮用水水源地取水中断的； Ⅰ、Ⅱ类放射源丢失、被盗的； 放射性同位素和射线装置失控导致 3 人以下急性死亡或者 10 人以上急性重度放射病、局部器官残疾的； 放射性物质泄漏，造成较大范围辐射污染后果的； 造成跨省级行政区域影响的突发环境事件
较大突发环境事件	因环境污染直接导致 3 人以上 10 人以下死亡或 10 人以上 50 人以下中毒或重伤的； 因环境污染疏散、转移人员 5000 人以上 1 万人以下的； 因环境污染造成直接经济损失 500 万元以上 2000 万元以下的； 因环境污染造成国家重点保护的动植物物种受到破坏的； 因环境污染造成乡镇集中式饮用水水源地取水中断的； Ⅲ类放射源丢失、被盗的； 放射性同位素和射线装置失控导致 10 人以下急性重度放射病、局部器官残疾的； 放射性物质泄漏，造成小范围辐射污染后果的； 造成跨设区的市级行政区域影响的突发环境事件
一般突发环境事件	因环境污染直接导致 3 人以下死亡或 10 人以下中毒或重伤的； 因环境污染疏散、转移人员 5000 人以下的； 因环境污染造成直接经济损失 500 万元以下的； 因环境污染造成跨县级行政区域纠纷，引起一般性群体影响的； Ⅳ、Ⅴ类放射源丢失、被盗的； 放射性同位素和射线装置失控导致人员受到超过年剂量限值的照射的； 放射性物质泄漏，造成厂区内或设施内局部辐射污染后果的； 铀矿冶、伴生矿超标排放，造成环境辐射污染后果的； 对环境造成一定影响，尚未达到较大突发环境事件级别的

据中国统计年鉴等资料统计，从 2011—2021 年，国内累计发生突发环境事件 4100 起，其中重大突发环境事件 30 起，较大突发环境事件 85 起，一般突发环境事件 3985 起，如图 11-1 所示。

突发环境事件发生以后往往会造成大量人员死亡或受伤、重大经济损失以及社会恐慌，

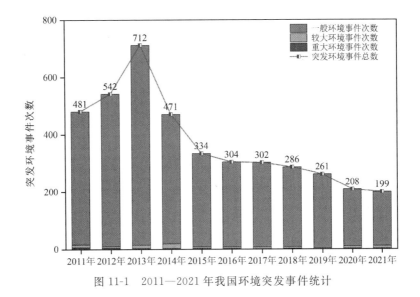

图 11-1　2011—2021 年我国环境突发事件统计

局部地区生态被严重破坏,因此往往需要采取相应的应急监测措施和处置方法,从而减小损失。目前,突发环境事件的监测与处理已得到政府部门和科研学者的关注,相应的应急方案也初步完善,这对我们应对突发环境事件具有重要意义。

第二节　突发环境事件的应急监测

一、应急监测的定义及原则

突发环境事件发生时会导致污染物或放射性物质等有毒有害物质进入大气、水体、土壤等环境介质,造成环境质量下降,危及公众身体健康和财产安全。应急监测是处理突发环境事件中最重要的一环,往往要求在事件发生的第一时间开展工作,在尽可能短的时间内判断和测定污染物的种类、浓度以及污染范围,同时对污染物的特性及毒性进行系统化分析,以此评价对环境具体造成的影响。另外,突发环境事件应急响应终止后,环境应急监测结果还可以作为开展污染损害评估的依据,而污染损害评估结论将作为事件调查处理、损害赔偿、环境修复和生态恢复重建的依据。

应急监测工作不仅仅是事件发生后的监测,应急监测工作原则之一就是将事先预防和事后监测相结合,从而根据突发的环境问题及时地采取适当的预防和应对措施,将危害降低最低。设立应急事故部门,建立完善的应急监测系统对开展环境突发事件应急监测至关重要,可以显著提高环境监测部门应对环境污染相关突发事件的能力,应急监测系统的建立要求充分考虑其科学性,应结合地区环境特点和实际应急响应能力,调查了解地区相关企业的资料、危险物品的记录、重工业发展的环境预防、资源的保护等,并制定处理处置预案。同时定期组织开展应急培训、演习等,提高公众以及相关负责人员的防范意识,尽可能减少环境污染事件的发生。

二、应急监测系统

环境应急监测在当今的环境保护工作中占据着十分重要的位置，它既可以减轻事件发生后所造成的危害，也可以采取各种措施预防、减少事件的发生。世界各国尤其是发达国家投入相当资金、人力、物力，采取规范措施减少环境突发事件的发生。我国环境应急监测起步较晚，2002年，国家环保总局成立环境应急事故调查中心，2006年，出台《国家突发环境事件应急预案》，要求加强应急监测工作，明确监测方案及方法，确定布点和频次，及时准确监测。2008年，环境保护部环境监察局和环境应急与事故调查中心成立，2010年，出台《突发环境事件应急监测技术规范》，规定了应急监测的布点与采样、项目、分析方法、数据处理与上报等技术要求。现有的分析方法大多数为实验室方法，而现场快速监测标准方法仅有《环境空气氯气等有毒有害气体的应急监测比长式检测管法》（HJ 871—2017）等5个。2015年，国家出台了《突发环境事件应急管理办法》，初步建立了分级响应、属地管理、统一指挥、协调联动的应急机制。

环保监测应急系统主要包括监控预警系统、现场处置系统、应急指挥系统、管理保障系统与灾后评估系统等部分。各部分存在着相互独立，且相辅相成的内在联系，只有保证各部分的正常运转与协调配合，才能最大限度满足环境污染监测工作的实际需求。

1. 监控预警系统

在环保监测应急系统中，监测预警系统的主要作用是准确预报突发环境污染事故。在完善监测预警系统的基础上，加大对重点污染区的监控力度，全方位动态监控环境质量变化情况。由此可见，应用环境监测预警系统，可以提升突发环境污染事故预警的时效性，为治理环境污染问题争取时间。通常，环境监测预警系统主要包括监测模块和预警模块两部分。其中，监测模块的主要作用是实时监测污染源，采集、整合与分析数据信息，以分析结果为基准，获取完整的环境统计报告；预警模块的主要作用是综合评估环境统计报告，依据不同污染条件不同预警条件，确定突发环境污染预警级别。

2. 现场处置系统

对于现场处置系统来说，主要作用是通过整合应用检测仪器设备，动态监测污染源，全面掌握污染范围、污染物浓度及扩散速率等相关信息，在构建现场处置系统的基础上，采取切实可行的污染治理措施。现场处置系统主要包括应急监测与现场视频传输两部分内容。其中，应急监测部分的主要作用是提前预判污染物来源、污染程度及扩散范围，生成书面报告，呈递至上级主管单位，进而为制定突发污染事故防治方案提供必要的参考依据；而现场视频传输部分的主要作用是为环保应急抢险指挥中心与现场治理基准站搭建沟通渠道，以便环保应急抢险指挥中心全面掌握现场概况，制定完善的应急处置措施，最大限度地降低负面影响。

3. 应急指挥系统

应急指挥系统的主要作用是客观评估环境污染事件，采集、整合与分析相关数据信息，以数据分析结果为基准,提出行之有效的解决措施,并且第一时间公布在平台上。同时,及时、正确发布真实情况有利于事故处理,安定民心,封锁消息反而容易引起小道消息流传,从而造成恐慌,扩大损失。整个应急指挥系统主要由应急接警、指挥命令调度、车辆监测调度、应急视频指挥和应急信息展示5部分构成。

4.管理保障系统

对突发环境事件的应急监测质量管理包括前期质量管理和运行中的质量管理两方面。前期质量管理是应急监测质量管理的基础,内容包括建立管辖范围内应急监测工作手册、应急监测数据库和应急监测地理信息系统,组织应急监测人员技术培训与演习,做好监测方法和监测仪器的筛选,仪器、设备的计量检定和试剂,车辆等后勤保障工作。运行中的质量管理包括注重污染事故的现场勘查和所实施的方案中的质量管理,污染事故现场的监测和采样中的质量管理,实验室分析、监测数据处理的质量管理,以及编制监测报告的质量管理。同时,在应急监测工作中应形成包括全国和地区的检测机构网络,便于管理、交流、支持,实现监测资源的合理配置,培养技术优良的应急监测队伍。

5.灾后评估系统

在协调处理突发环境污染事故的过程中,灾后评估系统属于事后评估系统,主要作用是分析突发环境污染事故的危害程度,生成评估报告,采取切实可行的处理措施,最大限度降低负面影响。灾后评估系统主要包括应急处置评估、环境影响评估以及应急评估系统维护等内容,各部分的协调配合,可满足实际环境污染监测需求。

第三节 应急监测设备

一、便携重金属分析仪

重金属元素分析仪是一种较为常用的便携式环境监测设备,大多使用阳极溶出伏安法,常用于铜、铅、锌、镉等元素的痕量分析,该方法灵敏度高、分辨率好,反应时间快,仪器要求简单,携带方便,不需要进行前处理,可以同时测定多种金属,仪器价格低廉,操作简便(图11-2)。在现场监测时常通过对监测水样中的重金属物质含量进行测定来判断和衡量水体的污染程度及污染水源对于周边居民的危害程度,根据水质存在的差异实时监测并分析出数据指标,有效地提升环境数据监测的效率和准确度,适用于现场污染物筛查定性、污染物浓度快速测定、配合污染源排查等。便携式重金属分析仪在龙江河镉污染事件和

图11-2 Brasten PCA2便携重金属自动分析仪

贺江镉、铊污染事件应急监测中发挥了重要的作用。

二、便携式傅里叶变换红外多组分气体分析仪

便携式傅里叶变换红外（Fourier transform infrared，FTIR）多组分气体分析仪主要是运用红外吸收原理和迈克尔逊干涉仪原理，用一束连续波长的红外光照射被分析样品，如果样品分子中某个基团的振动频率与红外光的频率相同，就会发生共振，这个分子基团就会吸收该频率的红外光，在检测器上得到干涉图，再经过计算机傅里叶变换形成红外光谱图，在红外光谱图中就会得到该频率的吸收峰，根据吸收峰的数目、位置、形状可对被测样品进行定性分析，根据吸收峰的峰高峰面积进行定量分析。傅里叶变换红外多组分气体分析仪系统测量流程如图 11-3 所示，它常用于多组分气体分析，如甲烷、乙烯、甲苯等。傅里叶变换红外多组分气体分析仪具有小型（图 11-4）、便携、快速、精度高、分辨率高、光通量大、杂散光低以及远距离遥感技术和无需取样等特点，非常适合气体定性定量分析，在数据处理过程中，通过化学计量学光谱预处理和识别算法可以提高模型的准确度，因此在环境空气的应急监测中有着无法替代的优势。在污染事件发生后可对污染物、污染物浓度和污染范围进行监测，快速准确获得可靠的现场监测数据，对相关部门及时制定决策有重要意义。

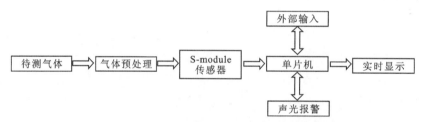

图 11-3　便携式傅里叶变换红外多组分气体分析仪系统测量示意图

图 11-4　便携式傅里叶变换红外多组分气体分析仪

三、便携式气相色谱-质谱联用仪

在环境应急事故的现场,通常要求迅速对水、气、土壤等环境要素进行有机物的定性和定量监测分析,普通的 GC 和 GC-MS 体积大,对工作环境要求苛刻,无法满足现场分析的需求,便携式将色谱和质谱技术小型化,可以实现现场采样,预处理,分析和记录,迅速得出环境要素中未知的有机物的检测结果,可在污染事故现场进行污染情况判断,评估和标准处理程序。便携式 GC-MS 包括采样系统,色谱系统,色谱-质谱联接系统,质谱系统等,其结构如图 11-5 所示。另外仪器还可配备顶空采样系统采集预热水样平衡气,来检测水样中的挥发性有机物浓度。该类仪器一般采用 MST(美国国家标准与技术研究院)谱库,涵盖 10 万多张标准谱图、AMDI 近 100 种对人体有毒有害气体的标准谱图,配套的软件自动完成数据的转换、谱图的形成和分析,色谱图和质谱图的切换,未知物谱图和标准谱图的对比,报告的记录和打印等功能,可以保证实时的分析和数据的后处理。便携式 GC-MS(图 11-6)在污染事件应急监测中可以快速得到污染物的定性和初步定量结果,为污染事故现场处理得出参考依据。表 11-2 介绍了几种不同型号的便携式气相色谱质谱联用仪。

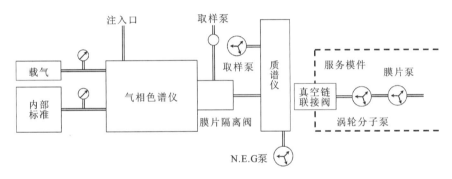

图 11-5 Hapsite 便携式 GC-MS 结构示意图

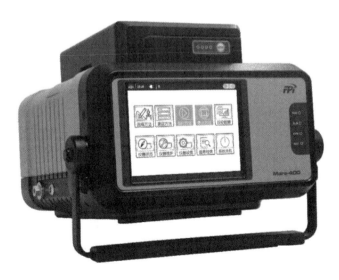

图 11-6 Mars-400 Plus 便携式气相色谱-质谱联用仪

表 11-2　几种便携式 GC-MS 比较

型号	HAPSITE	CT-1128	SpectraTrak
产地	美国	美国	英国
工作条件	5～45℃,5%～95%RH	10～35℃,5%～95%RH	5～45℃,5%～95%RH
样品注入	直接,内部样品泵	直接,液体注射和固相微萃取	双道捕集,浓缩与解吸设计
载气	氮气	氢气罐或氦气罐	氦气罐
特点	野外便携式;内置浓缩器;survey/analyze 工作模式;可在不利的条件下工作;在野外污染的情况下可用水清洗	解决了与运送台式实验室系统到检测现场有关的所有问题,可以使用市场上可买到的耗材和替换零件,便于现场维修	系统的真空分离阀和离子源加热器使启动时间只有约 20min,并可在分析后的几分钟内关机,去往下一个监测现场
检测限	对大多数分析物<10^{-9}g	约 100×10^{-12}g 六氯苯	10^{-12}g
质量范围	(1～300)AMU	(116～800)AMU	(116～700)AMU
扫描速率	1000AMU/s	5200AMU/s	1800AMU/s
电离模式	70eV EI	(5～240)eV EI	(5～240)eV EI
检测器	电子倍增器	电子倍增器或光电倍增器	电子倍增器
真空系统	非蒸发吸气剂泵	1个初级泵和2个涡流分子泵	内置分子涡轮泵
动态范围	7个量级	6个量级	4个量级
SIM 通道	10个质量	50组质量,30个质量/组	50组质量,30个质量/组
谱库	NIST 合 AMDIS	NIST/EPA/NIH	NIST 和 Wiley
GC 柱	可变换相位和薄膜厚度	专用柱,可选装	安装标准毛细管柱

四、便携式多参数水质分析仪

对于突发性污染事件和非常态状况下的水质多参数应急监测,在现场快速,准确获取多种水质分析检测数据显得尤其重要。针对多功能系统的多参数水质现场监测技术研究是目前水质监测科学的重要发展方向之一。

便携式水质检测仪一般采用比色法、电化学法、分光光度法等,其操作简便,结果准确,适合于现场快速检测多种水中污染物。图 11-7 为常见便携式多参数水质分析仪。目测比色法是测量离子浓度的常用方法,在被测溶液中加入检测试剂,生成有色物质,再借助环境光线目视观察,并与标准色列(比色卡、比色盘等)比较颜色深浅,以确定溶液中被测物质浓度。例如上海某公司设计生产的 GE QQ+型手持比色计则采用恒光强背光板,结构简单,使用方便,克服了环境光线影响,目测结果更可靠,可随时随地使用,适合于水体中 pH、氨氮、亚硝氮、硝态氮、活性磷、硬度、余氯、溶解氧、可溶性 SiO_2、氟化物、硫化物、甲醛、铁、铜、镍、锰、六价铬等检测。电学测量法方法包括离子电极法、玻璃电极法、隔膜原电池法、交流电极法和铂电极

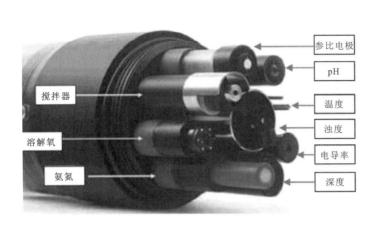 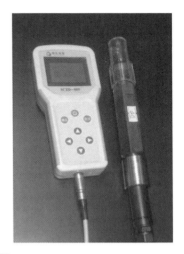

图 11-7 常见便携式多参数水质分析仪

法,主要用于水中各种金属离子、硬度、pH、溶解氧、电导率以及氧化还原电位的测定。表 11-3 介绍了部分目前市场上常见的便携式水质分析仪的主要测量项目和特点。

表 11-3 一些便携式水质检测仪比较

仪器名称	测量原理	测量项目	特点
DZS-708L 多参数水质分析仪	电学测量	pH/pX、电导率、溶解氧、ORP、电位、TDS、盐度、H^+、Ag^+、Na^+、K^+、NH_4^+、Cl^-、F^-、NO_3^-、BF_4^-、CN^-、Cu^{2+}、Pb^{2+}、Ca^{2+}	多模块测量
GDYS-201M 多参数水质分析仪	电学测量、光度测量	80 种参数(浊度、氨氮、铝、氟化物、锰、三价铬、六价铬等)	5mL 显色液
5B-2H 型野外便携式多参数水质测定仪	光度测量	化学需氧量、氨氮、总磷、浊度等 31 项参数	内置工作曲线
701 多功能水质现场测试仪	光度测量	硫化物、氰化物、氟化物、氨氮等 32 种物质	可见光全波长测试 GPS/北斗卫星定位功能
ZZW 多参数水质现场测试仪	光度测量	无机、有机等 40 多种化学成分	自吸式定量采样;量值传递
GW-2000 型多参数水质测定仪	比色与光度测量	余氯、总氯、二氧化氯、浊度、色度、铜、六价铬、锰、铁、锌、铝、氰化物、磷酸盐、硫酸盐、亚硝酸盐、硝酸盐、氨氮、硬度	即时打印功能

续表 11-3

仪器名称	测量原理	测量项目	特点
ZYD-HFA 水质快速检测仪	光度测量	铁、砷、锰、氨氮、氟化物、硝酸盐氮、亚硝酸盐氮、余氯、二氧化氯、浊度、氰化物、镉、六价铬、铅、甲醛、尿素、总氮、硫化物、磷酸盐、总磷	内置工作曲线
XT18-GDYS-201M 多参数水质分析仪	光度测量、电学测量	余氯、总氯、二氧化氯、氯化物、浊度、pH、甲醛、锌、铝、镍、色度、银、铜、铁、锰、钙、镉等 65 项参数	测量参数多
Manta 多参数水质监测仪	电学测量、光度测量	溶解氧、氧气分压、pH、ORP、电导率、盐度、TDS、温度、叶绿素、氨氮、硝酸盐、浊度、罗丹明、氯离子、蓝绿藻、总溶解性气体、水深	基于 GPRS 网络的无线通信或 SDI-12 功能的数采器
SpinTouch 型旋转式水质检测仪	比色与光度测量	余氯、总氯、氯胺、铜、pH、总硬度、总碱度、铁、三价铁、氰尿酸	采用精准的湿化学进行预处理,无需清洗
PrimeLab 1.0 多功能水质分析仪	比色与光度测量	150 多种参数(浊度、PTSA、荧光素、军团菌等)	单一光源及 PrimeLab 独有的 JENCOLOR 多波段感光传感器
Comparator 2000 系列比色仪	比色与光度测量	400 多种比色盘	对比标准比色盘与样品的颜色
Hydrolab 多参数水质分析仪	电学测量、光度测量	溶解氧、pH、ORP(氧化还原电位)、电导率(盐度、总溶解固体、电阻)、温度、深度、浊度、叶绿素 a、蓝绿藻、若丹明 WT、铵/氨离子、硝酸根离子、氯离子、环境光、溶解性总固体	体积小;防水性能好,最深可达水下 225m;可太阳能供电
多参数水质分析仪 Fluorat	光度测量	水中油、挥发酚、阴离子表面活性剂、COD、浊度、氰化物、铀、钒、钼、镍、锰、铬、石油烃、苯并芘、硒、霉菌毒素、多种维生素、甲醛、苯酚;空气中铜、锌、硒、苯酚、硫化氢、氟化氢等	荧光分析技术结合高强度脉冲氙灯;兼具荧光检测仪、化学发光分析仪、光度计、浊度计的功能

续表 11-3

仪器名称	测量原理	测量项目	特点
Macro900多参数水质探测仪	电学测量、光度测量	水温、水深、溶解氧、pH、ORP、电导率、电阻率、TDS、盐度和海水比重、铵/氨氮、氯化物、氟化物、硝酸盐和钙、浊度、叶绿素、藻蓝蛋白、藻红蛋白、罗丹明、水中油和荧光素	GPS 功能；附加可选离子选择性电极和可选光电极
Potacheck 2 型基本版便携式水质分析实验室	光度测量	饮用水消毒指标和常规化指标	原有一台浊度计和一台多参数水质分析仪基础上、增加袖珍型多参数测试笔

五、便携式酸度计

便携式酸度计是较为常用的土壤和水质监测仪器(图 11-8)。依靠酸度计提供的智能化检测系统,能够实现快速实时的断电酸度检测,并提供自动校准等辅助功能。避免了因设备使用不当而造成的电能消耗,或在特殊情况下测量效果准确度降低的问题。通常来说,便携式酸度计都设置有宽屏数据显示区域,能够将测得的数值结果实时进行反馈,便于读数。用于纯水和锅炉水测量的酸度计能够根据 pH 的监测而间接获得水质的情况。一些便携式酸度计还具备与计算机实时互联和通信的功能,可将数据回传至计算机中进行储存和分析。

图 11-8 便携式酸度计示例

六、便携式溶解氧测定仪

在对水源污染进行深入的分析和数值指标测定时,需要应用到溶解氧测定仪(图11-9)。这种设备能够在特殊环境下对存在污染的水体中的溶氧量进行客观测定。通过对数据进行分析,环境监测人员便能够对污染源进行实地的分析和成因判断,从而制定更有针对性的污染治理对策。便携式的溶解氧测量仪器除了能够随身携带外,还提供了先进的LED操作交互面板,能够实时显示测得的溶解氧数据。方便环境监测人员进行读取和记录。由于工作环境存在特殊性,溶解氧测定仪的机箱具备防水、防尘的保护功能,能够适应各种严酷恶劣的使用环境,并保证监测结果的准确性。

七、便携式紫外可见分光光度计

便携式紫外可见分光光度计(图11-10)是以朗伯比耳定律为理论基础,基于物质对光的选择吸收而建立起来的分析方法。与实验室紫外可见分光光度计比较,便携式紫外可见分光光度计为小型便携式快速测量仪器,测量速度快、体积小、质量轻、便于携带,可方便地进行手持操作。两种仪器在检测数据时各有优势,紫外可见分光光度计可以通过调整仪器参数对数据进行优化,可操作性强,是国家对数据进行仲裁使用的一种检测仪器,仪器灵敏度更高,可靠性更好,数据反映更全面。便携式紫外可见分光光度计是通过对实验室数据,实验室仪器参数总结,通过选取最适合现场测定的仪器参数,对仪器参数,仪器操作进行固化,采用一键式进行测定的仪器。

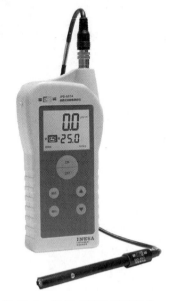

图11-9 便携式溶解氧测定仪

图11-10 便携式紫外可见分光光度计

第四节 应急监测方案制定与事故处理

一、应急监测预案制定

环境应急监测是指在突发环境污染事故的紧急情况下,为发现和查明环境污染情况而进行的环境监测。近年来突发环境事件依然时有发生,以某年主要突发环境事件如表11-4所示。突发环境事件涉及经济损失、社会稳定、民生安全等问题。环境应急监测是处理突发环境事件的关键环节之一,通过监测手段可探明污染物种类、污染程度和范围以及污染发展趋势,及时准确地监测数据能为决策部门科学地评价污染事故,控制污染扩散,制定污染治理方案提供科学依据。应急监测预案要经得住现实的考验,它既要有原则性的指导意见,又要有对环境污染事故应急监测的详细要求与目标既要有协调全局的准确性,又要有一定的科学性。应急监测预案的基本要求如下。

(1)科学性:应急监测工作是一项科学性很强的工作,它既要求科学的组织机构,又要求科学的监测手段和方法,所以制定应急监测预案也必须以科学的态度,在全面调查研究的基础上,开展科学分析和论证,制定出严密、统一、完整的应急监测预案,使预案真正具有科学性。

(2)实用性:应急监测预案必须符合当地的客观情况,符合事故应急监测的实际需要,具有针对性和可操作性。

(3)协调性:应急监测工作是一种紧急状态下的应急工作,所制定的应急监测预案应明确监测工作的管理体系和应急监测的组织机构及其职责,确保事故发生后应急监测工作快速、协调、有序地进行。

(4)权威性:应急监测预案还应经上级部门批准后才能实施,保证预案具有一定的权威性和法律保障。

表 11-4 某年中国主要突发环境事件

序号	事故	死亡人数
1	江苏响水天嘉宜化工有限公司 3·21 特别重大爆炸事故	78
2	河南省三门峡市河南煤气集团义马气化厂 7·19 重大爆炸事故	15
3	威海荣成市福建海运"金海翔"号货轮 5·25 重大重度窒息事故	10
4	济南齐鲁天和惠世制药有限公司 4·15 重大着火中毒事故	10
5	江苏无锡小吃店 10·13 燃气爆炸事故	9
6	江苏昆山汉鼎精密金属有限公司 3·31 爆炸事故	7
7	广东东莞市中堂镇双洲纸业有限公司 2·15 较大中毒事故	7
8	河南开封市旭梅生物科技有限公司 6·26 爆炸事故	6
9	安康市恒翔生物化工有限公司污水处理厂 10·11 中毒窒息事故	6
10	内蒙古伊东集团东兴化工有限责任公司 4·24 较大爆炸事故	4

(一)应急监测预案编制

环境污染事故的发生通常分为污染源明确和污染源不明确两大类:前者主要是指已知的危险源发生突发性环境污染事故,污染源和污染物都比较清楚;后者则指某区域的环境突然变化,对污染源和污染物的情况不甚了解。因此,在制定应急监测预案时需区分区域重大危险源和区域环境敏感点发生突发性污染事故两种情况。

1. 针对区域重大危险源编制的应急监测预案

通过重大危险源调查,建立区域重大危险源动态分布管理数据库。通过调查和辨识,摸清本地区生产、经营、使用危险化学品单位的分布,生产企业生产危险化学品的品种、产量和规模,储存危险化学品和使用危险化学品构成重大危险源的企业所储存、使用的危险化学品的品种、数量,发生事故可能造成的危险程度。以此建立区域生产、储存、使用危险化学品单位的数据库管理系统,为编制城市突发性环境污染事故应急预案提供重大危险污染源数据资源。表11-5为某企业部分危险化学品信息表。

表 11-5 某企业部分危险化学品信息表

序号	化学品名称	存在量(t)	浓度(%)	特性	温度(℃)	压力(MPaG)
1	氢气	0.042	99.9	易燃气体	277～287	7.8～8.8
2	对二甲苯	250	99.5	高闪点易燃液体	189～196	1.35～1.5
3	醋酸异丁酯	650	99.5	中闪点易燃液体	190～197	1.3～1.4
4	甲醇	8	99	中闪点易燃液体	50	0.5
5	醋酸	3500	99.5	酸性腐蚀品	189～196	1.35～1.5

注:MPaG是一个相对压力单位,定义为压力相对于标准大气压(101.325 kPa)的倍数,即 MPaG $= P/101.325$ kPa,其中P为压力,单位为 MPa,通常计算作用于容器或物体表面的压力。

2. 编制规范、完善、可操作的应急监测预案

1)危险源区域基本状况

了解危险源所处的地理位置、功能区划分以及气象情况。调查危险源周边 500～1000m 范围内的单位名称、人口数量等,并绘制示意图。

2)潜在危险性评估

预测可能导致发生事故的原因、事故的形式、波及的范围、产生的主要污染物、污染对象及污染后果等。

3)应急监测方案

根据危险源所处区域划定应急防护范围以及确定主要保护目标,根据污染事故的性质确定应急监测内容,即需要监测布点的地理位置、监测项目、监测方法等。应急监测因其特殊性要求监测简便、快速、及时、准确、经济等,因此在选择方法时首选快速法,如气体污染事故监测可选用仪器法、试纸比色法等,有毒化学品污染事故可用水质速测管法、便携式分析仪器测定法,溢油事故可采用红外分光测油仪等。需要注意的是,在应急监测中,除了需要对污染物快速定性之外,同样需要测量其含量,因此通常需要采用快速定性的比色法等确定其性质,再采用应急监测仪器进行定量分析。

为便于在发生突发性环境污染事故时编制应急监测快报,评价污染事故对环境的影响,应急监测方案中应收列相应国家标准,同时要详细列出监测站所拥有的应急监测现场检测仪器、器材、实验室仪器、个人防护器材等的名称、数量、放置地点及管理负责人等。

应建立完善的应急监测预案体系(图11-11),制定相应的应急监测程序,有利于在突发性环境污染事故发生时能迅速、有序地执行任务。

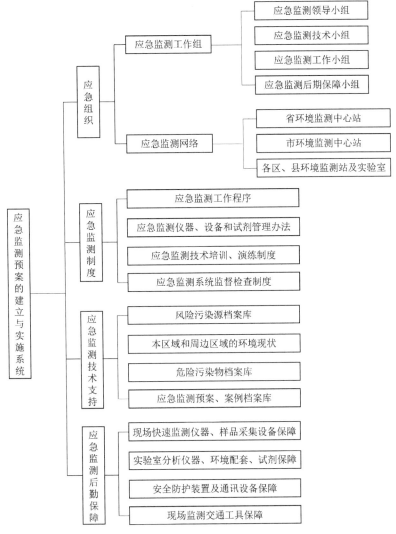

图 11-11　应急监测预案系统

针对不同的污染类型及污染物,应提出切实可行的事故应急处置措施,包括消防措施、应急措施、急救措施、泄漏处理措施、污染物处理措施等。事故现场经过处理后,为检验其处理处置效果,同时为掌握事故影响的程度和范围,应做好跟踪监测。

(二)针对环境敏感点编制的应急监测预案

1. 建立区域环境敏感点动态分布管理数据库

通过对本区域环境敏感点的调查,以不同功能区划分筛选出一些需要重点保护的目标,如水环境保护目标中的饮用水源地,大气环境保护目标中的学校、风景名胜等。弄清敏感点附近存在的危险污染源情况,以此建立城市环境敏感点的数据库管理系统,为编制城市环境敏感点突发性环境污染事故应急预案提供数据。

2. 编制规范、完善、可操作的应急监测预案

1）敏感点区域基本状况

对敏感点所处地理位置、功能区划分以及人口气象参数进行调查，了解其周边存在的危险污染源情况，包括其生产、储存、使用的危险化学品名称、数量及特性等。

2）潜在危险性评估

根据敏感点周围危险源情况预测敏感点可能受到的污染事故、事故形式以及可能受到的危害的程度等。

3）应急监测方案

根据敏感点及其周边危险源的情况指出如何排查污染源及污染物，分析污染物的性质及可能来源；确定应急监测的内容，列出需要监测的布点地理位置、监测项目、监测方法、监测所需仪器等；列出相应国家标准，以便于明确事故的敏感点影响，为针对敏感点而进行的措施提供依据。

根据各种危险物的特性，提出切实可行的事故处理措施，包括消防措施、应急措施、急救措施、泄漏处理措施、污染物处理措施。事故现场经过处理后，为检验其处理处置效果，同时为掌握事故影响的程度和范围，应做好跟踪监测。

（三）应急监测预案的文件体系

一个完整的应急监测预案是包括总预案、应急监测程序、说明书和应急监测行动记录的一个四级文件体系。

（1）一级文件——总预案：它包含了对紧急情况的管理政策、应急监测预案的总目标，应急监测组织及其责任等内容。

（2）二级文件——应急监测程序：程序说明某个应急监测行动的目的和范围，程序内容十分具体，其目的是为应急监测行动提供指南程序的格式要求简洁明了，以确保应急监测人员在执行监测任务时不会产生误解程序的格式可以是文字叙述或流程图表

（3）三级文件——说明书：说明书是对程序中的特定任务及某些行动细节等进行说明，例如应急监测人员职责说明书等。

（4）四级文件——应急监测行动记录：记录包括在应急监测行动期间所做的各种应急监测行动记录。

记录、说明书、程序和总预案组成了一个完整的预案文件体系，这样既保证了应急监测预案文件的完整性，又因其清晰的条理性便于查阅和调用。

二、应急监测行动及现场处理

应急监测行动是指在应对突发性环境污染事故时应急监测组织各成员小组所采取的具体行动。在编制应急监测预案时应将应急监测行动一般程序放在正文内，而每项行动的更专门、更详细的实施程序可作为预案的附件，这些程序提供应急监测组织内各职能人员在应急状况下应采取的行动。突发环境事件应急监测流程如图11-12所示。

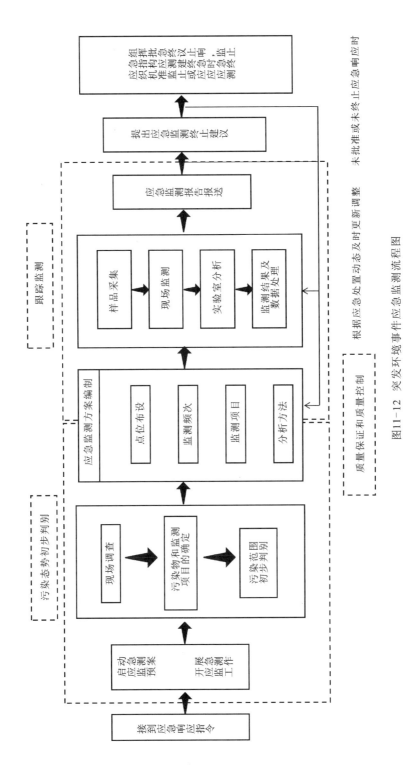

图11-12 突发环境事件应急监测流程图

由于各地区特点及针对的泄漏源不同,总体概要可能形式各异,但一般都包括以下信息:首先接警人员接到群众事故报警或上级主管部门应急监测任务,立即向应急监测领导小组报告,领导小组接到汇报后,立即召集应急监测各成员小组,通过查询地理信息系统及企业潜在泄漏源数据库,确定事故发生地点,判断可能的泄漏源及事故危害程度,评定事故级别,迅速制定应急监测方案,启动应急监测预案,同时各小组做好开展应急监测工作的准备。

应急监测人员到达事故现场后应做好个人防护,在事故影响范围内布点,现场快速监测,需要实验室协助分析的还应手工采样由后勤小组送达实验室进行样品分析。应急监测小组应根据事故的发展,调整监测频次及监测点的数目,对事故进行动态监测。每批监测数据都应编制成应急监测报告上报给上级主管部门。

在现场监测中,通常监测人员应该根据污染事故的现场情况,分别布设3种不同功能的监测点位,即污染源监控点、污染事故影响敏感点和对照点。其中污染源监控点位应布设在事故现场污染物排放点及附近扩散点。污染事故影响敏感点应布设在事故可能对人类活动造成影响的饮用水源地、农田、农业灌溉区等区域。对照点应布设在未受事故污染物影响的区域,其中大气监测对照点布设在事故现场的上风向,水体监测最好布设在事故现场的上游,土壤监测对照点布设在未受事故影响的、与污染源监控点相同土质的地块。

应急监测包括现场监测和实验室分析,应急监测人员应尽量采用应急快速监测方法进行污染物的测定。对事故所排放的污染物只能进行定性,半定量测定的或应急快速监测仪器出现不稳定情况和现场监测仪器无法分析的污染指标,应进行样品采集,并立即将样品送往实验室分析测定。实验室分析人员在接到样品后立即进行分析测定,监测的质量控制和质量保证应按有关要求进行。

根据监测结果发布应急监测调查报告,报告污染事故的应急监测情况及原因分析,并提出处理意见和对策建议,一般包括以下6个方面:现场情况、监测结果、污染程度分析、结论及污染趋势预测、事故污染控制建议、事故污染跟踪监测方案。在事故得到处理和控制后,应对污染事故所影响的环境进行定期的跟踪监测,直至该事故造成的污染影响消失为止。最后,在污染事故监测结束后,应对应急监测处理全过程进行回顾总结,编写事故监测评价报告,并将资料收集归档封存。

三、突发环境事件案例分析

(一)天津港危化品仓库"8·12"瑞海公司爆炸事故

1. 事件简介

2015年8月12日23:30左右,位于天津市滨海新区天津港的瑞海公司危险品仓库发生火灾爆炸事故,发生爆炸的是仓库集装箱内的易燃易爆物品,爆炸强度相当于3tTNT。在第一次爆炸发生的30s后又发生了第二次爆炸,此次爆炸强度相当于21tTNT。根据事后统计,该事故造成165人遇难、8人失踪,798人受伤,304幢建筑物、12 428辆商品汽车、7533个集装箱受损,已核定的直接经济损失68.66亿元,是一起特别重大生产安全责任事故。

2. 应急监测

爆炸发生以后天津市环保部门接到相应通知,立即启动环境应急监测预案,派出应急监测处理小队,并上报上级环保部门。8月13日凌晨2:30左右,爆炸发生3h后第一批应急监测小队到达事故现场,并开始逐步进行应急监测任务。第一批布设环境空气监测点位17个,采集空气样品80余个,同时布设水和废水监测点位5个,采集水样品12个。通过初步监测判断,确定了空气中刺激性气味气体主要为甲苯、三氯甲烷、环氧乙烷,其中环氧乙烷浓度范围为1~2mg/m^3,甲苯浓度为3.7mg/m^3,三氯甲烷浓度为1.72mg/m^3,VOCs浓度为5.7mg/m^3,与相应国家标准相比,其中环氧乙烷浓度低于《工作场所有害因素职业接触限值》(GBZ 2—2002)规定的短时间接触容许浓度5mg/m^3,甲苯浓度高于《大气污染物综合排放标准》(GB 16297—1996)规定的厂界无组织排放浓度限值2.4mg/m^3,三氯甲烷环境空气质量标准和大气污染物排放标准中未作规定,但低于《车间空气中三氯甲烷卫生标准》(GB 16219—1996)规定的车间最高允许浓度20mg/m^{3}限值,VOCs浓度超过了《工业企业挥发性有机物排放标准》(DB 12/524—2014)规定的无组织排放浓度2.0mg/m^{3}限值。事故发生后,环保部门第一时间关闭了入海排水口,通过应急监测发现周围环境水质未受事故影响,事故水经过采样后送往实验室分析,同时,对爆炸现场的事故采用围堵的办法进行初步处理,防止废水进入环境造成污染。

8月14日,通过前期监测以及爆炸场所涉及的危险物品,确定了特征污染物监测项目包括苯、甲苯、二甲苯、乙苯、苯乙烯、三氯甲烷、挥发性有机物、氰化氢、甲醛、氨气、硫化氢和一氧化碳等12项。在13日至14日的监测中17个环境空气监测布点中,4个点位的VOCs累计出现4次超标情况,超标倍数为1.20~1.62,1个点位二甲苯超标1次,超标倍数为1.06,其余各点位及其余各项污染物浓度均未出现超标,各点位氰化氢均未检出。水环境监测中,针对本次事故特点,水环境和废水特征污染物监测项目包括pH、COD、氨氮、硫化物、氰化物、三氯甲烷、苯、甲苯、二甲苯、乙苯和苯乙烯等11项,5个废水监测点位中,事故区域雨污水收集处理排海泵站点位化学需氧量、氨氮和氰化物超标,化学需氧量由8月13日平均超标8.8倍降至了3.7倍,氨氮由8月13日平均超标5.1倍降至了1.9倍,氰化物由8月13日平均超标10.9倍降至了2.1倍;集装箱物流中心污水收集池点位硫化物浓度超过标准由超标4.59倍降至达标;其余各点位及其余各项污染物浓度均未出现超标,三氯甲烷及苯系物均未检出。同时,对照《地表水环境质量标准》(GB 3838—2002)中5类水体标准,事故区域临近的海河断面化学需氧量和氨氮超标,分别超过标准的1.4倍和1.25倍;其余各项污染物均未出现超标。

8月15日,共现场采集空气样品420个,监测结果显示,事发地警戒区外流动监测车和7个环境空气筛查点均未检出新的特征污染物,17个环境空气监测点位中,位于东疆港的5号和6号2个监测点位氰化氢累计出现2次超标(周边无敏感目标),分别超过《大气污染物综合排放标准》(GB 16297—1996)0.04倍和0.5倍,其余各点位各项污染物浓度均未出现超标。共现场采集各类水样品18个。对照《天津市污水综合排放标准》(DB 12/356—2008)二级标准,5个废水监测点位化学需氧量、氨氮等常规污染物浓度与前日相比未见异常,氰化物等特征污染物浓度均未超标。同时,对照《地表水环境质量标准》(GB 3838—2002)五类水体标准,事故区域临近的海河断面、永定新河防潮闸、会展中心、泰丰公园等地表水体氰化物均未检出。对照《海水水质标准》(GB 3097—1997)四类标准,事故区域临近的近岸海域水体中氰化物、特征有机污染物均未检出。

8月16日,共现场采集空气样品420个。根据前一天监测结果,确定特征污染物监测项目甲苯、氰化氢、挥发性有机物筛查。监测结果显示,事发地警戒区外流动监测车和7个环境空气筛查点均未检出新的特征污染物;17个环境空气监测点位中,位于东疆港的8号监测点位氰化氢累计出现1次超标(周边无敏感目标),超过《大气污染物综合排放标准》(GB 16297—1996)中的0.08倍,其余各点位各项污染物浓度均未出现超标。共现场采集各类水样品64个。对照《天津市污水综合排放标准》(DB 12/356—2008)二级标准和《地表水环境质量标准》(GB 3838—2002)5类水体标准,原6个废水监测点位中2个警戒区内点位氰化物超标,超标倍数分别为1.25倍、2.20倍,原4个地表水监测点位氰化物均未检出。新增27个氰化物排查点位,其中警戒区内点位14个、警戒区外点位13个。排查结果显示:对照《天津市污水综合排放标准》(DB 12/356—2008)二级标准和《地表水环境质量标准》(GB 3838—2002)5类水体标准,共有17个点位氰化物检出,其中3个点位超标,超标点位全部位于警戒区内,最大的超标27.4倍(距事故点最近的点),另2个点分别超标4.37倍和0.96倍;警戒区外13个点位尚未发现氰化物超标,其中3个点位有氰化物检出,分别相当于控制标准的12%、7%、5%。

8月17日以后17个环境空气监测点位监测特征污染物均未超过标准值,但空气监测工作照旧进行24h监测,以防突发情况。同时,应急监测工作重心开始偏向水质和土壤监测,根据废水监测情况,于17日增加水质监测点位至40个,同时针对8月18日的降水,新增了降水监测。从水质监测结果可以看出,废水氰化物检出情况较为严重,40个水质监测点位中,共有29个点位检出氰化物,其中8个点位超标,超标点位全部位于警戒区内,警戒区外14个点位尚未发现氰化物超标。

从8月19日开始,废水和水环境监测结果表明,事故现场废水氰化物检出超标情况较为严重,所有氰化物超标废水仍全部封堵在事故区域,未经处理达标不外排,此外,周边水环境包括地下水水质监测情况良好,氰化物浓度均为超标。同时,于19日在事故区域5km范围内布设73个土壤监测点位,测试数据表明:16个点位检出总氰化物,各点位总氰化物含量均符合《展览会用地土壤环境质量评价标准(暂行)》(HJ 350—2007)A级标准要求。南部和西南部2~3km有检出,东部和西部3~5km有检出,最高为展览会用地土壤环境质量评价标准的1/3。

自8月25日开始,事故点1km范围外环境空气、地表水及土壤均已稳定达标,空气中挥发性有机物等污染物指标已达到环境背景值水平,空气中氰化氢日检出率由事故发生初期的66%下降至5%以下。学校、居民区和企业各项特征污染物均稳定达标,未出现异常波动。因此,天津市生态环保局于9月4日调整了应急监测方案,减少了监测布点以及监测项目。这也标志着初步的应急监测工作已告一段落,后续工作重点在于事故现场遗留废物、废水处理以及污染场地清理修复工作等。

天津港爆炸事件发生以后，天津市环保部门接警后立即启动应急监测预案，通过现场监测第一时间确定了空气中主要污染物，同时切断了入海排水口，防止污染物进一步扩散。通过应急监测以及仓库所反应的情况确定了以氰化物为主的特征污染物。根据爆炸区周边环境以及气象等因素，确定了17个环境空气监测点以及5个水环境监测点，根据实时的监测情况于8月17日将水环境监测点增至40个，并及时调整监测重心，增添73个土壤环境监测点位。从"8·12"爆炸事件应急监测处理工作中可以看出，应急监测工作并不只是一成不变的程序，它需要根据实时的应急监测结果调控监测方案。同时，应急监测预案应尽可能相近，需要应对如降水等突发情况。

在应急监测工作中，除了要对事故现场及周围的大气、水、土壤等环境进行监测之外，另一项重要的工作就是含污染物的废水、废物的处理。天津港"8·12"爆炸事件中，最主要的污染物就是氰化物，根据仓库负责人反映，爆炸时仓库含有700t氰化钠，爆炸后氰化钠在消防用水、地表水、管网雨水等介质中含量是关注的重点，如果高浓度的含氰废水进入水网最终排入渤海，将会造成巨大的环境灾难。因此，天津市生态环保局在启动应急监测预案以后第一时间就下令封堵了所有的排海口，并在事故核心区周边筑起了4000m的长围堰，有效防止了含氰废水外泄，对于零星的坑洼含氰废水，采用抽调罐车抽提运往专业公司暂时存放。在监测工作稳定以后，应急监测小组开始将重心转向含氰废水的处理，根据专家技术团队研发，共提出了4条处理技术路线。

第一条技术路线：采用次氯酸钠氧化结合臭氧、活性炭等循环破氰的工艺。共4套设备，主要负责雨水泵站、事故点区域的含氰废水处理，同时在北港路东三路临时雨水泵站和保税区扩展区污水处理厂各有一套装置。

第二条技术路线：采用两次臭氧破氰，加活性炭和脱氰菌，再经次氯酸钠进一步破氰的工艺。共1套设备，安装在新港六号路与北港路交口处，负责该区域事故废水处理。

第三条技术路线：采用超磁水体净化工艺，污水首先进入系统的微磁絮凝反应器，通过系列反应与磁种形成微磁絮团，然后流入采用超磁场永磁磁盘的超磁分离机，实现快速吸附分离，从而将污水净化。共1套设备，安装在东排明渠，负责干流废水处置。这一区域的含氰废水浓度相对低一些。

第四条技术路线：采用次氯酸钠、臭氧氧化破氰，加膜处理的工艺。共1套设备，安装在东排明渠支流旁，负责这一支流区域废水处置。

通过处理，事故现场封堵的十几万吨含氰废水均得到了有效处理，处理后水中氰化物含量远远低于排放标准，最终于9月底完成了所有事故废水的无害化处理工作。

本次事故给人民群众造成了巨大的生命财产损失，对中心及周边环境也造成了不同程度的影响。天津市环境保护局（现天津市生态环境局）在事故发生后第一时间响应了应急监测预案，进行了及时、准确的应急监测工作，确定了事故中心及周边环境污染情况，并作出准确指示，第一时间阻止了污染物的扩散和转移，并采取一系列技术，对污染废水进行了无害化处理。这次事故应急监测中，天津市环境保护局根据实际监测结果，及时向媒体、公众公开了污染情况，稳定了群众情绪，消除了市民恐慌，为保障社会稳定起到了很大作用。

(二)新型冠状病毒感染事件

1. 事件简介

新型冠状病毒感染(以下简称新冠)事件2019年12月最早报道于中国武汉,并于2020年迅速在全球范围内扩散,导致数百万人感染。该事件是1949年以来传播速度最快、感染范围最广、防控难度最大的重大突发公共卫生事件,导致国内数千人死亡,造成了巨大经济损失,引起了一定程度社会恐慌。

2. 应急监测

新冠疫情暴发以后,根据生态环境部的要求,各地根据自身情况制定了疫情期间应急监测工作方案。公共卫生事件与其他几类环境突发事件不同,对这类突发事件的应急监测更多是关注病毒、病菌等有毒有害物质是否存在于环境介质中以及是否会根据环境介质进一步传播,从而造成大范围的扩散。因此,公共卫生事件的应急监测并不需要大量的应急监测设备,而是在现有监测的基础上,加强对空气和水环境,尤其是饮用水水源地的监测,严格监测标准、增加监测指标、提高监测频率。同时,需要加强对医院以及医疗卫生机构废水和废弃物的无害化处理和排放监测,具体工作如下。

1)加强空气、地表水环境质量监测

空气、地表水环境质量自动监测是生态环境应急监测的重要组成部分,各生态环境主管部门应充分利用现有空气、地表水自动监测站点,做好辖区内空气、地表水环境质量的监测预警和分析评估。同时,在大范围的疫情背景下,各环境主管部门要做好辖区内各级空气、地表水自动监测站的协调保障工作,协调解决和承担国控、省控网点第三方运维机构的通行、安全防护、基本食宿等困难,力争国控、省控网点的稳定运行,实时提供真实、准确、全面的监控数据,以便后续环境管理和调控。

2)加强饮用水水源地水质预警监测

疫情期间,对于饮用水水源地等重点保护区域,在开展常规指标的监测基础上,应增加对疫情防控特征指标的监测,不同区域应该根据疫情防控工作,确定监测频率,对水质异常区域应加密监测,并及时采取措施、查明原因、控制风险、消除影响,切实保障人民群众饮水安全。

对于地表水源地,常规监测项目为《地表水环境质量标准》(GB 3838—2002)表1的基本项目(23项,化学需氧量除外)、表2的补充项目(5项)和表3的优选特定项目(33项),共61项。增添生物毒性、余氯两项疫情防控特征指标。对于地下水源地,常规监测项目为《地下水质量标准》(GB/T 14848—2017)表1基本项目39项指标,特征监测项目为生物毒性和余氯。其中地表水和地下水常规监测项目监测方法分别参照《地表水环境质量标准》(GB 3838—2002)与《地下水质量标准》(GB/T 14848—2017)所列方法执行,生物毒性与余氯监测方法分别参照《水质 急性毒性的测定 发光细菌法》(GB/T 15441—1995)和四甲基联苯胺比色法(GB/T 5750.11—2006)。

3)完善应急监测预案

环境主管部门应该结合辖区内风险源分布情况、医疗废物废水处理情况、污水处理厂运行情况、饮用水水源地安全保障情况等工作,进一步完善疫情环境应急监测预案,提高预案的针对性和实用性。加强应急监测车辆、仪器、材料和防护装备等物资储备。辖区内如发生突发环境污染事件或大量使用消毒用品造成环境次生灾害时,应按照疫情防控有关要求,做好生态环境监测工作人员的安全防护,保障监测工作人员健康安全。

4)及时发布环境质量信息和应急监测结果

为加强环境质量综合分析,客观评价环境质量状况,科学研判环境质量变化趋势及原因,准确评估突发环境污染事件或环境次生灾害对环境质量的影响,破除谣言,消除市民恐慌。政府部门应及时通过报纸、广播、电视、网络、新媒体等多种渠道,向公众发布环境质量信息和应急监测结果,保障民众的生态环境质量知情权,及时上报监测数据。

习 题

1. 突发事件和突发环境污染事故有何关系?
2. 应急监测的目的和主要任务是什么?
3. 应急监测系统包括哪些?
4. 为什么在处理环境突发事件中必须及时向公众发布信息?
5. 简要说明制定完善的应急监测预案对处理环境突发事件的意义。

主要参考文献

蔡芦子彧,郜洪文,2018.便携式多参数水质分析仪现状分析[J].分析仪器(4):83-90.

胡晋伟,2017.便携式傅里叶变换(FTIR)红外多组分气体分析仪模拟在环境应急监测中的应用[J].能源与环境(2):77-79.

黄振荣,陈渊,2015.便携式傅里叶变换红外多组分气体分析仪在环境应急监测中的应用研究[J].环境科学与管理,40(12):133-135.

纪爽,2019.环境应急监测在突发环境污染事故中的重要作用[J].化工管理(34):144.

姜晓雪,季湘涛,严小媚,等,2015.便携式GC-MS测定空气中有毒物质的应用[J].油气田环境保护,25(2):45-48+77.

刘轶,2017.便携式GC-MS在环境应急监测中提高准确度方法探讨[J].低碳世界(15):13-14.

马超,张殿宇,马莹,2019.浅谈我国环境应急监测技术体系现状及建议[J].资源节约与环保(12):52

任晓晖,2019.论环保监测应急系统的发展及应用探析[J].环境与发展,31(11):160-161.

吴辉,方咪,2019.对突发环境事件中应急监测工作的思考[J].资源节约与环保(10):77.

奚旦立,孙裕生,2010.环境监测[M].4版.北京:高等教育出版社.

肖筱瑜,2018.2012—2017年国内重大突发环境事件统计分析[J].广州化工,46(15):134-136+145.

徐思桥,窦宏亮,高峰,等,2017.便携式紫外可见分光光度计测定水中六价铬[J].分析仪器(5):155-158.

薛锐,赵美玲,曾皓锦,等,2007.突发性环境污染事故应急监测预案研究[J].中国应急救援(5):33-34.

杨伟群,管月清,2014.便携式多参数水质检测仪测定水样中的氰化物、氟化物、氨氮和硝酸盐[J].化学试剂,36(5):446-448.

虞燕,曹洋,2015.便携式智能多参数水质分析仪[J].传感器世界,21(8):30-34.

张嘉宏,2019.化工园区突发环境事件应急监测预案编制研究[J].环境与发展,31(7):157-158+220.

张维,陈报章,赵亮,2018.便携式多组分气体分析仪的研制[J].仪表技术与传感器(11):55-58.

图 版

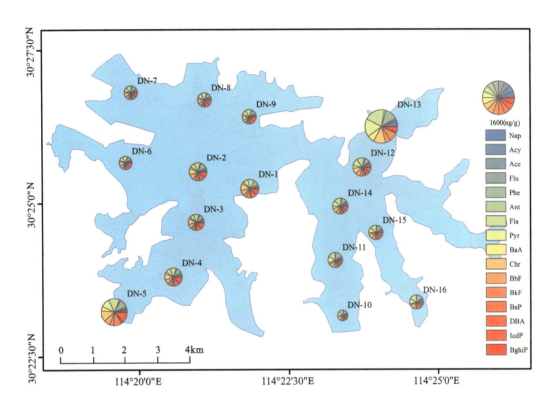

图 4-18 某湖泊汛期沉积物多环芳烃浓度分布图

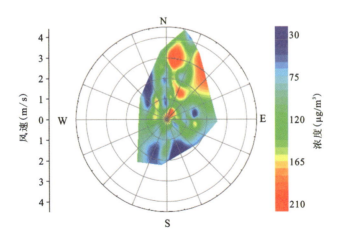

图 4-24 $PM_{2.5}$ 质量浓度与风速风向之间的相关图

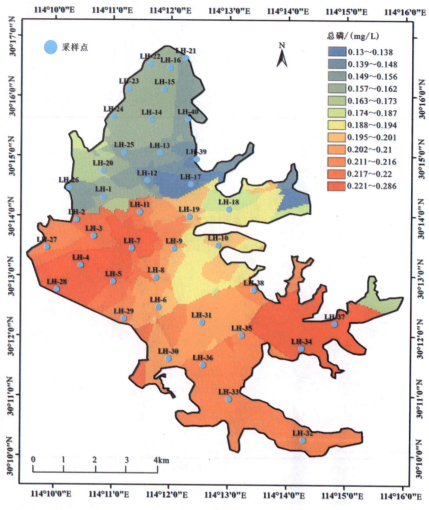

图 4-19 某湖泊水体总磷浓度空间分布图

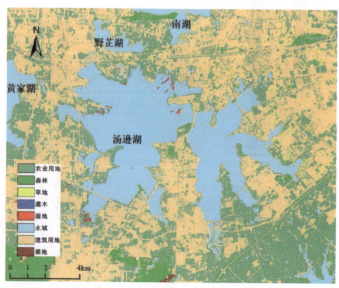

图 4-27 汤逊湖流域不同类型地貌

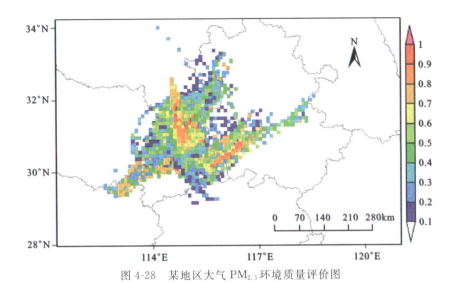

图 4-28　某地区大气 $PM_{2.5}$ 环境质量评价图

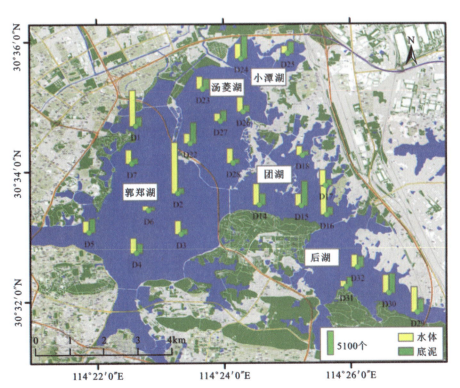

图 5-37　武汉东湖微塑料监测点位布设及分布图

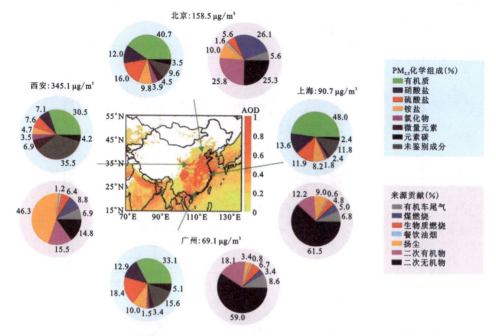

图 6-33 2013 年 1 月 5 日至 25 日重污染期间北京、上海、广州和西安 PM$_{2.5}$ 的化学组成及来源解析

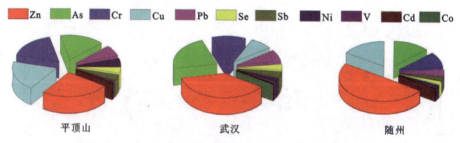

图 6-35 武汉、平顶山和随州 PM$_{2.5}$ 痕量元素的质量分数分布

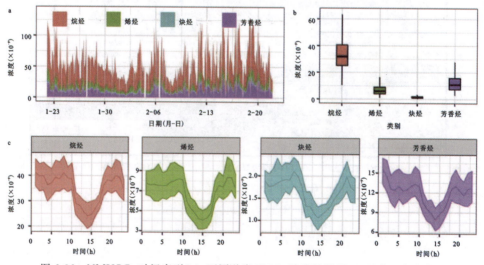

图 6-36 NMVOCs 时间序列(a)、不同种类 VOCs 浓度箱线图(b)及其日夜变化(c)

图 版

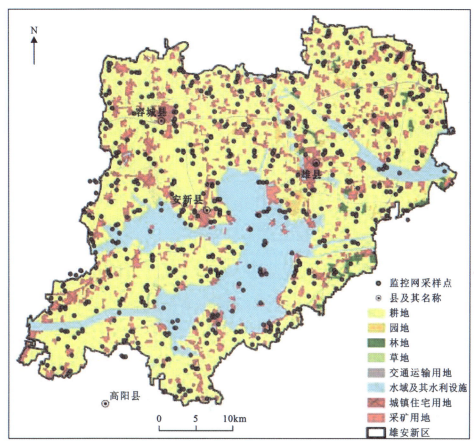

图 7-13 雄安新区土地利用类型及监测点位

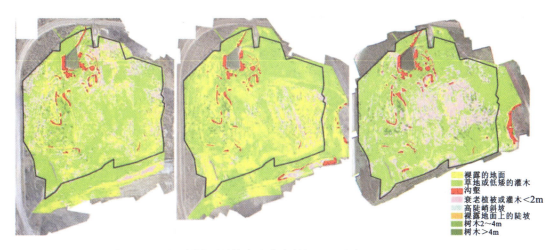

图 10-30 基于摄影测量技术准确绘制的土地覆盖图(据王明丽,2022)

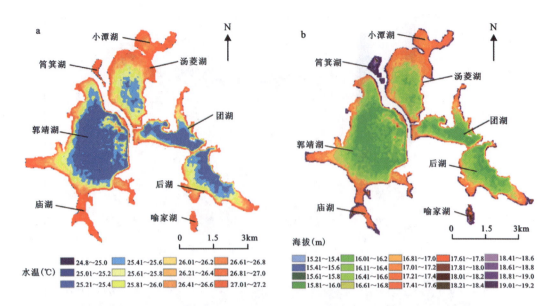

图 10-31 基于热红外遥感技术下的湖体水温及地下水型情况(据刘惠等,2019)
a.湖泊水温分布图；b.湖泊底部地形高程图。

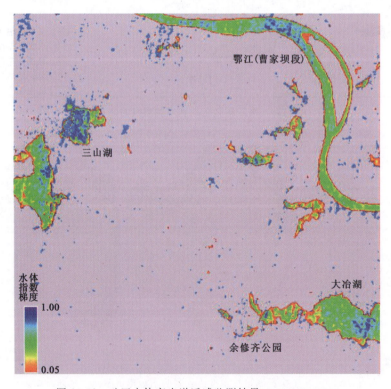

图 10-32 矿区水体高光谱遥感监测结果(据马秀强,2018)

图 版

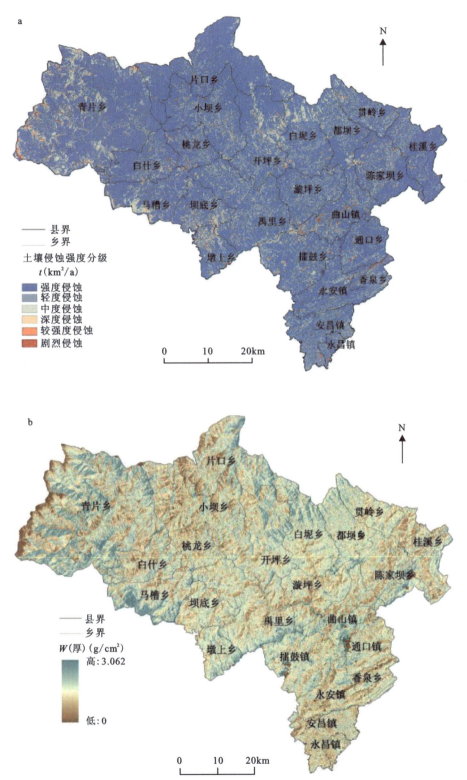

图 10-33 绵阳市土壤侵蚀及含水量分布情况(据向明顺,2018)
a.土壤侵蚀强度;b.土壤含水量情况。

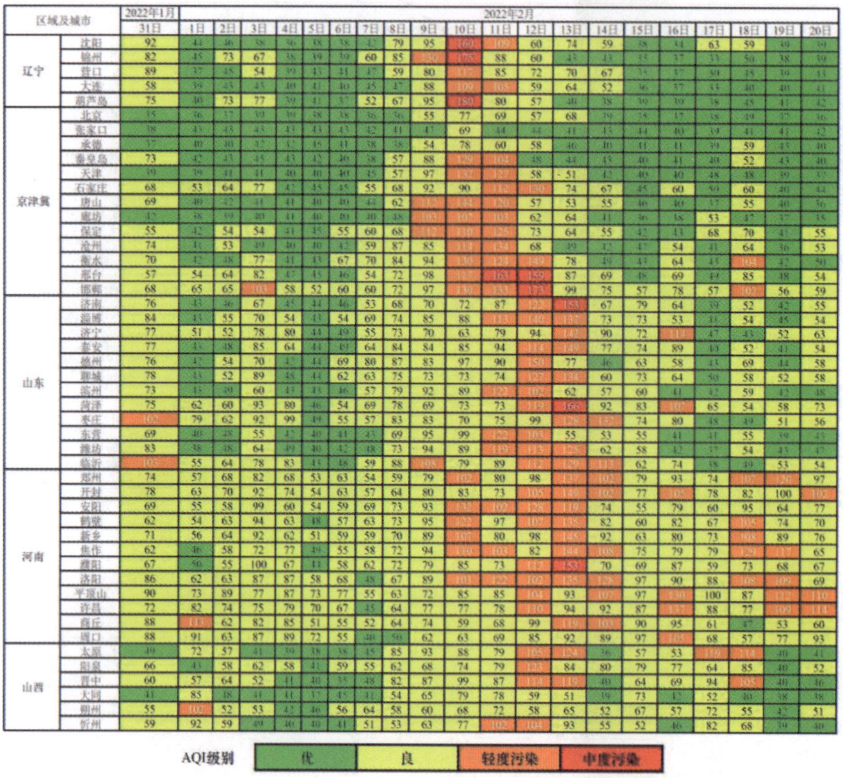

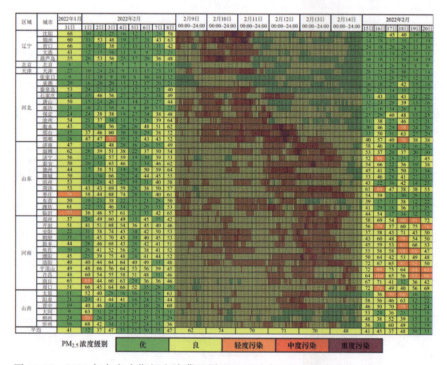

图 10-37　2022 年冬奥会期间京津冀及周边地区城市 AQI 日均值（据侯露等，2023）

图 10-38　2022 年冬奥会期间京津冀及周边地区城市 $PM_{2.5}$ 浓度分布（据侯露等，2023）